Johannes W. Rohen

Funktionelle Anatomie des Nervensystems

4. Aufl.

Kiel, 4.5.92

Funktionelle Anatomie des Nervensystems

Ein kurzgefaßtes Lehrbuch nach funktionellen Gesichtspunkten für Studierende und Ärzte

Von

JOHANNES W. ROHEN

Dr. med., Dr. med. h. c., ord. Professor für Anatomie
Vorstand des Anatomischen Institutes der Universität Erlangen-Nürnberg

Vierte, völlig neu bearbeitete Auflage

Mit 205 Abbildungen in 301 Einzeldarstellungen,
davon 78 mehrfarbig, und 48 Tabellen

19 85

F. K. SCHATTAUER VERLAG · STUTTGART – NEW YORK

CIP-Kurztitelaufnahme der Deutschen Bibliothek

Rohen, Johannes W.:
Funktionelle Anatomie des Nervensystems:
e. kurzgefaßtes Lehrbuch nach funktionellen
Gesichtspunkten für Studierende u. Ärzte / von
Johannes W. Rohen. – 4., völlig neubearb. Aufl. –
Stuttgart ; New York : Schattauer, 1985.

ISBN 3-7945-0868-8

Printed in Germany

Satz, Druck und Einband: Mayr Miesbach, Druckerei und Verlag GmbH,
Am Windfeld 15, D-8160 Miesbach, Germany

ISBN 3-7945-0868-8

Vorwort zur vierten Auflage

Diese – erfreulicherweise seit geraumer Zeit notwendig gewordene – neue Auflage hat eine grundlegende Überarbeitung erforderlich gemacht. Haben sich doch auf den verschiedensten Gebieten der Neuroanatomie durch die Entwicklung neuer Methoden der morphologischen, physiologischen und biochemischen Forschung viele neue Erkenntnisse ergeben, die auch für den Studierenden der vorklinischen Semester von Interesse sind, machen sie doch gerade die funktionellen Zusammenhänge der in diesem Band beschriebenen Systeme in vielfach ganz neuer Weise anschaulich. An der in den früheren Auflagen gegebenen Grundgliederung, die ja vornehmlich auf der Beschreibung der großen und wesentlichen funktionellen Systeme und nicht auf der deskriptiven Aufzählung von vielfach weitgehend zusammenhanglosen Fakten basierte, hat sich dadurch nichts geändert. Im Gegenteil, an vielen Stellen konnten die morphologischen Strukturen durch die Berücksichtigung moderner Forschungsergebnisse in ihrer funktionsbezogenen Gestalt nur noch klarer und präziser zur Darstellung kommen.

In einer Hinsicht allerdings mußte das Buch etwas umgestaltet werden, und zwar im Hinblick auf die nunmehr komplett vorliegende Reihe funktioneller anatomischer Lehrbücher. Um Wiederholungen zu vermeiden, andererseits aber auch um diesen Band nicht zu sehr mit spezialistischen Fakten zu überladen, habe ich die Beschreibung der spezielleren mikro- und ultramikroskopischen Details stark gekürzt und diese schwerpunktmäßig dem Kapitel Nervensystem im Lehrbuch der Funktionellen Histologie vorbehalten. Diese Gliederung erscheint auch insofern zweckmäßig, als es für das Verständnis der funktionellen Systeme des Nervensystems und ihrer Bahnverbindungen primär nicht erforderlich ist, alle ultrastrukturellen Tatsachen sofort mit zu berücksichtigen. Von diesem Gesichtspunkt aus erscheint diese Neuroanatomie jetzt als der 3. Band unserer Lehrbuchreihe, der sich damit dann an die Funktionelle Anatomie des Menschen und an die Topographische Anatomie unmittelbar anschließt.

Durch das Studium der »Funktionellen Histologie«, die dann den 4. Band der Reihe darstellen würde, kann das in diesem Band erworbene Wissen weiter vertieft werden.

Ich hoffe, daß die Funktionelle Anatomie des Nervensystems auch in dieser Form wieder Freunde gewinnt und daß es gelungen ist, den schwierigen komplexen Stoff so darzustellen, daß der Studierende bei der Knappheit der zur Verfügung stehenden Zeit das Wesentliche verstehen und damit eine Grundlage für sein späteres klinisches und theoretisches Wissen legen kann.

Allen Kollegen und Mitarbeitern, insbesondere Herrn Dr. R. Funk, die mir Anregungen für Verbesserungen und Ergänzungen gegeben haben, möchte ich herzlich danken. Ganz besonderen Dank schulde ich den beiden Graphikerinnen, Frau Evelyn Ott und Frau Christiane Wittek, die die neu eingefügten Abbildungen hergestellt haben. Die betreffenden Abbildungen sind im Legendentext jeweils mit den Anfangsbuchstaben der Familiennamen gekennzeichnet. Auch dem Schattauer Verlag möchte ich für die Unterstützung herzlich danken.

Erlangen, Ostern 1985 J. W. Rohen

Vorwort zur ersten Auflage

Es bedarf einer Begründung, wenn die zahlreichen Lehrbücher über die Anatomie des Nervensystems um ein weiteres vermehrt werden. Nach der überkommenen Unterrichtstradition sind fast alle Darstellungen der Anatomie systematisch aufgebaut. Die systematische Aufzählung von Fakten ist aber beim Nervensystem besonders unbefriedigend, da die Verflechtung der Systeme hier außerordentlich groß ist. Erfahrungsgemäß bereitet daher die »Anatomie III« im Unterricht immer Schwierigkeiten. Geht man bei der Abhandlung des Stoffes nach topographischen Gesichtspunkten vor, – und das wird heute allgemein so gehandhabt –, so kann man zwar die einzelnen Hirnabschnitte (Rückenmark, Mittelhirn, Zwischenhirn usw.) relativ vollständig beschreiben; die natürlichen Zusammenhänge der Systeme und Bahnen, die meist durch mehrere Hirnabschnitte hindurchlaufen, werden aber zwangsläufig auseinandergerissen und in der Regel auch nicht recht erkennbar. Die Darstellung wird außerdem ständig durch Vorgriffe auf noch Unbekanntes belastet. So werden üblicherweise z. B. die Augen bei den Sinnesorganen, die verschiedenen optischen Zentren aber bereits bei den jeweiligen Kapiteln über die Hirnabschnitte besprochen. Ähnliches gilt für die Riechschleimhaut und das Riechhirn sowie zahlreiche andere, ihrer Natur nach zusammenhängende Systeme.

Ich hatte nun bereits vor Jahren bei der Abfassung eines Lehrbuchkapitels über das Auge[1] festgestellt, daß es durchaus möglich ist, die aufzählende, deskriptive Beschreibung der anatomischen Verhältnisse durch eine mehr integrierende, vom Ganzen ausgehende Darstellung, die sich an der Existenz der natürlichen funktionellen Systeme orientiert, zu ersetzen, ohne daß dabei wesentliche Details ausgelassen oder beziehungslos angehängt werden müßten. Durch diese Erfahrung ermutigt, habe ich nun auch bei der Beschreibung des Nervensystems versucht, von funktionellen Gesichtspunkten auszugehen. Hierin scheinen mir große didaktische Vorteile zu liegen. Allerdings läßt es sich nicht umgehen, radikal mit der bisher geübten deskriptiv-systematischen Darstellungsweise zu brechen. Dem an die bisherigen Lehrbuchdarstellungen gewöhnten Leser erscheint die neue Anordnung des Stoffes vielleicht unzusammenhängend, eventuell sogar unlogisch oder zerrissen. Ich selbst hatte jedoch bei der Abfassung des Textes immer das Gefühl, auf dem richtigen Wege zu sein. Eine Darstellung, die vom Ganzen ausgeht und die im Nervensystem vorhandenen physiologischen Funktionseinheiten zur Grundlage der Beschreibung macht, erschien mir auch zweckentsprechender und organischer zu sein als eine, die sich ausschließlich an der Topographie orientiert. Allerdings läßt sie sich nicht als Nachschlagewerk benützen. Der lexikalische Charakter systematischer anatomischer Lehrwerke geht bei funktionellen Darstellungen weitgehend verloren. Ich habe zwar durch tabellarische Zusammenstellungen versucht, dem Lernbedürfnis der Studierenden entgegenzukommen und die gedächtnismäßige Fixation der Fakten zu erleichtern. Der Schwerpunkt der Beschreibung liegt aber auf den funktionellen Zusammenhängen. Das Verständnis der Systemzusammenhänge ist auch

---

[1] Vgl. Velhagen, K.: Der Augenarzt. Bd. I. Thieme, Leipzig 1958, 2. Aufl. 1969.

für die Physiologie, Pathophysiologie und Klinik wichtiger als die isolierte Kenntnis beziehungslos nebeneinanderstehender Einzelfakten. Funktionelle Grundbegriffe können anregen und zur Quelle eigenschöpferischen Denkens werden, während ein auswendig gelerntes Faktenwissen tot bleibt und mehr belastet als nützt.

Auch die gewählte Gliederung in drei Hauptsysteme (Sensorik, Sensomotorik und Vegetativum) schien mir den natürlichen Gegebenheiten besser zu entsprechen als die bisherige Zweiteilung in ein animales und ein vegetatives Nervensystem. Die Gegensätzlichkeit der zentralen und vegetativ-peripheren Strukturen, die sich im Laufe der Stammesgeschichte herausgebildet hat, wird dadurch erst wirklich anschaulich.

Gegen die der Darstellung zugrunde gelegte Gliederung in Einzelsysteme lassen sich gewiß Einwendungen erheben. So könnte natürlich sowohl die Zahl der Systeme vermehrt als auch ihre Anordnung modifiziert werden. Es wird immer davon abhängen, was man im einzelnen als wesentlich ansieht. Für den Gesamtzusammenhang sind aber derartige Überlegungen zunächst weniger von Bedeutung als die Tatsache selbst, hier einmal in konsequenter Weise eine *Funktionsmorphologie* zu versuchen. Es ist mir klar, daß sich im Laufe der Zeit mancherlei Korrekturen und Modifikationen ergeben werden. Bei dem Umfang des heute schon vorliegenden Wissens ist es für einen einzelnen kaum noch möglich, das Gesamtgebiet kompetent zu überschauen. Wenn trotzdem dieser Versuch gewagt wurde, dann aus der Empfindung heraus, daß die gewählte Systemgliederung organisch und didaktisch brauchbar ist und heute Bemühungen um das »Universale« ebenso notwendig sind wie Arbeiten zur Vermehrung der Spezialkenntnisse. Bei dem derzeitigen Stand unseres Wissens über den Bau des Nervensystems ist Vollständigkeit kaum noch zu erreichen. Man kann aber andererseits heute auch vom Studierenden nicht mehr verlangen, daß er alle Einzelheiten der nervösen Struktur kennt. Ich habe mich daher auf das Wesentliche zu beschränken versucht. Hat man die elementaren Zusammenhänge einmal erfaßt, so hat man, wie ich glaube, lebendige Begriffe erworben, die sich in vielen Richtungen erweitern und bei einer entsprechenden Intensivierung des Denkens auch vertiefen lassen. Der Zweck des vorliegenden Kurzlehrbuches ist daher nicht so sehr die Vermittlung spezialistischer Detailkenntnisse, sondern vielmehr derjeniger Grundbegriffe, mit denen sich dann weiterarbeiten läßt. In die gegebene begriffliche Rahmenstruktur lassen sich alle weiteren Fakten einfügen.

Bei der gewählten Darstellungsmethode verwischen sich zwangsläufig die Grenzen zur Physiologie ebenso wie die zur Pathologie und Neurologie. Wir haben auf diese Übergänge an den verschiedenen Stellen hingewiesen. Eine scharfe Grenze zwischen den Fachgebieten läßt sich heute nicht mehr ziehen. Dennoch ist der Charakter des Buches morphologisch geblieben. Besondere Schwierigkeiten bereiten erfahrungsgemäß die räumlichen Vorstellungen von den Hirnteilen. Das gilt vor allem für die zentralen Abschnitte und ihre Kerne. Die Lageverhältnisse am erwachsenen Gehirn lassen sich bekanntlich am leichtesten verstehen, wenn man sie aus der Entwicklungsgeschichte, die die Urformen zeigt, ableitet. Dieser pädagogische Kunstgriff ist nicht neu. Fast alle Lehrbuchdarstellungen über das Nervensystem gehen von der Entwicklungsgeschichte aus. Ich habe jedoch, abweichend von den bisherigen Darstellungen, die Embryologie nicht im Ganzen abgehandelt und als ein zusammenhängendes Kapitel an den Anfang gestellt, sondern jeweils in die zugehörigen Abschnitte über die Einzelsysteme eingefügt, um auf diese Weise die räumlichen Vorstellungen über die betreffenden Hirngebiete erst dann zu entwickeln, wenn diese selbst für das Verständnis der funktionalen Gliederungen gebraucht werden. Das schien mir rationeller und vom pädagogischen Gesichtspunkt aus zweckmäßiger.

Aus den genannten Zielsetzungen heraus ergab sich, daß das vorhandene, in den Lehrbüchern tradierte Bildmaterial nicht mehr genügte, um die räumlichen und funktionellen Bezüge voll anschaubar zu machen. Ich habe daher seit einigen Jahren, vor allem in Zusammenarbeit mit Frau KLOSE-BAISON und Herrn cand. med. BERND KÜLLMER, neue, unserem didaktischen Anliegen entsprechende Abbildungen zu schaffen versucht. Vor allem bei der Darstellung der Bahnen sind wir neue Wege gegangen. Meist wurden von selbst hergestellten Originalpräparaten Makrophotos, die Frl. STRITTMATTER photographiert hat, angefertigt und den halbschematischen Zeichnungen zugrunde gelegt. Besonders Frau KLOSE-BAISON möchte ich sehr herzlich für ihre unermüdliche und qualifizierte Mitarbeit, ohne die das Buch nicht zustande gekommen wäre, danken. Die von Frau KLOSE-BAISON angefertigten Zeichnungen sind mit B, diejenigen von Herrn KÜLLMER mit K gekennzeichnet.

Bei den Abbildungen habe ich besonderen Wert auf die Verdeutlichung der jeweiligen Dimension gelegt. Jeder Hochschullehrer wird die Erfahrung bestätigen, daß dem Lernenden das Erfassen der Dimension, in der sich eine bestimmte Struktur befindet, schwerfällt. Ich habe daher, wenn irgend möglich, versucht, die stärkeren Vergrößerungen aus den schwächeren, die Ausschnitte aus dem Ganzen abzuleiten und stufenweise (sozusagen »kontrollierbar«) ineinander überzuführen. Das gründliche Studium makroskopischer und histologischer Präparate wird dadurch nicht überflüssig.

Ob es gelungen ist, den schwierigen Stoff auf diese Weise didaktisch zu bewältigen, ob das Ganze durch die konsequente Anwendung des Funktionsgedankens tatsächlich »lebendiger« und in seinen Wesenszügen verständlicher geworden ist, kann letztlich nur der Leser entscheiden. Man sollte auch nicht vergessen, daß der funktionelle Aspekt nur einer unter vielen möglichen ist. Es ist wichtig, sich dieser primären Einseitigkeit immer bewußt zu bleiben. Man sollte daher, im Anschluß an die Lektüre dieses Buches, das Ganze noch einmal von einem anderen Gesichtspunkt aus durchdenken. Die Beleuchtung eines bekannten Gegenstandes von verschiedenen Seiten aus bereichert das Wissen und regt das Vorstellungsvermögen an – Fähigkeiten, die der angehende Arzt für seinen Beruf dringend benötigt.

Allen, die mir bei der Fertigstellung des Buches geholfen haben, nicht zuletzt auch den kritischen und diskussionsfreudigen Hörern meiner Vorlesung, sei herzlich gedankt. Besonderer Dank gebührt auch dem F. K. Schattauer Verlag, insbesondere Herrn Professor MATIS, für die jederzeit gewährte großzügige Unterstützung und wohlwollende Förderung meiner Arbeiten.

Marburg a. d. L., Ostern 1971 J. W. ROHEN

Inhaltsverzeichnis

Abkürzungen

A.	= Arteria	Nucl. orig.	= Nucleus originis
Aa.	= Arteriae	Nucl. term.	= Nucleus terminalis
Dct.	= Ductus	R.	= Ramus
Ggl.	= Ganglion	Rr.	= Rami
Gl.	= Glandula	Tr.	= Tractus
N.	= Nervus	V.	= Vena
Nn.	= Nervi	Vv.	= Venae
NS	= Nervensystem	ZNS	= Zentrales Nervensystem
Nucl.	= Nucleus		

Die in Klammern an den Schluß der Abbildungslegenden gesetzten Buchstaben entsprechen den Anfangsbuchstaben der Familiennamen derjenigen Zeichner, die die Abbildung ausgeführt haben. Im vorliegenden Band sind das Frau HELMA KLOSE-BAISON (B.), Herr BERND KÜLLMER (K.), Frau EVELYN OTT (O.) und Frau CHRISTIANE WITTEK (W.).

A. Entwicklungsgeschichte und makroskopische Gliederung des menschlichen Nervensystems

Das Nervensystem (NS) nimmt innerhalb des menschlichen Organismus eine Sonderstellung ein. Es bildet die Grundlage unseres bewußten Erlebens. Selbstverständlich sind auch die übrigen Organsysteme als biologische Grundlagen für die Entfaltung unserer Persönlichkeit von Bedeutung, aber nur durch die Tätigkeit des Nervensystems werden wir uns unserer selbst und der Umwelt bewußt. Das NS besitzt die bemerkenswerte Fähigkeit, Informationen aufzunehmen, zu verarbeiten und zu speichern. Durch einen derartigen »Informationswechsel« ist dieses Organsystem wie kein anderes in der Lage, regelnd und steuernd in die Lebensprozesse anderer Organe einzugreifen sowie den Organismus als Ganzes zur Umwelt in Beziehung zu setzen. Man hat daher seit langem innerhalb des NS zwei Abschnitte unterschieden, einmal das *zentrale* oder *animale* NS (*zerebrospinales NS* genannt), das – hauptsächlich durch die großen Sinnesorgane – die Verbindung zur Außenwelt herstellt, wobei sich der Organismus seiner Umwelt sowie auch seiner selbst bewußt wird, und zweitens das *autonome* oder *vegetative NS*, das die innerhalb des Organismus ablaufenden biologischen Prozesse regelt, dessen Tätigkeit uns aber nicht bewußt wird und auch von uns nicht willkürlich beeinflußt werden kann (»autonomes« NS).

Zwischen diesen beiden Extremen gibt es Übergänge. Der vermittelnde Bereich liegt im motorischen, d. h. dort, wo körperliche Bewegungen mit Hilfe von Sinnesprozessen so gesteuert werden müssen, daß sie sich einerseits richtig in die Umwelt einpassen, andererseits aber auch unseren bewußten Vorstellungen voll entsprechen. Man nennt daher auch diesen Abschnitt den sensomotorischen. Während sich nun das vegetative NS hauptsächlich in den Eingeweiden, d. h. in den Geweben und Organen, ausbreitet, konzentriert sich das zentrale NS vor allem dort, wo auch die großen Sinnesorgane lokalisiert sind, nämlich im Kopf (Gehirn). Dazwischen liegt der sensomotorische Bereich in der Hauptsache im Rückenmark und den kranial anschließenden Stammhirnabschnitten.

Aus der Vielfalt dieser Beziehungen und Aufgaben resultiert der komplizierte und vielschichtige morphologische Aufbau des NS. Je höher ein Lebewesen organisiert ist, um so größer werden auch die Anforderungen an das informationsvermittelnde System. Während der Stammesgeschichte (Phylogenese) hat sich ein ständiger innerer Umbau des NS vollzogen, der mit der zunehmenden Differenzierung der Organsysteme und der steigenden Höherentwicklung parallel geht. Dieser stammesgeschichtliche Umbau spiegelt sich in gewisser Weise in der Individualgeschichte (Ontogenese) wider. Die Komplexität des NS beim erwachsenen Menschen ist daher zugleich auch ein Ausdruck seiner Vergangenheit. Um die beim Erwachsenen vorhandenen Strukturverhältnisse des Nervensystems zu verstehen, geht man zweckmäßigerweise von den einfacheren Gestaltungen, wie sie die Entwicklungsgeschichte zeigt, aus und versucht den Prozeß der Komplizierung stufenweise nachzuvollziehen. Das auf diese Weise gewonnene Verständnis für die schwierigen räumlichen Verhältnisse des Nervensystems bildet eine Grundvoraussetzung für die nachfolgende Beschreibung der funktionellen Systeme.

Bei einem derartigen Vorgehen kann sich die Übersicht über die topographischen Verhältnisse innerhalb der einzelnen Hirnabschnitte erst am Schluß der Darstellung ergeben. Erst nach der Schilderung der Entwicklungsgeschichte und der verschiedenen funktionellen Systeme soll daher die Synopsis nach topographischen Gesichtspunkten gebracht werden, wobei in der Hauptsache vom Querschnittsbild ausgegangen wird. Isolierte Schnittbilder lassen sich erfahrungsgemäß schwer verstehen. Hat man sich jedoch zunächst ein Verständnis der embryonalen Formveränderungen und im Anschluß daran auch die funktionelle Morphologie der Systeme im einzelnen erarbeitet, so ermöglicht am Schluß die topographische Betrachtung anhand von Querschnittsbildern die Zusammenschau aller Einzelstrukturen im Gefüge des Ganzen.

In diesem einleitenden Abschnitt soll zunächst noch nicht die gesamte Entwicklungsgeschichte des NS abgehandelt werden. Es wird vielmehr nur so viel an embryologischem Tatsachenmaterial gebracht, wie zum Verständnis der nachfolgenden Kapitel notwendig ist. Dabei gehen wir vom Ganzen aus und versuchen zunächst, die Elementargliederungen sowie die wichtigsten morphologischen Grundbegriffe darzustellen. Die Details der Entwicklungsgeschichte werden in den Spezialkapiteln behandelt. Man erwarte also in der Einleitung noch keine vollständige Beschreibung der Embryologie des Nervensystems. Entsprechend der integrierten Darstellung, die wir anstreben, kann sich das Gesamtbild auch für die entwicklungsgeschichtlichen Tatsachen wiederum erst am Ende des Buches ergeben.

I. Frühstadien der Entwicklung des Nervensystems – Anatomie und Entwicklung des Rückenmarks

In der menschlichen Embryonalentwicklung wird das Nervensystem sehr früh angelegt. Nachdem sich der Keim – etwa 6 Tage nach der Befruchtung – in die Uterusschleimhaut implantiert hat, bilden sich aus dem Zellkomplex des Embryoblasten rasch Amnion- und Dottersackhöhle und anschließend die beiden Keimblätter Ektoderm und Entoderm aus (7. bis 8. Tag). Die *Chorda-Mesoderm-Platte* schiebt sich in der Primitivstreifenzone sowie im Bereich des Primitivknotens nach der Seite bzw. nach vorn unter das Ektoderm. Sie wird damit zur ersten eigenen, im »Inneren« des zukünftigen Organismus gelegenen Organanlage (15. bis 19. Tag). Diese wirkt nun als Induktor für das zweite »organismuseigene« Organsystem, nämlich das Nervensystem, das sich vom darüberliegenden Ektoderm abfaltet und als ein rohrartiges Gebilde ins Innere verlagert. Seitlich neben diesen »Achsenorganen« (Chorda dorsalis, Nervenrohr usw.) entstehen dann aus der Mesodermplatte die würfelartigen Somiten als Anlagen des Bewegungs- und Zirkulationsapparates. Durch Zerfall der Somiten bildet sich das Mesenchym, das nunmehr das Körperinnere ausfüllt und so die dreidimensionale Körperlichkeit des sich entwickelnden Organismus erzeugt. Das »epithelartige« Frühstadium des Keimes, das durch die flächenhafte Struktur der Keimblätter (Ektoderm, Entoderm usw.) bedingt ist, wird dadurch überwunden, und der neugebildete Raumkörper (Embryo) beginnt, sich von seiner Unterlage, dem Dottersack, abzuheben. Durch die Abfaltung vom Dottersack entsteht aus dem Entoderm ein vorn und hinten blind endendes Rohr, das dritte »organismuseigene« Anlagesystem des Keimes, das Darmrohr, für die Atmungs- und Stoffwechselvorgänge. Der frühembryonale Organismus durchläuft also ein Stadium, in dem die Anlagen der drei wichtigsten, für die Elementarfunktionen des Körpers notwendigen Organsysteme rasch nacheinander entstehen und damit der Grundbauplan des Organismus, die »Körpergrundgestalt« (Seidel), veranlagt wird.

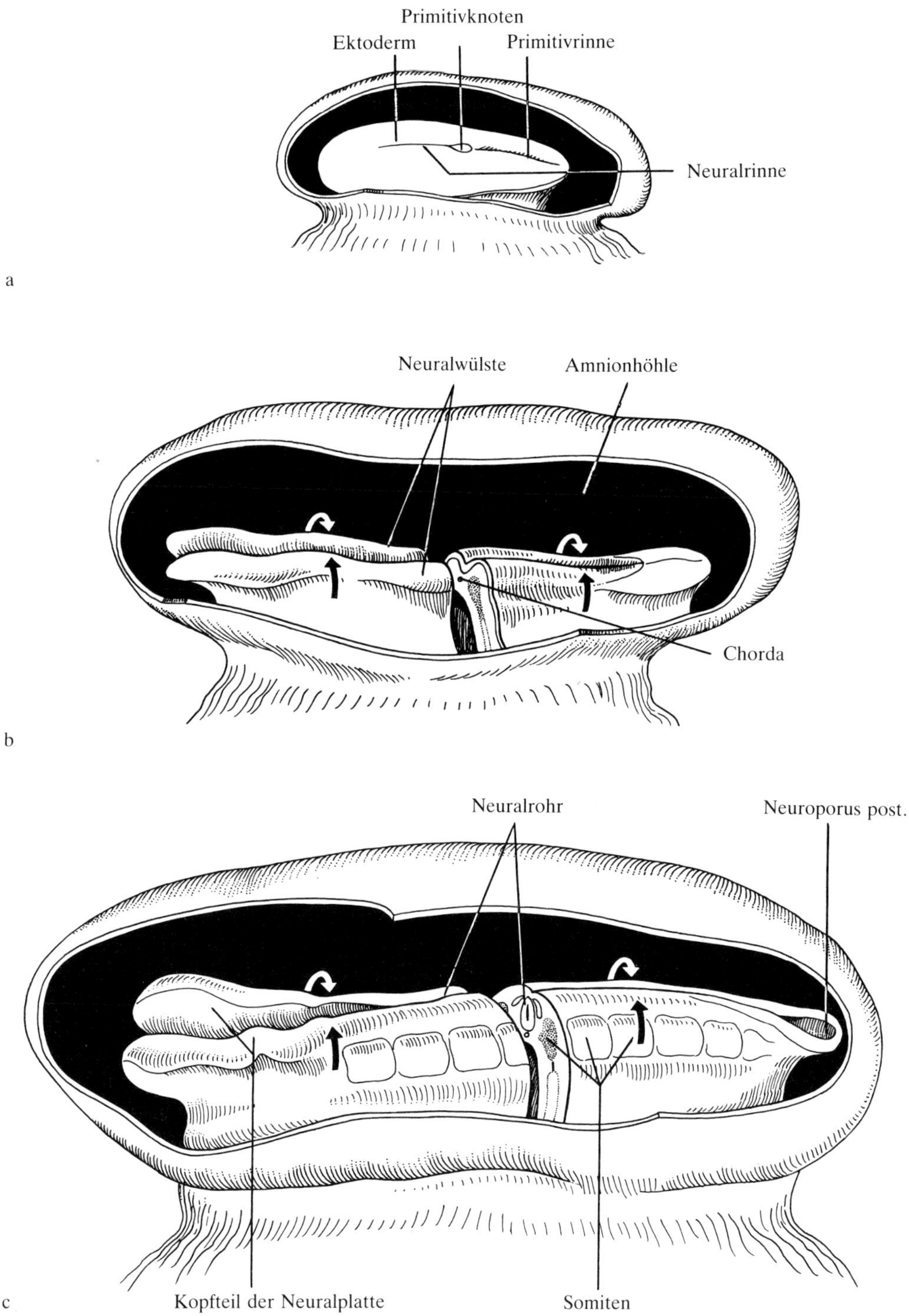

Abb. 1. a–c) Frühentwicklung des Nervensystems beim Menschen und Abfaltung des Neuralrohres vom Ektoderm, schematisch. Die Amnionhöhle ist aufgeschnitten (B.).
a) Stadium der Neuralrinnenbildung (Keimscheibe am Boden der Amnionhöhle).
b) Auffaltung der Neuralwüste und deren Verschiebung in Richtung der Pfeile.
c) Verschluß der Neuralwülste und Bildung des Neuralrohres. Die Somiten werden erkennbar.

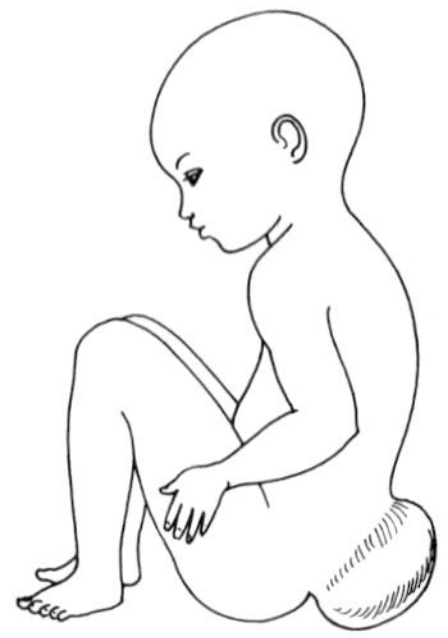

Abb. 2. Myelomeningozele in der Steißgegend bei einem Kind (nach AREY) (B.).

Das Nervensystem gehört zu diesen Elementarsystemen. Es wird als erstes von der invaginierten Chorda-Mesoderm-Platte induziert. Während das Darmrohr sich als ein vorn und hinten geschlossener Schlauch vom Dottersack abfaltet, gliedert sich die Anlage des Nervensystems zunächst als eine vorn und hinten offene Platte (*Neural-* oder *Medullarplatte*) vom Ektoderm ab (Abb. 1). Das embryonale Darmrohr muß also später vorne und hinten aufreißen, um durch die dadurch gebildete Mund- und Afteröffnung eine Verbindung zur Außenwelt zu bekommen. Umgekehrt verschließen sich die beiden anfänglichen Öffnungen des Neuralrohres, der *Neuroporus ant.* und *post.*, frühzeitig, so daß ein geschlossenes Rohr entsteht. Die Anlage des Nervensystems schließt sich also zunächst von der Umwelt ab, um erst sekundär durch die Sinnesorgane wieder mit ihr in Verbindung zu treten.

Im einzelnen vollzieht sich die **Bildung des Neuralrohres** wie folgt (Abb. 1 u. 3): Durch den Induktionsreiz des Chorda-Mesoderms wird aus dem dorsalen Ektoderm die Neuralplatte gebildet (abhängige Differenzierung). Um den 18. Tag herum, noch bevor Somiten vorhanden sind, beginnt dann zu beiden Seiten der etwas einsinkenden Mittellinie *(Neuralrinne)* eine Auffaltung in Form der sog. *Neuralwülste*. Diese vergrößern sich zunehmend und schieben sich nach der Mitte zu vor (Pfeile in Abb. 1b, c), um schließlich miteinander zu verkleben. Dadurch ist dann ein *Neuralrohr*, welches in

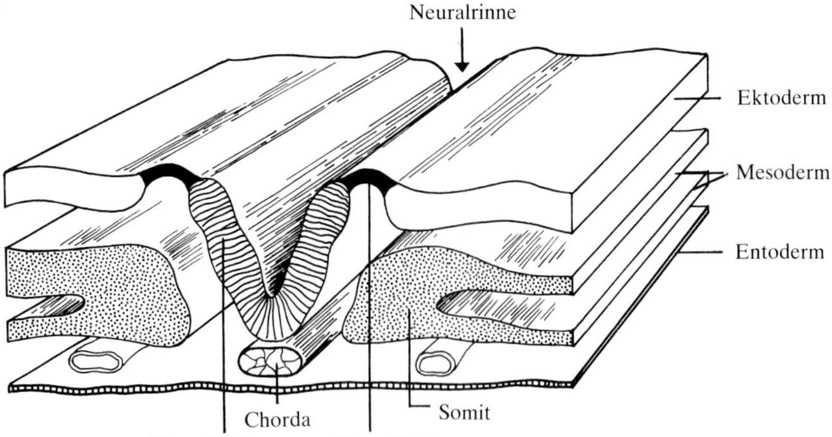

Abb. 3. a–c) Drei Stadien der Entwicklung von Neuralrohr und Neuralleiste (B.).
a) Die Neuralplatte faltet sich vom Ektoderm ab und die Neuralleiste (schwarz) wird erkennbar.

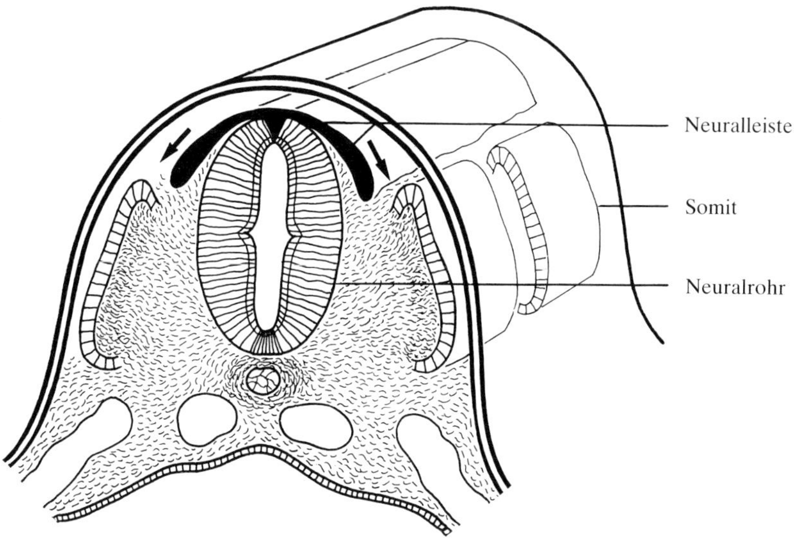

b) Das Neuralrohr ist geschlossen. Die Neuralleiste verselbständigt sich und schiebt sich peripherwärts in Richtung der Pfeile vor. Die Somiten beginnen zu zerfallen.

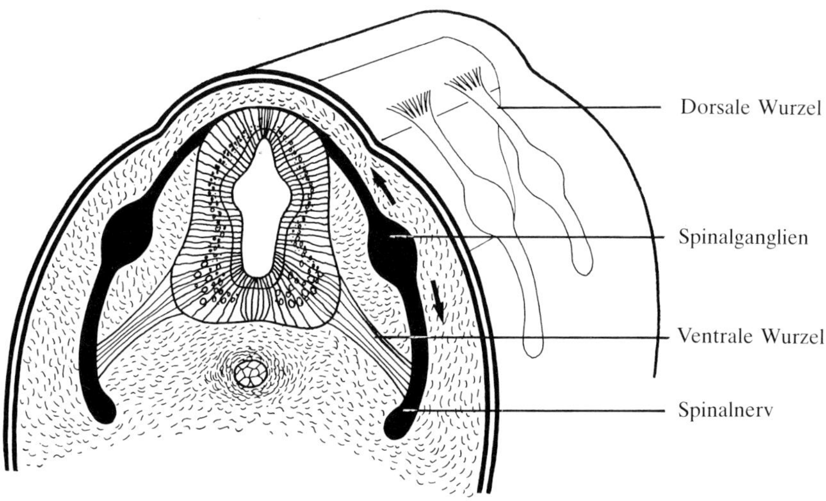

c) Die Neuralleiste gliedert sich in die dorsalen Wurzeln der Spinalnerven und Spinalganglien auf und wächst weiter peripher aus. Die Somiten sind vollständig in Mesenchym umgewandelt. (Pfeile: Wachstumsrichtungen der Neuroblastenfortsätze aus den Spinalganglien.)

der ganzen Länge des Keimlings dorsal unter dem Ektoderm liegt, entstanden. Während sich zwischen dem 21. und 31. Tag von kranial nach kaudal fortschreitend Somiten vom Mesoderm abgliedern, vollzieht sich in dem darüberliegenden Ektoderm in der gleichen Richtung die geschilderte Abfaltung des Neuralrohres. Der Verschluß des Rohres erfolgt zuerst in der Mitte der Anlage, so daß vorderer und hinterer Neuroporus anfangs breit offen stehen. Das Verschwinden dieser Öffnungen resultiert aus der Einrollbewegung der Neuralwülste und beendet die Abgliederung des Neuralrohres vom Ektoderm.

Gelegentlich beobachtete **angeborene Mißbildungen,** etwa Spaltbildungen im Bereich des unteren Endes der Wirbelsäule (Spina bifida) oder Offenbleiben des kaudalen Endes

des Neuralrohres (Myeloschisis, Myelozele oder Myelomeningozele, Abb. 2), die mit zystischen Erweiterungen der Rückenmarkshäute verknüpft sein können, deuten noch auf diesen Entwicklungsmodus hin.

Schon während der Abfaltung des Neuralrohres vom Ektoderm wird an der Grenzzone zwischen Neuralplatte und Ektoderm eine besondere Zellformation (in Abb. 3a schwarz hervorgehoben) erkennbar, die sich kurz vor der Vereinigung der Neuralwülste vom Ektoderm löst und dann beginnt, peripherwärts auszuwachsen. Dabei bleibt der Kontakt zum Neuralrohr erhalten. Die auf diese Weise gebildete Gewebsplatte stellt die *Neuralleiste* (Crista neuralis oder Ganglienleiste) dar, die im Rumpfbereich zunächst kontinuierlich, im Kopfgebiet von vornherein diskontinuierlich angelegt wird (vgl. Abb. 5). Im Rumpfbereich gruppieren sich die Zellen der Neuralleiste beiderseits des Neuralrohres zu segmental angeordneten Knoten, den späteren Spinalganglien, deren embryonale Nervenzellen *(Neuroblasten)* einmal rückläufige Fortsätze zum Neuralrohr (dorsale Wurzel) und einmal peripherwärts wachsende Fasersprossen aussenden (Pfeile in Abb. 3c). Die auswachsenden Nervenfortsätze bekommen dadurch frühzeitig Kontakt mit den benachbarten Dermatomen und Myotomen sowie weiter in der Peripherie schließlich auch mit den sich entwickelnden Organen. Die Neuroblasten der ventralen Abschnitte des Rückenmarks schicken ebenfalls Fortsätze in die Peripherie (ventrale Wurzel), die sich in der Nähe der Spinalganglien mit den eben geschilderten vereinigen (Abb. 3c). Der gemeinsame Nervenstrang wird *Spinalnerv* genannt. In jedem Rückenmarkssegment bildet sich auf diese Weise bilateral symmetrisch ein Spinalnervenpaar aus.

Es sind zunächst immer nur wenige Nervenzellfortsätze (*Pionierfasern* nach P. Weiss), die sich in die Peripherie vorschieben und dann von den nachfolgenden Fasern als Leitstruktur benützt werden (Abb. 4). Die Distanzen zwischen Nerven- und

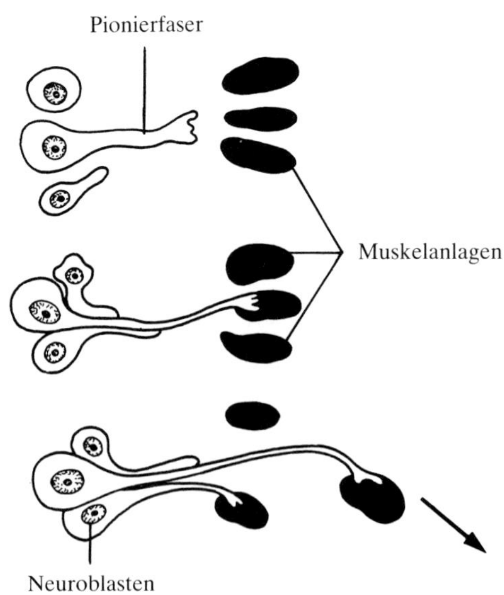

Abb. 4. Drei Stadien von der Entwicklung embryonaler Nervenfortsätze und deren Kontaktbildung mit der Muskulatur (nach P. Weiss) (B.). Links: Neuroblasten (weiß), rechts: Muskelanlagen (schwarz). Oberes Bild: eine Pionierfaser wächst in Richtung der Muskelanlagen vor. Mittleres Bild: eine Pionierfaser hat Kontakt mit der Muskelanlage bekommen; weitere Neuroblastenfortsätze benützen die Pionierfasern als Leitstruktur. Unteres Bild: die nachwachsenden Neuroblastenfortsätze erreichen ihr Erfolgsorgan. Bei der Verlagerung der Muskelanlagen (Pfeil) werden die Nerven verlängert und mitgezogen.

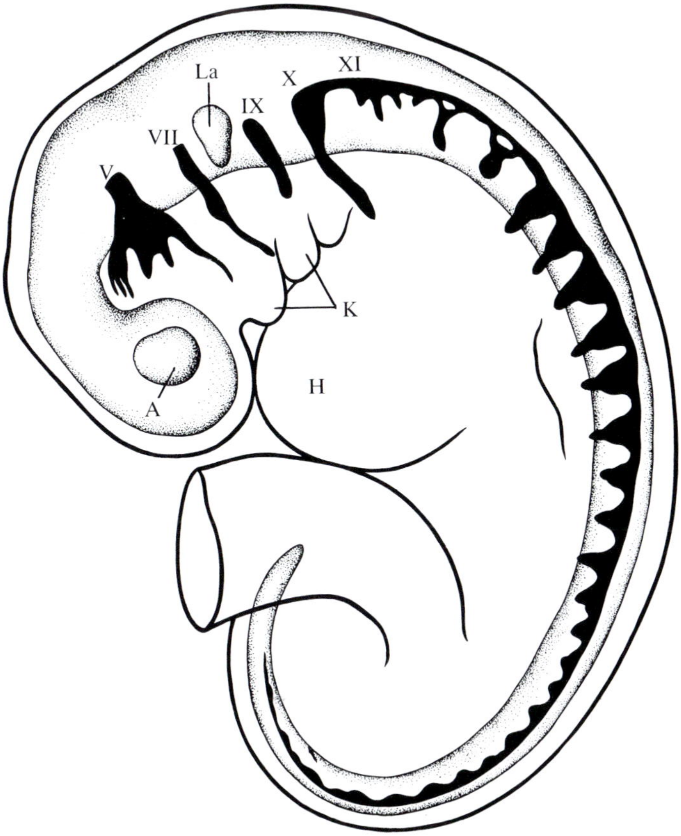

Abb. 5. Entwicklung der Neuralleiste (schwarz) bei menschlichen Embryonen (nach Abbildungen von E. Blechschmidt gezeichnet) (B.).
a) 5 Wochen alter menschlicher Embryo (Seitenansicht). Man erkennt die Bildung der Spinalnerven aus dem Neuralleistenmaterial (schwarz) und die schrittweise Durchdringung des Organismus mit nervöser Masse. Die Kopfganglienleiste (kranial) wird primär diskontinuierlich, die Rumpfganglienleiste kontinuierlich angelegt. A = Augenanlage; H = Herzwulst; K = Kiemenbögen; La = Labyrinthanlage; römische Zahlen = Hirnnervenanlagen.

Muskelanlagen sind anfangs noch sehr kurz. Die von der Neuralleiste auswachsenden Nervenzellfortsätze brauchen daher keine großen Strecken zurückzulegen. Dennoch ist nicht geklärt, wodurch die Fasern ihre zugehörigen Organe finden und wie das »Muster« der peripheren Innervation geprägt wird. Wahrscheinlich spielen dabei mehrere Faktoren eine Rolle.

Haben die auswachsenden Nervenfasern einmal Kontakt mit dem zu innervierenden Erfolgsorgan (z. B. Muskulatur, Haut) bekommen, so behalten sie diese Verbindung auch bei, wenn das Organ während der Embryonalentwicklung Verlagerungen durchmacht (Abb. 4). Die Faser wird verlängert und bei den oft verwickelten Wachstumsbewegungen wie ein Ariadnefaden mitgezogen. Der Nervenverlauf spiegelt daher beim Erwachsenen häufig noch die ursprünglichen embryonalen Ausgangszustände wider.

Besonders kompliziert gestalten sich die Verhältnisse bei der *Extremitätenentwicklung,* bei der die Muskelanlagen durch das Längenwachstum der Gliedmaßen stark gegeneinander verschoben werden. Die Muskeln ziehen dabei ihre Nerven hinter sich her und verursachen eine sekundäre Vernetzung der Spinalnerven im Bereich der

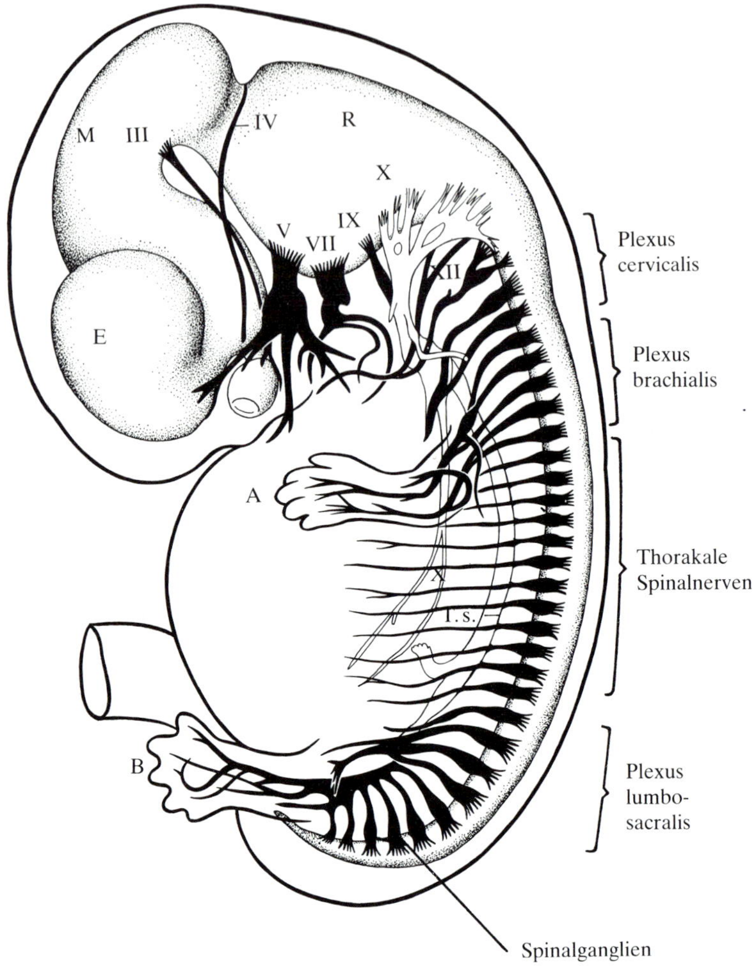

Abb. 5. b) Menschlicher Embryo (Ende 2. Monat, Seitenansicht). Die Differenzierung der Derivate der Ganglienleiste ist weiter fortgeschritten. Die in die Extremitätenanlagen einwachsenden Spinalnerven verflechten sich zu den großen Plexus. A = Armanlage; B = Beinanlage. Die Verdickungen der Spinalnerven in Rückenmarksnähe stellen die Spinalganglien dar. Weiß = Anlage des Grenzstrangs (Sympathikus) und des N. vagus (Parasympathikus). Man ziehe zum Vergleich die Querschnittsschemata der Abb. 3 heran. E = Endhirnbläschen; M = Mittelhirnanlage; römische Zahlen = Hirnnerven; T. s. = Truncus sympathicus; R = Rautenhirn.

zugehörigen Segmente. Es bilden sich die sog. *Extremitätenplexus* (Abb. 5b). Da beide Extremitäten im Bereich der ventralen Körperwand entstehen, werden auch nur die ventralen Äste der Spinalnerven (Rr. ventrales) in die Extremitätenplexus hineingezogen. Die Gliedmaßenanlagen liegen ursprünglich weiter kranial. So kommt es, daß der Arm größtenteils von Halssegmenten und das Bein von Lumbalsegmenten aus innerviert wird (Abb. 5b). An der dorsalen Rumpfwand, wo keine Gliedmaßen entstehen, bleibt die ursprüngliche Segmentgliederung der Spinalnervenäste weitgehend erhalten. Plexus entwickeln sich hier nicht.

Außer den geschilderten Nervenfortsätzen gelangen aber auch Nervenzellen in die Peripherie und bilden dort die peripheren *Ganglien.* Meist geschieht das so, daß ein Teil der Neuroblasten zunächst im Spinalganglion liegen bleibt und sich hier differenziert, während ein anderer Teil peripherwärts weiterwandert, um sich (von der 6. Woche an)

Plexus der ventralen Spinalnervenäste.		
Obere Halssegmente (C_1–C_4)	*Plexus cervicalis*	Hals
Untere Halssegmente (C_5–Th_1)	*Plexus brachialis*	Arm
Brustsegmente (Th_2–Th_{11})	*Nn. intercostales*	Brust- und Bauchwand
Obere Lendensegmente (Th_{12}–L_3) Untere Lenden- und obere Sakralsegmente (L_4–S_2)	*Plexus lumbalis* *Plexus sacralis*	*Plexus lumbosacralis* } Bein
Untere Sakralsegmente (S_3–S_4) Schwanzsegmente (S_5–Co_{1-3})	*Plexus pudendalis* *Plexus coccygeus*	*Plexus lumbosacralis* } Beckenboden

entweder *neben* der Wirbelsäule (*paravertebrale Ganglien*) oder *vor* der Wirbelsäule (*prävertebrale Ganglien*) anzusiedeln. Die paravertebralen Ganglien formieren sich beiderseits der Wirbelsäule zu segmental gegliederten Strängen (Grenzstränge oder *Trunci sympathici*). Die Entwicklung der Grenzstränge schreitet von kranial nach kaudal fort. Die prävertebralen Zellgruppen verdichten sich meist an den Abgängen größerer Organarterien in der Nähe der Aorta zu Ganglienkomplexen. Sie werden zu den wichtigsten vegetativen Zentren im Bereich der großen Körperhöhlen (Abb. 6). Schließlich bleibt auch von diesen Zellen nur ein Teil an Ort und Stelle liegen; die anderen wandern noch weiter nach peripher bis in das Parenchym der Organe. Auf diese Weise entstehen dann die *intramuralen Gangliengruppen* (im Darm z. B. der *Plexus myentericus* und *Plexus submucosus*, in der Lunge der *Plexus pulmonalis*, am Herzen die *Plexus cardiaci* usw.). Die auswandernden Neuroblasten erreichen schließlich jedes Gewebe, so daß der gesamte Organismus mit feinsten Nervengeflechten durchsetzt wird. Im Gegensatz zu den Spinalnerven, die ihre metamere Form beibehalten, auch wenn diese

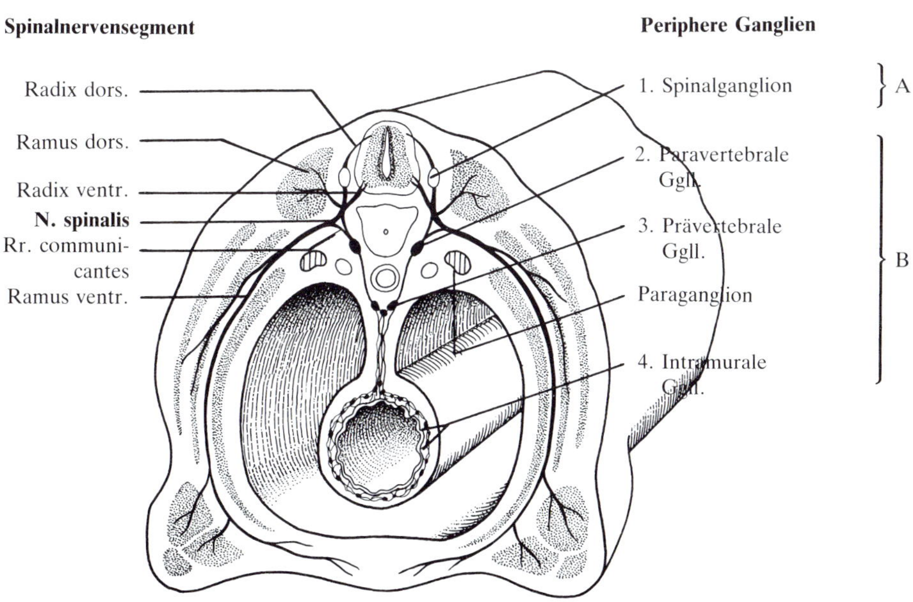

Abb. 6. Schema über die Gliederung des peripheren Nervensystems und die Lage der aus der Neuralleiste hervorgegangenen Gangliengruppen (modifiz. nach KEIBEL u. MALL) (B.). A = Ganglion des animalischen Nervensystems; B = Ganglion des vegetativen Nervensystems. Muskelanlagen dicht punktiert.

wie z. B. im Bereich der Extremitätenplexus teilweise verwischt wird, bildet sich peripher ein scheinbar unentwirrbares Netzwerk von Fasern und Zellen heraus. Die Fasern vermaschen sich so sehr, daß beim Erwachsenen im Organ- und Gewebsbereich mit lichtmikroskopischen Methoden nur noch Geflechte (intramurale Plexus) dargestellt werden können. Man sprach daher früher von einem »Terminalretikulum«. Die Elektronenmikroskopie hat jedoch gezeigt, daß auch innerhalb dieser peripheren Netze die Individualität der einzelnen Nervenfortsätze und Zellelemente erhalten geblieben ist und die Netzbildung damit nur eine im grobanatomischen Bereich feststellbare Verflechtung darstellt (vgl. S. 282).

Grenzstrang und prävertebrale Geflechte bilden den sympathischen Anteil des *vegetativen* oder *autonomen Nervensystems* (Abb. 6), dessen Bildungszellen auch als *Sympathikoblasten* bezeichnet werden. Zu diesen gesellen sich von der 8. Woche an auch Fortsätze und Zellen anderer Herkunft. Sie stammen nicht aus der Neuralleiste des Rückenmarks wie die Sympathikoblasten, sondern aus der Kopfganglienleiste, die an der Entwicklung der den Spinalnerven vergleichbaren Hirnnerven beteiligt ist (vgl. S. 28). In der Hauptsache benützen diese Zellen, die *Parasympathikoblasten* genannt werden, den 10. Hirnnerven (N. vagus), um zu den intramuralen Geflechten der Körperorgane zu

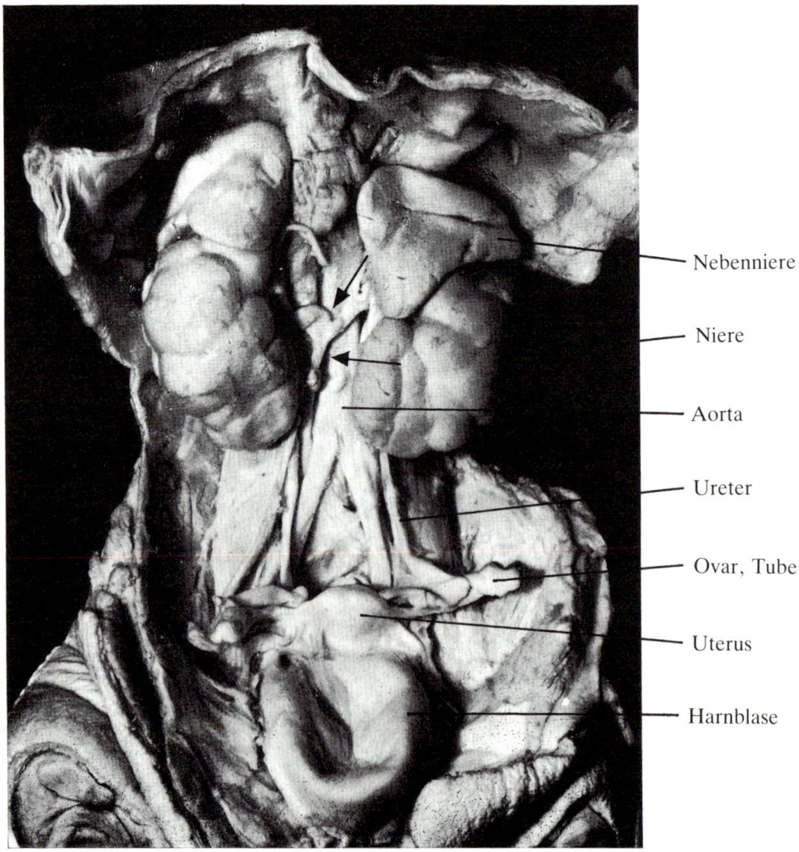

Abb. 7. Dorsale Bauchwand eines neugeborenen Mädchens mit Nebennieren (Paraganglion suprarenale) und Zuckerkandlschem Organ (Paraganglion aorticum abdominale) (Pfeile). Präparat der anatom. Sammlung Marburg.

gelangen. Im einzelnen ist jedoch die Entstehung der parasympathischen Anteile des vegetativen Nervensystems noch wenig geklärt.

Schließlich stammt aus dem Material der Neuralleiste noch eine weitere wichtige Zellgruppe, die ebenfalls die geschilderten Auswanderungsbewegungen mitmacht und vom 3. Monat ab dorsal in den Grenzstrangganglien, den prävertebralen Geflechten oder auch verstreut im Bauch- und Beckenraum anzutreffen ist. Diese Zellen übernehmen keine nervösen Funktionen, sondern werden zu fortsatzlosen, sekretorisch tätigen Zellen. Nach Behandlung mit Chromsalzen lassen sie sich selektiv braun färben, weshalb man sie auch als chromaffine (phäochrome) Zellen (Phäochromoblasten) bezeichnet hat. Sie bilden die sog. *sympathischen Paraganglien.* In der Embryonalzeit kommen derartige Paraganglien verstreut an zahlreichen Stellen vor, bilden sich aber nach der Geburt meist rasch zurück. Am größten ist das Paraganglion aorticum abdominale (Zuckerkandlsches Organ), das seine maximale Ausbildung beim 1½jährigen Kind erreicht, dann aber rückgebildet wird (Abb. 7). Bis zur Pubertät sind meist alle chromaffinen Paraganglien verschwunden; lediglich das Nebennierenmark, das ebenfalls aus chromaffinen Zellen aufgebaut ist, bleibt erhalten. Bei Mißgeburten, bei denen das Gehirn nicht entwickelt ist (Anenzephalie), fehlt regelmäßig auch das »Gehirn des Bauches« (CLARA), die Nebenniere.

Außer den chromaffinen gibt es aber auch nichtchromaffine Paraganglien. Herkunft und Funktion dieser Zellgruppen sind noch weitgehend ungeklärt. Vielleicht stammen sie ebenfalls aus der Matrix der Neuralleiste. Nichtchromaffine Paraganglioblasten siedeln sich z. B. an der Teilungsstelle der A. carotis (Karotisdrüse, Paraganglion caroticum oder Glomus caroticum), zwischen Aorta und Tr. pulmonalis (Paraganglion supracardiale, Supraperikardialkörper, Ganglia cardiaca) und an der Wurzel des N. vagus (Paraganglion nodosum) an (vgl. S. 306).

Die Neuralleiste enthält also embryonal ein vielseitiges Muttergewebe. Neben Neuroblasten für das gesamte periphere Nervensystem bildet sie auch die Hilfszellen des Nervengewebes, die man unter dem Begriff der Glia zusammenfaßt (Spongioblasten, Glioblasten). Schließlich entstehen außer den genannten, sekretorisch tätigen Zellelementen der chromaffinen Paraganglien überraschenderweise aus der Neuralleiste auch die Pigmentzellen des Körpers d. h. die Chromatophoren, Melanophoren, Guanophoren, Lipophoren oder Iridozyten. Wird zum Beispiel experimentell ein Stück der Neuralleiste entfernt, so fehlt die Pigmentierung im Bereich der zugehörigen Segmente.

Derivate der Ganglienleiste des Rückenmarks	
1. *Neuroblasten*	für Spinalganglien und periphere Ganglien
2. *Sympathikoblasten*	für Grenzstrang und periphere vegetative Ganglien
3. *Phäochromoblasten*	für Nebennierenmark und *sympathische Paraganglien*
4. *Glio-* oder *Spongioblasten*	für die gesamte periphere Glia
5. *Melanoblasten*	für die Pigmentzellen von Rumpf und Extremitäten

Im Rumpfbereich wird das Neuralrohr zum Rückenmark. Unmittelbar nach der Bildung des Neuralrohres setzt eine rasche Zellvermehrung an den lumennahen Wandabschnitten ein. Daher sind hier regelmäßig zahlreiche Zellteilungen zu finden (ventrikuläre Mitosen). Dieser Bereich bildet die *Matrixzone* des embryonalen Rückenmarks *(Zona ventricularis)*. Der Hohlraum selbst ist von einem zylinderepithelartigen Ependym ausgekleidet. Die Ependymzellen, die zum Gliagewebe zu rechnen sind, durchsetzen das gesamte embryonale Rückenmark mit radiär verlaufenden Fasern und

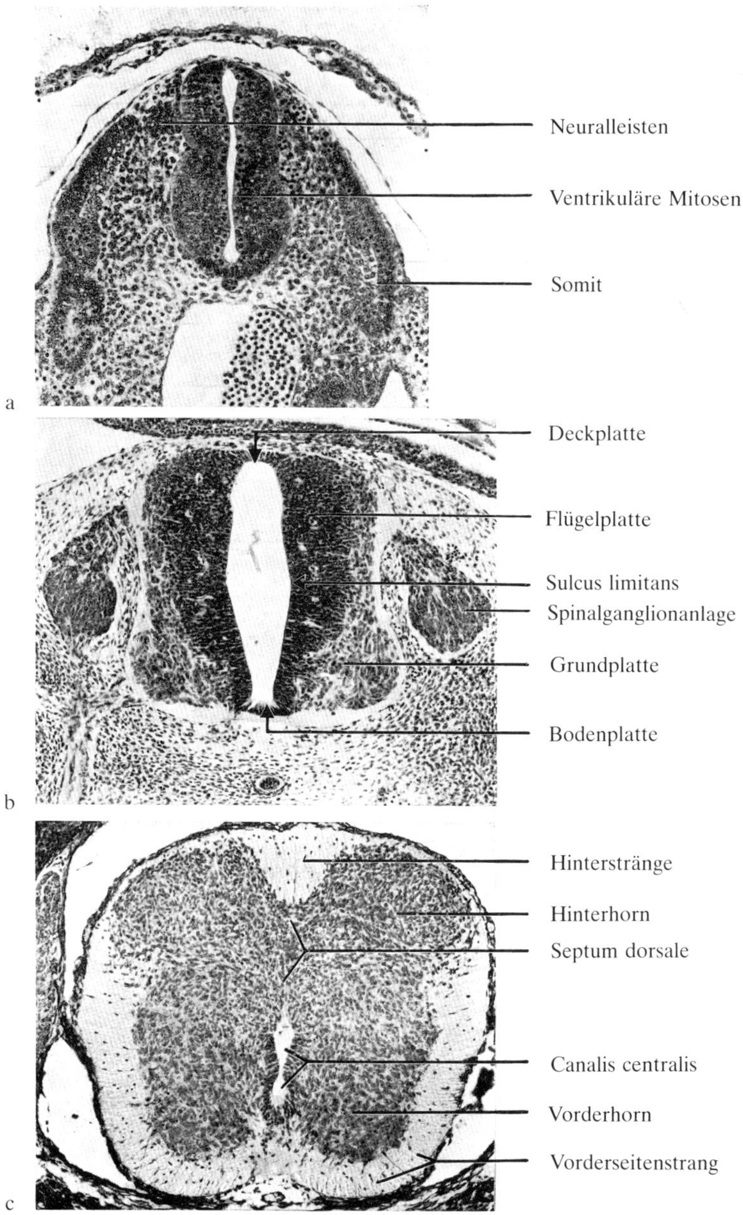

Abb. 8. a–e) Querschnitte durch das embryonale Rückenmark der Ratte in verschiedenen Entwicklungsstadien (nach T. J. Floréz-Cossio) (van-Gieson-Färbung, 95× vergr.).
a) Undifferenziertes Neuralrohr (Rattenembryo, 12. Tag p. c.). Randschleier wird eben differenziert.
b) Gliederung in Mantelschicht und Randschleier. Grund- und Bodenplatte werden unterscheidbar. Die Grenze liegt etwa in Höhe des Sulcus limitans (14. Tag. p. c.).
c) Graue und weiße Substanz differenzieren sich aus; das zentrale Lumen verschwindet bis auf den Canalis centralis und wird in das Septum dorsale einbezogen (18. Tag. p. c.).

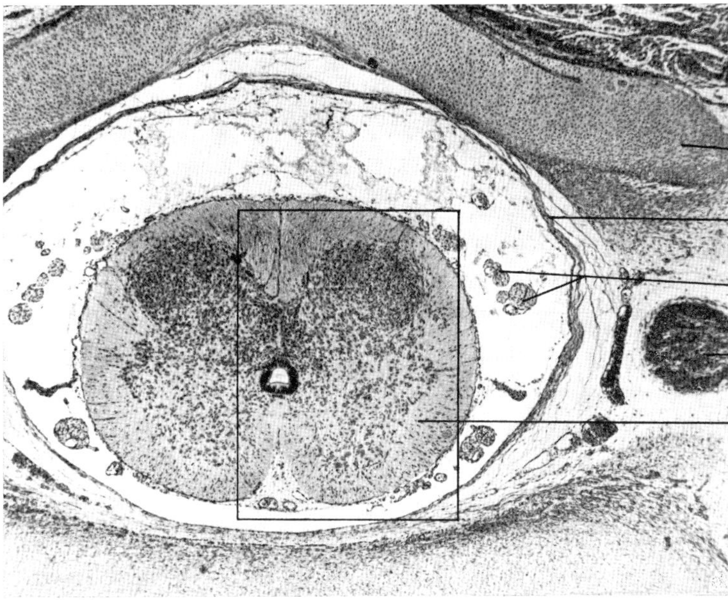

d

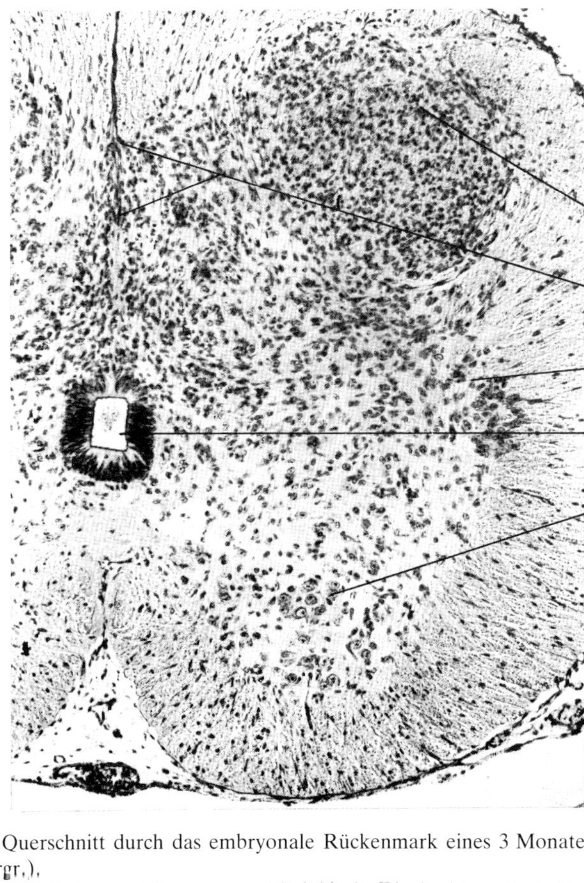

e

d) Querschnitt durch das embryonale Rückenmark eines 3 Monate alten menschlichen Embryos (HE, 32× vergr.).
e) Ausschnittvergrößerung aus (d) (100×). Die funktionelle Differenzierung in die Vorderhörner (Grundplatte) und Hinterhörner (Flügelplatte) ist weiter fortgeschritten. Der Zentralkanal ist gebildet.

bilden damit das erste gliöse Stützgerüst. Entlang dieser Faserzüge schieben sich die in der *Matrixzone* neugebildeten Zellen oberflächenwärts vor, bleiben aber zunächst in der Nähe der Matrix liegen. Dadurch entsteht eine zellreiche Zone um den Zentralkanal herum, die *Mantelschicht (Zona nuclearis)*. Hier setzen dann die ersten Differenzierungsvorgänge ein, wodurch zwei Zelltypen gebildet werden, *Neuroblasten* als Stammzellen für alle nervösen Elemente und *Spongio-* bzw. *Glioblasten* als Stammzellen für alle nichtnervösen Elemente (Gliagewebe). Die Fortsätze der Neuroblasten schieben sich gegen die Oberfläche des Rückenmarks vor und bilden dadurch die vornehmlich aus Fasern bestehende Marginalzone oder den *Randschleier (Zona marginalis)*. Durch den ständigen Nachschub neuer Zellen aus der Matrixzone nimmt der Umfang des embryonalen Rückenmarks rasch zu und die Mantelzone verbreitert sich (Abb. 8a–d). Das Dickenwachstum erfolgt aber nicht gleichmäßig, sondern in den seitlichen Abschnitten wesentlich stärker als dorsal und ventral. Dadurch ergibt sich eine weitere, sehr charakteristische Gliederung, die eine Elementarstruktur für das gesamte Nervensystem darstellt, nämlich die in eine *Grund- und Flügelplatte*. Dorsal und ventral verdichten sich die Ependymfasern und bilden keilförmige Faserplatten, in denen sich wenig oder gar keine Neuroblasten ansiedeln (dorsaler und ventraler Ependymkeil). Hier wächst das Neuralrohr nur wenig. Man nennt diese Abschnitte die *Deck- und Bodenplatte*. Lateral dagegen schichtet sich zunehmend Zellmaterial an, das sich in die ventrolaterale Grundplatte und die dorsolaterale Flügelplatte differenziert. Die Trennungsebene liegt etwa in Höhe des am Zentralkanal sichtbaren *»Sulcus limitans«* (Abb. 8b). Die Neuroblasten der Grundplatte bilden lange Fortsätze, die nach außen wachsen und mit den Muskelanlagen Kontakt gewinnen. Die Grundplatte übernimmt daher motorische Funktionen. Die sensible Flügelplatte gewinnt demgegenüber Verbindungen mit der Neuralleiste und den Spinalganglien. Der dorsale Abschnitt des Zentralkanals obliteriert frühzeitig. Hier entsteht das Septum dorsale (Abb. 8e). Ventral bleibt der Zentralkanal erhalten, verschwindet allerdings im Ewachsenenalter stellenweise häufig.

Diese Besonderheiten der Entwicklung führen zu dem charakteristischen H- oder schmetterlingsförmigen Querschnittsbild des ausdifferenzierten Rückenmarks. Die zell- und kernreiche Mantelzone liefert die *graue Substanz (Substantia grisea)*, die faserreiche Marginalzone die spätere *weiße Substanz (Substantia alba)*. Weil die ausgereiften Nervenfasern von lipidhaltigen Markscheiden umhüllt werden, erscheint diese Zone am frischen Querschnittspräparat weiß bis gelblich. An der grauen Substanz sind im Querschnittsbild beiderseits ein Vorderhorn [Abkömmling der Grundplatte (Cornu anterius)] und ein Hinterhorn [Abkömmling der Flügelplatte (Cornu posterius)] sowie ein beide verbindendes Seitenhorn (Cornu laterale) zu unterscheiden. Im ganzen gesehen bilden diese »Hörner« eigentlich Zellsäulen (*Columnae ant., post.* und *lat.;* Abb. 9a). Die weiße Substanz wird durch die von den Spinalganglienzellen rückläufig von dorsal ins Rückenmark eingewachsenen Nervenfortsätze bzw. umgekehrt durch die aus den Vorderhornzellen in die Peripherie vorgedrungenen Zellfortsätze in Bündel (Fasciculi) untergliedert. Man bezeichnet diese entsprechend als Vorder-, Seiten- und Hinterstränge *(Funiculus anterior, lateralis* und *posterior*).

Die radiären Faserzüge der Grund- bzw. Flügelplatte gruppieren sich außerhalb des Rückenmarks zu dickeren Nervensträngen, den Wurzelfäden *(Fila radicularia),* die sich dann zu den vorderen bzw. den hinteren Wurzeln zusammenschließen (*Radix ventralis* und *Radix dorsalis*). Die hintere Wurzel schließt das Spinalganglion ein. Beide Wurzeln vereinigen sich kurz hinter dem Ganglion und bilden dadurch jeweils einen *Spinalnerven* (Abb. 9a u. b). Zu jedem Körpersegment gehört ein Spinalnervenpaar. Jeder Spinalnerv enthält alle für die nervöse Versorgung eines Körpersegmentes notwendigen Faserelemente, ist also ein *gemischter* Nerv.

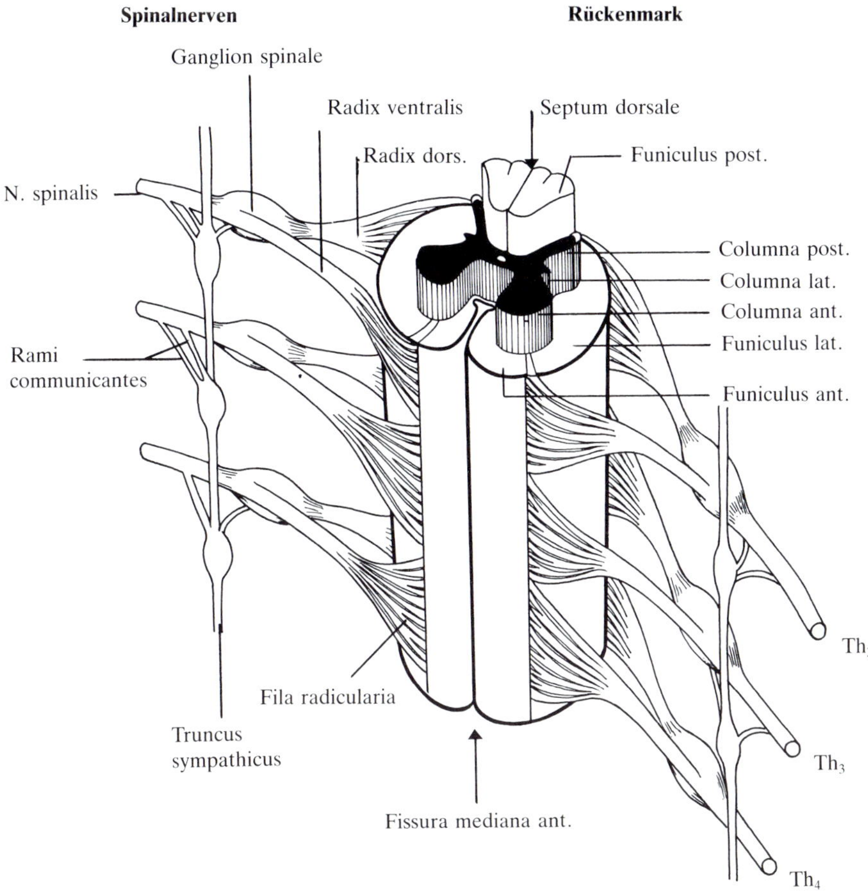

Abb. 9. a) Rückenmark und zugehörige Spinalnervenpaare im metameren Bereich des Rumpfes (B.).

Die motorischen Fasern für die Innervation der Körpermuskulatur (Rumpf und Extremitäten) stammen aus den Kernen der Vorderhörner. Da es sich um die Willkürmotorik handelt, nennt man sie *somatomotorische* Fasern. Die zugehörigen sensiblen Fasern bilden die hintere Wurzel und bekommen Kontakt zu den Hinterhörnern (Somatosensibilität). *Somatomotorik und Somatosensibilität* machen zusammen jenen Teil des Nervensystems aus, der unserem Bewußtsein zugänglich ist und willkürlich beeinflußt werden kann (somatisches oder animales Nervensystem). Demgegenüber stellt sich das Material der Seitensäulen des Rückenmarks in den Dienst des vegetativen Nervensystems, wobei die dorsalen Abschnitte der Columnae laterales mehr sensible, die ventralen mehr motorische Funktionen übernehmen. Man spricht hier entsprechend von *Viszeromotorik* und *Viszerosensibilität.* Dieser Bereich des NS ist unserem Bewußtsein weitgehend entzogen und arbeitet autonom (viszerales oder vegetatives NS). Die lateralen Kerngruppen des Rückenmarks stehen über die Spinalnerven mit den Eingeweidegeflechten in Verbindung.

Die nachfolgend zusammengestellte morphologische Gliederung des embryonalen Rückenmarks ist also zugleich eine funktionelle, die für das gesamte Neuralrohr grundlegend ist und in allen seinen Abschnitten, wenn auch teilweise in stark modifizierter Form, wiederkehrt (vgl. Abb. 15).

Der relativ kurze *Spinalnerv* gibt peripher fünf Äste ab. Die beiden Rr. communicantes stellen Verbindungen zum Grenzstrang dar. Der Ramus spinalis ist ein rückläufiger Ast zum Rückenmarkskanal, der Ramus dorsalis ist für die zugehörigen Segmente der dorsalen, der Ramus ventralis für die der ventralen Körperwandung bestimmt. Diese anatomische Gliederung wiederholt sich in jedem Segment. Man spricht daher auch von einem *Nervensegment* (nervöses Spinalsegment, Abb. 6 u. 9). Über den zellulären Aufbau des Spinalnervensegmentes vgl. S. 88ff.

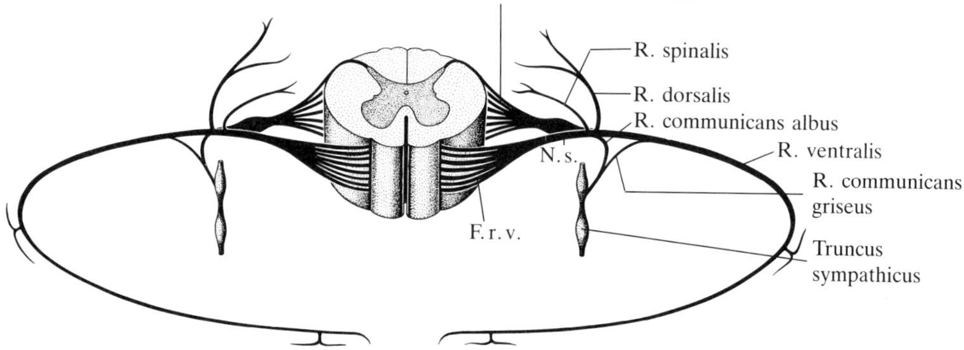

Abb. 9. b) Schema eines Spinalnervensegmentes (W.). N. s. = N. spinalis; F. r. v. = Fila radicularia ventralia.

Äste eines Spinalnerven	
1. Ramus dorsalis	teilt sich meist in einen medialen und lateralen Ast und versorgt die autochthone Rückenmuskulatur sowie die dorsalen Dermatome der Haut.
2. Ramus ventralis	bildet im Rumpfbereich die Nn. intercostales, im Extremitätenbereich die Plexus cervicales, brachiales und lumbosacrales.
3. Ramus spinalis	rückläufiger, sensibler Ast für die Rückenmarkshäute.
4. Ramus communicans albus	bringt markhaltige Nervenfasern vom Rückenmark zu den Grenzstrangganglien und erscheint daher weißlich (albus).
5. Ramus communicans griseus	bringt markarme und marklose Nervenfasern rückläufig vom Grenzstrangganglion zum Spinalnerven und erscheint daher grau (griseus).

Während der frühen Embryonalzeit reicht das Rückenmark durch die ganze Wirbelsäule bis zu den Schwanzsegmenten. Am kaudalen Ende ist der Zentralkanal häufig als Sinus terminalis etwas blasenförmig erweitert. Der kaudale Endabschnitt des Rückenmarks rudimentiert jedoch im Laufe der Entwicklung und wird zum Filum terminale, das von einem etwas erweiterten, trichterförmigen Rückenmarksabschnitt ausgeht, dem *Conus medullaris* (Abb. 11). Das Filum terminale ist embryonal noch an der Haut über dem Steißbein, später aber nur noch an der Rückfläche des Os coccygis befestigt. Anfangs liegen die Spinalnerven und ihre Erfolgsorgane, d. h. die zugehörigen Knochen- und Muskelsegmente, in gleicher Höhe. In der zweiten Hälfte der Schwangerschaft bleibt jedoch die Wachstumsgeschwindigkeit des Rückenmarks gegenüber der des Rumpfes stark zurück. Die Wirbelsäule schiebt sich weiter nach kaudal, wodurch das untere Rückenmarksende passiv nach kranial verlagert wird. Durch diesen scheinbaren »Ascensus des Rückenmarks« verändern sich auch Form und Länge der Spinalnervenwurzeln. Die kaudalen Wurzelfäden werden zunehmend in die Länge gezogen, da die in den Foramina intervertebralia lokalisierten Spinalganglien ihre Lage nicht verändern. Nur die sakralen Spinalganglien verlagern sich später wieder ein Stück weit in den Sakralkanal hinein (S_1–S_4). So kommt das Bild der *Cauda equina,* d. h. die pferdeschweifartige Anordnung der Spinalnervenwurzeln im Lenden- und Sakralbereich des Wirbelkanals, zustande. Wenn dadurch auch die unteren Spinalnervenwurzeln bis zu 12 und 14 cm lang werden können, so bleibt doch am Foramen intervertebrale immer der ursprüngliche Bezug zwischen Segment und Spinalnerv erhalten.

Da die Extremitäten eine reichere Innervation benötigen als die Brust- und Bauchwand, sind die die Gliedmaßenplexus bildenden Spinalnerven in der Regel dicker. Auch die zugehörigen Segmente des Rückenmarks enthalten quantitativ mehr Zellmaterial, weshalb das Rückenmark im Bereich der Extremitätenwurzeln anschwillt. So entsteht eine *Intumescentia cervicalis* im Bereich von C_3-Th_2 (für den Arm) und eine *Intumescentia lumbalis* im Bereich von Th_9–L_2 (für das Bein).

<table>
<tr><td rowspan="2">Flügelplatte</td><td>Somatosensibilität</td><td>Columna posterior</td><td>←</td><td rowspan="4">Somatisches oder animales NS</td></tr>
<tr><td>Viszerosensibilität</td><td rowspan="2">Columna lateralis</td><td rowspan="2">Veget. NS</td></tr>
<tr><td rowspan="2">Grundplatte</td><td>Viszeromotorik</td></tr>
<tr><td>Somatomotorik</td><td>Columna anterior</td><td>←</td></tr>
</table>

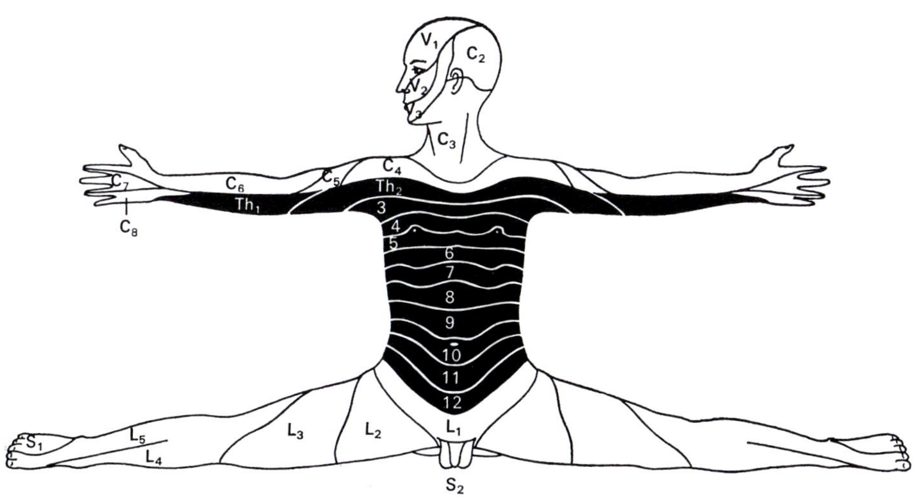

Abb. 10. Hautsegmente (Dermatome) des Menschen. Thorakale Segmente (Th_1–Th_{12}) schwarz hervorgehoben. Die Extremitäten sind entsprechend ihrer embryonalen Wachstumsrichtung seitlich abgespreizt gezeichnet, um den Bezug zu den angrenzenden Segmenten deutlich zu machen (nach HANSEN u. SCHLIACK) (B.).

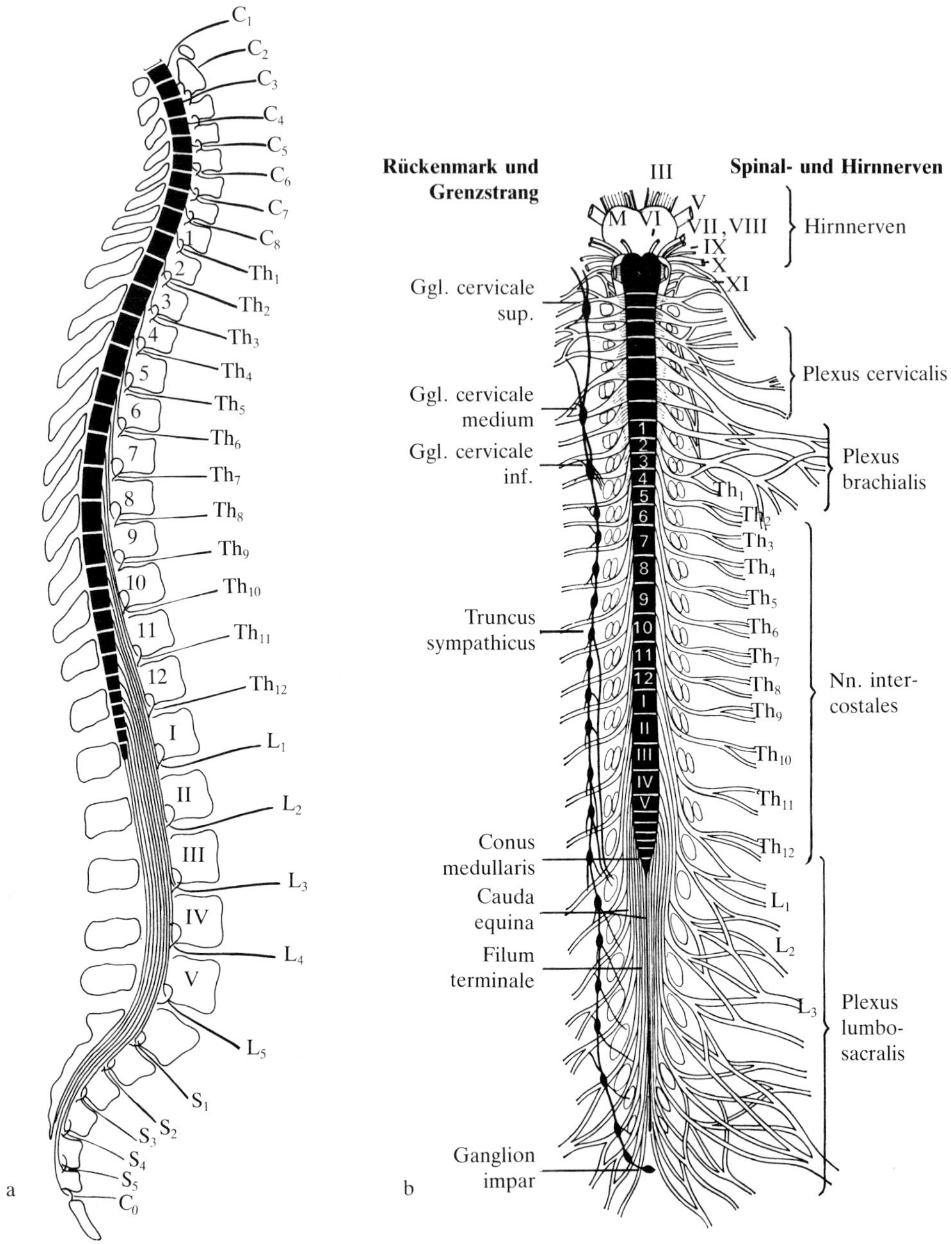

Abb. 11. a–b) Segmentale Gliederung von Rückenmark und Spinalnerven in Beziehung zur Wirbelsäule (B.).
a) Seitenansicht. 1–12 = Brustwirbelkörper; I–V = Lendenwirbelkörper.
b) Ventralansicht. In der linken Bildhälfte wurde der Grenzstrang des Sympathikus, rechts die Gliederung der Spinalnerven in die Extremitätenplexus dargestellt. 1–12 = Brustsegmente; I–V = Lendensegmente; M = Medulla oblongata.

Das Rückenmark füllt den Wirbelkanal nicht vollständig aus und hat dadurch etwas Bewegungsfreiheit. Es verläuft im allgemeinen etwas gestreckter als die Wirbelsäule. Der Rückenmarksstrang ist also in den Lordosen- und Kyphosenabschnitten der Wirbelsäule jeweils ein wenig exzentrisch lokalisiert.

Alter	**Lokalisation der Spitze des Conus medullaris** (scheinbarer Ascensus)
3. Fetalmonat	Ende des Wirbelkanals
4. Fetalmonat	in Höhe von S_3
Neugeborenes	in Höhe von L_3
Erwachsener	in Höhe von Th_{12}–L_2

II. Entwicklung und allgemeine Gliederung des Zentralnervensystems im Kopfbereich

Die Gliederung des Neuralrohres im Rückenmarksbereich bleibt auch noch nach der Differenzierung einfach und überschaubar, da im wesentlichen von der *Metamerie als Strukturprinzip* nicht abgewichen wird. Anders liegen die Verhältnisse im Kopfbereich. Hier treten am Neuralrohr einerseits bläschenförmige Erweiterungen auf, andererseits nimmt auch das Zellmaterial in der Wandung des Neuralrohres stellenweise enorm an Masse zu. Dadurch ergeben sich komplizierte Verwerfungen und Verlagerungen. Im Gegensatz zum »Auswanderungsprozeß« in die Peripherie (Dezentralisierung und Netzbildung) herrscht hier das Bildungsprinzip der »Konzentration« vor.

1. Hirnbläschen und vertikale Gliederung des Neuralrohres

Im Bereich des Kopfes tritt eine Segmentation des Neuralrohres nur anfangs und meist sehr flüchtig im Übergangsbereich zum Rückenmark in Erscheinung. Sie wird als *Neuromerie* bezeichnet. Die Gliederung in Deck-, Boden-, Grund- und Flügelplatte ist auch im Kopfteil des Neuralrohres noch erkennbar, verwischt sich jedoch kranialwärts allmählich. Durch aufeinanderfolgende Erweiterungen und Verengerungen des Neuralrohres bilden sich die *primären Hirnbläschen* aus, und zwar von kranial nach kaudal (Abb. 12): das Vorderhirn *(Prosencephalon)*, das Mittelhirn *(Mesencephalon)* und das Rautenhirn *(Rhombencephalon)*. Das Mesenzephalon wird von einigen Autoren nicht als ein primäres Hirnbläschen angesehen, sondern größtenteils in das Rhombenzephalon miteinbezogen, so daß wir dann nur zwei primäre Hirnbläschen zu unterscheiden hätten. Am Prosenzephalon entstehen frühzeitig zwei seitliche, bläschenförmige Ausstülpungen, die Endhirnbläschen *(Telencephalon)*. Der verbindende, unpaare Abschnitt wird zum *Diencephalon* oder Zwischenhirn. Aus dem Zwischenhirnboden wachsen beiderseits die Augenbläschen aus und schieben sich von innen nach außen gegen das Ektoderm vor (Abb. 12). Der Augenblasenstiel wird zum späteren Sehnerven. Umgekehrt entsteht das Ohr- oder Labyrinthbläschen durch einen von außen nach innen gerichteten Wachstumsprozeß, in dem sich das Ektoderm in die Tiefe verlagert und zu einem flüssigkeitsgefüllten Bläschen umformt (Weiteres s. S. 120 u. 243). Räumlich und funktionell ist das Labyrinthbläschen, die Anlage des Gehör- und Gleichgewichtsorgans, dem Rhombenzephalon, das Sehorgan dagegen dem Prosenzephalon zuzuordnen.

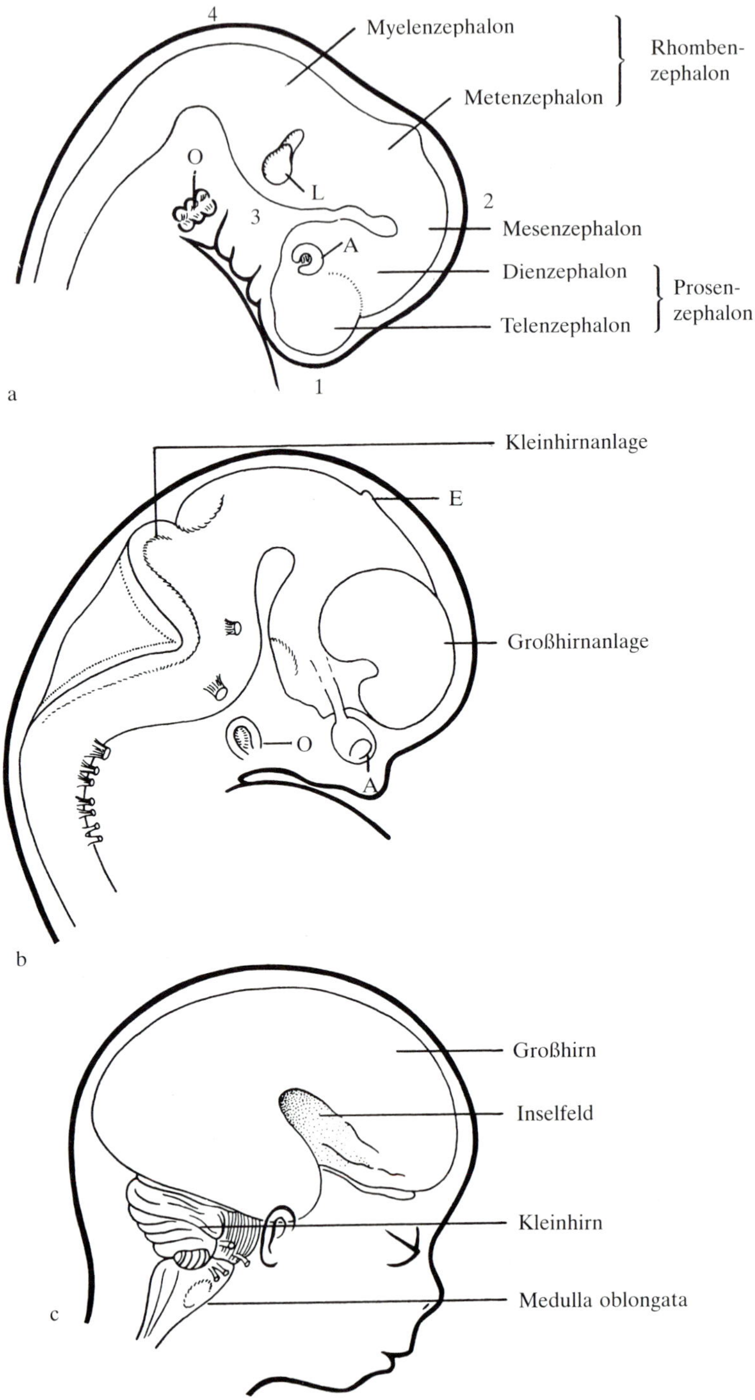

Abb. 12. a–c) Drei Stadien der Gehirnentwicklung von lateral gesehen.
a) 35 Tage alter menschlicher Embryo.
b) 44 Tage alter menschlicher Embryo.
c) 5 Monate alter menschlicher Fetus.
1 = Stirnbeuge; 2 = Scheitelbeuge; 3 = Brückenbeuge; 4 = Nackenbeuge; A = Augenanlage; E = Epiphyse; O = äußeres Ohr; L = Labyrinthbläschen.

Die beiden Hirnbläschen zeigen wachstumsdynamisch ein gegensätzliches Verhalten. Während die Endhirnbläschen, die späteren Großhirnhemisphären, als paarige Ausstülpungen des Prosenzephalons angelegt werden und in einer rasch fortschreitenden Entwicklung alle übrigen Hirnabschnitte überlagern, entwickelt sich das Kleinhirn von einer queren, riegelartig im Dach des Rautenhirns gelegenen Platte, die sich zunehmend verdickt und nach hinten vorwölbt. Dadurch entsteht am späteren Kleinhirn ein Querfurchenrelief. Die unpaare Kleinhirnanlage entfaltet sich also nach rückwärts über dem einknickenden Boden der Rautengrube und überwuchert damit allmählich die hinteren Abschnitte des Rautenhirns, während sich die Endhirnbläschen vom zentral gelegenen Inselfeld aus nach vorne und rückwärts ausbreiten und dadurch schließlich alle anderen Hirnabschnitte überdecken (Abb. 12). Aus den 2 (3) primären Hirnbläschen sind also 5 sekundäre Hirnbläschen hervorgegangen – eine elementare Gliederung, die allen weiteren Besprechungen zugrunde gelegt werden muß.

Prosenzephalon (Vorderhirn)	**Telenzephalon** (Endhirn, Großhirn) **Dienzephalon** (Zwischenhirn)
Mesenzephalon (Mittelhirn)	**Mesenzephalon** (Mittelhirn)
Rhombenzephalon (Rautenhirn)	**Metenzephalon** (Hinterhirn, Kleinhirn) **Myelenzephalon** (Nachhirn oder verlängertes Mark [Medulla oblongata])

Man darf sich nun allerdings nicht vorstellen, daß diese vertikale Gliederung des Neuralrohres auf scharfen, strukturell zu begründenden Abgrenzungen beruhe. Die Übergänge sind fließend und die Grenzen verwischt.

Die regional unterschiedliche Massenzunahme des Neuralrohres im Kopfbereich führt zu Krümmungen und Knickungen, die aber zugleich auch Ausdruck der Gesamtentwicklung des Embryonalkörpers sowie der Wachstumsintensität der Nachbarregionen sind. Man unterscheidet eine Nacken-, Scheitel- und Brückenbeuge. Diese Krümmungen gleichen sich teilweise rasch wieder aus (Abb. 12).

2. Ventrikel und Plexus choroidei im Bereich des Rautenhirns

Ein besonderes Charakteristikum der frühen Entwicklung des kranialen Neuralrohres stellt die Tatsache dar, daß an verschiedenen Stellen die Neuralrohrwandung dünn bleibt, da sie die allgemeine Massenentfaltung nicht mitmacht. Hier bleibt das Epithel einschichtig und proliferiert nicht wie an den übrigen Wandabschnitten. An diesen Stellen dringen Gefäße in das Lumen des Neuralrohres vor und bilden knäuelartige Geflechte aus, die man als *Plexus choroidei* (Adergeflechte) bezeichnet. Im Rautenhirnbereich sind es die hinter dem Kleinhirnwulst gelegenen Abschnitte der Deckplatte, die sich zum Plexus choroideus umbilden. Am Prosenzephalon entwickeln sich im Dach des Zwischenhirns sowie an einer streifenförmigen Zone an der medialen Seite der beiden Endhirnbläschen derartige Adergeflechte (Abb. 13). Diese sondern eine wäßrige Flüssigkeit, den Hirnliquor *(Liquor cerebrospinalis internus)*, in die Hohlräume des Neuralrohres ab. Die Plexus choroidei bestehen somit immer aus zwei Teilen, einem neuralen, d. h. epithelialen Anteil (Lamina epithelialis), und einem mesektodermalen Anteil, der Gefäße und Bindegewebe umfaßt und als Tela choroidea bezeichnet wird. Alle aus dem

Blut in den Liquor übertretenden Stoffe müssen diese beiden Schichten passieren. Sie bilden für viele Stoffe ein Permeationshindernis *(Blut-Liquor-Schranke)*, an dem die genannten Gewebsgruppen funktionell in unterschiedlicher Weise mitwirken (vgl. S. 322).

Die Plexus bilden sich meist in Regionen aus, wo das Lumen des Neuralrohres erweitert ist (Abb. 13). Diese Hohlräume werden als *Ventrikel* bezeichnet. Die Endhirnbläschen umschließen die Seitenventrikel (Ventriculi laterales), das Zwischenhirn den III. Ventrikel (Ventriculus tertius) und das Rautenhirn den IV. Ventrikel (Ventriculus quartus). Im Mittelhirnbereich engt sich das Lumen des Neuralrohres durch die

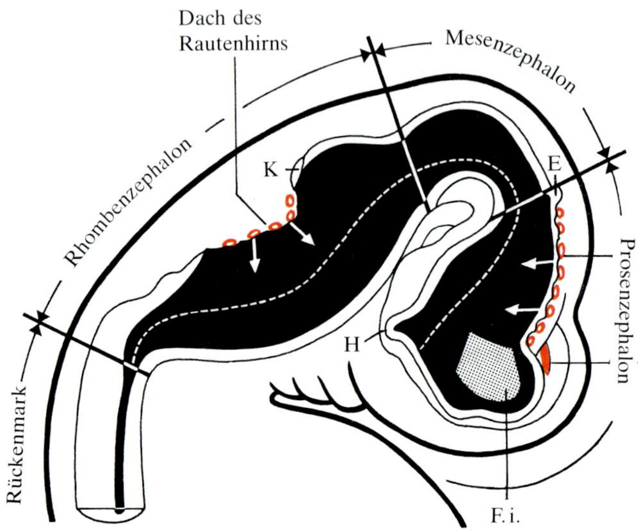

Abb. 13. a–c) Drei Stadien der Gehirnentwicklung in der Ansicht von medial. Das Neuralrohr ist median halbiert (B.) (vgl. mit Abb. 12). Zeichenerklärung s. Abb. 13c.
a) Ende der 4. Woche.

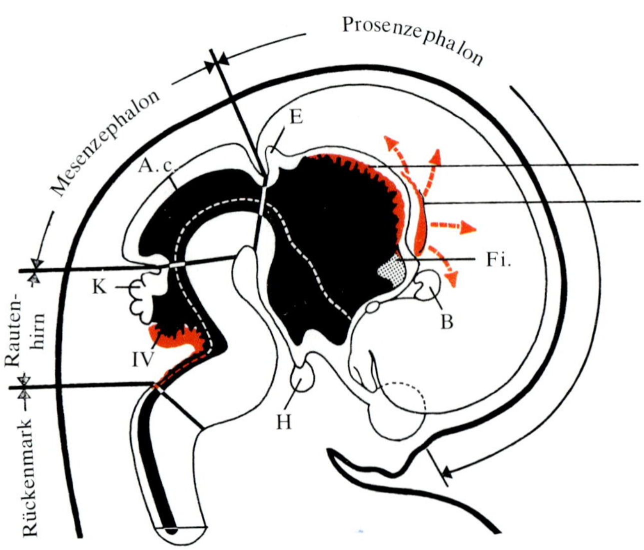

b) 3 Monate alter Fet.

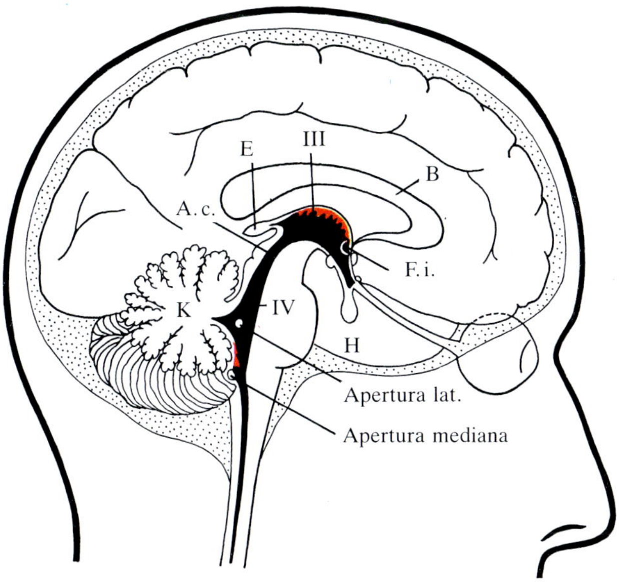

c) Erwachsener. Medianschnitt durch das zentrale Nervensystem in situ. Das mit Liquor cerebrospinalis int. gefüllte Hohlraumsystem des Neuralrohres (Ventrikelsystem) wurde schwarz hervorgehoben. Die Pfeile in Abb. 13a und b deuten die Wachstumsrichtung der Plexus an. Punktierte Fläche = Zisternenbereich mit Liquor cerebrospinalis externus. Rote Flächen = Plexus choroideus. Weiße punktierte Linie = Sulcus limitans zwischen Grund- und Flügelplatte; III = Dritter Ventrikel; IV = Vierter Ventrikel; A. c. = Aquaeductus cerebri im Mittelhirn; B = Balkenanlage; E = Epiphyse; F.i. = Foramen interventriculare; H = Hypophyse; K = Kleinhirn bzw. Kleinhirnanlage.

Massenzunahme der Hirnbläschenwandung frühzeitig ein, so daß nur noch ein dünner Kanal übrigbleibt *(Aquaeductus cerebri Sylvii)*. Am hinteren Ende der Rautengrube treten etwa im 3. Monat Dehiszenzen auf, die sich zu einem rundlichen Loch zusammenschließen. Diese Apertur *(Apertura mediana Magendii)* wird später (Ende des 6. Monats) durch zwei weitere Löcher an den seitlichen Ecken der Rautengrube ergänzt *(Aperturae laterales Luschkae)*. Durch diese Foramina kann der im Inneren gebildete Liquor nach außen abfließen. Er wird dadurch zum *Liquor cerebrospinalis externus,* der das Gehirn außen umspült. Das zentrale Nervensystem schwimmt also innerhalb des Kopfes im Liquor ähnlich wie der Embryo als Ganzes in der Amnionflüssigkeit.

3. Funktionelle Gliederung des Neuralrohres im Kopfbereich

Das Neuralrohr gliedert sich auch im Kopfbereich zunächst weitgehend so wie im Rückenmark, nämlich in eine Boden-, Grund-, Flügel- und Deckplatte, die sich als Längssäulen durch die ganze Medullaranlage hindurchziehen (Abb. 14). Nur im Gebiet des Vorderhirns verwischt sich diese rückenmarksanaloge horizontale Materialgliederung, da die Endhirnbläschen in starkem Maße neuartige Kerngruppen mit höheren Funktionen ausbilden. Solche übergeordneten Kerngruppen treten aber auch in den übrigen Hirnbläschen auf, jedoch in verschiedenem Ausmaß. Die dem Rückenmark vergleichbaren Längssäulen aus Flügel- und Grundplattenmaterial nehmen kranialwärts zunehmend an Masse ab. Sie erschöpfen sich von kaudal nach kranial immer mehr, wobei sie sich immer lumenseitig, in der Nachbarschaft der Ventrikelräume anordnen. Andererseits nimmt kranialwärts das Material für die übergeordneten Funktionen

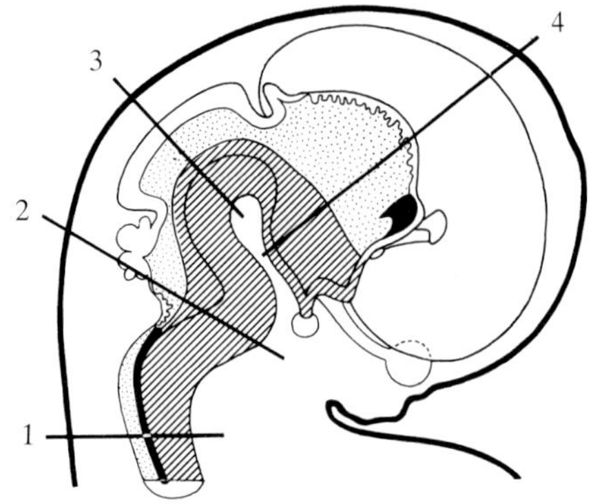

Abb. 14. Embryonales Gehirn (median halbiert) zur Darstellung der Grund- und Flügelplattenderivate im Kopfbereich. Die Linien 1–4 geben die Schnittrichtungen für die entsprechenden Schnitte der Abbildung 15 an (B.). Schräg schraffiert = Grundplatte; punktiert = Flügelplatte.

ständig zu und drängt so den rückenmarksartigen »Elementarbereich« zurück. Die Flügelplatte besitzt ebenso wie im Rückenmark sensorische, die Grundplatte motorische Funktionen. Die Grenze zwischen beiden Arealen ist durch den Sulcus limitans, der bis zum Zwischenhirn reicht, markiert (Abb. 14 u. 15).

Rautenhirn

Am Boden der Rautengrube sind die Kernsäulen der Grund- und Flügelplatte zunächst in ähnlicher Anordnung wie im Rückenmark gruppiert. Die mächtige Entwicklung neuer Korrelationsgebiete im Dache des Rautenhirns, wie z. B. des Kleinhirns, und die damit zusammenhängende Erweiterung des zentralen Hohlraums zum IV. Ventrikel drängt jedoch diese Kernsäulen nach beiden Seiten auseinander, so daß sie jetzt – statt wie im Rückenmark übereinander – nebeneinander zu liegen kommen (Schnitt 2 in Abb. 15). Am meisten medial finden sich die somatomotorischen Kerne, deren medial austretende Nerven den motorischen Wurzeln des Rückenmarks vergleichbar sind. In einer lateralen Reihe verlassen die sensiblen Nerven das Rautenhirn, entsprechend der lateralen Lokalisation der zugehörigen Kerngruppen. Dazwischen liegen die Ursprungskerne für die vegetativen oder viszeralen Anteile derjenigen Nerven, die die Eingeweide oder den »Kiemenapparat« des Kopfes versorgen *(Kiemenbogennerven)*.

Diese aus den Kernsäulen des kranialen Abschnittes des Neuralrohres austretenden Nerven werden *Hirnnerven* genannt. Da jedoch die Segmentgliederung im Kopfbereich aufgegeben wird, kommt es hier nicht mehr zur Entwicklung metamerer, den Spinalnerven vergleichbarer Nerven. Im Gegensatz zu den spinalen Rumpfnerven weisen die Hirnnerven vor allem zwei neue morphologische Charakteristika auf, die wir als Individualisation und Spezialisation bezeichnen möchten. *Individualisation* bedeutet hier, daß die zusammenhängenden Kernsäulen des Rückenmarks im Kopfbereich in Einzelkerngruppen zerfallen. Entsprechend enthalten sie auch nicht wie die Rückenmarksnerven alle Faserqualitäten in annähernd gleicher Zusammensetzung, sondern

Abb. 15. Schnitte durch das embryonale Neuralrohr (entsprechend Abb. 14) zur Darstellung des Grund- und ▶ Flügelplattenmaterials in den verschiedenen Hirnabschnitten (B.). Schräg schraffiert = Grundplatte; punktiert = Flügelplatte. Im Grenzgebiet zwischen beiden liegt das Material für die Viszerosensibilität (gerade schraffiert) und Viszeromotorik (schwarz). Die mit übergeordneten Aufgaben in Zusammenhang stehende nervöse Masse (weiß) nimmt kranialwärts ständig an Umfang zu.

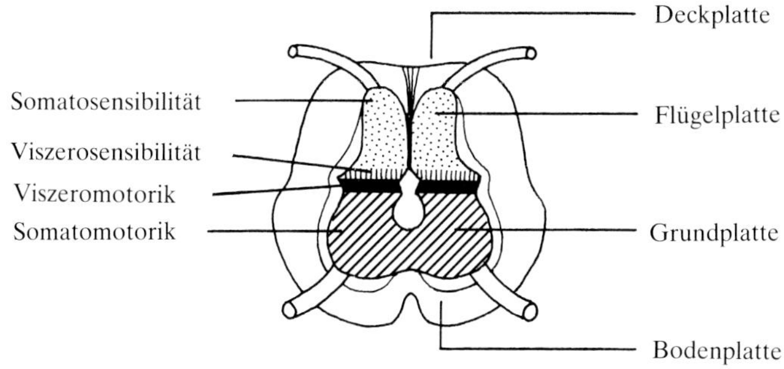

Schnitt 1: **Rückenmark.**

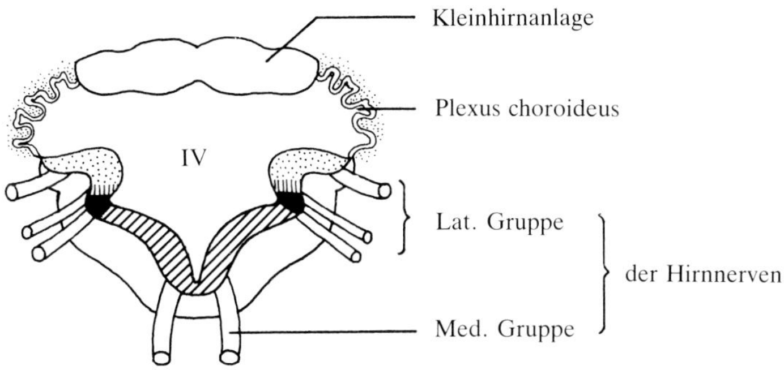

Schnitt 2: **Rautenhirn.**

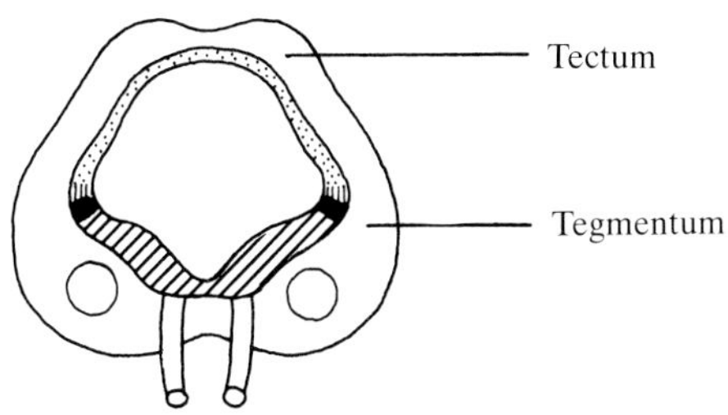

Schnitt 3: **Mittelhirn.**

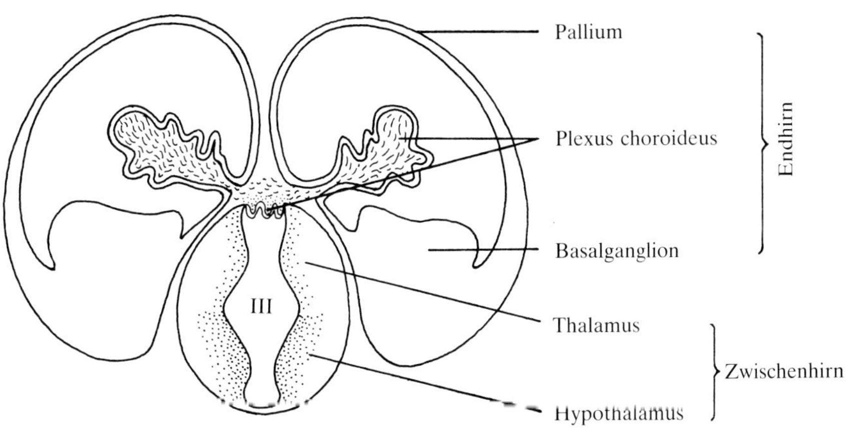

Schnitt 4: **Vorderhirn.**

jeweils nur Material aus den einzelnen, jetzt isoliert liegenden Kernansammlungen. Es kommt nicht mehr zur Bildung eines gemischten Spinalnerven. Vordere und hintere Wurzel bleiben sozusagen getrennt. Sie haben sich »individualisiert«.

Spezialisation bedeutet, daß jeder Hirnnerv eine oder mehrere Spezialfunktionen übernimmt, zum Beispiel hat der XII. Hirnnerv (N. hypoglossus) nur noch somatomotorische Aufgaben in Zusammenhang mit der Innervation der Zungenmuskulatur. Seine ursprünglich vorhandene sensible Wurzel einschließlich des zugehörigen Ganglions bildet sich noch embryonal zurück. Der V. Hirnnerv (N. trigeminus) spezialisiert sich auf die Sensibilität, d.h. er übernimmt die sensiblen Funktionen für nahezu den gesamten Kopfbereich. Die Spezialisation erfolgt immer im Rahmen des Gesamtbauplanes, d.h. wenn ein Hirnnerv bevorzugt oder ganz die Sensibilität des Kopfes leitet, so rudimentieren die entsprechenden Funktionen bei den anderen Hirnnerven. Auf diese Weise lassen sich schließlich eine mediale Reihe von Hirnnerven, die den motorischen Vorderwurzeln des Rückenmarks und eine laterale Reihe, die den sensiblen Hinterwurzeln vergleichbar ist, unterscheiden (vgl. a. S. 31ff.).

Hinzu kommt schließlich noch eine dritte Gruppe von Hirnnerven für die Innervation des dem Kopfbereich angeschlossenen *Kiemenapparates*. Da der Kiemenapparat im Laufe der Stammesgeschichte einen vollständigen Struktur- und Funktionswechsel durchgemacht hat, ändert sich auch der Charakter der zugehörigen *Kiemenbogennerven* (Abb. 16). Das ursprünglich vegetativ versorgte Gebiet des Schlunddarmes wird in den Willkürbereich des Kopfes eingegliedert. So werden z.B. aus der glatten Schlund- und Kehlkopfmuskulatur quergestreifte, willkürliche Muskelgruppen, u.a. eine wichtige Voraussetzung für das Lautbildungsvermögen der höheren Wirbeltiere. Ein anderer Teil des Kiemenapparates wird in das Schall-Leitungssystem eingebaut. Die Kiemenbogennerven (V., VII., IX. und X. Hirnnerv) gehören herkunftsgemäß zur intermediären Gruppe der am Boden der Rautengrube gelegenen Kernareale, die der Seitensäule des Rückenmarks entsprechen. Die Kiemennerven treten daher etwas weiter lateral aus dem Hirnstamm aus. Durch den charakterisierten Funktionswechsel nehmen sie bei den höheren Wirbeltieren den Charakter von somatomotorischen bzw. somatosensiblen Nerven an (vgl. a. S. 34).

Die motorischen Hirnnerven entspringen aus den motorischen Kernsäulen des Rauten- oder Mittelhirns, ähnlich wie die vorderen Wurzeln des Rückenmarks aus den Vorderhörnern. Im Zentralnervensystem nennt man diese motorischen Ursprungskerne *Nuclei originis*. Umgekehrt enden die sensiblen Hirnnerven an Kerngruppen, die als *Nuclei terminales* oder Endkerne bezeichnet werden. Sie sind den Kerngruppen in der Hintersäule des Rückenmarks vergleichbar.

Ähnlich wie am Rückenmark entwickeln sich auch die Hirnnerven und ihre zugehörigen Ganglien in enger Verbindung mit der Neuralleiste des Kopfes (*Kopfganglienleiste* oder *Crista neuralis cerebralis*), die sich kranial besonders frühzeitig und mächtig herausgebildet hat (Abb. 5). In Zusammenhang mit den oben genannten Besonderheiten der Individualisation und Spezialisation der Hirnnerven tritt aber im Kopfgebiet keine zusammenhängende Neuralleiste mehr auf. Diese entwickelt sich vielmehr von vornherein diskontinuierlich. Man unterscheidet zwei Abschnitte, einen vorderen und einen hinteren. Beide werden durch das Labyrinthbläschen getrennt. Der vordere oder kraniale Abschnitt liefert das Material für den besonders kräftigen V. Hirnnerven (N. trigeminus) und sein Ganglion trigeminale. Daher wird dieser Abschnitt auch als Trigeminusleiste bezeichnet. Der hintere oder kaudale Abschnitt enthält das neurale Material für die Kiemenbogennerven, d.h. den N. facialis (N. VII), N. glossopharyngeus (N. IX) und den N. vagus (N. X), einschließlich ihrer zugehörigen Ganglien.

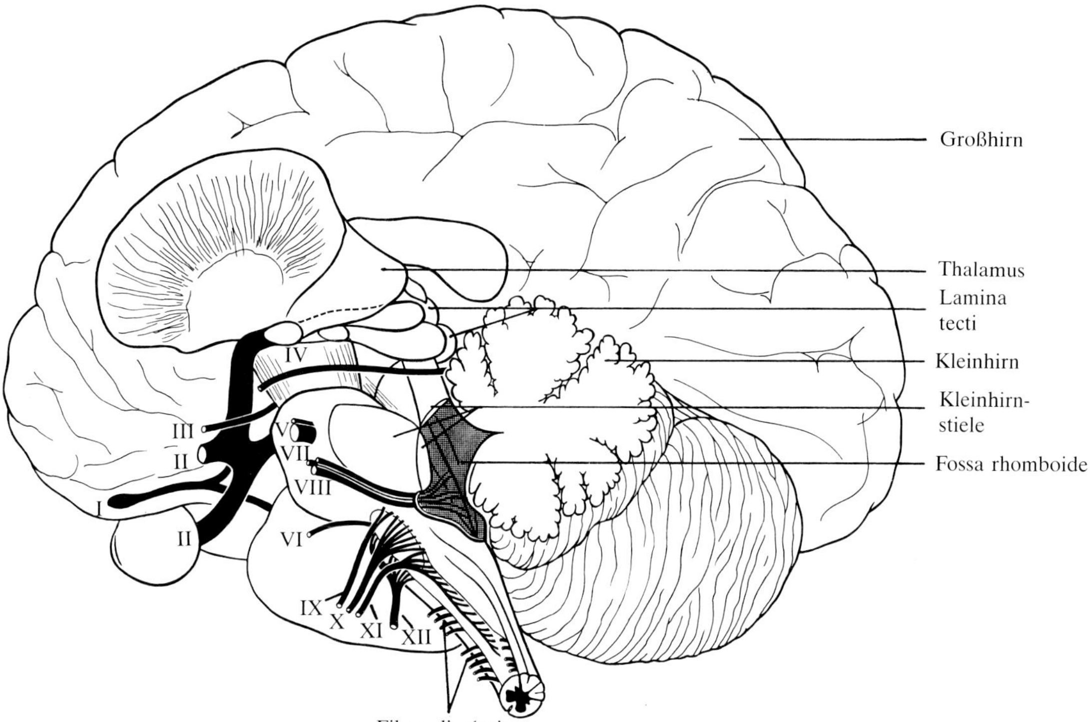

Abb. 16. Halbschematische Darstellung der Topographie der Hirnnervenaustrittstellen am erwachsenen Gehirn. Schräg von links-unten gesehen (nach einem Präparat gezeichnet) (K.).

Hirnnerven:
I = Fila olfactoria und Bulbus olfactorius
II = Auge und Sehnerv (N. opticus)
III = N. oculomotorius
IV = N. trochlearis
V = N. trigeminus mit einer Radix motoria (klein) und einer Radix sensoria (groß)
VI = N. abducens
VII = N. facialis mit N. intermedius
VIII = N. vestibulocochlearis
IX = N. glossopharyngeus
X = N. vagus
XI = N. accessorius
XII = N. hypoglossus

Eine Besonderheit der Kopfneuralleiste ist, daß ein Teil ihrer Zellen schon frühzeitig aus dem geschlossenen Verband der Leiste ausschwärmt und sich kranial zwischen Ektoderm und Neuralrohr bzw. kaudal in den Bereich der epithelialen Kiemenbogenanlagen vorschiebt. Diese Zellen bilden einen netzförmigen Verband und verhalten sich strukturell und funktionell wie Mesenchym. Aus diesem Gewebe differenzieren sich die Stützgewebe des Kopfes (Knochen, Knorpel, Bindegewebe, Muskulatur, Zähne etc.). Die Kopfbildung beruht daher ganz wesentlich auf der zeitgerechten und vollständigen Ausbildung dieses Gewebes, das man seiner Herkunft wegen als *Mesektoderm* bezeichnet. Das Mesektoderm differenziert sich auch zu den ernährenden und schützenden Hüllen des Gehirns, den Hirnhäuten, und zwar zur harten Hirnhaut (Pachymeninx oder Dura mater) und weichen Hirnhaut (Leptomeninx, d.h. der Pia mater and Arachnoidea). Die prospektive Potenz der Neuralleistenzellen ist also recht groß.

Derivate der Kopfganglienleiste	
1. Neuroblasten	für die Ganglien der Hirnnerven mit Ausnahme des Ganglion vestibulare und spirale (N. VIII).
2. Parasympathikoblasten	für die parasympathischen Ganglien des Kopfes und die peripheren, vegetativen Ganglien der Brust- und Bauchorgane.
3. Melanoblasten	für die Pigmentzellen im Kopfbereich (z. B. Augenpigment mit Ausnahme des retinalen Pigmentepithels).
4. Mesektoderm	liefert Mesenchym für das gesamte Stützgewebe des Kopfes, für die Hirnhäute, die Knorpelzellen des Chondrokraniums, die Knochenzellen des Osteokraniums, die Odontoblasten des Zahndentins und die Kopfmuskulatur.

Mittelhirn

Die Grund- und Flügelplattengliederung ist auch am Mittelhirnbläschen noch gut erkennbar (Schnitt 3 in Abb. 15). Das Grundplattenmaterial liegt ventral am Boden des Zentralkanals und liefert Kerne für den III. und IV. Hirnnerven (motorische Innervation der Augenmuskulatur). Der N. oculomotorius (N. III) führt außerdem vegetative (parasympathische) Fasern für die inneren Augenmuskeln. Er tritt in der medialen Reihe der Hirnnerven aus wie die somatomotorischen Nerven der Rautenhirngruppe. Eigenartigerweise verläßt aber der IV. Hirnnerv, der N. trochlearis, der ebenfalls somatomotorischen Charakter hat, als einziger das Neuralrohr an der dorsalen Seite. Das Flügelplattenmaterial beteiligt sich an den sensiblen Endkernen des V. Hirnnerven. Diese Zellgruppen nehmen aber nur einen kleinen Teil des Mittelhirns ein, da übergeordnete Zellgruppen, die nicht zur ursprünglichen »Elementarstruktur« des Mittelhirns gehören, stark an Masse zugenommen haben. Diese bilden ventral im Zusammenhang mit motorischen und vegetativen Funktionen das *Tegmentum* oder die Haube, in der sich neue Kerne, wie der Nucleus ruber und Nucleus niger, verdichten. Das Tegmentum wird vielfach auch als ein Grundplattenderivat angesehen.

Dorsal entwickelt sich eine mächtige, aus verschiedenen Kernen bestehende Platte, das *Tectum,* das im Gegensatz zum Tegmentum übergeordnete Funktionen sensorischer Art erfüllt und daher meist zum Flügelplattenbereich gerechnet wird. Die mächtige Entwicklung dieser Kerngruppen bei Säugetieren und Primaten führt zur Ausbildung von vier Hügeln (bei den Amphibien sind es erst zwei), wovon die vorderen hauptsächlich zum optischen, die hinteren zum akustischen Apparat gehören (Vierhügelplatte oder Lamina tecti).

Vorderhirn

Im *Zwischen- und Endhirn* schließlich sind die rückenmarksähnlichen Grund- und Flügelplattenderivate überhaupt nicht mehr zu erkennen (Schnitt 4 in Abb. 15). Hier dominiert das phylogenetisch neue Material für die höheren korrelativ-nervösen Funktionen. Der Sulcus limitans verstreicht bereits im Zwischenhirn. Der Sulcus hypothalamicus ist vermutlich nicht damit zu vergleichen. Dorsal entwickeln sich im Zwischenhirn Kernansammlungen mit sensiblen Aufgaben, die in ihrer Gesamtheit als *Thalamus* bezeichnet werden, ventral entsteht der *Hypothalamus,* der hauptsächlich vegetative, viszeromotorische Funktionen übernimmt.

Am Boden der Endhirnbläschen treten ebenfalls mächtige Zellverdichtungen auf, u.a. das sog. *Basalganglion,* aus dem der Streifenkörper (Corpus striatum), der somatomotorischen Charakter hat, hervorgeht. Die Großhirnrinde entwickelt sich aus dem zunächst noch dünnen Hirnmaterial *(Pallium),* in dem motorische, sensorische und wahrscheinlich auch vegetative Felder nebeneinander differenziert werden.

Man sieht, daß im Vorderhirnbereich schließlich die vom Rückenmark abgeleitete Gliederung in Grund- und Flügelplatte nicht mehr nachweisbar ist, obwohl auch in den neuen Kerngruppen die alte räumliche Aufteilung in dorsal-sensorisch, ventral-motorisch noch bis zu einem gewissen Grade wiederzuerkennen ist.

Mit diesem Sich-allmählich-Erschöpfen des Grund- und Flügelplattenmaterials in kranialer Richtung hängt es auch zusammen, daß die aus diesem Material hervorgehenden Hirnnerven kranialwärts zunehmend ihren Charakter ändern. Sind die Kiemenbogennerven und diejenigen des Mittel- und Rautenhirns noch mit Spinalnerven vergleichbar, so kann der aus dem Zwischenhirn entspringende Sehnerv schon nicht mehr als ein »Hirnnerv« im engeren Sinne angesehen werden. Da das Auge ein vorgestülpter Teil des Zwischenhirns ist, bildet der Sehnerv eigentlich eine Hirnbahn. Die zum Endhirn gehörenden Riechnerven *(Fila olfactoria)* stellen ebenfalls keinen »peripheren« Nerven mehr dar, sondern müssen als Teile eines Großhirnlappens betrachtet werden (vgl. S. 172ff.). Vielfach wird bei den Hirnnerven noch zwischen sensibel und sensorisch unterschieden. Die allgemeine Sensibilität des Kopfes, d.h. die afferenten Erregungen aus Haut und Schleimhaut, werden über den N. trigeminus den Rautenhirnkernen zugeleitet. Demgegenüber werden die Afferenzen aus den großen Sinnesorganen des Kopfes meist als »sensorisch« bezeichnet. Sensorische Hirnnerven in diesem Sinne wären damit die Fila olfactoria (N. I) für den Riechapparat, der N. opticus (N. II) für das Sehorgan, der N. vestibulocochlearis (N. VIII) für Gehör- und Gleichgewichtsapparat und Teile des N. glossopharyngeus und N. vagus (N. IX und X) für den Geschmacksapparat. Man sieht schon hier, daß viele der Hirnnerven funktionell zu mehreren Systemen gezählt werden müssen. Diese Verhältnisse werden erst voll verständlich, wenn man die phylogenetischen Entwicklungsprozesse mit in Rechnung setzt.

Hirnabschnitte	**Zugehörige Nerven** (vgl. Abb. 16)		**Funktion**
Rückenmark (Medulla spinalis)	30 Spinalnervenpaare und einige rudimentäre Schwanznerven	(C_1–C_8, Th_1–Th_{12}, L_1–L_5, S_1–S_5) (Co_1–Co_4)	Innervation von Rumpf und Extremitäten
Rautenhirn (Rhombenzephalon)	Rein sensorische Hirnnerven	N. V (N. trigeminus, Radix sensoria) N. VIII (N. vestibulocochlearis)	Sensibilität des Kopfes Gehör- und Gleichgewichtsapparat
	Gemischte Kiemenbogennerven	1. N. V (N. trigeminus, Radix motoria) 2. N. VII (N. facialis) 3. N. IX (N. glossopharyngeus) 4. N. X (N. vagus)	Kaumuskulatur Mimische Muskulatur Geschmacksapparat Schlund, Brust- und Baucheingeweide
	Rein motorische Hirnnerven	N. XI (N. accessorius) N. XII (N. hypoglossus) N. VI (N. abducens)	Nackenmuskulatur Zungenmuskulatur Augenmuskeln
Mittelhirn (Mesenzephalon)		N. III (N. oculomotorius) N. IV (N. trochlearis)	Augenmuskeln
Zwischenhirn (Dienzephalon)	Sensorische Hirnteile	N. II (N. opticus)	Sehapparat
Endhirn (Telenzephalon)		N. I (Fila olfactoria)	Riechapparat

Gliederung der Hirnnervenkerne im Mittel- und Rautenhirn

Ursprünglich setzte sich das Grund- und Flügelplattenmaterial des Rückenmarks auch bis in den Bereich von Rauten- und Mittelhirn kontinuierlich fort. Da aber durch die mächtige Entwicklung neuer assoziativer Kerngebiete in der Umgebung der grauen Substanz des Rückenmarks der Raum nicht mehr ausreichte, haben sich der grauen Substanz ventral und vor allem dorsal neue Massen nervöser Substanz angegliedert, so daß das Rückenmark im Bereich der Übergangsregion zum Rautenhirn, also im Bereich der späteren Medulla oblongata, gewissermaßen »auseinandergeplatzt« ist (Abb. 17). Bildlich gesprochen kann man sich in Höhe des Rautenhirns das Neuralrohr dorsal aufgeklappt denken, wobei man sich vorstellen muß, daß sich der Canalis centralis ausweitet, nach dorsal rückt und sich zum IV. Ventrikel vergrößert (Pfeile in Abb. 17). Durch diesen Prozeß verlagern sich dann die Kernsäulen der Grund- und Flügelplatten an den Boden der Rautengrube, liegen aber jetzt nicht mehr wie im Rückenmark dorsoventral übereinander, sondern medio-lateral nebeneinander. Die Grundplattenderivate mit somato- und viszeromotorischen Funktionen finden sich unmittelbar neben der Medianebene und bilden zwei medial nebeneinandergelegene Kernreihen. Die Flügelplattenderivate, die somatosensiblen und viszerosensiblen Funktionen zuzuordnen sind, schließen sich lateral in Form von zwei längsverlaufenden Kernreihen an. So sind insgesamt beiderseits vier Kernreihen oder Säulen grauer zellreicher Substanz entstanden, die sich vom verlängerten Mark bis zum Mittelhirn durch das ganze Rautenhirn hindurchziehen (Abb. 17 u. 18). Die funktionelle Gliederung dieser Säulen entspricht aber immer noch weitgehend der des Rückenmarks. Die am weitesten medial gelegene Kernreihe ist eine Fortsetzung der Columna anterior des Rückenmarks und hat somatomotorische Funktionen, die lateral anschließende Reihe übernimmt viszeromotorische und die lateral daran anschließende Kernreihe viszerosensible Funktionen. Diese beiden Säulen entsprechen der Seitensäule des Rückenmarks. Am weitesten lateral gliedert sich dann das Kernmaterial der Flügelplatte an, das mit dem ausgewanderten Neuralleistenmaterial Kontakt behält und somatosensiblen Aufgaben dient (vgl. Hinweise A–D in Abb. 18).

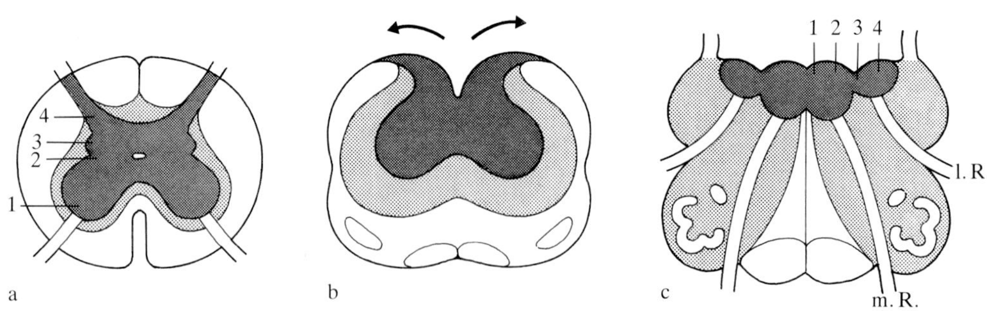

Abb. 17. Schemata zur Verdeutlichung des »Aufklappens« des Rückenmarks beim Übergang zum Rautenhirn (vgl. mit Abb. 18a–c) (O.).
a) Querschnitt durch das Rückenmark.
b) Hypothetisches Zwischenstadium.
c) Querschnitt durch das Rautenhirn in Höhe der Olive.
Die im Querschnitt schmetterlingsförmige graue Substanz des Rückenmarks wird zu einem breiten Band, das am Boden der Rautengrube durch die Erweiterung des Zentralkanals im Rautenhirn 4 nebeneinanderliegende Kernreihen (1–4) ausbildet. Die somatomotorischen Nerven treten in einer medialen Reihe (m. R.), die somatosensiblen, viszeromotorischen und viszerosensiblen Nerven in einer lateralen Reihe (l. R.) aus. Man beachte die Zunahme der die graue Substanz umgebenden, neuen Kerngebiete (schraffiert).

Die Kernsäulen des Rauten- und Mittelhirns bleiben aber nicht wie im Rückenmark als kontinuierlich zusammenhängende Zellsäulen (Columnae) bestehen, sondern gliedern sich im Zusammenhang mit den wesentlich spezifischeren und differenzierteren Funktionen des Hirnstammes in einzelne Kerngruppen oder Kernareale auf – entsprechend den oben dargestellten Prinzipien der Spezialisation und Individualisation. So differenzieren sich in der medialen Kernsäule (Hinweis A in Abb. 18a u. b), die der Vordersäule des Rückenmarks entspricht und somatomotorische Funktionen besitzt, im

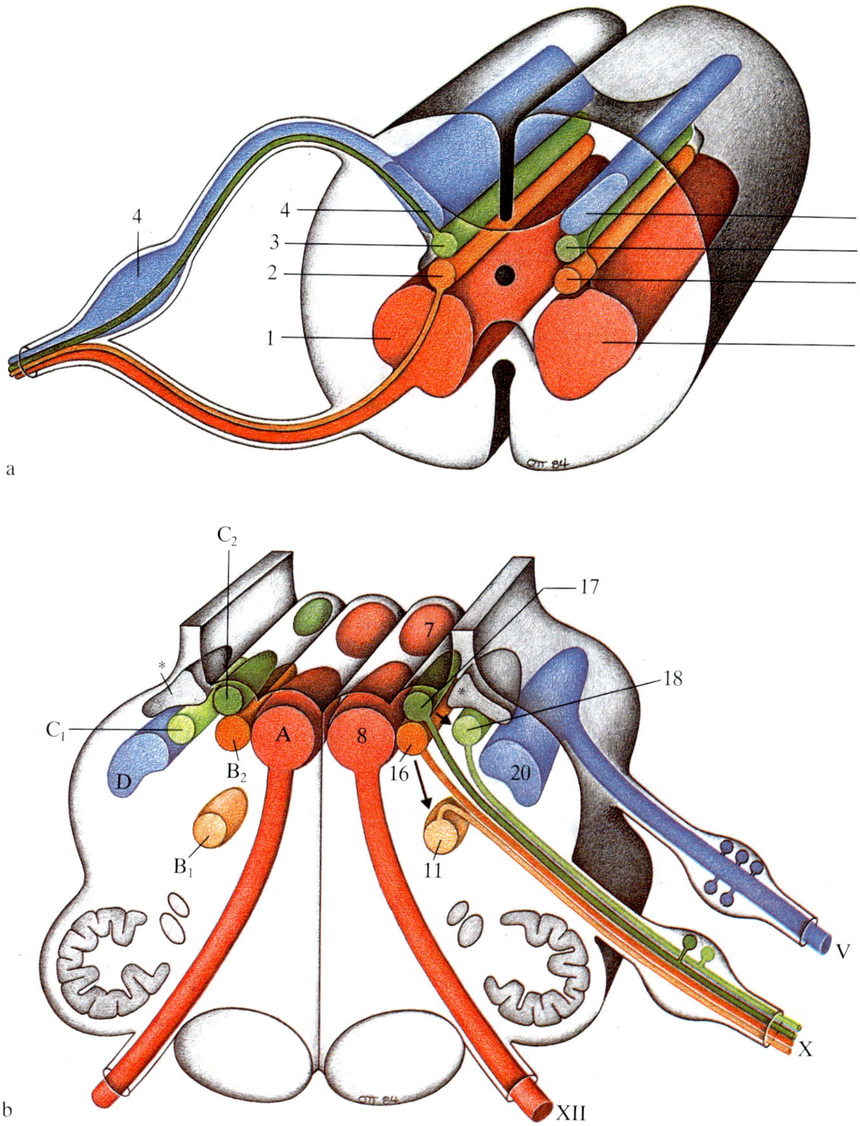

Abb. 18. a u. b) Differenzierung der Kernsäulen des Rückenmarks in die individualisierten Kerne des Rauten- und Mittelhirns, die noch in den gleichen, funktionell spezialisierten Reihen (A–D) wie im Rückenmark angeordnet sind. Die Pfeile in (b) deuten die Verlagerung der neu hinzugekommenen viszeralen Kerne nach ventral an. * = Lage der Vestibularis- und Kochleariskerne (N. VIII). Zahlen s. Tab. S. 33.
a) Querschnitt durch das Rückenmark.
b) Querschnitt durch das Rautenhirn in Höhe der Olive.

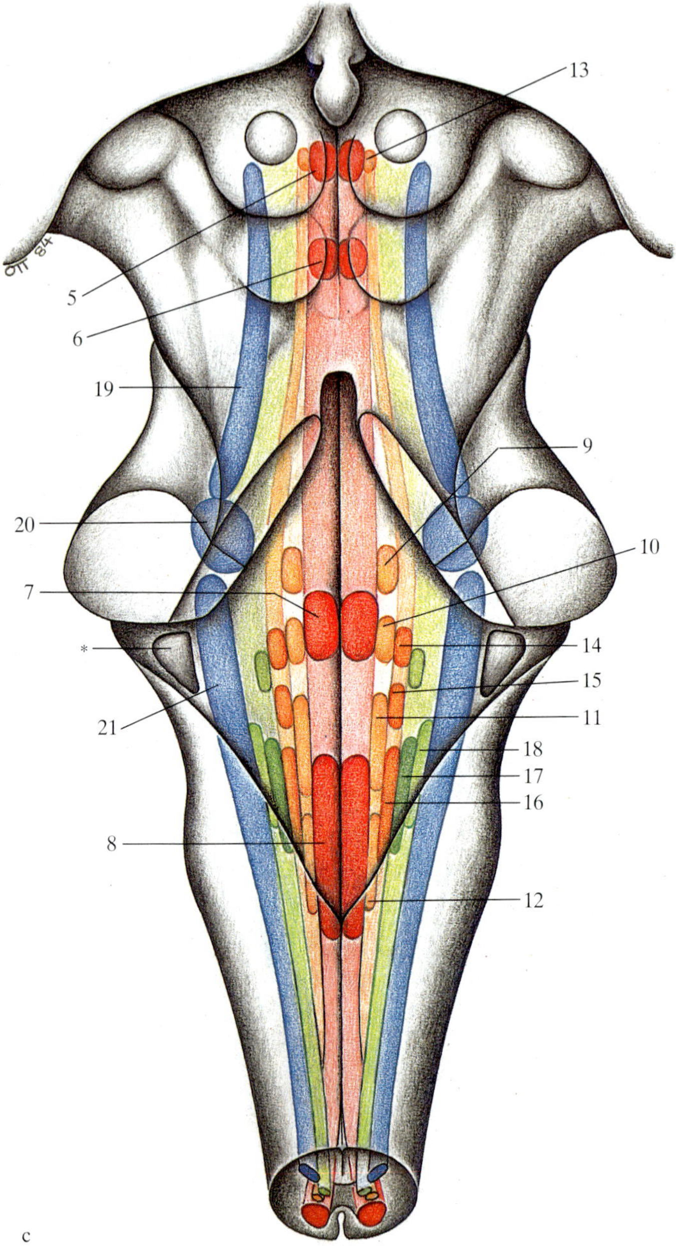

Abb. 18. c) Aufsicht auf den Hirnstamm und die Rautengrube von dorsal mit Hirnnervenkernen (schematische Darstellung). (Vgl. mit nebenstehender Tabelle sowie mit den Abb. 18a u. b) (O.).

Mittelhirn die motorischen Kerne des N. oculomotorius (N. III) und N. trochlearis (N. IV) sowie im Rautenhirn die somatomotorischen Kerne des N. abducens (N. VI) und des N. hypoglossus (N. XII) für die efferente Innervation der Augenmuskulatur (N. III, N. IV und N. VI) sowie für die der Binnen- und Skelettmuskulatur der Zunge (N. XII).

In der ganz lateral verlaufenden Kernsäule, die somatosensible Funktionen besitzt und die Fortsetzung der Hintersäule des Rückenmarks darstellt (Hinweis D in Abb. 18),

	A	B_1	B_2	C_2	C_1	D
	Somatomotorische Kerne (rot)	Somatomotorische Kerne – aus viszeromotorischen entstanden (orange gestrichelt)	Viszeromotorische Kerne (orange)	Viszerosensible Kerne (grün)	Somatosensible Kerne aus viszerosensiblen entstanden (grün gestrichelt)	Somatosensible Kerne (blau)
Rückenmark	1 Columna ant.	2 Columna lat. (Nucl. intermediomedialis)		3 Columna lat. (Nucl. intermediolateralis)		4 Columna post., Spinalganglien
Mittelhirn	5 Nucl. orig. n. III	–	13 Nucl. accessorius n. III	–	–	–
	6 Nucl. orig. n. IV	–	–	–	–	–
Rautenhirn	7 Nucl. orig. n. VI	9 Nucl. motorius n. V				19 Nucl. tractus mesencephalici n. V
		10 Nucl. orig. n. VII	14 Nucl. salivatorius sup. (VII)		(Nucl. term. n. VII?)	20 Nucl. sensorius principalis n. V
	8 Nucl. orig. n. XII	11 Nucl. ambiguus für N. IX für N. X für N. XI 12 Nucl. spinalis n. XI	15 Nucl. salivatorius inf. (IX) 16 Nucl. dorsalis (viszeromotorisch) n. X	17 Nucl. dorsalis (terminalis) n. X	18 Nucl. tractus solitarii, Tractus solitarius (n. IX u. X)	21 Nucl. tractus spinalis n. V
Wichtigste Funktionen	Efferenzen für Augenmuskulatur (5–7) und Zungenmuskulatur (8)	Efferenzen für Kaumuskulatur (9) Mimische Muskulatur (10) Kehlkopf- und Pharynxmuskulatur (11) (Herz) M. trapezius, M. sternocleidomastoideus (12)	Parasympatische Innervation für Auge (13) Tränendrüse Speicheldrüsen (14) Gl. parotis (15) Eingeweide (16)	Afferenzen aus Eingeweide, Kehlkopf, Pharynx (17)	Geschmacksorgane (18)	Sens. Innervation für Gesicht, Mund-, Nasenhöhle, Auge (19–21)

differenzieren sich die drei großen Kerne des N. trigeminus (N. V), die die gesamte Somatosensibilität des Kopfes, d. h. alle Afferenzen aus der Haut und den Schleimhäuten des Kopfes (Gesicht, Mundhöhle, Auge, Nasenhöhle, Hirnhäute usw.) aufnehmen. Das zugehörige Trigeminusganglion kann daher als ein großes, weiter entwickeltes Spinalganglion angesehen werden.

Die zwischen diesen beiden Kernsäulen auftretenden Kerne haben ursprünglich (z. B. bei niederen Wirbeltieren) ausschließlich vegetative Funktionen. Sie können daher als eine Fortsetzung der Seitensäule des Rückenmarks angesehen werden (Hinweise B und C in Abb. 18). Die mit ihnen in Zusammenhang stehenden Hirnnerven innervieren den Kiemendamm und die daraus hervorgehenden Derivate. Im Laufe der phylogenetischen Entwicklung haben aber die Kiemenbogenderivate ganz neue Funktionen übernommen, die nicht mehr rein vegetativ autonomer Natur sind, sondern durchaus somatischen Charakter bekommen haben, wie z. B. die Sprache, die Mimik, die bewußte Geschmackswahrnehmung usw. Im Zusammenhang mit der Entwicklung dieser höheren und komplexeren Funktionen sind nicht nur neue Strukturen im Bereich des Bewegungsapparates und der Schleimhäute (z. B. quergestreifte Muskulatur statt glatte Muskulatur), sondern am Boden der Rautengrube auch neue Kerngruppen für die notwendigen korrelativen und assoziativen Schaltungen entstanden. Dies hat zu einer Spaltung sowohl der ehemals rein viszeromotorischen als auch der ehemals rein viszerosensiblen Kerne geführt, und zwar in dem Sinne, daß die phylogenetisch älteren Kerngruppen mit vornehmlich vegetativen Funktionen dorsal liegengeblieben sind (Hinweise B_2 und C_2 in Abb. 18), während die phylogenetisch jüngeren Kerne, die die neuen und höheren Funktionen übernommen haben, sich nach ventral verlagert und dadurch eine neue Kernreihe ventral von der vorherigen gebildet haben (Hinweise B_1 und C_1 in Abb. 18). So kompliziert diese Neugliederung auf den ersten Blick erscheint, funktionell ist sie sinnvoll und durchaus überschaubar, wenn man das beschriebene Entwicklungsgeschehen im Bewußtsein behält.

Die ehemals viszeromotorischen Kerne der Kiemenbogennerven, die beim Menschen höheren somatomotorischen Funktionen dienen, sind die Ursprungskerne (Nuclei originis) des N. trigeminus (N. V), des N. facialis (N. VII), des N. glossopharyngeus (N. IX) und N. vagus (N. X). Die beiden letzteren bilden einen zusammenhängenden Kern, der daher als Nucleus ambiguus bezeichnet wird. Der Nucleus spinalis des N. accessorius (N. XI), der den M. trapezius und M. sternocleidomastoideus versorgt, gehört ebenfalls in diese Reihe. Der motorische Trigeminuskern innerviert die Muskeln des Kauapparates, des Mundbodens und des Mittelohres, Muskeln, die zwar ursprünglich zum Verdauungssystem gehörten, beim Menschen aber noch eine zusätzliche, neue und wichtige Funktion übernommen haben, nämlich die der Sprache bzw. der Schalleitung. Vom motorischen Fazialiskern geht die Innervation der mimischen Muskulatur aus, die beim Menschen ebenfalls nicht mehr nur mit dem Verschluß der Öffnungen am Kopfe, sondern vor allem mit der neuen für die Kommunikation und zwischenmenschlichen Beziehungen so wichtigen Mimik (»Sprache des Gesichtes«) in Zusammenhang steht. Der *Nucleus ambiguus* enthält Kerngruppen, deren efferente Fasern sich dem N. vagus, N. glossopharyngeus und N. accessorius anschließen und die quergestreiften Muskeln des hinteren Schlundbereiches, des Kehlkopfes und des oberen Oesophagus innervieren. Auch hier handelt es sich wieder um eine neuerworbene Funktion, nämlich die der Sprache und Lautbildung, die differenziertere nervöse Schaltungen erforderlich gemacht hat als die ausschließlich reflektorischen Vorgänge beim Schlucken und Atmen. Neuere Beobachtungen haben gezeigt, daß auch der für die Herzinnervation bestimmte Kern diesem Areal zuzurechnen ist. Obwohl das Herz autonom innerviert ist, besitzt es doch quergestreifte Muskulatur. Die Differenzierung eines eigenen Kernes aus dem Material der ventral verlagerten phylogenetisch jüngeren Kerngruppe könnte auf eine phylogenetische Tendenz zur Verselbständigung und »Individualisierung« der Herzfunktion hindeuten.

Die alten viszeromotorischen Kerngruppen, die dorsal am Boden der Rautengrube liegengeblieben sind, übernehmen hier vor allem Aufgaben sekretorischer (parasympathischer) Innervation der Drüsen des Kopfes (Speicheldrüsen, Tränendrüsen, Nasendrüsen usw.) sowie die vegetative (efferente) Innervation des Magen-Darm-Traktes samt der dazugehörigen Drüsen und die vegetative Innervation der Brust- und Mediastinalorgane. Es handelt sich vor allem um drei größere Kerne, nämlich den Nucleus salivatorius sup., Nucleus salivatorius inf. und Nucleus dorsalis n. vagi. Der dorsale Vaguskern (auch Nucleus visceromotorius genannt) ist bei weitem der größte, da von ihm die vegetative (parasympathische) Innervation der gesamten Brust- und Bauchorgane ausgeht. Im Mittelhirn gehört zu dieser Reihe noch der akzessorische Okulomotoriuskern, von dem die Innervation der inneren Augenmuskulatur (M. ciliaris für die Akkommodation und M. sphincter pupillae für die Pupillomotorik) ausgeht.

Auch die lateral anschließende dritte Kernreihe, die ursprünglich rein viszerosensible Funktionen erfüllte (Hinweis C in Abb. 18), hat sich im Laufe der Stammesgeschichte in zwei Gruppen geteilt. Dorsal sind die Endkerne des Vagus und Glossopharyngeus liegengeblieben, die die Afferenzen aus den Eingeweiden, d.h. den Brust- und Bauchorganen sowie auch aus Kehlkopf, Pharynx und Oesophagus aufnehmen. Nach ventral sind diejenigen Zellgruppen gewandert, die eine höhere Funktion, nämlich die der bewußten Verarbeitung der Geschmackssensationen im Anfangsteil des Kopfdarmes übernommen haben (Nucleus und Tractus solitarius). Man faßt diese Kerngruppen daher auch unter dem Begriff des Nucleus gustatorius (Geschmackskern) zusammen (Abb. 18).

Ganz lateral, eigentlich bereits außerhalb der genannten Kernreihen, in dem Winkel zwischen Brücke, Kleinhirn und Rautengrube (Kleinhirnbrückenwinkel), schließen sich dann noch mehrere Kerngruppen an, die ausschließlich im Dienste höherer sensorischer Funktionen stehen, nämlich die Kerne des Gleichgewichtssystems (Vestibulariskerne) und des Gehörapparates (Kochleariskerne). Diese Kerngruppen werden im Zusammenhang mit den zugehörigen Sinnessystemen besprochen (vgl. S. 131, 259).

4. Entwicklung und Gliederung des Kleinhirns

Während Seh- und Riechorgan die Hauptsinnesorgane des Vorderhirns darstellen, ist dem Rautenhirn das Gleichgewichtsorgan, das aus dem Labyrinthbläschen hervorgeht, angegliedert. Das Gehörorgan, das ebenfalls aus dem Labyrinthbläschen entsteht, differenziert sich erst bei den höheren Wirbeltieren, das Gleichgewichtsorgan ist dagegen ein lebensnotwendiges Organ, das bei allen Wirbeltieren in gleicher Weise ausgebildet ist und frühzeitig die Entwicklung des Rautenhirns beeinflußt. Dieser Hirnabschnitt steht daher neben den bereits geschilderten vegetativen und motorischen Funktionszusammenhängen des Kiemenapparates von Anfang an im Dienste statischer Regulationen. Die Orientierung im Raum und die Aufrechterhaltung des Gleichgewichtes bei Bewegungen im Schwerefeld der Erde sind grundlegende Aufgaben, die von diesem Hirngebiet übernommen werden. In der Hauptsache ist es das Kleinhirn, das sich für diese Funktionen herausbildet.

Im Laufe der Evolution ändert sich mit der Eroberung des Landes die Bewegungsweise der Wirbeltiere wesentlich. Während sich die Fische durch Flossenbewegungen fortbewegen können und zahlreiche Amphibien durch seitlich abstehende Gliedmaßen in Erdnähe kriechen, hebt sich der Körper der Säugetiere dadurch von der Erdoberfläche ab, daß die Gliedmaßen ventral unter den Rumpf gebracht werden. Die Säuger können sich daher in einiger Distanz vom Erdboden laufend oder springend, z. T. sehr rasch fortbewegen. Schließlich haben die Vögel den Flug und der Mensch den aufrechten Gang errungen. Diese stufenweise Erschließung neuer Raumdimensionen und Bewegungsmöglichkeiten hat umfangreiche nervös-motorische Korrelationen zur Voraussetzung. Vögel und Primaten zeigen in der Tat das am höchsten differenzierte Rautenhirn, in dessen dorsalem Bereich, also eigentlich im Flügelplattengebiet, sich ein mächtiges Organ, das *Kleinhirn,* entwickelt. Während der Boden des Rautenhirns zunächst noch den Charakter des Rückenmarks beibehält (Abb. 17 u. 18) und die hier austretenden Nerven, die funktionell hauptsächlich zum Kiemenapparat, also zum späteren Gesichtsteil des Kopfes, gehören, im erwähnten Sinne den Spinalnerven vergleichbar sind, ist die Hauptmasse des Kleinhirns eine Neubildung.

Embryonal bleibt das Dach des IV. Ventrikels zunächst dünn und differenziert sich zum Plexus choroideus. Das gilt jedoch nicht für das gesamte Gebiet der Deckplatte. In ihrem vorderen Bereich verdickt sich vielmehr die Wandung des Neuralrohres zu einer lippenartigen Leiste, der Kleinhirnanlage *(Rautenlippe).* Diese bildet also zunächst nichts weiter als einen breiten, queren Wulst, der wie ein Riegel vorn über der Rautengrube lagert (Abb. 19). Die während des 2. Monats einsetzende Massenentfaltung dieser symmetrisch angelegten, also paarigen, aber median nicht scharf voneinander getrennten *Kleinhirnplatte* (Kleinhirnwulst) wird dann durch die Krümmungen des embryonalen Neuralrohres im Kopfgebiet, besonders durch die Brücken- und Nackenbeuge, in eine mehr rostrokaudale Richtung gedrängt, so daß sich das Material teilweise nach innen *(innerer Kleinhirnwulst)* und teilweise nach außen *(äußerer Kleinhirnwulst)*

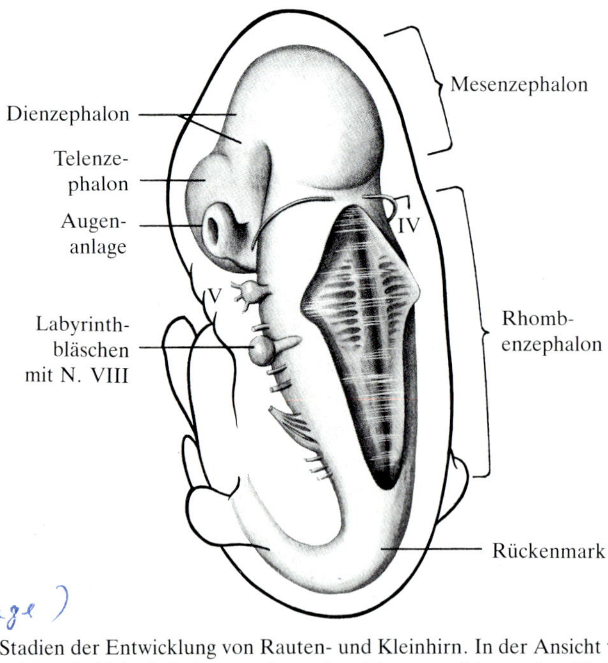

Abb. 19. a–d) Vier Stadien der Entwicklung von Rauten- und Kleinhirn. In der Ansicht von links-hinten (nach Totalpräparaten gezeichnet) (B.). Bei der zunehmenden Massenentfaltung der Kleinhirnanlage wird das dünnbleibende Dach der Rautengrube allmählich ganz vom Kleinhirn überwachsen und nach kaudal verlagert. Die vestibulären Anteile werden nach innen verdrängt. Römische Zahlen = Hirnnerven.

a) Etwa 5 Wochen alter menschlicher Embryo. Rhombenzephalon noch gestreckt und mit ausgedehnter, durchscheinender Deckplatte versehen.

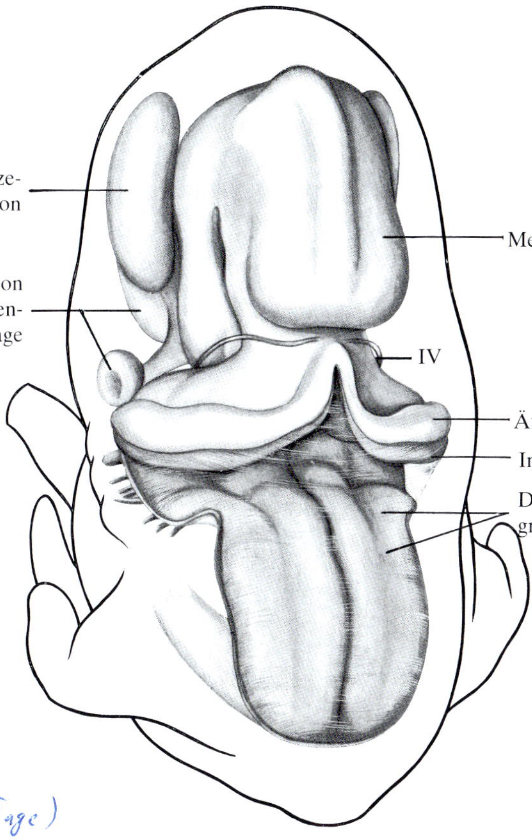

Abb. 19. b) Etwa 6 Wochen alter, menschlicher Embryo. Kleinhirnwülste stärker hervortretend, Rautengrube abgeknickt. IV = N. trochlearis.

vorwölbt (Abb. 19b). Während des 3. Monats wächst dann die Kleinhirnanlage zunehmend, gleichsam überquellend, nach außen vor, wodurch schließlich (nicht vor dem 5. Embryonalmonat) Querfurchen entstehen (Abb. 19c). Die seitlichen Anteile entfalten sich rascher und werden zu den Kleinhirnhemisphären, während der unpaare mediane Abschnitt den späteren Wurm *(Vermis cerebelli)* bildet. Eine scharfe Trennung zwischen Wurm und Hemisphären wird auch später niemals erreicht.

In der seitlichen Ausbuchtung der Rautengrube mündet der VIII. Hirnnerv (N. vestibulocochlearis) und bildet so die Akustikuslippe. Der phylogenetisch älteste Abschnitt der Kleinhirnanlage (*Archicerebellum* oder *Vestibulocerebellum*) ist derjenige, der mit den Vestibularisnerven in Verbindung tritt. Man nennt ihn den *vestibulären Anteil.* Dieser gliedert sich am hinteren Ende der Kleinhirnanlage schon frühzeitig durch eine quere Furche, die Fissura posterolateralis, von der übrigen Anlage ab und bildet so den *Lobus flocculonodularis* (Abb. 19c). Mit zunehmender Entfaltung der phylogenetisch jüngeren Anteile der Kleinhirnanlage wird dieser im Wachstum zurückbleibende Abschnitt sozusagen »überrollt« und dadurch nach unten und innen verlagert. Beim Erwachsenen liegen Flocculus und Nodulus daher ganz versteckt *unter* den Kleinhirnhemisphären (Abb. 20 u. 21).

Die übrigen Teile der Kleinhirnanlage übernehmen hauptsächlich bewegungskorrelative Funktionen. Der Ausbau des Bewegungsapparates in der Stammesgeschichte, der

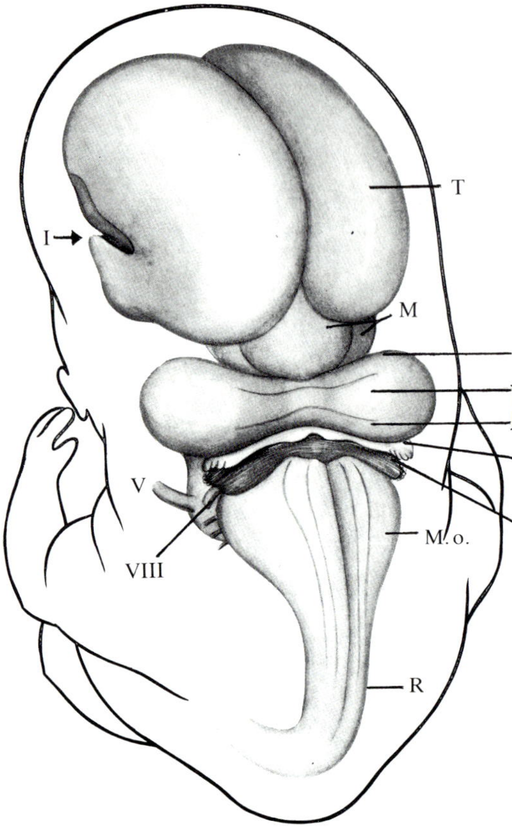

Abb. 19. c) Etwa 3 Monate alter, menschlicher Embryo. Kleinhirnanlage wird durch Primärfurchen in Lappen gegliedert. I = Inselfeld; M = Mittelhirnanlage; M. o. = Medulla oblongata; R = Rückenmark; T = Telenzephalonbläschen; V = N. trigeminus; VIII = N. vestibulocochlearis.

sich in der Erschließung weiterer Dimensionen und Bewegungsmöglichkeiten äußert, spiegelt sich auch in der Entwicklung des Kleinhirns wider. Die ältesten Systeme sind diejenigen, die mit dem Rückenmark in Verbindung treten (spinozerebellare Systeme). Sie bilden das *Palaeocerebellum* oder *Spinocerebellum*. Die erst spät, im Zusammenhang mit der Motorik des Endhirns auftretenden Systeme werden unter dem Begriff des *Neocerebellum (Pontocerebellum)* zusammengefaßt. Diese jungen Systeme gliedern sich aber nicht einfach additiv an die älteren an, sondern schieben sich von der Mitte her in die Kleinhirnanlage vor, so daß sich der Kleinhirnkörper *(Corpus cerebelli)* vergrößert und beiderseits des Wurmes ausladende Hemisphären entstehen. Die Massenentfaltung führt zur Entwicklung von Querfurchen, zuerst der *Fissura prima,* die das Corpus cerebelli in zwei Lappen unterteilt, nämlich den einfacher gegliederten *Lobus ant.*, der weitgehend zum Spinocerebellum gehört, und der komplizierter gestaltete und später ausreifende *Lobus post.*, der hauptsächlich zum Neocerebellum zählt. Die Ausbildung weiterer Furchen sowie die weitere Untergliederung von Wurm und Hemisphären in Lobuli ist Ende des 4. Embryonalmonats abgeschlossen. Durch die Vergrößerung, vor allem des Lobus post., dehnt sich die Kleinhirnanlage zunehmend nach dorsal über die Rautengrube hinweg aus, wobei sie sich mehr und mehr um eine horizontale Achse einrollt (Abb. 19–21). Der dadurch entstehende große horizontale Einschnitt, der in der

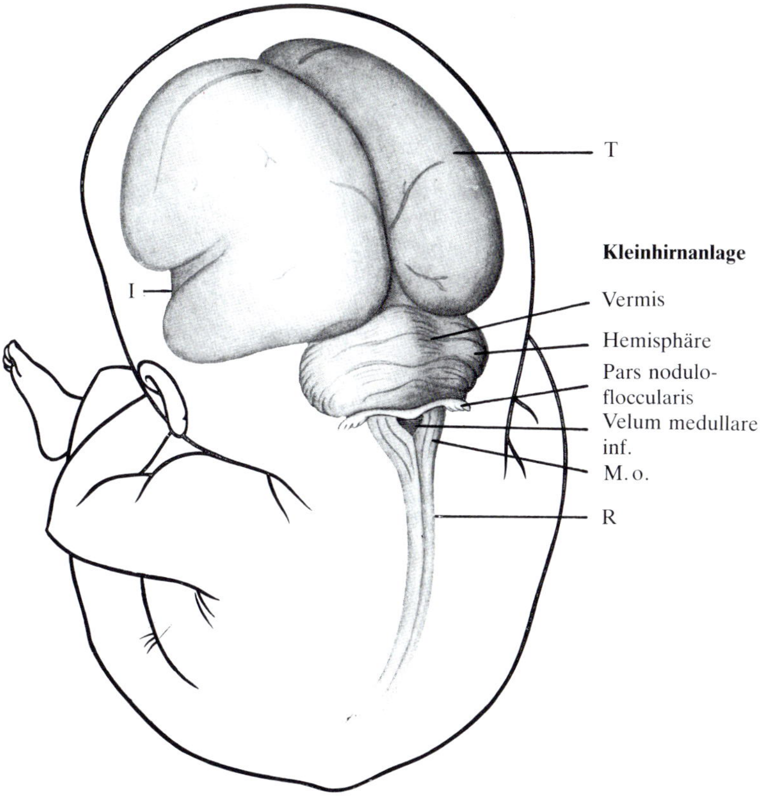

Abb. 19. d) Etwa 5 Monate alter menschlicher Embryo. Kleinhirn durch Sekundärfurchen stärker gegliedert. Das Velum medullare post. wird verkleinert und verschwindet kaudal unter dem Kleinhirn. I = Inselfeld; M. o. = Medulla oblongata; R = Rückenmark; T = Großhirnbläschen.

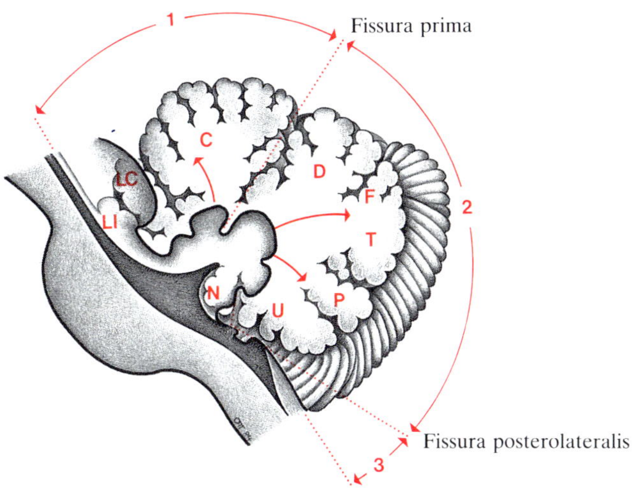

Abb. 20. Schematische Darstellung der Kleinhirnentwicklung vom embryonalen zum erwachsenen Zustand. Die Pfeile deuten die Wachstumsrichtung an. 1 = Lobus ant.; 2 = Lobus post.; 3 = Lobus flocculonodularis (∩)

Anschnitte des Wurmes: LI = Lingula; LC = Lobus centralis; C = Culmen; D = Declive; F = Folium vermis; T = Tuber vermis; P = Pyramis; U = Uvula; N = Nodulus.

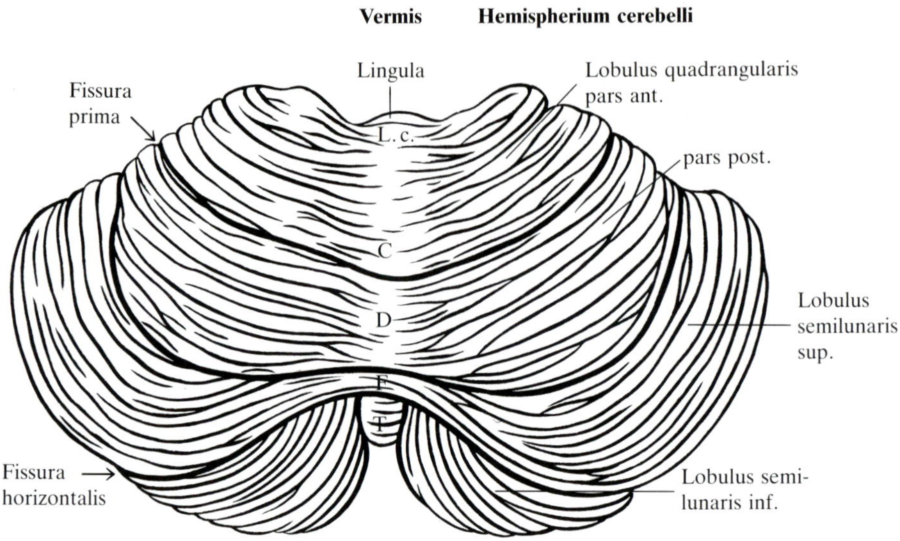

a

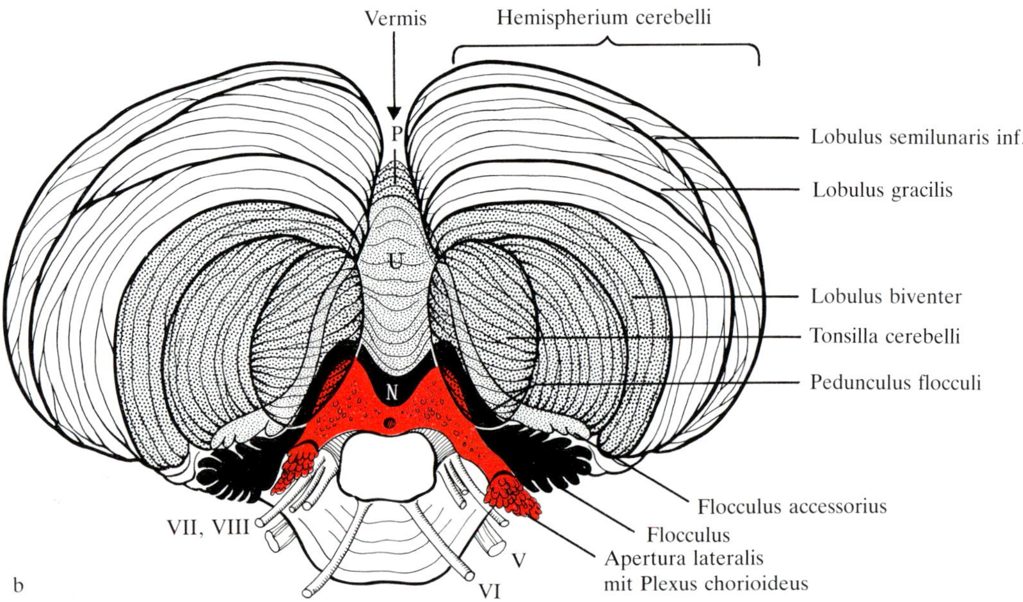

b

Abb. 21. Gliederung des Kleinhirns beim Erwachsenen.
a) Ansicht von hinten-oben.
b) Ansicht von hinten-unten.
Rot = Velum medullare inf. mit Plexus chorioideus; schwarz = Lobus flocculonodularis (nach Wolf-Heidegger).
Gliederung des Vermis cerebelli: Lingula; L. c. = Lobulus centralis; C = Culmen; D = Declive; F = Folium; T = Tuber vermis; P = Pyramis vermis; U = Uvula vermis; N = Nodulus; römische Zahlen = Hirnnerven.

menschlichen Ontogenese erst relativ spät in Erscheinung tritt (er stellt im 5. Monat noch eine flache Grube dar und engt sich später zu einer spaltförmigen Fissur ein), ist die *Fissura horizontalis*.

Die beschriebene Entwicklung erklärt einmal, warum das Kleinhirn ausschließlich ein transversales Furchenrelief besitzt, zum anderen aber auch die Tatsache, daß das Kleinhirn nur vorne, nämlich an den Kleinhirnstielen, befestigt ist, während die hintere Lamelle des Rautenhirndaches, das *Velum medullare inf.*, dünn bleibt und die Lamina epithelialis für den Plexus choroideus des IV. Ventrikels liefert (Abb. 21b).

Übersicht über die anatomische Gliederung des menschlichen Kleinhirns
(Nummerierung nach Larsell)

	Wurm (Vermis)	Hemisphären	
	Lingula (I u. II) Lobulus centralis (III) Culmen (IV u. V)	Vinculum linguläe (H II) Ala lobuli centralis (H III) Lobulus quadrangularis pars ant. (H IV u. V)	Lobus anterior
Fissura prima →	Declive (VI) Folium vermis (VII A)	Lobulus quadrangularis pars post. (Lobulus simplex H VI) Lobulus semilunaris sup. } (H VII A)	Lobus posterior
Fissura horizontalis →	Tuber vermis (VII B) Pyramis (VIII A, B) Uvula (IX)	Lobulus semilunaris inf. } (H VII A) Lobulus gracilis (H VII B) Lobulus biventer (H VIII A u. B) Tonsilla cerebelli (H IX)	
Fissura posterolateralis →	Nodulus (X)	Flocculus (HX)	Lobus flocculonodularis

Die Nervenzellen der Kleinhirnanlagen treten durch drei mächtige Faserstränge, die Kleinhirnstiele *(Pedunculi cerebellares)*, mit den übrigen Hirnabschnitten in Verbindung. Der mittlere Stiel (Pedunculus cerebellaris medius) ist mit dem Rautenhirn, der obere (Pedunculus cerebellaris sup.) mit dem Mittelhirn und der untere Kleinhirnstiel (Pedunculus cerebellaris inf.) mit Rückenmark und Medulla oblongata verknüpft (Abb. 22). Am mächtigsten entwickelt sich der mittlere Kleinhirnstiel, da er die Faserverbindungen zum Rautenhirn und damit zum späteren Großhirn aufnimmt. Durch die starke Entfaltung dieser phylogenetisch sehr jungen Systeme bildet sich an der ventralen Seite des Rautenhirns ein prominenter Faserwulst, die *Brücke (Pons)*, aus. Die Brücke stellt also ein neu hinzugekommenes Gebiet des Rautenhirns dar, das vornehmlich zum Neocerebellum (Pontocerebellum) gerechnet werden muß.

Assoziations- und Kommissurensysteme entwickeln sich im Kleinhirn fast nicht. Alle Rindengebiete haben in Bezug auf ihre zytologische Struktur die gleiche Bauweise. Die Unterschiede der Rindenareale beziehen sich hauptsächlich auf die projektiven Verknüpfungen. Dabei spielt nicht nur die geschilderte Lappengliederung (Architektur in transversaler Richtung), sondern auch noch eine Differenzierung in longitudinaler Richtung eine Rolle. In der Medianebene liegt der unpaare Wurm, dessen hintere, untere Abschnitte (Uvula, Nodulus) zum Vestibularissystem gehören und der eine

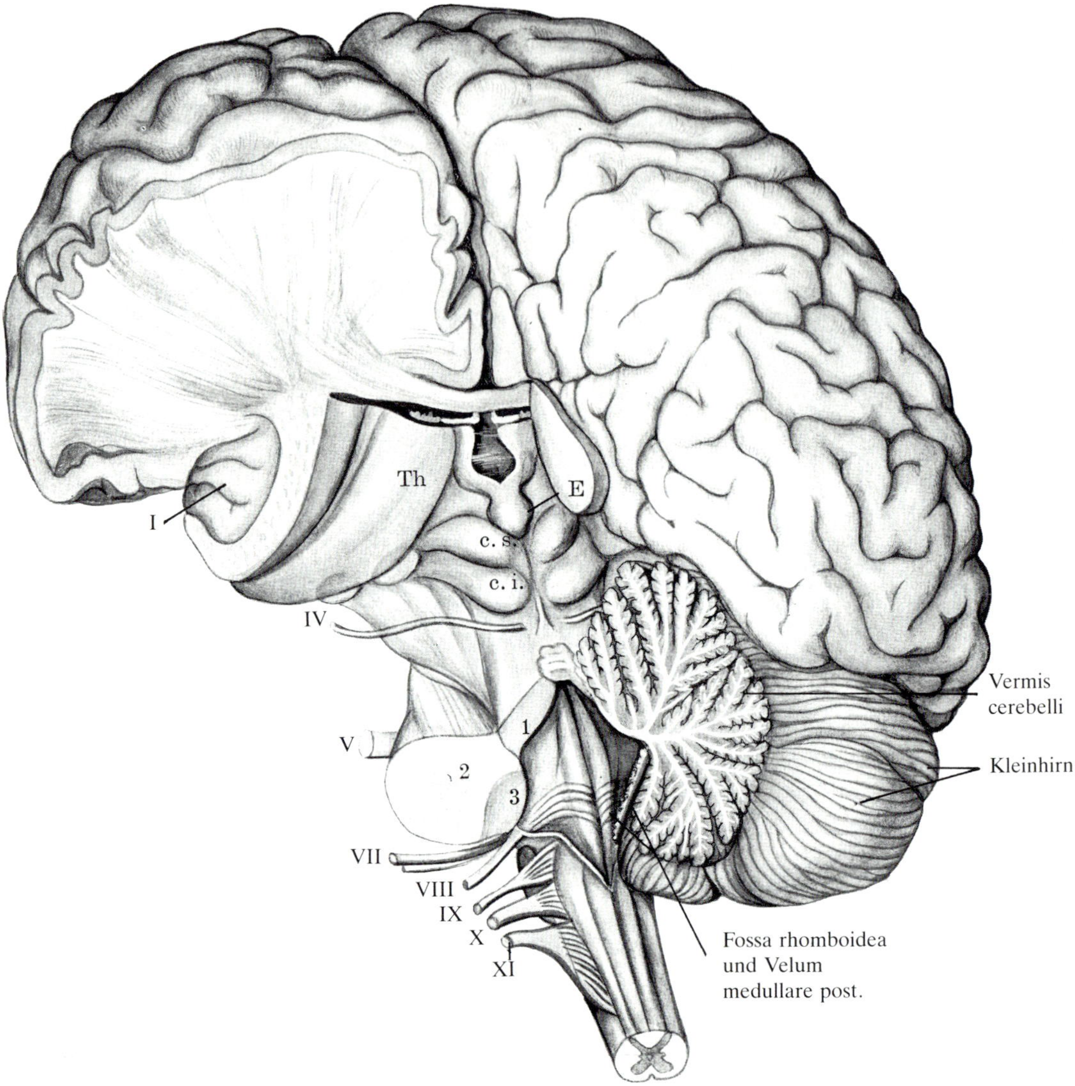

Abb. 22. Makroskopisch-anatomische Verhältnisse des Hirnstammes. Die linke Kleinhirnhälfte sowie Teile des linken Großhirns wurden entfernt (nach einem Präparat gezeichnet) (B.).
Kleinhirnstiele: 1 = Pedunculus cerebellaris sup.; 2 = Pedunculus cerebellaris medius; 3 = Pedunculus cerebellaris inf.; c.s. = Colliculus sup. des Mittelhirns; c.i. = Colliculus inf.; E = Epiphyse; I = Insel; Th = Thalamus; römische Zahlen = Hirnnerven.

bevorzugte Verbindung mit den Nuclei fastigii besitzt. Die Kleinhirnhemisphären lassen sich in einer an den Wurm anschließenden Pars intermedia und eine lateral davon gelegene Pars lateralis gliedern (Abb. 23 u. 24). Die Pars intermedia hat vornehmlich Verbindungen mit dem Nucleus globosus und Nucleus emboliformis, während die dominierenden Verbindungen der Pars lateralis solche mit dem Nucleus dentatus sind. Die phylogenetisch ältesten Teile repräsentieren das Vestibulocerebellum, worunter man den Lobus flocculonodularis und die Uvula des Wurmes versteht. Es gehört funktionell zum Gleichgewichtsapparat. Das Spinocerebellum (Paläocerebellum) ist

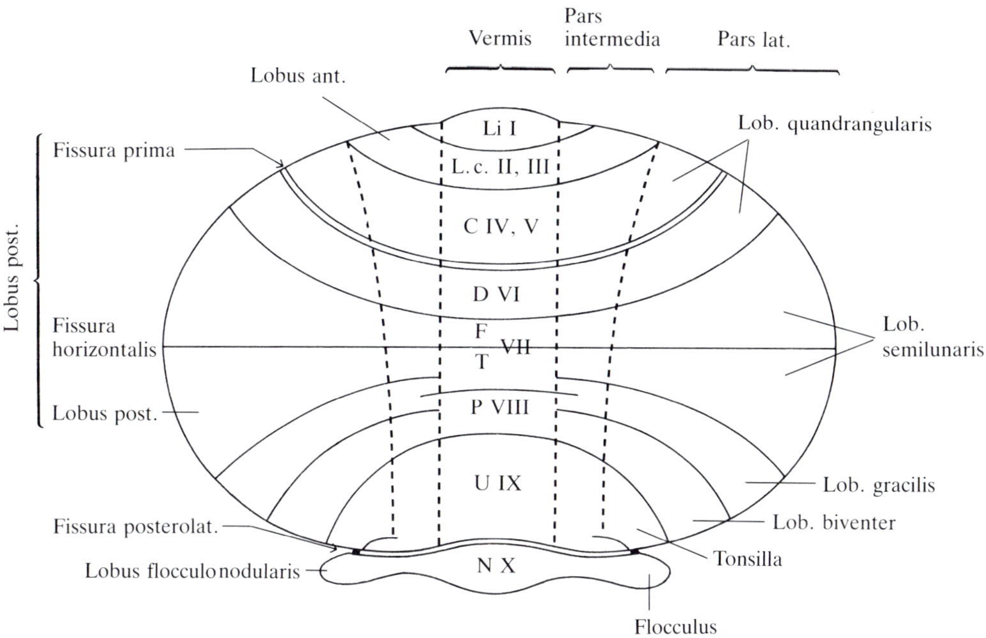

Abb. 23. Funktionelle Gliederung des Kleinhirns in 3 sagittale Zonen (nach Jansen-Brodal). Man denke sich das Kleinhirn an den Stielen abgetrennt und von der Fissura horizontalis aus aufgeklappt, so daß die gesamte Oberfläche sichtbar ist (vgl. Abb. 21 u. 24) (W.).
Vermis: Li = Lingula; L.c. = Lobulus centralis; C = Culmen; D = Declive; F = Folium; T = Tuber; P = Pyramis; U = Uvula; N = Nodulus.

derjenige Teil, der vor allem Verbindungen mit dem Rückenmark und dem Bewegungsapparat des Körpers (extrapyramidale Motorik) hat und in erster Linie mit den Wurmanteilen des Lobus ant., den vorderen Abschnitten der Pars intermedia und kleineren Arealen im Bereich des Lobus post. verknüpft ist. Die Pars lateralis der Hemisphären mit Lobus ant. und Lobus post., übergreifend auf die lateralen Anteile des Wurmes, gehören funktionell zum Neocerebellum und stehen mit der bei Primaten so in den Vordergrund getretenen Willkürmotorik (pyramidal-motorisches System etc.) in Verbindung (Abb. 24). Damit schält sich eine entwicklungsgeschichtliche und funktionelle Dreigliederung des Kleinhirns heraus. Die drei elementaren Systeme (Vestibuloce-

	Phylogenetischer Bezug	Hauptsächliche anatomische Abschnitte	Funktionen
Vestibulocerebellum	Archicerebellum	Lobus flocculonodularis	Gleichgewichtsregulation
Spinocerebellum	Palaeocerebellum	Lobus ant.	Verbindung mit Rückenmark – extrapyramidal-motorisches System
Pontocerebellum	Neocerebellum	Lobus post.	Verbindung mit Pons und Großhirnrinde – pyramidal-motorisches System

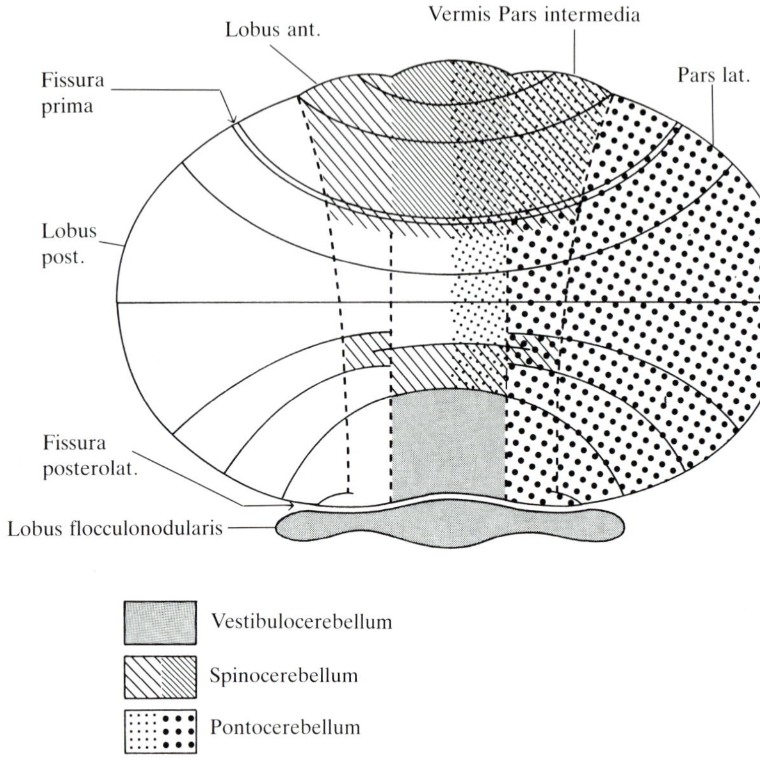

Abb. 24. Schematische Darstellung der zum Vestibulo-, Spino- und Pontocerebellum gehörigen Rindenanteile des Kleinhirns (nach R. Mayr aus Benninghoff-Goerttler) (W.). Man beachte die Überlappung der verschiedenen Rindenareale.

rebellum, Spinocerebellum und Pontocerebellum) sind zwar morphologisch nicht scharf voneinander zu trennen, denn ihre Areale überlappen teilweise sehr stark, funktionell lassen sie sich aber doch relativ gut auseinander halten, was sich später auch noch bei der Darstellung der Bahnverbindungen zeigen wird (vgl. S. 130).

Entwicklung und Struktur der Kleinhirnrinde

Der Ausbau der Kleinhirnrinde während der Embryonalentwicklung erfolgt im wesentlichen durch Anschichten von Zellmaterial von innen her (Abb. 25). Wie beim Rückenmark liegt die mitosenreiche Matrixzone zunächst an der Ependymseite, also im Dach des IV. Ventrikels. Von hier aus beginnen die Zellen während der frühen Embryonalzeit auszuschwärmen und in die Rinde abzuwandern. Durch diesen Prozeß erschöpft sich allmählich die Matrixzone, während die Zahl der Zellen in der Rinde zunimmt. Aus der primären Rinde wird durch den ständigen Zuwachs an ausschwärmenden Zellen schließlich eine dreischichtige Rinde, die sich außen an die weiße Substanz (Markfaserschicht) anschließt. Durch diesen *Ausschwärmvorgang* haben sich also die topographischen Beziehungen von weißer und grauer Substanz umgekehrt. Beim Rückenmark bildet die graue Substanz den zentralen Kernbereich, der von der weißen Substanz umhüllt wird. Beim Kleinhirn liegt die graue Substanz schließlich als Rindenzone ganz oberflächlich und umhüllt das innen gelegene Marklager. In ähnlicher Weise erfolgt auch die Entwicklung der Großhirnrinde.

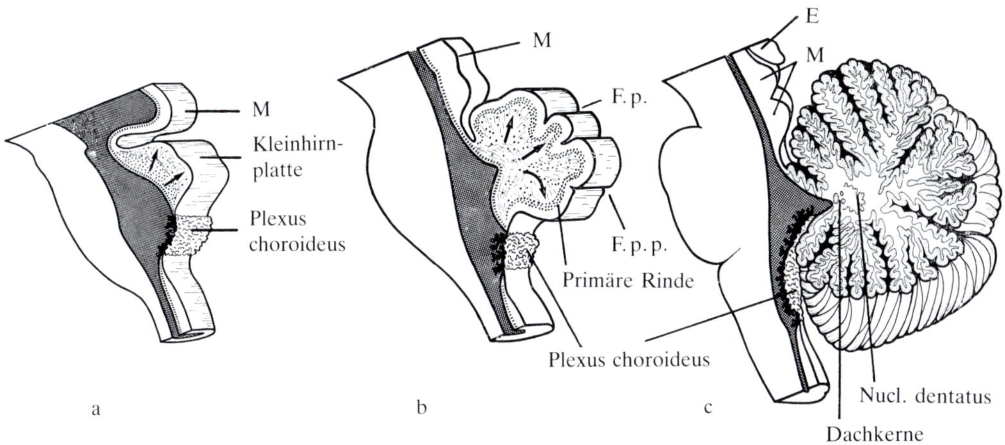

Abb. 25. a–c) Entwicklung der Kleinhirnrinde (modifiziert nach Keibel u. Mall) (K.). Von einer ventrikelnahen, mitosenreichen Matrixzone schwärmen Zellen zur Oberfläche der Kleinhirnplatte aus (Pfeile in Abb. 25. a) und bilden dort die primäre Rinde (Abb. 25. b), die sich dann weiter auffaltet und in Folia und Gyri differenziert (Abb. 25. c).
a) 30 Tage alter Embryo.
b) 40 Tage alter Embryo.
c) Erwachsener.
E = Epiphyse; M = Mittelhirn; F. p. = Fissura prima; F. p. p. = Fissura praepyramidalis.

Es wandern jedoch nicht alle Zellgruppen bis in die Rinde aus. Einzelne bleiben basal in der Nähe der Matrixzone liegen und ordnen sich im Inneren des Marklagers zu den sog. *Dachkernen des Kleinhirns* an. Von ihnen gehören die *Nuclei fastigii* entwicklungsgeschichtlich und funktionell hauptsächlich zum Vestibulocerebellum, die *Nuclei globosi* und *emboliformes* (zusammen auch als Nuclei interpositi bezeichnet) zum Spinocerebellum und der große sackförmige *Nucleus dentatus* zum Neocerebellum.

Da die *Rindenbildung* durch Ausschwärmen von in der Matrixzone neugebildeten Zellen, d. h. von innen nach außen erfolgt, wird die zur Verfügung stehende Oberfläche bald zu klein, so daß sich *Gyri* oder Windungen ausbilden. Diese entstehen also nicht durch spaltartige Einsenkungen der Kleinhirnoberfläche *(Sulci)*, sondern durch Zellansammlungen in den den Sulci benachbarten Rindenarealen. Sie werden durch die durch den Ausschwärmvorgang bedingten Zellvermehrungen primär, gleichsam von innen her, aufgeworfen. Die Sulci entstehen damit sekundär als Täler zwischen den Gyri. Durch weitere (sekundäre und tertiäre) Auffaltungen entwickelt sich schließlich ein kompliziertes Rindenrelief mit blattartigen Erhebungen *(Folia)* und Lappen *(Lobi, Lobuli)*, das erstaunlich konstant ist und insgesamt eine riesige Oberfläche darstellt, von der nur rund 15% außen sichtbar, 85% aber in der Tiefe der Furchen versteckt ist. Bei der geschilderten Art der Rindenbildung muß sich, da die Kleinhirnplatte nur vorne und seitlich fixiert ist, zwangsläufig ein horizontal bzw. transversal orientiertes Furchungsrelief ergeben. An Schnitten zeigt das Kleinhirn des Erwachsenen daher ein baumartig verzweigtes Faltungsmuster, das mit dem Terminus Arbor vitae (Lebensbaum) belegt wird (Abb. 26). Obwohl das Kleinhirn mit einem Gewicht von rund 130–140 g nur ein Zehntel des gesamten Gehirngewichtes ausmacht, erreicht es durch die charakterisierte Oberflächenvergrößerung doch fast 75% der Großhirnoberfläche.

Die Kleinhirnrinde *(Cortex cerebelli)* ist aber im Gegensatz zum Großhirn überall nahezu gleichartig strukturiert. Sie ist relativ dünn (durchschnittlich 1 mm ∅) und zeigt bei Lupenvergrößerung eine Gliederung in zwei Schichten, von denen die äußere

(Stratum moleculare) relativ zellarm, die innere *(Stratum granulosum)* dagegen sehr zellreich ist (Abb. 26). Bei stärkeren Vergrößerungen läßt sich zwischen beiden eine Reihe großer Ganglienzellen erkennen, sog. Purkinje-Zellen, die eine Zwischenschicht bilden *(Stratum ganglionare)* und die mit ihren Fortsätzen in das Marklager *(Corpus medullare)* eindringen. Das Marklager enthält alle von und zur Rinde verlaufenden Nervenfasern (Projektionsfasern) sowie im Dach des IV. Ventrikels, dem sog. Fastigium, auch die oben erwähnten Dachkerne.

5. Entwicklung und Gliederung des Vorderhirns

Wie im Bereich des Rautenhirns das Kleinhirn als ein Koordinationszentrum für die unbewußte Steuerung der Körpermotorik entsteht, so entwickelt sich am vorderen Ende des Neuralrohres, im Bereich des Prosencephalons, ein neues, übergeordnetes Integra-

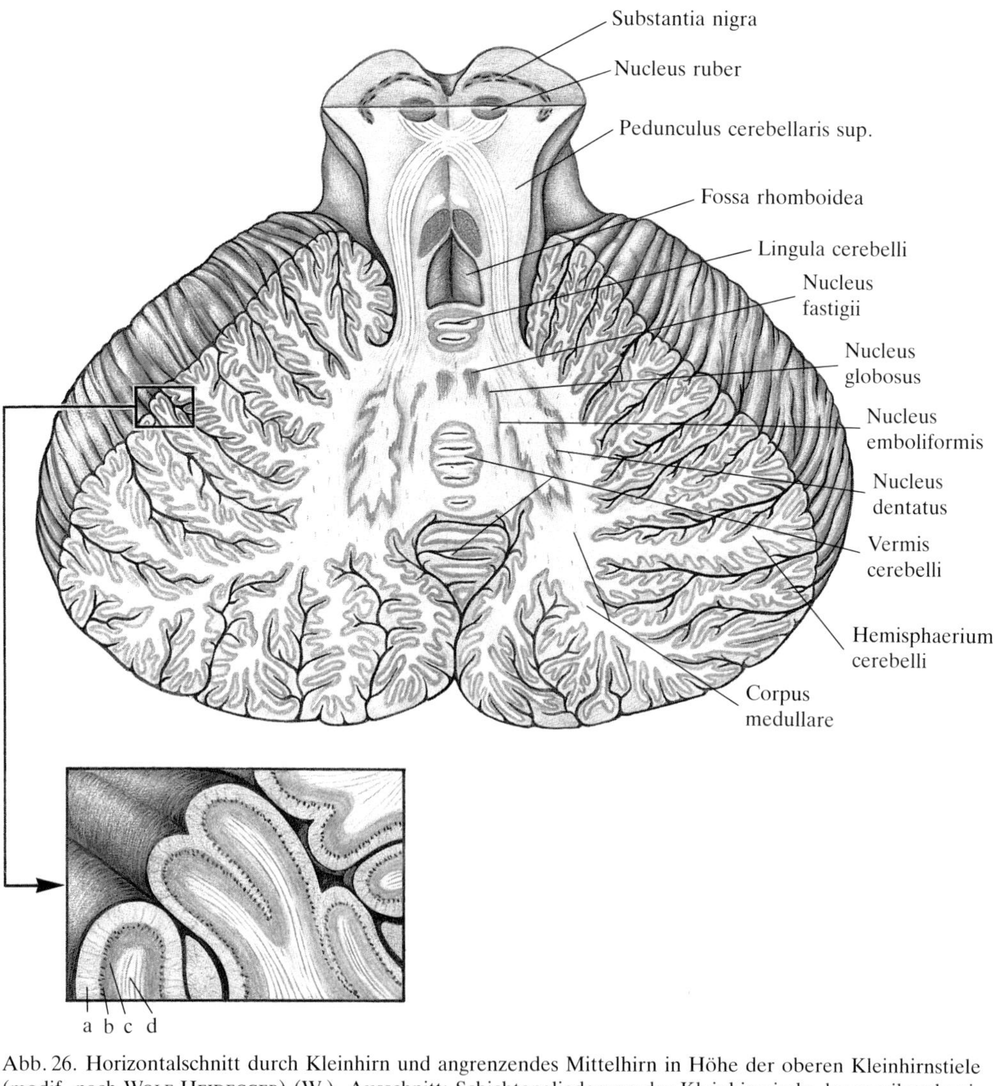

Abb. 26. Horizontalschnitt durch Kleinhirn und angrenzendes Mittelhirn in Höhe der oberen Kleinhirnstiele (modif. nach Wolf-Heidegger) (W.). Ausschnitt: Schichtengliederung der Kleinhirnrinde, lupenmikroskopische Dimension. a = Strat. moleculare; b = Strat. ganglionare; c = Strat. granulosum; d = Corpus medullare .

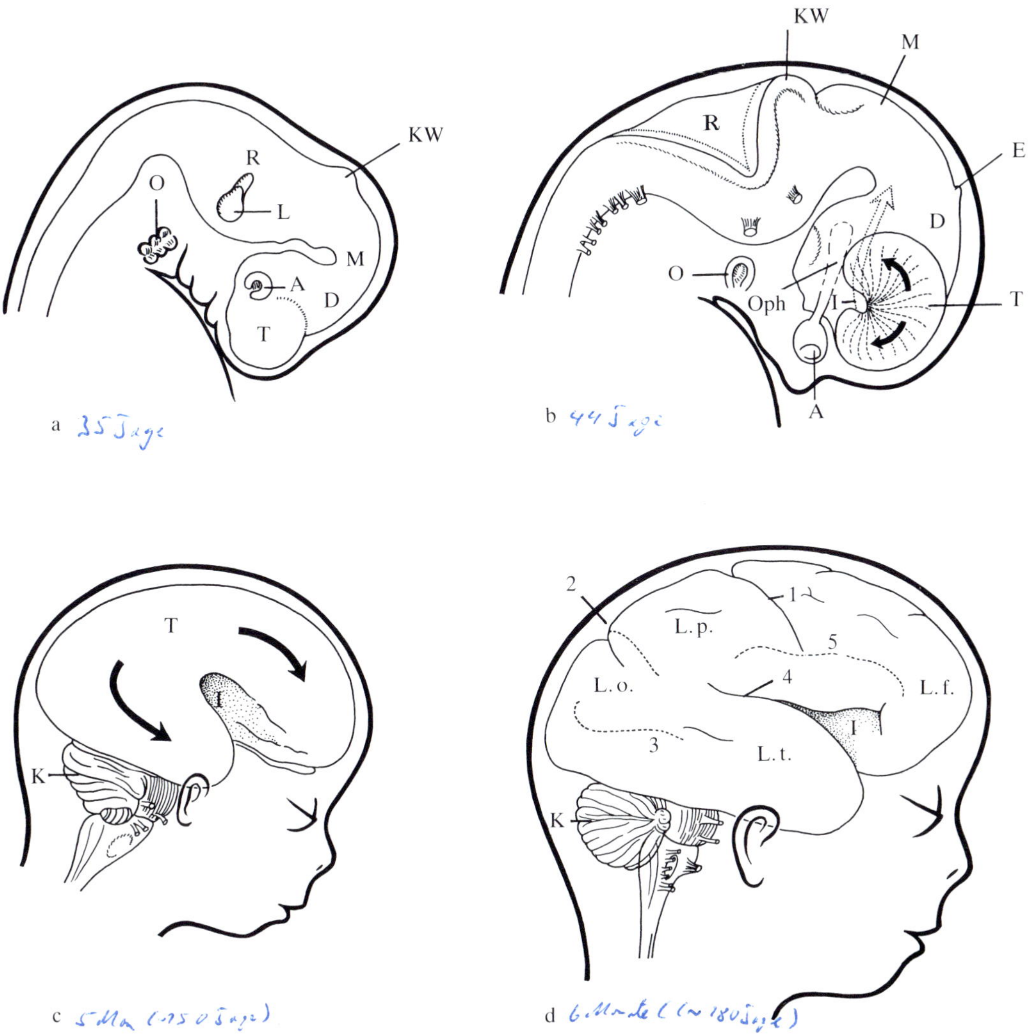

Abb. 27. a–d) Vier Stadien der Gehirnentwicklung beim Menschen in der Ansicht von lateral (vgl. Abb. 12 u. 19) (B.). Alter der Feten: a) 35 Tage, b) 44 Tage, c) 5 Monate, d) 6 Monate.

Die schwarzen Pfeile deuten die Wachstumsrichtung der Endhirnbläschen um das Inselfeld (I) herum an; die punktierten Linien (in Abb. 27. b) zeigen den Weg, den die Projektionsfasern an der Insel vorbei durch die innere Kapsel hindurch nehmen. A = Augenanlage; I = Inselfeld; K = Kleinhirn; L = Labyrinthbläschen; O = äußeres Ohr.

Primärfurchen:
1 = Sulcus centralis
2 = Sulcus parietooccipitalis
3 = Fissura calcarina
4 = Fissura lateralis (Sylvii)
5 = Sulcus cinguli

Lappengliederung des Endhirns:
L. f. = Lobus frontalis (bis Sulcus centralis)
L. o. = Lobus occipitalis (kaudal vom Sulcus parietooccipitalis)
L. p. = Lobus parietalis (zwischen Sulcus centralis und parietooccipitalis)
L. t. = Lobus temporalis (kaudal von der Fissura lateralis)

Hirnbläschen:
D = Diencephalon (Zwischenhirn)
K = Kleinhirn
KW = Kleinhirnwulst
M = Mittelhirn
Oph = Ophthalmencephalon (Teil des Zwischenhirns)
R = Rautenhirn
T = Endhirnbläschen (Telencephalon), Anlage des Großhirns

tionszentrum für zahlreiche nervöse Funktionen, das Großhirn. Das dominierende Sinnesorgan ist hier das Auge. Das Riechorgan erscheint beim Menschen von untergeordneter Bedeutung. Schon frühzeitig (am 31.–33. Tag der Embryonalentwicklung) treten seitlich am Prosencephalon zwei große Blasen auf, die Augenblasen, die sich gegen die äußere Haut vorschieben (Abb. 19). Die Augenanlagen wurzeln breitflächig im Vorderhirn, dessen Wandgebiet in diesem Bereich auch als *Ophthalmencephalon* bezeichnet wird (Abb. 27a). Unmittelbar vor dieser Augenzone wölbt sich nun die Vorderhirnwand nach außen vor und buchtet sich aus. Es entstehen die paarigen Endhirnbläschen als Anlagen des Großhirns *(Telencephalon)*. Der unpaare Mittelteil heißt von diesem Zeitpunkt an Zwischenhirn oder *Diencephalon*. Der zentrale optische Teil (Ophthalmencephalon) wird später ganz in den Bereich des Zwischenhirns einbezogen. Das vordere, blinde Ende des unpaaren Neuralrohres bleibt zeitlebens erhalten und wird zur Lamina terminalis, einer schmalen, zwischen den beiden Endhirnbläschen gelegenen, frontal gestellten Platte (Abb. 30a).

Die Endhirnbläschen erfahren frühzeitig eine mächtige Entfaltung. Ihre rasche und ungewöhnliche Vergrößerung führt dazu, daß alle anderen Abschnitte des Neuralrohres bald von den Großhirnanlagen zugedeckt werden. Man hat daher die Großhirnrinde insgesamt auch als »Mantel« (Pallium[1]) bezeichnet, da sie die übrigen Hirnteile wie ein Mantel überdeckt (Abb. 27).

Rindenbildung

Das Wachstum des Palliums und damit die Differenzierung des Großhirns ist vor allem durch drei elementare Prozesse charakterisiert. Der erste dieser Prozesse hängt mit der Massenzunahme der nervösen Substanz in den Endhirnbläschen zusammen. Diese führt zu einer immer größer werdenden »Raumnot«. Es kommt ähnlich wie beim Kleinhirn zur Lappenbildung sowie zur Faltung der Oberfläche in Gyri (Windungen) und Sulci (Furchen). Stufenweise entsteht so das für das Großhirn charakteristische Relief der Rinde (Cortex). Ursprünglich besitzt die glatte, ungegliederte Wand des Endhirnbläschens nur eine ventrikelnahe Zellschicht (Matrixzone) und eine oberflächliche Faserzone (Marginalzone). Durch intensive Zellteilungsvorgänge in der Matrixzone verbreitert sich diese Schicht rasch. Die neugebildeten Zellen schwärmen zur Oberfläche hin aus (Schwärmschicht) und wandern schließlich in die oberflächliche Faserzone ein. Die dadurch entstandene zellreiche Lamelle in der Marginalzone bildet die *primäre Rinde* (Zonalschicht). Je mehr Zellen aus der ventrikelnahen Matrix ausschwärmen, um so dicker wird die Rinde. Die feinere Differenzierung der primären Rinde in mehrere Schichten erfolgt erst im 3. und 4. Monat. Die endgültige Ausreifung der Rinde ist auch bei der Geburt noch nicht abgeschlossen. In der 2. Hälfte der Schwangerschaft erschöpft sich die Matrix, so daß der Auswanderungsprozeß (Schwärmvorgang, Migration) allmählich aufhört.

Von den in der primären Rinde angesiedelten Neuroblasten wachsen Fortsätze zu Nervenfasern aus, die in ihrer Gesamtheit das Marklager bilden. Im Gegensatz zum Rückenmark hat sich also ebenso wie im Kleinhirn durch den Schwärmvorgang die graue Substanz außen und die weiße Substanz innen entwickelt. Die Ausreifung der Markscheiden erfolgt zu verschiedenen Zeitpunkten. Alte Systeme erhalten ihre Markscheiden früher als die phylo- und ontogenetisch jüngeren. Auch die Markreifung ist bei der Geburt noch nicht abgeschlossen. Die feinere Differenzierung der Fasersysteme soll bis zum 30. und 35. Lebensjahr weitergehen.

[1] Nicht zu verwechseln mit dem Pallidum, einem Kerngebiet des Zwischenhirns (s. S. 54ff.).

Die von der Rinde auswachsenden Axone können entweder in der gleichen Hirnhälfte lokalisiert bleiben (Assoziationsfasern) oder auf die gegenüberliegende Hemisphäre überwechseln (Kommissurenfasern). Verlassen sie dagegen das Rindengebiet, um mit den Kernen der anderen Hirnbläschen oder des Rückenmarks Verbindungen einzugehen, nennt man sie Projektionsfasern.

Da die beiden Endhirnbläschen medial am Zwischenhirn festhängen, ist ihre Vergrößerung in der Hauptsache nur nach vorne und unten möglich. Auf diese Weise wachsen die vorderen und hinteren Pole der Endhirnbläschen zum späteren Stirn- bzw. Schläfenlappen aus. Die Entfaltung nach hinten erfährt in der Hinterhauptsregion eine Begrenzung und kehrt sich dann nach vorne-unten um (s. Pfeile in Abb. 27c). Gleichzeitig sinkt die mittlere Region, wo die Endhirnbläschen am Zwischenhirn festhängen, in die Tiefe. Man nennt diesen Rindenabschnitt daher die *Insel* (Insula Reili).

Aus der geschilderten bogenförmigen Wachstumsbewegung ergibt sich eine Gliederung der Endhirnbläschen in 4 Lappen: Stirn-, Hinterhaupts- und Schläfenlappen *(Lobus frontalis, Lobus occipitalis* und *Lobus temporalis)*, die oberhalb der Insel mit dem Scheitellappen *(Lobus parietalis)* verbunden sind. Die Insel liegt anfangs offen zutage (»offene Insel«), sinkt aber allmählich in die Tiefe, indem sie von den umgebenden Hirnlappen überwuchert wird (Operkularisation). Stirn-, Schläfen- und Scheitellappen bilden jeweils einen sich langsam vorwölbenden »Deckel« (Operculum parietale, frontale und temporale), so daß die Insel am ausgereiften Gehirn nur noch wahrgenommen werden kann, wenn man diese Deckel zurückklappt. Die durch den Schwärmvorgang ausgelöste Massenentfaltung im Bereich der Endhirnbläschen hört aber mit der Lappenbildung nicht auf. Dadurch, daß die Zellmigration innerhalb der einzelnen Lappen an bestimmten Stellen intensiver erfolgt als an anderen, bilden sich Erhebungen aus, die späteren *Gyri* (Hirnwindungen). Zwischen den Gyri bleibt die Wand der Hirnbläschen im Wachstum zurück. Es entstehen Furchen *(Sulci)*. Das Furchenrelief ergibt sich also in gleicher Weise wie beim Kleinhirn erst sekundär durch die Massenzunahme der den Sulci benachbarten Rindenbezirke. In der ersten Hälfte der Schwangerschaft ist das Endhirn glattwandig *(lissenzephal)*. Erst später treten in zunehmendem Maße Furchen und Windungen in Erscheinung. Bis zum 8. Monat ist das Endhirn bereits weitgehend gefurcht *(gyrenzephal)*. Im Gegensatz zum Kleinhirn überwiegen am Großhirn die Längsfurchen. Zuerst erscheinen die Furchen an den Grenzen der Lappen und der phylogenetisch alten Rindengebiete. Man bezeichnet sie als *Primärfurchen* (Abb. 27). Sie verlaufen meist quer zur Hauptwachstumsrichtung des Endhirns. Im einzelnen handelt es sich um folgende Furchen:

1. *Sulcus centralis:* Zwischen Stirn- und Scheitellappen; hier entwickeln sich später die primären motorischen und sensorischen Rindenfelder.
2. *Sulcus parietooccipitalis:* Zwischen Scheitel- und Hinterhauptslappen.
3. *Sulcus calcarinus:* An der Innenseite des Hinterhauptslappens – liegt im späteren primären optischen Projektionsfeld der Rinde.
4. *Sulcus cinguli:* An der Innenseite der Endhirnbläschen, bogenförmig über dem Balken verlaufend – Abgrenzung der späteren Riechhirngebiete vom Neuhirn.
5. *Sulcus lateralis cerebri:* Über der Inselregion gelegen – hauptsächlich zwischen Stirn- und Schläfenlappen. In der Umgebung entwickeln sich die Sprach- und Hörfelder.

Später kommen *Sekundärfurchen*, die innerhalb der einzelnen Lappen auftreten und relativ konstant sind, hinzu. Sie sind im Gegensatz zu den Primärfurchen hauptsächlich in der Längsrichtung des Endhirns, also parallel zur Wachstumsrichtung, orientiert. Die zahlreichen *Tertiärfurchen*, die inkonstant und variabel sind, zweigen wiederum von den Sekundärfurchen ab. Sie erzeugen im wesentlichen die Komplexität des Rindenreliefs.

Entwicklung der Projektionsbahnen und das Schicksal des Basalganglions

Der zweite elementare Prozeß bei der Endhirndifferenzierung hängt mit der vorauseilenden Entwicklung der basal gelegenen, phylogenetisch älteren, subkortikalen Kerngebiete und der Ausbildung derjenigen Fasersysteme zusammen, die nicht auf die Endhirnbläschen beschränkt bleiben wie die Assoziations- und Kommissurensysteme,

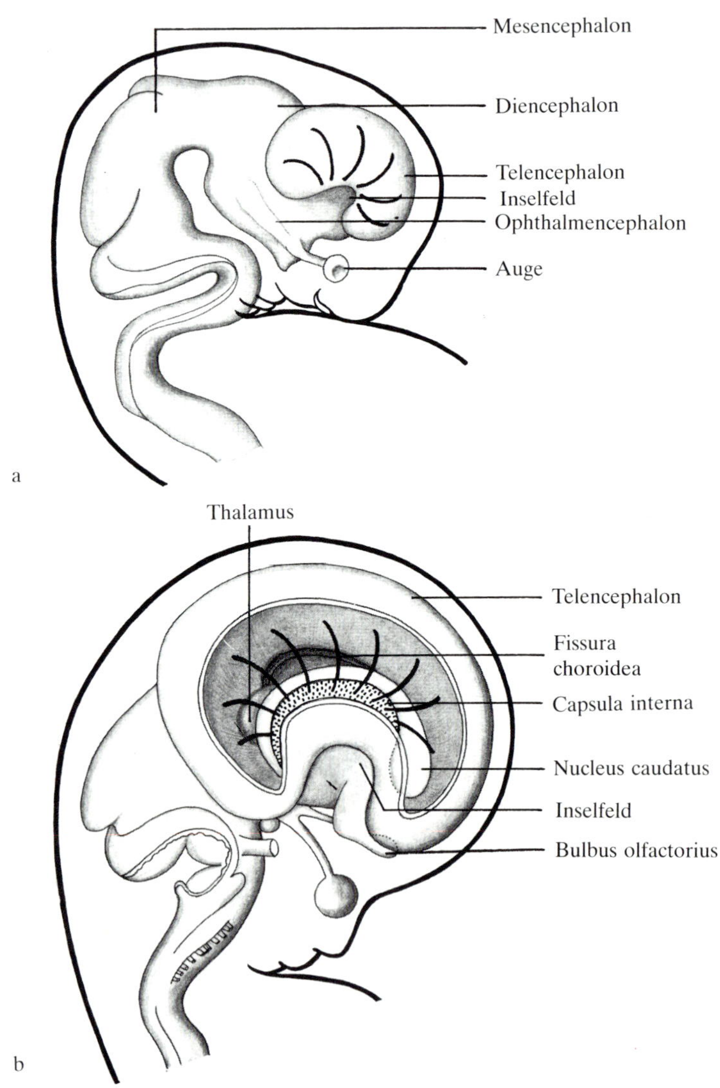

Abb. 28. a–c. Entwicklung der Stammganglien des ZNS beim Menschen in der Ansicht von lateral (modif. nach Corning) (B.). Das Endhirnbläschen wurde gefenstert (b), um die Lage des Basalganglions sichtbar zu machen. Projektionsbahnen durch schwarze Striche hervorgehoben.
a) 44 Tage alter menschlicher Embryo.
b) Ende des 4. Monats.

sondern auf- bzw. absteigend mit den nachfolgenden Hirnabschnitten Verbindungen aufnehmen (Projektionsfasersysteme, in Abb. 27b gestrichelte Linien). Diese *Projektionsfasern* bilden immer mächtiger werdende Bündel, die den Anschluß an die distalen Hirnabschnitte nur über den Verbindungsstiel zwischen Insel und Zwischenhirn, eben da, wo das Endhirnbläschen noch am Neuralrohr festhängt, finden können. Sie benützen also diese »Gewebsbrücke«, d. h. den Verbindungs- oder Hemisphärenstiel mit dem Zwischenhirn, um die kaudal anschließenden Abschnitte des Neuralrohres zu erreichen. Sie wachsen dabei an der Insel vorbei in die Kerngebiete von End- und Zwischenhirn ein. Die Verbindungsbrücke verbreitert sich mit der Vergrößerung des Endhirns ständig, wodurch eine Neugliederung sowie wesentliche Materialverschiebungen im Übergangsbereich zwischen End- und Zwischenhirn zustande kommen. Schließlich wird sogar das Zwischenhirn in den Endhirnbereich einbezogen. Diese Vorgänge bilden die Grundlage für die spätere, etwas komplizierte topographische Situation der subkortikalen Kerne und Fasergruppen des ZNS.

Die Endhirnbläschen sind anfangs häutchenartig dünn und umschließen große flüssigkeitsgefüllte Hohlräume *(Ventrikel)*, deren Verbindung mit dem Lumen des Zwischenhirns anfangs noch sehr groß ist. Frühzeitig verdickt sich aber, und zwar lange bevor durch die Massenzunahme in der Rinde die Gyri und Sulci entstehen, beiderseits der Boden der Endhirnbläschen durch die Ausbildung der phylogenetisch älteren, subkortikalen Kerngebiete. Dieser Kernkomplex, den man zusammenfassend als Ganglienhügel *(Colliculus ganglionaris)* oder *Basalganglion* bezeichnet, erfährt nun eine mächtige und vorauseilende Entwicklung, wodurch das Lumen der Endhirnbläschen von unten und medial eingeengt wird (Abb. 28). Die Vergrößerung und frühzeitige Differen-

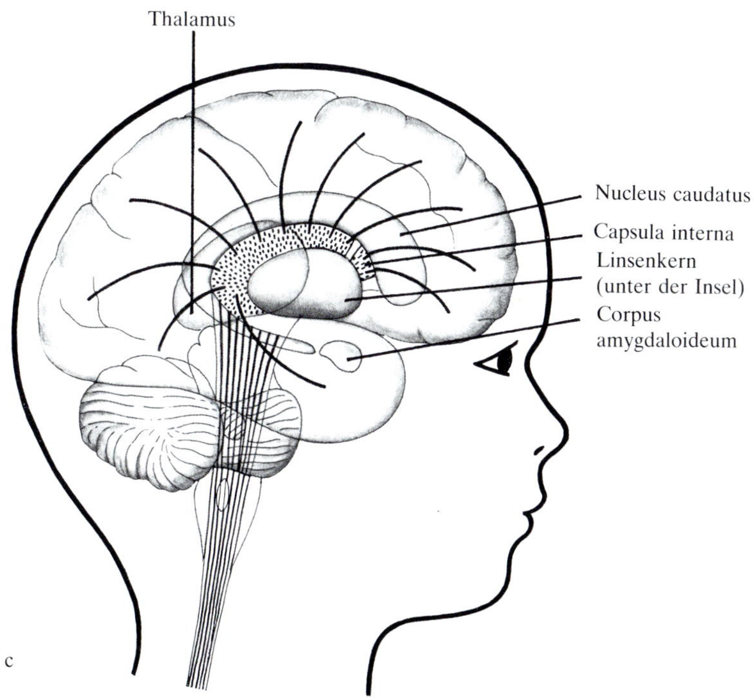

Abb. 28. c) Neugeborenes. Die Stammganglien haben ihre definitive Lage erreicht. Die Projektionsbahnen (schwarze Linien) ziehen zwischen Nucl. caudatus und Linsenkern hindurch.

zierung des Basalganglions hat zweierlei zur Folge: einmal wird die untere und laterale Wand des Endhirnbläschens mehr und mehr eingezogen und bleibt im Wachstum zurück, da sie am Basalganglion festhängt. Das führt zur Einziehung, d. h. »Versenkung« des Inselfeldes und damit zur Operkularisation. Zum anderen wird die Übergangsstelle der Hirnwand zum Zwischenhirn – man könnte auch Umschlagstelle sagen (äußerlich durch die Fissura telodiencephalica gekennzeichnet) – immer mehr verbreitert und die verbindende Öffnung zwischen den Hohlräumen der Zwischen- und Endhirnbläschen (Foramen interventriculare, Monroi) zu einem Kanal eingeengt.

Je mehr sich nun die Endhirnbläschen vergrößern und widderhornartig in den späteren Frontal- und Schläfenlappen hineinwachsen, um so mehr wächst auch das Basalganglion in die Länge. Es bekommt dadurch eine ebenfalls widderhornartig gekrümmte Form, die zur Bezeichnung »Schweifkern» *(Nucleus caudatus)* Veranlassung gegeben hat (Abb. 28 u. 30). Der Nucleus caudatus ist aber nicht das einzige Derivat des Basalganglions. Wie wir gesehen haben, wachsen die Projektionsfasern am Inselfeld vorbei und dringen in zunehmendem Maße in die Gewebsbrücke zwischen Basalganglion und Zwischenhirnwand ein, die hauptsächlich durch die mächtige, kranial gelegene Kernmasse des Thalamus charakterisiert ist. Diese Gewebsbrücke wird dadurch stark verbreitert, denn die Zahl der Projektionsfasern nimmt mit der Entfaltung des Palliums ständig zu. Die Grenzfurche zwischen Ganglienhügel und Thalamus, die zugleich die Grenze zwischen End- und Zwischenhirn anzeigt und daher *Sulcus terminalis* genannt wird, verlängert sich nach rückwärts. Da alle Fasern über diese »Umschlagstelle« laufen müssen, konvergieren die Fasermassen natürlich auf diese Stelle zu. Es entstehen die

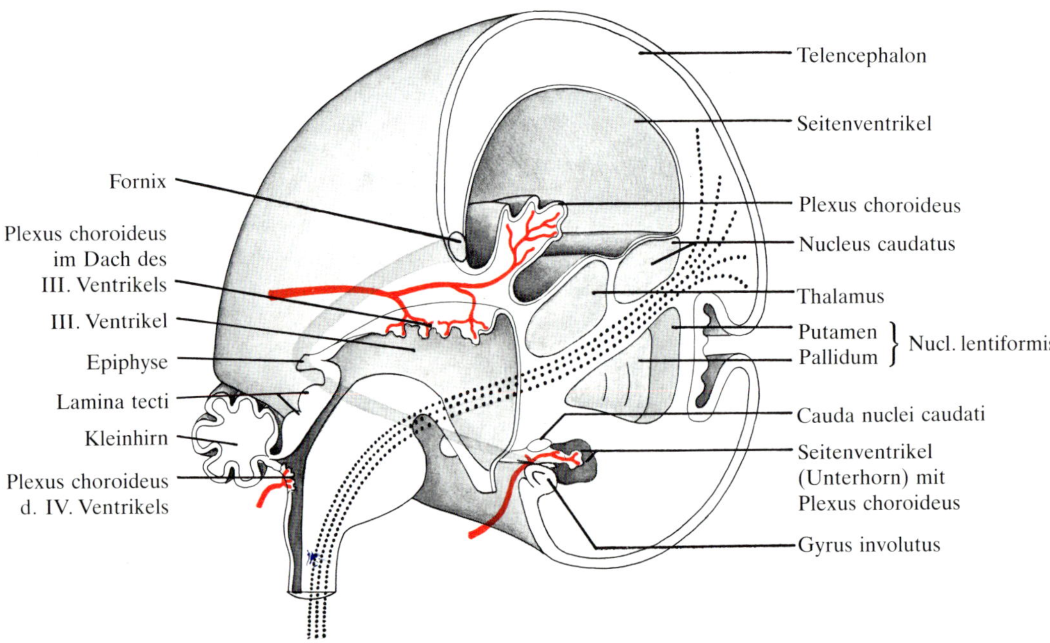

Abb. 29. Querschnitt durch das embryonale Vorderhirn zur Darstellung der Lage der Projektionsbahnen (nach Allan) (B.). Zwischen-, Mittel- und Rautenhirn sind median halbiert. Blutgefäße für die Plexus choroidei des End-, Zwischen- und Rautenhirns sind rot hervorgehoben, Fornix mit seinem bogenförmigen Verlauf an der medianen Wand des Endhirnbläschens wurde durch Strichelung markiert. Projektionsfasersysteme = punktierte Linien.

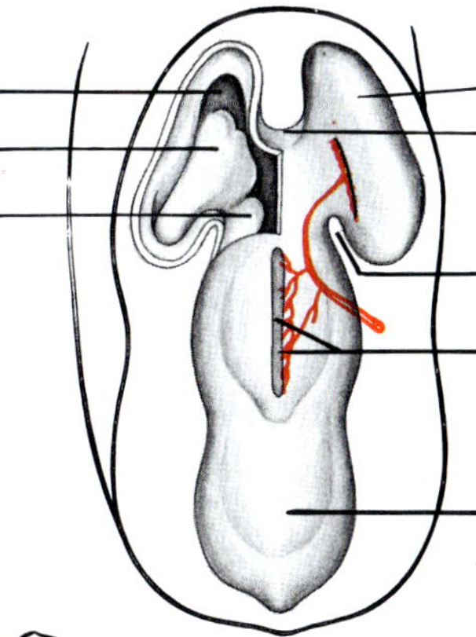

a Ab 6. Woche (~35 Tage)

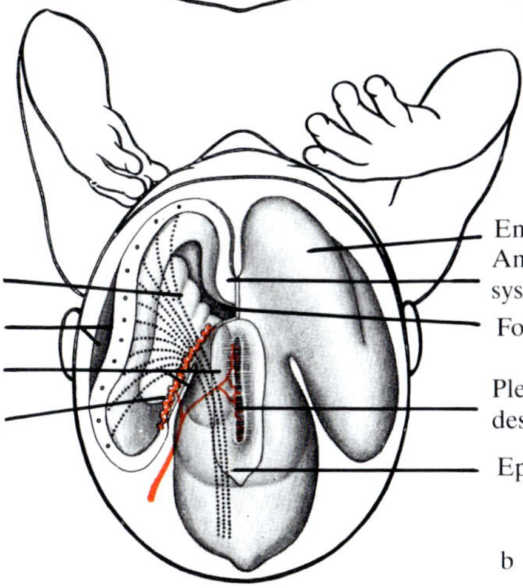

b 3 Mon (~90 Tage)

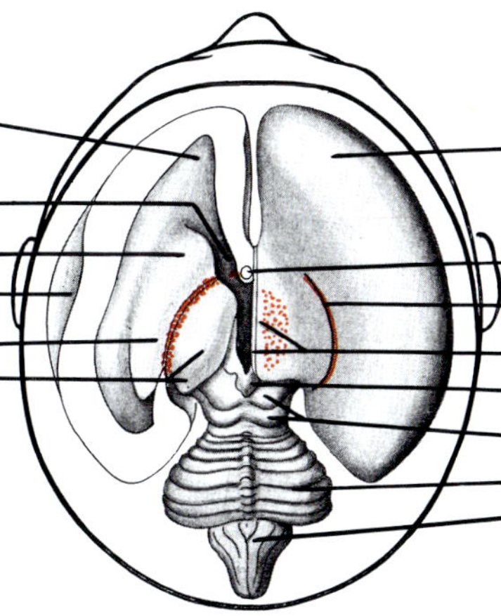

c 5 Mon (~150 Tage)

Abb. 30. a–c) Drei Stadien zur Entwicklung des Vorderhirns und der Stammganglien in der Ansicht von oben (B.).
a) Menschlicher Embryo, Anfang 6. Woche.
b) 3 Monate alter menschlicher Fetus. Das linke Großhirnbläschen wurde gefenstert, um die Lage des Basalganglions zu zeigen; Projektionsfasern punktiert. Rot = Plexus choroidei mit zugehörigen Gefäßen.
c) 5 Monate alter menschlicher Embryo. Linke Großhirnrinde abgetragen, um Lage und Form der Stammganglien am Boden des Seitenventrikels deutlich zu machen. Der am Boden des Seitenventrikels sichtbare Teil des Corpus striatum entspricht dem Nucleus caudatus.

Großhirnstiele *(Pedunculi cerebri)*. Sie sind in gewisser Weise den Kleinhirnstielen des Rautenhirns (Pedunculi cerebelli) vergleichbar.

Die Projektionsbahnen wachsen nun aber nicht nur am Ganglienhügel vorbei, sondern dringen auch in diesen selbst ein (Abb. 29). Dadurch wird die bis dahin einheitliche Kernmasse in 2 Teile auseinandergesprengt, der eine Teil *(Nucleus caudatus)* kommt oberhalb von den Projektionsfasersystemen am Boden des Seitenventrikels, der andere Teil *(Putamen)* unterhalb davon zu liegen (Abb. 29). Mit anderen Worten, die Projektionsbahnen verlaufen zwischen Nucleus caudatus und Putamen hindurch. Da aber noch streifenförmige Verbindungen zwischen beiden erhalten bleiben, werden beide Kerne, die funktionell, strukturell und entwicklungsgeschichtlich eine Einheit darstellen, zusammenfassend auch als Streifenkörper *(Corpus striatum)* bezeichnet. Man könnte den geschilderten Vorgang auch so formulieren: durch das Ein- bzw. Hindurchwachsen der Projektionsfasern durch das Basalganglion wird von diesem das Putamen abgesprengt. Unabhängig davon aber bleibt die Verbindung des Basalganglions mit dem Inselfeld erhalten, so daß die Insel im Zuge der Volumenzunahme der umgebenden Großhirnabschnitte allmählich mehr und mehr in die Tiefe einsinkt. Bei diesen Verlagerungsprozessen wird eine schmale Gewebsplatte grauer Substanz von der Inselrinde abgetrennt, das *Claustrum,* wodurch das weiße Marklager in eine *Capsula extrema* und eine *Capsula externa* untergliedert wird.

Aber nicht nur am Basalganglion, sondern auch im Zwischenhirn werden durch das Einwachsen der Projektionsbahnen einzelne Kerngebiete von dem vorher einheitlichen Zellkomplex abgetrennt. Die Projektionsfasern wachsen nämlich unterhalb des Thalamus hindurch und dringen in das subthalamische Gebiet vor. Hier sprengen sie eine Zellmasse ab, die an das Putamen angelagert und wegen seiner blassen Farbe als *Pallidum* oder Globus pallidus bezeichnet wird. Pallidum und Putamen bilden zusammen den *Nucleus lentiformis* oder Linsenkern, der aber weder funktionell noch strukturell eine Einheit darstellt (Abb. 31 u. 32). Zwischen Linsenkern und Nucl. caudatus liegen nun alle Projektionsbahnen auf engem Raum zusammengedrängt und bilden hier die sog. innere Kapsel *(Capsula interna)*. Diese umgibt schalenartig den Linsenkern an seiner medialen Fläche. An der gegenüberliegenden, der Insel zugekehrten Fläche sind nun ebenfalls, allerdings wesentlich dünnere Faserlamellen entstanden, die man in Analogie zur inneren Kapsel als *Capsula externa* und *extrema* bezeichnet (Abb. 32).

Die Projektionsfasern der Großhirnrinde dringen nach Passieren der Capsula interna zum Mittelhirn vor und bilden dort die ventral vorspringenden Großhirnstiele (Pedunculi oder Crura cerebri). Die Gesamtheit der Projektionssysteme wird also in der inneren Kapsel und am Boden des Mittelhirns so gebündelt wie die Stiele eines Blumenstraußes in der umschließenden Hand (Abb. 28c). Dieses mächtige Faserbündel wird aber kaudalwärts immer schmäler. Das rührt daher, daß die absteigenden Projektionsfasersysteme auf dem Wege zum Rückenmark zahlreiche Fasergruppen zu anderen Hirngebieten abgeben. Makroskopisch wird diese Umschichtung daran kenntlich, daß die Großhirnstiele an der Basis des Mittelhirns zunächst noch als mächtige Bündel, nach Passage der Brücke jedoch nur noch als schmale Streifen, die sog. Pyramiden, zu sehen sind. Auch diese verschwinden weiter kaudal am Rückenmark bald. Das riesige Projektionsfasersystem der inneren Kapsel hat sich also während seines Verlaufes zwischen Endhirn und Rückenmark durch abzweigende Faserbündel aufgelöst und größtenteils erschöpft.

Diese Entwicklung spiegelt sich auch in den Besonderheiten der *Blutgefäßversorgung* wider. Die phylogenetisch älteren Gebiete der Stammganglien, die – wie geschildert – zum Teil aus den Basalganglien hervorgehen, werden nämlich von eigenen Gefäßen versorgt, die sich frühzeitig ausbilden und in der Hauptsache von unten in das Stammhirn

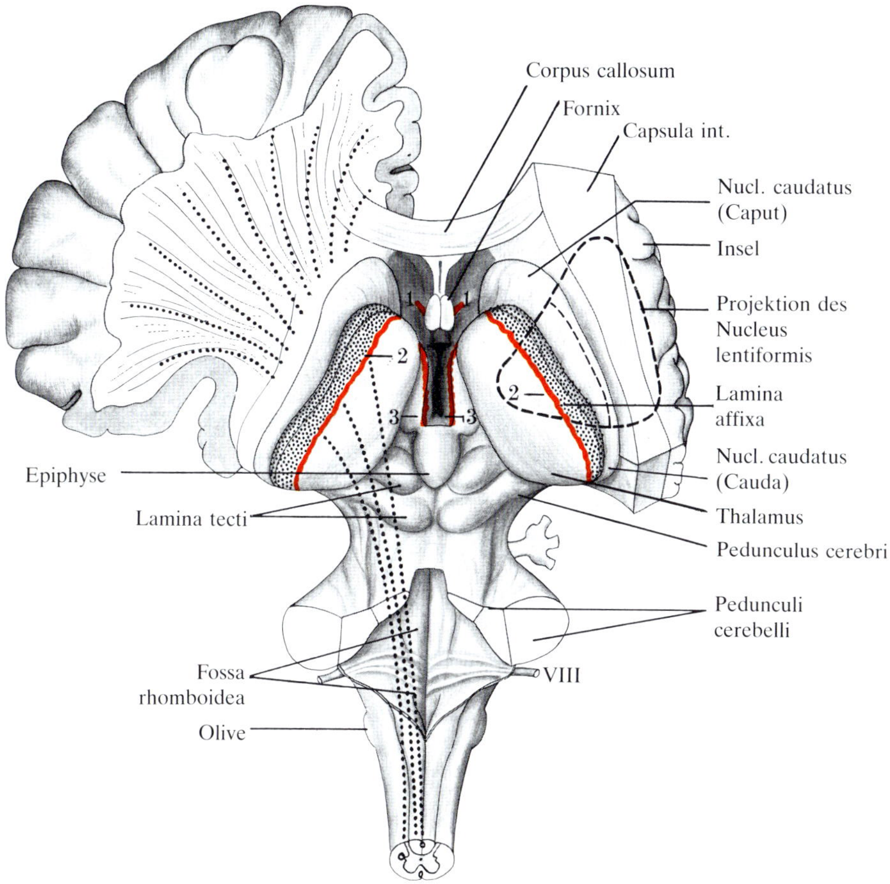

Abb. 31. Die Stammganglien des erwachsenen Gehirns in der Ansicht von dorsal (nach einem Präparat gezeichnet) (B.). Rechts wurde das Großhirn bis auf die Inselrinde und die innere Kapsel abgetragen, links sind die vorderen Rindenabschnitte stehen geblieben, um den Verlauf der Projektionsfasern (schwarz hervorgehoben) zeigen zu können. Die punktierte Fläche entspricht der Lamina affixa. Rot = Rißlinien des Plexus choroideus: 1 = Taenia fornicis; 2 = Taenia choroidea; 3 = Taenia thalami; VIII = VIII. Hirnnerv (N. vestibulocochlearis).

eindringen. Am erwachsenen Gehirn kommen diese »zentralen« Arterien aus basal, auf der Schädelbasis liegenden Arterienstämmen. Sie benützen die Lücke zwischen den beiden Großhirnstielen, die Fossa interpeduncularis des Mittelhirns, um zu den Stammganglien zu gelangen. Diese Gefäße (Aa. thalamostriatae, Aa. insulae, Aa. pallidostriatae usw.) versorgen die Stammganglien und die Projektionsbahnen im Bereich der Capsula interna. Im Gegensatz dazu wird die phylogenetisch später entstehende Hirnrinde von »kortikalen« Gefäßen versorgt, die von außen an das Nervengewebe herantreten und mit den zentralen Gefäßen wenig Verbindung haben. Es entsteht also eine Art »Wasserscheide« zwischen den zentralen und kortikalen Versorgungsgebieten, die in der Hauptsache in der weißen Substanz des Endhirns gelegen ist und ihre Ursache in der unterschiedlichen und zeitlich differierenden Entwicklungsgeschichte hat.

Die Bündelung der großen Projektionsfasersysteme im Bereich der inneren Kapsel sowie die damit zusammenhängenden Besonderheiten der Gefäßversorgung machen es verständlich, daß Störungen der Zirkulation (Blutungen, Arteriosklerose, Tumoren) schwerwiegende Folgen haben müssen; können doch dadurch die gesamten Projektions-

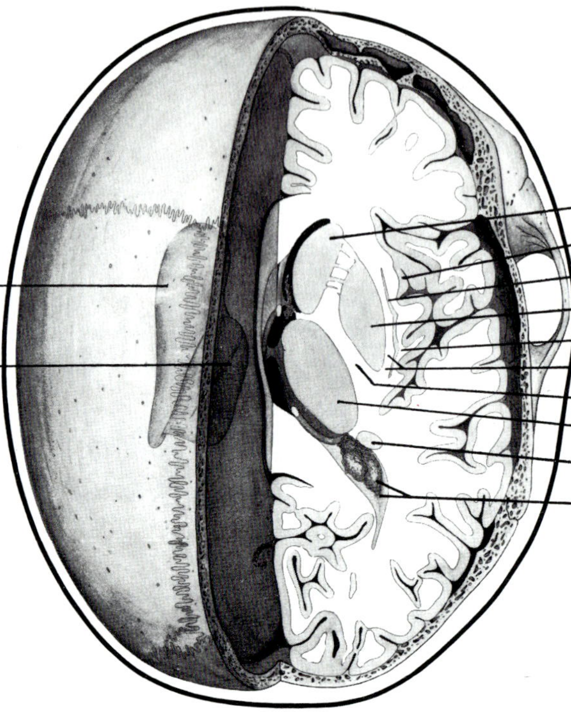

Abb. 32. Halbschematische Darstellung über die Lage der Stammganglien (K.). Rechte Hirnhälfte horizontal durchschnitten; linke Hirnhälfte mit Corpus striatum und Thalamus durchsichtig gedacht.

bahnen auf einen Schlag gelähmt werden, wodurch die nervöse Versorgung für eine Körperhälfte ausfällt (Schlaganfall, Hemiplegie).

Das Endergebnis der entwicklungsgeschichtlichen Umgruppierungen im Bereich der Grenzzone zwischen End- und Zwischenhirn ist aus Abb. 31 ersichtlich. Das Striatum, bestehend aus Nucleus caudatus und Putamen, ist – nur durch die Capsula interna getrennt – breitflächig mit dem Thalamus verwachsen. Die ursprünglich schmale Grenze zwischen End- und Zwischenhirn erscheint in die Länge gezogen und verläuft beim Erwachsenen schräg bogenförmig nach hinten. Das Zwischenhirn ist damit weitgehend in das Endhirn hineingezogen worden. Nach Abtragen der Großhirnrinde bilden diese im Grenzbereich von End- und Zwischenhirn entstandenen Kerne den Hauptanteil des sogenannten Hirnstammes.

Während der Nucleus caudatus die Wachstumsbewegungen des Endhirnbläschens mitmacht und dadurch eine langgestreckte, gekrümmte Form erhält, bleibt das Putamen als scheibenförmige oder rundliche Zellmasse lateral vom Nucleus caudatus liegen. Der Schweifkern grenzt unmittelbar an das Hohlraumsystem der Endhirnbläschen und bildet vorne-oben den Boden, im Schläfenlappen aber das Dach des Seitenventrikels. Die Berührungsstelle zum Thalamus hat sich verbreitert. Die laterale, ursprünglich ganz freie Seitenfläche des Thalamus ist verschwunden. Die Teile des Zwischenhirns, die zum Sehapparat gehören, sind nach hinten und unten verdrängt worden und bilden jetzt mit dem kissenartig vorspringenden hinteren Thalamusteil, dem *Pulvinar thalami,* einen besonderen Abschnitt des Zwischenhirns, den sog. *Metathalamus.* Am erwachsenen Gehirn sind also jetzt von der Lage der Projektionsfasersysteme, d. h. der Capsula interna, aus gesehen die Stammganglien wie folgt gegliedert:

Endhirn	dorsomedial	Nucleus caudatus	→ Corpus striatum
	dorsolateral	Putamen	
- - - - - -	- - - - - -	- - - - - -	- - *Sulcus terminalis* - -
Zwischenhirn	ventrolateral	Pallidum	→ Nucleus lentiformis
	dorsomedial	Thalamus	
	ventromedial	subthalamische Kerne	

Die Grenzzone zwischen End- und Zwischenhirn ist auch am erwachsenen Gehirn noch deutlich durch den Sulcus terminalis markiert, in dem die V. thalamostriata verläuft (Abb. 33). Der Thalamus hat durch die geschilderte Entwicklung seine Form geändert und bildet beim Erwachsenen eine nach hinten ausladende Zellmasse, die sich median mit der der Gegenseite fast berührt. Das Lumen des Zwischenhirnbläschens wird dadurch zu einem schmalen, hochgestellten Spalt, dem III. Ventrikel oder Zwischenhirnventrikel, eingeengt, den in der Regel eine Gewebsbrücke zwischen den beiden Thalami, die *Adhaesio interthalamica,* horizontal durchzieht.

Entwicklung der Plexus choroidei

Der dritte Elementarvorgang, der bei der Vorderhirnentwicklung eine Rolle spielt, hängt mit der Tatsache zusammen, daß bestimmte Wandabschnitte des Neuralrohres dünn bleiben und die Massenentfaltung der übrigen Rinde nicht mitmachen. An diesen Stellen stülpen sich Blutgefäßgeflechte in die Ventrikel ein und bilden so die *Plexus choroidei* oder Adergeflechte (vgl. S. 52). Plexusbildungen dieser Art finden vor allem an der medialen Wand der Endhirnbläschen sowie im Dach des III. Ventrikels statt (Abb. 29 u. 32).

Der Plexus choroideus, der sich an der medialen Wand des Endhirnbläschens differenziert, hängt an zwei Lippen, einer oberen und einer unteren (Abb. 29). Die untere lagert sich auf die durch das Größenwachstum das Thalamus stark verbreiterte, dorsale Thalamusfläche und verklebt schließlich mit ihr *(Lamina affixa)* (Abb. 31). An dieser Stelle existiert daher auf dem Thalamus auch am erwachsenen Gehirn noch ein schmaler, undifferenzierter Gewebsstreifen, der der ursprünglichen Hirnwandung entspricht. Reißt man den Plexus choroideus hier ab, so bleibt eine Rißlinie zurück, die *Taenia choroidea.*

Oben hängt der Plexus choroideus an einem rundlichen Nervenfaserstrang, der sich während der Embryonalzeit an der medialen Hirnblasenwandung entwickelt hat, dem Fornix. Es handelt sich um einen zum sog. limbischen System gehörenden Abschnitt, dessen Entwicklung erst später behandelt werden soll (S. 179ff.). Die Abrißlinie des Plexus choroideus heißt hier sinngemäß *Taenia fornicis.*

Durch die Massenentwicklung des Thalamus hat sich das Dach des Zwischenhirns dorsal verbreitert und grenzt im Bereich der Lamina affixa sogar an den Seitenventrikel des Endhirns. Nur medial ist ein schmaler Streifen des Zwischenhirndaches dünn geblieben. Hier stülpt sich der Plexus choroideus des III. Ventrikels von oben in das Ventrikellumen vor. Reißt man den Plexus ab, bleibt die *Taenia thalami* zurück.

Zwischen dem Plexus choroideus des Seitenventrikels und dem des III. Ventrikels besteht durch Bindegewebe und Gefäße eine breite Verbindung. Dieses Gewebe, das nicht nervöser Natur ist und auch nicht aus dem Neuralrohr, sondern aus dessen bindegewebiger Umhüllung stammt, formiert eine flache Gewebsplatte, die lateral bis in den zentralen Kern der Adergeflechte der Seitenventrikel hineinragt. Diese Platte ist die

Tela choroidea, die ähnlich wie das Endhirnbläschen im ganzen widderhornartig gekrümmt ist und seitlich bis in die Plexus der Schläfenlappenventrikel reicht.

6. Anatomie des Ventrikelsystems

Durch die mächtige, oben geschilderte Entfaltung des Endhirns und die gestaltlichen Veränderungen an der Grenzfläche zwischen den Basalganglien und dem Zwischenhirn wurde ähnlich wie im Rautenhirn das ursprünglich weite Hohlraumsystem des Vorderhirns eingeengt und verformt. Es bildet im ganzen eine Art Negativ zu den geschilderten Wachstumsveränderungen an der Vorderhirnwandung. Die widderhornartige, halbspira-

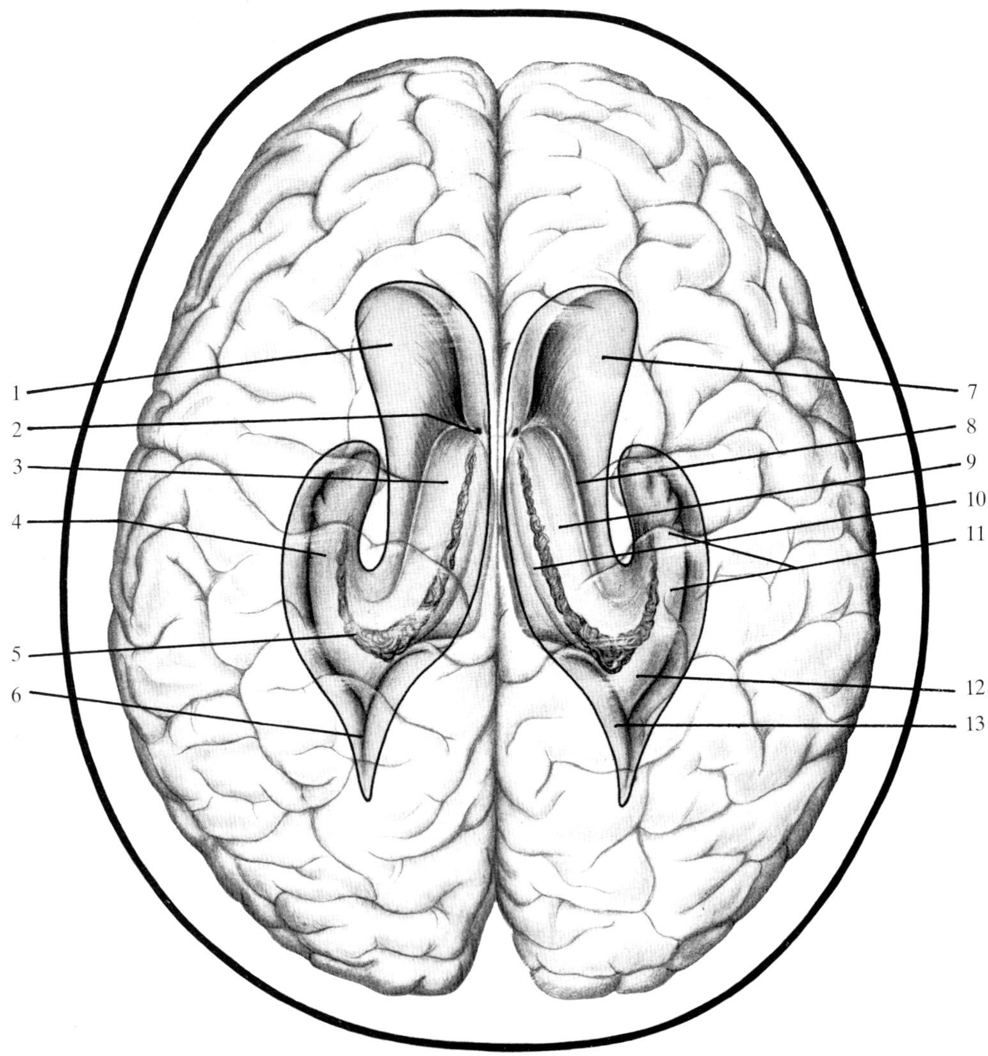

Abb. 33. Ventrikelsystem des Endhirns und Stammganglien in der Ansicht von oben. Die Seitenventrikel sind durchsichtig gedacht, um die angrenzenden Kerne und Strukturen sichtbar werden zu lassen (B.). Seitenventrikel: 1 = Cornu ant.; 2 = Foramen interventriculare; 3 = Pars centralis (Cella media); 4 = Cornu inf.; 5 = Plexus choroideus; 6 = Cornu post. Stammganglien und Hirnteile: 7 = Nucleus caudatus; 8 = Sulcus terminalis; 9 = Thalamus; 10 = Fornix; 11 = Hippocampus; 12 = Eminentia collateralis; 13 = Calcar avis.

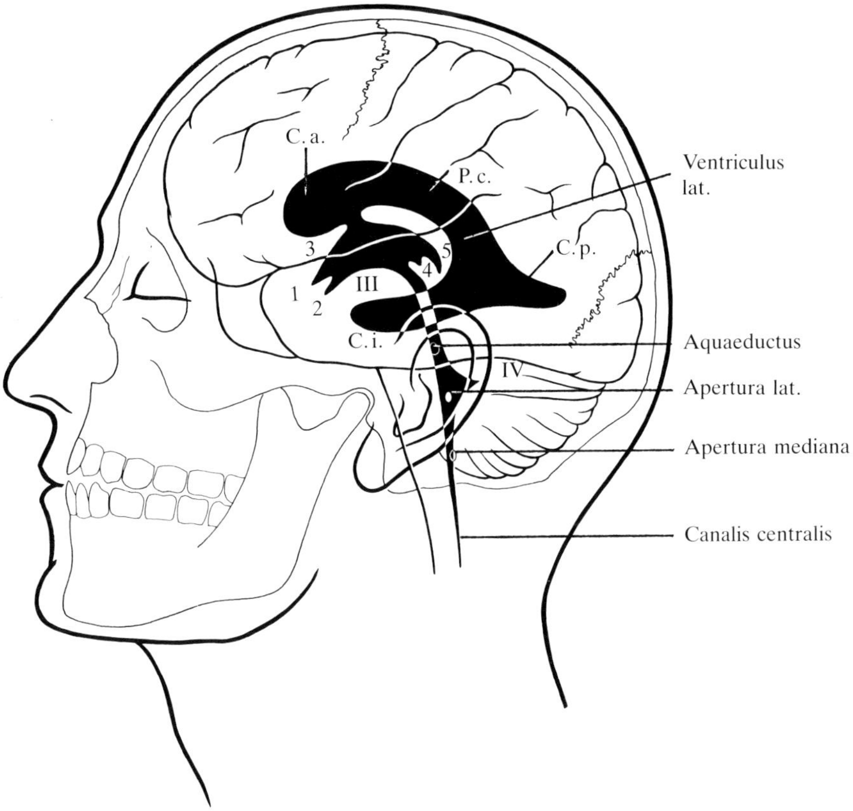

Abb. 34. Topographie des Ventrikelsystems in der Ansicht von lateral (B.). III = III. Ventrikel; IV = IV. Ventrikel.
Abschnitte der Seitenventrikel: C. a. = Cornu ant. C. i. = Cornu inf.; C. p. = Cornu post.; P. c. = Pars centralis (Cella media).
Recessus des III. Ventrikels: 1 = Recessus chiasmatis; 2 = Recessus infundibuli; 3 = Recessus triangularis; 4 = Recessus pinealis; 5 = Recessus suprapinealis.

lige Wachstumsbewegung der Endhirnbläschen spiegelt sich in der Gestalt der Seitenventrikel wider (Abb. 33 u. 34). Das Hohlraumsystem des Gehirns läßt sich heute mit Hilfe der Computer- und Kernspintomographie auch am Lebenden zur Darstellung bringen (Abb. 35).

Generell unterscheidet man an den Seitenventrikeln *(Ventriculi laterales)* beiderseits je ein Vorder-, Hinter- und Seitenhorn (Cornu anterius, posterius und inferius) sowie einen verbindenden Mittelteil, die Pars centralis oder auch Cella media. Die Plexus choroidei ragen in den Mittelteil und in das Unterhorn hinein. Hinter- und Vorderhorn sind ohne Adergeflechte (Abb. 33). Am Boden des Vorderhorns wölbt sich der Nucleus caudatus, medial-hinten der Thalamus vor. Im Unterhornbereich liegt zusammen mit dem Plexus choroideus der Schweif des Nucleus caudatus, und zwar hier jetzt im Dach des Unterhorns. Der Boden des Unterhorns wird hauptsächlich durch die phylogenetisch alten Rindengebiete des Temporallappens gebildet, die sich bei der Entwicklung des Endhirns nach innen einrollen. Sie gehören zum Riechsystem (sog. *Hippokampusformation,* vgl. S. 181 ff.). Die Primärfurchen der Hirnrinde schneiden teilweise so tief ein, daß sie an der Ventrikelwand Vorwölbungen verursachen. So wird z. B. das sog. *Calcar avis* am Hinterhorn des Seitenventrikels durch den Sulcus calcarinus und die *Eminentia collateralis* durch den Sulcus collateralis des Temporallappens hervorgerufen.

Die Vergrößerung der Basalganglien hat, wie oben geschildert, die ursprünglich breite Verbindung zwischen End- und Zwischenhirn zunehmend eingeengt. Es resultiert schließlich ein kleiner, länglicher Kanal, der zwischen Fornix und Nucleus caudatus hindurchläuft und beiderseits die Seitenventrikel mit dem III. Ventrikel verbindet, das *Foramen interventriculare (Monroi).*

Der *III. Ventrikel* ist auf das Zwischenhirn beschränkt (Abb. 34). Thalamus und Hypothalamus begrenzen seine laterale Wand. Im ganzen gesehen ist der III. Ventrikel hoch und schmal. Der Querdurchmesser beträgt kaudal nur wenige Millimeter. Er bildet kaudal, hinten und vorne verschiedene Recessus (vgl. Abb. 34). Hinten unten, unter der Commissura post., geht er in den *Aquaeductus cerebri (Sylvii)* über. Dieser im Mittelhirn lokalisierte Kanal verbindet den III. mit dem IV. Ventrikel und ist äußerst eng.

Der *IV. Ventrikel* hat eine zeltartige Form und geht kaudal in den Zentralkanal des Rückenmarks über. Da dieser aber stellenweise obliteriert oder unwegsam ist, fließt der das Hohlraumsystem ausfüllende Liquor cerebrospinalis über die während der Entwicklungsgeschichte entstehenden Aperturen des IV. Ventrikels nach außen und damit in den das Gehirn umgebenden, flüssigkeitsgefüllten Spaltraum (das *Spatium subarachnoideale*) ab (vgl. S. 319). Die lateralen Ecken dieses Zeltes sind kanalartig ausgezogen und bilden

Primäre embryonale Hirnbläschen	**Sekundäre embryonale Hirnbläschen**	**Hirnabschnitte**	**Kerne**	**Ventrikel**	**Hirnnerven**
Prosencephalon	Telencephalon	Endhirn	Großhirnrinde Nucl. caudatus } Corpus striatum Putamen }	Seitenventrikel	I. (Fila olfactoria)
	Diencephalon	Zwischenhirn	Globus pallidus Thalamus Hypo- und Metathalamus Sehorgan Epithalamus (Epiphyse u. Habenulae)	III. Ventrikel	II. (N. opticus)
(Mesencephalon)	Mesencephalon	Mittelhirn	Tectum (Colliculus sup. et inf.) Tegmentum Pedunculi cerebri	Aquaeductus cerebri	III. (N. oculomotorius) IV. (N. trochlearis)
Rhombencephalon	Metencephalon	Hinterhirn	Kleinhirn, Pons	IV. Ventrikel	V. (N. trigeminus) VI. (N. abducens)
	Myelencephalon	Nachhirn	Medulla oblongata, Oliven		VII. (N. facialis) VIII. (N. vestibulocochlearis) IX. (N. glossopharyngeus) X. (N. vagus) XI. (N. accessorius) XII. (N. hypoglossus)

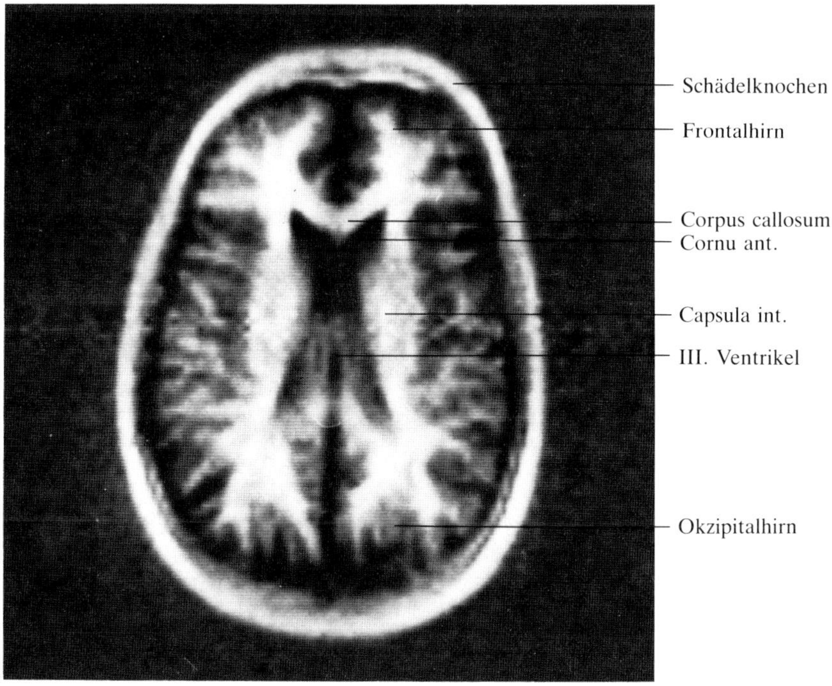

a

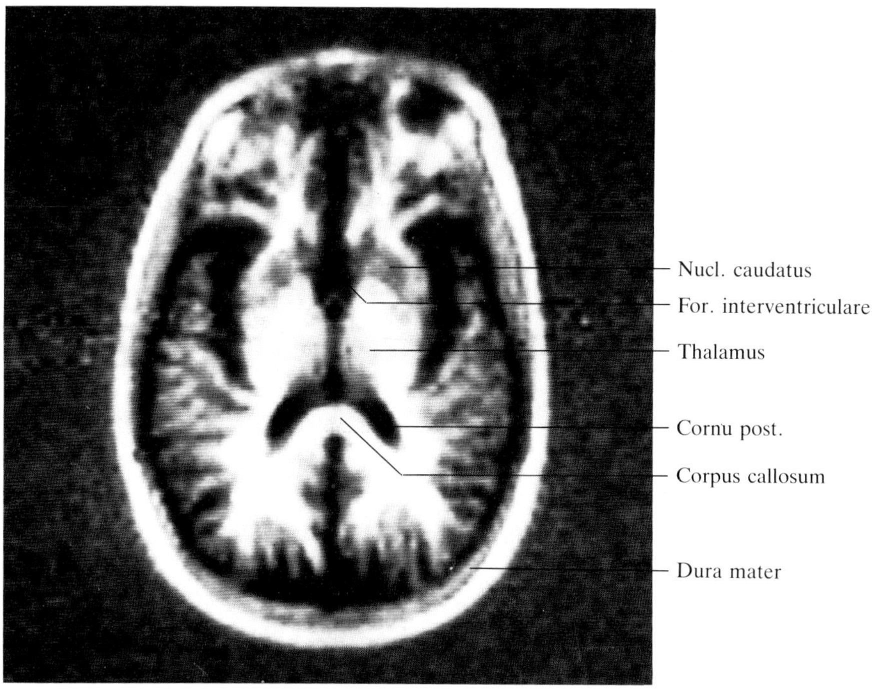

b

Abb. 35. Darstellung des Ventrikelsystems am Lebenden in der Horizontalebene, Kernspintomogramme (Inversion-Recovery-Technik; Aufnahme Dr. G. GADEMANN).
a) Horizontalschnitt in Höhe des Daches vom 3. Ventrikel.
b) Horizontalschnitt in Höhe des Thalamus.

die sog. *Recessus laterales,* die am Ende perforiert sind und Adergeflechte enthalten, die sich weit nach außen vorstülpen können *(Bochdaleksches Blumenkörbchen).* Den Boden des IV. Ventrikels bildet das Rautenhirn mit der Rautengrube, das Dach wird am ausgewachsenen Gehirn fast ausschließlich vom Kleinhirn eingenommen. Die nicht vom Kleinhirn okkupierten Teile des Daches bilden das Velum medullare anterius und posterius, wobei das hintere Segel zusammen mit der Tela choroidea weitgehend in den Plexus choroideus des IV. Ventrikels einbezogen wird. Das Velum medullare anterius liegt vorne zwischen den vorderen Kleinhirnstielen und wird von der Lingula cerebelli bedeckt.

III. Die aus der Entwicklungsgeschichte abzuleitende Elementargliederung des Nervensystems

Wie wir gesehen haben, enthält das embryonale Neuralrohr das Anlagematerial des zukünftigen Nervensystems. Es besteht aus undifferenzierten Zellen, die dicht gepackt nebeneinanderliegen und noch keinerlei Strukturunterschiede erkennen lassen. Der zentrale Hohlraum (Zentralkanal) ist anfangs groß und wird von einer Schicht zylinderförmiger Zellen, dem Ependym, umsäumt. Diese Gleichartigkeit der Strukturen bleibt aber nicht bestehen. Vielmehr bilden sich in rascher Folge drei Bereiche mit ganz unterschiedlicher Entwicklungstendenz heraus.

Im Kopfbereich entstehen einerseits bläschenförmige Erweiterungen des Neuralrohres, die Hirnbläschen. Andererseits vermehrt sich aber auch das Zellmaterial in der Wand dieser Bläschen und konzentriert sich zu den basalen Kerngruppen bzw. den kortikalen Zellschichten, wodurch die Bläschenwandung verdickt und das Ventrikellumen eingeengt wird. Komplizierte Faltungen, Überlagerungen und Zellverschiebungen sind die Folge dieses Prozesses, den wir als Konzentration bezeichnen möchten. Die anfangs vorhandenen ausgedehnten Erweiterungen des Hohlraumsystems werden damit sekundär teilweise wieder rückgängig gemacht.

Im Rumpfbereich (Rückenmark) tritt ein gegenteiliger Entwicklungsprozeß in Erscheinung. Statt einer Materialkonzentration in der Wandung des Neuralrohres wandern embryonale Nerven- und Gliazellen in die Peripherie aus. Die Gewebe und Organe des Körpers werden buchstäblich »besiedelt« und mit Nervengewebe durchsetzt, wobei sich vor allem Nervennetze (Plexus) ausbilden. Auf diese Weise entsteht schließlich das gesamte periphere Nevensystem. Das Lumen des Zentralkanals wird eingeengt und obliteriert sogar stellenweise.

Die auswachsenden Nerven, die späteren Spinalnerven, bekommen frühzeitig Kontakt mit den aus dem Mesoderm entstandenen Somiten, die segmental gegliedert sind. Dadurch ergibt sich im Neuralrohr des Rumpfbereiches, dem späteren Rückenmark, eine segmentale Gliederung. Die Kerngebiete ordnen sich metamer an, so daß sich die segmentale Gliederung des Rumpfes im zugehörigen Rückenmark widerspiegelt.

Vom morphologischen und entwicklungsgeschichtlichen Standpunkt aus lassen sich daher am Nervensystem **drei große Strukturbereiche** beschreiben:

1. Der *zentrale Bereich* (Kopfgebiet), wo sich das Zell- und Fasermaterial außerordentlich vermehrt (Konzentration), was nicht zuletzt im Zusammenhang mit der Entwicklung der visuellen, auditiven und olfaktorischen Sinnessysteme steht.
2. Der *segmentale* oder *mittlere Bereich* (Rückenmark), der vornehmlich über die Spinalnerven die Muskulatur des Rumpfes und der Extremitäten versorgt und metamer gegliedert ist.

3. Der *periphere Bereich* (Organbereich), wo sich vor allem Ganglien und Nervengeflechte (Plexus) entwickeln, die einen unmittelbaren Kontakt mit den Körpergeweben bekommen (vegetatives Nervensystem).

Diese Elementargliederung in drei Strukturbereiche ist für das Verständnis der funktionellen Zusammenhänge grundlegend und wahrscheinlich auch für die psychophysischen Korrelate von Bedeutung. Sie soll daher der Darstellung dieses Buches als »funktionelle Grundgliederung« des Nervensystems zugrundegelegt werden.

Im **Kopfgebiet** ist das Nervengewebe am stärksten konzentriert. Hier überwiegen die integrativen und assoziativen Schaltvorgänge, wodurch das Zentralnervensystem wichtige Kontrollfunktionen ausüben kann. Die aus den großen Sinnesorganen einlaufenden (afferenten) Erregungen stehen im Vordergrund. Sie werden bewußt erlebbar, evtl. über längere Zeitabschnitte gespeichert (Erinnerung) und innerhalb des Gesamtnervensystems vielseitig verarbeitet.

Im **Rückenmarksbereich** überwiegen die reflektorischen Schaltungen. Die einlaufenden (afferenten) Erregungen werden mehr oder weniger automatisch durch unmittelbare Reaktionen (Efferenzen) beantwortet. Der Reflex- oder Leitungsbogen, d. h. der segmentbezogene »Funktionskreis« zwischen ein- und auslaufenden Erregungen, beherrscht das Bild. Diese Anordnungen nehmen eine gewisse Mittelstellung zwischen den oben definierten peripheren und zentralen Bereichen ein. Im Gesamtsystem spielen sie eine vermittelnde Rolle. Das Rückenmark ist außerdem auch ein Durchgangsort für die langen Leitungsbahnen und eine Umschaltstation zwischen dem zentralen und peripheren Nervensystem.

Im **peripheren Gebiet** (vegetatives oder autonomes Nervensystem) endlich dominiert morphologisch die ganglionäre Geflechtsstruktur. Im Gegensatz zum Gehirn mit seinen auf engem Raum konzentrierten Kernkomplexen herrscht peripher mehr eine organbezogene Dezentralisierung der nervösen Masse vor. Die peripheren Fasergeflechte bekommen einen unmittelbaren Kontakt mit dem Gewebe selbst. Die steuernden (efferenten) Funktionen (Regelung der Organ- und Zelltätigkeit) stehen gemeinsam mit den hormonalen Prozessen des Körpers im Vordergrund. Die Tätigkeit dieses Bereiches bleibt weitgehend im Unbewußten.

In der folgenden Tabelle sind die für die genannten Organisationsbereiche wesentlichsten Charakteristika zusammengestellt, wobei allerdings nicht übersehen werden darf, daß damit zunächst nur ganz allgemeine Ordnungsprinzipien zu erfassen versucht worden sind. In jedem Bereich kommen natürlich auch die anderen Gebiete zur Wirkung, denn das Nervensystem ist eine funktionelle Ganzheit, in die alle Untereinheiten organisch integriert sind. Charakterisiert wurde das jeweils am meisten hervorstechende Element eines Funktionsbereiches, um so die Komplexheit des nervösen Geschehens durchsichtiger zu machen.

	Entwicklungstendenz	**Morphologische Struktur**	**Dominierende Funktion**	**Psychophysische Seite**
Kopfbereich, ZNS	Konzentration	Kerne (Nuclei)	Integration (Afferenzen)	Bewußte Erlebnisfähigkeit
Rückenmarksbereich	Segmentation	Metamere Gliederung	Reflektorische Kreisprozesse	Reflexe
Peripheres vegetatives Nervensystem	Dezentralisation	Ganglien und Plexus	Viszerale Steuerungen (Efferenzen)	Unbewußte Abläufe

B. Spezielle Morphologie der funktionellen Systeme des Nervensystems

I. Grundbegriffe und elementare Gliederungen

Wir haben bisher nur von der nervösen Masse im allgemeinen gesprochen. Um jedoch die funktionelle Organisation des Nervensystems im einzelnen verstehen zu können, müssen wir zunächst die feinstrukturellen Baueigentümlichkeiten des Nervengewebes selbst kennenlernen. Während der Entwicklungsgeschichte konzentriert sich, wie wir gesehen haben, das Nervengewebe im Bereich der Stammganglien in Form von Kernkomplexen (Nuclei) oder bildet in der Hirnrinde Schichten (Laminae) aus. In der Peripherie, d. h. innerhalb der Organe, entstehen dagegen Plexus mit vielfachen Faserverflechtungen und Endformationen; Zellansammlungen entstehen hier und da in Form sog. Ganglien. Die peripheren Nerven- und Organgeflechte bestehen in der Hauptsache aus den Fortsätzen der Nervenzellen, die entweder in den Ganglien oder im ZNS lokalisiert sind. Kerngebiete und Ganglien enthalten vornehmlich die Zellkörper, während die peripheren Nerven oder Bahnen aus den Fortsätzen der Nervenzellen bestehen. Zellen und Fasern werden außerdem von einer nicht nervösen, aber neurogenen Zellformation, der Neuroglia, umgeben und dadurch vom übrigen Körpergewebe isoliert.

1. Nerven- und Gliagewebe

Eine wichtige und für das Verständnis vom Aufbau des NS grundlegende Tatsache besteht darin, daß die nervöse Masse durch und durch zellulär gegliedert ist, d. h. ein größerer, mit Bindegewebe und Grundsubstanz erfüllter, interstitieller Raum fehlt. Während der Embryonalentwicklung senden die Nervenzellen zahlreiche Fortsätze aus, die sich untereinander verbinden; sie machen auch gegenseitige Verlagerungen durch und gruppieren sich in der verschiedensten Weise zu Funktionseinheiten, lassen aber niemals einen größeren, mit Zwischengewebe angefüllten Raum, wie er für die Funktion der übrigen Organe charakteristisch und lebensnotwendig ist, entstehen. Alle zellulären Elemente des NS liegen vom Beginn der Embryonalentwicklung an dichtgepackt nebeneinander und lassen nur elektronenmikroskopisch sichtbare Spalträume von durchschnittlich 15 mm Breite zwischen sich frei. Nach physiologischen Berechnungen macht die Gesamtheit der extrazellulären Spalträume 12–24% des Hirnvolumens aus. Die bei den übrigen Organen über den interstitiellen Bindegewebsraum ablaufenden Stoff- und Flüssigkeitsbewegungen werden beim NS *zellulär* vermittelt. Die für den Informationswechsel notwendigen Erregungsvorgänge, auf die sich die Nervenzelle spezialisiert hat, spielen sich an den Zellmembranen ab, die elektrisch aufgeladen sind. Die Erhaltung dieser Membranpotentiale ist für die Funktion des NS entscheidend. Der Bau des NS ist daher durch ein Maximum an zellulären Membranen und ein Minimum an extrazellulären Spalträumen gekennzeichnet. Unkontrollierte Substanz- und Flüssigkeitsbewegungen, wie sie sonst im Interstitium ablaufen, würden im NS die Erregungsabläufe stören. Daher werden alle funktionell wichtigen Vorgänge zellulär kontrolliert, wobei die nicht erregbare Neuroglia eng mit dem spezifisch nervösen Gewebe zusammenarbeitet. Jede Flüssigkeitsvermehrung, gleichgültig ob sie nun intra- oder extrazellulärer Herkunft ist, führt zu Funktionsstörungen im NS, evtl. sogar zum Tode (Hirnödem).

Das Neuron

Aus den Neuroblasten des embryonalen NS differenzieren sich Zellen verschiedener Form und Größe, die die Fähigkeit der Erregungsleitung, z. T. auch der Erregungsbildung, haben (*Nervenzellen* oder *Neurone*). Die Frage, ob diese Zellen ein kontinuierlich zusammenhängendes Netzwerk (Neurenzytium) oder ein zellulär gegliedertes Strukturgefüge aus individuellen, gegeneinander abgrenzbaren Einheiten (Neuronentheorie) bilden, hat die Wissenschaft über ein Jahrhundert lang beschäftigt. Erst durch die hohen Vergrößerungen der Elektronenmikroskopie ließ sich eindeutig zeigen, daß es eine synzytiale Nervenmasse allgemeiner Art nicht gibt, sondern daß das gesamte Nervensystem aus dicht zusammenliegenden, isolierbaren Einzelzellen bzw. deren Fortsätzen besteht, die zwar an zahlreichen Stellen Membrankontakte, aber keine Plasmakontinuität besitzen. Man muß sich also vorstellen, daß die nervöse Masse ausschließlich aus Zellen aufgebaut ist und daß man dieses komplizierte Gewirr zytoplasmatischer Elemente – ließe sich das Ganze nur fein genug präparieren – ohne Rest in seine Bauelemente zerlegen könnte. Derartige Präparationen würden die verschiedenartigsten Zellarten ans Licht fördern, nirgends aber synzytiale Zellsysteme zeigen. Wenn auch solche Mikropräparationen nicht durchführbar sind, so gibt es doch Färbeverfahren, wie z. B. die Golgi-Imprägnationsmethode oder Versilberungstechniken, die die in der Nervenmasse verborgenen, kompliziert gestalteten nervösen Zelleinheiten, die man als Neuronen bezeichnet, isoliert zur Darstellung bringen können. Das Neuron ist also die eigentliche Baueinheit des NS und besteht nicht nur aus dem Zellkörper (*Soma* oder *Perikaryon*), sondern auch aus allen zugehörigen Zellfortsätzen. Es muß als eine trophische, genetische, morphologische, funktionelle und biologische Einheit aufgefaßt werden. Jedes Neuron ist während der Embryonalentwicklung aus einer Zelle, dem Neuroblasten, hervorgegangen. Die vom Neuroblasten auswachsenden Fortsätze bekommen mit anderen Fortsätzen oder Zellkörpern Kontakt. So werden Neuronenketten gebildet, entlang derer die Erregungsleitung erfolgt (Bahnen). Entsprechend können an den meisten Nervenzellen zwei verschiedene Arten von Fortsätzen unterschieden werden: *Dendriten* (dendritische Zonen), die zum Zellkörper leiten (zellulipetal), und *Neuriten (Axone* oder *Achsenzylinder),* die vom Zellkörper, also zellulifugal, leiten (Abb. 36). Die Axone bilden somit die Leitungsapparate der Neurone, während die Dendriten zusammen mit dem Zellkörper der Aufnahme von Impulsen anderer Neurone dienen. Die Dendriten modulieren durch Integration der verschiedenen einlaufenden Erregungen bzw. Hemmungen die Tätigkeit der Nervenzelle und bestimmen die jeweiligen Entladungen des Axons. Der Neurit entspringt mit einer kegelförmigen Verbreiterung, dem sog. Ursprungskegel, am Zellkörper. Bis zum Beginn der Markscheide heißt dieser Anfangsabschnitt des Neuriten *Initialsegment.* Seitlich vom Neuriten abgehende Kollateralen bezeichnet man als Axonkollateralen oder *Paraxone.* Die Neuriten, die in die Peripherie auswachsen, können eine Länge von 1–1,20 m erreichen, obwohl ihr Durchmesser nicht mehr als 2–16 µm beträgt.

Die Nervenzelle ist also eine Riesenzelle, die sich extrem hoch differenziert hat und durch ihre langen Fortsätze ein großes Volumen erreicht. Dadurch lassen sich zwei fundamentale Tatsachen verstehen: 1. das weitgehend fehlende Regenerationsvermögen

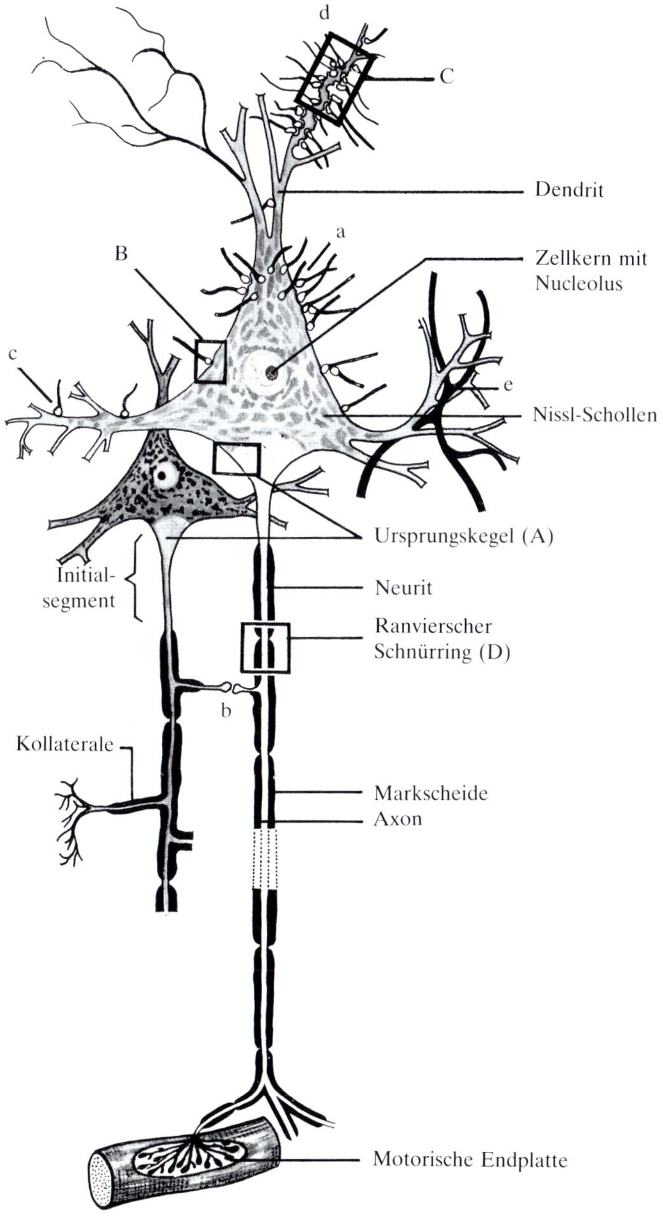

Abb. 36. Histologischer Aufbau eines Neurons (K.). Die Buchstaben A–D entsprechen den Abb. 37–39. a = axosomatische Synapsen; b = axoaxonale Synapsen; c = einfache, axodendritische Synapsen; d = komplexe, axodendritische Synapsen; e = Parallelkontakte.

des Nervengewebes und 2. der auffallend hohe Eiweißstoffwechsel mit dem axoplasmatischen Transport.

Geht beim Erwachsenen eine Nervenzelle im Gehirn zugrunde, so kann sie nicht ersetzt werden. In dem komplexen Zellgefüge des NS sind (etwa vom 20. Lebensjahr an) keine juvenilen, vermehrungsfähigen Zellen mehr vorhanden. Die Matrixzonen der Entwicklungsperiode sind erschöpft. Die hochdifferenzierten Neurone haben größtenteils ihre Zentriolen verloren. Eine Teilungsspindel kann nicht mehr ausgebildet werden. Dennoch behält das NS auch noch im Alter (zumindest bis zum 40.–50. Lebensjahr) eine erstaunliche »Plastizität«. Diese kommt z. B. in der Lernfähigkeit oder auch in der Tatsache zum Ausdruck, daß ausgefallene Funktionen, die an bestimmte Hirnabschnitte geknüpft sind, von anderen Hirnteilen übernommen werden können. Hierbei kommt es aber nicht zu einem echten Ersatz bzw. zu einer Regeneration der Neubildung von nervöser Substanz, sondern lediglich zu einer funktionellen Umstellung, einem »Umlernen« oder »Dazulernen«, da die Fähigkeiten des nervösen Gewebes beim Menschen normalerweise nie voll ausgeschöpft werden.

Anders liegen die Verhältnisse in der Peripherie. Ein peripherer Nerv kann durchaus regenerieren, wie Beobachtungen an Verletzten gezeigt haben. Aber auch hier erfolgt keine Neubildung von Nervenzellen, also keine echte Regeneration. Lediglich der vom Zelleib abgetrennte Nervenfortsatz bildet sich neu, und zwar um so leichter bzw. schneller, je weiter er vom Zellkörper entfernt liegt. Dabei wiederholt sich der Vorgang des Auswachsens eines Neuriten so wie in der Embryonalentwicklung. Wenn der regenerierende Achsenzylinder das Erfolgsorgan (Muskel- oder Sinneszelle) erreicht hat, setzt die Funktion wieder ein.

Die zweite Besonderheit der Nervenzellen ist ihr hoher Eiweißstoffwechsel. Das Zytoplasma des Perikaryons ist auf eine besonders intensive Proteinsynthese eingestellt. Daher sind die für die Eiweißsynthese wichtigen Zellorganellen (rauhes endoplasmatisches Retikulum, Ribosomen usw.) bei Nervenzellen besonders gut differenziert. Bei den großen Nervenzellen der Hirnrinde oder des Rückenmarks ist das Ergastoplasma so voluminös, daß es schon lichtmikroskopisch in Form der basophilen *Nissl-Schollen* (Tigroidsubstanz) erkennbar ist (Abb. 36, 37). Die Zelle bildet im Zusammenhang mit ihrem großen Erhaltungsstoffwechsel ständig Eiweiß, das entlang ihrer Fortsätze bis in die Peripherie transportiert wird, sog. axoplasmatischer Transport. Die Nervenfortsätze sind also nicht nur Orte der Erregungsleitung, sondern auch des Stofftransportes (P.

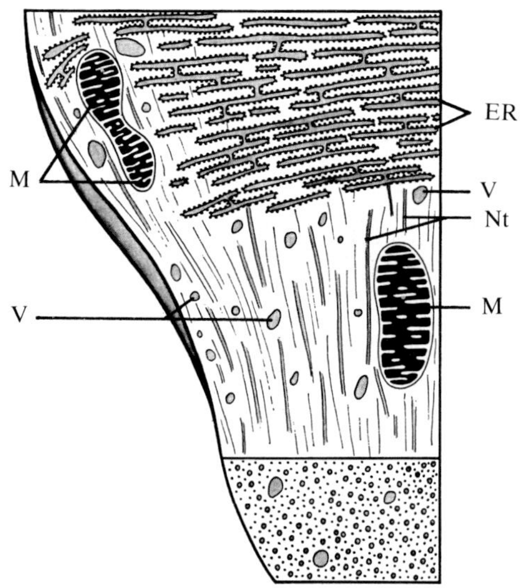

Abb. 37. Feinstruktur des Zytoplasmas einer Nervenzelle im Bereich des Urspungskegels nach elektronenmikroskopischen Befunden (K.) (Ausschnitt A in Abb. 36). Am Übergang in den Neuriten hören die Nissl-Schollen, die ein ribosomenreiches, endoplasmatisches Retikulum (ER) darstellen, plötzlich auf. V = Vesikel; M = Mitochondrien; Nt = Neurotubuli.

Weiss). Nach neueren Untersuchungen müssen dabei ein Longitudinal- und ein Transversaltransport unterschieden werden. Die transversalen Stoffwechselvorgänge gehen quer durch das Axolemm und beziehen sich auf die Stoffaustauschvorgänge zwischen dem Axoplasma und dem extraaxonalen Milieu, d. h. entweder dem Zytoplasma der Gliazellen, den extrazellulären Spalten oder den Kapillaren. Die Zufuhr von Glukose und Sauerstoff über die lokalen, periaxonalen Kapillarnetze bildet einen wesentlichen Teil dieses Transversalstoffwechsels. Transversale Austauschvorgänge spielen besonders bei den Dendriten eine Rolle. Untersuchungen mit radioaktiv markierten Substanzen haben gezeigt, daß die Dendritenfortsätze z. B. auch Stoffe in die Umgebung »sezernieren« können. Auch die Weitergabe von Tracern von einem Neuron zum anderen (transneuraler Transport) geschieht wahrscheinlich auf diese Weise.

Der axonale Transport in longitudinaler Richtung, der sowohl distalwärts als auch proximalwärts (anterograd und retrograd) erfolgen kann, dient vor allem dem Erhaltungsstoffwechsel und dem Transport der im Zellkörper synthetisierten Transmitter für die synaptischen Endorgane. Die Transportgeschwindigkeit ist je nach Art und Größe der Partikel verschieden und schwankt zwischen 400 und 0,5 mm/Tag. Gewöhnlich unterscheidet man zwischen einem langsamen und einem schnellen Longitudinaltransport, obwohl zwischen den Extremen fließende Übergänge bestehen. Am schnellsten wandern die membranumhüllten Vesikel sowie lösliche Materialien (250–400 mm/Tag) sowie die synaptischen Bläschen (20–240 mm/Tag), die im Perikaryon entstehen. Die Transportgeschwindigkeit für Mitochondrien und lösliche Proteine, Enzyme usw. ist wesentlich geringer (2–20 mm/Tag) und für Bausteine des Zytoskelettes (Neurofilamente etc.) am geringsten (0,5–2 mm/Tag). Man nimmt heute an, daß diese Transportvorgänge als zytochemische Gleitvorgänge entlang der Mikrotubuli, ähnlich wie bei der Muskel-Kontraktion vonstatten gehen, was auch ihre Abhängigkeit vom oxydativen Stoffwechsel des Neurons erklären würde. Der retrograde axoplasmatische Transport, bei dem ebenfalls verschiedene Geschwindigkeiten beobachtet wurden, ermöglicht den Rücktransport von Abbauprozessen der Peripherie sowie von Membranelementen und Bausteinen synaptischer Vesikel zum Perikaryon und damit deren Eliminierung bzw. Resynthese. Damit existiert in jedem Neuron ein relativ lebhafter Fluß von Vesikeln und Substanzen in beiden Richtungen, wodurch die Freisetzung der für die Erregungsübertragung so wichtigen Transmittersubstanzen an den oft weit vom Perikaryon entfernten Terminalorganen unterhalten werden kann.

Synapsen

Wie die Zellfortsätze sind auch die Formen der Verbindungen der Nervenzellen untereinander sehr vielgestaltig. In der Regel lagern sich die etwas verdickten Nervenendigungen an die Zelloberfläche eines anderen Neurons (Abb. 38) oder an das Zytolemm eines ihrer Fortsätze an. Man bezeichnet solche Kontaktstellen als *Synapsen*. Hier wird die nervöse Erregung von einem Neuron auf ein anderes oder auf mehrere andere Neurone übertragen. Die Verbindung der Neurone zu Neuronenketten oder Leitungsbahnen ist also diskontinuierlich und erfolgt mit Hilfe solcher synaptischer Unterbrechungen.

Die Synapsen sind durch eine Reihe charakteristischer struktureller Besonderheiten gekennzeichnet. Im allgemeinen lagern sich die *Zellmembranen* der miteinander in Kontakt tretenden Elemente im Synapsenbereich besonders eng aneinander und behalten ihre Verbindung auch bei artifiziellen Schrumpfungen bei. Die aneinander angrenzenden Membranen sind in der Regel verdickt (prä- und postsynaptische Membranverdickungen) und durch einen Spaltraum (synaptischer Spalt) voneinander getrennt (Abb. 38). Die postsynaptische Membran ist meist etwas stärker verdickt als die präsynaptische. Im Bereich der terminalen Axonanschwellung kommt es zu einer Anhäufung bestimmter Zellorganellen (Mitochondrien, Bläschen usw.). Die Bläschen (sog. *synaptische Vesikel*), deren Durchmesser 20–60 nm betragen kann, enthalten spezifische *Überträgerstoffe (»Transmitter«)*, wie z. B. Azetylcholin, Noradrenalin oder Serotonin, die bei der Erregungsübertragung eine Rolle spielen. Man stellt sich vor, daß die synaptischen Bläschen bei der Erregungsübermittlung mit der präsynaptischen Membran nach Art eines Exozytosevorganges verschmelzen und dadurch ihren Inhalt, die Überträgerstoffe, in den synaptischen Spalt entleeren. Diese bewirken dann eine spezifische Veränderung der Membranpermeabilität an der gegenüberliegenden Zellmembran, was entweder zu einer Hemmung (durch Hyperpolarisation der angrenzenden Zelle) oder zu einer Stimulation (durch Depolarisation) des nachgeschalteten Neurons führt. Der größte Teil der Überträgersubstanzen wird im synaptischen Spalt inaktiviert und rückresorbiert, während ein kleiner Teil an Ort und Stelle durch lokal wirksame Enzyme definitiv abgebaut wird. Orte synaptischer Verknüpfungen können daher auch enzymhistochemisch nachgewiesen werden. Die elektronenmikroskopisch nachweisbaren kleinen, agranulären Vesikel (Durchmesser 30–60 nm) enthalten Acetylcholin, und die kleinen, granulären Vesikel (Durchmesser etwa 50 nm) Monoamine (Noradrenalin, Dopamin, Serotonin), während die Funktion der größeren, granulären Vesikel (Durchmesser bis 100 nm) noch nicht geklärt ist.

Neuere Untersuchungen haben gezeigt, daß fast alle Neurone antagonistisch wirkenden, erregenden oder hemmenden synaptischen Einflüssen unterworfen sind und daß der eintretende Effekt davon abhängt, welcher dieser beiden antagonistischen Einflüsse quantitativ überwiegt. Weiterhin gilt die Regel, daß ein bestimmtes Neuron entweder nur hemmend oder nur erregend wirken kann und an allen von ihm gebildeten Synapsen die gleiche Art von Transmittern freisetzt. Hemmend kann ein solches Neuron nur über

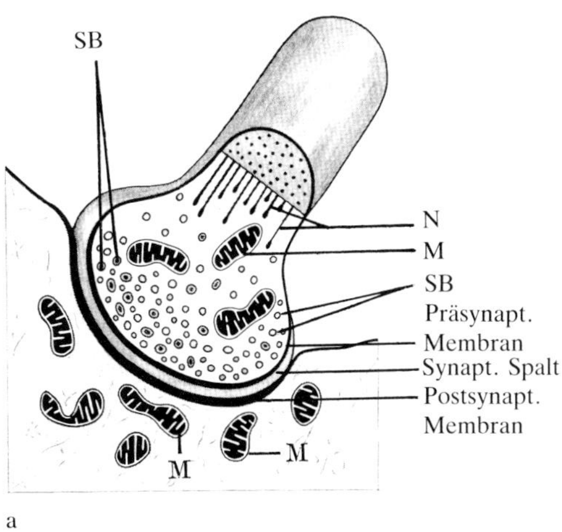

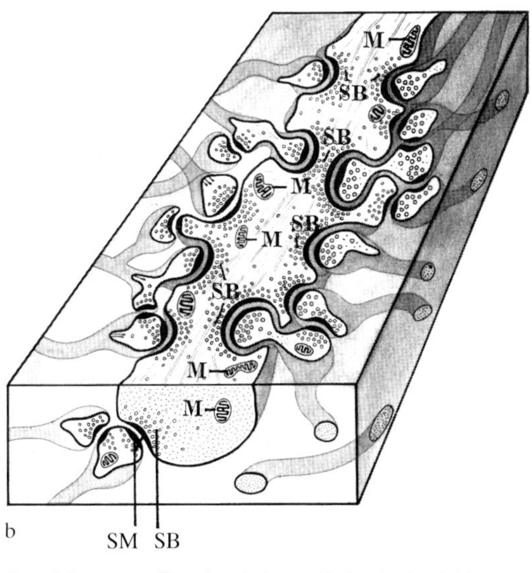

Abb. 38. a u. b) Feinbau einfacher Synapsen (nach elektronenmikroskopischen Befunden) (K.). N = Neurotubuli; M = Mitochondrien; SB = synaptische Bläschen; SM = prä- und postsynaptische Membranen.

a) Axosomatische Synapse (Ausschnitt B in Abb. 36) (K.).

b) Axodendritische Synapsen (Ausschnitt C in Abb. 36) (K.). An den in Bildmitte gelegenen Dendriten lagern sich beiderseits axosomale Endknöpfe an und bilden einfache synaptische Kontakte.

die Erregung eines zwischengeschalteten, hemmenden Interneurons wirken. Die Synapsenlehre (Synaptologie) hat also zu der Erkenntnis geführt, daß im ZNS lediglich *zwei Klassen von Nervenzellen* vorhanden sind, nämlich erregende und hemmende. Eine mögliche dritte Klasse wären die präsynaptisch hemmenden Zellen, die man aber auch zu den erregenden Zellen rechnen könnte. Morphologisch lassen sich bei elektronenmikroskopischen Vergrößerungen eine Fülle verschiedener Synapsenformen unterscheiden, deren funktionelle Wertigkeit in vielen Fällen noch unbekannt ist.

Die Erregungsübertragung im Bereich der Synapsen ist nun keineswegs unveränderlich. Das NS ist kein starrer Schaltapparat, sondern ein lebendiges Gefüge von Zellen, die – wie alle biologischen Strukturen – anpassungsfähig und variabel sind. Wahrscheinlich beruhen die Phänomene der Gewöhnung und Sensibilisierung sowie auch die erstaunliche Plastizität des menschlichen Gehirns hauptsächlich auf Strukturveränderungen der synaptischen Endigungen.

Die Stärke der Erregung an der postsynaptischen Membran hängt u. a. von der Menge der freigesetzten Transmittersubstanz ab, d. h. von der Zahl der in den synaptischen Spalt entleerten synaptischen Bläschen. Bei der Exozytose dieser Bläschen sind freie Kalziumionen erforderlich, die die Membraneigenschaften der Zellwand so verändern, daß die Vesikel aufreißen können. Man nimmt heute an, daß bei kurzzeitiger Sensibilisierung Veränderungen des Kalziumstromes im Bereich der synaptischen Endorgane Ursache für die vermehrte bzw. verminderte Freisetzung von Transmittersubstanzen und damit für eine erhöhte bzw. erniedrigte Erregbarkeit der jeweiligen Neurone sind. Bei der Gewöhnung soll der Kalziumeinstrom in die Nervenendigung herabgesetzt sein, so daß weniger Vesikel freigesetzt werden (Abb. 38c). Bei der kurzzeitigen Sensibilisierung sollen dagegen mehr Kalziumionen in die synaptischen Endformationen eingeschleust werden, was in vielen Fällen durch ein exzitatorisches Interneuron ermöglicht wird, das Serotonin freisetzt und dadurch die Bildung von zyklischem AMP fördert, das nun seinerseits die Kalziumkanäle der Zellmembranen öffnet und dadurch den Kalziumeinstrom vermehrt. So wenig diese Prozesse im einzelnen heute auch schon geklärt sind, so wahrscheinlich ist es doch, daß Veränderungen in der Dimension molekularer Strukturen Ursache für zahlreiche Phänomene der nervösen Substanz wie Variabilität, Anpassung, Sensibilisierung, Gewöhnung, ja vielleicht auch für so etwas wie Kurzzeitgedächtnis sein kann.

Plastizität des NS

Es gibt heute noch keine gesicherten Hinweise dafür, daß von den miteinander kontaktierenden Neuronen Lockstoffe für das Wachstum der Axone und damit für die Entwicklung von Synapsen ausgesandt werden. Wahrscheinlich erfolgt die Bildung neuer Kontakte zwischen auswachsenden Nervensprossen zunächst mehr oder weniger zufällig. Ist aber einmal ein solcher Kontakt zustande gekommen, differenziert sich entweder eine echte Synapse, wobei beide Neurone aktiv zur Organisation der Synapsenstruktur beitragen, oder die beiden in Berührung gekommenen Endorgane ziehen sich wieder zurück, ohne eine Synapse zu bilden. In der frühen Embryonalentwicklung scheinen viel mehr Zellen und Zellkontakte vorhanden zu sein als im erwachsenen Gehirn. Ein organisierter »Zelltod« sowie das Verschwinden von funktionell »ungeeigneten« und überflüssigen Kontakten scheinen damit ein wichtiger elementarer Mechanismus zu sein, der für die Entwicklung der definitiven funktionellen Strukturen von Bedeutung ist. Dieser Prozeß kann durchaus mit der Entwicklung des peripheren Gefäßsystems verglichen werden. Auch hier existieren embryonal zahlreiche plexusartige Gefäßverbindungen. In diesem anfänglich noch weitgehend ungegliederten Gefäßplexus bilden sich

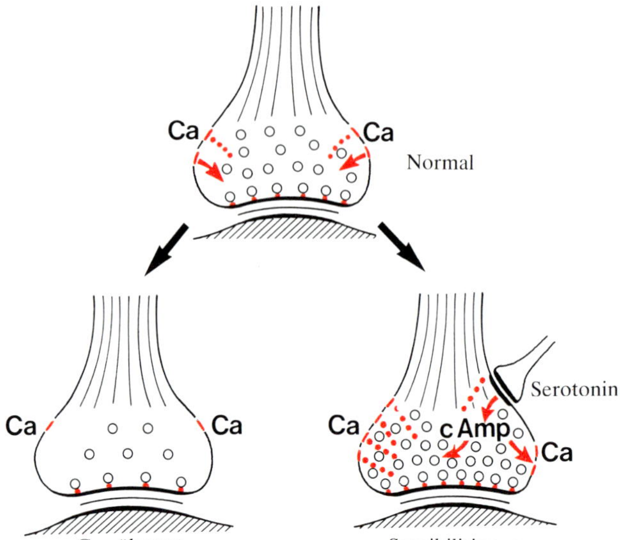

Abb. 38. c) Feinstrukturelle Veränderungen an den Synapsen bei Gewöhnung und Sensibilisierung. Bei Gewöhnung sinkt die Zahl der freien Ca-Ionen, bei Sensibilisierung, ausgelöst durch Serotonin, steigt sie (nach E. R. KANDEL).

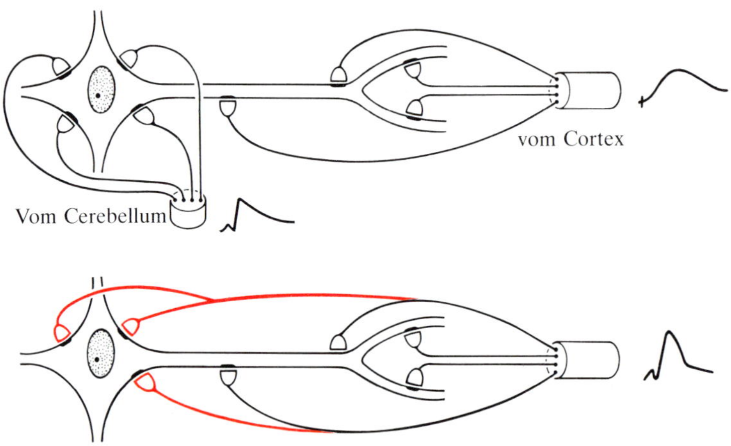

Abb. 38. d) Schema zur Plastizität des ZNS (W.).
Oben: Ein Neuron des Nucleus ruber erhält Afferenzen vom Cortex (axodendritische Synapsen) und vom Cerebellum (axosomatische Synapsen) mit jeweils verschiedenen Membranpotentialmustern.
Unten: Nach Durchtrennung des Tractus cerebellorubralis besetzen die vom Cortex kommenden Axone die am Perikaryon freigewordenen axosomatischen Synapsen (rot) und das Membranpotential ändert sich entsprechend.
Aus LUND, R. D.: Development and Plasticity of the Brain, Oxford University Press 1978.

dann sekundär bestimmte Strömungsstraßen heraus, wobei die übrigen redundant gebildeten Gefäßstrecken wieder zugrunde gehen. Im Gehirn scheint die Ausbildung der definitiven synaptischen Verbindungen von der Entwicklung bestimmter funktioneller Systeme abhängig zu sein, wobei auch die Nervenwachstumsfaktoren eine große Rolle spielen.

Es hat die Forschung lange beschäftigt, ob die Entwicklung neuer Synapsenketten, d. h. neuer Funktionssysteme bzw. deren Regeneration im ZNS auch noch im Erwachsenenalter möglich ist. Mit anderen Worten, ob das Gehirn über eine gewisse Plastizität verfügt. Versuche an der Sehbahn, am Nucleus ruber und anderen experimentell zugänglichen Kerngruppen haben gezeigt, daß auch das Erwachsenengehirn noch über eine teilweise erstaunliche Plastizität verfügt. Neurone des Nucleus ruber erhalten z. B. Afferenzen aus dem Großhirn und aus dem Kleinhirn, wobei die kortikalen Neurone axodendritische, die zerebellaren Neurone axosomatische Synapsen mit ihren jeweils für diese Endigungen typischen Aktionspotentialmustern ausbilden (Abb. 38d). Schaltet man die zerebellaren Afferenzen aus, so degenerieren die axosomatischen Synapsen. Die freiwerdenden Stellen werden aber innerhalb kurzer Zeit wieder durch die kortikalen Axone besetzt, so daß sich das Membranpotential entsprechend verändert. Es gibt allerdings auch Hinweise darauf, daß die Wiedergewinnung bestimmter Funktionen, die im Zusammenhang mit Nervendegenerationen ausgefallen sind, ohne die Bildung solcher neuer synaptischer Strukturen möglich ist.

Aufbau der Markscheide (Neurolemm)

Die Fortsätze der Nervenzellen haben die Fähigkeit der Erregungsleitung, die auf stereotypen, von der Reizintensität unabhängigen Änderungen des elektrischen Potentials der Zellmembranen beruht. Für die Aufrechterhaltung dieser Membranprozesse ist die Isolation der Nervenfasern durch eine Hüllzellschicht, die auch das ionale Milieu in der Umgebung der erregbaren Nervenzellmembranen beeinflußt, von entscheidender Bedeutung. Alle Nervenfasern erhalten daher eine von der Glia gebildete Hülle, das Neurolemm, das entweder Lipide einlagert und dadurch eine spezifische Isolierschicht, die *Markscheide* (Myelinscheide), ausbildet oder nur aus protoplasmatischen Hüllzellen (*Schwannsche Zellen,* Lemmozyten) ohne Myelin besteht. Der Nerv ist in gewisser Weise wie ein Kabel mit Kern und Hülle gebaut. Man kann markhaltige und marklose Nervenfasern unterscheiden. Markarme Fasern bilden eine Mittelgruppe, welche diejenigen Nervenfasern umfaßt, die lichtmikroskopisch marklos erscheinen, im Elektronenmikroskop aber noch eine dünne Myelinschicht erkennen lassen.

Zwischen den dicken, markhaltigen und dünnen, markarmen Nervenfasern gibt es alle Übergänge. Die dicksten Fasern haben einen Durchmesser von 12–20 µm (A-Fasern), die dünnsten nur von etwa 1 µm (C-Fasern). Die Nervennetze der Peripherie, vor allem im Bereich des vegetativen NS, bestehen meist aus dünnen, marklosen Fasern, während die mit dicken Markscheiden ausgestatteten Nervenfasern hauptsächlich in den Spinalnerven und im Kopfbereich (somatisches NS) gefunden werden.

Funktionell besteht ein Zusammenhang zwischen der Dicke des Axonquerschnittes und der *Leitungsgeschwindigkeit:* Je dicker ein Achsenzylinder ist, um so höher ist die Leitungsgeschwindigkeit. Die wirbellosen Tiere (Avertebraten) besitzen fast nur marklose und markarme Fasern, wobei Nervenfasern bis zu 500 µm Durchmesser vorkommen. Die Erregungsleitung ist bei diesen Organismen kontinuierlich. Bei den Wirbeltieren dagegen wird dieser Weg verlassen, da sich sonst bei der Zunahme der Körpergröße und Komplexität der inneren Organisation die Nervenstränge ganz unverhältnismäßig vergrößern müßten. Es bilden sich Nervenfasern mit Markscheiden heraus, die in Abständen von 1–3 mm durch sog. *Ranviersche Schnürringe* unterbrochen sind (Abb. 39). Durch diesen Kunstgriff wird die Erregungsleitung, ohne daß der Axondurchmesser in stärkerem Maße zunehmen muß, erheblich beschleunigt, denn die Erregung springt jetzt von Schnürring zu Schnürring, und die Leitung wird diskontinuierlich (s. u.).

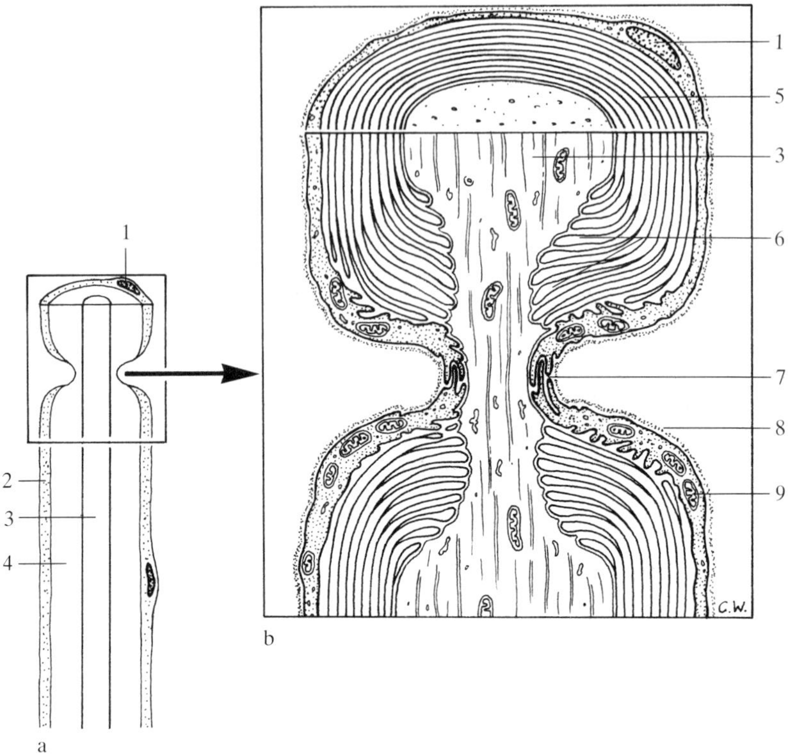

Abb. 39. Struktur eines Ranvierschen Schnürringes (schematisch, Ausschnitt D in Abb. 36) (W.).
a) Lichtmikroskopische Dimension.
b) Elektronenmikroskopische Dimension.
1 = Kern einer Schwannschen Zelle; 2 = Zytoplasma der Schwannschen Scheide; 3 = Axon; 4 = Markscheide; 5 = Myelinlamellen der Markscheide; 6 = kolbige Verdickungen der Hüllzell-Lamellen im Bereich des Schnürringes; 7 = Interdigitationen der Schwannschen Zellen im Bereich des Schürringes; 8 = Basalmembran; 9 = Mitochondrium.

Auf diese Weise spart der Wirbeltierorganismus an spezifischer Nervensubstanz und erreicht mit relativ geringem Materialaufwand sehr hohe Leitungsgeschwindigkeiten.

Die markhaltigen Nervenfasern gehen auch in der Ontogenese aus den marklosen hervor. Die gliösen Hüllzellen (*Schwannsche Zellen,* Neurolemmzellen oder Lemmozyten) umgeben das Axon in der Embryonalzeit zunächst mit einer Plasmahülle ohne Myelingehalt (Abb. 40). Vom 4. Monat an beginnt an bestimmten Fasergruppen (nicht an allen) die Markscheidenbildung. Dabei wickelt sich die Membranduplikatur des Zytolemms der Hüllzelle, das sog. *Mesaxon,* allmählich spiralig um den Achsenzylinder herum. In die Zwischenräume dieser Eiweißlamellen lagern sich dann die spezifischen Lipide der Markscheide (Sphingomyeline, Kephaline, Phosphatide, Lezithine, Zerebroside usw.) ab, so daß eine sehr regelmäßige Schichtung aus äußerst dünnen, konzentrisch angeordneten Lipoproteidlamellen entsteht.

Bei den markhaltigen Nervenfasern kommt die oben erwähnte *Ranviersche* Einschnürung dadurch zustande, daß die Markscheide an dieser Stelle unterbrochen ist. Allerdings ist das Axon hier nicht »nackt«, sondern wird noch von den zytoplasmatischen Ausläufern der aneinander angrenzenden Schwannschen Zellen bedeckt, die sich hier in der Regel stark verzahnen (Abb. 40b). Somit liegen im Bereich der Ranvierschen

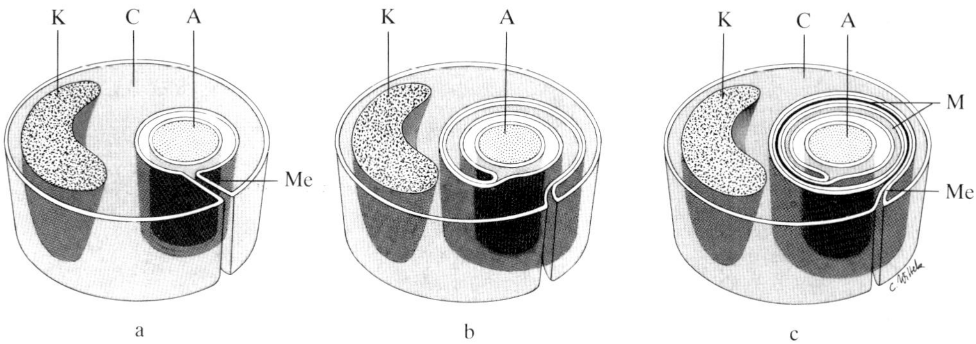

Abb. 40. Drei Entwicklungsstadien einer Markscheide. Axon eines peripheren Nerven. Schema (W.).
A = Axon; C = Zytoplasma der Schwannschen Zelle; K = Kern der Schwannschen Zelle; M = Lipoproteidlamellen der Markscheide; Me = Mesaxon.

Schnürringe die eigentlichen Zellgrenzen der Schwannschen Zellen. Man bezeichnet die Strecke von Schnürring zu Schnürring auch als *interanuläres Segment* (Internodalstrecke). Am Ranvierschen Schnürring können die für die Erregungsvorgänge wichtigen Membranprozesse ablaufen, im Markscheidenbereich jedoch nicht. Die Erregung kann somit von Schnürring zu Schnürring springen (saltatorische Erregungsleitung). Je länger die Internodien zwischen zwei Schnürringen sind, bzw. je dicker die Markscheide ist, um so schneller ist die Leitungsgeschwindigkeit. Beim Menschen erreichen die dicksten markhaltigen Fasern eine Leitungsgeschwindigkeit von 70–120 m/Sek., während die Leitungsgeschwindigkeit der markarmen und marklosen Nervenfasern bei 1–15 m/Sek. liegt.

Die *peripheren marklosen Nervenfasern,* die meist zum vegetativen NS gehören, besitzen keine Schnürringe (Abb. 41a). Die Achsenzylinder werden in der Regel zu mehreren in eine Hüllzelle eingeschlossen. Nicht selten liegen aber auch die Axone dieser Fasern streckenweise frei, ohne Isolierung durch Neurolemmzellen, d. h. sie treten streckenweise aus dem Zytoplasma der Hüllzellen heraus. An solchen »nackten« oder »freien« Stellen finden sich im Axon dann meist Mitochondrienanhäufungen und synaptische Vesikel in großer Zahl. Es entstehen auf diese Weise indirekte synaptische Beziehungen zu dem umgebenden Gewebe und keine direkten Membrankontakte mit dem Erfolgsorgan.

Demgegenüber besitzen die *zentralen Nervenfasern* (Abb. 41c) durchweg gut differenzierte Markscheiden. Ranviersche Einschnürungen sind vorhanden, aber eine internodal gegliederte Schwannsche Neurolemmhülle, wie sie an den peripheren, markhaltigen Nervenfasern differenziert ist, fehlt bei den Nervenfasern des ZNS. Stattdessen werden die Fasern von einer bestimmten Form der Gliazellen, nämlich den Oligodendrogliazellen eingehüllt, die aber nicht auf eine Faser beschränkt sind, sondern immer meist mehrere Fasern einschließen. Die mangelnde Regenerationsfähigkeit der zentralen Nervenfasern beruht zumindest teilweise auf diesen Unterschieden in der Struktur der Markscheide.

Zwischen diesen beiden Strukturformen nehmen die *markhaltigen Nervenfasern peripherer Nerven* eine Mittelstellung ein (Abb. 41b). Diese Axone besitzen immer eine geschlossene Hüllschicht mit »individuellen« Schwannschen Zellen, die jeweils von Schnürring zu Schnürring reichen und damit immer einem interanulären Segment entsprechen. Außerdem werden sie durch Bindegewebe, das im ZNS fehlt, zu kleineren oder größeren Bündeln zusammengeschlossen, aus denen sich dann die peripheren

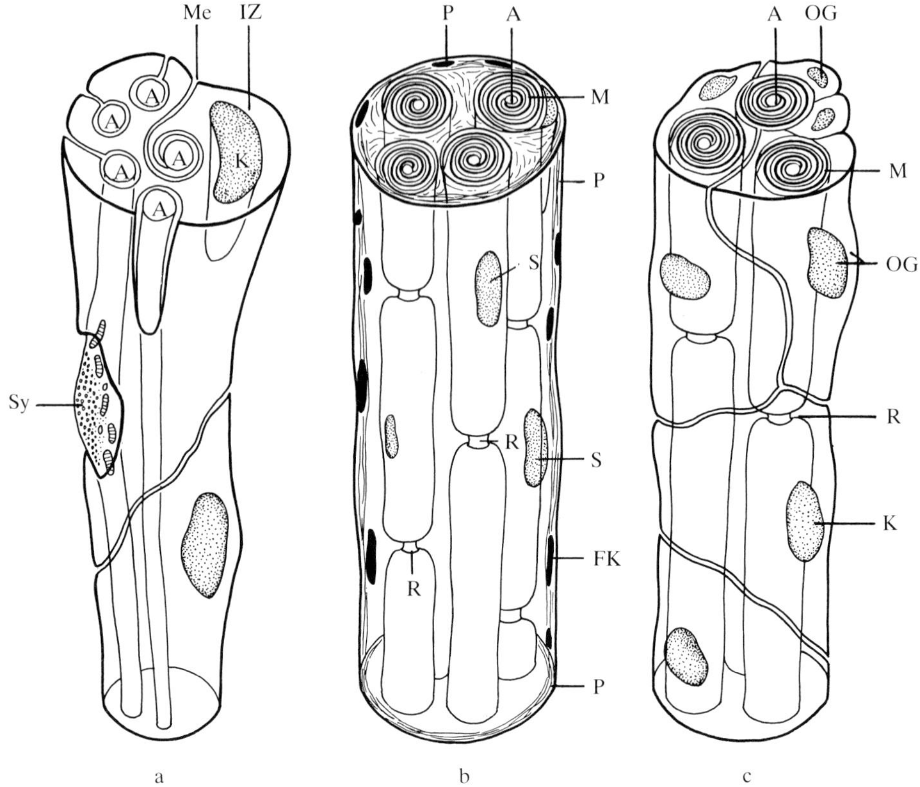

Abb. 41. a–c) Vergleichende Übersicht über den Feinbau eines Nervenbündels aus dem peripheren vegetativen Nervensystem (a), dem spinalen Bereich des Nervensystems (b) und dem zentralen Nervensystem (c) nach elektronenmikroskopischen Befunden (B.).
a) Die marklosen Axonen (A) des vegetativen Nervensystems sind meist zu mehreren in das Zytoplasma einer interstitiellen Zelle mit ihren Mesaxonen (Me) eingelagert. An Stellen, wo sie »nackt« aus dem Hüllplasma der Gliazelle (Schwannsche Zelle, IZ) heraustreten, bilden sich häufig lokalisierte Synapsen (Sy).
b) Die markhaltigen Nervenfasern des spinalen Nervensystems werden durch Bindegewebe zu Bündeln zusammengefaßt [Perineurium (P)]. Sie werden durch die Ranvierschen Schnürringe (R) in interanuläre Segmente gegliedert.
c) Die zentralen Nervenfasern (im Rückenmark oder Gehirn) werden nicht durch Bindegewebshüllen in Bündel aufgegliedert und besitzen keine »individuellen« gliösen Hüllzellen nach Art der Schwannschen Zellen, sondern werden in unregelmäßiger Form durch Oligodendrogliazellen (OG) eingescheidet. Ranviersche Schnürringe sind vorhanden.
A = Axone; FK = Fibrozytenkerne; IZ = Schwannsche Zelle (mit Kern); K = Kerne; M = Markscheide; Me = Mesaxon; OG = Oligodendrogliazellen; P = Perineurium; R = Ranviersche Schnürringe; S = Kerne der Schwannschen Zellen; Sy = Synapsen.

Nerven zusammensetzen. Bei der Nervenregeneration spielt nicht nur das Neurolemm (Schwannsche Scheide), sondern auch die bindegewebige Organisation peripherer Nerven eine wichtige Rolle.

Die unterschiedlichen Strukturverhältnisse der Nervenfasern in den drei geschilderten Bereichen des NS findet auch im funktionellen Verhalten (Leitungsgeschwindigkeit u. a.) ihren Ausdruck. Man kann drei Hauptfasergruppen unterscheiden (A-, B-, C-Fasern), wobei die A-Fasern, die nochmal in vier Untergruppen unterteilt werden, die höchsten Leitungsgeschwindigkeiten und die dicksten Durchmesser erreichen. Die B- und C-Fasern gehören weitgehend zum vegetativen NS und haben eine relativ langsame

Klassifizierung der Nervenfasern (nach Erlanger/Gasser)			
Faserart	∅ in µm	Leitungs-geschwindigkeit (m/Sek.)	Funktionen
A_α	12–20	70–120	Efferente Fasern zur quergestreiften Muskulatur Afferente Fasern aus Muskelspindeln
A_β	5–12	30–70	Afferente Fasern von Hautrezeptoren (Druck, Berührung)
A_γ	3–6	15–30	Efferente Fasern für Muskelspindeln
A_δ	2–5	12–30	Afferente Fasern von Hautrezeptoren (Schmerz, Temperatur)
B	3	3–15	Präganglionäre Fasern (vegetatives NS)
C	1	0,5–2	Schmerzfasern, Fasern des vegetativen NS

Klassifizierung der Nervenfasern (nach Lloyd, Hunt)			
Typ	Vorkommen	Durchmesser in µm	Leitungs-geschwindigkeit in m/Sek.
Ia Ib	Primäre sensible Fasern der Muskelspindeln Afferente Fasern der Sehnenspindeln	10–15 10–15	70–120 70–120
II	Sekundäre sensible Fasern der Muskelspindeln Afferente Fasern von Mechanorezeptoren der Haut	5–12	30–70
III	Afferente Fasern von Schmerz- und Temperaturrezeptoren	2–5	10–30
IV	Marklose Schmerzfasern, Nerven des peripheren vegetativen NS	1	1

Leitungsgeschwindigkeit. Nach einer anderen, ebenso gebräuchlichen Einteilung klassifiziert man die Nerven in vier Gruppen von I–IV (vgl. obige Tab.).

Neuroglia

Wie wir gesehen haben, wird das spezifisch nervöse Gewebe überall, mit Ausnahme der Synapsenzonen, durch Gliazellen von der Umgebung isoliert. Die Nervenzellmembranen können ihre Fähigkeit der Erregungsleitung nur aufrechterhalten, wenn die schmalen Spalten zwischen den Zellen des NS in ihrer ionalen Zusammensetzung konstant bleiben. Die Gliazellen sorgen daher für die Erhaltung des Ionengleichgewichtes, verhindern die »Verschlackung« des Nervengewebes und gewährleisten die Konstanterhaltung des »milieu intérieur«. Die Glia ist damit nicht nur Stützgewebe, was der Name ursprünglich besagte (»Nervenkitt«), sondern sie erfüllt auch andere wesentliche Aufgaben, und zwar nicht nur solche, die indirekt mit den Erregungsvorgängen zu tun haben, sondern auch solche, die der Ernährung des spezifisch-nervösen Gewebes sowie den Stoffaustausch- und Entgiftungsprozessen dienen.

Die Gliazellen sind sehr reich an Kalium-, Natrium- und Chlorionen. Sie zeigen einen hohen Widerstand gegen permeable Substanzen. Wegen ihres hohen Kaliumgehaltes können sie vergleichsweise nicht dieselben Funktionen, die im Bereich der übrigen Organe dem Extrazellulärraum zufallen, übernehmen. Wahrscheinlich funktioniert aber die Glia als »sink« für Kaliumionen, um in den schmalen extrazellulären Spalträumen des ZNS während der langen Erregungsphasen der Neurone einen Anstieg von Kalium zu verhindern. In den Ruhephasen gelangt dann das Kalium wieder zurück in das Zytoplasma der Neurone. Die Gliazellen würden damit zu einer für die Erhaltung der Erregungsfähigkeit des Neurons sehr wesentlichen Hilfseinrichtung. Vermutlich sorgen sie auch durch aktive Flüssigkeitstransporte für die Aufrechterhaltung des hohen Salzgehaltes innerhalb des NS, das heißt, sie »entwässern« gewissermaßen das Gehirn und verhindern eine Hirnschwellung. Schädigungen dieser Zellfunktionen können zum Ödem führen, wobei in der Regel zuerst die Gliazellen selbst geschwollen sind (intrazelluläres Hirnödem). Durch die Beherrschung dieser Austauschwege können die Gliazellen auch das Nervengewebe vor toxischen Schädigungen von außen schützen (Blut-Hirn-Schranke, vgl. a. S. 322).

Auf die geschilderten Aufgaben haben sich vor allem die *Astrozyten* spezialisiert. Diese sternförmig verzweigten Zellen sind sehr zahlreich. Sie kommen überall im Nervensystem vor und bilden durch ihre zahlreichen Fortsätze, die miteinander zusammenhängen, ein dichtes, dreidimensionales Netzwerk. Die in der grauen Substanz lokalisierten Astrozyten besitzen kurze, gedrungene Fortsätze (Kurzstrahler oder zytoplasmatische Astrozyten), die in der weißen Substanz vorkommenden Astrozyten zeigen dagegen langgestreckte, schlanke Fortsätze (*Langstrahler* oder faserige Astrozyten) (Abb. 42). Mit füßchen- oder kolbenartigen Verdickungen enden zahlreiche dieser Fortsätze an den Kapillaren, die dadurch vollständig von Nervengewebe isoliert werden. Entlang dieser Gliafüßchen soll der Flüssigkeits- und Stoffaustausch mit dem Gefäßsy-

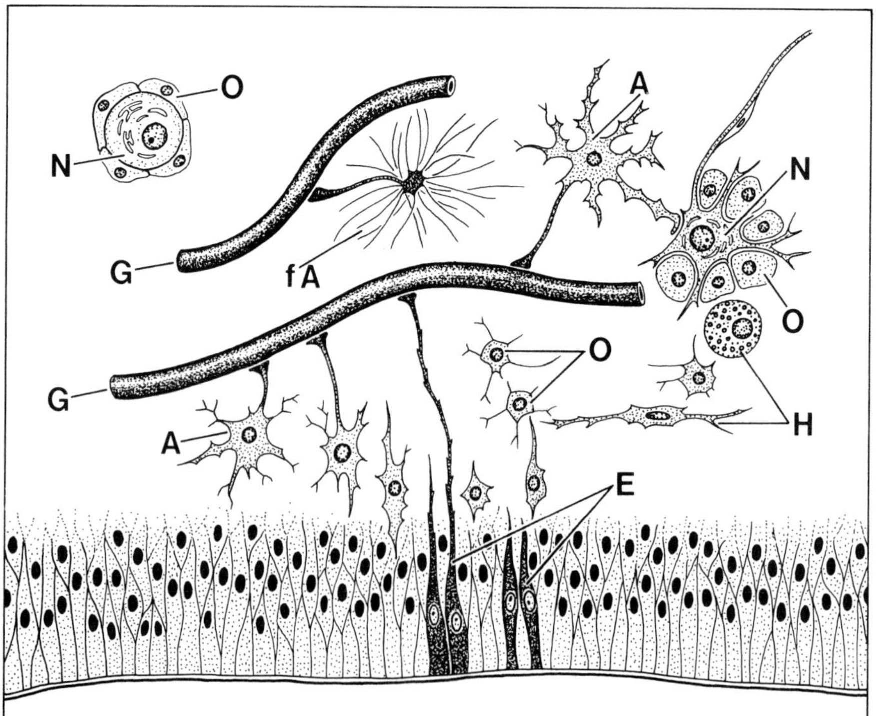

Abb. 42. Schema verschiedener Gliaformen (modif. nach P. Glees) (W.). Schon in der Frühentwicklung zeigen die Astrozyten Endfüßchen zu den Gefäßen.
A = Astrozyt; fA = faseriger Astrozyt; E = Ependymzellen; G = Gefäße; H = Hortega-Zellen (Mesoglia); N = Nervenzellen; O = Oligodendrogliazellen.

stem vonstatten gehen. Verdickte Gliafortsätze bilden auch die Grenzmembranen an der Oberfläche des NS *(Membrana limitans gliae)*. Im Zytoplasma der Astrozyten finden sich zahlreiche feinste Fibrillen, die an den Grenzflächen und im Gliazellgerüst eine charakteristische Architektur aufweisen, so daß man annehmen kann, daß hier auch mechanische Aufgaben erfüllt werden.

Die zweite große Gruppe von Gliazellen umfaßt die *Oligodendrogliazellen* im ZNS (zentrale Glia) und die Schwannschen Zellen in der Pheripherie (periphere Glia) (Abb. 42). *Die Oligodendrogliazellen* sind im Gegensatz zu den Astrozyten durch eine geringe Zahl von Zellfortsätzen sowie zahlreiche spezifische Zellorganellen (Ergastoplasma, Mitochondrien usw.) gekennzeichnet, weshalb man annimmt, daß sie für den Ernährungs- und Atmungsstoffwechsel der Nervenzelle von Bedeutung sind, zumal sie sich meist den Nervenzellkörpern eng anlagern und funktionell zusammen mit diesen reagieren. In der Nachbarschaft der zentralen Nervenfasern gelegen, produzieren die Oligodendrogliazellen auch die Markscheide.

Vermutlich dieselbe Zellkategorie stellen die sog. *Mantel-* oder *Satellitenzellen* dar, die in den peripheren Ganglien eine mehr oder weniger geschlossene, einschichtige Hüllschicht um die Gliazellen herum bilden. Die *Schwannschen Zellen* der peripheren Nervenfasern, die das Neurolemm und die Markscheide aufbauen (daher auch *Lemmozyten*), gehören ebenfalls in diese Gruppe. In den vegetativen Nervengeflechten der Peripherie sind die marklosen Nervenfasern von Gliazellen eingescheidet, die man meist auch als Schwannsche Zellen oder interstitielle Zellen bezeichnet und die wohl auch in diese mittlere Gruppe der Neuroglia gehören. Alle genannten Zellformen dieser Gruppe zeichnen sich durch ihre Fähigkeit zu pulsatorischen, rhythmischen Bewegungen aus. Vermutlich spielen sie für den axoplasmatischen Longitudinaltransport, vielleicht auch für die sonstigen Transportvorgänge eine Rolle.

Die dritte Gruppe der Neuroglia wird von der sog. *Mikro-* oder *Hortega-Glia* gebildet. Da diese Zellen wahrscheinlich während der Entwicklung aus dem mesenchymalen Gefäßbindegewebe ins NS eingewandert sind, bezeichnet man sie auch als *Mesoglia*. Die Hortega-Zellen sind von großer gestaltlicher Mannigfaltigkeit, was mit ihrer amöboiden

Die wichtigsten Gliaformen	
1. **Ependymzellen**	Die zylinderepithelartigen Zellen kleiden die Hirnventrikel und den Rükkenmarkskanal aus *(epitheliale Glia)*. Sie bilden lumenwärts Zilien oder Geißeln aus. Basal gehen kurze, verästelte Fortsätze ab.
2. **Astrozyten** (auch Makroglia)	Es handelt sich meist um große, sternförmig verzweigte Gliaelemente, die in zwei Formen (zytoplasmatische und faserige Astrozyten) vorkommen. Sie haben Stütz- und Ernährungsfunktionen. Die Astrozyten bilden Gliafüßchen an den Gefäßen und sind wesentlich am Aufbau der gliösen Grenzmembranen (Schrankenfunktion) beteiligt.
3. **Oligodendrogliazellen**	Die kleinen, fortsatzarmen Zellen liegen meist in der Nähe der Nervenzellen oder Nervenfortsätze. Aus ihnen rekrutieren sich die zahlreichen Formen der Mantel- und Hüllzellen des ZNS. Sie übernehmen vornehmlich Stoffwechselfunktionen und bilden die Markscheide.
4. **Schwannsche Zellen**	Die fortsatzlosen Zellen umhüllen in der Peripherie die Nervenfasern (periphere Glia) und bilden die Markscheiden *(Neurolemm)*. Eine Sonderform stellen die Satelliten- oder *Mantelzellen* dar, die die Nervenzellkörper in den peripheren Ganglien umhüllen.
5. **Hortega-Glia** (auch *Mikroglia*)	Diese ist wahrscheinlich mesenchymaler Herkunft *(Mesoglia)* und kann sehr vielgestaltig sein. Sie besitzt Phagozytoseeigenschaften, Entgiftungs-, Abräum- und Speicherfunktionen.

Beweglichkeit zusammenhängt. Sie können zu Stellen erhöhten Gewebszerfalls wandern und Partikel oder toxische Substanzen phagozytieren, wobei sich die Zellen abkugeln und ein körniges oder schaumiges Aussehen gewinnen (Körnerzellen) (Abb. 42). Die Mikroglia erfüllt damit hauptsächlich Abräum- und Schutzfunktionen.

Zur Glia müssen schließlich auch die sog. *Ependymzellen* (Ependymozyten) gerechnet werden, die die Innenwand des Rückenmarkskanals sowie die Hirnventrikel auskleiden und mit langen, basalen Fortsätzen in das angrenzende Nervengewebe hereinragen. Eine Spezialform sind die *Tanyzyten,* die besonders im Bereich der zirkumventrikulären Organe vorkommen, die Ventrikelwand gegen das Hirngewebe abschließen und ebenfalls lange Fortsätze ausbilden. Die Funktionen der Tanyzyten sind noch weitgehend unbekannt.

2. Bau und Regeneration peripherer Nerven

Die peripheren Nerven verlaufen in der Regel mit Blut- und Lymphgefäßen in einer gemeinsamen »Gefäß-Nerven-Straße« und werden von einer bindegewebigen, faszienartigen Scheide umhüllt *(Epineurium),* die aber konstruktiv mit dem umgebenden Bindegewebe der übrigen Leitungsbahnen zusammenhängt *(Paraneurium).* Präparativ läßt sich jeder periphere Nerv in mehrere Bündel verschiedener Größe aufspalten (Nervenbündel oder Nervenfaserbündel), die meist von einer sehr derben Bindegewebshülle, dem *Perineurium,* umgeben sind. Innerhalb dieser funktionell wichtigsten Bindegewebsscheide, die auch eine Stoffwechselbarriere darstellt und innen von einem geschlossenen Plattenepithel ausgekleidet wird, ist das Nervenbündel verschieblich. Es enthält zahlreiche Einzelfasern unterschiedlicher Dicke und Leitungsgeschwindigkeit, die meist etwas geschlängelt verlaufen. Die Perineuralscheide setzt sich nach innen in unregèlmäßige, lockere Bindegewebsstränge und -septen fort, die die einzelnen Nervenfasern voneinander trennen, ihnen Blutgefäße zuführen und mit dem Neurolemm zusammenhängen *(Endoneurium).* Im Gegensatz zum derbfaserigen Perineurium besteht das Endoneurium nur aus feinsten kollagenen Fasern, in die auch elastische Elemente und Gefäße eingelagert sind. Eine Bündelung der Nervenfasern in kleinere Gruppen kommt durch das endoneurale Gewebe nicht mehr zustande.

Wird ein Axonabschnitt vom Zelleib getrennt, so zerfällt die Markscheide rasch. Das zugehörige Perikaryon schwillt an, die Nissl-Substanz verschwindet (Tigrolyse), der Zellkern schwillt an, vergrößert sich und rückt an den Rand des Perikaryons (Fischaugenzellen). Von dieser *aufsteigenden (retrograden) Degeneration* erholt sich die Zelle in der Regel rasch, wenn die Verletzungsstelle nicht zu nahe am Zellkörper ist. Distal von dieser Stelle entwickelt sich aber bald eine *absteigende Degeneration.* In den ersten 3 Tagen treten an der lädierten Faser vor allem Fragmentationen auf (Abb. 43). In den folgenden 2–3 Wochen zerfällt die Markscheide vollständig, meist unter Bildung knotenförmiger Anschwellungen und scholliger Lipoidinseln (Markballen), die nach 2 Wochen maximal ausgebildet sind und sich dann durch Fettfärbungen besonders gut hervorheben lassen (sog. *Marchi-Stadium*). Anschließend tritt die Abräumfunktion der Hüllzellen durch Phagozytosevorgänge in den Vordergrund, was etwa 1–2 Monate andauert. Auch die Zellen der bindegewebigen Endoneuralscheiden gruppieren sich zu Makrophagenreihen, die die freigewordenen Lipoidschollen und Eiweißreste aus den Markscheiden phagozytieren, wobei sie meist zu großen, schaumigen »Körnchen«- oder »Schaumzellen« (auch Gitterzellen) werden. Auch Mastzellen treten vermehrt im Degenerationsgebiet auf.

Die Schwannschen Zellen des Neurolemms bilden schließlich langgestreckte, zellige Bänder (sog. *Büngnersche Bänder*) aus, die sich in Straßen anordnen (Abb. 43). In diese

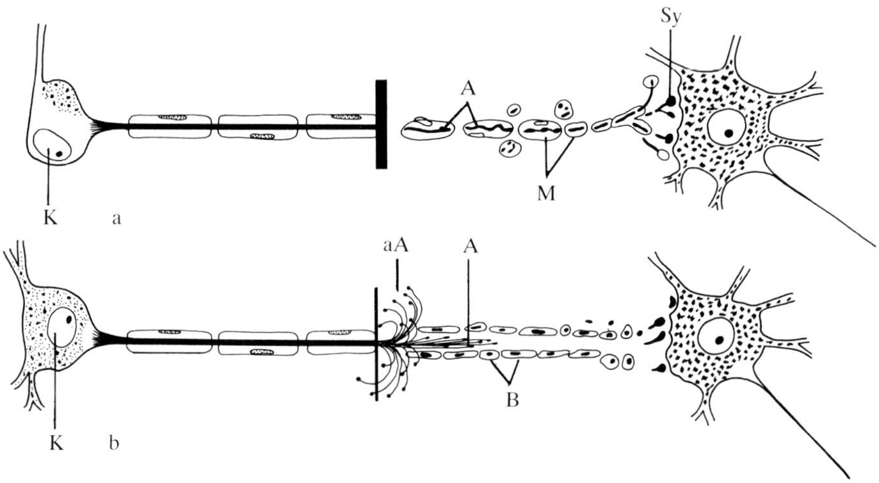

Abb. 43. a–b) Schematische Darstellung über die morphologischen Vorgänge bei der De- und Regeneration eines peripheren Neurons (in Anlehnung an GLESS) (B.).
a) Frische Degeneration nach Unterbrechung der Nervenfaser. Zentralwärts: Chromatolyse und Kernschwellung (K) (Fischaugenzellen); peripherwärts: Zerfall der Markscheide (M) und des Axons (A). Verklumpung der terminalen Synapsen (Sy).
b) Beginnende Regeneration. Ausbildung der Büngnerschen Bänder (B) mit Einwachsen des regenerierenden Axons (A). Aberrierende Axone (aA), die die Leitstruktur der Büngnerschen Bänder nicht erreichen, können unregelmäßig in die Umgebung einwuchern (ihre mögliche Lage ist schematisch angedeutet).

Bänder wachsen die regenerierenden Achsenzylinder, die von den erhaltengebliebenen Stümpfen ausgehen, neu ein. Sie bilden damit eine für den Regenerationsvorgang entscheidende Leitstruktur, ohne die die neu auswachsenden Axone ihre Erfolgsorgane nicht finden. Die Wachstumsgeschwindigkeit der Axone beträgt etwa 250–500 µm/Tag. Wenn die Hüllzellen den neugebildeten Axonen wieder anliegen, setzt – offenbar von den Axonen induziert – die Markscheidenregeneration ein. Ähnlich wie in der Embryonalzeit entstehen Mesaxone und Membranwickelungen, zwischen die sich das Myelin einlagert. An den Zellgrenzen der Schwannschen Zellen bilden sich Ranviersche Schnürringe. Sobald der morphologische Zusammenhang mit dem Endorgan oder dem anschließenden Neuron wiederhergestellt ist, wird die Leitungsfunktion wieder aufgenommen. Dieser Prozeß kann Monate dauern.

Axone, die den Kontakt mit den Leitbändern der Hüllzellen nicht bekommen, wachsen an den Enden der Schnitt- oder Regenerationsstelle wirr in die Umgebung (Abb. 43). Es entstehen unregelmäßige Faserknäuel, die schmerzhafte Sensationen, bei amputierten Patienten auch den sog. Phantomschmerz, hervorrufen können (Amputationsneurom).

Im ZNS sind Schwannsche Zellen und Endoneuralscheiden nicht vorhanden. Eine Regeneration durchtrennter Nervenfasern ist daher in der Regel nicht möglich. Die notwendigen Leitstrukturen (Büngnersche Bänder) können sich nicht ausbilden. Nach einer Läsion degenerieren die Nervenzellen vollständig und Gliagewebe tritt an ihre Stelle (Glianarbe, Gliawucherung).

3. Allgemeines über die Bahnsysteme

Im gesamten NS bilden die Neurone Funktionsverbände in Form von Bahnen, die sich im Laufe der Stammesgeschichte zu verschiedenen Zeitpunkten herausbilden. Es gibt also phylogenetisch alte und junge Systeme. In der Individualentwicklung wiederholt sich in gewissem Sinne dieses unterschiedliche Zeitverhalten bei der Entwicklung. Auch ontogenetisch treten die älteren Systeme früher in Erscheinung als die jüngeren. Entsprechend setzt die Markreifung bei den älteren Bahnen früher ein. Man kann daher die *Myelogenese,* d.h. die Entstehung der Markscheiden, auch zur Erforschung der Bahnverbindungen heranziehen. Eigenartigerweise gibt es aber auch Erkrankungen, die selektiv bestimmte Bahnsysteme ergreifen (Systemerkrankungen). Auch durch das Studium solcher pathologischer Veränderungen können Aufschlüsse über den Verlauf der Bahnen gewonnen werden.

Die eingehendsten Kenntnisse verdanken wir jedoch den neueren experimentellen Methoden. So lassen sich die geschilderten morphologischen Veränderungen bei der De- und Regeneration zur Bahnerforschung ausnützen, indem man einfach ein bestimmtes System an einer bestimmten Stelle durchtrennt und die nachfolgende Degeneration an histologischen Schnittserien verfolgt.

Da nach Durchschneidung der Neuriten auch die zugehörigen Synapsen degenerieren, lassen sich wichtige Anhaltspunkte über die Lokalisation der synaptischen Unterbrechungen innerhalb eines Bahnsystems gewinnen. Meist treten an den degenerierenden Kontaktstellen histologisch plumpe, keulenförmige oder kolbenartige Faserverdickungen auf und markieren damit die Lage der Synapsen. In gewissen Fällen erfolgt auch eine *transneuronale Degeneration,* wobei nicht nur die geschädigten Neurone, sondern auch die anschließenden Glieder einer Bahn betroffen sind. Über das Problem der transneuronalen Degeneration liegen jedoch noch sehr unterschiedliche Meinungen vor.

Zu den morphologischen Möglichkeiten der Bahnerforschung hat die Neurophysiologie durch die Entwicklung der Mikroelektrodentechnik weitere hinzugefügt. Durch Setzen von elektrophysiologischen Reizen an umschriebener Stelle entsteht ein Aktionspotential, das entlang des zu untersuchenden Bahnsystems fortgeleitet und daher mit geringer Latenz an anderer Stelle der Bahn wieder abgenommen werden kann *(»evoked potentials«).* Abgesehen von den sich dadurch erschließenden Möglichkeiten zur Erforschung spezifischer Erregungsmuster haben diese Methoden auch viel zur Aufklärung der Bahnverbindungen selbst beigetragen.

Neuerdings konnten sowohl die Form einzelner Neurone als auch die Lage der zugehörigen Synapsen und Anschlußneurone eindrucksvoll mit Markierungssubstanzen (Tracern), die entweder direkt in das Perikaryon injiziert werden oder auf dem Stoffwechselwege in das Neuron gelangen, dargestellt werden. Mit der Meerrettichperoxydase z.B., einem Glykoprotein mit einem Molekulargewicht von rund 40000 D, das sich auch elektronenmikroskopisch nachweisen läßt, kann die Ausbreitung der Nervenfasern bis in die Endverzweigungen und weiter darüber hinaus sogar in den anschließenden Neuronen zur Darstellung gebracht werden, da das Molekül durch den axoplasmatischen Transport bis zu den Synapsen und transneural auch in das Zytoplasma der nachfolgenden Neurone transportiert wird. Die Peroxydasetechnik läßt sich auch direkt mit elektrophysiologischen Methoden kombinieren, indem mit Mikroelektroden gleichzeitig Potentialableitungen gemacht werden und Peroxydase injiziert wird. Auf diese Weise ist ein Vergleich zwischen dem physiologischen Verhalten und der morphologischen Situation bei einer einzelnen Nervenzelle möglich. Als Tracer sind in neuerer Zeit aber auch andere Substanzen, insbesondere radioaktiv markierte Aminosäuren oder Fluoreszenzfarbstoffe zur Analyse der Zellarchitektur des ZNS mit Erfolg verwendet worden.

Eine Fülle neuer überraschender Erkenntnisse verdanken wir auch den modernen Immunfluoreszenzmethoden. Durch spezifische, mit Fluoreszenzfarbstoffen markierte Antikörper, die gegen bestimmte, im Neuron vorhandene Transmitter oder *Neuropeptide* wie Dopamin, Substanz P, VIP, CCK, Serotonin, Adrenalin und andere gerichtet sind, lassen sich spezielle Bahnsysteme im ZNS, z.T. sehr präzise, zur Darstellung bringen.

Hinweise auf die funktionelle Bedeutung der einzelnen Hirnregionen lassen sich neuerdings auch durch die *Positronen-Emissions-Tomographie* (PET), deren Auflösungsvermögen allerdings noch nicht sehr groß ist, gewinnen. Bei dieser Methode werden Glukose, Aminosäuren oder andere im Hirnstoffwechsel umgesetzte Substanzen mit sehr kurzlebigen, Positronen emittierenden Radionukleiden (C^{11}, N^{13}, J^{136}) markiert und in den Körper injiziert. Verwendet man dabei z.B. 2-Desoxyglukose, die zwar von stoffwechselaktiven Nervenzellen rasch aufgenommen, aber dann nicht weiter verstoffwechselt werden kann, so lassen sich mit Hilfe der von der markierten Glukose emittierten Positronen im Computertomogramm die aktiven Hirnregionen, die diese Substanzen reichlich aufgenommen haben, von den inaktiven unterscheiden. Gibt man wenige Minuten vor der Anfertigung eines Emissionstomogramms einem Patienten z.B. C^{11}-markierte D-Glukose und bittet ihn, die Augen zu öffnen und bewußt ein Bild anzuschauen, so stellen sich im Tomogramm je nach Intensität der »Hirnarbeit« kleinere oder ausgedehntere Areale der optischen Rindenfelder, die bei diesen Vorgängen aktiviert werden, als strahlenintensive Regionen dar. Bis in die zytologischen Dimensionen reicht jedoch dieses Verfahren zur Zeit noch nicht.

4. Funktionelle Gliederung des Nervensystems im allgemeinen

Die Richtung der Erregungsleitung eines Neurons ist primär nicht festgelegt. Im Experiment kann ein Axon in jeder Richtung leiten. Da die Erregung durch eine Potentialänderung an der Zellmembran zustande kommt, breitet sie sich immer vom Reizort nach allen Seiten hin aus. Im NS herrscht jedoch an den Neuronen immer eine bestimmte Leitungsrichtung vor, die sich durch den Zusammenschluß der Neurone zu Neuronenketten (Bahnen) und die Festlegung der Orte der Erregungsbildung ergibt. Erfolgt die Erregungsleitung von der Peripherie zum Zentrum, spricht man von *afferenten* Bahnen, läuft sie in umgekehrter Richtung, d.h. vom Zentralorgan zur Peripherie bzw. zum jeweiligen Erfolgsorgan, spricht man von *efferenten* Bahnsystemen. Da aber ein Neuron grundsätzlich in jeder Richtung leiten kann, ist z.B. nach Nervenverletzungen ein operativer Austausch afferenter und efferenter Nervenfasern möglich, ohne daß dadurch die spätere Wiederaufnahme der Funktion gefährdet wird. Auch im Experiment wurden efferent leitende Nerven (z.B. N. hypoglossus) erfolgreich gegen afferent leitende (N. lingualis) ausgetauscht.

Es ergibt sich nun die Frage, wie die neuronale Gliederung des Nervensystems im einzelnen beschaffen ist und wie diese mit der oben charakterisierten, makroskopisch-anatomischen Dreigliederung des gesamten Nervensystems zusammenhängt. Die Richtung der Erregungsleitung eines Neurons hängt, wie wir gesehen haben, weitgehend von den Orten der Reizbildung bzw. Erregungsübertragung ab. Die Funktion einer Neuronenkette (Bahn) wird damit nicht unwesentlich von den Terminalorganen und ihrer Eingliederung in das Gesamtsystem bestimmt. Stellt man sich die nervöse Masse für einen Augenblick als unbestimmte Einheit vor, so könnte man sagen: Die funktionelle Ausrichtung (Prägung) der Leitungssysteme erfolgt im wesentlichen von zwei Seiten her: einmal von der Außenwelt durch die Sinnesorgane, von denen das Nervensystem einen ständigen afferenten Informationszustrom erhält, und zum anderen von der Innen- oder Organwelt, mit der das Nervensystem durch efferente Terminalorgane in Kontakt tritt.

Dieser Doppelaspekt in der funktionellen Orientierung der nervösen Masse hat viele ältere Autoren veranlaßt, von zwei elementaren Teilen des NS zu sprechen, einem *oikotropen,* zur Umwelt hin orientierten, und einem *idiotropen,* die Funktion der

Innenwelt regelnden Teil. Der oikotrope Anteil konzentriert sich besonders auf das Kopfgebiet. Er erschließt dem Menschen durch die großen Sinnesorgane die Außenwelt. Die vielfältigen Afferenzen werden vom oikotropen Anteil des ZNS, den CLARA das »Außenministerium« genannt hat, zum Gesamtbild unserer Umwelt integriert, bewußt verarbeitet und gegebenenfalls gespeichert oder beantwortet. Eine Vielzahl von auf engem Raum konzentrierten Kernen im End- und Stammhirn steht mit diesen Funktionen in Zusammenhang.

Demgegenüber übernimmt der idiotrope oder vegetative Teil des NS (nach CLARA das »Innenministerium«) die Regelung derjenigen Organfunktionen, die zur Erhaltung des Lebens sowie zur Anpassung des Organismus an veränderte Umweltsituationen notwendig sind. Die Konstanterhaltung der Körpertemperatur, des Blutdruckes, des Blutzukkers, die Regulation von Atmung und Kreislauf, Wasserhaushalt und Stoffwechsel gehören hierher. Diese Regulationen gehen meist von bestimmten »Zentren« aus, deren Nervenzellen spontan Erregungen aussenden und dadurch die Tätigkeit der Organe in der für die jeweilige funktionelle Situation notwendigen Weise hemmen bzw. fördern. Daher stehen hier die efferenten Erregungsleitungen im Vordergrund.

Es ist nun aber keineswegs so, daß im oikotropen System nur afferente und im idiotropen nur efferent leitende Neuronen vorhanden wären. Vielmehr bilden sich innerhalb der nervösen Masse fast überall Neuronenketten heraus, die aus afferenten *und* efferenten Bauelementen zusammengesetzt sind. Man nennt einen solchen neuronalen Verband einen Leitungsbogen. *Der Leitungsbogen stellt die funktionelle Baueinheit des Nervensystems dar.* Er setzt sich aus einem afferenten und efferenten Schenkel zusammen, im einfachsten Falle je einem Neuron. Kompliziertere Leitungsbögen umfassen mehrere zu- und ableitende Neuronenketten, die dann als (afferente bzw. efferente) Leitungsbahnen bezeichnet werden. Funktionell bilden die Leitungsbögen fast immer Regelkreise, in denen meist durch das Prinzip der Rückkoppelung bestimmte Regelgrößen konstant gehalten werden. Wir wollen derartige, aus einem afferenten und efferenten Schenkel zusammengesetzte Leitungsbögen als *funktionelle Systeme* im Sinne BENNINGHOFFS ansehen und im folgenden als »Funktionskreise« bezeichnen.

Am einfachsten sind derartige Systeme im *Rückenmarksbereich* differenziert. Die afferenten und efferenten Schenkel der Leitungsbögen sind hier fast immer nahezu gleichwertig. Die aus der Peripherie stammenden afferenten Erregungen werden im zugehörigen Zentralorgan verarbeitet und lösen eine efferente Antwortreaktion aus (»Reflex«). Das erregungsverarbeitende Zentrum kann nun aber nicht nur im Rückenmark, sondern auch in übergeordneten Hirnabschnitten liegen. Insofern ist also der oben aus der Morphologie heraus abgeleitete Begriff eines metameren Bereiches im NS nicht ausschließlich auf das Rückenmark beschränkt, sondern reicht bis in die höheren Abschnitte des ZNS. Funktionell gesehen muß man ihn als einen Arbeitsbereich charakterisieren, bei dem immer afferente und efferente Neuronen zu *Reflexsystemen* zusammengeschlossen sind, gleichgültig in welchem zentralen Kerngebiet ihre Umschaltung erfolgt. Je weiter kranial die verarbeitenden Zentren liegen, um so länger werden die afferenten bzw. efferenten Schenkel der zugehörigen Leitungsbögen. An der allgemeinen Konstruktion der Systeme ändert sich jedoch nichts. Da sie in der Hauptsache der Körpermotorik dienen und immer aus annähernd gleichwertig zusammenarbeitenden sensorischen und motorischen Einheiten zusammengesetzt sind, können sie als *sensomotorische Systeme* bezeichnet werden (Abb. 44b).

Anders liegen die Verhältnisse im *Kopfbereich* sowie auch im peripher-vegetativen Gebiet (Abb. 44a u. c). Zwar sind hier auch Leitungsbögen differenziert, aber ihre beiden Schenkel sind in der Regel nicht gleichwertig. Im Kopfteil des Nervensystems dominieren die afferenten Bahnen. Die aus den Sinnesorganen einlaufenden Erregungen

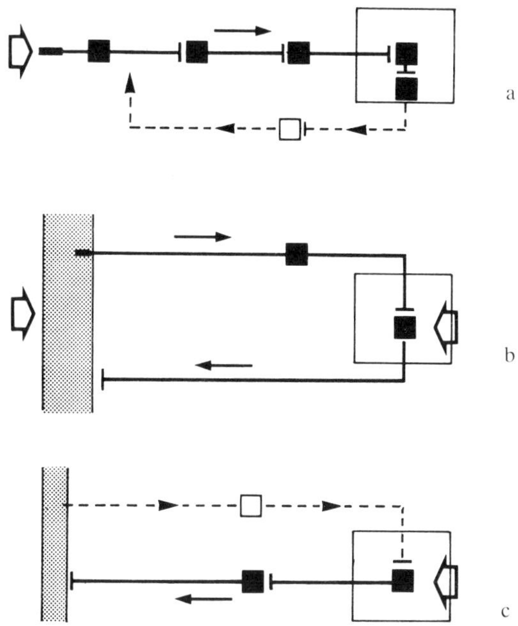

Abb. 44. a–c) Elementare Bauformen der Leitungsbögen im Bereich des Nervensystems (B.). Die schwarzen Pfeile bezeichnen die Leitungsrichtung der Erregungen, die weißen Pfeile markieren die hauptsächlichen Orte der Erregungsentstehung bzw. Erregungszuflüsse. Jeweils links: peripherer Bereich; rechts (Viereck): zentralnervöser Bereich.
a) Kopfbereich – Sinnessysteme des ZNS (Sensorik). Der afferente Schenkel des Leitungsbogens dominiert. Erregungsbildung am Rezeptor.
b) Spinaler Bereich – Reflexsysteme des Rückenmarks (Sensomotorik). Afferenter und efferenter Schenkel des Leitungsbogens sind gleichwertig.
c) Organbereich – Vegetativ-periphere Systeme (Viszeromotorik). Der efferente Schenkel des Leitungsbogens dominiert. Spontane Erregungsbildung in den nervösen Zentren.

bestimmen weitgehend das Funktionsgeschehen *(Sensorik, Perzeption)*. Der afferente Schenkel des Leitungsbogens hat sich sozusagen verselbständigt. Efferente, »reflektorisch« auf das Erfolgsorgan zurückwirkende Erregungsabläufe gibt es in ähnlicher Form wie im sensomotorischen Bereich nicht. Zwar ist heute sicher, daß auch zu den Sinnesorganen efferente Impulse laufen. Ihre Aufgabe besteht aber in der Hauptsache in der Verstellung der Reizschwellen und Abstufung der Reizintensitäten. Dieser Schenkel des Systems dient also eigentlich nur einer Optimierung der Perzeption. Er ist somit nur Hilfsapparat, nicht ein gleichwertiger Teil des Gesamtsystems. Wir haben daher diesen Schenkel in Abb. 44a gestrichelt gezeichnet. Im Vordergrund steht die afferente Reizaufnahme und Erregungsverarbeitung, die im klassischen Fall allein den Charakter dieser Systeme bestimmt. Das ist besonders bei den großen Sinnesapparaten (Auge, Ohr) der Fall, wo das allgemeine Schema des Leitungsbogens tatsächlich in der beschriebenen Art vereinseitigt und das afferente Leitungsgeschehen zum alles beherrschenden Element geworden ist. Wie wir noch sehen werden, sind aber nicht alle Sinnessysteme so stark verselbständigt, wie es das Schema zeigt, sondern in andere Funktionskreise mit eingeschaltet. Wir werden diese »Abstufungen« in den Spezialkapiteln besprechen.

Wiederum anders liegen die Verhältnisse im *vegetativen Bereich* (Abb. 44c). Wie wir oben schon bei der Beschreibung des idiotropen NS gesehen haben, steht hier im

Gegensatz zu den Sinnessystemen das *efferente* Geschehen ganz wesentlich im Vordergrund. Die Erregungsbildung erfolgt meist spontan in den zentralen Steuerungszentren und führt zu einem peripherwärts gerichteten Erregungsstrom, der für die Regelung der Organtätigkeit entscheidend ist. Zwar kommen auch aus den vegetativ versorgten Organen rückläufig afferente Informationen. Diese haben aber mehr die Aufgabe, die spontane Reizbildung in den zentralen Steuerungszentren zu modifizieren und damit die Efferenzen den jeweiligen Gegebenheiten der organischen Innenwelt anzupassen. Das wäre also eine ähnliche Funktion, wie sie die efferenten Schenkel der Leitungsbögen im Bereich der Sinnessysteme haben, nur mit umgekehrtem Vorzeichen. Wir haben daher, ähnlich wie in Abb. 44a, diesen »justierenden« Leitungsschenkel gestrichelt gezeichnet (Abb. 44c).

Wir kommen damit innerhalb des NS zu drei funktionellen Elementarbereichen, die sich als Modifikationen eines Grundschemas, nämlich des zu einem Regelkreis zusammengeschlossenen Leitungsbogens, erweisen (Abb. 44). Das Prinzip des Regelkreises wird allerdings in den beiden Extremvarianten, d.h. im Bereich der Sensorik und des Vegetativums, weitgehend aufgegeben. Der Kreis wird sozusagen gesprengt. Es ergeben sich mehr oder weniger »offene« Systeme, bei denen entweder der afferente oder der efferente Schenkel dominiert und dadurch von der Außen- bzw. Innenwelt direkt eingegriffen werden kann. Es ist auch von grundsätzlicher Bedeutung, zu berücksichtigen, daß die afferenten Neurone sich meist so verzweigen, daß ihre Faserenden mit mehreren Nervenzellen synaptische Kontakte bilden *(Divergenzprinzip),* wie umgekehrt auch jede Nervenzelle synaptische Endigungen von mehreren zuführenden Neuronen *(Konvergenzprinzip)* erhält. Im peripher-vegetativen Bereich überwiegen im allgemeinen die Divergenz-, im zentral-sensorischen dagegen die Konvergenzschaltungen.

Die drei geschilderten elementaren Leitungsschemata ließen sich natürlich leicht um weitere vermehren. Zahl und Verknüpfung von Neuronen zu Schalteinheiten sind im Nervensystem nahezu unbegrenzt und formal kaum zu unterscheiden. Wir glauben aber, daß die hier charakterisierten drei Elementarstrukturen nicht willkürlich ausgewählt sind, sondern dem Wesen der drei aus der Morphologie heraus abgeleiteten elementaren Funktionsbereiche des Nervensystems (vgl. S. 63) entsprechen. Wir wollen daher diese Gliederung der weiteren Betrachtung zugrunde legen. Dabei wird noch deutlich werden, wie weit das gewählte Schema im Einzelfall modifiziert werden muß, und wo die charakterisierten Grundbegriffe eingeengt bzw. erweitert werden müssen. Im Grundsätzlichen stimmen damit die makroskopischen und mikroskopischen Formverhältnisse überein.

II. Sensomotorische Systeme

Wir wollen bei der Besprechung der speziellen Morphologie der nervösen Leitungssysteme den mittleren der drei charakterisierten Elementarbereiche des NS (Abb. 44b) an den Anfang stellen. Hier bilden afferente und efferente Neurone immer Teile eines Leitungsbogens, der – gleichgültig wie komplex die Neuronenketten im einzelnen auch werden – als ein Regelsystem angesehen werden kann, in dem Afferenzen und Efferenzen (Eingänge und Ausgänge) relativ gleichwertig sind. Alle in diesem Zusammenhang darzustellenden Systeme haben funktionell mit der Regelung der Motorik zu tun. Wir können sie daher als sensomotorische Funktionskreise bezeichnen. Die afferenten Neurone beginnen in der Körpermuskulatur von Rumpf, Kopf oder Extremitäten, wo auch die efferenten enden. Das konstruktive Bauelement der sensomotorischen Funktionskreise ist somit der geschlossene, von und zur Muskulatur verlaufende

Leitungsbogen, dessen zugehöriges Zentralorgan im Rückenmark oder in übergeordneten Hirnteilen liegt.

Für die Regelung einfacher motorischer Abläufe ist das Rückenmark zuständig. Je komplizierter und »freizügiger« die Bewegungsformen, je vielfältiger die Gestaltungen der Motorik werden, um so höhere Hirnzentren schalten sich in die »basalen« Leitungsbögen des Rückenmarks ein. Neben reflektorischen, nahezu automatischen Reaktionen (Eigenreflexe, mechanische Fortbewegungsautomatismen), gibt es gezielte Einzelbewegungen: Abwehr-, Flucht und Wischbewegungen, Bewegungen zur Gleichgewichtsregulation sowie die Vielzahl der unbewußten (»unwillkürlichen«) und willkürlichen Bewegungen. Ob wir eine unbekannte Sprache erlernen oder ein Instrument spielen lernen, ob wir freiwillig (»willkürlich«) eine neue, bisher nicht ausgeführte Bewegung einüben oder schließlich ganz unbewußt und automatisch eine Ausgleichsbewegung zur Erhaltung des Gleichgewichts und der Körperstellung ausführen, immer treten die mit der Körpermuskulatur verbundenen sensomotorischen Systeme in Funktion, wobei jedoch jeweils andere Kerngebiete des NS beteiligt sind. Daher existieren teils kürzere, teils längere Leitungsbahnen, ohne daß das Grundschema des aus Afferenzen und Efferenzen zusammengesetzten Leitungsbogens verändert würde.

Übersicht über die fünf elementaren sensomotorischen Systeme

	Art der Motorik	Übergeordnetes Zentralorgan des NS	Funktionelles System
1.	Muskeltonus, einfache myostatische Automatismen	Rückenmark (Segmentbereich)	Eigenreflexapparat (monosynaptische Dehnungsreflexe)
2.	Isolierte, zweckbezogene Einzelbewegungen (Abwehr-, Fluchtreaktionen), primitive, rhythmische Fortbewegung	Rückenmark (mehrere Segmente)	Fremdreflexapparat (polysynaptische Reflexe)
3.	Gleichgewichtsreaktionen, Muskeltonus im Dienste der Gleichgewichtserhaltung, zeitliche Bewegungskoordinationen	Rautenhirn	Vestibulozerebellares System
4.	»Unwillkürliche«, affektive Motorik, erlernte Bewegungen, Haltungskontrolle	Stammhirn und extrapyramidale Rindenfelder	»Extrapyramidales« System
5.	Bewußte Willkürmotorik, Geschicklichkeitsbewegungen	Großhirnrinde	»Pyramidales« System

Aus der Vielfalt dieser Zusammenhänge lassen sich fünf funktionelle Systeme herausschälen, in die sich alle wesentlichen Funktionsabläufe eingliedern lassen. Daß natürlich noch sehr viel detailliertere Untergliederungen möglich sind, braucht nicht betont zu werden. Es sollte aber auch nicht übersehen werden, daß das NS eine Ganzheit darstellt, und daß alle systematischen Untergliederungen irgendwo willkürliche Grenzen ziehen müssen, die die natürlichen Vermaschungen unberücksichtigt lassen. Insbesondere ist die Abtrennung eines pyramidalen und extrapyramidalen Systems im herkömmlichen Sinne nach neueren physiologischen Beobachtungen nahezu unmöglich. Wir haben daher beide Begriffe in Anführungszeichen gesetzt. Dennoch glauben wir, daß in dem weiter unten charakterisierten Sinne wesentliche Unterschiede zwischen den einzelnen aufgeführten Systemen bestehen, so daß es uns – nicht nur aus didaktischen Gründen – gerechtfertigt erscheint, diese Systeme der nachfolgenden morphologischen Beschreibung zugrunde zu legen.

1. Einfache, myostatische Regelungen im Rückenmark (Eigenreflexapparat) – Erstes funktionelles System der Sensomotorik

Ein kurzer Schlag auf eine Sehne löst eine rasche Muskelkontraktion aus. Schlägt man z. B. mit einem Reflexhammer gegen die Patellarsehne unterhalb der Kniescheibe, so schnellt der Unterschenkel etwas nach vorn, da sich die Streckmuskulatur des Oberschenkels kontrahiert (Abb. 45). Derartige, auf einen Reiz folgende Muskelzuckungen nennt man Reflexe. In unserem Beispiel kontrahiert sich derselbe Muskel, auf dessen Sehne der Schlag ausgeübt wurde. Man spricht daher von *Eigenreflexen (propriozeptive Reflexe* nach SHERRINGTON). Der Schlag auf die Sehne führt zu einer kurzzeitigen Dehnung des zugehörigen Muskels. Diese Dehnung ist der adäquate Reiz für die unmittelbar folgende einmalige Muskelzuckung (daher auch Dehnungsreflex). Dasselbe Phänomen läßt sich an den verschiedensten Muskeln des Körpers, die längere, von außen gut zugängliche Sehnen haben, leicht demonstrieren (Achillessehnenreflex, Bizepssehnenreflex usw.). Es tritt aber u. U. auch dann in Erscheinung, wenn man direkt auf den Muskel schlägt, da auch dadurch eine kurzzeitige Dehnung des Muskels bewirkt werden kann.

Am geschilderten Eigenreflex sind lediglich zwei Neurone beteiligt, die durch eine Synapse verschaltet sind *(monosynaptischer Dehnungsreflex).* Ein afferentes Neuron leitet die durch den Dehnungsreiz erzeugten Erregungen zum Rückenmark, wo das efferente Neuron, das die Muskelzuckung bewirkt, erregt wird. Um die morphologischen Verhältnisse dieses Systems zu verstehen, knüpfen wir nochmals an die Entwicklungsgeschichte an.

Afferente Neurone

Wie oben dargelegt, werden beim Schluß des Neuralrohres Zellgruppen mit der Neuralleiste seitlich nach außen verlagert (vgl. Abb. 3 u. 5). Diejenigen Zellgruppen, die seitlich neben dem Neuralrohr liegen bleiben, bilden das *Spinalganglion,* das von vornherein den Kontakt mit dem embryonalen Rückenmark behält. Die Spinalganglien-

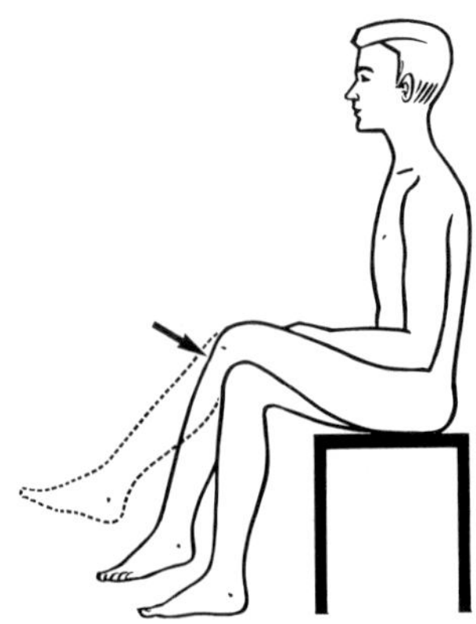

Abb. 45. Patellarsehnenreflex. Pfeil = Schlagrichtung zur Auslösung des Reflexes.

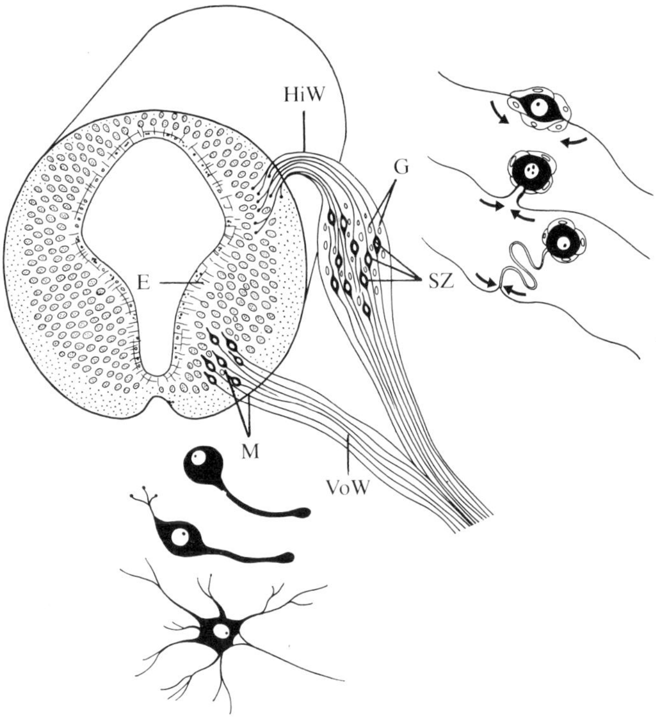

Abb. 46. Entwicklung der spezifischen Zellformen eines Rückenmarkssegmentes. Unten: Entwicklung einer motorischen Vorderhornzelle. Rechts oben: Differenzierung einer pseudounipolaren Spinalganglienzelle aus der bipolaren Form durch Annäherung der beiden Axone (Pfeile). HiW = hintere Wurzel; VoW = vordere Wurzel; E = Ependym; G = Glioblasten; M = Neuroblasten (später = motorische Vorderhornzellen); SZ = Spinalganglienzellen.

zellen senden nun zwei Fortsätze aus. Der zentrale Fortsatz gelangt über die hinteren Wurzelfäden zum Rückenmark und der periphere über die Spinalnerven bis in die Muskelanlagen oder zur Haut. Jede dieser Zellen zeigt daher anfangs eine bipolare Form (Abb. 46). Durch die rasche Vermehrung der Nervenzellen im Spinalganglion werden jedoch die Zellkörper (Perikarien) bald an die Peripherie verlagert, während die Fasern im Zentrum des Ganglions liegen bleiben. Damit ändert sich auch die Form der Spinalganglienzellen. Sie werden schließlich *»pseudounipolar«*, d. h. der Zellkörper entfernt sich von seinen beiden Neuriten, die sich einander nähern und schließlich ganz zusammenschließen, ohne jedoch miteinander zu verschmelzen. Die Zelle hat dann scheinbar nur einen Fortsatz, der in der Regel etwas spiralig aufgewickelt ist, aber doch immer aus zwei Axonen besteht. In Ganglien, in denen die Massenentwicklung des Materials geringer ist, bleibt diese Umformung zu pseudounipolaren Zellen aus. So behalten z. B. die Ganglienzellen einiger Hirnnerven ihre ursprünglich bipolare Form bei (Ganglion vestibulare, Ganglion spirale cochleae). Da die peripheren Neuriten der Spinalganglienzellen bis zur Muskulatur oder Hautoberfläche reichen und damit sehr lang werden, vergrößert sich das zugehörige Perikaryon sehr stark (Durchmesser bis zu 30 µm). Der Zellkörper wird vollständig von Hüllzellen (Mantel- oder Satellitenzellen) umgeben und dadurch von der Umgebung isoliert (Abb. 47). Diese zelluläre Hülle stammt aus den Spongio- oder Glioblasten des Neuralleistenmaterials, die auch die Hüllzellen ihrer Axone (Schwannsche Zellen oder Lemmozyten) liefern. Die Schwannschen Zellen bilden an den peripheren Fortsätzen der Spinalganglienzellen eine

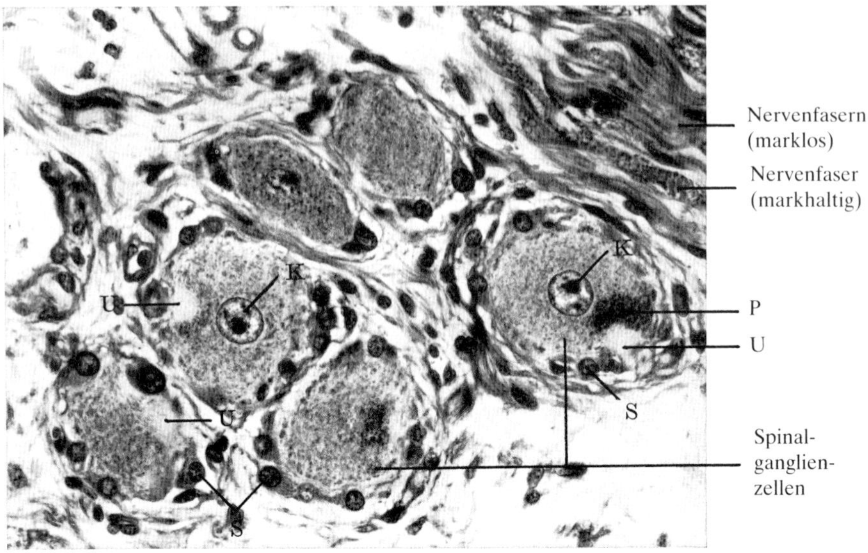

Abb. 47. Mikrophoto von Spinalganglienzellen des Menschen (Azan, 400× vergr.). K = Zellkern mit Nucleolus; U = Ursprungskegel; P = Pigment (Lipofuszin); S = Satellitenzellen (Glia)

Markscheide, die den typischen Bau segmentierter peripherer Nervenfasern aufweist. Die zentralen Neuriten, die ins Rückenmark eintreten, erhalten jedoch den für die weiße Substanz charakteristischen Aufbau (vgl. Abb. 41). Dadurch ergibt sich ein struktureller Umbau der Nervenfasern beim Eintritt in das Hinterhorn des Rückenmarks, wobei in der sog. »Wurzeleintrittszone« (Redlich-Obersteinersche Zone) u. a. auch eine starke Verdünnung der Markscheiden beobachtet wird.

Klinisch spricht man bei der Wurzeleintrittszone von einer lokalisierten, physiologischen Entmarkung. Diese Stelle ist daher bei Erkrankungen, die mit einer Entmarkung einhergehen, gefährdet (z. B. bei der Spätform der Syphilis, der Tabes dorsalis, oder bei der multiplen Sklerose).

Efferente Neurone (Motoneurone)

Ganz anders entwickeln sich die Zellelemente der efferenten Neurone. Ihre Entwicklung vollzieht sich nicht in der Ganglienleiste, sondern im Bereich des Neuralrohres selbst. Die Neuroblasten bleiben von vorneherein nahe der Matrixzone in den ventralen Abschnitten der Mantelzone liegen und bilden hier die Vorderhörner des späteren Rückenmarks (vgl. Abb. 8 u. 9). Sie werden daher auch *Vorderhornzellen* genannt. Ihre ventral auswachsenden Neuriten durchbrechen den Randschleier und verlassen im Bereich des Sulcus lateralis ant. das embryonale Rückenmark. Sie bilden in der Hauptsache die Fila radicularia ant., die sich zur vorderen Wurzel der Spinalnerven zusammenschließen (Abb. 46). Um Kontakte mit anderen Neuronen aufnehmen zu können, entwickeln die Neuroblasten der motorischen Vorderhornzellen zahlreiche Dendriten, die sich innerhalb der grauen Masse des Rückenmarks verzweigen. Die efferenten Neurone entwickeln sich daher zu *multipolaren Ganglienzellen,* deren Perikarien ebenfalls sehr groß werden (Abb. 48a). Schon jetzt sei betont, daß diese Zellen zu den größten Ganglienzellen überhaupt gehören und durch Hunderte von Synapsen mit den verschiedensten afferenten und efferenten Systemen in Verbindung stehen (Abb. 48b). Es handelt sich also um eine besonders wichtige Zellgruppe des

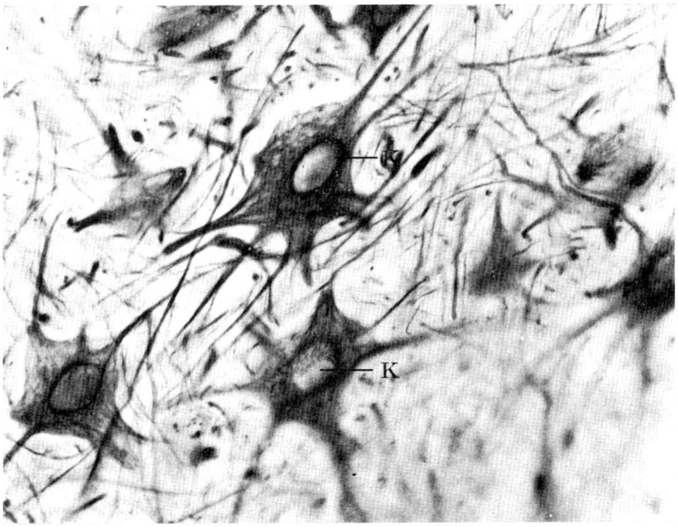

a

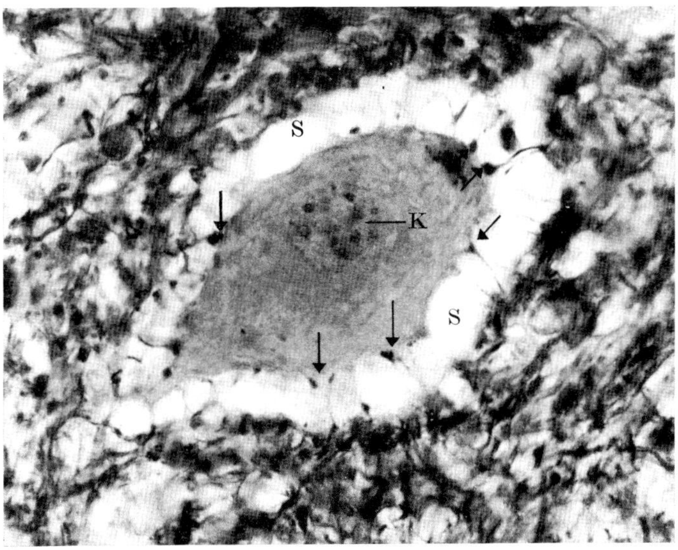

b

Abb. 48. a–b) Mikrophotos von motorischen Vorderhornzellen des Rückenmarkes (Silberimprägnation).
a) Die großen multipolaren α-Motoneurone mit ihren Neurofibrillen sind erkennbar (400× vergr.). K = Kerne der Motoneurone.
b) Stärkere Vergrößerung (540× vergr.). Ein großes α-Motoneuron mit zahlreichen axosomatischen Synapsen (Pfeile) liegt im Blickfeld. K = Kern; S = Schrumpfungsspalt.

Rückenmarks. Die peripher auswachsenden Neuriten der motorischen Vorderhornzellen erreichen die Muskelanlagen und bilden dort komplizierte, synaptische Körper, sog. *motorische Endplatten*. Die Vorderhornzellen werden dadurch zu Nervenzellen, die die Skelettmuskeln innervieren und die man daher als *Motoneurone* bezeichnet (Alpha- oder Skeletomotoneurone). Diejenigen motorischen Vorderhornzellen, die Muskeln mit überwiegenden Haltefunktionen innervieren, sind etwas kleiner und heißen *tonische Alphamotoneurone*, die mit den Bewegungsmuskeln verbundenen sind dagegen etwas größer und werden als *phasische Alphamotoneurone* bezeichnet. Neben dieser Gruppe von Motoneuronen finden sich aber im Vorderhorngebiet noch andere Zellen, die wesentlich kleiner sind und nicht die Arbeitsmuskulatur, sondern ausschließlich die dünnen sog. intrafusalen Muskelfasern innervieren, die innerhalb der Muskelspindeln liegen (Gamma- oder Fusimotoneurone). Bei den Muskelspindeln handelt es sich um innerhalb der Skelettmuskulatur gelegene Sinnesorgane, die nachfolgend noch genauer beschrieben werden (vgl. S. 97).

Alle diese Motoneurone ordnen sich in den Vordersäulen des Rückenmarks zu Kerngruppen an, räumlich gesehen eigentlich zu Kernsäulen (Abb. 49). Am weitesten medial liegen die Kernsäulen für die Rumpfmuskulatur, daran schließen sich seitlich diejenigen für die Extremitätengürtel, dann die für die oberen, die mittleren und schließlich die für die Endabschnitte der Gliedmaßen an. Die Kerngruppen für die Extensoren und Flexoren sind in den jeweiligen Arealen getrennt. Der Rückenmarksquerschnitt wird also zu einem Spiegel der peripheren Innervation *(sog. somatotopische Gliederung)*. Da im Bereich der Extremitätenwurzeln sehr viele Motoneurone lokalisiert sind, verbreitern sich die Vorderhörner hier stark. Die »Schmetterlingsfigur« der grauen Substanz wird breit und voluminös. Im Bereich der Brustsegmente, wo nur die Rumpfmuskulatur zu innervieren ist, bleibt sie dagegen schmal und grazil (Abb. 50). Dasselbe Prinzip läßt sich auch phylogenetisch verfolgen. Erst bei Wirbeltieren mit stark entwickelter Extremitätenmuskulatur verbreitern sich die Vorderhörner des Rückenmarks. Bei den niederen Wirbeltieren sind die Vorderhörner meist sehr schmal.

Nun ist aber die Beziehung zwischen der Zahl der motorischen Vorderhornzellen und der Anzahl der zu innervierenden Muskelfasern nicht rein quantitativ, sondern mehr funktionell zu verstehen. Die Zahl der Motoneurone ist nämlich um so größer, je feiner

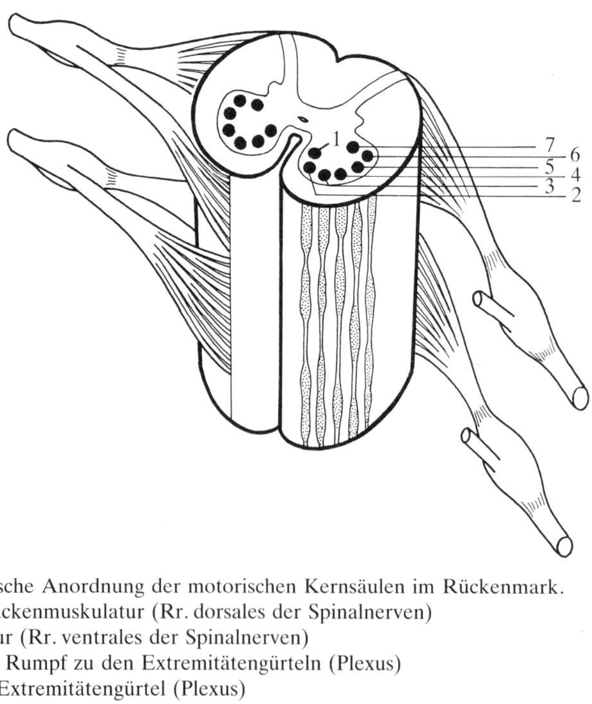

Abb. 49. Somatotopische Anordnung der motorischen Kernsäulen im Rückenmark.
1 = Autochthone Rückenmuskulatur (Rr. dorsales der Spinalnerven)
2 = Rumpfmuskulatur (Rr. ventrales der Spinalnerven)
3 = Muskulatur vom Rumpf zu den Extremitätengürteln (Plexus)
4 = Muskulatur der Extremitätengürtel (Plexus)
5 = Oberarm- bzw. Oberschenkelmuskulatur (periphere Nerven)
6 = Unterarm- bzw. Unterschenkelmuskulatur (periphere Nerven)
7 = Hand- bzw. Fußmuskulatur (periphere Nerven)

abgestuft das Bewegungsspiel der zu innervierenden Muskelgruppen ist. Für die Handmuskeln z. B. stehen sehr viel mehr motorische Vorderhornzellen zur Verfügung als etwa für die quantitativ wesentlich größere Gruppe der Oberschenkel- und Gesäßmuskulatur.

Die Axone der Motoneurone ziehen von ihren Zellkörpern im Rückenmark durch die vorderen Wurzelfäden (Fila radicularia ant.) und die Spinalnerven bzw. deren Äste ohne Unterbrechung bis zur Muskulatur, wobei sie sich jedoch peripherwärts zunehmend aufzweigen. Die dickeren Neuriten der großen Motoneurone heißen Aα-Fasern, die dünneren Fasern der kleinen Motoneurone Aγ-Fasern. Im Extremitätenbereich sollen in den vorderen Wurzeln 10% dünne (γ-) und 90% dicke (α-) Fasern vorhanden sein; in den Brustsegmenten sind beide Anteile etwa gleich häufig. Da während der Embryonalentwicklung die metamer angeordneten Myotome sich zu Muskelindividuen verschiedener Größe zusammenschließen, wird jeder Muskel von Nervenfasern aus mehreren Rückenmarkssegmenten versorgt *(plurisegmentale Innervation)*.

Eine Zerstörung der Fila radicularia eines Segmentes bringt daher in der Regel keine schwereren Ausfälle mit sich, da die Innervation durch die angrenzenden Segmente noch aufrechterhalten werden kann (radikuläre oder Wurzellähmung). Demgegenüber erzeugt die Durchtrennung eines peripheren motorischen Nerven eine komplette Lähmung der zugehörigen Muskelgruppen (sog. periphere Lähmung). Bei der spinalen Kinderlähmung (Poliomyelitis) werden die motorischen Vorderhornzellen durch Viren geschädigt. Die daraus resultierende schlaffe Lähmung geht erst zurück, wenn sich die Motoneurone wieder erholen. Sind diese jedoch im Verlauf der Erkrankung zerstört worden, bildet sich die Lähmung nicht mehr zurück, da die Motoneurone selbst nicht regenerieren können.

Motorische Einheiten

Die Axone der motorischen Vorderhornzellen enden in der Peripherie an den quergestreiften Muskelfasern mit neuromuskulären (motorischen) *Endplatten*. Jedes Axon splittert sich auf und bildet mehrere Endplatten (Abb. 51). In der Regel erhält eine quergestreifte Muskelfaser nur eine neuromuskuläre Endplatte, die meist in der Mitte der Faser lokalisiert ist. Beim M. vocalis und einigen sehr langen Muskelfasern sollen allerdings auch mehrere Endplatten an einer Faser vorkommen. Die Gesamtheit der von einer Vorderhornzelle innervierten Muskelfasern nennt man eine *motorische Einheit*. In Muskelgruppen mit besonders fein abstufbarer Motorik (z. B. Augen- oder Fingermuskeln) ist das Verhältnis Nervenzelle zu Muskelfasern klein (1:5 bis 1:20) im Vergleich zu anderen, bei denen das Verhältnis 1:200 bis 1:1000 betragen kann.

Funktionell arbeiten niemals alle Motoneurone gleichzeitig. Selbst bei äußerster Kraftanstrengung sind immer noch 15–20% der Motoneurone in Ruhe. Die Abstufung der Muskelkontraktion ist dadurch möglich, daß immer nur ein Teil der motorischen Einheiten in Funktion tritt. Je mehr Einheiten erregt werden, um so größer wird die Zahl der kontrahierten Muskelfasern und damit die Kraftentfaltung. Die Muskelfaser kontrahiert sich entweder ganz oder gar nicht (Alles-oder-Nichts-Gesetz). Je größer also

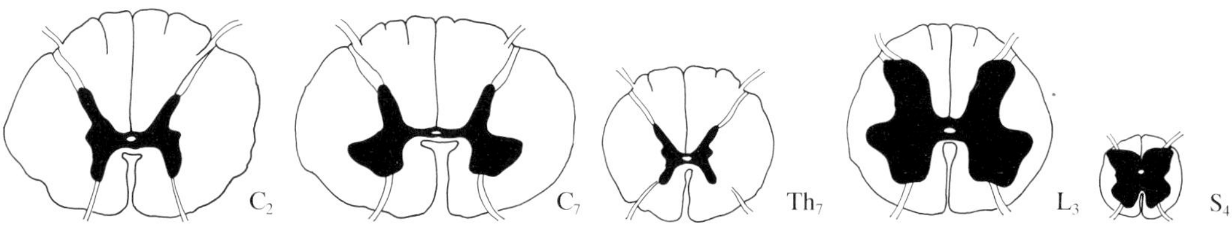

Abb. 50. Querschnitt durch das Rückenmark des Erwachsenen. Darstellung der unterschiedlichen Massenverteilung von weißer und grauer Substanz (schwarz) in den verschiedenen Segmenten (B.).

die Zahl der motorischen Einheiten in einem Muskelsystem ist oder, mit anderen Worten, je geringer die Zahl der von einer Nervenzelle versorgten Muskelfasern, um so feiner abstufbar wird die Kontraktion, um so präziser kann die Bewegung ausgeführt werden.

Struktur der neuromuskulären Endplatte

Die Endplatte ist der Ort, an dem die Erregung vom Axon auf die Muskelfaser übertragen wird (Abb. 51 u. 52). Kurz zuvor verliert das Axon seine Markscheide und wird nur noch von Glia eingescheidet (Endo- oder Teloglia). An der Kontaktstelle mit der Muskelfaser splittert es sich in zahlreiche Ästchen auf, deren verbreiterte Endabschnitte mit synaptischen Bläschen, Mitochondrien und Granula verschiedenster Art angefüllt sind. Das flächenhafte Fasergewirr der terminalen Nervenästchen, das lichtmi-

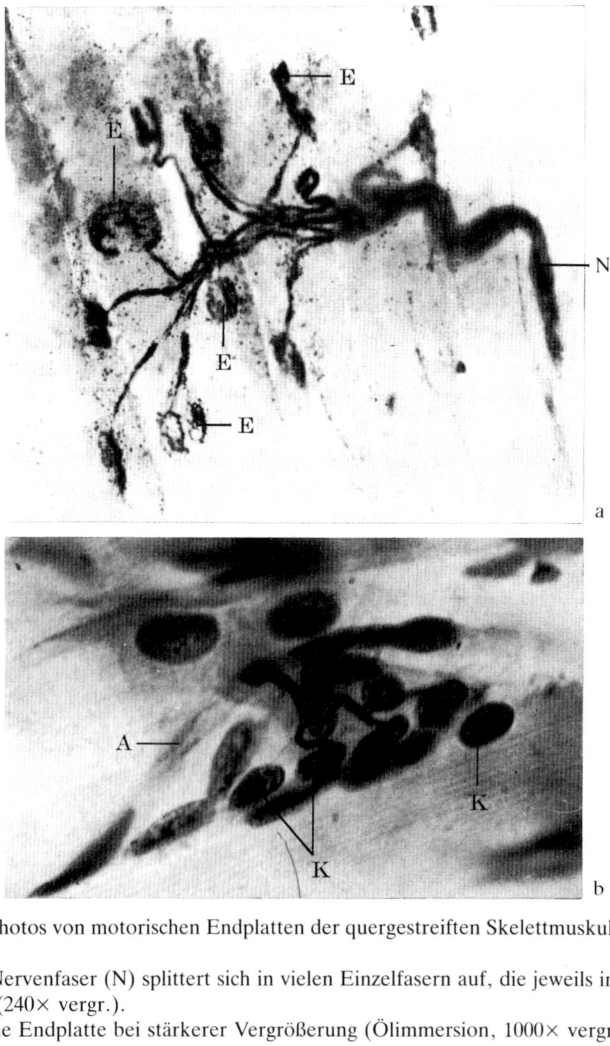

Abb. 51. a–b) Mikrophotos von motorischen Endplatten der quergestreiften Skelettmuskulatur (Silberimprägnation).
a) Eine markhaltige Nervenfaser (N) splittert sich in vielen Einzelfasern auf, die jeweils in einer motorischen Endplatte (E) enden (240× vergr.).
b) Einzelne motorische Endplatte bei stärkerer Vergrößerung (Ölimmersion, 1000× vergr.). Die zahlreichen Kerne der Sohlenplatte (K) und die terminale Aufzweigung des Axons (A) sind sichtbar.

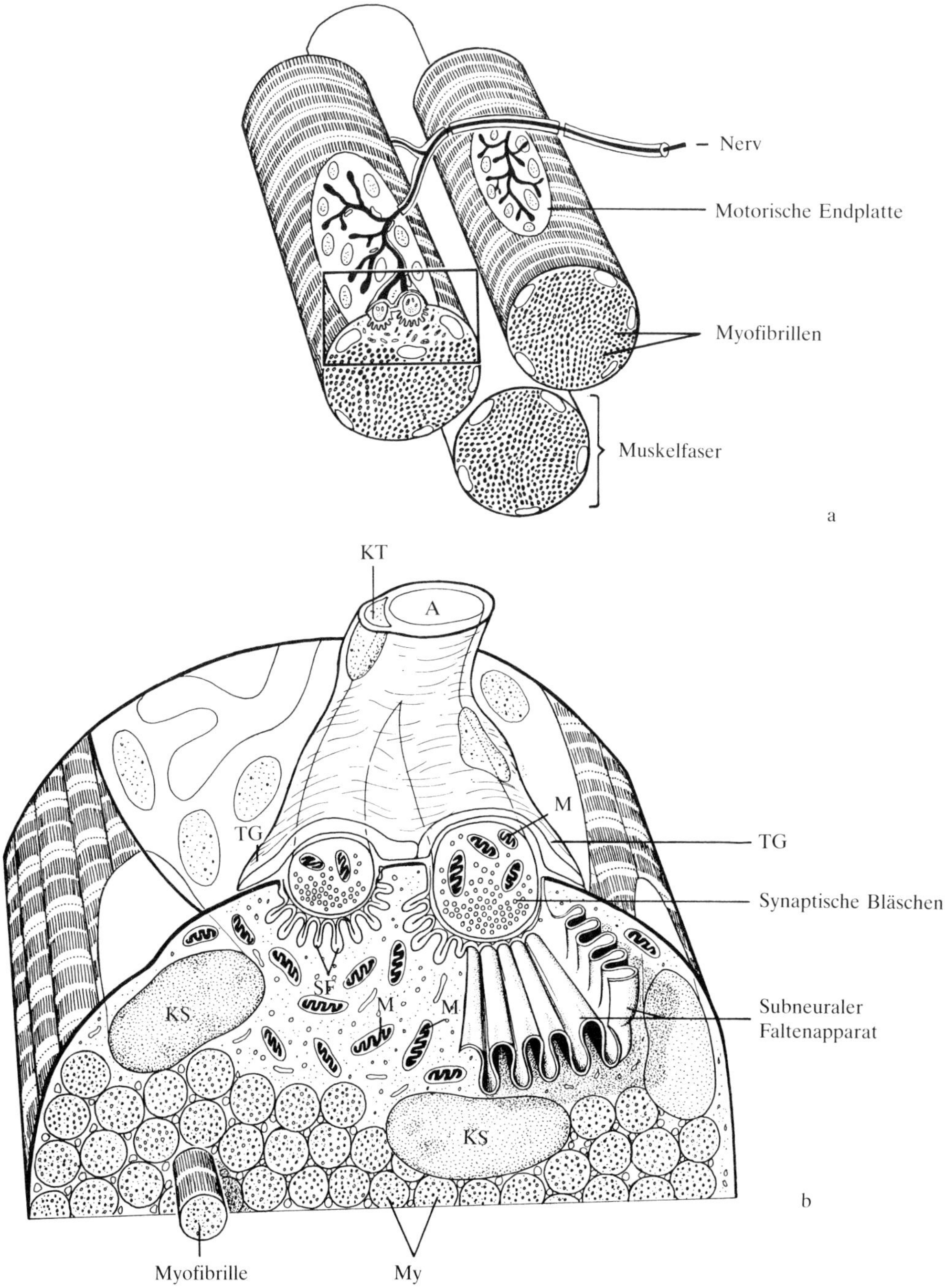

Abb. 52. a–b) Schema vom Feinbau der motorischen Endplatte nach elektronenmikroskopischen Beobachtungen (B.).
a) Drei quergestreifte Muskelfasern mit zugehörigen motorischen Endplatten (lichtmikroskopische Dimension).
b) Ausschnittvergrößerung aus dem Kontaktbereich von Axon und Muskelfaser [vgl. Rechteck in Bild (a)]. Elektronenmikroskopische Dimension. Der subneurale Faltenapparat (SF) springt etwas ins Bild vor. KS = Kerne der Sohlenplatte, M = Mitochondrien, My = Myofibrillen. Die terminalen Axonaufsplitterungen (A) werden von Teloglia (TG) eingescheidet. KT = Kern der Telogliazelle.

kroskopisch die unterschiedlichsten Gestaltungen zeigt, lagert sich dem Sarkolemmschlauch der Muskelfaser dicht an, ohne jedoch in das Zytoplasma einzudringen. Das Sarkolemm vergrößert aber seine Oberfläche durch parallel stehende, palisadenartig angeordnete Mikrofalten an denjenigen Stellen, an denen sich die Axone anlagern, und bildet dadurch den sog. *subneuralen Faltenapparat* (Abb. 52). Hier finden sich auch im Zytoplasma der Muskelfasern auffallend viele Kerne (Muskelfaserkerne), wodurch die Endplatte im ganzen etwas vorgewölbt wird *(Sohlenplatte)*. Axolemm und subneuraler Faltenapparat sind durch ein System von Basalmembranen getrennt. Der Abstand beider Membransysteme mißt 10–12 nm.

Die motorische Endplatte ähnelt also in ihrem Feinbau einer chemischen Synapse. Die aufgesplitterten Axone bilden die präsynaptischen Membranen und enthalten Vesikel von etwa 50 nm Durchmesser in großer Zahl. Als postsynaptische Membranen funktionieren die subneuralen Faltenapparate des Sarkolemms. Auf diese Weise entsteht eine »Riesenkontaktstelle« mit stark vergrößerten Membranoberflächen, an der schon ein einzelner Nervenimpuls eine Erregung der Muskelfaser auszulösen vermag. Die in den Axonverzweigungen angehäuften synaptischen Vesikel enthalten Transmitterstoffe (hauptsächlich Acetylcholin), die bei der Erregungsübertragung in die subneuralen Spalträume entleert werden. Durch das freigesetzte Acetylcholin wird die Permeabilität der Membranen des subneuralen Faltenapparates erhöht, so daß Na^+ eindringen kann. Der Na^+-influx ruft eine lokale Depolarisierung der Endplattenmembran und dadurch ein lokales Potential hervor (Endplattenpotential). Es entwickelt sich dann ein Potential-

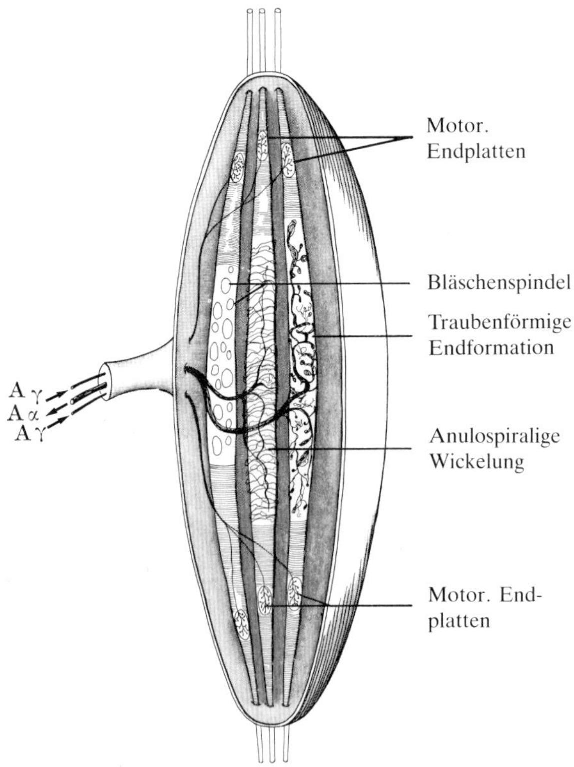

Abb. 53. a) Schema vom Aufbau einer Muskelspindel mit drei intrafusalen Muskelfasern (B.). Aγ = Motorische γ-Fasern zur Innervation der Spindelfasern; Aα = Afferente Fasern von den anulospiraligen oder traubenförmigen Endformationen.

gefälle gegenüber den angrenzenden Membranabschnitten der Muskelfaser, wodurch eine fortgeleitete Erregung nach beiden Seiten entsteht. Die Erregung breitet sich rasch über die ganze Muskelfaser aus und löst so eine Kontraktion aus.

Durch die in der Sohlenplatte vorhandenen Enzyme (z. B. Azetylcholinesterase) wird das freigesetzte Acetylcholin innerhalb von 2 msec gespalten und damit unwirksam gemacht. Der rasche Abbau der Überträgersubstanzen sichert ein rasches Abklingen der lokalen Erregung und damit der Kontraktion. Um eine Dauerkontraktion (Tetanus) zu erzeugen, müssen also in rhythmischer Folge Nervenimpulse die motorische Endplatte erreichen.

Der Prozeß der Erregungsübertragung kann natürlich auch an einer solchen Kontaktstelle leicht modifiziert, d. h. gehemmt oder gefördert, werden. So wirken z. B. Kalziumionen oder Esterasehemmer fördernd, Magnesiumionen oder Curare hemmend auf die Erregungsübertragung.

Muskelspindeln

Die Muskulatur besitzt nun aber nicht nur eine motorische, sondern auch eine sensible Innervation. Die afferenten Nervenfasern der Muskulatur sind sogar außerordentlich zahlreich. Es handelt sich um Axone der oben charakterisierten pseudounipolaren Spinalganglienzellen, deren zentraler Fortsatz in das Rückenmarksgrau eintritt und synaptisch z. T. direkt an den Motoneuronen endet.

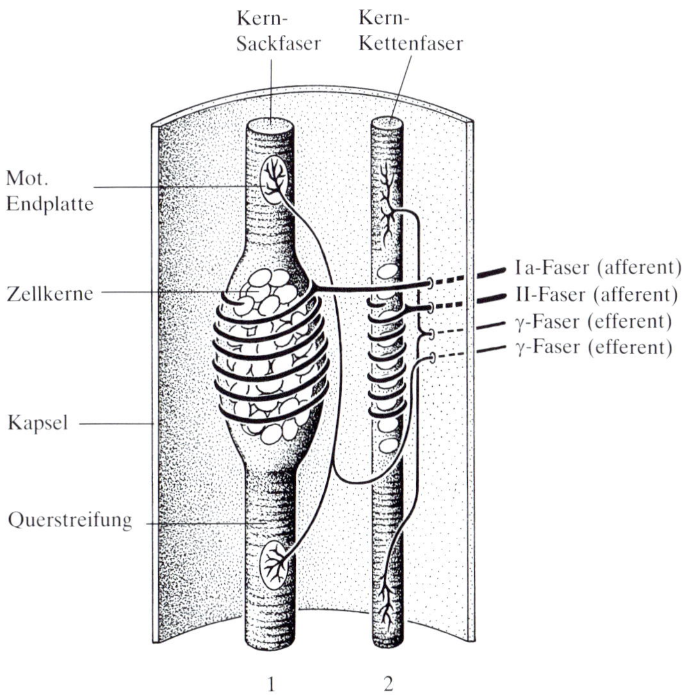

Abb. 53. b) Ausschnitt aus einer Muskelspindel. Schematische Darstellung der beiden, funktionell verschiedenen Formen von intrafusalen Muskelfasern mit ihren unterschiedlichen Nervenendigungen (modif. nach R. Schmidt u. G. Thews). 1 = Kern-Sackfaser mit dynamischer Wirkung; 2 = Kern-Kettenfaser mit statischer Wirkung.

Die von ihnen geleiteten Afferenzen stammen aus den *Muskelspindeln* (Corpora musculonervosa), d. h. den innerhalb der Muskulatur gelegenen Rezeptoren, die schon im vorigen Jahrhundert bekannt waren (Sherrington, 1894; Ruffini, 1898). Es handelt sich um 2–3 mm, manchmal auch 10 mm lange, von einer Bindegewebskapsel eingehüllte, sehr dünne (0,2 mm), spindelförmige Gebilde, die in ihrem Inneren eine Spezialmuskulatur, (Weismannsches Bündel) enthalten (Abb. 53). Dieses Bündel besteht aus 3–6 unverzweigten, quergestreiften Muskelfasern, den sog. »intrafusalen« Fasern, die gegenüber der Arbeitsmuskulatur noch ein embryonales Aussehen besitzen. Im übrigen füllt eine eiweißreiche, lymphartige Flüssigkeit den Innenraum der Spindel derart aus, daß diese spindelförmig aufgetrieben wird und als Ganzes unter Spannung steht. Die intrafusalen Fasern sind wesentlich dünner als die Fasern der extrafusalen Arbeitsmuskulatur. Ihre sehnigen Enden, die zu beiden Seiten aus der Spindel herausragen, sind im intermuskulären Bindegewebe verankert. Auf diese Weise kann die Muskelspindel Bewegungen des Gesamtmuskels mitmachen. In der Spindelmitte verdikken sich die intrafusalen Muskelfasern ein wenig und verlieren auf einer kurzen Strecke, die mit zahlreichen, rundlichen Kernen angefüllt ist, ihre Querstreifen. Dieser Mittelabschnitt, die sog. »Bläschenspindel« ist nicht kontraktil (Abb. 53b).

Aufgrund der Feinstruktur lassen sich bei den intrafusalen Muskelfasern zwei verschiedene Typen unterscheiden, die sog. Kern-Sackfasern und die Kern-Kettenfasern. Die Kern-Sackfasern (Nuclear-bag-fibres), die zahlenmäßig dominieren und etwa doppelt so groß sind wie die Kern-Kettenfasern (nuclear-chain-fibres), besitzen im Mittelabschnitt der Faser eine Anschwellung, in der die Zellkerne auf engem Raum zusammengedrängt liegen. Im Bereich dieser Anschwellung finden sich auf einer Strecke von rund 300 μm feinste sensible Endigungen in Form *anulospiraliger Wicklungen,* die mit dem Sarkolemm an zahlreichen Stellen synaptische Kontakte eingehen. Diese sog. *primären sensiblen Endigungen* gehören zu dicken, markhaltigen Nervenfasern (Ia-Fasern) mit einem Durchmesser von 10–13 μm, deren Perikarien im Spinalganglion liegen und die das Rückenmark durch die hintere Wurzel betreten. Jedes dieser Neurone versorgt nur eine Muskelspindel.

Die intrafusalen Muskelfasern, die von den anulospiraligen Wicklungen umsponnen werden, besitzen an ihren beiden Enden typische motorische Endplatten (plate-endings), wie sie auch bei der extrafusalen Arbeitsmuskulatur ausgebildet sind, wenn sie auch insgesamt etwas kleiner und zierlicher geformt sind. Diese Endplatten werden von Endigungen von Motoneuronen gebildet, die im Vorderhorn des Rückenmarks liegen und wesentlich kleiner sind als die großen α-Motoneurone, die zur Arbeitsmuskulatur gehören. Man bezeichnet sie als Aγ- oder kurz γ-Motoneurone. Ihre Axone sind markhaltig und zeigen einen Durchmesser von 2–8 μm. Wegen ihres funktionellen Verhaltens werden diese Fasern als *dynamische, fusimotorische Nervenfasern* bezeichnet.

Daneben existiert aber noch eine 2. Form intrafusaler Muskelfasern, die Kern-Kettenfasern, die kürzer und dünner sind als die Kern-Sackfasern und die ebenfalls synaptische Kontakte mit den Endaufzweigungen afferenter Nervenfasern haben. Dabei handelt es sich aber nicht um dicke Ia-Fasern, sondern um dünnere Fasern der Gruppe II (∅ 4–12 μm), die etwas langsamer leiten und deren terminale Endigungen mehr verzweigt sind und blütendoldenartig oder traubenförmig aussehen (sog. *sekundäre sensible Endigungen*). Sie sind im Gegensatz zu den vorangehend beschriebenen Fasern auch nicht auf *eine* Spindel beschränkt, sondern versorgen in der Regel mehrere Spindeln. Auch die zugehörigen efferenten Fasern des γ-Systems zeigen Besonderheiten; sie bilden nämlich an den beiden Enden der intrafusalen Muskelfasern diesen Typs keine begrenzten motorischen Endplatten aus, sondern mehr verzweigte, langgezogene, unregelmäßige Endnetze (trail-endings). Diese Fasern werden von den Physiologen als *statische, fusimotorische Nervenfasern* bezeichnet (Abb. 53b).

Sowohl die anulospiraligen als auch die blütendoldenartigen Endigungen können die Spannung der intrafusalen Muskelfasern registrieren und diesbezügliche Informationen mittels ihrer afferenten Axone dem Rückenmark zuleiten. Durch die efferent-leitenden γ-Fasern können die intrafusalen Muskelfasern unabhängig von der Arbeitsmuskulatur zusätzlich noch zur Kontraktion gebracht werden, was sich zwangsläufig auf die Empfindlichkeit dieser Rezeptororgane auswirken muß (Näheres s. S. 103).

Die Zahl der in den Skelettmuskeln vorhandenen Spindelorgane schwankt sehr. Sie ist in Muskeln, welche feinste, zielgerichtete Bewegungen ausführen können (z. B. Finger-Muskulatur, Augenmuskulatur) erheblich größer als in Muskeln, welche nur grobe, undifferenzierte Bewegungen ausführen oder hauptsächlich Haltefunktionen haben (M. glutaeus maximus, M. triceps brachii etc.). So enthalten z. B. die Augenmuskeln 130 Spindeln/g Muskelgewebe, der M. abductor pollicis brevis 29 Spindeln/g und der M. triceps brachii 1,4 Spindeln/g Muskulatur. Die absolute Anzahl der Muskelspindeln schwankt beim Menschen zwischen 40 und 500 Spindeln/Muskel.

Sehnen- und intramuskuläre Rezeptoren

Am Muskel-Sehnen-Übergang kommt außerdem eine zweite Art von Rezeptoren vor, die *Sehnenrezeptoren* (Corpora neurotendinosa, Golgische Sehnenspindeln oder Tendorezeptoren). Die Sehnenbündel werden hier von feinsten oberflächlichen Nervennetzen umwickelt, die teilweise auch auf die Muskulatur übergreifen (Abb. 54). Nicht selten

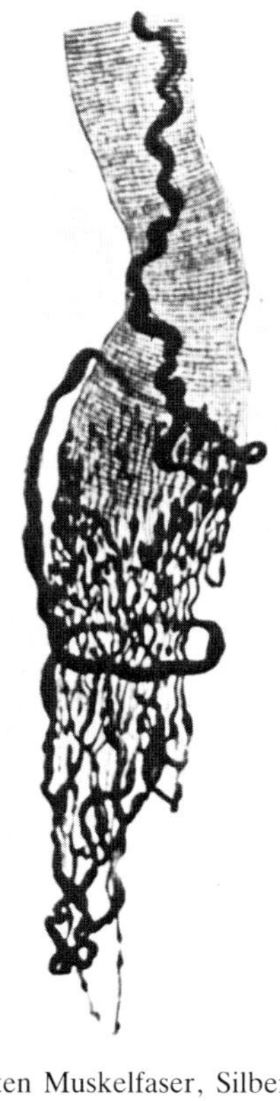

Abb. 54. Sehnenspindel einer quergestreiften Muskelfaser, Silberimprägnationspräparat (Augenmuskulatur, Mensch, Methylenblaufärbg., nach Dogiel).

sind an dieser Stelle auch noch andere Sinnesorgane, wie z. B. Vater-Pacinische Lamellenkörperchen, zu finden. Die Sehnenrezeptoren sind ebenfalls eingekapselt. Sie stellen spindelförmige Sinnesorgane dar, die jedoch – da intrafusale Muskelfasern fehlen – keine efferenten γ-Fasern enthalten. Im Inneren dieser Organe liegen nur Sehnenfasern, die von einem dichten, meist parallel geordneten nervösen Fibrillennetz umgeben sind.

Außerdem befinden sich noch *innerhalb* des Bindegewebes der faszialen Hüllschichten und Bindegewebslogen der Muskulatur terminale Nervenformationen verschiedenster Art, die entweder frei enden oder kleinere, eingekapselte Organe bilden. Im folgenden wird die Existenz dieser zusätzlichen Rezeptoren, deren Funktion noch weitgehend ungeklärt ist, außer acht gelassen. Auch die von diesen Sinnesorganen stammenden Erregungen gelangen über die hintere Wurzel ins Rückenmark.

Die aus der Muskulatur kommenden Afferenzen gehören zur *Tiefensensibilität,* die über die hintere Wurzel geleitet wird. Die hintere Wurzel enthält außerdem afferente Fasern von Hautrezeptoren als Vermittler der *Oberflächensensibilität.* Beim Menschen übersteigt die Anzahl der afferenten Neurone die der Motoneurone um das 5- bis 8fache. Die Zahl der Fila radicularia post. ist daher wesentlich größer als die der Fila radicularia ant. Wiederum sind in den Extremitätensegmenten deutlich mehr Neurone vorhanden als etwa in den Brustsegmenten. Die zentralen Neuriten dieser afferenten Neurone, deren Zellkörper im Spinalganglion liegt, treten von dorsal in das Rückenmark ein (Wurzeleintrittszone), teilen sich aber dann in verschiedene Kollateralen auf. Ein Teil von ihnen endet an den Motoneuronen der gleichen Seite, wo axosomatische Synapsen gebildet werden, ein anderer Teil tritt nach dorsal in die weiße Substanz der Hinterstränge über. Eine dritte Gruppe endet synaptisch an den Zellen der Hinterhörner des Rückenmarks (Abb. 82). Wir betrachten vorerst nur die erste Gruppe, die direkt zu den Motoneuronen zieht.

Arbeitsweise des ersten sensomotorischen Systems (Eigenreflexapparat)

Wir haben jetzt alle morphologischen Tatsachen kennengelernt, die zum Verständnis des ersten funktionellen Systems der Sensomotorik notwendig sind. Das eingangs geschilderte Phänomen der Muskelzuckung nach einem Schlag auf die Sehne ist zweifellos ein künstliches und sagt wenig über die biologische Bedeutung der dabei auftretenden Reaktionen aus. Der Schlag auf die Sehne bewirkt eine kurzzeitige Dehnung des Muskels, die sich auf die intrafusalen Muskelfasern der hochempfindlichen *Muskelspindeln* überträgt. Die Dehnung ihrer Mittelabschnitte in der Längsrichtung ist der adäquate Reiz für die anulospiraligen Wicklungen der Ia-Fasern, die dehnungsempfindliche Sinnesorgane (Fühler, Dilatorrezeptoren) darstellen. Dabei kann die Muskelspindel sowohl die absolute Länge (Proportionalanzeige) als auch die Längenänderung pro Zeiteinheit (Differentialquotientenanzeige) registrieren. Durch die Erregung dieser Dehnungsrezeptoren entstehen vermehrte afferente Erregungen, die über die dicken, markhaltigen Ia-Fasern sehr schnell dem Rückenmark zugeleitet werden. Da diese Fasern direkte synaptische Kontakte mit den großen α-Motoneuronen des Vorderhorns besitzen, lösen die vermehrten Afferenzen unmittelbar Entladungen der Vorderhornzellen aus.

Durch die Kontraktion verkürzt sich nun wiederum der Muskel, was umgekehrt zu einer passiven »Entdehnung« der Spindel führt. Dadurch werden die Ia-Afferenzen, die von den intrafusalen Muskelfasern ausgehen, vermindert. Die α-Motoneurone des Rückenmarks werden nicht mehr erregt, die Aα-Efferenzen lassen nach. Der Muskel erschlafft wieder (Abb. 55).

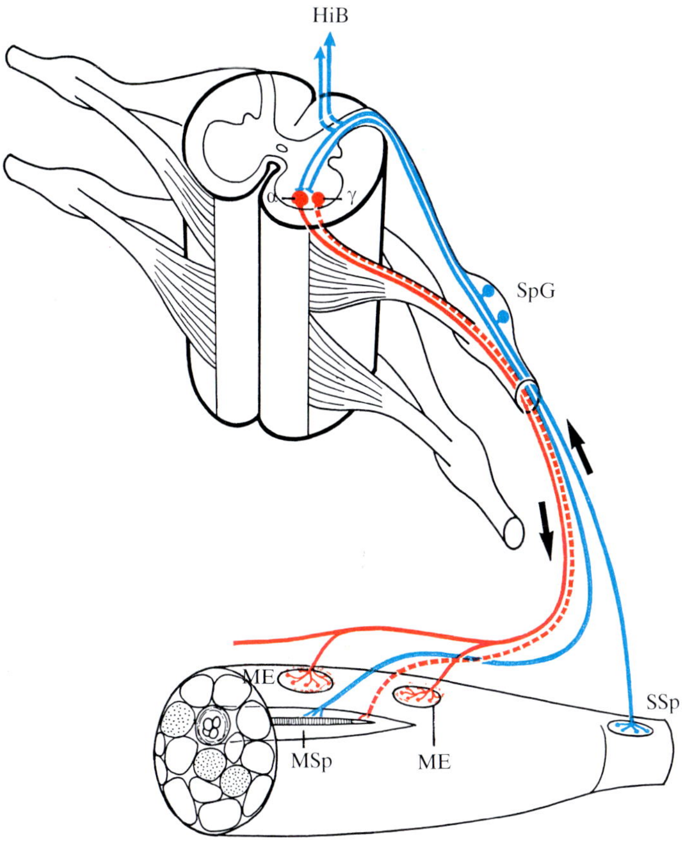

Abb. 55. Neuronale Gliederung des Eigenreflexapparates. Rot (ausgezogene Linie) = α-Motoneuron zur Arbeitsmuskulatur; rot (gestrichelte Linie) = γ-Motoneuron zur Spindelmuskulatur. Die Pfeile deuten die Leitungsrichtung der Erregungen an (B.). HiB = Hinterstrangbahnen; ME = motorische Endplatte; MSp = Muskelspindel; SSp = Sehnenspindel; SpG = Spinalganglion.

Das durch den Schlag auf die Sehne erzeugte Phänomen der Muskelkontraktion hat früher den Gedanken an eine einmalige, durch das NS vermittelte Antwortreaktion hervorgerufen. Aus dieser Zeit stammt die Bezeichnung *Reflex* (von reflectere = zurückbeugen, zurückwerfen). Dies gibt aber ein ganz falsches Bild von den wirklichen Zusammenhängen. Unter natürlichen Bedingungen kommen derartige, durch einen Schlag ausgelöste Dehnungen ja kaum vor. Dagegen wirkt die Schwerkraft ständig auf den Bewegungsapparat ein. Der aufrecht stehende oder gehende Mensch setzt sich unbewußt gleichsam dauernd mit dem Schwerefeld der Erde auseinander. Schon das freie Stehen erfordert eine gewisse Muskelanstrengung. Nehmen wir z. B. eine Last auf die Schulter, so drohen die Gelenke einzuknicken. Der Gefahr des Stürzens begegnet der Organismus meist automatisch mit einer Tonuserhöhung der Muskulatur. Die Last bewirkt eine Dehnung der zugehörigen Muskelgruppen auf dem Weg über eine Verstellung der Gelenke. Die Muskelspindelrezeptoren melden durch erhöhte Afferenzen die neue Situation dem Rückenmark, wo dann die motorischen Vorderhornzellen durch erhöhte efferente Entladungen den Tonus der Muskeln steigern und damit der Belastung anpassen. Da sich aber die Längenänderung der extrafusalen Arbeitsmuskulatur auch auf die Länge der intrafusalen Muskelfasern der Muskelspindel auswirken muß,

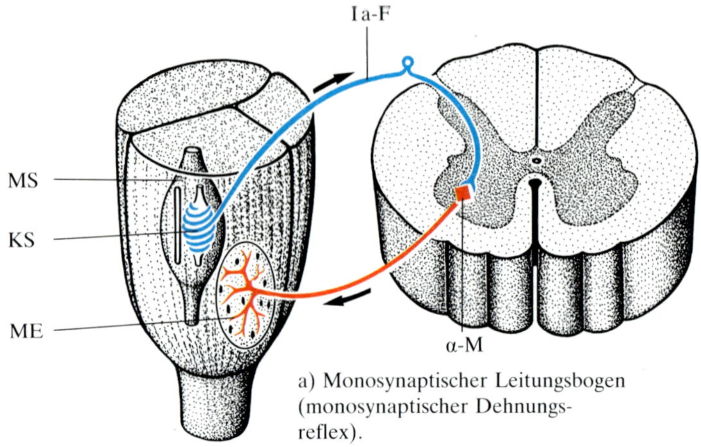

a) Monosynaptischer Leitungsbogen (monosynaptischer Dehnungsreflex).

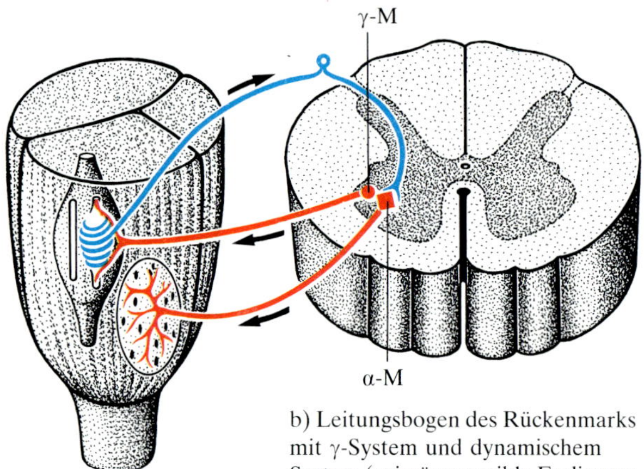

b) Leitungsbogen des Rückenmarks mit γ-System und dynamischem System (primäre sensible Endigung; Kern-Sackfaser der Muskelspindel; dynamische Wirkung).

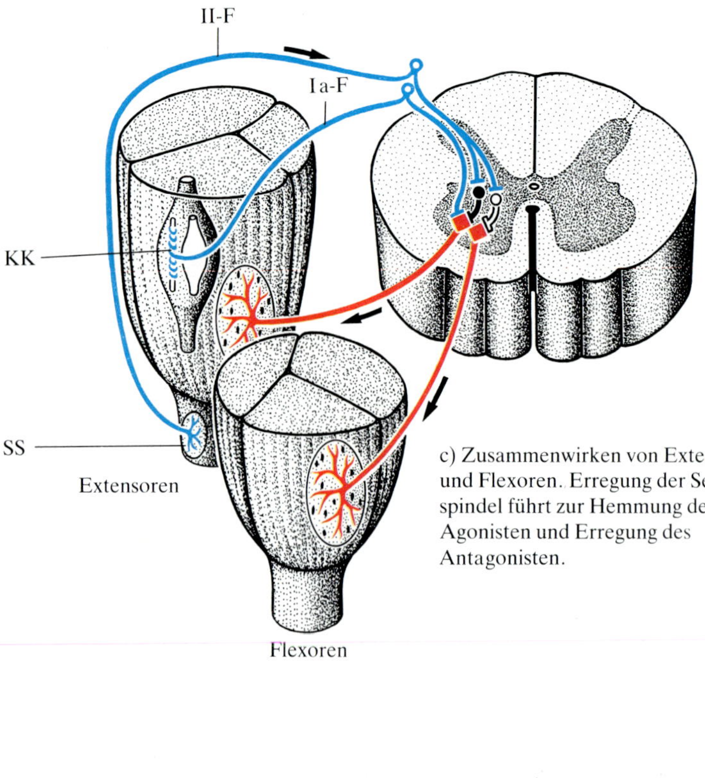

c) Zusammenwirken von Extensoren und Flexoren. Erregung der Sehnenspindel führt zur Hemmung des Agonisten und Erregung des Antagonisten.

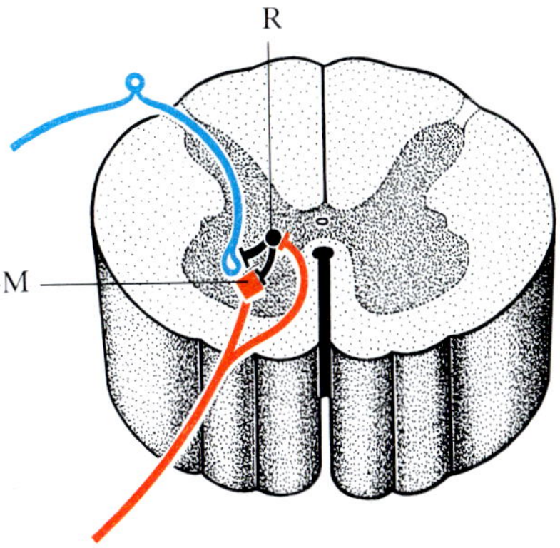

d) Renshaw-Hemmung im Rückenmark durch rückläufige Kollaterale vom α-Motoneuron.

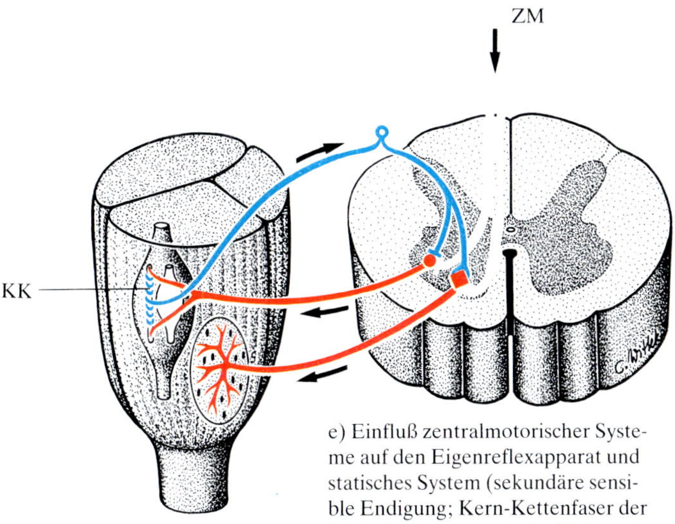

e) Einfluß zentralmotorischer Systeme auf den Eigenreflexapparat und statisches System (sekundäre sensible Endigung; Kern-Kettenfaser der Muskelspindel; statische Wirkung).

Abb. 56. a–e) Schemata der wichtigsten Schaltmöglichkeiten im Eigenreflexapparat (W.). Schwarz = hemmendes Interneuron; weiß = erregendes Interneuron; rot = efferente Neurone; blau = afferente Neurone. α-M = α-Motoneuron; γ-M = γ-Motoneuron. Ia-F = sensible Ia-Fasern; II-F = sensible II-Fasern. KK = Kern-Kettenfasern; KS = Kern-Sackfasern; ME = motorische Endplatte; MS = Muskelspindel; SS = Sehnenspindel; ZM = efferente zentralmotorische Bahnen.

d. h. die Spindelfasern bei einer Verkürzung der Arbeitsmuskulatur entlastet werden, vermindert sich die Impulsrate der Ia-Fasern und damit der Erregungszufluß zu den α-Motoneuronen, was wiederum ein Nachlassen des Muskeltonus zur Folge hat. Es liegt damit ein Regelkreis vor, der auf die Konstanz der Muskellänge ausgerichtet ist. Der monosynaptische Dehnungsreflex, den wir jetzt besprochen haben, ist also in Wahrheit ein Regler zur Konstanterhaltung der Muskellänge und damit zur Aufrechterhaltung eines an die Schwerkraft angepaßten Haltetonus im Dienste der Stützfunktionen des Bewegungsapparates für den aufrechten Gang oder Stand (posturale Reflexe) (Abb. 56a).

Diese Haltefunktion kann durch die efferenten γ-Fasern, die die intrafusalen Kern-Sackfasern innervieren, nämlich die sog. dynamischen fusimotorischen Nervenfasern, wesentlich verbessert werden. Diese efferente Innervation erhöht nämlich die Geschwindigkeitsempfindlichkeit der Muskelspindelfasern bei erhöhter statischer Empfindlichkeit, so daß eine stärkere Reaktion der α-Afferenzen auf Längenänderung des Muskels möglich wird. Dieses System erhöht gewissermaßen den dynamischen Meßeffekt der Spindel und verbessert damit die Haltefunktion der Muskulatur im Rahmen des Systems.

Wird die Kontraktion des Muskels allerdings zu stark, kommt es, wie gesagt, zu einer vermehrten Spannung der Muskelsehnen und damit zur Erregung der Sehnenspindeln, die im Gegensatz zu den Muskelspindeln eine höhere Reizschwelle besitzen und keine spontanen Entladungen zeigen. Die Erregung der Sehnenorgane führt zu einer Aktivierung der zugehörigen afferenten Ib-Fasern, die über Zwischenneurone dann die α-Motoneurone des Rückenmarks hemmen (autogene oder Selbsthemmung). Umgekehrt wird eine Abnahme des Muskeltonus zu einer Disinhibition (Abnahme der Hemmung) und damit zu einer Aktivierung der homonymen α-Motoneurone führen. Mit Hilfe der Sehnenspindeln kann also auch die Spannung des Muskels konstant gehalten werden (Abb. 56b).

Jeder Muskel besitzt also zwei Rückkopplungssysteme oder Regelkreise, nämlich ein Längenkontrollsystem (Muskelspindel als Fühler) und ein Spannungskontrollsystem (Sehnenspindel als Fühler). Das Längenkontrollsystem beschränkt sich im wesentlichen auf den eigenen Muskel, das Spannungskontrollsystem umfaßt dagegen außer dem homonymen Muskel auch noch weitere Muskelgruppen der betreffenden Extremität (Abb 56c).

Der Eigenreflexapparat verfügt aber noch über eine andere, sehr effektive Sicherung, die das unkontrollierte Aufschaukeln der Aktivität der α-Motoneurone verhindern und damit die statische Aktivität des Systems in Zusammenhang mit seinen Haltefunktionen begrenzen kann, und das sind die rekurrenten und präsynaptischen Hemmungen (sog. Renshaw-Hemmungen). Die Axone der α-Motoneurone besitzen nämlich rückläufige Kollateralen, die wieder in die graue Substanz des Rückenmarks eindringen und hier mit hemmenden Interneuronen (Renshaw-Zellen) Synapsen bilden. Diese Zellen senden auch Fortsätze zu Neuriten der afferenten Fasern, die mit den Perikarien der α-Motoneurone Kontakte haben, so daß die einlaufenden Erregungen bereits vor dem Erreichen der Zellkörper der α-Motoneurone gehemmt werden können (Präsynaptische Hemmung). Hier liegt also ein negativer Rückkopplungsmechanismus vor, der von den α-Motoneuronen selbst ausgeht (Abb. 56d).

Die geschilderten Mechanismen zielen alle auf die Aufrechterhaltung des Muskeltonus und dessen Anpassung an die statischen Verhältnisse im Schwerefeld der Erde hin (Stützmotorik). Sie sind sozusagen »bewegungsfeindlich«, tendieren zur Ruhe und sind verständlicherweise bevorzugt für die Streckermuskulatur von Bedeutung. Die gezielte »individuelle« Einzelbewegung *(Zielmotorik)* wird aber erst möglich, wenn auch die »festgefügte Kette« dieser Regelabläufe durchbrochen, modifiziert oder verstellt werden kann. Das Schwerefeld der Erde kann über die Muskellänge bzw. die Spannung der Sehnen (von außen) in den Regelkreis eingreifen, der selbst immer wieder zur Konstanz dieser Größen tendiert. Übergeordnete Systeme des ZNS (supraspinale Systeme) oder auch des Rückenmarks selbst (spinale Systeme) können nur an den Unterbrechungen, d. h. von den Synapsen oder den γ-Efferenzen aus modifizierend auf den Regler einwirken, so daß dann letztlich doch eine Bewegung möglich wird. In diesem Zusammenhang hat sich (phylogenetisch erst sehr spät) noch ein weiteres System entwickelt, nämlich das der statischen fusimotorischen(γ)-Fasern, die mit den Kern-Kettenfasern der Muskelspindeln netzförmige Endigungen ausbilden (Abb. 56e). Diese Endorgane können die Geschwindigkeitsempfindlichkeit der Muskelspindeln herabsetzen, andererseits aber die Dauerentladung der zugehörigen Ia-Afferenzen stark intensivieren, so daß sich eine Änderung der Muskellänge und damit eine Bewegungsmöglichkeit ergibt. Während die dynamischen fusimotorischen Nervenfasern mehr zur Außenwelt hin (peripher) orientiert sind, d. h. die Haltefunktionen im Sinne der Stützmotorik verbessern, sind die statisch fusimotorischen Fasern mehr den übergeordneten Systemen des NS (zentralwärts) zugewandt. Sie durchbrechen damit den starren, monosynaptischen Dehnungsreflex und können durch Veränderung des jeweiligen Sollwertes Muskellängenänderungen erzielen, so daß Einzelbewegungen möglich werden.

In der Evolution gewinnt dieses System in dem Maße, in dem die zielgerichtete Willkürmotorik an Umfang und Differenziertheit zunimmt, an Bedeutung. Die Sollwertverstellung erschließt dem Muskelapparat erst die ganze Fülle der Bewegungsmöglichkeiten, die ohne dies nur auf die Erhaltung der Statik ausgerichtet wäre.

Man dachte früher, daß die spinalen und supraspinalen Systeme zuerst an diesen γ-Motoneuronen angreifen und auf diesem (indirekten) Wege, d. h. über die Muskelspindeln und die α-Afferenzen, die α-Motoneurone im Vorderhorn des Rückenmarks aktivieren würden (*γ-Spindelschleife*). Neuere Untersuchungen haben aber gezeigt, daß die γ-Efferenzen der Muskelkontraktion durch die α-Motoneurone keineswegs vorauseilen, sondern im Gegenteil nachhinken, was ja auch verständlich ist, da die γ-Fasern wesentlich dünner sind und daher langsamer leiten als die α-Efferenzen. Man nimmt heute an, daß die supraspinalen Systeme in der Regel beide Typen der Motoneurone (α- + *γ-Motoneurone*) gleichzeitig innervieren und daß diese Zusammenschaltung beider Systeme (*α–γ-Kopplung*) für den Ablauf der Bewegungen von großer Bedeutung ist. Durch die gleichzeitige Miterregung der γ-Motoneurone kann nämlich dann die Erschlaffung der intrafusalen Muskelfasern der Spindeln während der Kontraktion, die zu einer Bewegungshemmung führen müßte, verhindert und damit die Meßfähigkeit der Muskelspindeln auch bei den komplexeren bewegungsdynamischen Vorgängen erhalten werden.

Der Eigenreflexapparat ist also insgesamt so konstruiert, daß er sowohl die Aufrechterhaltung eines konstanten Muskeltonus, als auch die Ausführung einer Tonusveränderung, d. h. einer Bewegung erlaubt. Die im folgenden zu besprechenden »höheren« sensomotorischen Systeme bauen aber nun keine neuen zusätzlichen Verbindungen zur Muskulatur hin auf, sondern benützen die geschilderten, elementaren Regelkreise des Eigenreflexapparates, um ihre Programme in der Peripherie durchzusetzen. Die α- + γ-Motoneurone werden also für diese Systeme zur »gemeinsamen Endstrecke« (Sherrington), deren Perikarien daher eine riesige Zahl von Zuflüssen erhalten, wie andererseits die afferenten Neurone – analog ausgedrückt – die »gemeinsame Anfangsstrecke« für die übergeordneten, spinalen und supraspinalen Systeme sind.

2. Komplexe, somatomotorische Regelungen im Rückenmark (Fremdreflexapparat) – Zweites funktionelles System der Sensomotorik

Streicht man mit einem Stab über die Bauchhaut, so erhöht sich die Spannung der Bauchmuskulatur (Bauchdeckenreflex). Streicht man an der Innenseite des Oberschenkels entlang, so hebt sich der Hoden (Kremasterreflex). Bestreichen der Fußsohle führt zu einer reflektorischen Senkung des Fußes (Plantarreflex). Auf eine Belichtung des Auges erfolgt eine Pupillenverengung (Pupillarreflex), auf eine Berührung der Hornhaut ein Lidschlag, auf eine Reizung der Nasen- oder Gaumenschleimhaut ein Nies- bzw. Hustenreflex.

In all diesen Fällen gehen die Reize, d. h. die afferenten Erregungen, nicht von der Muskulatur aus, sondern von einer andernorts lokalisierten (»fremden«) Stelle, nämlich von der Haut oder den Schleimhäuten. Daher stammt die Bezeichnung *Fremdreflex* oder *exterozeptiver Reflex*.

Das klassische Objekt der Physiologie für die Prüfung der Fremdreflexe ist der spinale Frosch, dessen Gehirn zerstört wurde. Betupft man seine Rumpfhaut mit verdünnter Essigsäure, so zieht der Frosch ipsilateral sein Bein an und führt eine gezielte Wischbewegung aus (Wischreflex). Erhöht man die Konzentration des Essigsäuretupfers, so wird auch das kontralaterale Bein bewegt, anfangs gestreckt, dann angezogen. Es kann bei starken Reizen eine abwechselnde Beuge- und Streckbewegung beider Beine erfolgen. Diese Bewegungen setzen ein funktionsfähiges Rückenmark voraus. Beim Frosch sind sie noch von höheren, motorischen Zentren des NS weitgehend unabhängig, während bei den Primaten die Selbständigkeit des Rückenmarks stark eingeschränkt ist.

Wiederum gibt der experimentell ausgelöste oder klinisch untersuchte Reflexvorgang kein volles Bild von der biologischen Bedeutung dieses Systems. So unterschiedlich die Bewegungsphänomene im einzelnen auch sein mögen, im allgemeinen handelt es sich meist um isolierte Einzelbewegungen oder gezielte, koordinierte Bewegungsformen im Dienste einer zweckgerichteten Schutz- oder Abwehrbewegung. Das Alarmzeichen, der Reiz, geht hierbei von einem Hautsinnesorgan aus (exterozeptiver Reflex). Die Bewegungsorgane antworten mit einer gezielten Einzelbewegung, die in der Regel aus einer komplizierten Kette von Einzelaktionen zusammengesetzt ist und die Beseitigung der reizauslösenden Ursache bezweckt. Bleibt der Reiz dennoch bestehen, so kann die Abwehrreaktion in eine einfache oder auch kompliziertere Fluchtbewegung übergehen. Die reizaufnehmenden Organe für diese Gruppe von Bewegungen liegen in der Haut oder Schleimhaut.

Haut und Hautrezeptoren

Die Haut kann als ein über den ganzen Organismus ausgebreitetes Sinnesorgan angesehen werden. Sie ist ein Derivat des Ektoderms wie das Nervensystem auch. Die Haut erfüllt allerdings noch zahlreiche andere Aufgaben, die im Rahmen der jeweiligen Kapitel besprochen werden. Da sie den Organismus umhüllt und gegen die Umwelt abschließt, stellt sie eine wichtige Schutzhülle dar, was aber nicht nur mechanisch, sondern auch funktionell zu verstehen ist. Sie schützt den Körper vor Überwärmung oder Unterkühlung, indem eine variierbare Durchblutung der ausgedehnten Gefäßnetze des Hautmantels eine präzise Wärmeregulation ermöglicht. Ein von den Hautdrüsen abgesonderter feiner Säurefilm schützt den Organismus gegen das Eindringen von schädigenden Keimen, obwohl die Haut nicht keimfrei ist und auch niemals vollständig sterilisiert werden kann. Durch die zahlreichen in der Haut enthaltenen Drüsen wird die Haut auch zu einem Exkretionsorgan. Die Exkretionsfunktion ist allerdings bei niederen Wirbeltieren, z. B. bei Amphibien, sehr viel mehr ausgeprägt. Hier kann die Haut Atmungsfunktion ausüben und durch Exkretionsvorgänge sogar vorübergehend die Nierenfunktion ersetzen. Beim Menschen können vielleicht noch die Abschilferung von verhornten Zellen an der Hautoberfläche (täglich etwa 6–14 g) sowie die Drüsensekretion als eine Art Ausscheidungsvorgang angesehen werden. Hier soll nur die rezeptorische Funktion der Haut in Betracht gezogen werden.

Das Hautorgan gliedert sich in verschiedene Schichten (Abb. 57). Es wird gegen die Außenwelt durch ein Epithel, die *Epidermis,* abgeschlossen. Die Epidermis stellt ein mehrschichtiges, verhorntes Plattenepithel dar. Es besitzt zwei wesentliche Schichten, die Keimschicht (*Stratum germinativum*) innen und die Hornschicht (*Stratum corneum*) außen. Die Hornschicht ist an der unbehaarten Haut, z. B. an der Handfläche (Palma manus) oder Fußsohle (Planta pedis), wesentlich dicker als an der dichtbehaarten Haut (Kopfhaut). An die Epidermis grenzt die Lederhaut (*Corium*) an. Die gefäßreiche Außenschicht der Lederhaut ragt mit zapfenartigen Papillen gegen die Epidermis vor

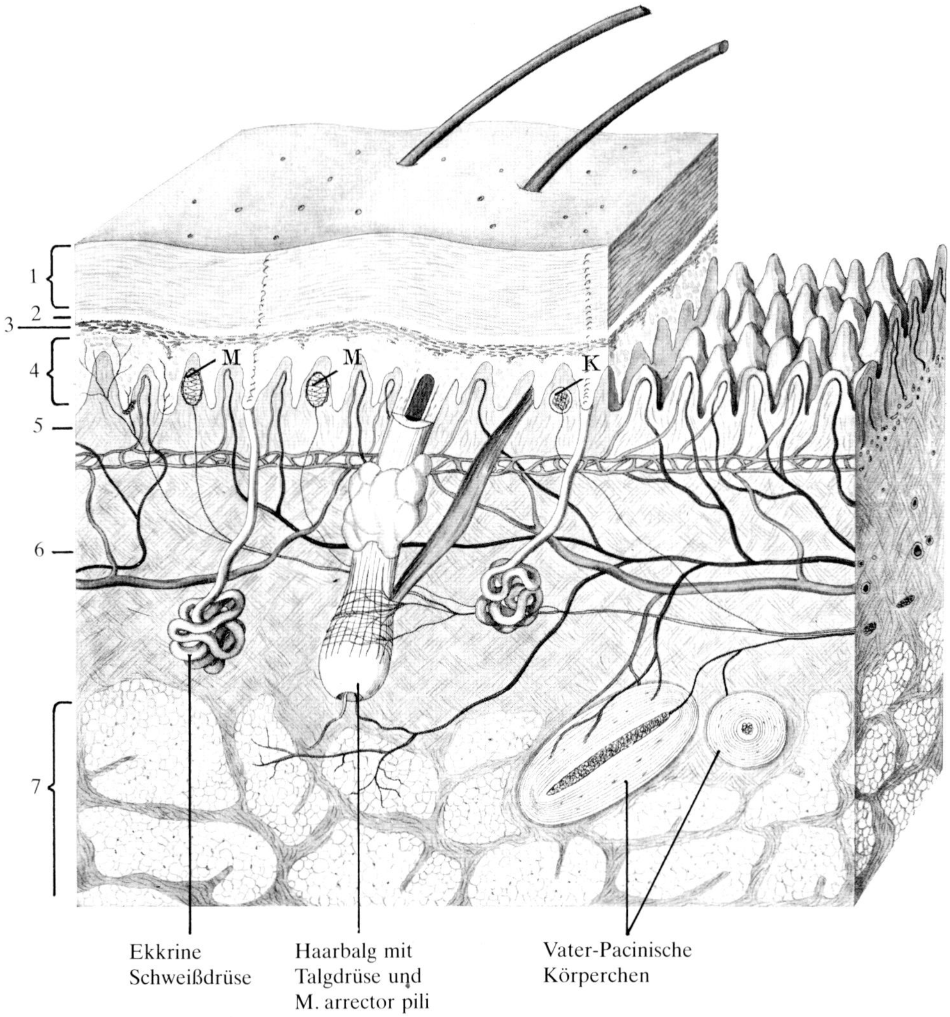

Abb. 57. Strukturschema der Haut. M = Meißnersche Tastkörperchen; K = Krausesches Endkörperchen. (Zahlenhinweise s. Tab.)

Schichtengliederung der Haut				
Cutis	Epidermis	Stratum corneum	Stratum corneum	1
			Stratum lucidum	2
			Stratum granulosum	3
		Stratum germinativum	Stratum spinosum	4
			Stratum basale	
	Corium		Stratum papillare	5
			Stratum reticulare	6
Subcutis				7

und bildet so das Stratum papillare. Diese mit einem lockermaschigen Bindegewebe und zahlreichen Blutkapillaren versehene Zone ist für die Sinnesorgane besonders wichtig, da sie die eigentliche Grenzschicht zwischen Epithel und Hautbindegewebe darstellt. Weiter innen verdichtet sich das Bindegewebe zu regelmäßigen, gitterartig kreuzenden Bindegewebslamellen, in die Hautdrüsen (ekkrine Schweißdrüsen, apokrine Duftdrüsen und holokrine Talgdrüsen) eingelagert sind. Wir nennen diese dichtere Zone das Stratum reticulare. Alle genannten Schichten zusammen bilden die Haut im engeren Sinne (*Cutis*), an die sich die fettreiche und wesentlich dickere *Subcutis* anschließt.

Formtypen der Hautsinnesorgane

Die Formenmannigfaltigkeit der nervösen Endapparate in der Haut bzw. Schleimhaut ist sehr groß. Zweckmäßigerweise unterscheidet man zwei Grundformen: eingekapselte, organartig differenzierte Endorgane und nichteingekapselte freie Nervenendigungen (Abb. 58). Für beide Gruppen lassen sich morphologische Differenzierungsreihen aufstellen, da Übergangsformen in großer Zahl vorhanden sind.

Die nervösen Endformationen liegen in der Hauptsache an der Grenze zwischen Epidermis und Bindegewebe. Bei den sog. *freien Nervenendigungen* verlieren die markhaltigen Axone in Epithelnähe ihre Markscheiden, jedoch nicht die Schwannschen Hüllzellen. Sie splittern sich peripherwärts auf. Die Endaxone können bis in die Epidermis vordringen (Abb. 58a). Dabei liegen die häufig etwas kolbig verdickten Endaufzweigungen nicht *intra*epithelial, sondern zwischen den Zellen (*inter*epithelial),

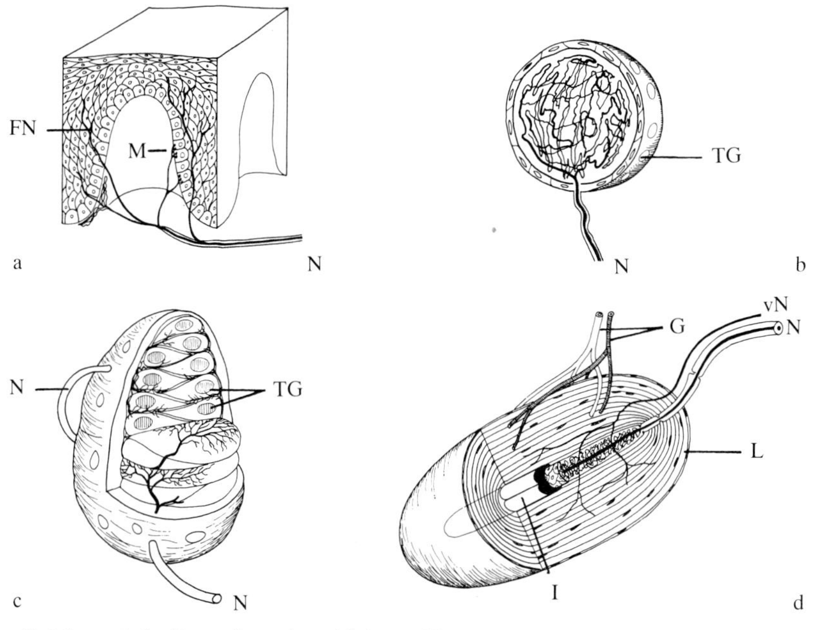

Abb. 58. a–d) Schematische Darstellung der wichtigsten Hautrezeptoren.
a) Freie Nervenendigungen (FN) in der unbehaarten Epidermis sowie Merkelsche Tastscheiben (M).
b) Eingekapseltes Endknäuel (Krausesches Körperchen).
c) Meißnersches Tastkörperchen. Strukturschema.
d) Vater-Pacinisches Lamellenkörperchen mit Lamellen (L) und nervösem Innenkolben (I). Die Lamellenkörperchen sind vaskularisiert und besitzen eine vegetative Innervation.
N = Nervenfasern; vN = vegetative Nervenfasern; TG = Teloglia; G = Gefäße.

d. h. in den interzellulären Spalträumen der Epidermis. Die zugehörigen angrenzenden Epithelzellen sind neurogener Herkunft.

Als eine zweite Form von freien Endigungen können die netzförmigen Geflechte, die nicht selten als umschriebene Verdichtung nervöser Substanz im subepithelialen Bindegewebe der Haut anzutreffen sind, betrachtet werden. Eine besondere Form derartiger Nervengeflechte stellen die *Merkelschen Scheiben* dar. Dabei handelt es sich um scheibenförmige, parallel zur Hautoberfläche orientierte, meist in kleinen Gruppen zusammenliegende Nervennetze, die in der Regel aus einem oder wenigen Axonen durch Aufsplitterung gebildet werden (z. B. *»touch corpuscles«* der behaarten Haut der Katze). Im Gegensatz zu den Tastscheiben handelt es sich bei den *Merkelschen Tastzellen* um einzelne, 6–12 µm große, helle Zellen, die in den inneren Zellagen der Epidermis sowie auch in der äußeren Wurzelscheide des Haares vorkommen und basal mit einem feinen, stark aufgesplitterten Neurofibrillennetz Kontakt haben.

Als eine dritte Form der freien Nervenendigungen können schließlich die *»Endknäuel«*, die an umschriebener Stelle durch starke Aufzweigungen aus einer Nervenfaser hervorgehen, betrachtet werden. Eine abgrenzbare Kapsel fehlt. Feine marklose Nervenfasern verlassen gelegentlich das Nervenknäuel und gehen in das diffuse Hautnetz über.

Die morphologische Vielfalt der *eingekapselten Rezeptororgane* der Haut ist sehr groß. Meist werden die Organe nach ihren Entdeckern benannt. Welche funktionelle Bedeutung den einzelnen, morphologisch unterschiedenen Rezeptorarten zukommt, oder ob die beschriebenen Strukturunterschiede lediglich Ausdruck von Altersveränderungen sind, ist nicht geklärt. Die eingekapselten Endorgane werden von konzentrisch angeordneten Bindegewebszellen oder Faserschichten umhüllt, so daß ein abgeschlossener Raum entsteht, in dem die in der Regel verzweigten und aufgeknäuelten Nervenendigungen lokalisiert sind. Die bekanntesten Formen sind:

Vater-Pacinische Lamellenkörperchen (Abb. 58d u. 59 a, b).

Es handelt sich um große, 2–4 mm lange, eiförmige Körperchen, die meist in Gruppen zusammenliegen (Abb. 59a). Sie bestehen aus einem zentralen, länglichen, 2 µm dicken Innenkolben, der die langgestreckten terminalen Nervenfäserchen enthält sowie aus 50–60 zwiebelschalenartig angeordneten Lamellen, die aus abgeplatteten, aus der Neuralleiste hervorgegangenen Zellelementen zusammengesetzt sind. Zwischen den Lamellen bleiben schmale, mit Flüssigkeit gefüllte Spalträume, in die auch Kapillarschlingen vordringen können, erhalten. Zwischen den Außenlamellen wurden elastische Fasern beobachtet. Das zentrale Axon dringt mit seiner Markscheide noch ein Stück weit in das Lamellenkörperchen vor, ehe es sich markscheidenfrei in das terminale Fibrillensystem des Innenkolbens auflöst. Außerdem sollen feinste, marklose C-Fasern im Rezeptorinnenkolben vorkommen. Die Lamellenkörperchen sind hochempfindliche *Mechanorezeptoren*. Eine mechanische Verschiebung der Kapselzellen um 0,2–0,5 µm löst bereits ein nachweisbares Generatorpotential aus. Die Lamellenkörperchen sind weit verbreitet und relativ zahlreich. An der Hand (einschließlich Finger) wurden insgesamt 600–700 Vater-Pacinische Körperchen gezählt. In der Haut sind sie in der Regel in den tieferen Schichten lokalisiert, meist an der Grenze zwischen Subkutis und Kutis. Ferner kommen Lamellenkörperchen u. a. auch im Mesenterium, in der Umgebung des Pankreas, der Prostata und der V. portae, an den Gelenken, den Schwellkörpern des Genitales sowie in den Parametrien, in der Nähe der Glomusorgane, der arteriovenösen Anastomosen oder in der Wandung der großen Körpergefäße vor.

Meißnersche Tastkörperchen (Abb. 58c u. 59c u. d).

Diese stellen eiförmige, 40–180 µm lange Gebilde dar, die dicht an die Epidermis angrenzen und meist in die bindegewebigen Papillen des Koriums eingelagert sind (Abb. 59d). Die Begleitzellen bilden hier keine Lamellen, sondern keilförmig aufeinandergeschichtete Zellen, zwischen die sich die Nervenfasern aufzweigen, indem sie flächenhafte nackte Fibrillennetze ausbilden. Die Spalträume zwischen den Stützzellen sind mit einer klaren, lymphartigen Flüssigkeit gefüllt. Das Ganze wird von einer bindegewebigen Kapsel eingescheidet. Es wird von 1–3 markhaltigen Axonen versorgt, die aber vor Eintritt in den Rezeptor ihre Markscheide verlieren (Abb. 58c). Auch hier soll eine zusätzliche vegetative Versorgung durch dünne, marklose C-Fasern existieren.

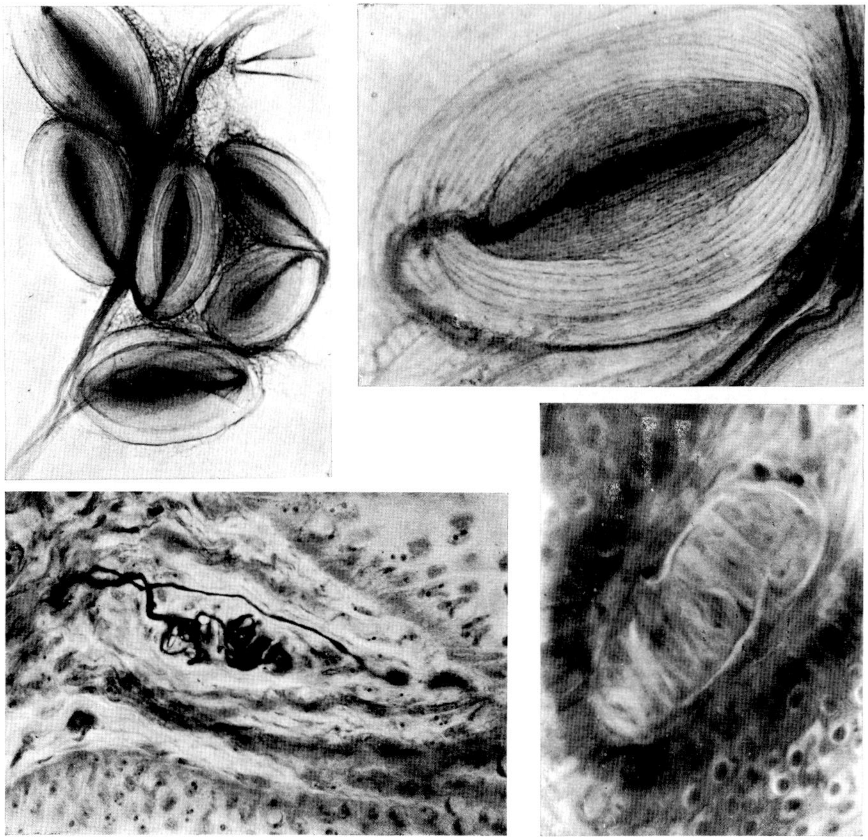

a b c d

Abb. 59. a–d) Lichtmikroskopische Photos von verschiedenen Rezeptororganen der Haut.
a) Gruppe mehrerer an einem Nervenbündel hängender Lamellenkörperchen (25× vergr.).
b) Einzelnes Lamellenkörperchen mit Innenkolben und Axon (100× vergr.).
c) Meißnersches Tastkörperchen (Silberimprägnation). Die Nervenfasern mit terminalen Aufsplitterungen sind dargestellt (540×, Ölimm.).
d) Meißnersches Tastkörperchen (HE, 540× vergr.). Man erkennt die tannenzapfenartige Anordnung der Stützzellen. Das Organ liegt in einer Papille des Stratum papillare.

Die Meißnerschen Körperchen sind auf die unbehaarten Hautareale beschränkt. Sie kommen besonders zahlreich an den Tastballen der Fingerspitzen, in der Haut der Hohlhand, an der Fußsohle, an den Lippen, der Zungenspitze und den Genitalorganen (Klitoris, Penis) sowie an den Augenlidern vor.

Dogielsche Nervenkörperchen werden von einer derben, konzentrisch angeordneten, bindegewebigen Kapsel umgeben. Der kugelförmige Innenraum enthält keine Zellelemente, sondern eine lymphartige, klare Flüssigkeit sowie ein reiches, mannigfach verknäultes Netz markloser, freier Nervenendigungen. Die zuführenden Axone treten nur an einer Seite in das Organ ein. Die Dogielschen Körperchen kommen gehäuft in der Haut der äußeren Geschlechtsorgane vor, werden daher auch als Genitalnervenkörperchen bezeichnet. Sie sind aber auch regelmäßig in den tieferen Lagen des Hautbindegewebes zu finden.

Krausesche Endkolben (Abb. 58b). Die kapselartigen Hüllzellen sind bei den Krauseschen Rezeptoren spärlicher und die spiralig oder netzartig verknäulten nervösen Innenstrukturen ausgedehnter als bei den Vater-Pacinischen Körperchen. Vielfach treten Nervenfäserchen durch die Kapsel nach außen und breiten sich geflechtartig unter dem Epithel aus. Die Krauseschen Endkolben liegen immer sehr oberflächlich. Sie kommen bevorzugt in den Schleimhäuten (Bindehaut des Auges, Mundhöhlenschleimhaut, Lippen-, Nasen-, Rektum-, Harnblasen- und Genitalschleimhaut) sowie auch im parietalen Bauchfell vor. Sie fehlen in der behaarten Haut.

Nervöse Endformationen an den Haarbälgen sind regelmäßig zu finden und bestehen aus einem doppelten Fasernetz markloser Nerven (Abb. 57). Außen liegen die längsgeordneten Fasersysteme, innen mehr die zirkulär angeordneten Fasern, beide an der Grenze von äußerer Wurzelscheide und bindegewebigem Haarbalg. Dieses ausgedehnte Nervengeflecht wird von 2–20 dicken, markhaltigen Nervenfasern gespeist, die innerhalb des Plexus ihre Markscheide verlieren. Die den Haarplexus versorgenden Nervenfasern gehören zu den dicksten afferenten Nervenfasern der Haut überhaupt.

Funktionelle Zusammenhänge

Man darf sich nun aber nicht vorstellen, daß jeder Hautrezeptor durch eine einzelne Nervenfaser mit dem Rückenmark verknüpft sei, d. h. die Endaufsplitterung eines einzelnen Neurons darstelle. Die meisten der genannten Endorgane enthalten Äste mehrerer Neurone und werden oft auch von verschieden dicken Nervenfasern versorgt (*multiple Innervation*). Fast immer sind dünne, marklose und dickere, markhaltige Fasern vorhanden. Den dünnen, marklosen Fasern wurde neuerdings eine efferente Bedeutung zugesprochen (HENSEL). Informationstheoretisch besteht also in der Haut eine »Netzwerkleitung« mit »Konvergenz-Divergenz-Schaltung«. Betrachtet man flächenhafte Hautpräparate, so erkennt man bei einer Nervendarstellung einen maschenartigen, kutanen Hautplexus mit polygonaler Felderung. 80% der Nervenfasern dieses Hautplexus sind dünne, markarme oder auch marklose Fasern, nur 20% stellen dickere, markhaltige Nervenfasern dar. Aus diesem Geflecht zweigen jeweils die innervierenden Nervenfasern zu den geschilderten Rezeptoren ab, oder sie treten als Nervenendigungen in Form einfacher Endaufsplitterungen oder knäuelartiger Verdichtungen an die Epidermis heran (Abb. 57).

Diese morphologischen Verhältnisse erklären manche Besonderheiten der Hautsensibilität, z. B. das Überlappen der sensiblen Felder, die Ausstrahlung von Empfindungen bei lokalen Reizen, den »Funktionswandel« zwischen Reizen verschiedener Qualität und die dumpfe, unbestimmte Allgemeinempfindung nach Läsionen peripherer Hautnerven (protopathische Sensibilität).

Die durch die Haut vermittelten Empfindungen können in gewissem Sinne als eine Einheit betrachtet werden. Sie stellen in ihrer Gesamtheit das »Gefühl« oder »Getast«, d. h. die kutane Sensibilität oder *Oberflächensensibilität (exterozeptive Sensibilität)* dar. Diese ist von den durch die Muskelrezeptoren vermittelten Empfindungen, die man als *Tiefensensibilität* oder *propriozeptive Sensibilität* bezeichnet, streng zu trennen. Der übergeordnete, bis zu einem gewissen Grad aber einheitliche Modalbezirk der Hautsensibilität läßt sich in »Submodalitäten« (HENSEL) aufgliedern, wobei zweckmäßigerweise drei Untergruppen unterschieden werden: die Gruppe der mechanischen, der Temperatur- und schließlich der Schmerzempfindungen. Aber damit ist die Vielfalt unserer Erlebnisse noch nicht voll umrissen. Die mechanischen Erlebnisse können Druck-, Berührungs- oder Vibrationsempfindungen sein. Beim Schmerz *(Nozizeption)* läßt sich ein heller, scharfer von einem dumpfen, allgemeinen Schmerz unterscheiden. Temperaturerlebnisse treten als Wärme- oder Kälteempfindungen auf. Es gibt Übergänge und wechselseitige Beeinflussungen zwischen Temperaturempfindungen einerseits und Druck- bzw. Schmerzsensationen andererseits.

Ganz allgemein sind in der kutanen Erlebniswelt zwei elementar verschiedene Strukturen enthalten. Die eine ist durch eine starke Affektbetonung unter Beimischung von Lust- und Unlustgefühlen charakterisiert. Dabei ist der Empfindungscharakter unbestimmt, wenig abgrenzbar und begrifflich nicht faßbar. Man nennt diese Art der Oberflächenempfindung nach HEAD *protopathische Sensibilität.* Sie tritt z. B. nach Nervendurchschneidungen zuerst als dumpfe, affektbetonte Allgemeinempfindung auf. Phylogenetisch ist diese Form der kutanen Sensibilität wahrscheinlich sehr alt. Bei den höheren Wirbeltieren entwickelt sich darüber hinaus eine weitere, wesentlich spezifischere Form der Oberflächensensibilität, die sog. *epikritische Hautsensibilität.* Dabei kommt die rationale, erkenntnismäßig deutbare und begriffliche Seite des Erlebens stärker zum Tragen. Die Empfindungen werden objektiviert und schärfer faßbar. Die affektbetonte, verschwommene Komponente tritt zurück. Epikritische Sensationen werden uns in schärferer Klarheit und Konturiertheit bewußt. In diesen Bereich gehören auch die sog. stereognostischen Berührungsempfindungen (ertastbare Gestalt).

Es ist verständlich, wenn bei dieser Vielfalt der Sinnesempfindungen und ihrer teilweisen Unbestimmtheit eine genauere Zuordnung der beschriebenen Sinnesorgane zu den verschiedenen Modalbezirken nicht möglich ist. Wahrscheinlich vermitteln jedoch die hochdifferenzierten Organe mehr die komplexeren, epikritischen Empfindungen, d. h. die stereognostischen Druck- und Berührungsempfindungen, während die morphologisch weniger ausgestalteten Endformationen mit der protopathischen, unbestimmten Oberflächensensibilität, dem dumpfen Schmerz und den wenig lokalisierbaren Temperaturempfindungen zu tun haben. Die eingekapselten Endorgane müssen wahrscheinlich in eine mittlere Gruppe zwischen die genannten Extremvarianten eingeordnet werden. Ob sie als Kalt- bzw. Warmrezeptoren oder auch als Vermittler des »hellen« Schmerzes anzusehen sind, ist noch nicht klar. Nach neueren Untersuchungen scheinen auch freie Nervenendigungen als spezifische Temperaturrezeptoren zu fungieren.

Klarer sind die heute vorliegenden Befunde über die den jeweiligen Sinnesempfindungen zuzuordnenden *Nervenfasern*. Die schnelleitenden, dicken A-Fasern kommen in der Regel von den hochdifferenzierten, eingekapselten Hautrezeptoren, während die wesentlich zahlreicheren, dünnen, marklosen und langsam leitenden C-Fasern mit den freien Nervenendigungen des kutanen Hautgeflechtes verbunden sind. Der helle Oberflächenschmerz wird durch die dünnen, markhaltigen Aδ-Fasern, der durch Quetschung oder Muskeldruck zu erzeugende dumpfe, tiefe Schmerz durch die marklosen C-Fasern geleitet. Trotz der morphologisch wenig differenzierten freien Nervenendigungen in der Haut scheinen doch auch für die Schmerzperzeption (Nozizeption) *spezifische Rezeptoren* und *Fasersysteme* zu existieren. Daß die Meißnerschen und Vater-Pacinischen Körperchen speziell auf mechanische Veränderungen der Haut (Druck, Berührung, Vibration) ansprechen, ist aus ihrer Bauweise leicht verständlich. Der adäquate Reiz ist nach den klassischen Untersuchungen von v. Frey »eine Funktion des örtlichen und zeitlichen Druckgradienten in der Haut sowie der Reizfläche«. Die Hüllzellen sind so angeordnet, daß jede mechanische Verschiebung einen Druck auf die interzellulären nervösen Fibrillennetze ausüben muß. Wie allerdings die mechanischen Reize die zur Erregung führende elektrische Energie (Rezeptorpotentiale) auslösen können, ist heute noch unklar.

Eigenschaften afferenter Hautnervenfasern (modif. nach Hensel)

Rezeptoren	Fasergruppe	Durchmesser in µm	Leitungsgeschwindigkeit in m/Sek.	Funktion
Eingekapselte Organe (Meißner, Vater-Pacini)	Aβ (markhaltig)	10–15	30–60	*Berührung Druck Vibration*
Nicht eingekapselte Endknäuel	Aδ (markhaltig)	1,5–6	10–30	*Druck (Wärme) Kälte Heller Schmerz*
Freie Endigungen	C (marklos)	unter 2	0,5–2	*Berührung (Kitzel?) Wärme, Kälte Jucken Dumpfer Schmerz*

Elementarapparat des Rückenmarks

Die afferenten Erregungen der Hautrezeptoren werden von den Neuronen der pseudounipolaren Spinalganglienzellen über die hinteren Wurzeln ins Rückenmark geleitet. Man nimmt heute an, daß die meisten Neurone spezifisch, d. h. jeweils nur einer Reizqualität zugeordnet sind. Demnach müssen eigene Schmerz-, Temperatur- und Druckfasern unterschieden werden. Die hinteren Wurzelfäden enthalten also funktionell verschiedene Fasergruppen, die entsprechend der Segmentgliederung der Haut angeordnet sind. Es kann also der eine Wurzelfaden eines Segments vornehmlich propriozeptive, der nächste nur exterozeptive, der dritte wiederum Schmerz- und Temperaturfasern führen. Wie weit allerdings diese im Tierexperiment nachgewiesenen Verhältnisse auch für den Menschen gelten, ist noch unklar.

Die Neuriten der hinteren Wurzel splittern sich noch in der Wurzeleintrittszone auf und bekommen im wesentlichen auf dreierlei Art Kontakt mit anderen nervösen Systemen. Erstens ziehen Kollateralen direkt zu den motorischen Vorderhornzellen und bilden damit die monosynaptischen Verbindungen der Eigenreflexe, die wir schon kennengelernt haben (in Abb. 60 nicht dargestellt). Zweitens spalten sich zahlreiche Kollateralen ab, die mit den Schaltzellen des Rückenmarks, dem sog. Eigenapparat, Synapsen bilden, und drittens gewinnt ein großer Teil der Hinterwurzelfasern auch Anschluß an die übergeordneten Systeme des NS, indem sie entweder direkt in den Hintersträngen oder indirekt nach Umschaltung auf sog. Strangzellen in den Vorderseitensträngen aufwärtsziehen und damit lange, afferente Rückenmarksbahnen zu den Kernen des Hirnstammes bilden.

Der Elementar- oder Eigenapparat des Rückenmarks besteht im wesentlichen aus drei verschiedenen Zellgruppen, deren Zellkörper in der grauen Substanz oder in der Grenzzone der weißen Substanz lokalisiert sind (Abb. 60), nämlich den Schaltzellen sowie den Assoziations- und Kommissurenzellen.

1. Schaltzellen (Interneurone)	Ihre Neuriten und Dendriten verzweigen sich vornehmlich innerhalb eines Segmentbereiches.
2. Assoziationszellen	Ihre Neuriten lassen sich durch mehrere Segmente hindurch verfolgen, bleiben aber meist auf derselben Seite lokalisiert (ipsilaterale Verknüpfungen).
3. Kommissurenzellen	Diese Neuronen überspringen ebenfalls mehrere Segmente, stellen aber in erster Linie die Verbindungen mit den Zellsystemen der Gegenseite her (kontralaterale Verknüpfungen).

Diese Zellformen werden auch unter dem Begriff der *Binnenzellen* zusammengefaßt. Sie übernehmen die für die Fremdreflexe notwendigen, intermedullären Schaltungen (s. u.). Ihre Axone liegen in der Regel dicht an der grauen Substanz an und bilden dadurch die sog. *Grundbündel* (Abb. 60).

Im Laufe der Stammesgeschichte entwickeln sich die Verbindungen mit den höheren nervösen Zentren in immer stärkerem Maße. Die aufsteigenden Leitungsbahnen werden vermehrt und schichten sich außen an die Grundbündel an. Sie formieren in der Hauptsache die Hinter- und Vorderseitenstränge des Rückenmarks. Zahlreiche dieser Bahnsysteme stammen aus den Neuriten der Rückenmarksneurone selbst *(Strangzellen)*. Das gilt besonders für die Strangzellen des Vorderseitenstranges, deren Perikarien in der Hintersäule lokalisiert sind. Ihre Neuriten kreuzen vor dem Zentralkanal zur Gegenseite und treten dann in die Vorderseitenstränge (Tractus spinothalamicus) ein (Abb. 60). Auf

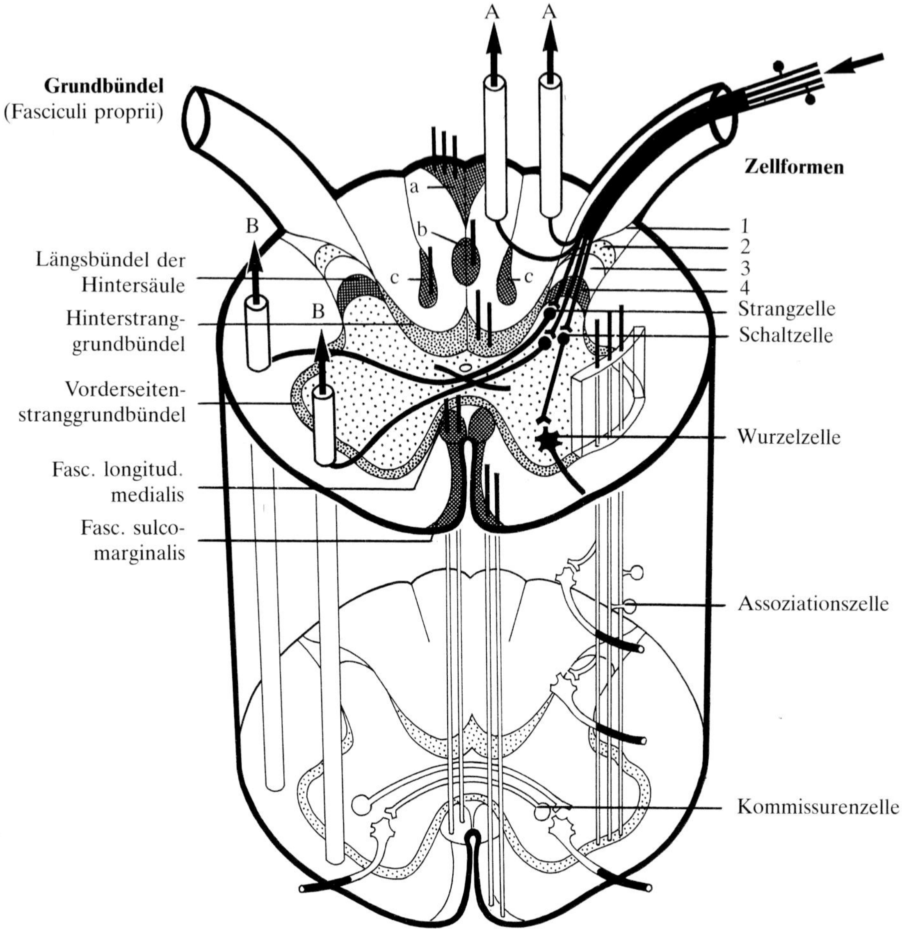

Abb. 60. Gliederung des Eigenapparates im Rückenmark. A = Hinterstrangbahnen; B = Vorderseitenstrangbahnen.

Zonen im Bereich der Hinterwurzeleintrittszone:
1 = Zona terminalis (Lissauersche Randzone)
2 = Zona spongiosa
3 = Substantia gelatinosa dors. (Rolandi)
4 = Längsbündel der Hintersäule

Kollaterale Faserbündel in den Hintersträngen:
a = Philippe-Gombaultscher Triangel
b = Flechsigsches ovales Feld
c = Schultzesches Komma

diese Weise werden die Erregungen der Schmerz- und Temperatur- sowie der protopathischen Berührungsempfindungen dem Zwischenhirn zugeleitet.

Der Hauptteil der Fasern der Hinterstränge (Tractus spinobulbares) zieht ohne Unterbrechung bis zur Medulla oblongata weiter. Er leitet die Erregungen der Tiefen- und epikritischen Oberflächensensibilität. Von diesen Fasern gehen im Segment Axonkollateralen aus, die in die graue Substanz des Rückenmarks eintreten und hier auch Synapsen mit den Schaltzellen des Rückenmarks bilden. Ein großer Teil dieser Kollateralen nimmt Kontakte mit den in der Substantia gelatinosa dorsalis gelegenen Schaltzellen, ein anderer Teil mit den Hinterhornzellen oder den verschiedenen Kernen der Columna dorsalis auf. Viele Kollateralen ziehen jedoch erst innerhalb der weißen Substanz des Rückenmarks eine kürzere oder längere Strecke weit auf- bzw. abwärts und bekommen erst dann synaptische Verbindungen mit den rückenmarkseigenen Schaltzellen. Dadurch entstehen zwischen den langen Bahnen der weißen Substanz kurze, bügelartige Faserbrücken bzw. felderartige Einschlüsse, die vielfach durch besondere Autorennamen gekennzeichnet sind, z. B. im Hinterstrang der Philippe-Gombaultsche Triangel sowie das Flechsigsche und Schultzesche Feld (Abb. 60). Die innerhalb der Hintersäule auf- und absteigenden Kollateralen formieren sich nahe der Zona gelatinosa zu einem Längsbündel (sog. Längsbündel in der Hintersäule). Weitere wichtige Assoziationssysteme für Verknüpfungen in der Längsrichtung des Rückenmarks stellen das mediale Längsbündel (Fasciculus longitudinalis med.) und der Fasciculus sulcomarginalis dar (Abb. 60).

Hauptzellformen des Rückenmarks		
A	**Wurzelzellen**	Motorische Vorderhornzellen, pseudounipolare Spinalganglienzellen
B	**Binnenzellen**	
B_1	*Schaltzellen* (Interneurone)	Die Fortsätze bleiben im gleichen Segment.
B_2	*Assoziationszellen*	Die Fortsätze durchziehen mehrere Segmente der gleichen Seite.
B_3	*Kommissurenzellen*	Die Fortsätze durchziehen mehrere Segmente und kreuzen zur Gegenseite.
C	**Strangzellen**	Ursprungszellen für die langen auf- bzw. absteigenden Bahnen des Rückenmarks.

Neuronale Verknüpfungen im Bereich des Fremdreflexapparates

Die von den Hautrezeptoren einlaufenden Erregungen können über die beschriebenen Kollateralen der Hinterwurzelneurone auf den Eigenapparat des Rückenmarks übertragen werden. Werden dabei nur die Schalt- und Assoziationszellen erregt, so bleibt die Reaktion unilateral. Die Binnenzellen stimulieren die motorischen Vorderhornzellen der zugehörigen und benachbarten Segmente. Es kommt zu einer Kontraktion der segmentbezogenen Muskelgruppen. Ist der die Hautrezeptoren treffende Reiz stärker, so kann die Erregung auch auf die Muskelgruppen weiter voneinander entfernt liegender Segmente übergreifen, ja schließlich die Gegenseite mit in die Aktion einschließen, da nun auch die Kommissurenzellen und weitere Assoziationselemente eingeschaltet werden (Abb. 61). Wir sehen also, daß bei den Fremdreflexen immer Neuronenketten in Tätigkeit treten. Es handelt sich also um *polysynaptische Reflexe,* so daß die Reflexzeiten entsprechend länger sind. In der Regel werden dabei die α- und γ-Efferenzen *gleichsinnig* beeinflußt, d. h. entweder erregt oder gehemmt. Die Schaltneurone des Elementarapparates können dabei in die elementaren Regelsysteme des oben geschilderten Eigenreflexapparates so eingreifen, daß gerichtete Einzelbewegungen ausgeführt werden können.

Wir lernen hier zum ersten Mal ein dem ersten funktionellen System übergeordnetes, sensomotorisches System kennen. Mag es sich nun um einen Bauchdecken-, Fußsohlen-, Lidschluß- oder Wischreflex handeln oder auch um die verschiedenen Formen der Schleimhautreflexe (Nies-, Würg-, Schluck- oder Hustenreflexe), immer erfolgt auf einen Haut- oder Schleimhautreiz eine biologisch zweckmäßige, koordinierte Einzelbewegung, an der verschiedene Muskelgruppen beteiligt sind. Es resultieren also sinnvolle Bewegungskombinationen, die dazu führen, störende Umwelteinflüsse zu beseitigen oder sich ihrer durch Flucht zu entziehen. Neben derartigen »Abwendebewegungen« können aber auch »Zuwendebewegungen oder Bereitschaftsreflexe« zustande kommen, wie etwa beim Fortpflanzungsgeschehen. Das Charakteristische aller dieser Reaktionen ist, daß sie auch nach Trennung des Rückenmarks von den höheren Zentren des

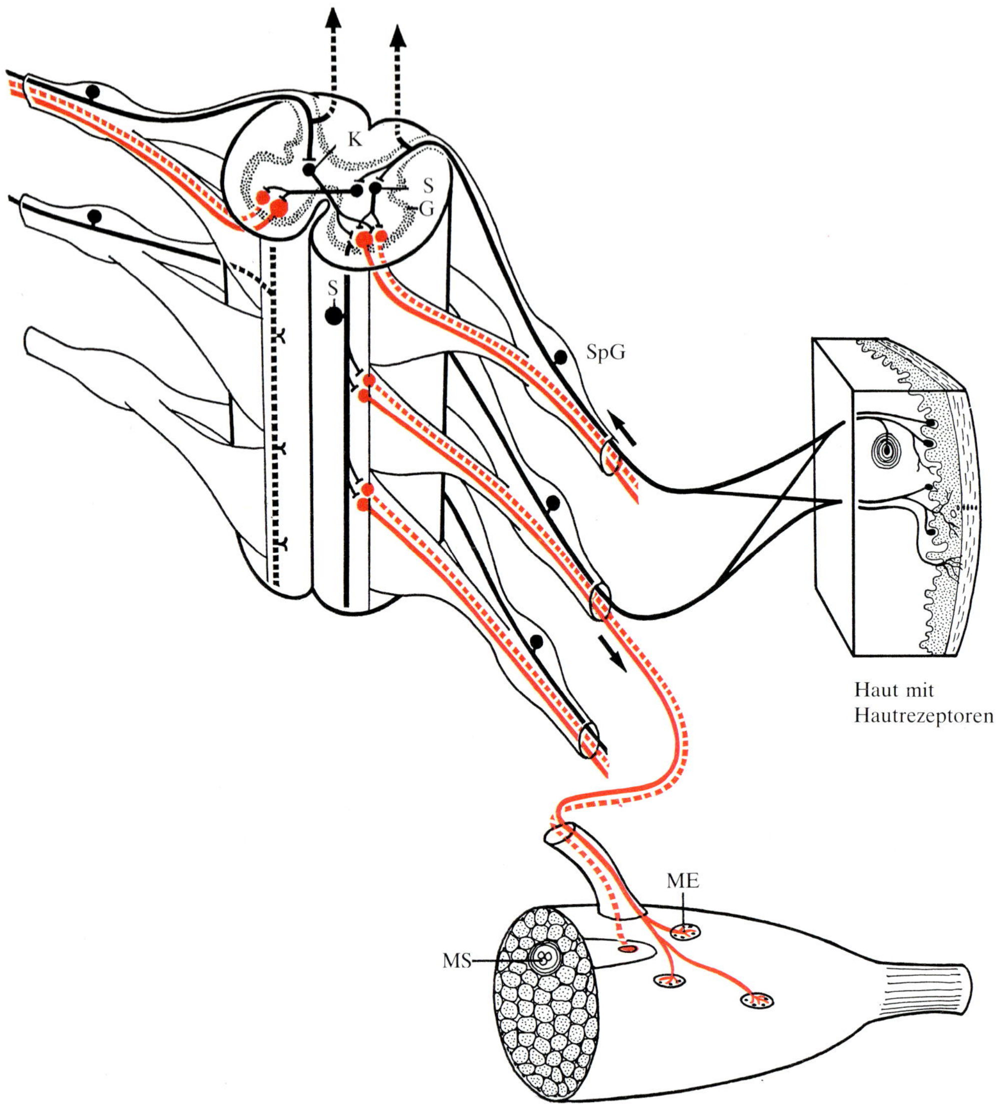

Abb. 61. Neuronale Gliederung des Fremdreflexapparates (B.). Durch die Schaltzellen des Rückenmarks (schwarz) werden mehrere Segmente zu einer funktionellen Einheit verknüpft. α-Motoneurone (rot, ausgezogene Linie); γ-Motoneurone (rot, gestrichelte Linie); G = Grundbündel; K = Kommissurenzellen; ME = motorische Endplatte; MS = Muskelspindel; S = Schaltzellen; SpG = Spinalganglion.

Nervensystems noch auszulösen sind, d. h. vom Elementarapparat weitgehend selbständig durchgeführt werden können. Der Elementarapparat des Rückenmarks, repräsentiert durch die Schaltkreise der verschiedenen Assoziations- und Kommissurenzellen und deren Zusammenhang mit den Wurzelzellen, ist also in der Lage, in das zuerst geschilderte funktionelle System der Sensomotorik modifizierend einzugreifen. Dabei zeigen diese Schaltkreise gegenüber anderen Systemen eine gewisse Selbständigkeit. Die einlaufenden Erregungen können also gespeichert, verstärkt oder gehemmt werden.

Wir lernen damit zum erstenmal die Arbeitsweise eines nervösen »Zentrums« kennen und finden zugleich die oben erwähnte Tatsache bestätigt, daß die höheren sensomotorischen Systeme für die Steuerung der Muskeltätigkeit in der Peripherie keine eigenen Leitungsbahnen aufbauen, sondern die efferenten und afferenten Neurone des ersten Systems mitbenützen. Die Motoneurone repräsentieren also auch für die Fremdreflexe die *gemeinsame Endstrecke*. Dasselbe gilt auch für alle folgenden funktionellen Systeme der Sensomotorik.

Halten wir fest, daß es bei der Motorik des zweiten funktionellen Systems (Fremdreflexapparat) im Grunde auch wieder um Anpassungsreaktionen oder zweckgerichtete Bewegungskombinationen geht, diesmal aber mehr im Zusammenhang mit bestimmten Störfaktoren der Außenwelt, die abgewehrt oder entfernt werden müssen, während es bei den Eigenreflexen im wesentlichen die über den Bewegungsapparat eingreifende Schwerkraft des Erdfeldes ist, dem sich der »myostatische Tonus« der Muskulatur anpassen muß.

	Einfache, myostatische Systeme (Eigenreflexe)	**Komplexe, polysynaptische Systeme (Fremdreflexe)**
Neurone	Monosynaptisch 2 Neurone	Polysynaptisch Mehrere Neurone (Eigenapparat des Rückenmarks)
Muskulatur	Vorwiegend Streckreflexe Vorwiegend Einzelzuckungen Monotone, gleichförmige Reaktionen	Vorwiegend Beugereflexe Vorwiegend tetanische Muskelkontraktionen Variable, verschiedenartige Reaktionsabläufe
Rezeptoren	Steuerung durch Spindelafferenzen (Tiefensensibilität)	Steuerung durch Afferenzen der Hautrezeptoren (Oberflächensensibilität)
Reflexzeit	Kurz (10–20 msec), konstant	Lang (40–180 msec), abhängig von der Reizstärke
Ermüdbarkeit	Sehr gering	Stark
Ausbreitungstendenz	Keine	Mit Zunahme der Reizstärke Ausbreitung auf weitere Muskelgruppen
Charakter der Bewegungen	Myostatischer Tonus, Stehen	Isolierte Einzelbewegungen (Flucht-, Abwehrbewegungen etc.)

Phylogenetische Entwicklungsprozesse

Da die sensomotorischen Neurone des Rückenmarks die gemeinsame Endstrecke für alle übergeordneten Systeme des ZNS darstellen, muß sich die phylogenetische Entwicklung dieser Systeme auch in den neuronalen Verschaltungen des Rückenmarks ausprägen. Interessanterweise sind phylogenetisch die monosynaptischen Eigenreflexe jünger als die polysynaptischen Verbindungen des Fremdreflexapparates. Bei Fischen existieren noch keine Muskelspindeln; die rückenmarksabhängige Motorik wird von den Hautsinnesorganen gesteuert. Muskelspindeln treten erst bei den Amphibien und Reptilien auf, und zwar offensichtlich im Zusammenhang mit dem Übergang dieser Tiere zum Landleben. Durch die neuaufgetretene Auseinandersetzung mit der Schwerkraft gewinnen die posturalen Reflexe (für die Streckmuskulatur) biologisch zunehmend an Bedeutung. Es entwickelt sich ein Eigenreflexapparat mit monosynaptischen Verbindungen, wobei allerdings die Muskelspindeln noch relativ einfach gebaut sind und nur primär sensorische Endigungen besitzen. Durch die jetzt mehr und mehr in den Vordergrund getretene Dominanz der monosynaptischen Verbindungen zu den α-Motoneuronen und damit zur Streckmuskulatur, entwickelt sich eine Art Konkurrenz zwischen den dynamischen und den statischen Systemen des Rückenmarks, zwischen den jederzeit im Vorteil befindlichen monosynaptischen Extensorreflexen und den auf gezielte Einzelbewegungen gerichteten, polysynaptischen Flexorreflexen bzw. der Motorik höherer Ordnung. Die höheren Systeme (supraspinale Motorik) haben es gewissermaßen schwer, in die »Vorfahrtsstraße« zu den α-Motoneuronen vorzudringen und sich gegenüber den stark dominierenden Eigenreflexen durchzusetzen.

Den spinalen Interneuronensystemen gelingt es aber im Laufe der Evolution, das monosynaptische System unter Kontrolle zu bekommen und zwar bei den niederen, landlebenden Wirbeltieren zunächst nur durch die Entwicklung des Prinzips der prä- und postsynaptischen Hemmungen und dann bei den höheren Wirbeltieren, vor allem bei den Säugern und Primaten, durch den weiteren Ausbau des γ-Fasersystems und der Muskelspindeln (γ-Spindel-Schleife). Die statischen fusimotorischen Nervenfasern der γ-Motoneurone zusammen mit der 2. Form der intrafusalen Muskelfasern (Kern-Kettenfasern), die in der Lage sind, den Sollwert der Spindeln zu verstellen und die Empfindlichkeit dieser Organe zu verändern, sind ein spätes Ergebnis der Stammesgeschichte. Die »Erfindung« der Evolution besteht gewissermaßen darin, daß über das γ-System, indirekt d. h. an den α-Motoneuronen vorbei, von höheren Systemen aus ein Einfluß auf die Motorik gewonnen wird, und damit auch komplexere Bewegungsformen realisiert werden können. Durch die weitere Differenzierung der Muskelspindeln und des γ-Systems, das also phylogenetisch (auch ontogenetisch) jünger ist als das α-System, wird die anfängliche »Konkurrenzsituation« (Henatsch) zwischen posturalen Reflexen und Flexorbewegungen überwunden und die Entwicklung einer »freieren« Willkürmotorik neurophysiologisch möglich. Bei den Reptilien und Amphibien sind skeleto- und fusimotorische Innervation noch gekoppelt, bei den Säugern und Primaten können die α- und γ-Motoneurone, d. h. die extra- und intrafusalen Muskelfasern dann auch getrennt innerviert werden. Die Muskelspindeln der höheren Wirbeltiere zeigen damit funktionell einen Doppelaspekt: durch die dynamischen, fusimotorischen γ-Fasern sind sie in das alte System der posturalen Reflexe eingeschaltet, also peripherwärts orientiert, durch die statischen, fusimotorischen γ-Fasern und die zugehörigen Muskelfasern des Spindelapparates öffnen sie sich den Einflüssen der übergeordneten, supraspinalen Systeme, indem sie durch eine Starthilfe im Beginn der Motorik und durch gleitende Mitführung der bewegungsauslösenden Antriebe für die α-Motorik, bei gleichzeitiger Zurückdrängung der interferrierenden peripheren Einwirkungen, die Auslösung komplexerer Bewegungsprogramme ermöglichten.

Die morphologische Höherdifferenzierung des Bewegungsapparates, insbesondere der Gliedmaßen, im Laufe der Evolution von niederen Wirbeltieren bis zum aufrecht gehenden Menschen spiegelt sich damit auch in der stufenweisen Höherdifferenzierung der spinalen Reflexsysteme wider.

3. Vestibuläre Regulationen des Rautenhirns (Gleichgewichtsapparat) – Drittes funktionelles System der Sensomotorik

Bei den hochentwickelten Wirbeltieren, vor allem den Vögeln und Säugern, deren Bewegungsapparat eine Fülle von Bewegungskombinationen gestattet und die sich relativ freizügig im Raum bewegen können, sind kompliziertere Tonus- und Gleichgewichtsregulationen innerhalb der Motorik erforderlich. Das gilt besonders für die Vögel mit ihrem hochdifferenzierten Flugvermögen, aber auch für die Säuger mit ihren raschen und vielfältigen Bewegungsmöglichkeiten. Wie wir schon gesehen haben, übernimmt vor allem das Rautenhirn (Rhombenzephalon) zusammen mit dem Gleichgewichtsorgan diese Aufgabe. Die Afferenzen aus den im Labyrinthorgan gelegenen Rezeptoren werden dem Rautenhirn zugeleitet und dort, vor allem im Wurmgebiet des Kleinhirns so verarbeitet, daß das Gleichgewicht im dreidimensionalen Raum aufrechterhalten werden kann (Abb. 62).

Andererseits gehen im Rückenmark von den Neuronen der hinteren Wurzelfasern Kollateralen zu bestimmten Strangzellen ab, von denen lange, aufsteigende Bahnen zum Kleinhirn ziehen. Diese sog. Kleinhirn-Seitenstrangbahnen informieren das Rautenhirn über die jeweilige Situation des peripheren Bewegungsapparates, d. h. über den Spannungszustand der Muskel- und Sehnenspindeln. Aus dem Vergleich dieser verschiedenen Afferenzen, die in den Kerngebieten des Rautenhirns in relativ selbständiger Weise verarbeitet werden, ergeben sich Antwortreaktionen, die dem Rückenmark über verschiedene efferente Bahnen zugeleitet werden. Letzte gemeinsame Endstrecke sind auch für dieses System wieder die Motoneurone des Rückenmarks. Auch diese über das Rautenhirn gezogenen Leitungsbögen sind damit dem zuerst besprochenen, elementaren sensomotorischen System nur aufgesetzt, ohne bis zur Peripherie hin eigene Bahnverbindungen zu entwickeln. Sind Teile dieser Verbindungen unterbrochen, so kann der Organismus Tonus und Gleichgewicht nicht mehr aufrechterhalten. Pathologische Bewegungsstörungen verschiedenster Art sind die Folge.

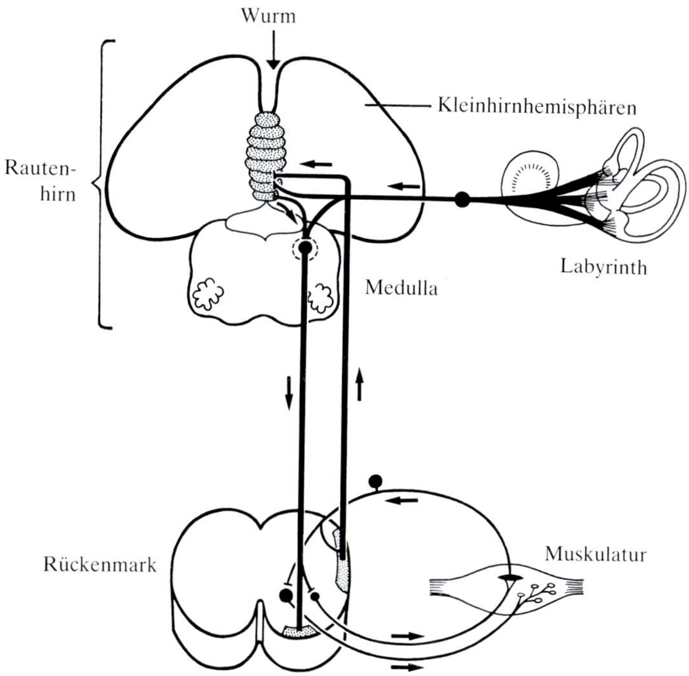

Abb. 62. Schema über den Aufbau des über das Rautenhirn gezogenen Leitungsbogens zur Gleichgewichtsregulation (B.). Die Pfeile deuten die Richtung der Erregungsleitung an.

Bei dem hier zu besprechenden System handelt es sich also eigentlich nur um einen weiter ausgebauten motorischen Koordinationsapparat im Rautenhirngebiet, der unter Einbeziehung eines weiteren Sinnesorganes, des Labyrinthorgans, den medullären Elementarapparat ergänzt oder besser überformt. Es ist daher verständlich, daß dieser Apparat entwicklungsgeschichtlich aus den die Grund- und Flügelplatte umgebenden Zellarealen des Rautenhirns hervorgegangen ist und quantitativ bei denjenigen Tiergruppen, die eine besondere Beweglichkeit besitzen (Vögel, rasch laufende Säugetiere, Mensch), am stärksten ausdifferenziert ist.

Labyrinthorgan

Die Rezeptoren für die motorischen Gleichgewichts- und Tonusregulationen liegen im häutigen Labyrinth des Innenohres. Dieses minuziöse, versteckt im Felsenbein gelegene Organ stellt ein kompliziertes Schlauchsystem dar, das mit Flüssigkeit (Endolymphe) gefüllt ist. Man unterscheidet drei Abschnitte (Abb. 64 u. 65):

1. Die **Bogengänge** (Ductus semicirculares), halbkreisförmige, in den drei Ebenen des Raumes senkrecht aufeinanderstehende, rundliche Schläuche.
2. Das **Vestibulum,** das aus zwei sackförmigen Gebilden, dem Utriculus und Sacculus, besteht.
3. Den **Ductus cochlearis** (Cochlea), ein 2½mal um die Schneckenachse (Modiolus) herumgewundener Gang.

Die Schnecke (Cochlea) gehört funktionell nicht zum Labyrinthorgan im engeren Sinne. Sie enthält die Rezeptoren des Gehörapparates (vgl. S. 252). Vestibulum und

Bogengänge beherbergen die Gleichgewichtsrezeptoren und werden zusammenfassend auch als *Vestibularorgan* bezeichnet. Mittelohrraum und äußeres Ohr haben ausschließlich schalleitende Aufgaben und spielen für den Gleichgewichts- und Vestibularisapparat funktionell keine Rolle.

Entwicklungsgeschichtliche Vorbemerkungen. Die Entwicklung des Labyrinthorgans steht von vornherein in engem Zusammenhang mit dem Rautenhirn. Bei 21–22 Tage alten menschlichen Embryonen verdickt sich in der Gegend des Rautenhirns das Ektoderm *(Ohrplakode)*, senkt sich grubenartig ein und faltet sich schließlich bei 31 Tage alten Embryonen von der Oberfläche ab (Ohr- oder *Labyrinthbläschen*). Dieses Bläschen gliedert sich frühzeitig in drei Teile. Einmal wächst an der medialen Wand ein Gang aus, der topographische Beziehungen zur Ablösungsstelle des Labyrinthbläschens vom Ektoderm behält und sich zum *Ductus endolymphaticus* verlängert. Zum anderen treten am Ohrbläschen zwei weitere Abschnitte in Erscheinung: ein oberer Teil *(Pars vestibularis)* und ein unterer *(Pars cochlearis)*. Der obere Abschnitt bildet taschenförmige Ausstülpungen in Form einer zusammenhängenden Spiralfalte, die mit den säckchenartigen Gebilden des Mittelabschnittes (Utriculus und Sacculus) verbunden sind (Abb. 63 u. 64). Indem die Randteile dieser flächenhaften Ausstülpungen erhalten bleiben, die dazwischenliegenden Abschnitte aber verkleben und zugrunde gehen, entstehen halbkreisförmige, rechtwinklig aufeinanderstoßende Gänge, die Bogengänge (Abb. 64 u. 65). Die Verbindung mit dem angrenzenden Teil des Vestibulums, dem Utriculus, bleibt bestehen, so daß alle Bogengänge somit vom Utriculus ausgehen. Im unteren Abschnitt des Labyrinthbläschens wächst vom Sacculusgebiet ein Gang aus, der *Ductus cochlearis,* der sich allmählich zur Schnecke aufrollt. Die Abgangsstelle vom Sacculus verengt sich in der weiteren Entwicklung stark und bleibt nur noch als ein ganz dünner Gang *(Ductus reuniens)* erhalten.

Während dieser komplizierten Gestaltveränderungen sondern sich die Zellen des Labyrinthorgans in zwei Gruppen: die eine behält ihren epithelialen Charakter bei und bildet die Wandauskleidung des Labyrinths, die andere Zellgruppe wandert aus und bleibt in der Nähe des Labyrinths als *Vestibularis-* bzw. *Kochlearisganglion* liegen. Die Ganglienzellen bilden ähnlich wie in den Spinalganglien zwei Fortsätze aus und nehmen dadurch eine bipolare Form an. Eine Weiterdifferenzierung zu pseudounipolaren Zellen erfolgt jedoch nicht. Der eine (periphere) Fortsatz wächst wieder zum Labyrinthbläschen zurück, der andere (zentrale) Fortsatz erreicht das Rautenhirn. Da, wo die Zellfortsätze Kontakt mit der Labyrinthbläschenwandung bekommen, differenzieren sich die Wand-

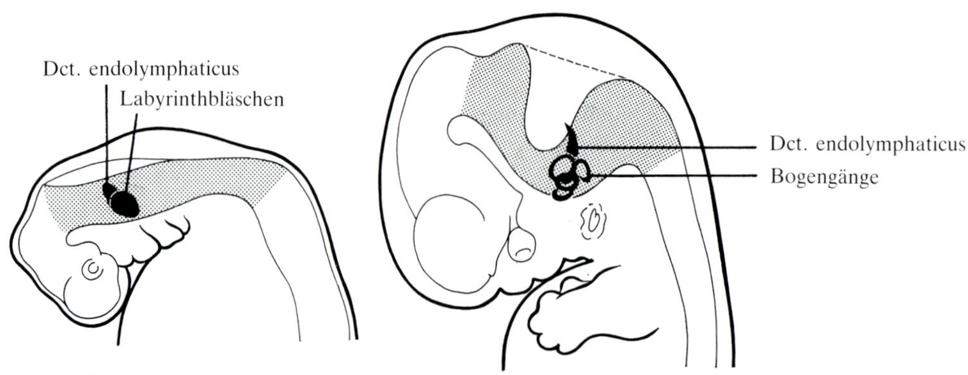

Abb. 63. Entwicklung des Labyrinthorgans (schwarz) und deren Beziehung zum Rautenhirn (gerasterte Fläche) (nach KEIBEL u. MALL) (B.). Links: 38 Tage alter menschlicher Embryo. Rechts: 44 Tage alter Fetus.

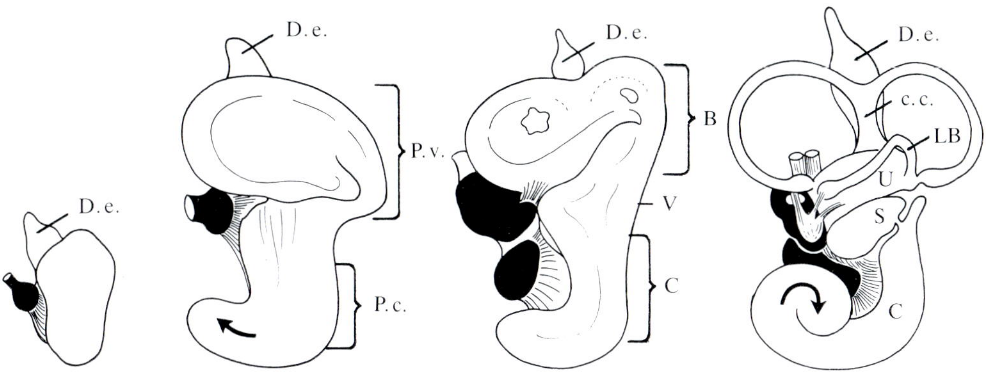

Abb. 64. Entwicklung des Labyrinthorgans (nach STREETER) (B.). Die Pfeile deuten die Wachstumsrichtung der Schnecke an. B = Bogengänge; C = Cochlea; c.c. = Crus commune; D.e. = Ductus endolymphaticus; LB = lateraler Bogengang; P.c. = Pars cochlearis; P.v. = Pars vestibularis; S = Sacculus; schwarz = Ganglion vestibulare und Ganglion spirale cochleae; U = Utriculus; V = Vestibulum.

zellen zu Sinneszellen. Rezeptoren dieser Art, die nicht primär Nervenzellen darstellen, sondern sich aus einem Epithelverband ausdifferenzieren, nennt man sekundäre Sinneszellen. Die übrigen Epithelzellen werden zu Stützzellen. An denjenigen Stellen, wo sich die Rezeptororgane differenzieren, erweitern sich die Bogengänge zu den *Ampullen.* Jeder Bogengang besitzt eine solche Ampulle. In ähnlicher Weise entwickeln sich auch am Vestibulum Rezeptorfelder *(Maculae),* wobei Utriculus und Sacculus je eine Macula ausbilden. Somit entstehen im Bereich der Pars vestibularis des Labyrinthbläschens insgesamt fünf Rezeptororgane: drei Ampullae und zwei Maculae staticae. Dort, wo die peripheren Fortsätze der Kochlearisganglienzellen Kontakt mit der Wand des Ductus cochlearis bekommen, entwickelt sich das sog. *Cortische Organ* mit den akustischen Rezeptorzellen (vgl. S. 251ff.).

Die zentralen Fortsätze von den Ganglienzellen dieser Rezeptororgane wachsen in das Rautenhirn ein. Die Gesamtheit dieser Neuriten bildet den späteren VIII. Hirnnerven (N. vestibulocochlearis). Die Fasern dringen an der lateralen Ecke der Rautengrube in den Boden der Medulla oblongata ein und erhalten in diesem Bereich (Area vestibularis) Verbindung mit 4 verschiedenen Kerngruppen der Rautengrube (Vestibulariskerne), aus denen dann später das zweite Neuron der Vestibularisbahnen hervorgeht.

Morphologie des Labyrinthorgans. Das *häutige,* mit Endolymphe gefüllte *Labyrinth* ist beim Erwachsenen in das Felsenbein eingebettet (Abb. 65). Es liegt dem Knochen nicht unmittelbar an, sondern wird gleichsam schwebend in einer Perilymphflüssigkeit gehalten. Der Perilymphspalt ist schmal und wird im Bogengangsabschnitt des Labyrinths von bindegewebigen Bälkchen durchsetzt, während er im Schneckenabschnitt frei von Bindegewebssträngen ist (vgl. Abb. 151). Beide Abschnitte werden durch eine Membrana limitans voneinander getrennt.

Der Knochen verdichtet sich in der Umgebung des Labyrinths zum *knöchernen Labyrinth,* das aber vom übrigen Felsenbein nicht scharf abzugrenzen ist. Diese an das Labyrinth angrenzenden Teile zeichnen sich durch eine besondere Härte und Starrheit aus (»Felsenbein«). Sie können aufgrund ihrer Struktur als ein verknöchertes embryonales Bindegewebe aufgefaßt werden, das nach dem 3. Lebensjahr praktisch keine der sonst für den Knochen charakteristischen inneren Umbauvorgänge mehr zeigt.

Der *Ductus endolymphaticus* zieht zur hinteren Schädelgrube, wo er sich zwischen dem periostalen und meningealen Blatt der harten Hirnhaut (Dura) als *Saccus endolymphaticus* ausbreitet. Dadurch wird ein Druckausgleichsventil für das Endolymphsystem des Labyrinthorgans geschaffen. Auch die Perilymphe steht mit der Umgebung in Verbindung, und zwar durch den *Ductus perilymphaticus,* der jedoch offen an der Unterfläche der Felsenbeinpyramide (Apertura ext. canaliculi cochleae) mit dem Subarachnoidalraum des Gehirns kommuniziert. Endo- und Perilymphe zirkulieren in den jeweiligen Spalträumen. Über die Mechanismen dieser Zirkulation ist noch wenig bekannt.

Bogengänge. Die Rezeptoren sind in den ampullenförmigen Erweiterungen der Bogengänge lokalisiert, während die Rezeptoren der Maculae staticae in der Wand von Utriculus bzw. Sacculus liegen. Bei diesen Rezeptorfeldern verdickt sich die epitheliale Wandung des Endolymphschlauches zu leisten- oder plattenartigen Gebilden, die die Sinneszellen enthalten. Die etwa 0,5 mm dicken Bogengänge sind so angeordnet, daß sie wie bei einer Raumecke miteinander rechte Winkel bilden (Abb. 65). Man unterscheidet einen vorderen, hinteren und lateralen Bogengang *(Ductus semicircularis ant., post. und lat.).* Diese haben innerhalb des Felsenbeins eine bestimmte Lokalisation, und zwar steht der vordere Bogengang senkrecht zur Achse der Felsenbeinpyramide, der hintere parallel zu ihr und der laterale etwa horizontal. Der vordere Bogengang buchtet die Vorderfläche der Felsenbeinpyramide als *Eminentia arcuata* etwas aus, und der laterale ragt gegen den Mittelohrraum vor (Prominentia canalis semicircularis lat.). Vorderer und hinterer Bogengang entspringen von einem gemeinsamen *Crus commune.* Da die Längsachse des Felsenbeins nicht rein transversal orientiert, sondern um 45° nach vorne geneigt ist, sind die Ebenen der Bogengänge zu den Ebenen des Raumes ebenfalls um

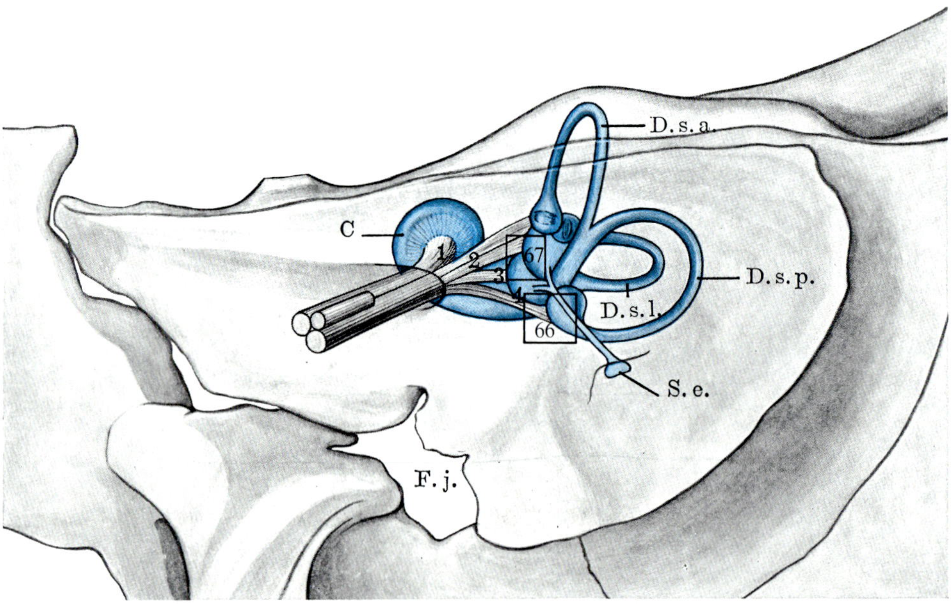

Abb. 65. Lage des Labyrinthorgans im Felsenbein von hinten gesehen (B.). Die Vierecke bezeichnen die in den Abbildungen 66 und 67 dargestellten Ausschnitte. S.e. = Saccus und Ductus endolymphaticus; C = Cochlea; F.j. = Foramen jugulare.

Nervus vestibulocochlearis (N. VIII):
1 = Pars cochlearis
2 = N. utriculoampullaris
3 = R. saccularis
4 = R. ampullaris posterior + N. sacculoampullaris

Bogengänge:
D.s.a. = Ductus semicircularis anterior
D.s.l. = Ductus semicircularis lateralis
D.s.p. = Ductus semicircularis posterior

etwa 45°, und zwar sowohl in der horizontalen als auch in der sagittalen Ebene gekippt. So kommt es, daß der vordere Bogengang der rechten Seite in derselben Ebene wie der hintere Bogengang der linken Seite liegt und umgekehrt.

Cristae ampullares. Die Ampulle des oberen und lateralen Bogenganges ist vorn, die des hinteren dagegen hinten lokalisiert. Am Crus commune fehlen ampulläre Erweiterungen. Jede Ampulle enthält eine leistenartige Epithelerhebung *(Crista ampullaris)* mit einem büschelförmigen, gallertigen Aufsatz, der *Cupula*, die etwa 1 mm hoch ist und bis zur gegenüberliegenden Ampullenwandung reicht (Abb. 66), mit der sie nach neueren Befunden verwachsen ist (HILLMAN). Die Crista ampullaris besteht aus Stützzellen und Sinneszellen. Die Sinneszellen besitzen an ihrer freien Oberfläche treppenförmig angeordnete mikrovilliartige Stereozilien, die in die Cupula hineinragen. Jede Sinneszelle trägt etwa 60–80 Stereozilien und ein langes Kinocilium (Abb. 68). Die Sinneszellen werden von den Stützzellen in ihrer Lage fixiert. Da die Sinneszellen etwas kürzer als die Stützzellen sind, erreichen sie die Basalmembran nicht. An ihrer Basis gehen sie breitflächige synaptische Kontakte sowohl mit afferenten als auch efferenten Axonen ein, die sich zwischen die basalen Abschnitte der Stützzellen einschieben.

Nach der Art dieser Kontakte unterscheidet man zwei verschiedene Sinneszellformen. Beim I. Typ umgibt eine einzelne Nervenfaser becherartig die Sinneszelle, die mehr eine flaschenförmige Gestalt besitzt; beim II. Typ kommen mehrere Axone mit dem basalen Teil der meist zylindrischen Zelle in Berührung (Abb. 68). An den Grenzflächen sind die Zellmembranen wie bei einer Synapse verdickt. Zahlreiche synaptische Bläschen und Mitochondrien liegen im Kontaktbereich im Zytoplasma der Axone.

Maculae staticae. Die Rezeptorfelder im Utriculus und Sacculus besitzen einen etwas anderen Bau (Abb. 67). Das Epithel ist durch unterschiedlich lange Stützzellen zu einer 1–2 mm breiten, ovalen oder herzförmigen Macula verdickt. Die wesentlich kürzeren Zilien oder Fortsätze der Sinneszellen ragen in eine gallertige Deckschicht, in die hexagonale, kristalline Partikel eingelagert sind (sog. *Statolithen* oder *Statokonien*;

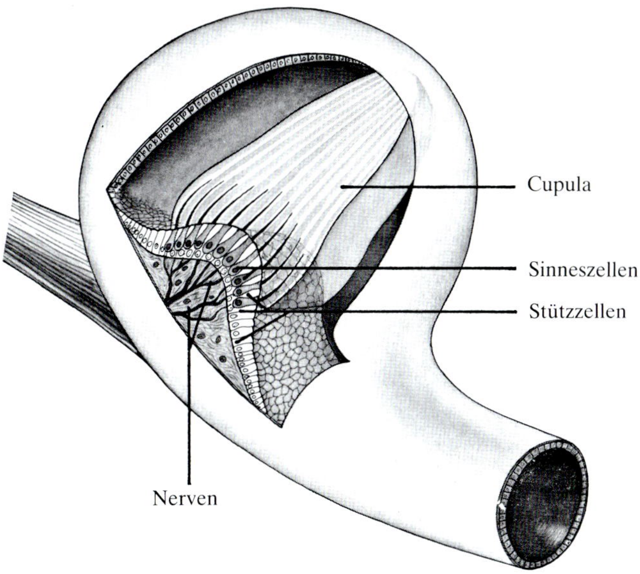

Abb. 66. Bogengangsampulle, seitlich gefenstert zur Darstellung der Crista ampullaris mit Cupula, Sinneszellen und Nerven (B.).

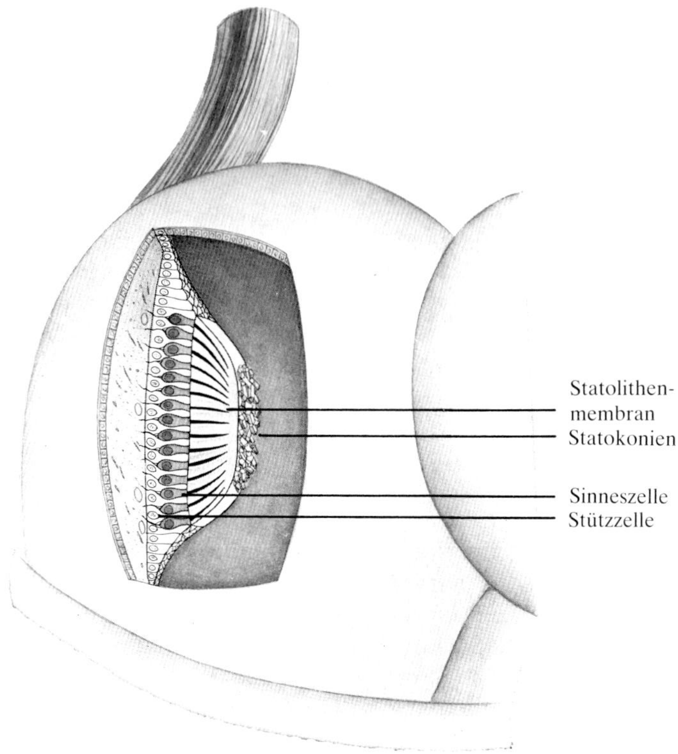

Abb. 67. Macula utriculi mit Sinneszellen und Statolithenmembran, von dorsal gefenstert (B.).

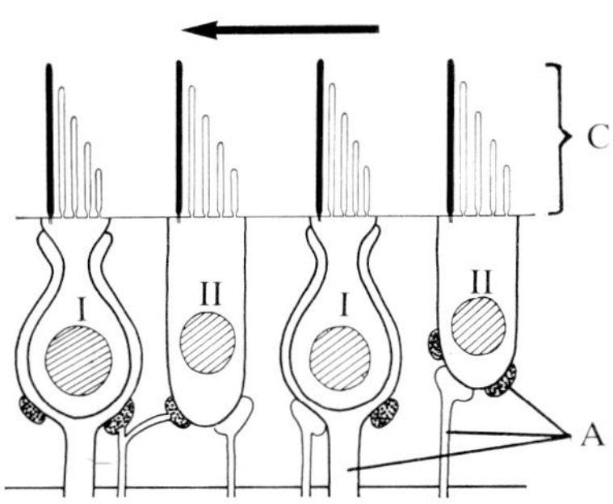

Abb. 68. a u. b) Feinstruktur und Polarisation der vestibulären Rezeptoren (nach LINDEMAN).

a) Zwei Typen der Vestibularisrezeptoren (I und II) sowie ihre unterschiedlichen Verbindungen mit den ableitenden Axonen (A). Die zilienartigen Mikrovilli (C) an der Zelloberfläche kommen in zwei Formen vor und sind deutlich in Richtung des Pfeils polarisiert. Schwarz = Kinozilien; weiß = Stereozilien (Mikrovilli).

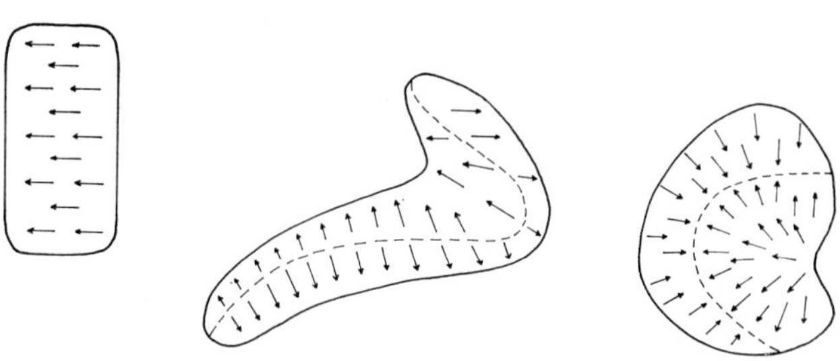

b) Form der vestibulären Sinnesorgane (von der Fläche gesehen) sowie die Richtung, in der die Zilien polarisiert sind (Pfeile). Bei den Cristae ampullares liegen die längsten Zilien links (in Richtung der Pfeile), bei den Maculae sind sie entweder von der punktierten Linie weg nach außen oder umgekehrt (nach innen kontinuierlich größer werdend) angeordnet.

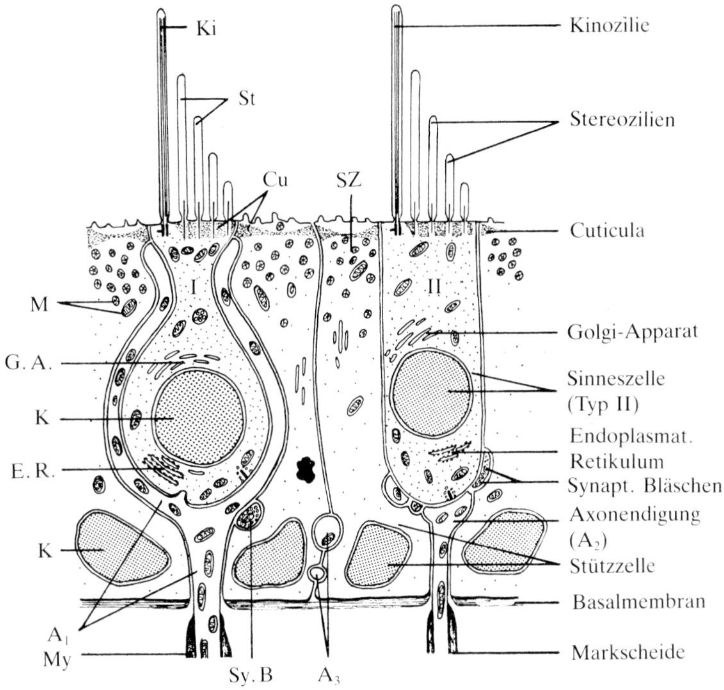

Abb. 68. c) Feinstruktur der vestibulären Rezeptoren nach den elektronenmikroskopischen Beobachtungen von ENGSTRÖM (aus LINDEMAN). Man beachte die zwei Zelltypen (I, II) und die verschiedene Form, in der die marklosen Axone (A_1, A_2, A_3) an den Sinneszellen enden.
A_1 = flaschenförmige Axonendigung; A_2 = kolbenartige Axonendigung; A_3 = interzelluläre, marklose Axone. Einige Axone enthalten synaptische Bläschen (Sy. B.). I = Sinneszelle (Typ I); II = Sinneszelle (Zyp II); Cu = Cuticula; E. R. = endoplasmatisches Retikulum; G. A. = Golgi-Apparat; K = Zellkerne; Ki = Kinozilien; M = Mitochondrien; My = Myelinscheide (Beginn der markhaltigen Faserstrecke); St = Stereozilien; SZ = Stützzellen.

kalziumphosphat- und kalziumkarbonathaltige Kristalle vom Typ des Aragonits). Man bezeichnet diese Schicht daher als *Statolithenmembran*. Basal bilden auch diese Sinneszellen mit den peripheren Fortsätzen der bipolaren Vestibularisganglienzellen breitflächige Kontakte (Abb. 68).

Auch in den Maculae können nach elektronenmikroskopischen Befunden zwei Sinneszelltypen unterschieden werden, die unterschiedliche synapsenähnliche Strukturen mit den ableitenden Nervenfasern ausbilden. Mehrere Sinneszellen sind mit einer Nervenfaser verknüpft, die bereits in der Nähe der Macula markhaltig wird. Die zentrale Region des Rezeptorfeldes wird von den dicksten Nervenfasern versorgt. Hier liegen auch die Sinneszellen dichter zusammen. Die Kristalle sind sehr klein. Auch an den ampullären Organen bestehen gewisse Strukturunterschiede zwischen den zentralen und peripheren Abschnitten.

Funktion der vestibulären Rezeptororgane. Durch Bewegungen des Kopfes in einer der drei Ebenen des Raumes gerät die Endolymphe der in der entsprechenden Ebene gelegenen Bogengänge in Bewegung, wobei die Endolymphflüssigkeit wegen ihrer Trägheit etwas zurückbleibt, so daß die Cupula sich in der Gegenrichtung verbiegt (Abb. 69). Diese Verbiegung führt zu einer Abscherung der Zilien, was den adäquaten Reiz für die Vestibularisrezeptoren darstellt. Wird das Bündel der Zilien in Richtung auf das Kinocilium abgeschert, so wird die zugehörige afferente Nervenfaser aktiviert; eine

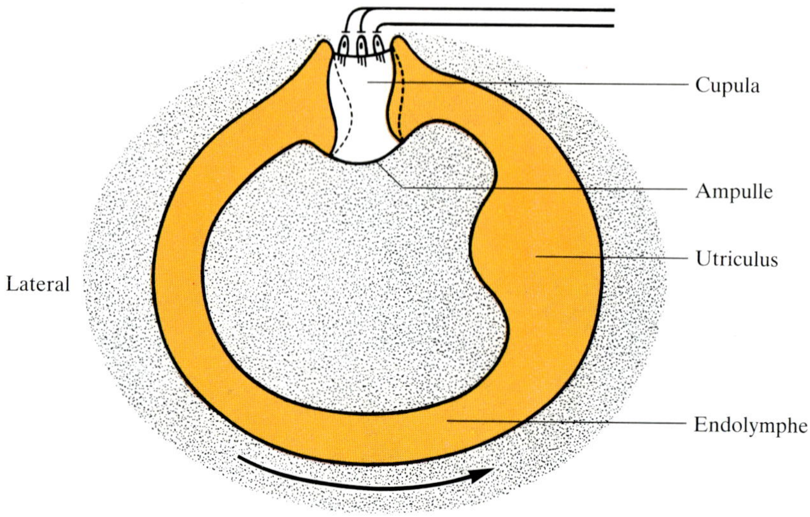

Abb. 69. Schema über die Arbeitsweise des Bogengangsystems (linker, horizontaler Bogengang, von oben gesehen). Wird der Kopf in Pfeilrichtung bewegt (Winkelbeschleunigung), bleibt die Endolymphflüssigkeit infolge ihrer Trägheit zurück und lenkt die Cupula in der Gegenrichtung (gestrichelte Linie) etwas aus (nach Schmidt R., G. Thews: Physiologie des Menschen).

Verbiegung in umgekehrter Richtung bewirkt eine Hemmung der afferenten Axone. In der Ampulle des horizontalen Bogenganges sind nun alle Sinneszellen so orientiert, daß das Kinocilium zum Utriculus zeigt (utrikulopetal), so daß eine Erhöhung der Aktivität der ableitenden Nerven immer dann eintritt, wenn die Cupula in Richtung Utriculus ausgelenkt wird. Bei den beiden vertikalen Bogengängen ist die Orientierung der Sinneszellen umgekehrt, d.h. hier erfolgt eine Aktivitätserhöhung der afferenten Axone immer dann, wenn die Cupulaauslenkung in utrikulofugaler Richtung (vom Utriculus weg) vonstatten geht.

Der adäquate Reiz für die Sinneszellen der drei Ampullen ist somit die Winkelbeschleunigung bei Bewegungen des Kopfes in den drei Ebenen des Raumes.

Die Maculae utriculi sive sacculi sind dagegen für Drehbewegungen unempfindlich. Die Statolithenmembranen üben einen konstanten Druck auf die Sinneshaare aus. Der adäquate Reiz ist hier mehr die *Linearbeschleunigung* in den Dimensionen des Raumes: oben – unten (dann spricht die Macula utriculi an, die mehr eine horizontale Lage hat) oder vorn – hinten (dann spricht die Macula sacculi an, die mehr vertikal orientiert ist). Auf welche Weise im Mikrobereich schließlich die mechanische Energie ein elektrisches Rezeptorpotential auslöst, ist auch hier ungeklärt.

Über die Statolithen kann die Schwerkraft der Erde auf das Labyrinthorgan einwirken und so dem Nervensystem die notwendigen Informationen für die Orientierung im Raum geben. Wie die Erfahrungen der Astronauten gezeigt haben, treten am Gleichgewichtsorgan akut keine Schädigungen auf, wenn die normalen Belastungen der Maculae im schwerkraftlosen Zustand wegfallen. Dagegen ergeben sich starke Schwindelgefühle mit Erbrechen, Übelkeit usw., wenn die Reizung dieser Sinnesorgane, wie etwa bei übermäßigen Dreh- und Schaukelbewegungen (Seekrankheit), zu stark wird.

Vestibuläre Anteile des Kleinhirns und Bahnverbindungen des Vestibularissystems

Die im Gleichgewichtsorgan entstehenden Erregungen werden im Rautenhirn verarbeitet. Der im sog. Kleinhirnbrückenwinkel lateral in die Rautengrube eintretende, vestibuläre Teil des VIII. Hirnnerven (Pars vestibularis nervi vestibulocochlearis) endet an einer Gruppe von vier Kernen in der Area vestibularis der Rautengrube. Hier erfolgt die Umschaltung auf die weiteren Neurone der Vestibularisbahnen. Nur ein phylogenetisch altes, zahlenmäßig zurücktretendes Faserbündel zieht direkt zur vestibulären Portion des Kleinhirns (sog. direkte sensorische Kleinhirnbahn). Von den Vestibulariskernen gehen auch efferente Bahnen zum Rückenmark (Tr. vestibulospinalis), mit deren Hilfe das Kleinhirn in die spinale Motorik eingreifen kann.

Wir betrachten hier nur diejenigen Teile des Kleinhirns, die an der Verarbeitung der Erregungen aus dem Gleichgewichtsorgan beteiligt sind (Vestibulocerebellum) und in diesem Zusammenhang mit der Rückenmarksmotorik zu tun haben.

Bau der Kleinhirnrinde. Beim Erwachsenen ist die Kleinhirnrinde relativ dünn (durchschnittlich 1 mm Durchmesser) und zeigt histologisch eine Gliederung in drei Schichten: außen die Molekularschicht *(Stratum moleculare)*, innen die Körnerschicht *(Stratum granulosum)* und dazwischen die Schicht der großen Ganglienzellen *(Stratum ganglionare)*. Daran schließt sich das Marklager *(Corpus medullare)* an. Die efferenten, im Mark liegenden Neuriten stammen in der Hauptsache von den großen Zellen des Stratum ganglionare, den sog. Purkinje-Zellen. Die Perikarien dieser Zellen sind erstaunlich groß (Durchmesser 30 bis 35 µm) und liegen an der Grenze zwischen der Molekular- und Körnerschicht. Streng genommen gehören sie noch zur Körnerschicht, so daß die Kleinhirnrinde eigentlich nur zweischichtig ist. Die Dendriten der Purkinje-Zellen sind außerordentlich zahlreich und spalierbaumartig in der Molekularschicht verzweigt. Sie ordnen sich in der Regel senkrecht zum Windungs- bzw. Furchenverlauf, d.h. in der sagittalen Ebene, an (Abb. 70). Die innen entspringenden Neuriten erhalten in der Körnerschicht ihre Markscheiden und formieren sich im Marklager zu den efferenten Kleinhirnbahnen, die meist schon an den Dachkernen enden. Rückläufige Kollateralen gehen zu den Zellkörpern benachbarter Purkinje-Zellen ab.

Das Stratum granulosum besteht in der Hauptsache aus *kleinen Körnerzellen*, die sehr dicht zusammenliegen und im Gegensatz zu den Purkinje-Zellen ihre Neuriten nach außen in die Molekularschicht und ihre Dendriten nach innen in die Körnerschicht entsenden. Die langen Neuriten spalten sich in der Molekularschicht T-förmig auf und verlaufen senkrecht zur Ausbreitungsebene der Purkinje-Dendriten in der Transversal- oder Horizontalebene, d.h. parallel zur Windungsrichtung (Abb. 71). Sie gehen in reichem Maße synaptische Kontakte mit den Dendriten der Purkinje-Zellen ein. Die Dendriten der kleinen Körnerzellen verzweigen sich vornehmlich in der Körnerschicht.

Die Molekularschicht ist relativ zellarm. Hier liegen vor allem Assoziationszellen, die als Stern- und Korbzellen bezeichnet werden. Wichtig sind insbesondere die *Korbzellen*, deren Perikarien noch innerhalb der Molekularschicht in der Nähe der Purkinje-Zellen lokalisiert sind. Ihre Neuriten verlaufen senkrecht zu denen der Körnerzellen und breiten sich in derselben Ebene wie die Dendritenbäumchen der Purkinje-Zellen, d.h. in der Sagittalebene (senkrecht zu den Windungen), aus. Sie bilden besonders um die Zellkörper der Purkinje-Zellen dichte Faserkörbe (daher »Korbzellen«) sowie zahlreiche axosomatische Synapsen (Abb. 70, 71). In diese Faserkörbe strahlen die rückläufigen Kollateralen der Purkinje-Neuriten mit ein. Die kleinen und großen *Sternzellen* verzweigen sich vornehmlich in den äußeren Bereichen der Molekularschicht. Die *großen Körnerzellen* stellen intrazerebellare Assoziationszellen und vielleicht auch Kommissurenzellen zwischen beiden Kleinhirnhemisphären dar.

Die feinere Histologie des Kleinhirns kennt noch zahlreiche weitere Zellformen. Für das Verständnis der funktionellen Zusammenhänge genügt es, die zwei Hauptsysteme afferenter Erregungszuflüsse zum Kleinhirn ins Auge zu fassen, nämlich das System der Kletterfasern und das der Moosfasern. Die aus der Olive (Oliva inf.) kommenden,

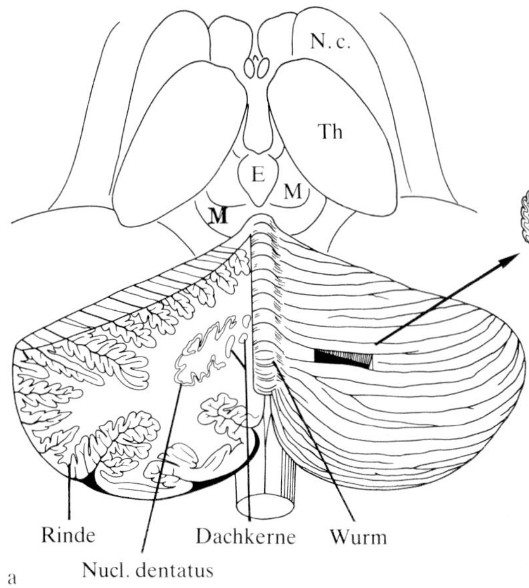

Abb. 70. Histologischer Aufbau der Kleinhirnrinde (B.).
a) Kleinhirn in der Ansicht von dorsal (linke Kleinhirnhemisphäre horizontal angeschnitten, rechts ein Teil eines Foliums herausgenommen). E = Epiphyse; N.c. = Nucl. caudatus; Th = Thalamus; M = Mittelhirn.
b) Stärkere Vergrößerung des in (a) herausgenommenen Rindenstückchens.
c) Ausschnittvergrößerung von (b), um die räumliche Anordnung der Purkinje- und Körnerzellen zu zeigen. AdK = Axone der Körnerzellen; P = Purkinje-Zellen; kK = kleine Körnerzellen; K = Korbzellen; M = Moosfasern.

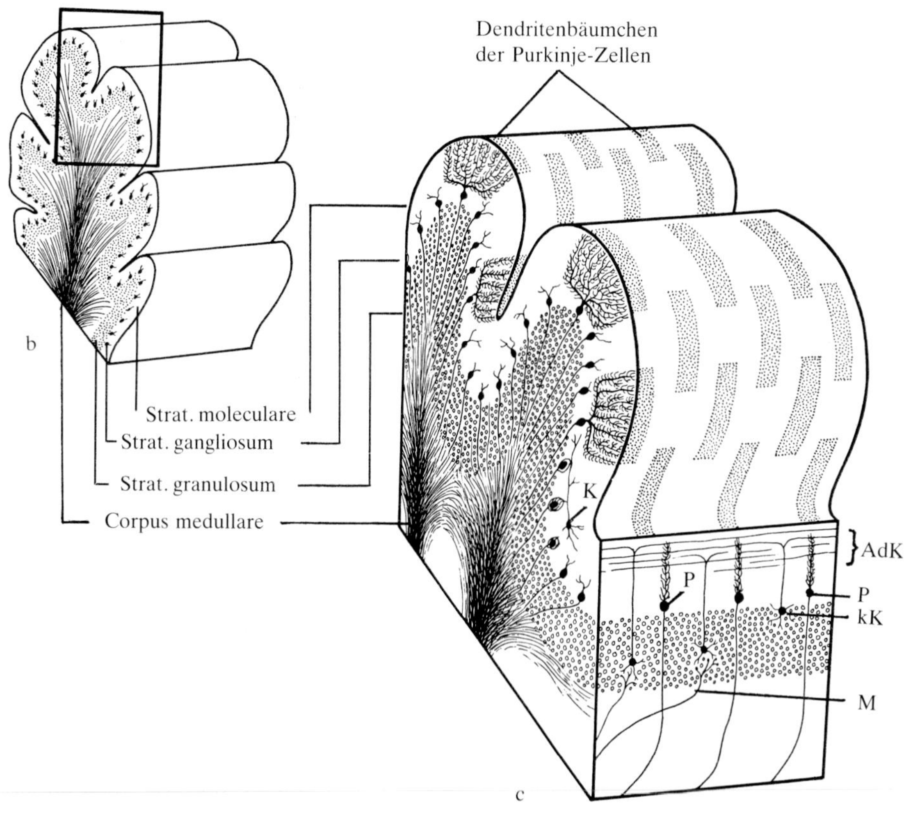

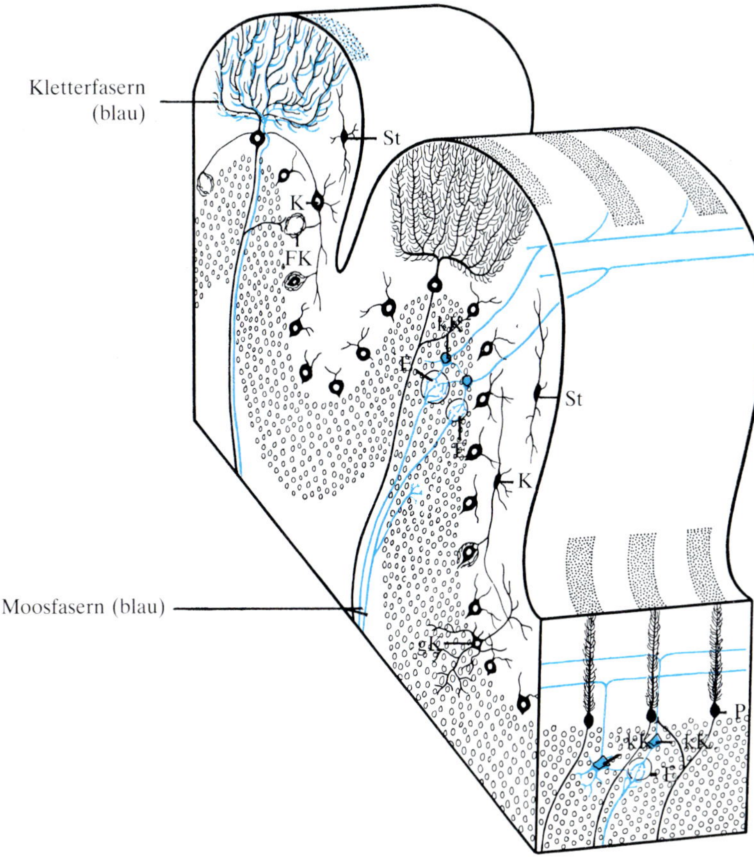

Abb. 71. Schema der wichtigsten Zellformen der Kleinhirnrinde und die zwei Hauptformen neuronaler Schaltungen (B.). St = Sternzellen; E = Parenchyminsel (Eosinkörper); K = Korbzellen; gK = große Körnerzellen; kK = kleine Körnerzellen; P = Purkinje-Zellen; FK = Faserkörbe der Korbzellen.

afferenten Fasern (und nur diese) werden zu Kletterfasern. Sie ziehen durch die Körnerschicht hindurch und verzweigen sich dann in der Molekularschicht sehr stark, wobei die Endigungen mit den hier gelegenen Dendritenverzweigungen der Purkinje-Zellen ausgiebige synaptische Parallelkontakte eingehen (Abb. 71).

Die aus allen anderen Kerngebieten ins Kleinhirn einstrahlenden, afferenten Fasersysteme enden demgegenüber bereits in der Körnerschicht und gehen keine direkten synaptischen Verbindungen mit den Purkinje-Zellen ein. Sie bilden vielmehr auf engem Raum zusammenliegende, dichte Endverzweigungen *(Moosfasern)*, die mit den kurzen, krallenförmigen Dendritenverzweigungen der Körnerzellen glomerulusartige Knäuel mit Hunderten von Synapsen ausbilden (*Glomeruli cerebellares, Parenchyminseln* oder Eosinkörper). Die Körnerzellen, bei denen man mehrere Formtypen unterscheiden kann (z. B. kleine und große Körnerzellen), senden jeweils einen langen, T-förmig verzweigten Neuriten in die Molekularschicht, der immer rechtwinklig zur Ausbreitungsebene der Purkinje-Dendriten verläuft und an den Kreuzungsstellen mit diesen Dendriten Synapsen bildet. Während sich die Dendritenbäume der Purkinjezellen immer senkrecht zur Windungsrichtung bzw. zu den Kleinhirnfurchen ausbreiten, verlaufen die Neuriten der Körnerzellen parallel zu ihnen, wobei immer synaptische Kontakte mit einer Anzahl von Purkinje-Zellen gebildet werden (Abb. 71).

Abb. 72. Mikrophoto eines Sagittalschnittes der Kleinhirnrinde (Silberimprägnation, 192 × vergr.).

Die Kleinhirnrinde, die ja hauptsächlich mit der nervösen Koordination der Motorik im dreidimensionalen Raum zu tun hat, weist somit auch hinsichtlich ihrer zellulären und neuronalen Gliederung eine auf die drei Dimensionen des Raumes bezogene Ordnung auf.

Neuronale Verbindungen für die Gleichgewichtsregulationen

Für die Gleichgewichtsregulationen sind das Vestibulocerebellum (Lobulus flocculonodularis) und die Uvula sowie die vorderen und hinteren Anteile des Wurmes (Spinocerebellum) verantwortlich. Dabei handelt es sich vor allem um die median gelegenen Abschnitte des Kleinhirns, den Wurm und die Pars intermedia, während die lateralen Teile der Kleinhirnhemisphären funktionell mehr zu den höheren sensomotorischen Systemen (pyramidales und extrapyramidales System) gehören und für die Gleichgewichtsregulationen keine wesentliche Bedeutung haben.

Die am Boden der Rautengrube gelegenen Vestibulariskerne, das Labyrinthorgan und die genannten vestibulären Anteile des Kleinhirns bilden insgesamt eine funktionelle Einheit, die zusammen mit den zwei elementaren, sensomotorischen Systemen, die in den vorangegangenen Kapiteln besprochen worden sind, die Tonusregulation der Muskulatur und die Gleichgewichtsregulationen des Bewegungsapparates im Schwerefeld der Erde bewältigen. Da der Kopf beweglich ist, genügen die Afferenzen aus den fünf Sinnesendstellen des Labyrinthorgans für diese Regulationen allein nicht. Das Vestibulocerebellum benötigt zusätzlich noch Informationen aus der Körpermuskulatur, insbesondere dem Halsbereich, über die jeweilige Stellung und Lage der Gelenke, da der Kopf unabhängig vom Rumpf in den Halsgelenken (und zwar ausgiebig) beweglich ist. Das Vestibulocerebellum erhält daher noch starke afferente Zuflüsse aus dem Bewegungsapparat selbst, vor allem auch aus der Halsregion, die mit den Eingängen aus dem Labyrinthorgan verrechnet werden müssen, um eine richtige »Beurteilung« der Körperlage im Raum zu ermöglichen. Diese Afferenzen erreichen das Kleinhirn vor allem durch die *Tractus spinocerebellares.* Alle in das Vestibulo- und Spinocerebellum einstrahlenden

Bahnen gehören zum Moosfasersystem, d.h. die Afferenzen werden den Purkinje-Zellen nur indirekt über die Körnerzellen zugeleitet.

Afferente Bahnen. Die an den Sinnesepithelien der Ampullen und Maculae entstehenden afferenten Erregungen werden über die Pars vestibularis des N. VIII, die rund 20000 Fasern enthält, den Vestibulariskernen des Rautenhirns zugeleitet. Die Vestibulariskerne am Boden der Rautengrube stellen *Endkerne* dar, in denen die vom VIII. Hirnnerven geleiteten Afferenzen zum größten Teil auf ein weiteres Neuron umgeschaltet werden *(Nuclei terminales)*. Die bipolaren Zellkörper der Pars vestibularis sind im Ganglion vestibulare nahe dem Labyrinthorgan lokalisiert. Ihre peripheren Fortsätze bilden die erwähnten Synapsen an den Rezeptoren, die zentralen Fortsätze stellen den vestibulären Anteil des VIII. Hirnnerven dar.

Man unterscheidet 4 verschiedene Vestibulariskerne, die lateral am Boden der Rautengrube in der Area vestibularis lokalisiert sind, nämlich

1. den *Nucleus term. medialis n. vestibuli* (SCHWALBE)
2. den *Nucleus term. lateralis n. vestibuli* (DEITERS)
3. den *Nucleus term. superior n. vestibuli* (BECHTEREW)
4. den *Nucleus term. inferior n. vestibuli* (ROLLER)

Diese vier Kerne unterscheiden sich in Struktur und Funktion wesentlich. Der größte und wichtigste ist der *Deiterssche Kern,* der weniger ein Endkern als vielmehr ein Koordinationszentrum ist. Der obere Endkern ist besonders bei den Primaten entwikkelt. Der Schwalbesche und der Rollersche Kern (medialer und unterer Endkern) haben vornehmlich Verbindungen mit der Retikularisformation der Medulla oblongata und dem Rückenmark. Von diesen beiden Kernen gehen auch in der Hauptsache die in das Vestibulocerebellum einstrahlenden, afferenten Bahnen aus *(Tractus vestibulocerebellaris),* die daher als die sekundären Vestibularisneurone zu bezeichnen sind. Sie geben auch Kollateralen an die Dachkerne des Kleinhirns ab, besonders an den Nucleus fastigii (Abb. 73).

Ein Teil der Fasern des Vestibularisnerven wird jedoch nicht in den genannten Kernen umgeschaltet. Er zieht als *direkte, sensorische Kleinhirnbahn* an den Endkernen vorbei und endet direkt in den vestibulären Anteilen des Kleinhirns, also in der Rinde von Nodulus oder Flocculus *(Tractus vestibulocerebellaris)* (Abb. 73).

Die zur Erhaltung des Gleichgewichtes notwendigen nervösen Korrelationen, die sich auch auf den Tonus der Muskulatur auswirken, laufen bei den höheren Wirbeltieren vornehmlich in den Wurmabschnitten und der Pars intermedia des Spinocerebellum ab. Diese Rindenbezirke erhalten daher auch direkte afferente Informationen aus der Muskulatur, und zwar durch vier große afferente Bahnsysteme *(Tractus spinocerebellares),* zu denen auch die klassischen *Kleinhirn-Seitenstrangbahnen* des Rückenmarks, der *Tractus spinocerebellaris anterior* (GOWERS) und der *Tractus spinocerebellaris posterior* (FLECHSIG) gehören. Die Kleinhirn-Seitenstrangbahnen (Abb. 73) gehören zu den schnellstleitenden Systemen des NS überhaupt. Für das Flechsigsche Bündel (Faserdurchmesser 10–18 μm) werden Leitungsgeschwindigkeiten bis zu 125 m/Sek; für das Gowerssche Bündel (Faserdurchmesser 5–14 μm) von 50–80 m/Sek. angegeben. Beide leiten die Impulse der Tiefensensibilität, d.h. die Afferenzen aus den Muskel- und Sehnenspindeln, zum Teil auch den Haut- und Gelenkrezeptoren dem Spinocerebellum zu. Als erstes Neuron muß wiederum die für alle Systeme gemeinsame pseudounipolare Ganglienzelle des Spinalganglions angesehen werden. Von den Hinterwurzelfasern spalten sich im Rückenmark Kollateralen ab, die an den Kerngruppen der Hintersäule mit ausgedehnten axosomatischen und axodendritischen Synapsen enden. Diese Kerngruppen sind z.T. recht voluminös und daher auch mit Eigennamen belegt worden (Stilling-Clarkesche Säule, Nucleus dorsalis columnae posterior). Die Zellen dieser

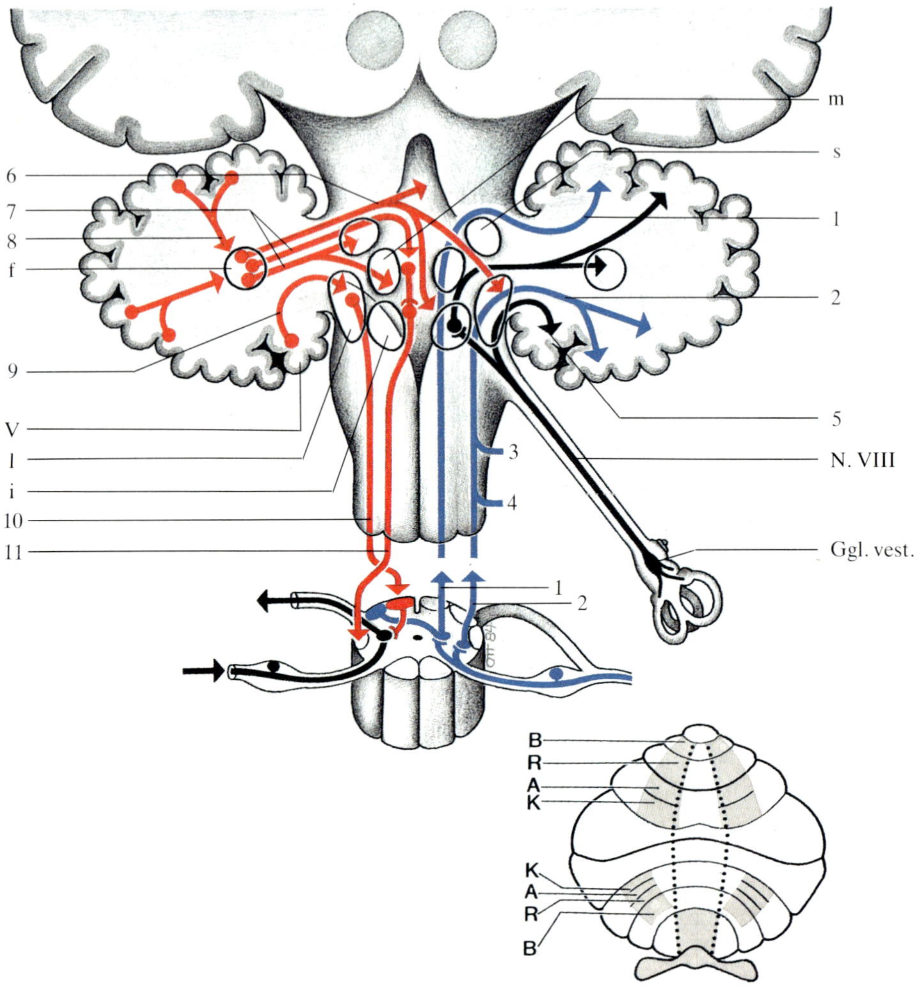

Abb. 73. Schema der wichtigsten Bahnen des Vestibularissystems. Rechts: afferente Bahnen; links: efferente Bahnen (O.). Kleinhirnschema: Projektion des Körpers auf die Kleinhirnrinde des Spinozerebellums. B = Bein; R = Rumpf; A = Arm; K = Kopf.
Kerne: f = Nucl. fastigii; i = Nucl. vestibularis inf.; l = Nucl. vestibularis lat. (Deiters); m = Nucl. vestibularis sup.; V = Vestibulocerebellum (Lobus flocculonodularis); Ggl. vest. = Ganglion vestibulare; N. VIII = N. vestibulocochlearis.

Afferente Bahnen:
1 = Tract. spinocerebellaris ant. (Gowers)
2 = Tract. spinocerebellaris post. (Flechsig)
3 = Tract. cuneocerebellaris
4 = Tract. spinocerebellaris rostralis
5 = Tract. vestibulocerebellaris

Efferente Bahnen:
6 = Fasciculus uncinatus
7 = Tract. fastigiobulbares rectae
8 = Tract. corticonuclearis
9 = Tract. cerebellovestibularis
10 = Tract. vestibulospinalis
11 = Tract. reticulospinalis

Kerne bilden das zweite Neuron der Kleinhirn-Seitenstrangbahnen. Im Sinne unserer obigen Betrachtung muß man diese Zellen als Strangzellen des Rückenmarks ansehen. Der Hauptteil der von ihnen ausgehenden Neuriten verläuft ipsilateral in den Seitensträngen aufwärts, etwa ⅕ kreuzt auf die Gegenseite. Die vordere Kleinhirn-Seitenstrangbahn (GOWERS) soll mehr gekreuzte Fasern enthalten als die hintere. Das Flechsigsche Bündel (hintere Kleinhirn-Seitenstrangbahn) erreicht ohne Unterbrechung das Spinocerebellum, und zwar auf dem Wege über die *unteren* Kleinhirnstiele (Pedunculi cerebellares inferiores), während das Gowerssche Bündel (vordere Kleinhirn-Seitenstrangbahn) zunächst noch ein Stück weit am Boden der Rautengrube nach vorn zieht und erst dann nach rückwärts in die oberen Kleinhirnstiele (Pedunculi cerebellares superiores) umbiegt, um schließlich von *vorn* her in den Kleinhirnwurm zu gelangen. Neben den Kleinhirn-Seitenstrangbahnen wurde neuerdings noch eine weitere spinozerebellare Bahn entdeckt, die hauptsächlich die Afferenzen aus der oberen Extremität leitet und das Kleinhirn durch den unteren Kleinhirnstiel betritt *(Tractus spinocerebellaris rostralis)*. Ein vierter Faserstrang ist für die Gleichgewichtsregulationen besonders wichtig, da er dem Kleinhirn die Informationen aus Muskulatur und Gelenken des Halsbereiches übermittelt und damit die Abschätzung der jeweiligen Kopfstellung ermöglicht *(Tractus cuneocerebellaris)*. Er entspringt im dorsalen Bereich der Medulla oblongata (im Nucleus cuneatus accessorius) und schließt sich der dorsalen Kleinhirn-Seitenstrangbahn an. Die spinozerebellaren Bahnen zeigen damit eine somatotopische Gliederung, die sich auch am Kleinhirnwurm widerspiegelt, insofern als der Fuß, die untere Extremität auf die vorderen Abschnitte des Kleinhirns (Lobus ant.), der Rumpf und die obere Extremität und daran anschließend (Lobus post.) Hals, Gesicht und Kopf auf die Kleinhirnrinde projiziert werden. Wichtig ist außerdem, daß die Tractus spinocerebellares in der Rautengrube zahlreiche Kollateralen an die Vestibulariskerne abgeben, vor allem an den Deitersschen Kern, so daß bereits durch diese Verbindungen vestibulomotorische Schnellreaktionen eingeleitet werden können.

Efferente Bahnen. Bei den efferenten Bahnen können zwei verschiedene Systeme unterschieden werden, die direkten und die indirekten. Vom Vestibulocerebellum (also Flocculus, Nodulus, Uvula usw.) sowie auch von den spinozerebellaren Anteilen des Wurmes gehen direkte Faserstränge aus, die zu allen vier Vestibulariskernen ziehen *(Tractus cerebellovestibulares)*. Der größte Teil, der mit den Gleichgewichtsregulationen befaßten Systeme, wird aber in den Dachkernen des Kleinhirns umgeschaltet (indirekte Systeme). Die aus den vorderen und hinteren Abschnitten des Wurmes kommenden Fasern erreichen vor allem den Nucleus fastigii (Tractus corticonucleares), werden hier in somatotopischer Gliederung umgeschaltet und ziehen dann entweder ipsilateral *(Tractus fastigio-bulbares rectae)* oder kontralateral im sog. Russelschen Hakenbündel *(Fasc. uncinatus)* zu den Vestibulariskernen.

Die wichtigste efferente Anschlußbahn des Vestibularissystems zum Rückenmark ist der *Tractus vestibulospinalis*, der vom Deitersschen Kern ausgeht (Nucleus term. lat.), durch den Vorderseitenstrang des Rückenmarks der gleichen Seite verläuft und an den γ-Motoneuronen des Vorderhorns endet. Die Impulse aus der Retikularisformation des Hirnstammes werden, soweit es sich in unserem Zusammenhang um Gleichgewichtsregulationen handelt, durch den *Tractus reticulospinalis* zu den γ-Motoneuronen geleitet.

Damit benützt auch das Vestibularissystem wiederum das erste funktionelle System, d. h. die beschriebenen Regelkreise des Eigenreflexapparates als gemeinsame Endstrecke. Direkte, von der Kleinhirnrinde zu den motorischen Vorderhornzellen oder zur Muskulatur verlaufende Bahnen, gibt es nicht. Das Gleichgewichtssystem dient vor allem der Erhaltung des der jeweiligen Körperstellung entsprechenden Muskeltonus sowie der bewegungsdynamischen Korrektur, der bei den Bewegungen zwangsläufig auftretenden Ungleichgewichte. Hierbei helfen auch die großen Sinnesorgane (Auge, Ohr) in entscheidender Weise mit. Besondere Bedeutung für die Gleichgewichtsregulationen haben die Mitbewegungen der Augen. Die Vestibulariskerne besitzen daher auch Verbindungen zum medialen Längsbündel *(Fasc. longitudinalis med.)*, das u.a. die drei Augenmuskelkerne miteinander verknüpft (Nucl. orginis N. III, N. IV und N. VI). Das mediale Längsbündel ist aber keine einheitlich durchgehende Bahn, sondern setzt sich aus zahlreichen Teilstücken zusammen. Es liegt dicht neben der Mittellinie unmittelbar am Boden der Rautengrube und läßt sich bis ins Rückenmark hinein verfolgen, wo es im Vorderstrang unmittelbar neben der Fissura mediana ant. zu finden ist.

Über das mediale Längsbündel kann die Augenmuskelmotorik mit den Gleichgewichtsregulationen korreliert werden.

Reizt man z.B. durch Ausspülen des äußeren Gehörganges mit kaltem oder warmem Wasser den lateralen Bogengang, indem man durch Temperaturveränderungen eine Endolymphströmung erzeugt und damit eine Erregung der ampullären Rezeptoren hervorruft, so tritt eine rhythmische Bewegung der Augen in der Ebene des Bogenganges auf (sog. *kalorischer Nystagmus* nach R. BÁRÁNY). Man sieht also, daß neuronale Verbindungen zwischen der Augenmuskelmotorik und dem Vestibularisapparat vorhanden sind. Diese direkten, reflektorisch arbeitenden Neuronenketten sind funktionell von großer Wichtigkeit. Normalerweise erfolgt bei jeder Kopfbewegung eine reflektorische Gegenbewegung der Augen, wodurch der Blickpunkt festgehalten wird und die optische Perzeption ungestört bleibt *(vestibuläre, kompensatorische Blickbewegungen)*. Bei plötzlichen Lageveränderungen des Kopfes wird die Stellung der Augen reflektorisch korrigiert und dadurch die optische Kontrolle der Raumorientierung aufrechterhalten.

Klinisch können diese Zusammenhänge auch zur Prüfung des Vestibularissystems benützt werden. Wenn bei raschen Kopfdrehungen die Augen in ihrer ursprünglichen Stellung verbleiben, ist der vestibuläre Apparat intakt. Bei Erkrankungen tritt *Nystagmus* auf. Zentrale und periphere Vestibularisstörungen können an der Art des Nystagmus unterschieden werden. Zum Beispiel ist bei den peripheren Läsionen die rasche Komponente der Augenbewegung nach der Gegenseite gerichtet.

Erkrankungen des Vestibularissystems verursachen Gleichgewichtsstörungen (Ataxien), unsicheren Stand, Unsicherheit beim Gehen (breitbasiger Gang) oder Rumpfataxien beim Sitzen. Läsionen des Labyrinthorgans rufen Schwindel, häufig von vegetativen Symptomen (Erbrechen, Übelkeit) begleitet, hervor.

Zusammenfassend kann also das Vestibularissystem als ein großer, über das Urkleinhirn gezogener, mehrgliedriger Leitungsbogen angesehen werden, der den Muskeltonus und das Bewegungsspiel des Organismus in der Weise koordiniert, daß das Gleichgewicht bei jeder Art von Motorik aufrechterhalten werden kann. Die Steuerung der Motorik erfolgt im wesentlichen über die γ-Efferenzen der kleinen Motoneurone des Rückenmarks, d.h. also auf dem Wege über die Spindelmotorik.

4. Zentralmotorische Systeme – Viertes und fünftes funktionelles System der Sensomotorik

Außer den genannten Bewegungstypen verfügt der menschliche Organismus aber noch über eine Fülle weiterer Bewegungsmöglichkeiten, die an die Funktionstüchtigkeit der zentralen Hirnabschnitte gebunden sind. Es handelt sich um die willkürlichen sowie auch die unwillkürlichen, erlernten und automatisierten Bewegungen, deren Programme von der Großhirnrinde und den subkortikalen Kernen (Stammganglien) entworfen und dem spinalen Apparat übermittelt werden. Auch hier ist wieder das Rückenmark mit seinen Verbindungen zur Muskulatur die »gemeinsame Endstrecke«, das heißt, auch die zentralmotorischen Systeme enden letztlich an den Motoneuronen des Rückenmarks.

Früher sah man die sog. Willkürmotorik als »pyramidal« an und glaubte, daß diese Gruppe von Bewegungen ausschließlich von den motorischen Arealen des Cortex, während die »unwillkürlichen« Bewegungen von den subkortikalen Kerngebieten (Striatum, Pallidum, Nucleus ruber usw.) geregelt würden. Da diese gewissermaßen »außerhalb« der pyramidalen Regionen lokalisiert sind, bezeichnete man sie als »extrapyramidal«. Das pyramidale System sollte an den Alphamotoneuronen, das extrapyramidale an den Gammamotoneuronen angreifen. Neuere elektrophysiologische Untersuchungen haben jedoch gezeigt, daß eine so weitgehende Schematisierung nicht zulässig ist und die Verhältnisse wesentlich komplizierter liegen. Bei Versuchstieren, selbst wenn es sich um Primaten handelt, läßt sich eine scharfe Grenze zwischen pyramidal- und extrapyramidal-motorischem System kaum ziehen. Auch ist der Begriff »Willkürmotorik« beim Tier schwer zu definieren. Wo ist die Grenze zwischen willkürlich intendierter und unwillkürlicher Bewegung? Reizversuche zeigten schließlich, daß die Großhirnrinde nicht nur pyramidal-motorische Areale, sondern auch ausgedehnte extrapyramidale Felder besitzt und daß die sensorischen und motorischen Bahnsysteme in vielfacher Weise verknüpft sind.

Dennoch ist die zentrale Motorik nicht einheitlich. Im Laufe der Stammesgeschichte hat sich, vor allem bei den Primaten, ein kortikal-motorisches System entwickelt, das in der Lage ist, die primitiveren mit Haltungskorrekturen und Instinkthandlungen verknüpften motorischen Regulationen zu unterdrücken und dadurch freie Eigenbewegungen sowie neue, bisher nicht vorhandene Bewegungsabläufe zu intendieren. Beim Menschen erreichen diese neuen Bewegungsmöglichkeiten ein ungeahntes Ausmaß. Es handelt sich vor allem um die Geschicklichkeitsbewegungen sowie die feineren Greif- und Tastbewegungen exploratorischen und manipulatorischen Charakters, die vom Bewußtsein kontrolliert werden. Hierfür bildet sich ein »Direktweg« von der Großhirnrinde zum Rückenmark aus, der *Tractus pyramidalis* (Pyramidenbahn). Demgegenüber werden die von den übrigen zentralmotorischen (»extrapyramidalen«) Kerngebieten programmierten Bewegungsformen nicht durch direkte Bahnen geregelt und nicht unmittelbar vom Bewußtsein beeinflußt. Es handelt sich einerseits um die große Gruppe der unwillkürlichen Begleitbewegungen bei der Mimik, beim Gehen, Schreiben oder Sprechen, die vielfach unserer bewußten Kontrolle ganz entfallen sind. Nicht zuletzt gehören hierher auch alle erlernten Bewegungen, die z. B. beim Sport, bei der Bedienung eines Instrumentes oder einer Maschine ausgeübt werden. Diese speziellen Bewegungskombinationen werden anfangs meist »pyramidal«, d. h. von den kortikalen Rindenzentren aus, intendiert, dann aber vom extrapyramidalen System übernommen und »automatisiert«.

Die mit diesen Bewegungsformen beschäftigten zentralmotorischen Systeme sind vielneuronig und komplex. Die neuronalen Verknüpfungen sind vielgestaltig, wobei immer Verbindungen von höheren zu niederen Zentren bestehen und umgekehrt. Wir haben es also mit einem kaskadenartigen Aufbau zu tun. In der Evolution kommen von Stufe zu Stufe neue, höhere und komplexere Bahnverbindungen hinzu. Jedes Entwicklungsstadium erreicht eine ausbalancierte Gesamtkontrolle über die jeweils verfügbare Sensomotorik. Die nächste Stufe dringt wieder ein Stück weiter vor, ohne jedoch das früher Erreichte aufzugeben. Nur das jüngste Produkt dieser Entwicklung, der pyramidale Leitungsbogen, stellt ein Novum dar. Hier handelt es sich nicht um eine nochmals aufgesetzte Spitzenkaskade, sondern um einen neuen, gesonderten Durchgangskanal, einen Schnellweg, der an allen anderen Stationen vorbei direkt bis zum spinalmotorischen Apparat vorstößt, freilich nicht ohne mit den älteren Strukturen möglichst viele kollaterale Verbindungen einzugehen (Henatsch).

Aus diesen Gründen erscheint es wiederum bis zu einem gewissen Grad gerechtfertigt, wenigstens beim Menschen, ein »pyramidales System« einem nichtpyramidalen motorischen System gegenüberzustellen, man muß sich nur der engen Verflechtung beider bewußt bleiben, sowie auch der Tatsache, daß das nichtpyramidale (»extrapyramidale«) System keineswegs eine Einheit darstellt, sondern hinsichtlich Struktur und Funktion sehr heterogen ist. Es ist auch streng genommen nicht der Vorläufer des kortikalmotorischen (»pyramidalen«) Systems. Vielmehr entwickeln sich die beim Menschen differenzierten höheren, zentralmotorischen Systeme alle aus einer gemeinsamen Vorstufe. Die phylogenetisch erst spät entstandene Zweiheit der motorischen Systeme des zentralen NS ist in vielfacher Hinsicht bedeutungsvoll. Die »Freiheit«, die das pyramidale System im Rahmen der übrigen Bewegungsmechanismen hat, ermöglicht es dem Menschen in besonderem Maße, neue, bisher nicht ausgeübte Bewegungen zu erlernen. Sind neuartige Willkürbewegungen – meist mühevoll und ungeschickt – erst einmal erlernt worden, übernimmt das extrapyramidale System dann diese, schließlich »eingeschliffenen«, vielfach automatisierten Bewegungsformen, und die Hirnrinde ist wieder frei für das Erlernen weiterer Bewegungskombinationen. Diese Zweiheit des zentralmotorischen Apparates ermöglicht es also dem Organismus, sich ständig neue Bewegungsformen anzueignen und einzuprägen. Tiere vermögen in der Regel nur in einem sehr geringen Umfang neuartige Bewegungen zu erlernen. Die motorischen Verhaltensweisen sind frühzeitig festgelegt und »geprägt«. Die höheren Primaten und in besonderem Maße der Mensch besitzen dagegen einen erstaunlichen Spielraum für willkürlich erlernbare Bewegungsgestalten. Die morphologischen Grundlagen hierfür sind in der phylogenetischen Entwicklung schrittweise durch den Ausbau der Großhirnrinde und der zugehörigen sensomotorischen Kerngebiete geschaffen worden.

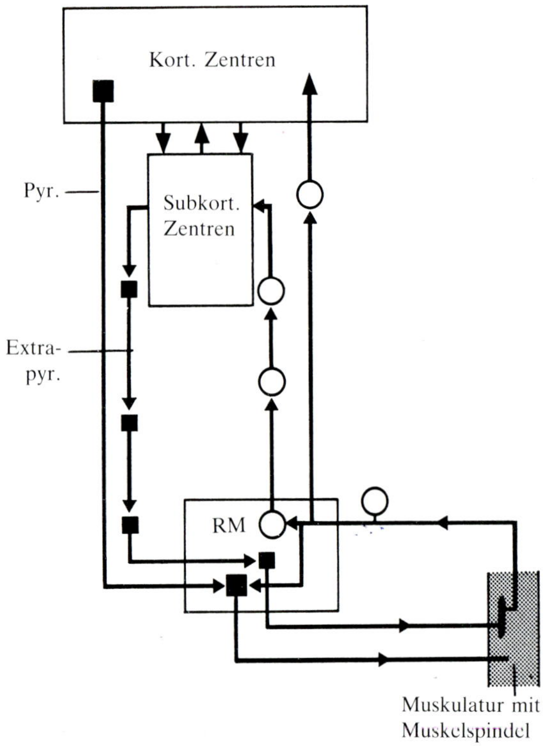

Abb. 74. Prinzipieller Aufbau der über das Großhirn bzw. die subkortikalen Zentren gezogenen Leitungsbögen des pyramidalen und extrapyramidalen Systems, die sich an den elementaren, myostatischen Regelkreis des RMs angliedern (B.). Extrapyr. = extrapyramidale, efferente Bahnen; Pyr. = Pyramidenbahn; RM = Rückenmark.

Zwar sind viele der *Kerngebiete* der extrapyramidalen Motorik bereits bei niederen Wirbeltieren gut entwickelt; erst bei den höheren Säugern erfolgt jedoch deren weitere Differenzierung, die meist zur Entwicklung neuer, häufig kleinzelliger Kerngruppen innerhalb der alten Zentren geführt hat. Auf diese Weise kann man in den Stammganglien des Menschen fast überall noch neenzephale und paläoenzephale Anteile unterscheiden, so z. B. ein Neostriatum von einem Paläostriatum, ein Neorubrum von einem Paläorubrum usw. Die größte Entwicklung hat jedoch die Großhirnrinde selbst erfahren. Hier ist der Anbau neuer motorischer Systeme auch äußerlich im Rindenrelief sichtbar geworden. Vor allem Stirn- und Scheitellappen haben sich in Zusammenhang mit dem Ausbau dieser funktionell höchsten sensomotorischen Leitungsbögen stark vergrößert. Das Paläopallium (Allokortex) ist durch das Neopallium (Neokortex, Isokortex) zurückgedrängt worden und hat sich diesem funktionell untergeordnet (vgl. S. 172).

Im Vorderhirnbereich haben sich also zum Schluß so mannigfaltige Bahnverbindungen, flexible Regelungen und durchgreifende Steuerungen ergeben, daß (kybernetisch gesprochen) lernfähige, »adaptive Systeme« höchster Ordnung zustande gekommen sind. In dieser Hinsicht erreicht die Organisation des menschlichen Gehirns eine einmalige Höhe.

a) Extrapyramidalmotorisches System – Viertes funktionelles System der Sensomotorik

Von funktionellen Gesichtspunkten aus lassen sich im extrapyramidalen System, das wir hier begrifflich sehr weit fassen und als übergeordnete, sensomotorische Einheit für alle nichtpyramidalen, supraspinalen, motorischen Vorgänge definieren, drei kleinere Systembereiche unterscheiden, die im wesentlichen die Grundgliederung des ZNS widerspiegeln. Der erste Teilbereich umfaßt die Kerngebiete des Tel- und Dienzephalons, d. h. die extrapyramidalen motorischen Felder der Großhirnrinde, das zum Telencephalon gehörige Corpus striatum (Nucleus caudatus und Putamen) sowie die zum Zwischenhirn zählenden Kerngruppen des Thalamus, des Globus pallidus und Nucleus subthalamicus. Zum dritten Teilbereich gehören eine Reihe von Kernen der Formatio reticularis des Rautenhirns (Nucleus reticularis pontis, Nuclei reticulares medullae oblongatae), die am Boden der Rautengrube zu finden sind und mit langen deszendierenden Bahnen zum Rückenmark ziehen. Zwischen diesen beiden Gruppen ist ein zweiter Teilbereich eingeschaltet, der hauptsächlich im Mittelhirn lokalisiert ist und im wesentlichen aus dem Nucleus ruber und der Substantia nigra besteht. Die erste Teilgruppe, die man auch als das System der subkortikalen Kerne bezeichnen kann, obwohl es ausgiebige Verbindungen mit dem Cortex gibt, hat vornehmlich mit den »höheren« extrapyramidalmotorischen Funktionen zu tun, d. h. mit den erlernten, unbewußten Bewegungen (Gesten, Mimik etc.) sowie den zahlreichen unwillkürlichen Begleitbewegungen, die beim Sprechen und bei den bewußt intendierten Zielbewegungen gleichzeitig immer mit ablaufen. Das sind die persönlichkeitstypischen Bewegungen, die sozusagen eingefahren und deren Programme im allgemeinen nur schwer zu modifizieren sind.

Die dritte Teilgruppe, die die Kernareale der Formatio reticularis der Medulla oblongata und der Brückenregion umfaßt, kann als unmittelbarer »Vorgesetzte« der spinalen Systeme des Rückenmarks angesehen werden. Von hier gehen lange Bahnen aus (Tractus reticulospinales etc.), die die motorischen Vorderhornzellen des Rückenmarks erreichen und damit den Regelsystemen des Rückenmarks die supraspinalen motorischen Programme einprägen. Ihre Aufgabe besteht in der Weiterleitung der von den höheren Zentren kommenden Impulse oder in der Durchführung einfacher motorischer Abläufe wie sie z. B. bei den eintönigen, im selben Rhythmus sich wiederholenden Extremitätenbewegungen beim Laufen, Gehen etc. vonstatten gehen.

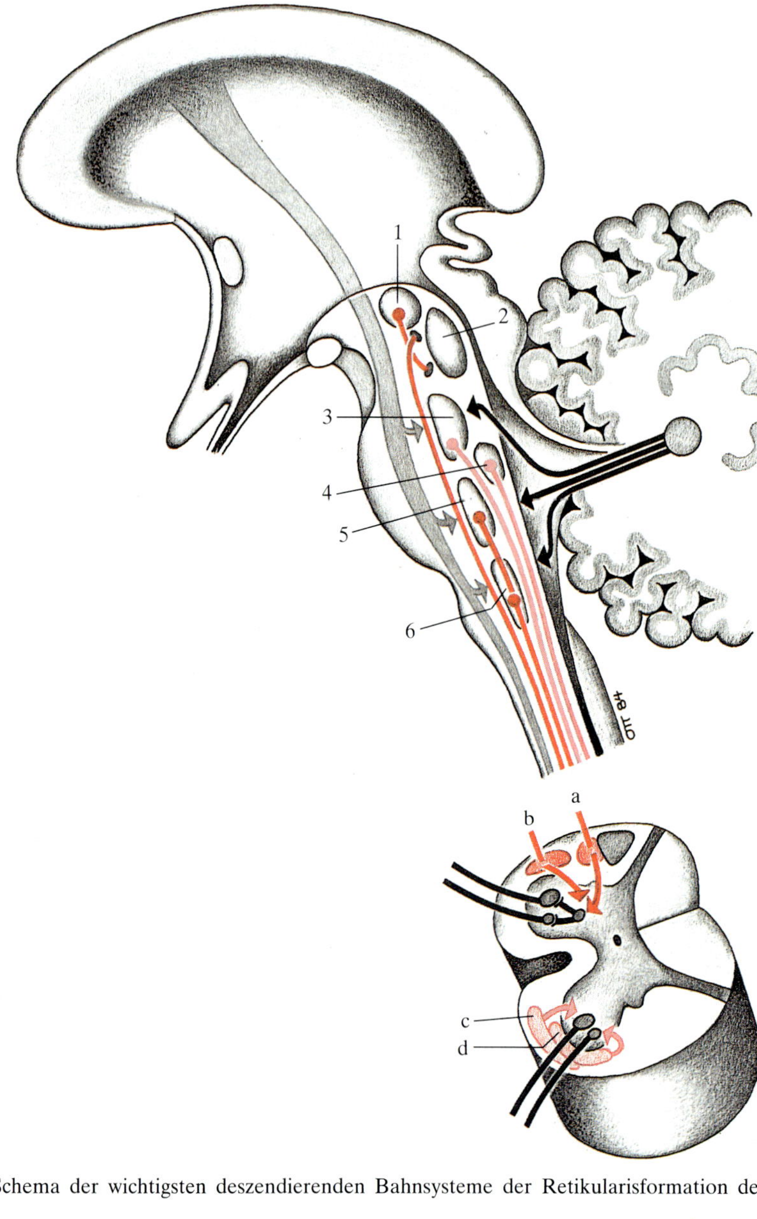

Abb. 75. Schema der wichtigsten deszendierenden Bahnsysteme der Retikularisformation des Rautenhirns (O.).

Kerne: 1 = Nucleus ruber
2 = Formatio reticularis mesencephali
3 = Nucl. reticularis pontis
4 = Nucl. gigantocellularis
5 = Nucl. medullae oblongatae centralis
6 = Formatio reticularis lat.

Bahnen: a = Tr. rubrospinalis
b = Tr. reticulospinalis lat.
c = Tr. vestibulospinalis
d = Tr. reticulospinalis med.

Die Mittelhirnkerne (Nucleus ruber, Substantia nigra, Formatio reticularis mesencephali) nehmen in diesem Zusammenhang eine Mittelstellung ein. Sie können die Erregung aus den höheren Zentren an die Kerne des Rautenhirns und damit an das Rückenmark weiterleiten. Sie stellen andererseits aber auch wichtige Schaltstellen dar, die auch anderen Systemen wie z. B. dem Gleichgewichtsapparat (Kleinhirn) oder dem pyramidalen System (Großhirn) einen modifizierenden Einfluß auf die extrapyramidale Motorik ermöglichen.

Deszendierende Bahnsysteme. Die Retikularisformation des Rauten- und Mittelhirns gliedert sich in mehrere Kerngruppen, die für das extrapyramidal-motorische System von Bedeutung sind (Abb. 75). Im Mittelhirn liegt der Nucleus ruber, der als eine Verdichtung der Retikularisformation angesehen werden kann und dessen rötliche Farbe auf die Einlagerung eisenhaltiger Pigmente zurückzuführen ist. Vom Nucleus ruber geht der *Tractus rubrospinalis* aus, der noch innerhalb der sog. Haube (Tegmentum) auf die Gegenseite kreuzt (ventrale oder Forelsche Haubenkreuzung), im Seitenstrang des Rückenmarks (meist unmittelbar vor den Pyramidenbahnen) abwärts zieht und dann an den Zwischenneuronen, die die γ-Motoneurone der Flexorenmuskulatur aktivieren, endet. Weiterhin befinden sich in der Medulla oblongata mehrere kernartige Verdichtungen der Formatio reticularis, von denen lange, ins Rückenmark absteigende Bahnen ausgehen, die ebenfalls an den Motoneuronen enden. Diese medulläre Retikularisbahn *(Tractus reticulospinalis lat.)* verläuft im Vorder-Seitenstrang des Rückenmarks und erregt ebenfalls über Zwischenneurone die α- und γ-Motoneurone der Flexorenmuskula-

Deszendierende Bahnsysteme des extrapyramidalen Systems					
	Bahnen	Exzitatorische Funktion	Inhibitorische Funktion	Endigungsform	Funktionelle Beziehungen zum
Mediale Bahnen	Tr. reticulospinalis med. Tr. vestibulospinalis	α- u. γ-Motoneurone der Extensoren	α- u. γ-Motoneurone der Flexoren	Monosynaptisch	Eigenreflexapparat des Rückenmarks
Laterale Bahnen	Tr. reticulospinalis lat. Tr. rubrospinalis	α- u. γ-Motoneurone der Flexoren	α- u. γ-Motoneurone der Extensoren	Über Interneurone	Fremdreflexapparat des Rückenmarks

tur, während gleichzeitig die Motoneurone für die Extensorenmuskulatur gehemmt werden.

Neben den lateralen, Flexoren-stimulierenden Bahnen existieren aber auch noch deszendierende Bahnsysteme, die eine antagonistische Funktion haben und vor allem im medialen Bereich des Rautenhirns und des Rückenmarks lokalisiert sind (medialer Strang der deszendierenden Retikularis-Bahnen). Dazu gehört erstens der *Tractus vestibulospinalis,* der vom Deitersschen Vestibulariskern ausgeht, und zweitens der *Tractus reticulospinalis med.,* der von den pontinen Retikulariskernen (Nucleus reticularis pontis) entspringt. Diese medialen Retikularisbahnen erregen im Gegensatz zu den lateralen Bahnen die α- und γ-Motoneurone der Extensorenmuskulatur, und zwar vornehmlich monosynaptisch, d. h. ohne Interneurone, während die Flexorenneurone gleichzeitig gehemmt werden (Abb. 75).

Da die beiden deszendierenden Systeme der Retikularisformation funktionell antagonistisch orientiert sind, d. h. einmal am Flexorensystem des Rückenmarks und einmal am

Extensorensystem angreifen, können sie bei selbständiger Tätigkeit einfache rhythmische Extremitätenbewegungen wie z. B. Laufen, gleichförmiges, nicht zielorientiertes Gehen, Marschieren usw. induzieren. Da das laterale deszendierende System mit dem Schalt- oder Eigenapparat des Rückenmarks sowie den Flexoren-innervierenden Neuronen, d. h. dem Fremdreflexapparat des Rückenmarks, das mediale System dagegen mehr mit den Motoneuronen der Extensorenmuskulatur und zwar direkt, ohne Zwischenneurone, in Verbindung steht, ergibt sich darüber hinaus auch die Möglichkeit für die übergeordneten supraspinalen Systeme, kompliziertere Bewegungsprogramme, wie sie für die »höhere« extrapyramidale Motorik charakteristisch sind, in der Peripherie zu verwirklichen. Die deszendierenden Bahnsysteme werden damit zur »gemeinsamen Endstrecke« für alle übergeordneten, extrapyramidalen Bahnen, da die subkortikalen Kerne des End- und Zwischenhirns selbst keine langen, deszendierenden Bahnen ausbilden. Nur die Pyramidenbahn überspringt die subkortikalen Kerngruppen und zieht bis ins Rückenmark, allerdings nicht ohne auf jeder Ebene des ZNS reichlich Kollateralen an die genannten Kerngruppen abzugeben, so daß auch die Kerne der deszendierenden Retikularisbahnen Informationen vom Pyramidensystem erhalten (Abb. 75). Auch das Kleinhirn sendet efferente Bahnen, die hauptsächlich vom Nucleus fastigii ausgehen, zu den Vestibulariskernen und den Kernen der Retikularisformation, so daß auf diese Weise bei allen die Motorik beeinflussenden Prozessen die harmonisierende und tonusregulierende Funktion des Kleinhirns mit eingesetzt werden kann.

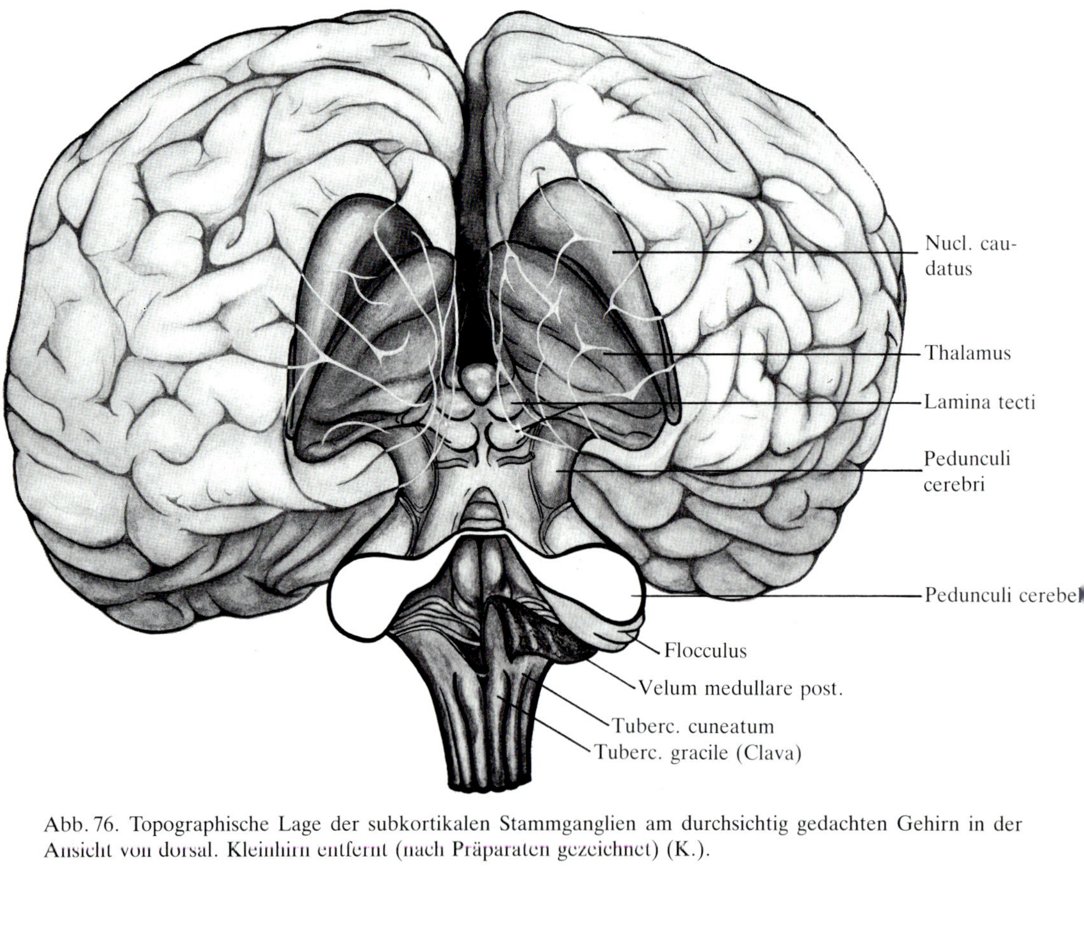

Abb. 76. Topographische Lage der subkortikalen Stammganglien am durchsichtig gedachten Gehirn in der Ansicht von dorsal. Kleinhirn entfernt (nach Präparaten gezeichnet) (K.).

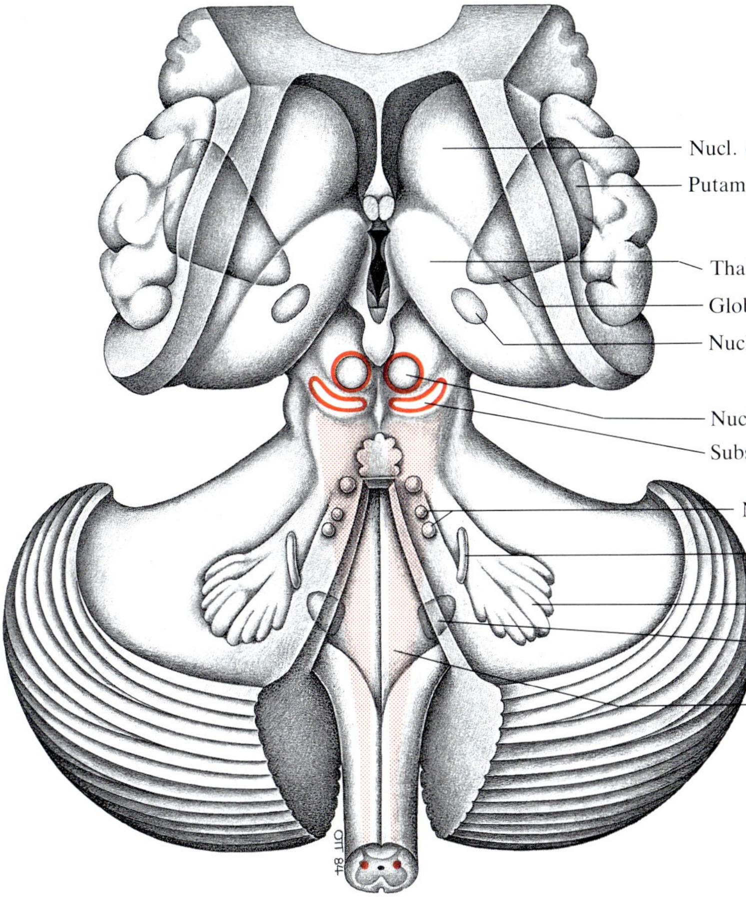

Abb. 77. Übersicht über die Lage der zum extrapyramidalen System gehörenden Kerngruppen. Ansicht von oben. Die Großhirnrinde und die vorderen Teile des Kleinhirns wurden entfernt. Das Kleinhirn wurde median halbiert und zur Seite geklappt (O.).

Subkortikale, extrapyramidale Kerne und Bahnverbindungen. Die Programme für die »höhere« extrapyramidale Motorik werden in den großen subkortikalen Kerngruppen des Zwischen- und Endhirns, d. h. im Striatum, Pallidum sowie in bestimmten, den Sulcus centralis benachbarten Arealen des Frontal- und Parietalhirns erstellt.

Die kortikalen Ursprungsgebiete des extrapyramidalen Systems oder COEPS (Cortically Originating Extrapyramidal System) schließen sich ohne scharfe Grenzen an die pyramidalen Rindenfelder an und überlappen sich vielfach mit ihnen. Sie sind präzentral hauptsächlich in Area 6 und 8, postzentral in Area 3–1 sowie 5 u. 7 lokalisiert. Aber auch in den anderen Hirnlappen liegen Felder des COEPS. Vereinfachend kann man sagen, daß die COEPS-Felder etwa konzentrisch den pyramidalen Rindenbereich umgeben. Damit hätte sich hier entwicklungsgeschichtlich ein ähnlicher Prozeß abgespielt wie im Kleinhirn. Die phylogenetisch jüngsten Regionen (pyramidale Felder) schieben sich von der Mitte aus in die älteren Zonen ein und verdrängen sie nach der Seite, so wie am Kleinhirn das Neocerebellum von der Mitte aus die älteren Gebiete des Ur- und Altkleinhirns nach vorne und hinten verschoben hat.

Die entwicklungsgeschichtliche Massenvermehrung der Projektionsbahnen hat, wie wir oben gesehen haben (vgl. S. 50), zur Aufspaltung des Basalganglions in den Nucleus caudatus und das Putamen geführt. Beide werden, wie erwähnt, unter dem Begriff des Corpus striatum zusammengefaßt. Am vorderen, temporalen Ende der Cauda nuclei caudati gliedert sich noch eine weitere Zellgruppe ab, die als Corpus amygdaloideum oder Mandelkern bezeichnet wird. Das Putamen ist breitflächig mit dem Globus pallidus verwachsen und bildet mit ihm zusammen den Linsenkern (Nucleus lentiformis). Am Globus pallidus (Pallidum) lassen sich bei Primaten ein äußeres und ein inneres Glied (pars lat. u. med.) unterscheiden.

Striatum, Mandelkern und Pallidum zusammen werden vielfach auch als *striopallidäres System* bezeichnet. Darin würde man dann ein *Neostriatum* (Putamen und Nucleus caudatus), ein *Paläostriatum* (Pallidum mit seinem äußeren und inneren Glied) und (allerdings umstritten) ein *Archistriatum* (Nucleus amygdaloideum) unterscheiden. Im Anschluß an die kortikalen Ursprungsgebiete sind das Neostriatum, das zum Endhirn gehört, und das Paläostriatum, das einen Teil des Zwischenhirns darstellt, als die funktionell wichtigsten übergeordneten Zentren des extrapyramidalen Systems anzusehen.

Die Bedeutung der kleineren Unterstationen, die unter dem Begriff der *pedunkulären Kerne* zusammengefaßt werden, ist heute noch weitgehend unklar. Sie liegen einerseits distal in Form locker gefügter Zellgruppen in enger Nachbarschaft zu den Hirnschenkeln *(Zona incerta, Forelsche Felder)*, lagern sich andererseits aber auch an den Hypothalamus an *(Nucleus subthalamicus* oder *Corpus Luysii)*. Im Mittelhirn stehen, wie erwähnt, vor allem der rote *(Nucleus ruber)* und der schwarze Kern *(Substantia nigra)* sowie die retikulären Zellformationen des Tegmentums (Nucl. motorius tegmenti) im Dienste der

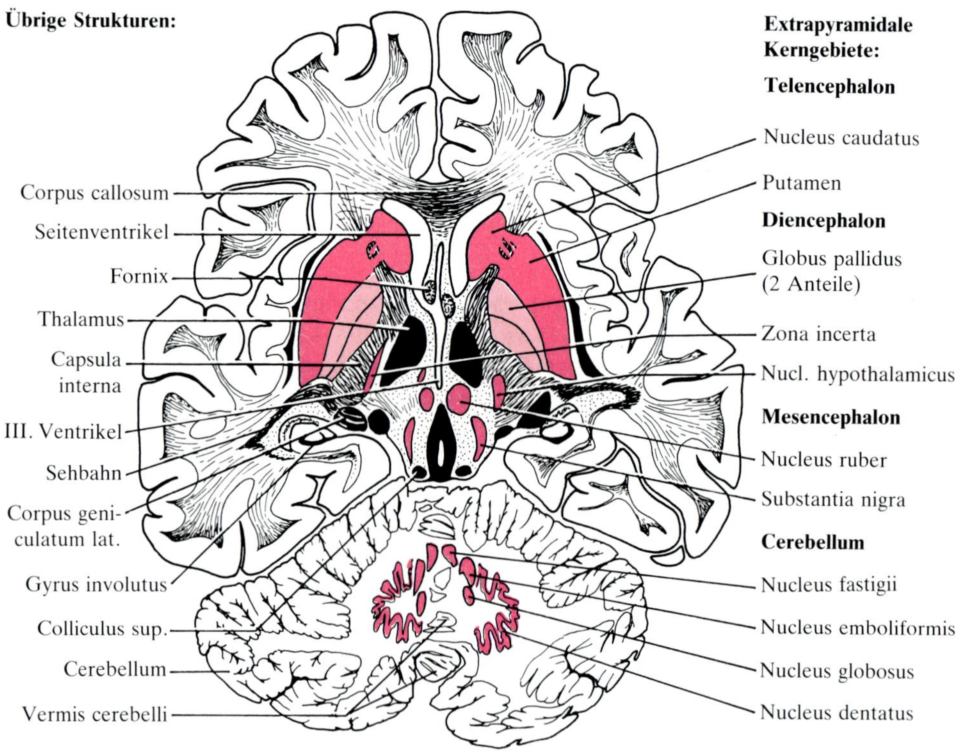

Abb. 78. Horizontalschnitt durch das menschliche Gehirn zur Darstellung der wichtigsten extrapyramidalen Kerngruppen (rot) (modif. nach CLARA) (B.).

extrapyramidalen Motorik. Im kaudal folgenden Rautenhirn besitzt außer den Kernen der Retikularisformation auch der Olivenkomplex (Nucleus olivaris inferior, Nuclei olivares accessorii und die Dachkerne sowie der Nucleus dentatus des Kleinhirns eine Beziehung zum extrapyramidalen System.

Die Kerngruppen des extrapyramidalen Systems sind histologisch durch besondere Merkmale gekennzeichnet:

1. Hoher Eisengehalt der Zellen.
2. Intensive Vaskularisation.
3. Starke Pigmentation, wodurch die Kerne meist schon makroskopisch erkennbar sind.
4. Entwicklung aus dem Grundplattenmaterial des Neuralrohres (vgl. S. 23 ff.).
5. Ausbildung doppelläufiger Bahnverbindungen in zentrifugaler und zentripetaler Richtung (Rückkoppelungsschleifen).

Charakteristisch für das extrapyramidale System ist ferner, daß seine Kerne in der Regel nicht einheitlich gebaut sind. Zwar unterscheiden sich Nucleus caudatus und Putamen strukturell nicht voneinander. Sie bestehen zum größten Teil aus kleinen Nervenzellen, zwischen die nur hier und da große Neurone eingestreut sind. Der Globus pallidus zeigt demgegenüber eine wesentlich andere Struktur. Hier überwiegen die großen fusiformen Ganglienzellen, die allgemein locker verteilt sind. Der Nuclus ruber besteht aus zwei verschiedenen Teilen, von denen der eine mehr kleine, eng zusammenliegende Neurone (Pars parvicellularis), der andere mehr große, weiträumig verteilte Nervenzellen (Pars magnocellularis) besitzt. Auch in der Substantia nigra, die ein phylogenetisch sehr junges Kerngebiet darstellt und erst bei den Säugern in dieser Form auftritt, läßt sich eine Pars reticularis und eine Pars compacta unterscheiden, die nicht nur strukturell, sondern auch funktionell verschieden sind. So gehen von der Pars compacta dopaminerge Fasern aus, die rückläufig zum Nucleus caudatus ziehen und den Transmitter Dopamin in großer Menge im Nucleus caudatus und im Putamen freisetzen, so daß diese Kerne zu den dopaminreichsten Arealen des ZNS gehören. Vom großzelligen Teil der extrapyramidalen Kerne gehen in der Regel die längeren Bahnen, vom kleinzelligen die kürzeren, intrakortikalen Verbindungen aus. Beim Nucleus ruber entspringt der Tractus rubrospinalis z. B. vom großzelligen, phylogenetisch älteren Teil, während die kurzkettigen Verbindungen zur Retikularisformation oder zur Olive vom kleinzelligen Teil ausgehen.

Die Bahnverbindungen der kortikalen und subkortikalen Kerngebiete des extrapyramidalen Systems sind dadurch charakterisiert, daß sich nirgends direkte, lange Faserstränge ausbilden, sondern doppelläufige, kurze, vielgliedrige Neuronenketten vorhanden sind, die sich in der Regel an die hierarchische Gliederung des ZNS halten, d. h. von den Zentren des Endhirns zu denen des Zwischenhirns, von diesen wieder zu denen des Mittelhirns und schließlich zum Rautenhirn ziehen. Eine besonders auffällige Struktur in diesem Zusammenhang ist die *zentrale Haubenbahn* (Tr. tegmentalis centralis), worunter man ein vielgliedriges Neuronensystem innerhalb der Retikularisformation der Haube (Tegmentum) versteht, in das viele der übergeordneten Systeme einmünden und das sich kaudalwärts in die beschriebenen Tractus reticulospinalis fortsetzt. Durch die vielneuronigen Bahnverbindungen der subkortikalen Kerne und der Retikularisformation von Mittel- und Rautenhirn ergeben sich funktionell vielfache Rückkoppelungsschleifen sowie auch Möglichkeiten für das korrigierende und modifizierende Eingreifen anderer benachbarter Systeme, wie z. B. des Pyramidensystems oder des Kleinhirns.

Die Bewegungsentwürfe für das extrapyramidale System stammen letztlich aus der Großhirnrinde, und zwar aus dem Bereich der sog. COEPS-Areale des Frontal- und Parietalhirns. Diese Rindenfelder haben Verbindung mit dem Corpus striatum. Die efferenten Neurone des Striatum enden wiederum im Globus pallidus (Tractus striato-

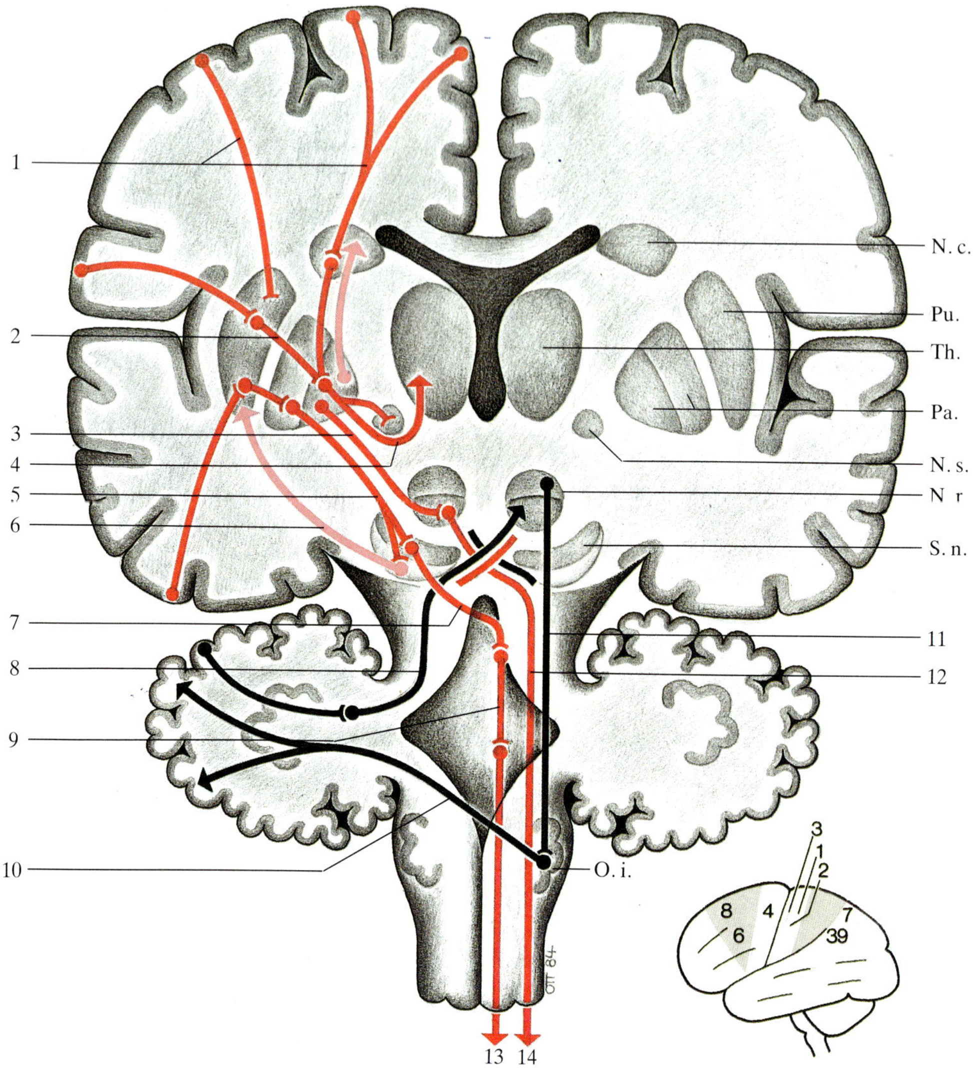

Abb. 79. Schema der wichtigsten efferenten Bahnen des »extrapyramidalen« Systems. Das Schema der Großhirnrinde zeigt die extrapyramidalen Rindenfelder (COEPS) (graue Areale). Zahlen nach Brodmann (vgl. Abb. 160) (O.).

Kerne: O. i. = Oliva inf.; N. c. = Nucl. caudatus; N. r. = Nucl. ruber; N. s. = Nucl. subthalamicus; Pa = Globus pallidus; Pu = Putamen; S. n. = Substantia nigra; Th = Thalamus.

Bahnen:

1 = Kortikostriale Bahnen
2 = Tr. striatopallidalis
3 = Tr. pallidorubralis
4 = Ansa lenticularis
5 = Tr. pallidonigralis
6 = Dopaminerge, rückläufige nigrostriale Bahn
7 = Tr. nigroreticularis
8 = Tr. cerebellorubralis
9 = Tr. reticulospinalis
10 = Tr. olivocerebellaris
11 = Tr. rubroolivaris
12 = Tr. rubrospinalis
13 = Med. deszendierende Bahnen (für Extensoren)
14 = Lat. deszendierende Bahnen (für Flexoren)

pallidalis) (Abb. 79). Das Pallidum seinerseits sendet dann wieder efferente Fasern zur Substantia nigra, zum Nucleus subthalamicus und auch (allerdings in geringerem Maße) zum Nucleus ruber. Eine wichtige rückläufige Verbindung besteht zu den ventralen und vorderen Thalamuskernen (Nucleus ventralis anterior und Nucleus ventralis lateralis), die ihrerseits wiederum mit den motorischen Zentren des Großhirns sowie den efferenten Bahnen des Kleinhirns verbunden sind. Durch die Einbeziehung der sensorischen Kerne des Thalamus ergibt sich eine besonders wichtige Rückkoppelungsschleife im Bereich der kortikalen und subkortikalen Zentren des extrapyramidalen Systems, durch die alle »Unebenheiten« der extrapyramidalen Motorik bereits auf höchster Ebene ausgeglichen und harmonisiert werden. Jeder der Hauptkerne dieses Regelsystems erfüllt eine spezifische und unterscheidbare Aufgabe. Nach klinischen und experimentellen Befunden gehen vom Striatum hauptsächlich hemmende, vom Pallidum dagegen fördernde Impulse für die extrapyramidale Motorik aus. Nach elektrophysiologischen Reizungen der Striatumkerne hören sofort alle spontanen oder induzierenden Bewegungen der Extremitäten auf (sog. Arrestreaktionen). Umgekehrt zeigen sich nach bilateralen Striatumläsionen verschiedene Enthemmungsphänomene, am auffallendsten in Form eines unwiderstehlichen Vorwärtsbewegungsdranges. Bei Affen konnten bei progressiver Schädigung des Putamens plötzliche, unwillkürliche und langsame Athetose-ähnliche Bewegungsfolgen, in denen gegensätzliche Greif- und Vermeidungsreaktionen miteinander abwechseln, beobachtet werden. Das Striatum scheint also hauptsächlich selektierende Hemmungskontrollen auf die kortikalmotorische Aktivität auszuüben, wodurch wahrscheinlich erst das pyramidale System die Freiheit erhält, sich auf spezifische isolierte und neuartige Einzelbewegungen zu konzentrieren. Das Pallidum mit seinem inneren Glied wirkt demgegenüber auf die extrapyramidale Motorik anregend oder sogar überaktivierend ein. Ausgedehnte, beidseitige Läsionen des Pallidums bewirken bei Affen ausgesprochene Bewegungsarmut (Akinese), ja sogar »kataleptische« Zustände. Wird nur das äußere Pallidumglied zerstört, so zeigt sich mehr eine hyperkinetische Tendenz.

Die Mittelhirnkerne haben die Aufgabe, die pyramidale und extrapyramidale Aktivität höherer Zentren mit den nachgeordneten Schaltstationen zu koordinieren. Der *Nucl. ruber* gehört dabei weniger zum striopallidären System. Vielmehr werden hier einerseits die von den pyramidalen Rindenfeldern ausgehenden Aktivitäten umgeschaltet und zum Rückenmark weitergeleitet *(Tractus cortico-rubro-spinalis)*, andererseits wirkt auch das Kleinhirn mit seinen Hauptefferenzen auf den Nucl. ruber ein (vgl. Abb. 79), wodurch der vestibuläre Apparat Anschluß an die zentrale Motorik erhält. Demgegenüber ist die *Substantia nigra* funktionell sehr eng mit dem Striatum und Pallidum verknüpft. Nigraläsionen bei Affen führen zu Hypo- und Akinesen mit ausgeprägter Muskelrigidität. Wahrscheinlich verhindert die Substantia nigra durch Hemmung anderer Hemmungsmechanismen das Auftreten von Rigor und Akinese. Dabei scheint dem Katecholamin *Dopamin* (Dihydrophenyläthylamin) eine führende Rolle als Transmitter für die aufsteigenden Neuronenverbindungen von der Substantia nigra zum Striatum zuzukommen. Innerhalb des gesamten ZNS haben Striatum und Pallidum den höchsten Dopamingehalt. Wahrscheinlich wirken die von der Substantia nigra aufsteigenden, dopaminergen Fasern auf die Empfängerneurone des Striatums hemmend, so daß die von diesem Kerngebiet ausgehenden Hemmungseffekte gebremst werden, was übergeordnete Antriebssperren beseitigt. Bei der Parkinsonschen Erkrankung besteht eine schwere Unterfunktion dieses dopaminergen *nigro-strio-pallidären Systems,* und zwar dadurch, daß die Substantia nigra degeneriert.

Zwischen Substantia nigra und Striatum besteht demnach ebenfalls wieder ein Rückkoppelungskreis, bei dem das Dopamin als Transmitter von Bedeutung ist.

Therapeutisch kann daher mit DOPA-Präparaten die Parkinsonsche Erkrankung positiv beeinflußt werden.

Die in den subkortikalen Zellen entwickelten motorischen Programme können dann über die Verbindung mit der Retikularisformation des Rautenhirns an das Rückenmark weitergegeben werden. Die Substantia nigra hat ausgiebige Verbindungen mit den pontinen und medullären Kernen der Formatio reticularis im Mittel- und Rautenhirn *(Tractus nigro-reticulares)*, die sich dann ihrerseits wieder durch die beiden oben geschilderten Bahnsysteme, nämlich den medialen und lateralen Strang des Retikularissystems, in die Flexoren- und Extensorenmotorik des Rückenmarks einschalten können. Damit gewinnt das gesamte extrapyramidale System den Anschluß an den Eigen- und Fremdreflexapparat des Rückenmarks, der damit wieder auch für die höheren motorischen Systeme des ZNS die gemeinsame Endstrecke darstellt.

Die Vielgestaltigkeit des gesamten extrapyramidalen Systems ist aber noch in einem besonderen Maße von der harmonisierenden Wirkung des *Kleinhirns* abhängig, das im Nebenschluß in die extrapyramidal-motorischen Bahnsysteme eingeschaltet ist und gewissermaßen einen »hauseigenen« Computer für dieses System darstellt. Die Afferenzen zur Kleinhirnrinde kommen hauptsächlich aus der unteren Olive (Oliva inf.), deren Neurone mit Kletterfasern an den Dendritenbäumchen der Purkinje-Zellen enden. Die zerebellaren Efferenzen laufen vor allem über die Dachkerne (Nucleus globosus und emboliformis) über den oberen Kleinhirnstiel (Pedunculus cerebellaris sup.) zum Nucleus ruber und zur Formatio reticularis (Tractus cerebellorubralis). Dieses mächtige Faserbündel kreuzt im Dach des Mittelhirns (sog. dors. Haubenkreuzung oder Meynertsche Haubenkreuzung) und endet hauptsächlich im kleinzelligen Teil (Neorubrum) des roten Kerns. Vom Nucleus ruber geht dann einerseits der bereits mehrfach erwähnte Tractus rubrospinalis zum Rückenmark aus, andererseits aber auch ein Faserstrang, der wiederum zum Kleinhirnsystem gehört, d. h. zur unteren Olive zieht *(Tractus rubroolivaris)* (Abb. 79). Die Olive schickt dann ihrerseits wieder die Kletterfasern zur Kleinhirnrinde. Das Kletterfasersystem unterscheidet sich vor allem dadurch von dem Moosfasersystem des Kleinhirns, daß es an individuellen Purkinje-Zellen angreift, während die Moosfasern ja immer zu mehreren Purkinje-Einheiten gehören. Die ausgiebigen synaptischen Kontakte einer einzelnen Kletterfaser mit den Purkinje-Dendriten haben wahrscheinlich hemmende Effekte, d. h. durch das Kletterfasersystem können Informationen sehr rasch an kleinen, lokalisierten Stellen gelöscht werden, was für die Möglichkeit von Neueingängen und Antwortreaktionen von großer Bedeutung ist. Man sieht also, daß im extrapyramidalen System gerade die inhibitorischen Mechanismen von besonderer Bedeutung sind und vielleicht gerade dadurch die Differenziertheit und Komplexität dieser Bewegungsformen möglich ist.

Bewegungsstörungen bei Erkrankungen der extrapyramidalen Kerne

Die klinischen Erscheinungen bei extrapyramidalen Erkrankungen lassen sich in zwei große Syndromgruppen gliedern:

1. **Hyperkinetisch-hypotone Syndrome,** bei denen unregelmäßige, häufig wechselnde, unwillkürliche Bewegungen (Hyperkinese) im Vordergrund stehen und der Ruhetonus der Muskulatur herabgesetzt ist (Hypotonus). Dabei sind in der Regel die übergeordneten, bewegungshemmenden extrapyramidalen Kerngruppen (Striatum usw.) geschädigt, so daß die bewegungsfördernden, nachgeordneten Zentren (Pallidum) funktionell das Übergewicht erhalten. Die wichtigsten Erkrankungen und Syndrome sind: Veitstanz (Chorea), Ballismus, Dystonien, Athetosen und Morbus Wilson.

2. **Akinetisch-rigide Syndrome,** bei denen die normalen Spontan- und Mitbewegungen vermindert sind (Akinese, Hypokinese) und die Muskulatur eine Tonussteigerung (Hypertonus) zeigt. Auch treten kleine rhythmische Zitterbewegungen in Erscheinung (Tremor). Hierher gehört vor allem das Parkinson-Syndrom (Paralysis agitans). Meist handelt es sich um eine genetisch oder exogen bedingte Degeneration der Substantia nigra oder anderer, dem Striatum nachgeordneter, melaninhaltiger Kerne des extrapyramidalen Systems, wodurch die bewegungshemmenden Impulse des Striatums funktionell ein Übergewicht erhalten.

b) Afferente Bahnen der zentralmotorischen Systeme – Hinterstrang- und Vorderseitenstrangbahnen

Die geschilderten, subkortikalen Kerngruppen erhalten ihre Afferenzen aus den Sinnesorganen der Muskulatur (Tiefensensibilität), der Haut (Oberflächensensibilität) und dem Gleichgewichtsorgan. Wie bei den motorischen Bahnsystemen des Endhirns einerseits vielgliedrige, kurze, andererseits lange, aus wenig Neuronen aufgebaute Bahnen unterschieden werden können, lassen sich auch die zugehörigen afferenten Systeme in lange und kurze Bahnen untergliedern. Die vielgliedrigen, afferenten Bahnen gehören zum extrapyramidalen System und verlaufen hauptsächlich im Vorderseitenstrang des Rückenmarks, während die Afferenzen für das pyramidale System vor allem in der Hinterstrangbahn, die nur aus drei Neuronen besteht, geleitet werden.

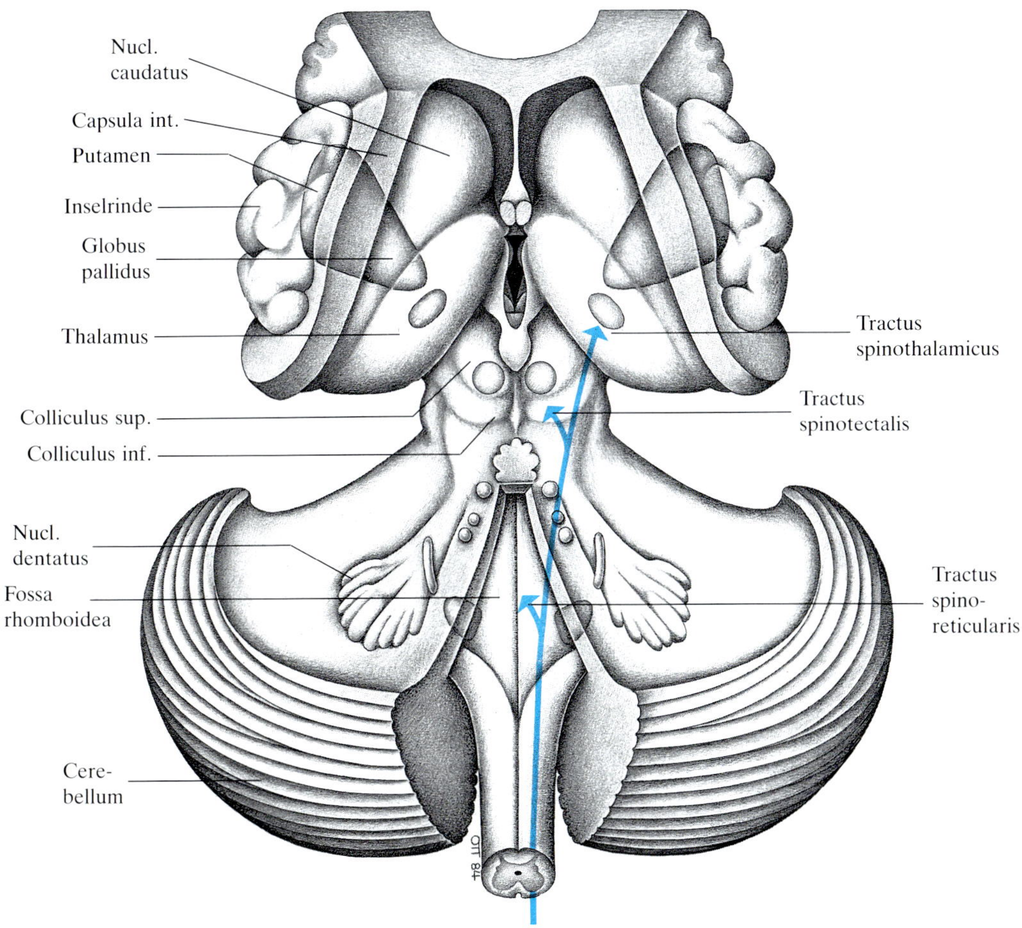

Abb. 80. Lage und Verlauf der spinothalamischen Bahnen (blau) (vgl. Abb. 77) (O.). Großhirnrinde und Lobus ant. des Kleinhirns wurden entfernt. Das Kleinhirn wurde halbiert und seitwärts verlagert, so daß die Rautengrube sichtbar geworden ist.

Vorderseitenstrangbahnen (Tractus spinothalamicus ant. und lat.)

Das erste Neuron dieser Bahnen stellt wiederum die pseudounipolare Spinalganglienzelle dar. Im Bereich der Wurzeleintrittszone zweigen von ihm Kollateralen zu den Strangzellen der Hintersäulen ab. Die Neuriten dieser Zellen (zweites Neuron) kreuzen im gleichen Segment auf die Gegenseite und ziehen dann im Vorderseitenstrang als Tractus spinothalamicus aufwärts (Abb. 80). Da sich diese Neuriten von Segment zu Segment von innen nach außen anschichten, entsteht im Vorderseitenstrang eine charakteristische Segmentgliederung, die das metamere Körperschema widerspiegelt (Abb. 82 u. 88). Man bezeichnet dies in gleicher Weise wie bei den motorischen Systemen als somatotopische Gliederung (Gesetz von der Exzentrizität der längsten Bahnen). Die Vorderseitenstrangbahnen laufen dann ohne Unterbrechung durch Medulla und Mittelhirn hindurch, um erst in den kleinzelligen ventrokaudalen Kerngruppen des Thalamus (Nucleus ventralis posterolateralis) zu enden. Sie leiten in der Hauptsache die Oberflächensensibilität aus den Hautrezeptoren, d. h. Druck-, Berührungs-, Schmerz- und Temperaturempfindungen protopathischer Qualität (vgl. S. 111). Ihre Axone sind im Rückenmark so angeordnet, daß die die Druck- und Berührungsempfindungen leitenden Fasern mehr ventral *(Tractus spinothalamicus anterior)* und diejenigen für Schmerz- und Temperaturempfindungen mehr lateral gruppiert sind *(Tractus spinothalamicus lateralis)* (Abb. 82). Im Vorderseitenstrang verlaufen außerdem afferente Bahnen, die in der Retikularisformation des Rauten- und Mittelhirns *(Tractus*

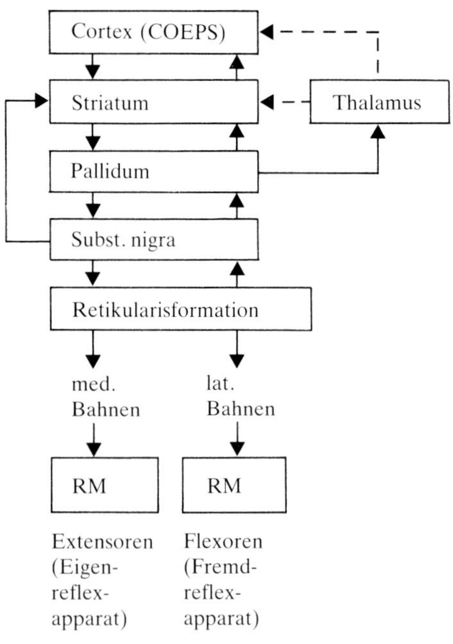

spinoreticularis), im Tectum *(Tractus spinotectalis)* und in der Olive *(Tractus spinoolivaris)* enden. Sie werden ebenfalls von den Strangzellen der Hintersäule gebildet. Von den spinoretikulären Bahnen werden Kollateralen zum Deitersschen Kern, zum Nucl. ruber und zur Substantia nigra sowie vor allem zur Retikularisformation abgegeben. Das sind die zugehörigen afferenten Bahnen für die entsprechenden efferenten Bahnen des extrapyramidalen Systems, die in diesen Kernen entspringen. Insgesamt bekommt also jeder Hirnabschnitt entsprechende Afferenzen aus der Peripherie, so daß sich auf jeder Stufe der hierarchischen Gliederung des Zentralnervensystems ein Leitungsbogen bilden kann.

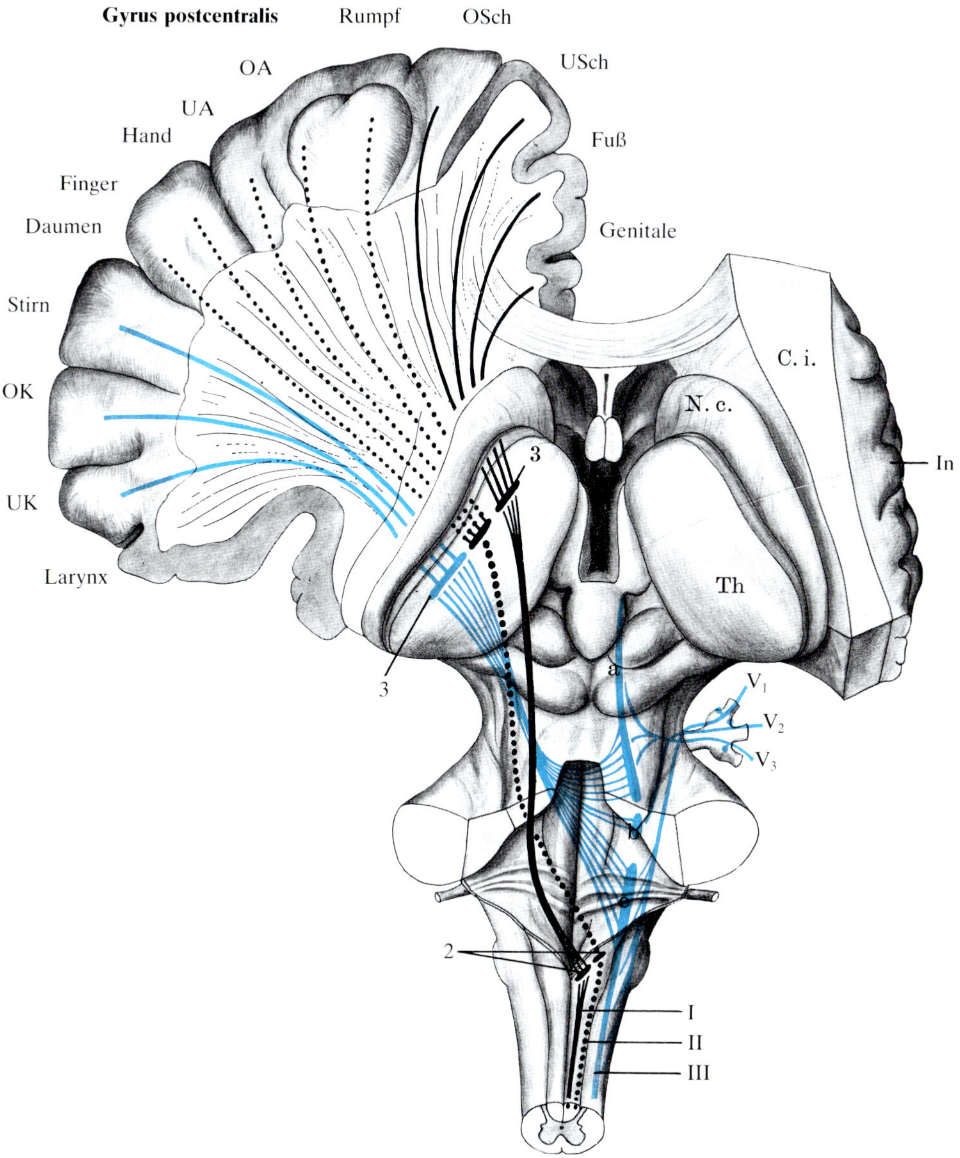

Abb. 81. Schema der Hinterstrangbahnen und der afferenten Trigeminusbahnen (nach Präparaten gezeichnet) (B.). 2 und 3 = zweites und drittes Neuron; I (schwarz) = Tract. spinobulbaris medialis (GOLL); II (schwarz-gestrichelt) = Tract. spinobulbaris lat. (BURDACH); III (blau) = afferente Trigeminusfasern; V_1 = N. ophthalmicus (Stirnregion); V_2 = N. maxillaris (OK); V_3 = N. mandibularis (UK); a = Nucl. mesencephalicus n. V.; b = Nucl. term. (principalis) n. V.; c = Nucl. term. tractus spinalis n. V., C. i. = Capsula interna; In = Insel; N. c. = Nucl. caudatus; OA, UA = Ober- und Unterarmregion; OK, UK = Ober- und Unterkieferregion; OSch, USch = Ober- und Unterschenkelregion; Th = Thalamus.

Hinterstrangbahnen (Tractus spinobulbares)

Die spinobulbären Bahnen leiten vornehmlich die epikritische Oberflächensensibilität und die aus der Muskulatur stammenden Afferenzen (Tiefensensibilität). Sie gehen nicht aus den Strangzellen des Rückenmarks hervor, sondern repräsentieren die zentralen Axone der pseudounipolaren Spinalganglienzellen selbst. Diese schichten sich in den Hintersträngen ebenfalls in somatotopischer Anordnung von medial nach lateral so an, daß ähnlich wie in den Vorderseitensträngen eine segmentale Gliederung der Faserbündel zu erkennen ist (Abb. 82 u. 87). Die von der unteren Körperhälfte (Bein) kommenden Fasern liegen am weitesten medial (*Tractus spinobulbaris med., Fasciculus gracilis* oder auch Gollscher Strang), die von der oberen Körperhälfte (Arm) am weitesten lateral (*Tractus spinobulbaris lat., Fasciculus cuneatus* oder Burdachscher Strang). Diese Bahnen werden also im Gegensatz zu den Vorderseitenstrangbahnen nicht im Rückenmark auf ein zweites Neuron geschaltet, vielmehr erfolgt die erste synaptische Umschaltung (bulbäre Schaltzentren) erst in den Hinterstrangkernen der Medulla oblongata, und zwar im *Nucl. gracilis* (Clava) und *Nucl. cuneatus* (Abb. 81). Die Zellen dieser Kerne senden lange Neuriten aus, die noch in der Medulla auf die Gegenseite kreuzen (*Lemniscus medialis* oder Schleifenkreuzung) und dann bogenförmig zum Thalamus ziehen, wo sie in den Kernen der posterolateralen Gruppe (Nucleus

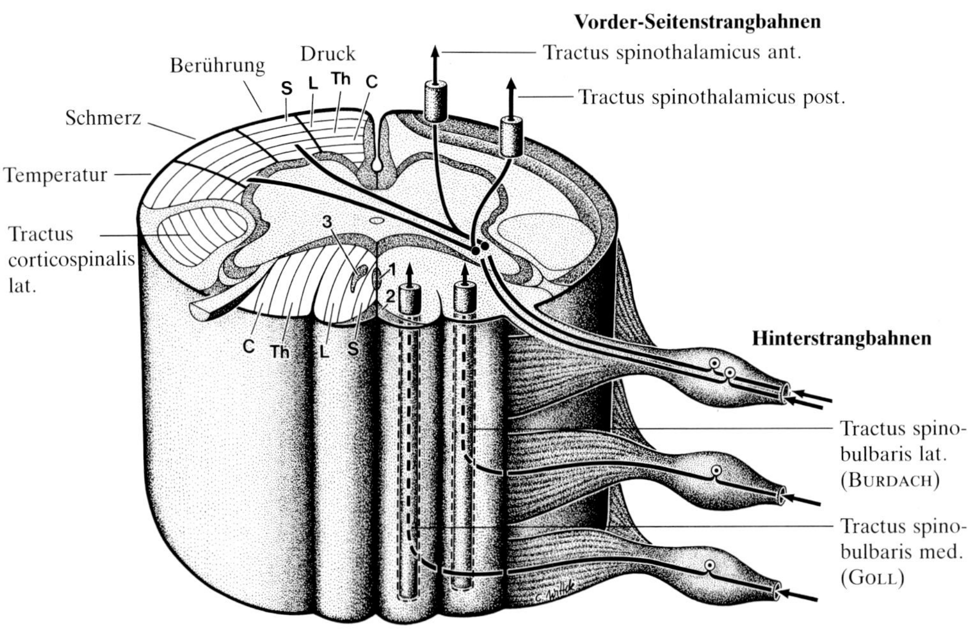

Abb. 82. Lage der Hinterstrang- und Vorderseitenstrangbahnen im Rückenmark. Man beachte die Segmentgliederung und die Exzentrizität der langen Bahnen (W.). C = Zervikale Segmente; Th = Thorakale Segmente; L = Lumbale Segmente; S = Sakrale Segmente.
Kollateralen der Hinterstränge:
1 = Flechsigsches ovales Feld
2 = Philippe-Gombaultscher Triangel
3 = Schultzesches Komma

Übersicht über die wichtigsten afferenten Systeme im Rückenmark			
Lokalisation im Rückenmark	Bahnen	Terminale Hirnabschnitte	Funktion
Hinterstränge	Tractus spinobulbares [Fasciculus gracilis (GOLL)], [Fasciculus cuneatus (BURDACH)]	Telencephalon (Gyrus postcentralis)	Tiefensensibilität – epikritische Oberflächensensibilität
Vorderstränge Seitenstränge	Tractus spinothalamicus ant. Tractus spinothalamicus lat.	Diencephalon (Thalamus)	Druck, Berührung, Schmerz, Temperatur } exterozeptive Sensibilität – protopathische Oberflächensensibilität
Vorderseitenstränge	Tractus spinotectalis Tractus spinorubralis Tractus spinoreticularis	Mesencephalon	Tiefensensibilität (propriozeptive Sensibilität)
	Tractus spinoreticularis Tractus spinoolivaris	Rhombencephalon	

ventralis posterolat.) enden. Von hier geht ein drittes Neuron zur Großhirnrinde *(Tractus thalamocorticalis),* und zwar zu dem hinter der Zentralwindung gelegenen *Gyrus postcentralis*. Während dieses ganzen Verlaufes wird die somatotopische Gliederung beibehalten. Daher ist auch in der Anordnung der Zellgruppen des Gyrus postcentralis das periphere Körperschema noch wiederzuerkennen (Abb. 81).

Auch die *spinothalamischen Bahnen* schließen sich der medialen Schleife an, und zwar meist schon im Rautenhirnbereich. Sie enden aber größtenteils im Thalamusgebiet. Nur ein kleiner Teil der Fasern zieht auch zur Großhirnrinde weiter und erreicht an der Mantelkante des Gyrus postcentralis sein primäres Projektionsfeld.

Trigeminusbahnen

Das System der Hinterstrangbahnen wird kranial noch durch ein weiteres, parallel dazu verlaufendes, vervollständigt, nämlich das der *Trigeminusfasern* (Abb. 81). Der V. Hirnnerv repräsentiert quasi die Summe der Spinalnerven im Kopfbereich. Er leitet die Erregungen aus den Haut- und Schleimhautrezeptoren des Kopfes und verhält sich dabei ähnlich wie ein Spinalnerv im Rückenmarksbereich. Die pseudounipolaren Ganglienzellen des *Ggl. trigeminale* (Ggl. semilunare Gasseri) schicken ihre zentralen Neuriten quer durch die Brücke hindurch in den Hirnstamm, um an den Zellen der sensorischen Endkerne des Trigeminus, die am Boden der Rautengrube und im Mittelhirn lokalisiert sind, synaptisch zu enden. Die aus diesen Kernen hervorgehenden Neuriten (2. Neuron) kreuzen zur Gegenseite und schließen sich dann der medialen Schleife an. Sie enden im Thalamus nicht weit von den Kerngruppen der Hinterstrangbahnen in den posteromedialen Thalamuskernen (Nucl. ventralis posteromed.), von wo dann die Neuriten des dritten Neurons durch die innere Kapsel zum unteren Teil des Gyrus postcentralis ziehen (Abb. 81). Im Gyrus postcentralis, dem primären sensorischen Projektionsfeld, kommt es damit zu einer spiegelbildlich umgekehrten Projektion, so daß die vom Trigeminus geleiteten Kopfbereiche unten, diejenigen für die Hand, den Rumpf und das Bein bestimmten nach oben anschließend orientiert sind (Abb. 88).

Tabellarische Zusammenstellung über die langen afferenten Bahnsysteme (RM = Rückenmark)							
Bahn	Rezeptoren	Lage der Zellkörper (Perikarien)			Endkerne der Bahn	Kreuzung	Funktion
		1. Neuron	2. Neuron	3. Neuron			
Tractus spinobulbaris med. (GOLL)	Haut- und Muskelrezeptoren	Pseudounipolare Spinalganglienzelle	Nucl. gracilis medullae oblong. (Clava)	Thalamus (Nucl. ventromed.)	Cortex (Gyrus postcentralis)	In der Medulla (Schleifenkreuzung – Lemniscus med.)	Tiefensensibilität und epikritische Oberflächensensibilität (untere Körperhälfte)
Tractus spinobulbaris lat. (BURDACH)	Haut- und Muskelrezeptoren	Pseudounipolare Spinalganglienzelle	Nucl. cuneatus medullae oblongatae	Thalamus (Nucl. ventromed.)	Cortex (Gyrus postcentralis)	In der Medulla (Schleifenkreuzung – Lemniscus med.)	Tiefensensibilität und epikritische Oberflächensensibilität (obere Körperhälfte)
Tractus spinothalamicus ant.	Hautrezeptoren	Pseudounipolare Spinalganglienzelle	Hinterhornkerne des RM	Thalamus (Nucl. ventrocaud.)	Thalamus (z. T. auch Gyrus postcentralis)	Im Rückenmark (meist 4–5 Segmente höher)	Protopathische Oberflächensensibilität (Druck, Berührung, Vibration)
Tractus spinothalamicus lat.	Hautrezeptoren	Pseudounipolare Spinalganglienzelle	Nucl. centralis (Hinterhorn des RM)	Thalamus (Nucl. ventrocaud.)	Thalamus (z. T. auch Gyrus postcentralis)	Im Rückenmark (meist im gleichen Segment)	Protopathische Oberflächensensibilität (Schmerz, Temperatur)
Tractus spinocerebellaris ant. (GOWERS)	Muskelrezeptoren	Pseudounipolare Spinalganglienzelle	Hinterhornkerne des RM	∅	Vermis cerebelli (Vorderlappen des Kleinhirns)	Hauptsächlich gekreuzt (im RM)	Tonus- und Gleichgewichtsregulationen
Tractus spinocerebellaris post. (FLECHSIG)	Muskelrezeptoren	Pseudounipolare Spinalganglienzelle	Nucl. dorsalis des RM (Clarkesche Säule)	∅	Vermis cerebelli (Hinterlappen des Kleinhirns)	Hauptsächlich ungekreuzt	Tonus- und Gleichgewichtsregulationen

c) Pyramidalmotorisches System – Fünftes funktionelles System der Sensomotorik

Das pyramidalmotorische System, das sich erst beim Menschen voll ausdifferenziert hat, regelt die freien, bewußt intendierten, »willkürlichen« und feinstdifferenzierten Zielbewegungen, die auch schöpferisch neu entwickelt oder aus erlernten bzw. übernommenen Bewegungsformen abgeleitet sein können. Die zugehörigen nervösen Regulationen gehen hauptsächlich vom Gyrus praecentralis aus (Näheres s. S. 162).

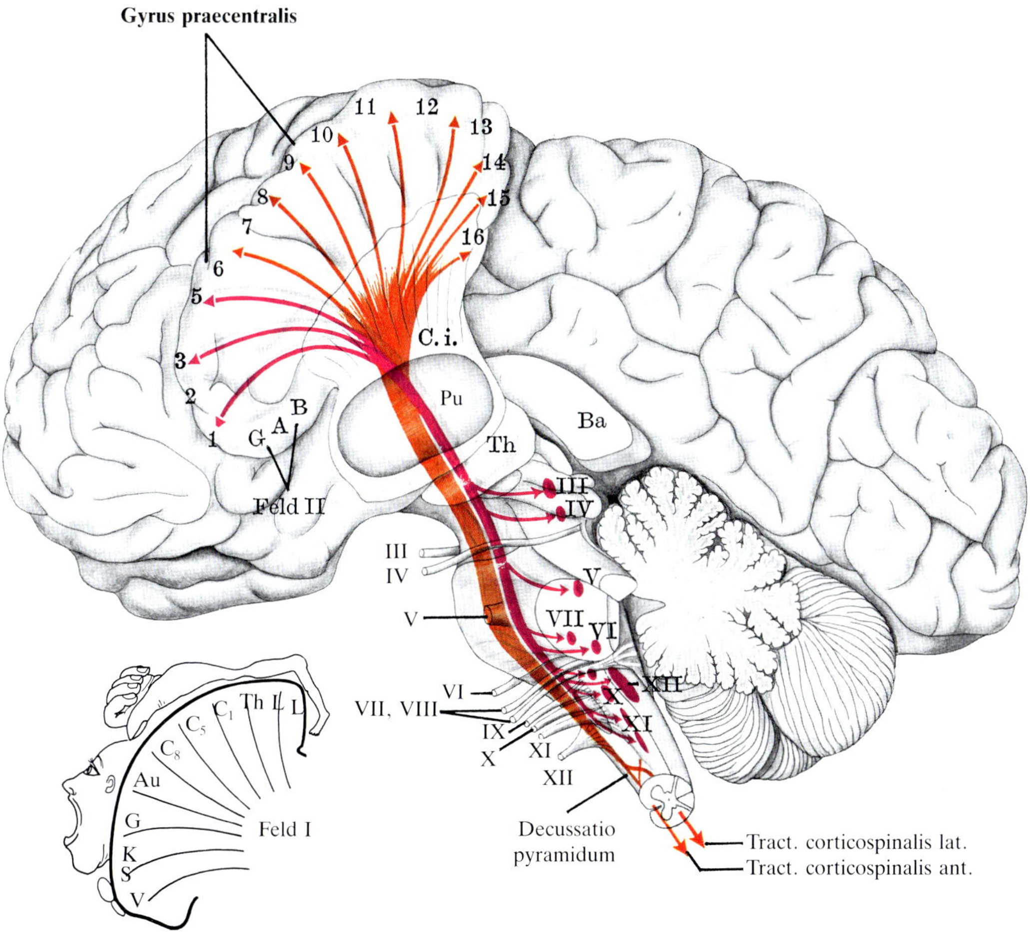

Abb. 83. Verlauf der Pyramidenbahn (Tractus corticospinalis oder pyramidalis = hellrot) und der kortikobulbären Bahn (Tractus corticobulbaris = dunkelrot) (nach einem Präparat gezeichnet) (B.). Römische Zahlen: motorische Hirnnervenkerne und zugehörige Ursprungskerne in der Medulla oblongata. C. i. = Capsula interna; Pu = Putamen; Th = Thalamus; Ba = Balken.

Gyrus praecentralis:

Feld I:	1 = Larynx	7 = Finger	12 = Hüfte
	2 = Pharynx	8 = Hand	13 = Knie
	3 = Mundhöhle	9 = Unterarm	14 = Unterschenkel
	4 = Oberkiefer, Lippen	10 = Oberarm	15 = Fuß
	5 = Gesicht, Auge	11 = Rumpf	16 = Zehen
	6 = Daumen		

C–S = Körpersegmente, Au = Augen, G = Gesicht, K = Kauapparat
S = Salivation, V = Vokalisation

Feld II: G = Gesicht
A = Arm
B = Bein

Die wichtigsten efferenten Bahnen dieses Systems, das wir wiederum begrifflich sehr weit fassen, sind die Pyramidenbahnen zum Rückenmark, die kortikopontinen Bahnen zum Kleinhirn und die kortikobulbären Bahnen zu den motorischen Hirnnervenkernen. Die Afferenzen laufen über die Hinterstrang-, bzw. Vorderseitenstrangbahnen.

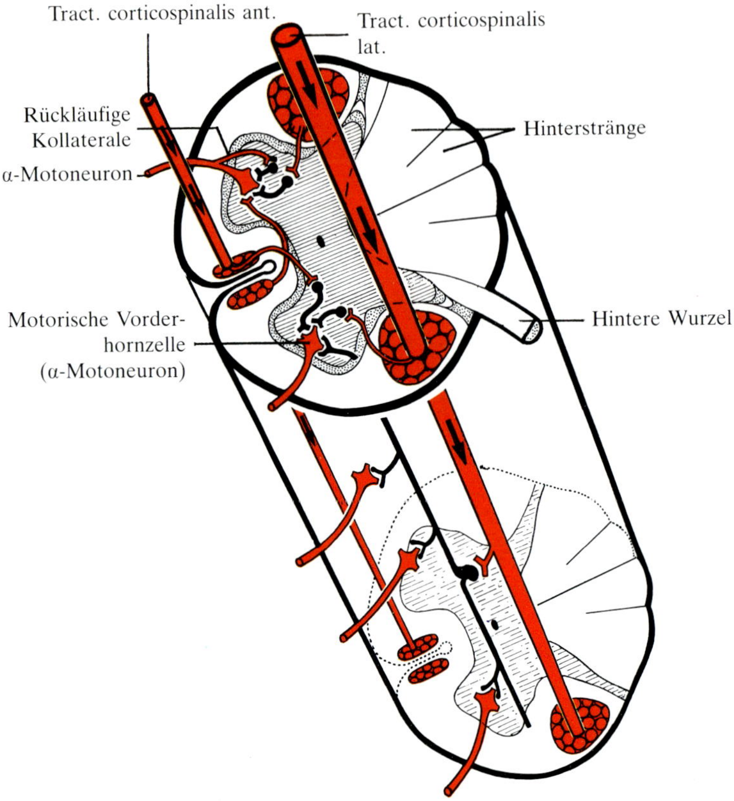

Abb. 84. Pyramidenbahnen im Bereich des Rückenmarks (K.). Schwarz = Schaltneurone des Eigenapparates.

Kortikospinale Bahnen

Die efferente *Pyramidenbahn* (Tractus pyramidalis oder corticospinalis) beginnt im Gyrus praecentralis der Großhirnrinde, wo eine ähnliche somatotopische Felderung existiert wie im Gyrus postcentralis (motorischer »Homunkulus«) (Abb. 83, 84 u. 88). Die hier lokalisierten großen Pyramidenzellen (Betzsche Zellen) schicken lange Neuriten durch die innere Kapsel, die Großhirnstiele und die Brücke bis zur Medulla oblongata, wo sie dann als pyramidenförmige Stränge ventral an der Vorderfläche des Hirnstammes sichtbar werden. Diese »Pyramiden« haben der ganzen Bahn den Namen gegeben. Beim Menschen enthalten die Pyramidenstränge beiderseits je 1 bis 1,2 Millionen markhaltige Nervenfasern (PT-Fasern), deren Durchmesser zwischen 2 und 25 µm schwankt. Da es aber in einer Hirnhälfte nur etwa 30000 bis 34000 Betzsche Pyramidenzellen im Gyrus praecentralis gibt, muß der größte Teil der Pyramidenfasern woanders herkommen. Man nimmt heute an, daß in der sog. Pyramidenbahn auch Fasern aus dem Gyrus postcentralis, dem Frontal- und Parietallappen verlaufen, ohne daß jedoch deren Funktion im einzelnen bekannt ist. An der Ventralseite der Medulla oblongata, beim Übergang zum Rückenmark kreuzen die Fasern der Pyramidenbahn zum größten Teil (70–90%) auf die andere Seite *(Decussatio pyramidum)* und laufen dann im Seitenstrang weiter abwärts *[Tractus pyramidalis (corticospinalis) lateralis]*. Der Rest der Fasern verbleibt auf der gleichen Seite und bildet im Vorderseitenstrang, dicht neben der Fissura mediana anterior, den *Tractus pyramidalis (corticospinalis) anterior*. Aber auch diese Fasern kreuzen schließlich noch im zugehörigen Segment des Rückenmarks durch die Commissura alba auf die Gegenseite herüber. Der ungekreuzte mediale Strang erschöpft sich jedoch bereits im Bereich der Thorakalsegmente.

Die Pyramidenfasern enden in der Regel nicht direkt (monosynaptisch) an den α-Motoneuronen des Rückenmarks, sondern an Schaltzellen, die teils in der Intermediärzone, teils an der Basis des Hinterhorns lokalisiert sind. Nur bei höheren Affen und beim Menschen existiert ein zahlenmäßig kleiner, funktionell aber sehr wichtiger Anteil an Fasern (5–15%), die direkt an den α-Motoneuronen enden (monosynaptische Direktverbindung). Daneben bilden die Pyramidenfasern auch Synapsen an den γ-Motoneuronen (Alpha-Gamma-Koppelung). Die Innervation des Gammasystems hat jedoch wahrscheinlich nicht den Sinn, die Muskelspindeln zu aktivieren und den Sollwert zu verstellen, sondern vielmehr zentral aufsteigende Rückmeldungen auszulösen, die dem Cortex wieder zugeführt werden.

Im allgemeinen unterscheidet man große, schnell leitende und kleine, langsam leitende PT-Neurone. Es ist wahrscheinlich, daß die zahlenmäßig wesentlich geringeren großen PT-Neurone vorwiegend die phasischen α-Motoneurone, die kleinen dagegen die tonischen α-Motoneurone synaptisch erreichen. Das phasische System dient primär den akuten Bewegungsakten (»motor-move-system«), das tonische primär den Halte- und Stützfunktionen des Bewegungsapparates (»motor-hold-system«). Diese funktionelle Zweiteilung, die sich auch in der Struktur der Skelettmuskulatur widerspiegelt, zieht sich durch alle sensomotorischen Bereiche und scheint ein allgemeines Ordnungsprinzip im Zusammenhang mit der nervösen Kontrolle motorischer Aktivitäten darzustellen.

Eine auffallende Besonderheit der Pyramidenfasern ist ihre ausgedehnte Kollateralenbildung. Schon in der Großhirnrinde gehen rekurrente Kollateralen teils exzitatorischen (E), teils inhibitorischen (I) Charakters zu intrakortikalen Schaltzellen ab (E- und I-Sternzellen). Weiter zweigen während des ganzen Verlaufes der Pyramidenbahn überall Paraxone ab, die mit den afferenten Systemen der jeweiligen Hirnregionen Kontakte aufnehmen. Im Rückenmarkssegment gehen auch Kollateralen zu speziellen Schaltzellen ab, den sog. Renshaw-Zellen, die inhibitorisch auf die Motoneurone wirken.

Insgesamt handelt es sich also um eine schnelle Durchgangsbahn, die nur aus 1–2 Neuronen besteht und überwiegend Flexoren-begünstigend wirkt, ganz im Gegensatz zu den vestibulären und medialen retikulospinalen Bahnen, die bevorzugt die Extensoren fördern. Beim aufrecht gehenden Menschen fällt damit der Pyramidenbahn die wichtige Rolle zu, die ererbten posturalen Antischwerkraftmechanismen zu unterdrücken und das freie Spiel der bewußten Willkürbewegungen zu ermöglichen.

Kortikobulbäre Bahnen

Die Pyramidenbahn zieht zu den Spinalnervensegmenten des Rückenmarks. Für die Hirnnerven bildet sich ein anderes Bahnsystem aus, nämlich der *Tractus corticobulbaris (Tractus corticonuclearis)*. Die motorischen Projektionsfelder für den Kopfbereich schließen sich im Gyrus praecentralis unten unmittelbar an diejenigen für Hand, Finger und Daumen an. Das Körperschema der Rinde wird damit in gleicher Weise wie beim Gyrus postcentralis kaudalwärts durch den Gesichtsbereich vervollständigt.

Der Tractus corticobulbaris verläuft zusammen mit dem Tractus corticospinalis durch die innere Kapsel und liegt meist direkt im Bereich des Kapselknies (Abb. 86). Jeweils in Höhe der motorischen Hirnnervenkerne biegen dann die zugehörigen Faserbündel nach dorsal ab, um an den motorischen Ursprungszellen bzw. an entsprechenden Schaltzellen dieser Kerne synaptisch zu enden. Auf diese Weise erhalten die motorischen Ursprungs-

Übersicht über die wichtigsten efferenten Systeme zum Rückenmark			
Lokalisation im Rückenmark	Bahnen	Hirnabschnitte (Bahnursprung)	Funktion
Seitenstränge	Tractus corticospinalis lat.	Telencephalon (Gyrus praecentralis)	Pyramidale Motorik (gekreuzt)
	Tractus rubrospinalis	Mesencephalon (Nucleus ruber)	Extrapyramidale Motorik
Vorderstränge (lat. Abschnitte)	Tractus reticulospinalis	Mes- und Rhombencephalon (Tegmentum)	Extrapyramidale Motorik
	Tractus vestibulospinalis Tractus olivospinalis	Rhombencephalon (Deitersscher Kern) Rhombencephalon (Oliva inf.)	Gleichgewichtsregulationen
Vorderstränge (med. Abschnitte)	Tractus tectospinalis	Mesencephalon (Lamina tecti)	Extrapyramidale Motorik
	Tractus corticospinalis ant.	Telencephalon (Gyrus praecentralis)	Pyramidale Motorik (ungekreuzt)

kerne (Nuclei origines) des III., IV. und VI. Hirnnerven (Augenmuskelnerven), des V., VII., IX., X. und XI. Hirnnerven (Kiemenbogennerven) und des XII. Hirnnerven (Zungenmuskelnerv) ihre zentrale Innervation (Abb. 83).

Kortikopontine Bahnen

Ein wichtiges Ergänzungssystem der pyramidalen, kortikalen Motorik stellen die efferenten Verbindungen zum Kleinhirn (Tractus cortico-ponto-cerebellares) dar. Die pyramidalen Systeme arbeiten nicht isoliert. Vielmehr erhält die Kleinhirnrinde von jeder willkürmotorischen Intention quasi »im Durchschlag« über die kortikopontinen Bahnen eine Vorwegmeldung, um dann ihrerseits vermittels eigener efferenter Bahnen (z. B. Tractus cerebello-rubralis, Tr. cerebello-reticularis) sowie über die dentato-thalamischen Verbindungen (vgl. Abb. 85) die extrapyramidalen Systeme des Mittelhirns und damit die Rückenmarksmotorik so zu beeinflussen, daß die pyramidale Motorik die untergeordneten Systeme des Rückenmarks nicht in Unordnung bringt. Dadurch können die meist »hart« und rasch eingreifenden, kortikalen Impulse »geglättet« und der jeweiligen Umweltsituation angepaßt werden. Auf diese Weise sind also die subkortikalen (extrapyramidalen) und die kortikalen (pyramidalen) Systeme funktionell zu einer höheren Einheit integriert, was andererseits ihre begriffliche Unterscheidung auch wieder erschwert. Diese Integration wird nun in der Hauptsache durch die kortikopontinen Systeme erreicht, die zu den stammesgeschichtlich erst spät auftretenden Hirnteilen gerechnet werden müssen. Neocortex und Neocerebellum vergrößern sich entwicklungsgeschichtlich gleichzeitig und gleichsinnig, da sie funktionell zusammengehören. Beim Kleinhirn sind es vor allem die Seitenabschnitte der Hemisphären (Pars lat.), der Lobus posterior mit den zugehörigen Abschnitten der Pars intermedia sowie die Brücke (Pons). Beim Erwachsenen nehmen diese Abschnitte den weitaus größten Teil des Kleinhirns ein.

Die Aufgabe des *Neukleinhirns* (Neocerebellum) besteht also vor allem darin, die Funktion einzelner Muskelgruppen bei Bewegungen, die von anderen Hirnabschnitten intendiert werden, so zu koordinieren, daß ein gezielter, sparsamer und zweckmäßiger Bewegungsablauf zustande kommt. Das Kleinhirn ist also als ein stabilisierendes

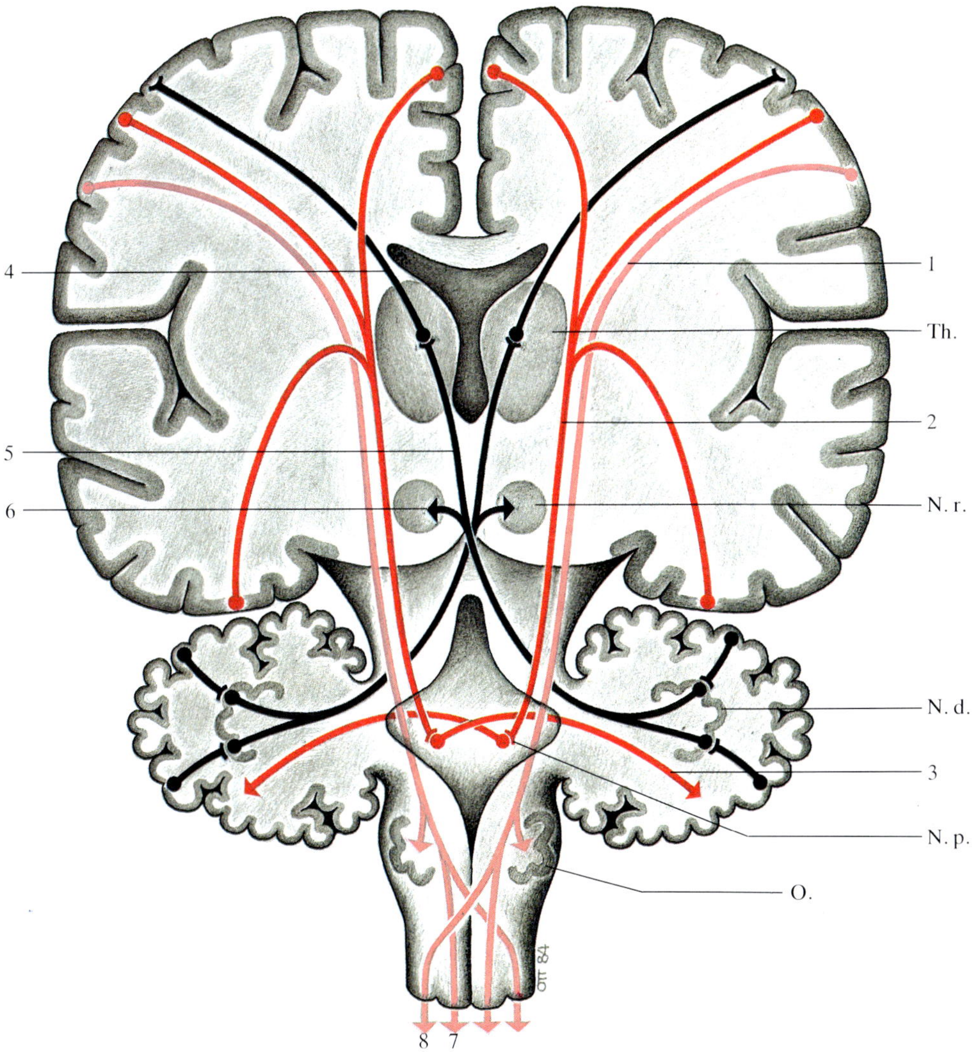

Abb. 85. Verbindungen des kortikal-motorischen (pyramidalen) Systems mit dem Kleinhirn. Tractus corticopontocerebellares (O.).

Kerne: N. d. = Nucleus dentatus; N. p. = Nuclei pontis; N. r. = Nucleus ruber; O = Oliva inf.; Th = Thalamus.

Bahnen: 1 = Tr. corticospinalis (Pyramidenbahn)
2 = Tr. corticopontini
3 = Tr. pontocerebellaris
4 = Radiatio thalami
5 = Tr. dentatothalamicus
6 = Tr. cerebellorubralis
7 = Tr. corticospinalis ant.
8 = Tr. corticospinalis lat.

Reglersystem aufzufassen, das im Nebenschluß aller motorischen Systeme liegt und durch komplizierte Rückkoppelungsmechanismen korrigierend und ordnend in die Gesamtmotorik eingreift.

Die Afferenzen aus dem Rückenmark laufen in der Hauptsache über die *Tractus spinocerebellares,* die bereits besprochen wurden (s. S. 131). Die kortikopontinen Bahnen

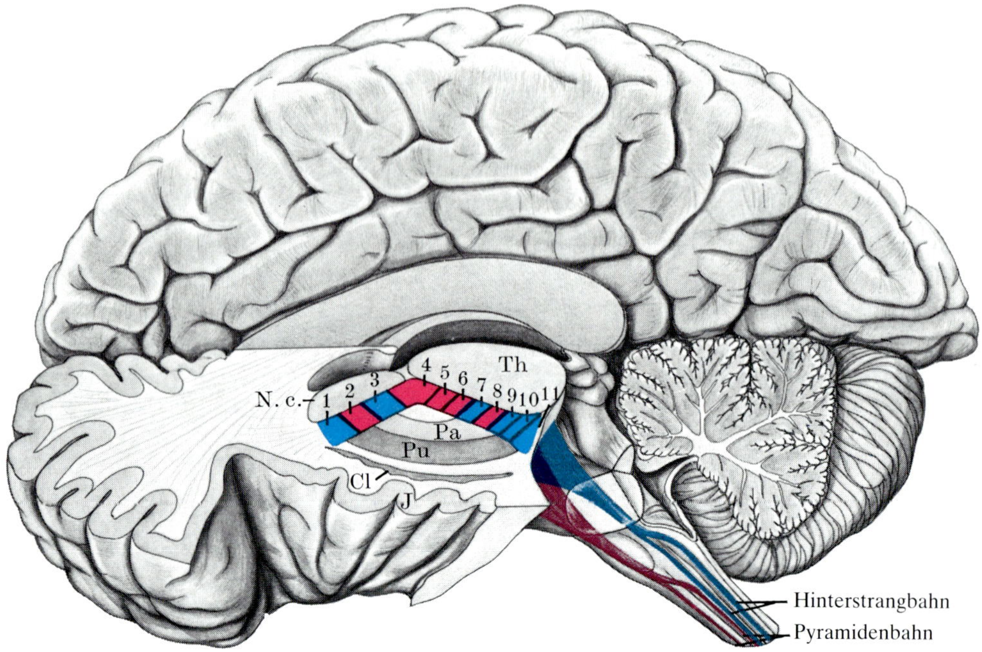

Abb. 86. Lage und Gliederung der Capsula interna (nach einem Präparat gez.) (B.). Die linke Großhirnhälfte wurde horizontal angeschnitten und teilweise abgetragen. Der Lobus temporalis wurde entfernt. 1 = Vorderer Thalamusstiel; 2 = Tractus frontopontinus; 3 = mittlerer Thalamusstiel; 4 = Tractus corticonuclearis; 5 = Tractus corticospinalis (obere Extremität); 6 = Tractus corticospinalis (untere Extremität); 7 = oberer Thalamusstiel; 8 = Tractus occipito-temporo-pontinus; 9 = hinterer Thalamusstiel; 10 = Hörstrahlung (Radiatio acustica); 11 = Sehstrahlung (Radiatio optica). Cl = Claustrum; J = Inselrinde; N.c. = Nucl. caudatus; Pa = Pallidum; Pu = Putamen; Th = Thalamus; blau = afferente Bahnen; rot = efferente Bahnen.

kommen aus allen Lappen der Großhirnrinde und sammeln sich in der inneren Kapsel zu einem vorderen *Tractus frontopontinus* (aus dem Frontallappen) und einem hinteren *Tractus occipitotemporopontinus* (aus den Hinterhaupts-, Scheitel- und Parietallappen) (Abb. 85 u. 86). In den Großhirnstielen gruppieren sie sich zu beiden Seiten des Tractus corticospinalis und corticobulbaris und enden dann an den Zellen der Brückenkerne (Nuclei pontis). Diese Zellen stellen das zweite Neuron dieser Bahn dar *(Tractus pontocerebellaris)*. Ihre Neuriten kreuzen innerhalb der Brücke und ziehen dann zur gegenüberliegenden Kleinhirnhemisphäre. Sie enden dort mit den sog. *Moosfasern* in der Körnerschicht der Kleinhirnrinde und bilden ausgedehnte, synaptische Körper mit den dendritischen, krallenartigen Fortsätzen der kleinen und großen Körnerzellen. Durch die Neuriten der Körnerzellen, die senkrecht zur Ausbreitungsebene der Dendritenbäumchen der Purkinje-Zellen orientiert sind, bekommen die kortikopontinen Bahnen Anschluß an die Kleinhirnrindenzellen, insbesondere natürlich an die Purkinje-Zellen, von denen dann die efferenten Impulse ausgehen.

Die zunehmende Bedeutung der kortikal-motorischen Systeme in der Stammesgeschichte drückt sich auch in den quantitativen Verhältnissen aus. Die Flächenanteile der langen afferenten und efferenten Bahnen des kortikalen sensomotorischen Leitungsbogens am Gesamtquerschnitt des Rückenmarks nehmen in der Evolution kontinuierlich zu. Entsprechend wird auch die Gesamtfaserzahl dieser Bahnen größer. Gleichlaufend differenzieren und vergrößern sich die höheren sensomotorischen Rindenfelder des Großhirns.

Pyramidale und extrapyramidale Koppelung

Die beiden höheren sensomotorischen Systeme sind funktionell eng miteinander gekoppelt. Die extrapyramidalen Bahnen sind, wie dargestellt, in jeder Kerngruppe unterbrochen, so daß die Erregungsprozesse auf allen Stufen miteinander gekoppelt werden können (Abb. 87a). In jeder dieser Kerngruppen strahlt weiterhin ein Kollateralenbündel der Pyramidenbahn ein, so daß auch die langen Bahnen an diesen Rückkoppelungskreisen beteiligt sind. In stark schematisierter Vereinfachung läßt sich das gesamte System in einen erregenden und einen hemmenden Teil aufgliedern (Abb. 87a). Die exzitatorischen Bahnen wirken im Rückenmark auf exzitatorische, die inhibitorischen auf inhibitorische Neurone vom Typ der Renshaw-Zellen ein. Das extrapyramidale System als Ganzes kann daher im Rückenmark sowohl Tonus-herabsetzend als auch Tonus-fördernd wirken. Es ist auch bei jeder bewußten zielmotorischen Handlung mit beteiligt. Ein von den pyramidal-motorischen Zentren der Großhirnrinde ausgehender Impuls für eine Willkürbewegung braucht nicht von vorneherein »voll ausdifferenziert« bzw. programmiert zu sein. Es handelt sich sogar viel wahrscheinlicher um einen relativ unspezifischen Ausgangsimpuls. Das spezifische Innervationsmuster, für die bei der in Gang zu setzenden Muskulatur, wird vielmehr erst in den extrapyramidal-motorischen

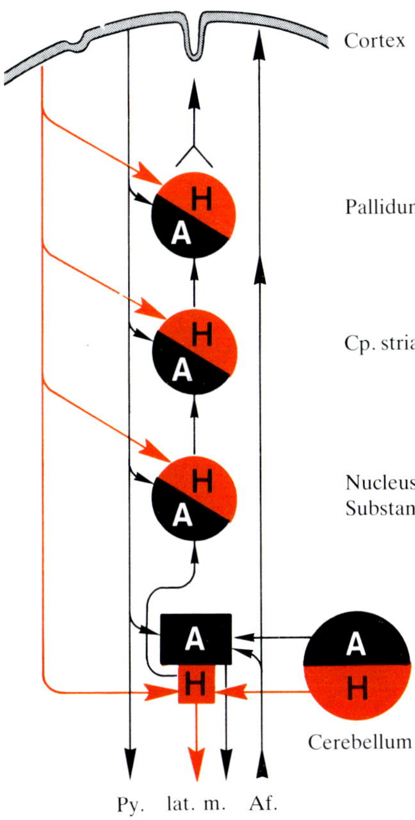

Abb. 87. a) Stark vereinfachtes Schema des pyramidalen und extrapyramidalen Systems (nach H. Caspers aus: Keidel, W. D. (Hrsg.): Lehrbuch der Physiologie). Die extrapyramidal-motorischen Kerne setzen sich aus aktivierenden (A) und hemmenden (H) Anteilen zusammen, die über Rückmeldekreise miteinander verbunden sind. Rechteckige Kerne = Formatio reticularis; rot = hemmende Bahn; schwarz = aktivierende Bahnen; Py = Pyramidenbahn; lat = lat. deszendierende Retikularisbahnen; m = mediale deszendierende Retikularisbahnen; Af. = afferente Projektionsbahnen.

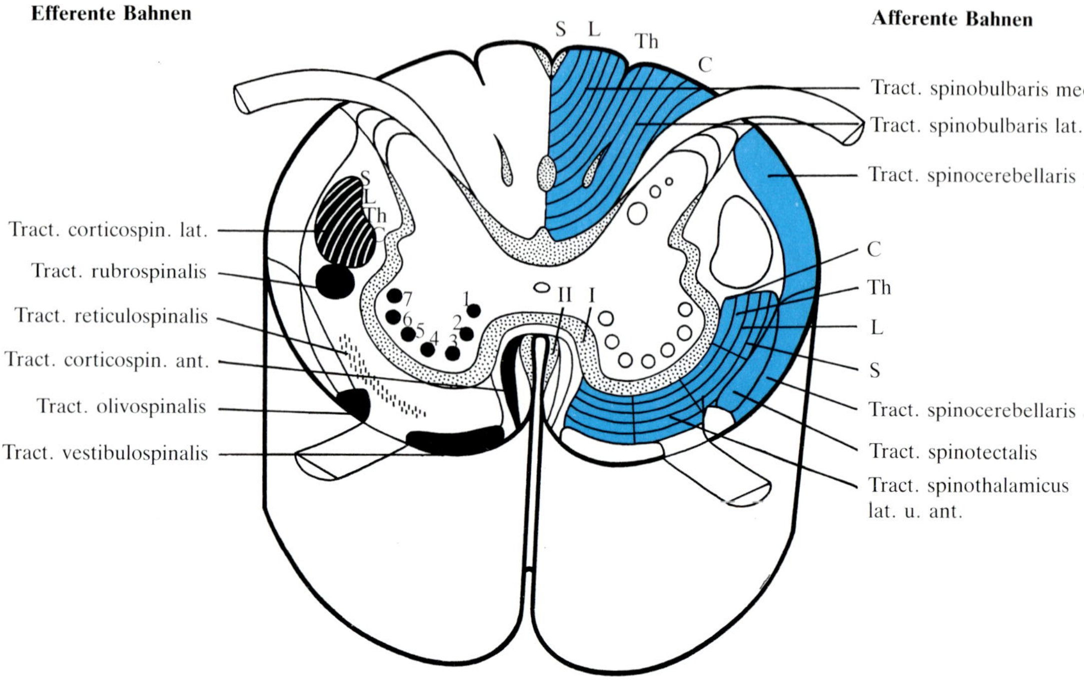

Abb. 87. b) Zusammenfassende Darstellung über die Anordnung der wichtigsten afferenten (blau) und efferenten (schwarz) Rückenmarksbahnen (B.).
Segmentgliederung: C = zervikale, L = lumbale, S = sakrale, Th = thorakale Segmente.
1–7 = motorische Kerngruppen der Vordersäule (vgl. Abb. 49); I = Grundbündel des Rückenmarks; II = Fasciculus longitudinalis med.

Kernen und – als letzte Endstrecke – im Rückenmark zusammengestellt. Dieser Stufenbau der motorischen Systeme kommt dadurch zustande, daß die extrapyramidalen Kerne fast alle aus einem großzelligen und einem kleinzelligen Anteil aufgebaut sind, wobei die phylogenetisch jüngeren, kleinzelligen Anteile überwiegend hemmende, während die großzelligen Anteile bahnende Funktionen besitzen. Die kleinzelligen, hemmenden Abschnitte senden ihre Neuriten dann wieder rückläufig zu den großzelligen, aktivierenden Teilen des nächsthöheren Kerngebietes, wodurch auf jeder Ebene wirkungsvolle Rückmeldekreise entstehen. »Dieser Stufenbau der Motorik, der vor allem bei langsameren und komplexeren Bewegungen wirksam wird, trägt wesentlich zu dem Fluß und zur Zielsicherheit des Bewegungsablaufes bei. Die Gesamtfunktion des extrapyramidalen Systems läßt sich daher als unbewußte, zeitliche und räumliche Koordination der Muskeltätigkeit charakterisieren« (H. Caspers). Das pyramidalmotorische System benützt dann die hohe Koordinationskapazität des extrapyramidalen Systems, für die auch das Kleinhirn funktionell von großer Bedeutung ist, um gezielte, primär unkoordinierte, willkürliche Einzelbewegungen, die sich das Individuum neu »ausgedacht« oder aus anderen Bewegungsformen kombiniert hat, mit Hilfe des Stoffwechsel-Muskel-Systems im dreidimensionalen Raum zu verwirklichen.

Klinische Ausfallerscheinungen bei den langen efferenten und afferenten Systemen

1. **Pyramidenbahn** – Ein akuter Ausfall der Pyramidenbahn entsteht am häufigsten durch eine Blutung in der Capsula interna (Apoplexie). Die schlagartig auftretende Lähmung der gesamten Muskulatur auf der gegenüberliegenden Körperhälfte (Schlaganfall, Hemiplegie) ist zunächst schlaff, geht aber nach einigen

Tagen, manchmal auch erst nach Wochen, in eine spastische Lähmung über, wobei am Arm eine Beuge-, am Bein eine Streckspastizität überwiegt. Der Babinski-Reflex ist frühzeitig positiv. Die Ausfallerscheinungen sind weitgehend davon abhängig, wie weit auch extrapyramidale Fasern aus den prämotorischen Rindenfeldern mitbetroffen sind.

2. **Neukleinhirnbahnen** – Bei Erkrankungen des Neozerebellums (Atrophien, Degenerationen, Tumoren) oder Ausfall der zugehörigen Bahnsysteme kommt es zu einer »Dekompensation von willkürlichen Bewegungen und einem Wegfall automatischer Bewegungsabläufe« (MUMENTHALER). Die bewegungskoordinierende Aufgabe des Kleinhirns fehlt. Am wichtigsten sind folgende Symptome:

Dyssynergie – Fehlende Koordination der an einer Bewegung beteiligten Muskelgruppen.

Dysmetrie – Ausmaß und Tempo einer intendierten Bewegung sind falsch.

Ataxie – Die harmonische Abstimmung in der Arbeitsweise der Muskelgruppen fehlt – unsicherer, schwankender Gang.

Tabellarische Zusammenstellung über die langen efferenten Bahnsysteme (RM = Rückenmark)

Bahn	1. Neuron	2. Neuron	Erfolgs. neuron	Kreuzung	Funktion
Tractus corticospin. lat.	Gyrus praecentralis (Betzsche Pyramidenzellen)	Schaltzellen im RM	α-Motoneuron des RM	Decussatio pyramidum	Pyramidale Motorik von Rumpf und Extremitäten
Tractus corticospin. ant.	Gyrus praecentralis (Betzsche Pyramidenzellen)	Schaltzellen im RM	α-Motoneuron des RM	Im RM	Pyramidale Motorik von Rumpf und Extremitäten
Tractus corticobulbaris	Gyrus praecentralis (Betzsche Pyramidenzellen)	Schaltzellen im Hirnstamm	α-Motoneurone der motorischen Hirnnervenkerne (III–VII, IX–XII)	Im Hirnstamm	Pyramidale Motorik der Kopfmuskulatur
Tractus corticopontocerebellares	Cortex	Nuclei pontis	Körnerzellen (Moosfasern) (Lobus post. cerebelli)	In der Brücke	Kleinhirnafferenzen für die motorischen Koordinationen zwischen pyramidalem und extrapyramidalem System
Tractus cerebellorubralis, dentatothalamicus	Purkinje-Zellen des Kleinhirns	Nucl. dentatus	Nucl. ruber (Neorubrum), Thalamus	Dorsale Haubenkreuzung	Efferente Hauptbahnen des Kleinhirns für die motorischen Koordinationen zwischen pyramidalem und extrapyramidalem System
Tractus rubrospin.	Nucl. ruber (Palaeorubrum)	∅	γ-Motoneurone im RM	Ventrale Haubenkreuzung	Alte, efferente Bahn der extrapyramidalen Motorik
Tractus reticulospin.	Formatio reticularis tegmenti	∅	γ-Motoneurone im RM	Nicht gekreuzt	Neue Bahn der extrapyramidalen Motorik
Tractus vestibulospin.	Nucl. terminalis lat. (DEITERS) (N. VIII)	∅	γ-Motoneurone im RM	Nicht gekreuzt	Gleichgewichtsregulationen

Intentionstremor – Bei einer gezielten Bewegung wird die Abweichung um so größer, je näher das Ziel kommt (besonders bei Läsionen des Nucl. dentatus).

Dysdiadochokinese – Alternierende, rasch aufeinanderfolgende Bewegungen von Antagonisten und Agonisten (z. B. Pro- und Supination) können nicht mehr flüssig und schnell genug ausgeführt werden.

3. **Vorderseitenstrang- und Hinterstrangbahnen** – Ausfälle werden am häufigsten bei *Querschnittlähmungen* im Rückenmarksbereich beobachtet. Der Schweregrad der Schädigung ist von der Segmenthöhe und der Art der Läsion abhängig. Neurologisch kann die Lokalisation der Schädigung aus dem Reflexverhalten erschlossen werden.

4. **Brown-Séquardsche Halbseitenlähmung** (partielles Querschnittsyndrom) – Entsteht durch halbseitige Unterbrechung der langen Rückenmarksbahnen. Auf der Seite der Läsion (homolateral) kommt es neben den motorischen Ausfallerscheinungen zum Verlust der Tiefensensibilität und der Vibrationsempfindungen (Hinterstrangbahnen im Rückenmark sind ungekreuzt), auf der gegenüberliegenden Seite (kontralateral) zum Ausfall der Schmerz- und Temperaturempfindungen (Vorderseitenstrangbahnen im Rückenmark sind gekreuzt).

5. **Totale Querschnittläsionen im Rückenmark** – Bei einer plötzlich auftretenden, vollständigen Querschnittlähmung besteht anfangs eine schlaffe Muskellähmung mit aufgehobenen Reflexen (ohne Pyramidenzeichen) und ein totaler Sensibilitätsausfall. Man erklärt diese Phase durch den Wegfall der tonisierenden Wirkung der kortikospinalen Erregungen auf die Vorderhornzellen. Nach 3–6 Wochen stellen sich erhöhter Muskeltonus, gesteigerte Eigenreflexe und Pyramidenzeichen ein. Die Sensibilitätsausfälle dauern an. Man spricht von einer denervationsbedingten Überempfindlichkeit der Neurone, so daß die Hinterwurzelafferenzen leichter eine Depolarisation der Motoneurone auslösen können (Mumenthaler).

5. Die zur Sensomotorik gehörenden Areale der Großhirnrinde

Die Leitungsbahnen der zentralen sensomotorischen Funktionskreise (viertes und fünftes funktionelles System) sind mit einem Rindenbereich verknüpft, der sich um den Sulcus centralis herum gruppiert *(primäre Rindenfelder)* (Abb. 88). Hinter dem Sulcus liegt der Gyrus postcentralis (primäres sensomotorisches Feld, SmI), Area 3–1, davor der Gyrus praecentralis (primäres motosensorisches Feld, MsI), Area 4. Die primärmotorischen Rindenfelder sind jedoch keineswegs auf diesen Gyrus beschränkt. Sie greifen auch auf die frontal anschließende Area 6, auf die Randzonen der Area 3–1 sowie über die Mantelkante hinaus auf die Medianfläche der Hemisphären über. Die Projektionsfelder für die distalen Extremitätenmuskeln liegen in der Tiefe der Zentralfurche (sog. Lippe) versteckt. An der Medianfläche liegt außerdem ein supplementäres motorisches Feld (MsII), das bis in den Gyrus cinguli hineinreicht. Ein sekundäres (senso)motorisches Feld (SmII) in der Nachbarschaft der Sylvischen Furche ist noch unsicher. In der primären Rindenregion besteht eine somatotopische Ordnung, insofern als einzelne, dem Körperschema entsprechende Rindenfelder für bestimmte Hautareale (Dermatome) oder Muskelgruppen vorhanden sind. Diese Projektion zeigt keine Korrelation zur Muskelmasse, sondern zur Zahl der motorischen Einheiten. Muskelgruppen mit einem ausgeprägten Bewegungsspielraum (Finger, Hand) sind durch größere Rindenfelder repräsentiert als etwa die Oberschenkel- oder Gesäßmuskulatur, die trotz ihrer Masse kaum Einzelbewegungen ausführt. Zudem sind die Felder für die linke Körperhälfte rechts und für die rechte links angeordnet, da die langen Projektionsbahnen alle gekreuzt sind. Außerdem werden Fuß, Genitale und Unterschenkel an der »Mantelkante« (d. h. oben), Rumpf, Arm und Kopf jeweils anschließend in Richtung nach vorn-unten auf der Rinde projiziert. Bei dieser spiegelbildlichen Repräsentation der primären Rindenfelder steht also das Körperschema (der kortikale »Homunkulus«) gleichsam auf dem Kopf (Abb. 81, 83 u. 88). Beim primär-motorischen Cortex gilt die allgemeine Regel: je feiner und variabler die Bewegungsfunktionen einer Muskelgruppe sind, desto kleiner sind die motorischen Einheiten, desto zahlreicher sind die zugehörigen Rindenneurone und desto größer die Rindenfelder. Der Cortex »denkt gewissermaßen nicht in Muskeln, sondern in Bewegungen« (Sherrington). Elektrophysiologische

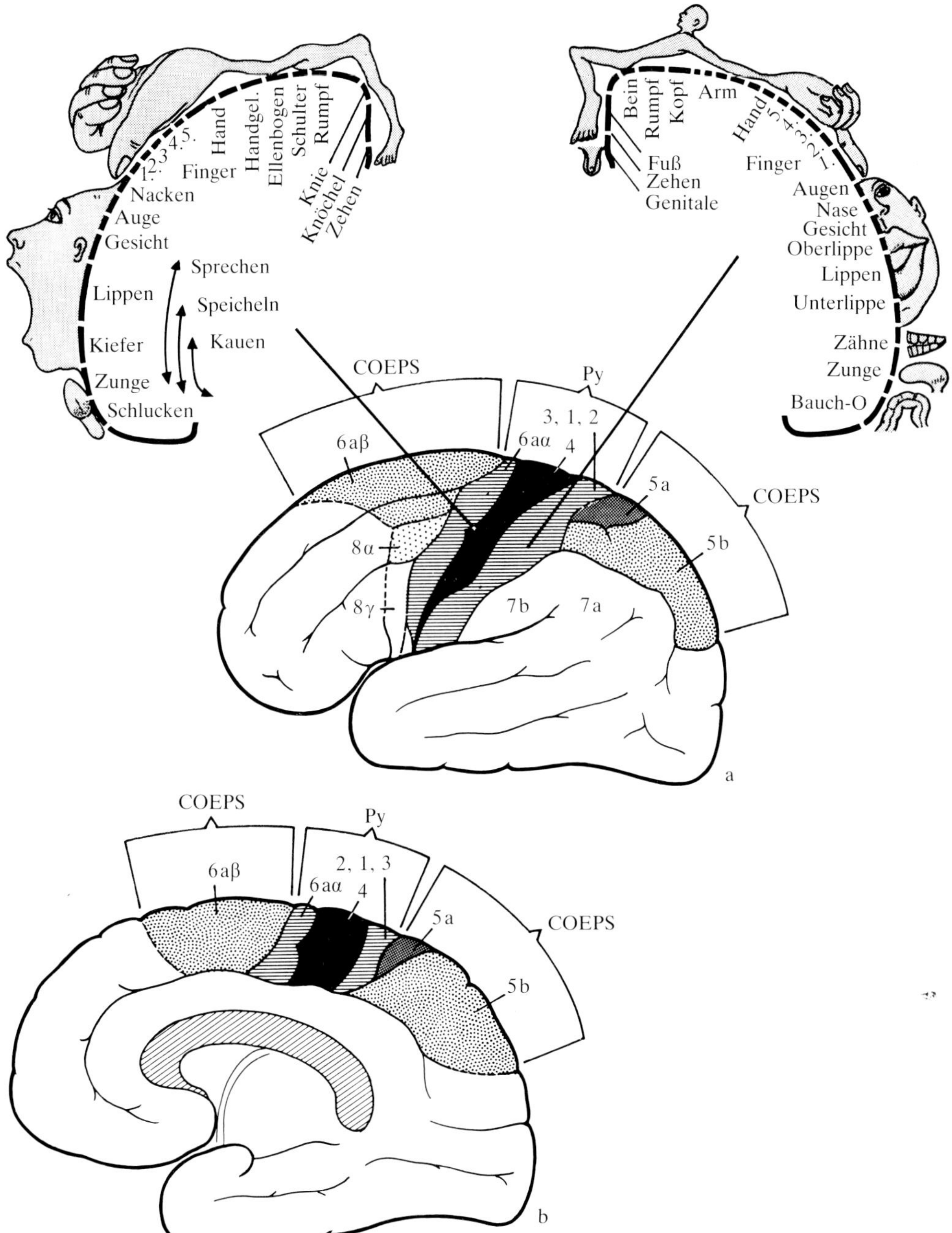

Abb. 88. Pyramidale (Py) und extrapyramidale (COEPS) Rindenfelder (nach BRODMANN) (B.). Im Frontallappen sind die primär-motorischen und im Parietallappen die primär-sensorischen Rindenfelder dargestellt. Der beide Regionen trennende Sulcus centralis liegt an der hinteren Grenze von Area 4 (schwarz). a = Ansicht von lateral; b = Ansicht von medial.

Reizversuche zeigten außerdem, daß die gesamte Körpermuskulatur in jeder Hirnhälfte mehrfach repräsentiert ist. Die afferenten Bahnen enden nicht ausschließlich in den sensorischen Rindenfeldern, sondern nehmen in starkem Maße auch direkten Kontakt mit den motorischen Zellen des MsI-Cortex auf. Während aber die primär-sensorischen Rindenfelder afferente Informationen jeweils nur von *einer* adäquaten Reizart und von einem umschriebenen rezeptorischen Feld bekommen, erhalten die motorischen Felder stets Eingänge von mehreren rezeptiven Feldern der Haut bzw. Muskulatur. Hier herrscht also das Prinzip der multiplen Repräsentanz der somatosensiblen Afferenzen vor, so daß auf der kortikalen Oberfläche mehrere, sich nacheinander wiederholende Abbilder des Körpers gezeichnet werden könnten. Dabei lassen sich scharf begrenzte (lokale), von ausgedehnteren, überlappenden (weiten) rezeptiven Feldern unterscheiden. Dreiviertel der Rindenneurone erhalten erregende Eingänge von lokalen Feldern, d. h. ziemlich fokussierte Informationen aus der Hautperipherie, ¼ der Zellen (bevorzugt die großen, rasch leitenden PT-Neurone, die in den tieferen Rindenschichten lokalisiert sind) werden von weiten Feldern mit unscharfen Projektionen versorgt. Zusammengehörige Kortexzellen mit gleichen Eingangsinformationen (Feldern) bilden in der primären Rinde, und zwar sowohl in der motorischen als auch in der sensorischen Rinde, radiär angeordnete, somatotopisch homogene *Zellsäulen* von etwa 0,2 mm Durchmesser (sog. Module). Jede efferente Zellsäule besitzt eine bevorzugte »Triggerzone« aus der Haut, die in der Wegrichtung der einzuleitenden Muskeltätigkeit liegt, das heißt, für eine Daumenbeugung wäre dies ein Hautgebiet an der Innenseite, für eine Daumenstreckung an der Außenseite des Daumens. Die kortikal aktivierte Muskelgruppe bewegt also »durch ihre Kontraktion die Extremität gerade so, daß es für die bedeckende Haut zu weiterem und stärkerem Kontakt mit der auslösenden Reizquelle kommt. Ein solcher positiver Rückkoppelungsmechanismus begünstigt also das exploratorische Nachfassen und Hinführen einer Extremität in Richtung auf den taktilen Reiz« (Henatsch). Afferente und efferente Systeme arbeiten also in den primären Rindenregionen um den Sulcus centralis herum aufs engste zusammen.

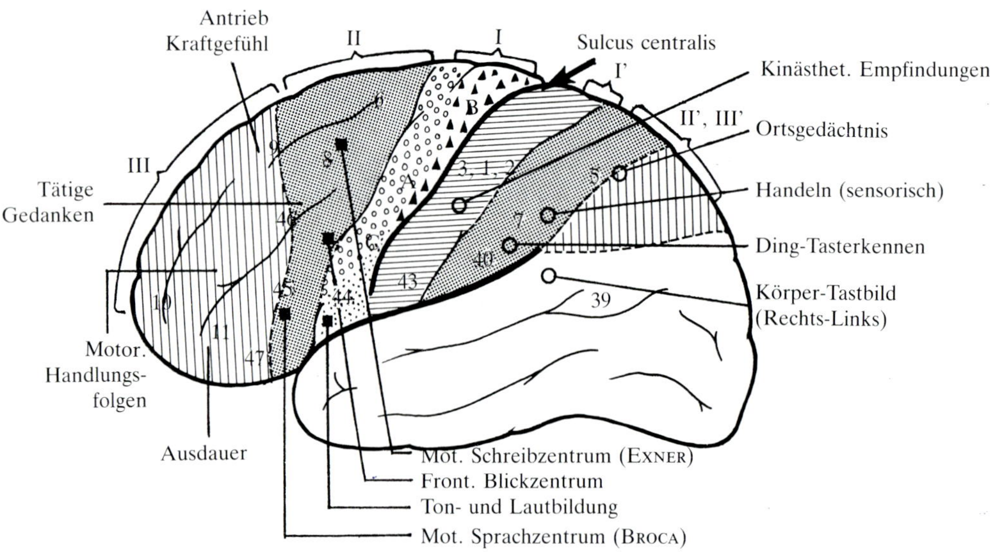

Abb. 89. Sekundäre und tertiäre Rindenfelder der Sensomotorik (die Zahlen entsprechen den Brodmannschen Feldern). Funktionelle Gliederung von Stirn- und Scheitellappen (Hinweise nach Kleist). I–III = Primäre, sekundäre und tertiäre motorische Rindenfelder des Frontallappens; I'–III' = primäre, sekundäre und tertiäre sensorische Rindenfelder des Parietallappens.

Bei den *tertiären* und *sekundären Rindenfeldern* fehlt dieser unmittelbare Bezug zum Körperschema. In diesen Arealen stehen meist bestimmte übergeordnete und umfassendere motorische Kontrollfunktionen im Vordergrund. Die sekundär- und tertiärmotorischen Rindenfelder schließen sich vorne unmittelbar an den Gyrus praecentralis an, liegen daher im Frontallappen, die entsprechenden sensorischen Felder im Anschluß an den Gyrus postcentralis im Parietallappen (Abb. 89). Die sekundären Felder des Frontallappens übernehmen hauptsächlich übergeordnete motorische Funktionen, die mit bewußt intendierten und meist postnatal erlernten Bewegungsfolgen, also mit

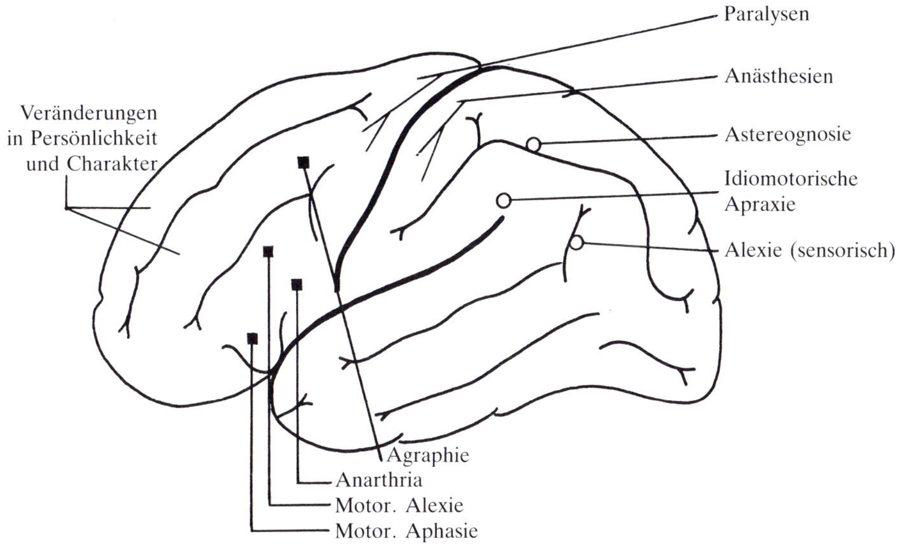

Abb. 90. Klinische Ausfallerscheinungen bei Rindenläsionen (nach DE JONG) (vgl. mit Abb. 89).

spezialisierten Bewegungskombinationen für eine bestimmte gezielte Handlungsform, zu tun haben, wie z. B. Sprech-, Schreib-, Blick- oder Kopfwendebewegungen. Die betreffenden Felder sind jeweils vor den zugehörigen Feldern des Gyrus praecentralis lokalisiert. So liegt z. B. das motorische Sprachzentrum (BROCA) direkt vor dem primären Rindenfeld für die Kehlkopf- und Zungenmuskulatur im unteren Teil des Frontallappens (Pars triangularis gyri frontalis inferioris), das motorische Schreibzentrum vor den primären Muskelfeldern für die Handmuskulatur usw. (Abb. 89).

Vergleichbare übergeordnete Rindenfelder sind auch bei der Sensorik differenziert und schließen sich in entsprechender Weise dorsal an den Gyrus postcentralis an. Ihre Funktion ist in ähnlicher Weise komplex wie bei den motorischen Feldern. Man muß hier an eine zusammenfassende, »begriffliche« Verarbeitung der aus der Oberflächen- und Tiefensensibilität stammenden Erregungen denken. So gibt es z. B. ein sensorisches Schreibzentrum, was für die integrative Verarbeitung derjenigen Afferenzen, die bei den Schreibbewegungen auftreten, notwendig ist, oder ein Areal für »kinästhetische Empfindungen«, worunter die durch die Tiefensensibilität vermittelten Empfindungen aus der Körpermuskulatur, die bei bestimmten Bewegungskombinationen entstehen, zu verstehen sind und die gewissermaßen ein »Erinnerungsbild« für Bewegungsabläufe vermitteln (Abb. 89 u. 90).

Die *»tertiären« Rindenfelder* sind in ihrer Funktion noch umfassender. Hier geht es nicht mehr um Einzelbewegungen oder um Bewegungssynergien im Dienste einer speziellen Leistung (Schreiben oder Sprechen), sondern um den motorischen Antrieb im allgemeinen, sozusagen um die Intention schlechthin, die originäre Anstrengung, die von der Persönlichkeit erstrebte Handlungsweise ganz allgemein. Diese schwer abgrenzbaren, relativ unbestimmten Felder sind in den vordersten Teilen des Stirnhirns lokalisiert. Sie sind phylogenetisch die jüngsten, also neuesten Teile des Zentralnervensystems. Früher betrachtete man diese Regionen als »stumme Zonen«. Zahlreiche neuere Untersuchungen haben aber gezeigt, daß diese Gebiete von größter Wichtigkeit sind und wahrscheinlich mit den höchsten menschlichen Antrieben der »individuellen und persönlichkeitseigenen Handlungsgesinnung« (Kleist) zu tun haben.

Entsprechendes gilt auch für die tertiären sensorischen Rindenfelder, die vornehmlich im hinteren Parietallappen lokalisiert sind. Hier werden Funktionen wie »Körperschema«, Bewußtwerden der Rechts-Links-Symmetrie, des »Raumgefühles«, d. h. des Erlebens vom eigenen Körper als einem Gebilde des dreidimensionalen Raumes sowie das mit dem Raumerleben zusammenhängende »Ortsgedächtnis« angesiedelt. Auch das bewußte Erfassen einer körperlichen Gestalt oder Struktur stützt sich auf Vorgänge dieser übergeordneten Rindenfelder. Die allgemeinen Gedächtnisleistungen haben andererseits mehr den basalen Anteil des Gehirns sowie den vorderen und hinteren Abschnitt des Temporallappens zur Grundlage.

<table>
<tr><th colspan="5">Zusammenfassende Übersicht über die besprochenen funktionellen Systeme der Sensomotorik (RM = Rückenmark)</th></tr>
<tr><th>Systeme</th><th>Zugehörige Zentren des NS</th><th>Funktionen</th><th>Rezeptoren für die zugehörigen Afferenzen</th><th></th></tr>
<tr><td>1. Einfache myostatische Regelungen</td><td>RM (gleiches Segment)</td><td>Eigenreflexe [bevorzugt Streckreflexe (Stehen)] – einfache, motorische Automatismen</td><td>Muskelspindeln, Sehnenspindeln</td><td>Automatische, unbewußte Reaktionen</td></tr>
<tr><td>2. Komplexe motorische Regelungen</td><td>RM (mehrere Segmente)</td><td>Fremdreflexe [isolierte, zweckbezogene Einzelbewegungen (Abwehr-, Wischbewegungen), bevorzugt Beugereflexe]</td><td>Muskel- und Hautrezeptoren</td><td rowspan="3">Zunehmende Bewußtheit</td></tr>
<tr><td>3. Statisch-vestibuläres System</td><td>Rautenhirn und RM</td><td>Gleichgewichts- und Tonusregulationen (Stell- und Haltereflexe)</td><td>Gleichgewichtsrezeptoren sowie Haut- und Muskelrezeptoren</td></tr>
<tr><td>4. Extrapyramidal-motorisches System</td><td>Hirnstamm (subkortikale Zentren im End-, Zwischen- und Mittelhirn) COEPS</td><td>Affektive Bewegungen, erlernte Bewegungen, »unwillkürliche Willkürmotorik«</td><td rowspan="2">Indirekt alle Sinnesorgane</td></tr>
<tr><td>5. Pyramidal-motorisches System</td><td>Großhirnrinde</td><td>Freie, neu entwickelte Bewegungsformen</td><td>Bewußte, willkürmotorische Intention</td></tr>
</table>

Um die verschiedenen Rindenfelder zu kennzeichnen, wurden zahlreiche Schemata entworfen, von denen sich das Brodmannsche am meisten durchgesetzt hat. Danach werden die motorischen Rindenfelder des Gyrus praecentralis mit der Ziffer 4, die sekundär motorischen Zentren mit 6 und 8, das motorische Sprachzentrum, das nur auf der linken Hirnhälfte lokalisiert ist, mit 44 bezeichnet. Die primär sensorischen Rindenfelder des Gyrus postcentralis tragen die Ziffern 3, 1 und 2, die sekundären und tertiären sensorischen Rindenfelder die Ziffern 7, 39, 40 usw. Leider liegt dem Brodmannschen Schema keine logische Konzeption zugrunde (weitere Einzelheiten s. S. 264). In der tabellarischen Übersicht (s. S. 166) sind die fünf funktionellen Systeme der Sensomotorik zusammengestellt. Um Mißverständnisse zu vermeiden, soll hier aber nochmals betont werden, daß es sich dabei nur um die großen elementaren Systeme unserer Definition handelt, die unseres Erachtens auch Qualitätsstufen im Rahmen der gesamten Sensomotorik darstellen. Selbstverständlich kann jedes dieser Systeme wiederum in zahlreiche Untergruppen aufgegliedert werden, da im NS nahezu Jedes mit Jedem verknüpft ist. Es erleichtert aber das Verständnis des komplizierten Aufbaus des ZNS, wenn man sich zunächst an die übergeordneten, großen Systemgruppen hält, bevor man die vielfachen Einzelverbindungen ins Auge faßt.

C. Morphologie der Sinnessysteme

Die sensomotorischen Systeme sind, wie wir gesehen haben, dadurch charakterisiert, daß sie aus geschlossenen Reflex- oder Leitungsbögen mit annähernd gleichwertigen afferenten und efferenten Schenkeln bestehen. Im Gegensatz hierzu ist bei den Sinnessystemen besonders der afferente Schenkel differenziert. Der efferente ist, wenn überhaupt nachweisbar, von untergeordneter Bedeutung. Die Sinnessysteme haben sich sozusagen einseitig auf die afferente Impulsübermittlung spezialisiert. Das gilt vor allem für die höheren Sinnessysteme, die visuellen und auditiven Systeme (Exterozeptoren).

Zahlreiche, weniger spezialisierte Sinnesorgane sind dagegen auch in die sensomotorischen Funktionskreise eingeschaltet und vermitteln die für die Motorik notwendigen Informationen (Propriozeptoren). Dazu gehören die Muskelrezeptoren (Tiefensensibilität) und die Hautrezeptoren (Oberflächensensibilität), die bereits beschrieben wurden (s. S. 108). Die aus diesen Organen stammenden Erregungen können außerdem auch bewußt erlebt werden, d. h. der afferente Schenkel der betreffenden sensomotorischen Leitungsbögen wird funktionell zu einem selbständigen »Sinneskanal«, dessen Afferenzen vom Zentralnervensystem speziell ausgewertet und verarbeitet werden können. Man spricht dann von Kraftsinn, Stellungs- oder Lagesinn, wenn die Erregungen aus den Muskel- und Sehnenrezeptoren stammen, oder von Druck-, Berührungs-, Schmerz- und Temperatursinn, wenn die Afferenzen aus den Hautrezeptoren kommen. Die in den Eingeweiden liegenden Sinnesorgane, die als Chemo-, Osmo- oder Pressorezeptoren bezeichnet werden, vermitteln meist keine bewußten Empfindungen, sondern stehen im Dienste der autonomen, vegetativen Regulationen (Enterozeptoren).

Wir kommen damit zu einer groben Dreiteilung der Sinnessysteme (Tab. S. 170), ähnlich wie SHERRINGTON, der drei Gruppen unterschieden hat, nämlich nach außen gerichtete Sinnesorgane (Exterozeptoren), in den Geweben liegende Rezeptoren (Enterozeptoren) und Muskelrezeptoren (Propriozeptoren).

Es ist nun aber nicht so, daß alle Sinnessysteme ausschließlich nur aus afferenten Neuronenketten bestünden. Wie die neuere Sinnesphysiologie gezeigt hat, ist »der Wahrnehmungsprozeß kein passiver, ausschließlich durch Umweltreize bedingter Vorgang, sondern ein intentionaler Akt des wahrnehmenden Subjekts, der sowohl eine spontane wie eine rezeptive Seite besitzt« (HENSEL). Die Informationsübertragung in den Sinneskanälen unterliegt einer *efferenten Kontrolle.* Die efferente Innervation der Muskelspindeln (γ-System) ist bereits erwähnt worden. Aber auch beim Seh- und Gehörorgan wurden efferente Bahnen beschrieben. Über eine efferente Innervation der Hautrezeptoren ist noch wenig bekannt, aber es spricht auch hier vieles dafür, daß sie vorhanden ist.

Diese efferenten Erregungen dienen aber nicht, wie bei den sensomotorischen Systemen, der Reizbeantwortung, sie sind nicht als gleichwertiger Funktionsbereich in den Reflex- oder Leitungsbogen eingegliedert, sondern ordnen sich dem Perzeptionsgeschehen unter und dienen vor allem der *Regelung* bzw. *Optimierung des Wahrnehmungsprozesses,* vielleicht auch der intentionalen Einstellungsvariation der Sinneserlebnisse (HENSEL).

Einteilung und Gliederung der Sinnessysteme

	Rezeptoren	Hilfsapparate	Nerven	Zugehörige Hirnabschnitte	Funktion	Bewußtseinsgrad
Höhere Sinne	Akustische Rezeptoren (Innenohr)	Äußeres Ohr, Mittelohr	N. VIII (Pars cochlearis)	Isocortex (Schläfenlappen)	Hören	Voll bewußt
	Photorezeptoren (Retina – Auge)	Linse, Lid- und Augenmuskelapparat	N. II	Isocortex (Okzipitallappen)	Sehen	
Chemische Sinne	Olfaktorische Rezeptoren (Regio olfactoria nasi)	Nasenhöhle	N. I	Allocortex (Riechhirn)	Riechen	Weniger bewußt
	Gustatorische Rezeptoren (Zunge, Gaumen)	Mundhöhle	N. IX, X, N. intermedius des N. VII	Rautenhirn, Riechhirn	Schmecken	
Niedere Sinne	Vestibularisrezeptoren	Cupula, Statolithen	N. VIII (Pars vestibularis)	Kleinhirn	Gleichgewichtsregulationen	Unbewußt
	Muskelspindeln, Sehnenspindeln	Bindegewebige Kapsel	Spinalnerven der zugehörigen Segmente	Scheitellappen	Tiefensensibilität (Kraftsinn, Lagesinn)	Bewußtseinsgrad verschieden
	Eingekapselte Endorgane Nichtgekapselte Endorgane	Neurogene Hüllzellen		Scheitellappen	Oberflächensensibilität (Druck, Berührung, Temperatur)	
	Freie Nervenendigungen	(Epithel)		Thalamus (Scheitellappen)	Schmerz, Temperaturempfindung	
»Gewebssinne« (Osmo-, Chemo-, Barorezeptoren)	Enterorezeptoren, verstreut in Eingeweiden und Körpergeweben	Hilfszellen	Keine differenzierten peripheren Einzelnerven	Hypothalamus (?)	Vegetative Regulationen	Unbewußt

Bei allen Wahrnehmungsprozessen müssen eine *perzipierende* und eine *emotionale* (affektive) Komponente unterschieden werden. Die emotionale »Tönung« der Sinnesempfindungen tritt um so stärker in den Vordergrund, je älter das Sinnenssystem ist und je ausgedehnter seine Verbindungen mit den archaischen Strukturen des Nervensystems (Formatio reticularis, Hippokampus und limbischer Kortex) entwickelt sind.

Jeder *Rezeptor* vermittelt dem Organismus jedoch nur einen Ausschnitt aus der Reizwirklichkeit der Außen- bzw. Innenwelt. Er ist auf eine adäquate Reizart spezialisiert. Es müssen daher immer mehrere Sinnesorgane zusammenwirken, um ein einigermaßen vollständiges Bild der Wirklichkeit zu vermitteln. Fällt ein Sinnesorgan aus, so erweitern die verbleibenden Sinnessysteme ihren Informationsbereich. Es bildet sich eine neue Gesamtgestalt der Sinneswelt heraus, obwohl das ausgefallene Sinnesorgan nie voll ersetzt werden kann. Jedes Sinnessystem hat also im »Konzert« des Ganzen eine einmalige und in gewisser Hinsicht unersetzliche Stellung. Die Frage, welcher Art die Wirklichkeit ist, die uns durch die Sinne vermittelt wird, kann in diesem Zusammenhang nicht diskutiert werden. Dies ist ein erkenntnistheoretisches Problem der allgemeinen Sinnesphysiologie (Hensel). Grundsätzlich ist jedoch zu beachten, daß alle Rezeptoren niemals ein unmittelbares, direktes Bild der Wirklichkeit liefern, sondern lediglich Reize aus der Umwelt bzw. aus dem Organismus aufnehmen und in eine nervöse Erregung umwandeln (Perzeption und Transformation). Jeder Rezeptor stellt also ein *Kodierungsgerät* dar, das mittels einer Art Zeichensprache (frequenzmodulierte Impulsfolgen) über eigene afferente Neurone den nachgeordneten nervösen Zentren Informationen übermittelt. Dieses ist in der Regel nur für *eine* spezifische Reizqualität ansprechbar (*Gesetz von der Spezifität der Sinnesenergien* nach Johannes Müller).

Grundsätzlich lassen sich drei Gruppen von Sinnesorganen unterscheiden: 1. Solche, die ausschließlich Afferenzen aus der Innenwelt des Organismus vermitteln (Chemo-, Osmo- oder Barorezeptoren), 2. solche, die ausschließlich Reize aus der Außenwelt aufnehmen (Geruchs-, Geschmacks-, Gehör- und Sehorgan), und 3. schließlich solche, die sowohl zur Innenwelt als auch zur Außenwelt hin orientiert sind (Gleichgewichtssinn, Hautsinne, Tiefensensibilität). Zur letzten Gruppe gehört auch der ambivalente Schmerzsinn, der von außen wie von innen angesprochen werden kann.

Die Differenzierungshöhe der einzelnen Sinnesorgane ist außerordentlich unterschiedlich. Die einfachsten Rezeptoren sind morphologisch oft nur durch periphere Aufsplitterungen einzelner Nervenfasern oder durch knäuelartige terminale Nervenendigungen gekennzeichnet. Die komplizierteren Sinnesorgane besitzen Hilfsapparate, die bei der Perzeption und Transformation der Reize mitwirken. Dazu gehören die Kapseln aus neurogenen Hüllzellen bei den Mechanorezeptoren oder den Tastkörperchen der Haut. Bei den höheren Sinnesorganen (Auge, Ohr) entwickeln sich differenzierte Hilfssysteme, wie z. B. Linse, Gehörknöchelchen usw. Mit steigender Kompliziertheit der peripheren morphologischen Strukturen vervielfachen sich meist auch die Verbindungen zu den zentralnervösen Zentren. Die Erregungen aus den höheren Sinnesorganen werden uns deutlicher bewußt, wogegen die aus den einfacher gestalteten Rezeptoren gradweise weniger bewußt werden und von geringerer Bedeutung sind. Die Eingeweiderezeptoren (Enterorezeptoren) haben kaum noch eine Verbindung mit der Großhirnrinde. Ihre Sensationen erreichen vornehmlich das Zwischenhirn.

Die Dominanz der visuellen und auditiven Systeme des Menschen ist ein spätes Ergebnis der Stammesgeschichte und hängt eng mit der Entwicklung und Differenzierung der Großhirnrinde zusammen. Bei niederen Säugetieren herrschen in der Sinnessphäre Geruch und Geschmack vor. Der akustische Apparat bildet sich erst bei den Sauropsiden in stärkerem Maße aus und gewinnt dann bei den Säugetieren zunehmend an Bedeutung. Das optische und auditive System verdrängt bei den höheren Wirbeltieren allmählich das olfaktorische, das für die Orientierung der Tiere in der Umwelt ursprünglich die Hauptrolle gespielt hat. Diese Entwicklung spiegelt sich deutlich in der Gestaltung des Zentralnervensystems wider. Die Riechhirnanteile werden nach und nach zugunsten der auditiven und visuellen Hirnabschnitte, die relativ stark an Masse zunehmen, zurückgedrängt oder übernehmen andere Funktionen.

I. Olfaktorisches System (Riechapparat)

1. Entwicklungsgeschichtliche Vorbemerkungen

Das Riechsystem ist eines der ältesten Sinnessysteme der Wirbeltiere. Da es für die Nahrungsaufnahme und die Orientierung im Lebensraum von existentieller Bedeutung ist, nimmt es bei niederen Wirbeltieren im Bereich des noch kleinen Gehirns einen relativ breiten Raum ein.

Bei Fischen besteht das Endhirn ausschließlich aus den zum Riechapparat gehörenden Anteilen *(Palaeopallium)*. Bei Amphibien und Reptilien differenziert sich ein neuer Hirnabschnitt, der zwar noch zum Riechhirn gehört, aber in zunehmendem Maße auch afferente Erregungen aus anderen Sinnesorganen sowie aus dem Thalamus verarbeitet und damit zu einem neuen, übergeordneten Integrationsgebiet, dem sog. *Archipallium,* wird. Dieser Hirnabschnitt ist an der medialen Seite des Endhirns lokalisiert, während das Paläopallium mehr basal liegt. Erst bei den Säugetieren erfährt ein weiterer, in Vorstufen schon bei Amphibien erkennbarer Hirnabschnitt, der Neokortex *(Neopallium)*, seine eigentliche Entfaltung (Abb. 94). Die neenzephalen Rindenbezirke schieben sich zwischen die paläo- und archenzephalen Gebiete und verdrängen diese einerseits nach medial (Archipallium) und andererseits nach basal (Paläopallium) (Abb. 91 u. 92). Mit der Entfaltung und Oberflächenvergrößerung (Furchung) des Neokortex geht auch eine Differenzierung in der mikroskopischen Dimension einher. Der Neokortex bildet schließlich eine sechs- bis siebenschichtige Rinde *(Isokortex)* aus und erfährt, besonders bei den Primaten, eine reiche, auch regional unterschiedliche Differenzierung (Zentrenbildung, Zytoarchitektonik, s. S. 273). Im Gegensatz dazu bleibt die Ausgestaltung des Paläo- und Archikortex auf einfacher Stufe stehen *(Allokortex)*; der Allokortex ist beispielsweise nur zwei- bis dreischichtig strukturiert.

Beim Menschen ist das Riechsystem stark zurückgedrängt und fast rudimentär (Abb. 92 u. 94). Der Mensch ist ein *Mikrosmatiker.* Säuger, wie Wale oder Delphine, die sekundär zum Wasserleben zurückgekehrt sind, riechen fast gar nichts *(Anosmatiker).* Primitive Säuger und nachtaktive Tiere besitzen dagegen ein fein ausgebildetes Geruchsvermögen *(Makrosmatiker).* Hier ist auch das Riechhirn mächtig entwickelt. Vergleicht man z. B. das Gehirn eines primitiven Säugers, etwa einer Beutelratte (Opossum), mit dem eines Kaninchens, so tritt die zunehmende Verkleinerung des

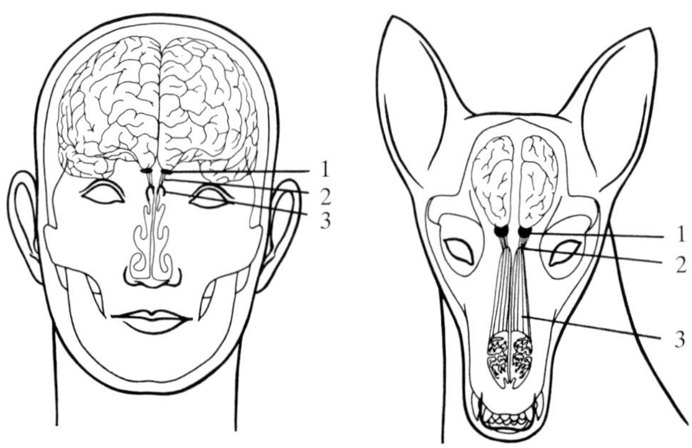

Abb. 91. Gegenüberstellung des olfaktorischen Apparates (schwarz) bei Mensch und Hund. 1 = Bulbus olfactorius des Endhirns; 2 = Fila olfactoria; 3 = Riechschleimhaut der Nase.

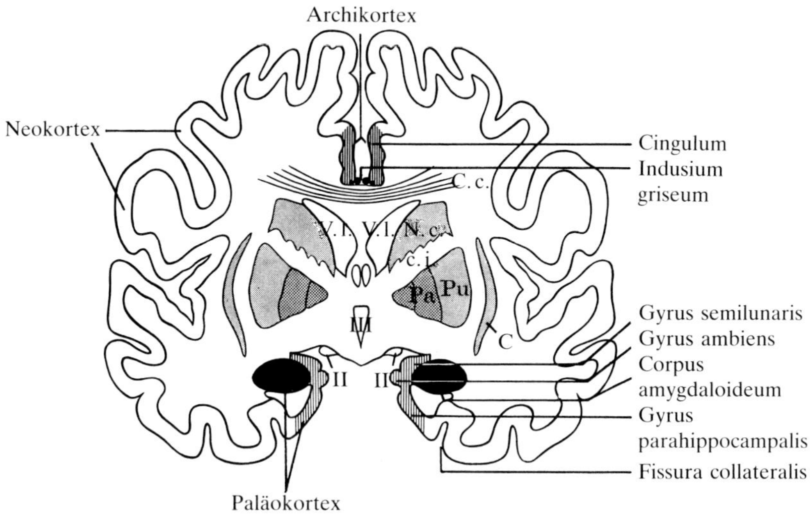

Abb. 92. Frontalschnitt durch das Gehirn des erwachsenen Menschen mit stark entwickeltem Neokortex (nach Clara) (B.). Nach medial und unten verdrängte Abschnitte des Archipalliums (gestrichelt) und Paläopalliums (schwarz) wurden hervorgehoben.
C.c. = Corpus callosum; C = Claustrum; c.i. = Capsula interna; N.c. = Nucleus caudatus; Pa = Pallidum; Pu = Putamen; V.l. = Ventriculus lateralis; II = N. opticus; III = III. Ventrikel.

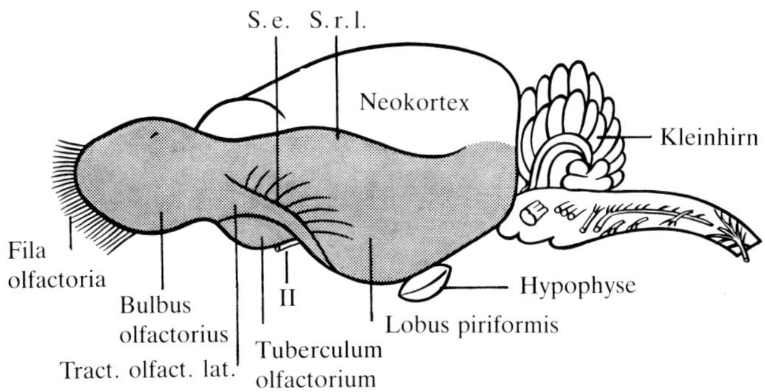

a

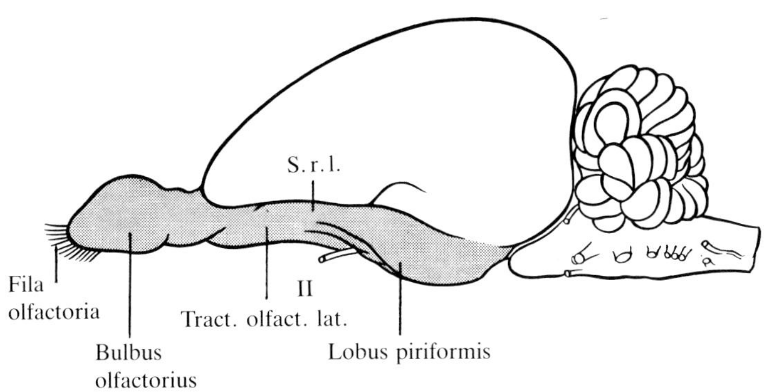

b

Abb. 93. a–b) Seitenansicht des Gehirns von Beutelratte (Opposum) (a) und Kaninchen (b) (nach Clara) (B.). Das olfaktorische System (gerastert) wird bei den höheren Säugern zunehmend verkleinert und nach basal, unter das Gehirn verlagert. S.e. = Sulcus endorhinicus; S.r.l. = Sulcus rhinicus lat.

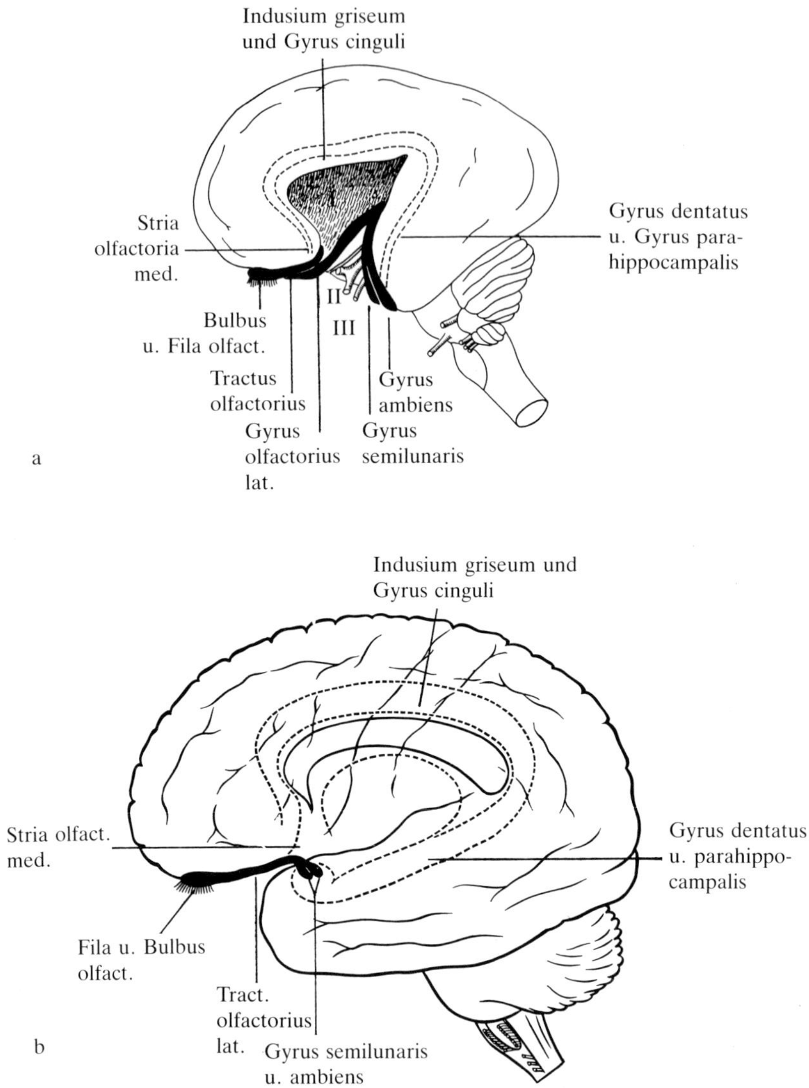

b

Abb. 94. a–b) Entwicklung des olfaktorischen und limbischen Systems beim Menschen von lateral (B.). Schwarz = Paläopallium; gestrichelt = Archipallium [an der Medialseite des Gehirns gelegen (nach CORNING)]. a) Embryonales Gehirn (5. Monat) von lateral gesehen. II. und III. = N. opticus und N. oculomotorius; I = Inselfeld.
b) Gehirn eines Erwachsenen, von lateral gesehen. Ausgezogene Linie = Balken (nach VILLIGER-LUDWIG).

Riechapparates deutlich in Erscheinung (Abb. 93). Während der menschlichen Embryonalentwicklung vollzieht sich ein ähnlicher Prozeß (Abb. 94).

Das Riechhirn ist ursprünglich ein Teil des Endhirns, das zur Nasenhöhle hin einen bulbusartig erweiterten Abschnitt *(Lobus olfactorius)* besitzt. Von ihm gehen die Riechnerven *(Fila olfactoria)* zur Riechschleimhaut der Nase aus. Der Lobus enthält bei vielen Säugern noch einen mit den Seitenventrikeln verbundenen Hohlraum *(Ventriculus olfactorius)*, der aber beim Menschen verkümmert. Der Riechlappen steht bei niederen Säugern durch den Tractus olfactorius mit einem birnenförmigen, paläoenzephalen

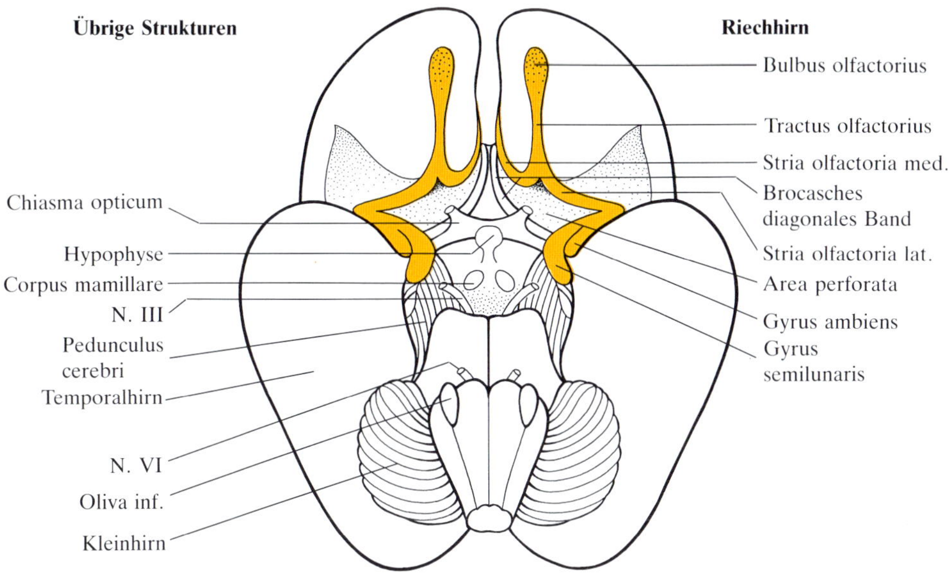

Abb. 94. c) Schematische Darstellung des Riechhirns (gelb) bei einem 6 Monate alten menschlichen Fetus. Ansicht von basal (nach CLARA) (W.).

Abschnitt der Rinde in Verbindung, dem *Lobus piriformis*. Dieser bildet beim Opossum noch einen großen Teil der lateralen Großhirnfläche (Abb. 93a). Durch die Vergrößerung des Isokortex in der Phylogenie wird dieser Rindenabschnitt nach basal verschoben (Abb. 93b). Bei menschlichen Feten ist der paläoenzephale Teil zunächst noch relativ groß (Abb. 94a). Der Riechlappen *(Bulbus olfactorius)* wird aber dann vom Stirnlappen überwuchert (Abb. 94b). Seitlich geht er in den *Gyrus* bzw. *Tractus olfactorius lateralis* über. Dieser wird durch die Massenentwicklung des Isokortex am Boden der Insel stark abgeknickt, ehe er die Urhirnabschnitte an der Spitze des Temporallappens (Reste des Lobus piriformis der Säuger) erreicht. Man bezeichnet diese Restgebiete als *Gyrus semilunaris* und *Gyrus ambiens*. Sie sind am ausgereiften Gehirn kaum noch erkennbar. Die lateral über den Rand der Insel verlaufende Verbindung des Tractus olfactorius mit dem Temporallappen bleibt zeitlebens bestehen, wenn sie auch am Gehirn des Erwachsenen wegen der starken Vergrößerung des Temporallappens so weit nach innen und unten verlagert worden ist, daß man sie nur schwer auffinden kann.

Die an der medialen Seite des Endhirns lokalisierten Abschnitte des Archipalliums nehmen an embryonalen Gehirnen anfangs noch einen relativ breiten Raum ein, werden aber durch die Entfaltung des Neokortex ebenfalls verdrängt und basal, teilweise nach innen, eingerollt *(Gyrus involutus)*. Durch das bogenförmige Wachstum des Endhirnbläschens wird auch das an der medialen Seite gelegene Archipallium bogenförmig in die Länge gezogen. Seine Verbindung mit dem Bulbus olfactorius stellt der *Tractus olfactorius medialis* her, der über das Brocasche diagonale Band mit dem Tractus olfactorius lat. in Verbindung bleibt (Abb. 94c).

Die Form der archenzephalen Rindenabschnitte wird nun in der menschlichen Embryonalentwicklung durch die neenzephalen Kommissurenfasern in ähnlicher Weise verändert wie die der Stammganglien durch die Projektionsbahnen. Solange das Endhirn ausschließlich Riechhirn war, gab es nur eine Kommissur, nämlich diejenige, die beide paläoenzephalen Hemisphären miteinander verknüpfte. Diese Kommissur *(Commissura*

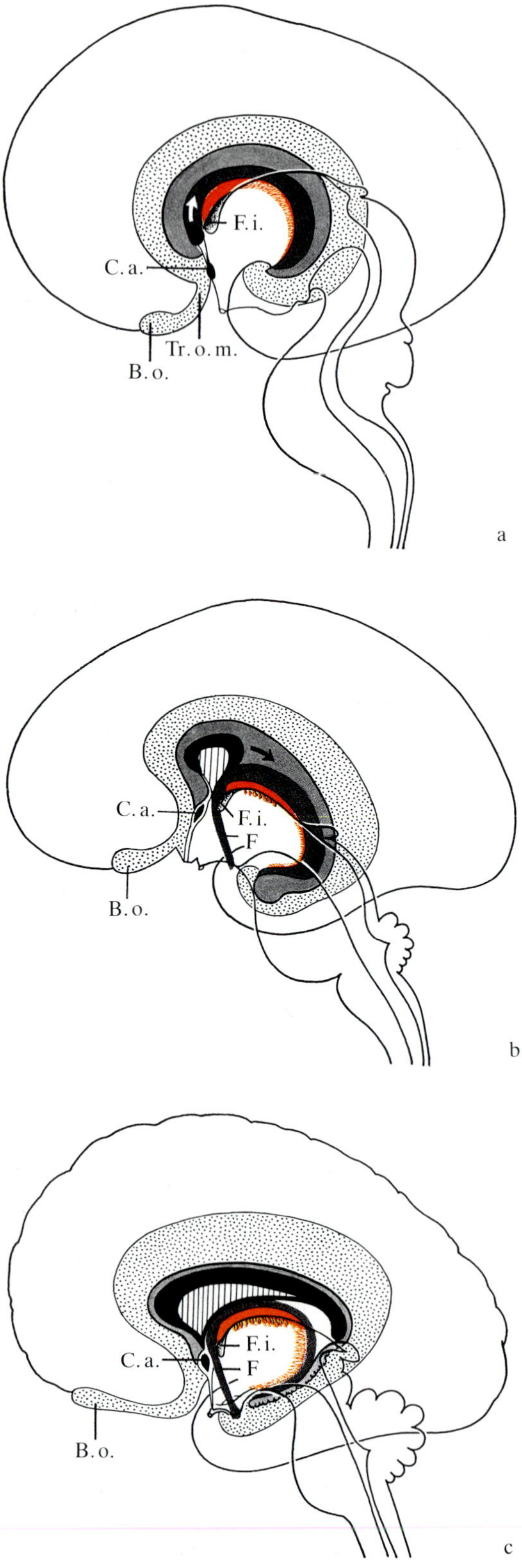

Abb. 95. a–c) Entwicklung des olfaktorischen und limbischen Systems beim embryonalen menschlichen Gehirn (verschiedene Altersstufen) in der Ansicht von medial (nach CORNING) (B.). Die Pfeile deuten die Wachstumsrichtung der Balkenanlage an (vertikal gestrichelt = Septum pellucidum). Der Balken (Corpus callosum, schwarz) schiebt sich zwischen den äußeren und inneren Randbogen und trennt dadurch das Indusium griseum vom Fornix. Am Fornix befestigt sich der Plexus choroideus. Hellgrau = äußerer Randbogen (Anlage von Indusium griseum und Gyrus dentatus; dunkelgrau = innerer Randbogen (Anlage des Fornix); rot = Fissura choroidea mit Plexusanlage; punktiert = Gyrus cinguli u. parahippocampalis; C.a. = Commissura anterior; F = Fornix; B.o. = Bulbus olfactorius; F.i. = Foramen interventriculare; Tr.o.m. = Tractus olfactorius med.

anterior) ist auch am erwachsenen menschlichen Gehirn noch erhalten und zieht hinter der Lamina terminalis horizontal von Schläfenlappen zu Schläfenlappen (Abb. 96 u. 98). Für die Größenentwicklung des Neokortex reicht die Commissura anterior bald nicht mehr aus. Die zahlreichen neu entstehenden Fasermassen bilden daher in unmittelbarem Anschluß an die alte, paläoenzephale Kommissur eine neue Kommissur, die sich zunehmend nach hinten vergrößert. Diese neenzephale Kommissur ist das Corpus callosum (Abb. 95). Es entwickelt sich von der Balkenplatte aus und schiebt sich nach hinten in das medial gelegene Archipallium hinein. Dieses wird dadurch in zwei Teile auseinandergedrängt, die sich hinter dem Balkenende jedoch wieder vereinigen. Man bezeichnet diese beiden bogenförmig gekrümmten Zonen an der medialen Hirnwand, zwischen die sich der Balken einschiebt, auch als den *äußeren und inneren Randbogen des Archipalliums* (Abb. 95). Der äußere verdünnt sich zu zwei schmalen grauen Streifen (grau, weil sie Zellgruppen enthalten). Diese ziehen über den Balken hinweg *(Indusium griseum)* und bestehen aus einer *Stria longitudinalis medialis* und *lateralis*. Beide biegen um den Hinterrand des Balkens herum und setzen sich, allmählich dicker werdend, über den Gyrus fasciolaris an der Innenseite des Temporallappens als *Gyrus dentatus* fort. Dieser gehört zur eingerollten Rinde (Gyrus involutus). Er wird beim Erwachsenen von den Strukturen des inneren Randbogens verdeckt. Der Gyrus dentatus läuft in ein feines Bändchen aus, das sog. Unkusbändchen (Giacomini), das vorne die paläoenzephalen Strukturen des Riechhirns erreicht (Abb. 97 u. 98). Das Indusium steht vorne über die mediobasalen Abschnitte des Stirnhirns *(Gyrus subcallosus)* mit dem Tractus olfactorius med. und Bulbus olfactorius in Kontakt. Der innere Randbogen wird zum sog. *Fornix*, der im Gegensatz zum Indusium griseum und Gyrus dentatus hauptsächlich einen Faserstrang efferenter Riechbahnen darstellt. Der ebenfalls bogenförmig verlaufende Fornix (wörtlich das »Gewölbe«) liegt *unter* dem Balken, vereinigt sich aber hinter dem Balken mit den Gebilden des äußeren Randbogens (Gyrus dentatus), wobei er sich stark verdünnt und schließlich in die *Fimbria hippocampi* ausläuft (Abb. 98). Nach vorne verlängert sich der Fornix bis in den Zwischenhirnbereich in Form der sog. Fornixsäulen (Columnae fornicis), die in den rundlichen Kernmassen des Corpus mamillare am Boden des III. Ventrikels wurzeln (Abb. 96 u. 98).

Die an beiden Randbögen angrenzenden Abschnitte des Endhirns gehören nicht mehr voll zum Archipallium, sondern stellen bereits höhere Integrationszentren mit einer 6schichtigen, homotypischen Rindenstruktur dar. Sie werden schon frühzeitig durch Primärfurchen vom Neopallium abgetrennt. Man bezeichnet sie als *Gyrus cinguli* und *Gyrus parahippocampalis*.

Kompliziert wird nun die räumliche Anordnung dieser Strukturen weiterhin dadurch, daß an der medialen Wand der Endhirnbläschen eine schmale Gewebszone erhalten bleibt, die keine weiteren Differenzierungen eingeht, sondern dünn bleibt und sich mit den Blutgefäßgeflechten zum *Plexus choroideus* umformt (vgl. S. 21 ff.). Diese dünn bleibende Zone liegt unterhalb des inneren Randbogens und setzt sich ebenfalls bogenförmig auf den Schläfenlappen fort (in Abb. 95 rot hervorgehoben). So kommt es, daß der Fornix, der ja aus dem inneren Randbogen hervorgeht, zum Fixationspunkt für den Plexus choroideus der Seitenventrikel wird. Der Plexus hängt daher später mit seiner oberen Lamelle am Fornix *(Taenia fornicis)*, mit der unteren dagegen zunächst frei in den Seitenventrikel hinein, lagert sich aber dann mit der Vergrößerung des Thalamus auf die obere, den Ventrikel begrenzende Fläche des Thalamus und verwächst mit ihr *(Taenia choroidea)*. Es hat daher den Anschein, als begrenze der Thalamus des Zwischenhirns unmittelbar den Seitenventrikel, in Wirklichkeit wird die Thalamusoberfläche jedoch durch eine dünne Lamelle der Endhirnwandung vom Ventrikelraum getrennt, die erst sekundär mit dem Thalamus verwachsen ist *(Lamina affixa)*. Diese breitet sich vom Nucleus-caudatus-Gebiet (Sulcus terminalis) bis zur Rißlinie des Plexus choroideus, der erwähnten Taenia choroidea, aus (vgl. a. Abb. 29). Während der Plexus im Bereich des Seitenventrikels von medial her in den Ventrikel hineinragt, liegt er im Temporallappen mehr im Dach des Unterhorns, wo er an der Fimbria fornicis sowie an der Stria terminalis festhängt (Abb. 97).

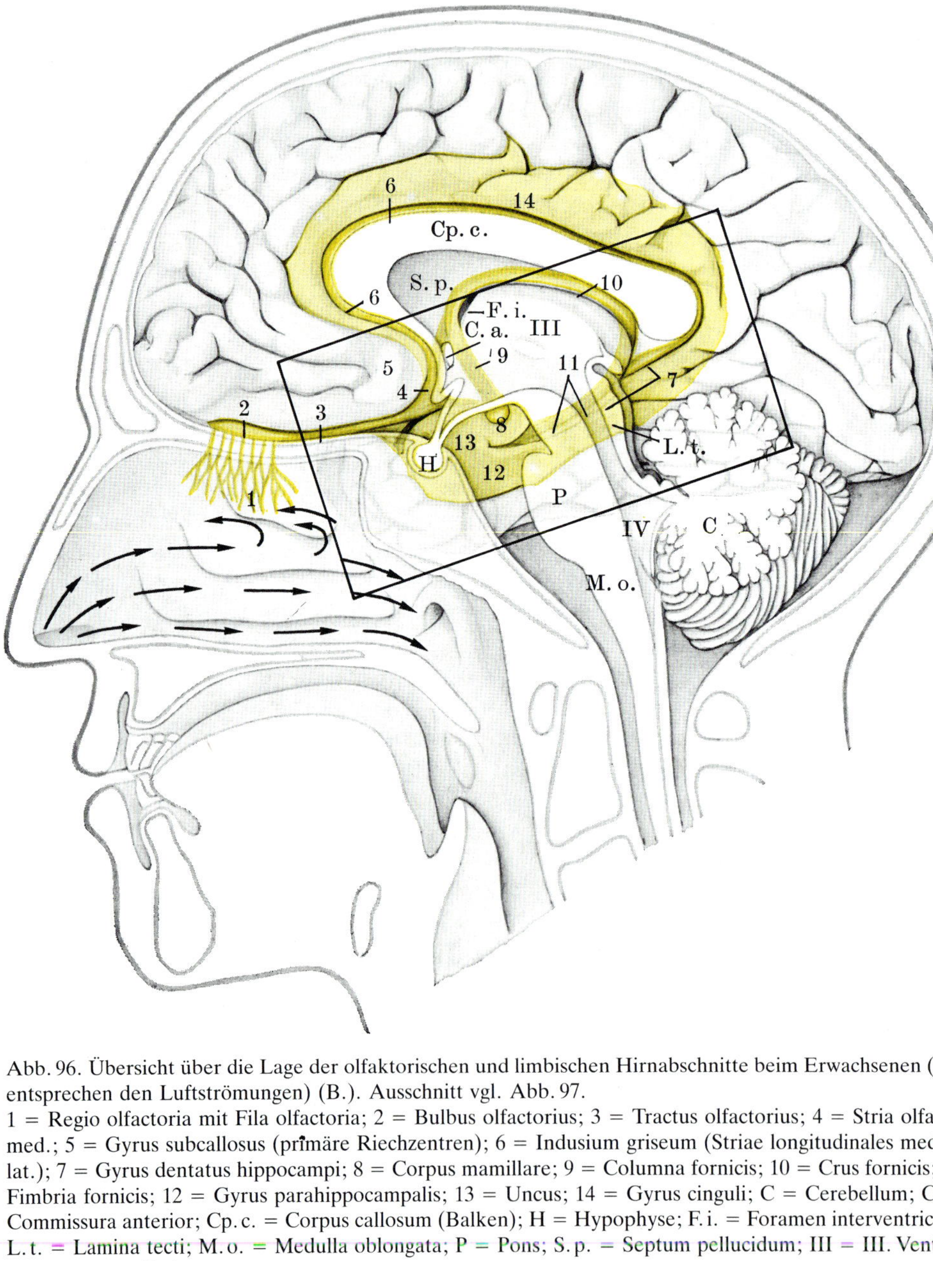

Abb. 96. Übersicht über die Lage der olfaktorischen und limbischen Hirnabschnitte beim Erwachsenen (Pfeile entsprechen den Luftströmungen) (B.). Ausschnitt vgl. Abb. 97.
1 = Regio olfactoria mit Fila olfactoria; 2 = Bulbus olfactorius; 3 = Tractus olfactorius; 4 = Stria olfactoria med.; 5 = Gyrus subcallosus (primäre Riechzentren); 6 = Indusium griseum (Striae longitudinales med. und lat.); 7 = Gyrus dentatus hippocampi; 8 = Corpus mamillare; 9 = Columna fornicis; 10 = Crus fornicis; 11 = Fimbria fornicis; 12 = Gyrus parahippocampalis; 13 = Uncus; 14 = Gyrus cinguli; C = Cerebellum; C. a. = Commissura anterior; Cp. c. = Corpus callosum (Balken); H = Hypophyse; F. i. = Foramen interventriculare; L. t. = Lamina tecti; M. o. = Medulla oblongata; P = Pons; S. p. = Septum pellucidum; III = III. Ventrikel; IV = IV. Ventrikel.

2. Anatomie des Riechhirns und des limbischen Systems

Am Gehirn des Erwachsenen (Abb. 96) lassen sich daher *über* und *unter* dem Balken verlaufende Riechhirnabschnitte unterscheiden. Der Riechlappen des Endhirns ist beim Menschen sehr klein und liegt als kölbchenartiger, länglicher Bulbus unmittelbar auf der Lamina cribrosa der Schädelbasis. Der Bulbus ist durch die Riechfäden *(Fila olfactoria),* die in ihrer Gesamtheit den I. Hirnnerven darstellen, mit den oberen Abschnitten der Nasenschleimhaut verbunden (Regio olfactoria). Hier sind die Rezeptoren des olfaktorischen Systems lokalisiert. Nach rückwärts geht der Bulbus jederseits in einen *Tractus olfactorius* über, der sich unterhalb des Balkens, meist erst in der Nähe der Lamina terminalis, jederseits in zwei Stränge aufspaltet, die *Striae olfactoriae laterales* und *mediales.* Zwischen beiden entsteht ein weißliches dreiseitiges Feld, das *Trigonum olfactorium,* an das sich hinten die von Gefäßen durchbohrte Area olfactoria bzw. *Substantia perforata anterior* anschließt. Hier liegen die ersten Schaltzentren. Die mediale Stria olfactoria biegt um die Hirnmantelkante herum und mündet zunächst in ein kleines, vor der Lamina terminalis gelegenes Rindenfeld, die *Area adolfactoria* (Broca) ein. Daran schließt sich medial unter dem Balkenknie ein weiteres olfaktorisches Schaltzentrum an, der *Gyrus subcallosus,* der sich nach oben in das *Indusium griseum* fortsetzt. Dieses läuft über dem Balken nach hinten, biegt um das hintere Ende des Balkens herum und geht dann über den Gyrus fasciolaris in den Gyrus dentatus der Hippokampusformation über. Das Ende dieses Faserzuges ist das sog. Unkusbändchen (Giacomini), das den Uncus hippocampi schräg nach außen überquert (Abb. 97).

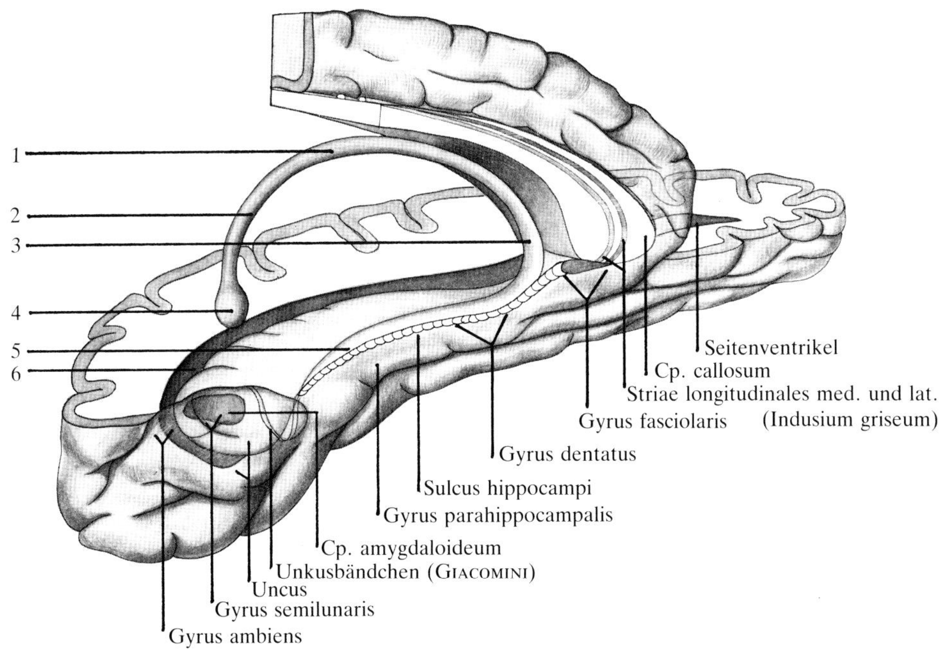

Abb. 97. Ausschnittvergrößerung aus Abb. 96. Das hintere Ende des Balkens wurde zusammen mit dem unteren Teil des Temporallappens herausgeschnitten, um die am Boden des Seitenventrikels gelegenen Gebilde des Paläopalliums sichtbar zu machen (B.).
Fornix: 1 = Corpus fornicis; 2 = Columna fornicis; 3 = Crus fornicis; 4 = Corpus mamillare; 5 = Fimbria hippocampi; 6 = Digitationes hippocampi (Pes hippocampi) und Seitenventrikel.

Die *Stria olfactoria lateralis* wendet sich entlang der lateralen Kante des Trigonum olfactorium zur Fissura lateralis cerebri und erreicht über den Limen insulae, der aber noch nicht der Insel angehört, den Unkusteil des Hippokampus, wo beim Neugeborenen noch kleine wulstförmige Teile des Urriechhirns *(Gyrus semilunaris* und *ambiens)* zu erkennen sind.

Zum Riechhirn wurden früher auch noch der *Gyrus cinguli* gezählt, ein breiter Rindenzug an der medialen Mantelfläche, der an das Corpus callosum angrenzt und das Indusium griseum teilweise überlagert, und der *Gyrus parahippocampalis,* die Fortsetzung des Gyrus cinguli im Bereich des Temporallappens. Der Gyrus parahippocampalis biegt vorne hakenförmig um *(Uncus hippocampi)* und wird gegen das Unterhorn des Seitenventrikels durch radiäre Furchen eingekerbt *(Digitationes hippocampi).* Außerhalb des Ventrikelbereiches, dicht an den Unkus angrenzend, findet sich schließlich noch ein ausgedehnter Kernkomplex, der Mandelkern *(Corpus amygdaloideum)* (Abb. 97). Entwicklungsgeschichtlich stammt diese Kerngruppe vom Basalganglion, genauer genommen von einem Zellmaterial, das ursprünglich auf dem Striatum lokalisiert war und daher auch als Epistriatum bezeichnet wird. Zu diesem Komplex gehören auch das *Claustrum,* eine schmale Zone grauer Substanz unter der Inselrinde, sowie die *Stria terminalis,* ein Faserzug, der noch auf dem Nucl. caudatus liegen geblieben ist und das Corpus amygdaloideum mit dem Trigonum olfactorium verbindet. Es handelt sich um ein relativ kräftiges Fasersystem, das in der Grenzfurche zwischen Nucleus caudatus und Thalamus, also an der Grenze von End- und Zwischenhirn, bogenförmig verläuft und im Temporallappen mit dem Schweif des Nucleus caudatus zusammen nach vorne bis zum Mandelkern zieht (Abb. 98). Der vordere Abschnitt der Stria terminalis durchdringt den Hypothalamus und erreicht vor der Lamina terminalis die primären Riechzentren im Bereich des Trigonum olfactorium und der Area adolfactoria.

Die komplizierte Verlaufsform des *Fornix* läßt sich am besten von der Aufsicht darstellen (Abb. 98). Vorne wurzeln die beiden Fornices in den Corpora mamillaria, am Boden des Zwischenhirns (vgl. a. Abb. 96), und steigen dann steil als rundliche Stränge auf *(Columnae fornicis),* wobei der Anfangsteil dieser Säulen in der Masse des Zwischenhirns verborgen bleibt (Pars tecta) und erst im weiteren Verlauf konturbildend in der Wand des III. Ventrikels hervortritt (Pars libera). Beide Columnae fornicis lagern sich *vor* dem Foramen interventriculare dicht aneinander und begrenzen diese Öffnungen nach vorne zu. Dann verschmelzen sie zu einem gemeinsamen Corpus fornicis im Dach des III. Ventrikels. Die Fornixsäulen spannen das Septum pellucidum, dessen hintere Begrenzung sie darstellen. Nach rückwärts trennen sich die im Corpus vereinigten Säulen wieder voneinander, wobei sie sich zu abgeflachten Bändern verbreitern (Crura fornicis). Zwischen den Crura spannen sich quere Kommissurenfasern *(Commissura fornicis)* aus, die dem Ganzen das Aussehen einer dreiseitigen, archaischen Leier geben (Lyra Davidis oder *Psalterium*). Am hinteren Ende des Balkens verdünnen sich die Fornixschenkel jeweils zu einer dünnen Lamelle, der *Fimbria fornicis,* die sich mit dem Gyrus dentatus, der eine Verlängerung des über dem Balken verlaufenden Indusium griseum darstellt, zusammenlagert.

Während der Gyrus dentatus hinter der Fissura hippocampi versteckt liegt, bleibt die Fimbrie oberflächlich. Daher muß die Fimbrie mit dem daran befestigten Plexus choroideus hochgehoben werden, wenn der Gyrus dentatus sichtbar gemacht werden soll. Die genannten Strukturen, vor allem der Mandelkernkomplex, Fornix, Cingulum und Hippokampusformation, haben sich zwar stammesgeschichtlich aus Riechhirnabschnitten entwickelt, gehören aber bei den Säugern eindeutig nicht mehr zum olfaktorischen System. Man faßt sie vielmehr unter dem Begriff des limbischen Systems zusammen, das sich auch funktionell aus dem Riechapparat ausgegliedert hat (vgl. S. 188).

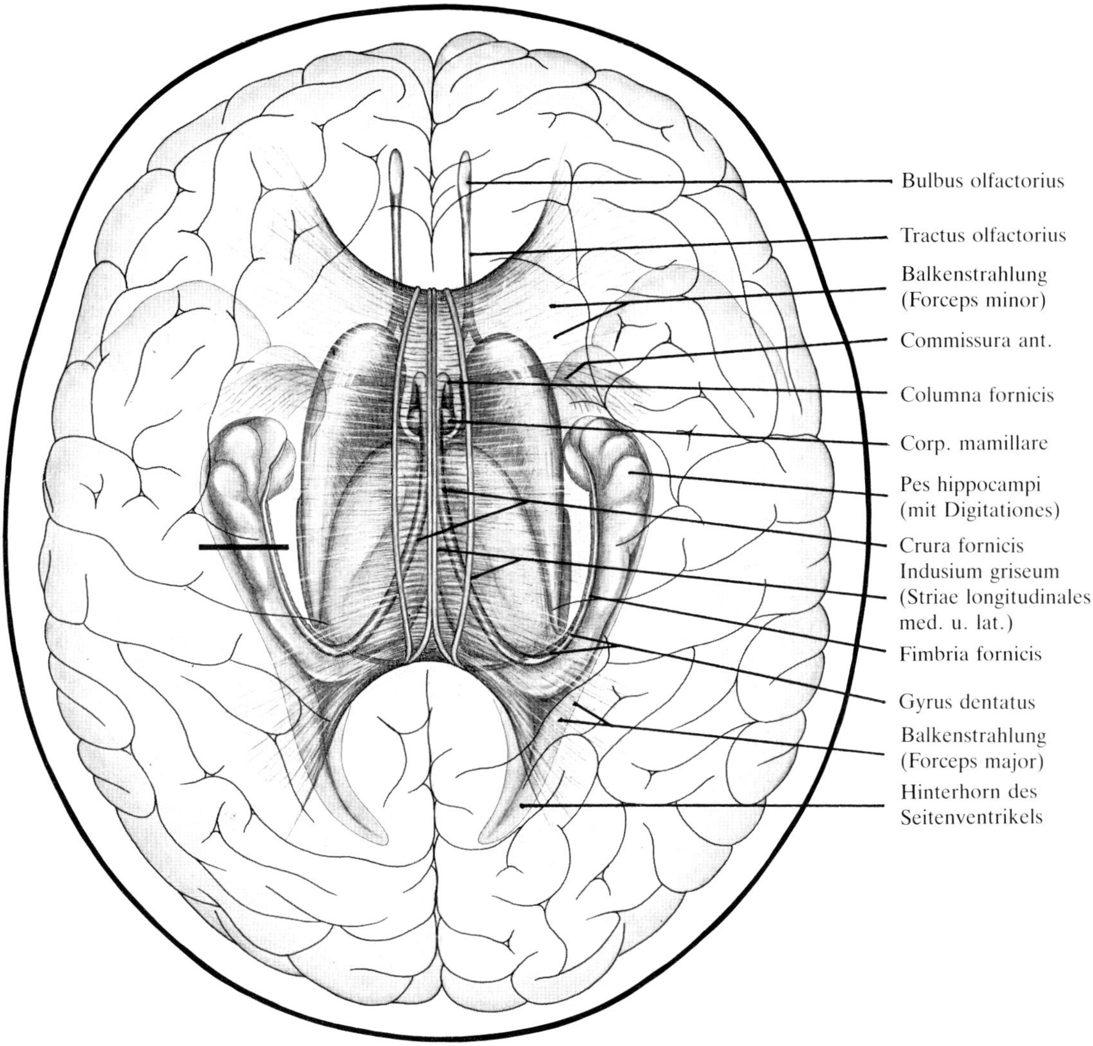

Abb. 98. Lage von Fornix und Indusium im Verhältnis zu Balken, Stammganglien und Seitenventrikeln. Das Großhirn ist durchsichtig gedacht (K.). Querstrich li. = Querschnitt zur Darstellung der histologischen Struktur (vgl. Abb. 99). Oberhalb des Balkens verlaufen die Striae longitudinales, die im Bereich des Temporallappens zum Gyrus dentatus werden. Unterhalb des Balkens verläuft der Fornix, der sich am Boden des Seitenventrikels zur Fimbria fornicis verdünnt.

Hippokampusrinde. Die markhaltigen Nervenfasern des Fornix haben in der Hauptsache eine efferente, vom Hippokampus zum Zwischenhirn verlaufende Richtung. Diese sammeln sich an der Oberfläche der eingerollten Rinde, wodurch dort ein kräftiges Markfaserblatt entsteht, das Muldenblatt oder der *Alveus*. Dieses ist gegen die Ventrikelhöhle gerichtet und hier vom Ependym bedeckt (Abb. 99). Die Hippokampusrinde zeigt im Vergleich zur übrigen Großhirnrinde eine wesentlich einfachere Struktur (Allokortex). Außer der stark verbreiterten Molekularschicht sind nur zwei Schichten ausgebildet, die äußere Schicht der Pyramidenzellen und die innere Schicht der polymorphen Zellen. Die Pyramidenzellen haben ein etwas anderes Aussehen als die des Neokortex. Ihr länglicher Zellkörper bildet große, fächerförmige Dendritenbüschel nach

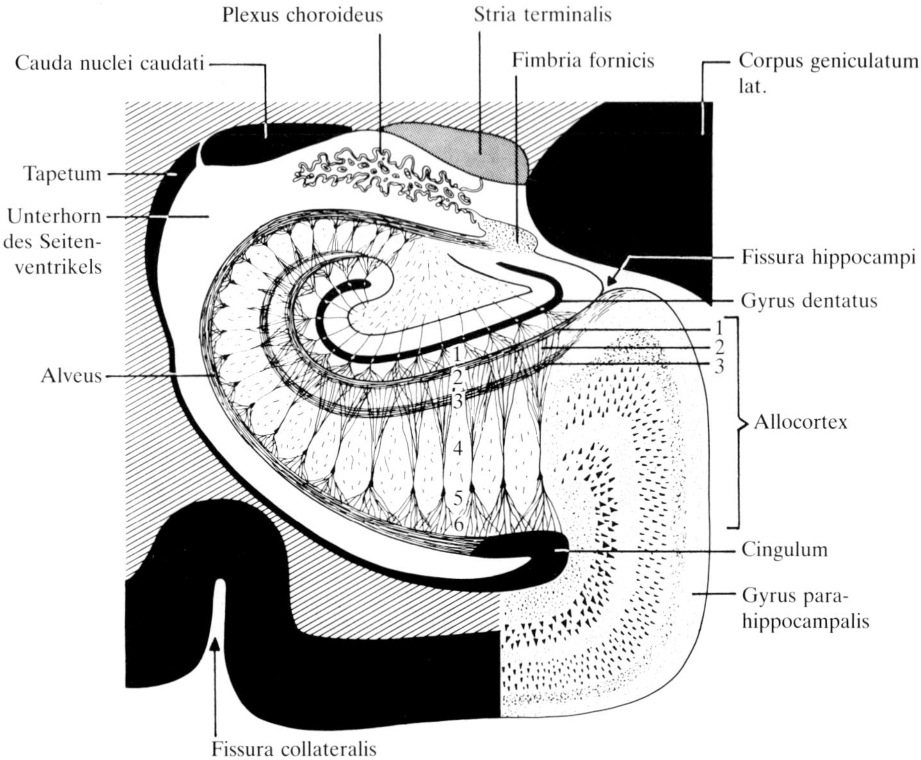

Abb. 99. Histologische Struktur des Allocortex (vereinfacht nach CLARA) (B). Schematischer Querschnitt durch den Gyrus parahippocampalis und Gyrus dentatus im Bereich vom Unterhorn des Seitenventrikels. Schichtengliederung des Allocortex: 1 = Lamina medullaris involuta; 2 = Stratum moleculare; 3 = Stratum lacunosum; 4 = Stratum lucidum (Schicht der Pyramidenzellen); 5 = Stratum oriens (Schicht der polymorphen Zellen); 6 = Alveus.

beiden Seiten hin aus, die ausgiebige synaptische Kontakte mit den beiden angrenzenden Schichten eingehen. Die unscheinbaren Neuriten ziehen über den Alveus in den Fornix hinein.

Der *Gyrus dentatus* zeigt einen der Hippokampusrinde vergleichbaren mikroskopischen Aufbau (Abb. 99). Die Zellen ordnen sich ebenfalls in zwei Schichten an. Eine oberflächliche Molekularschicht und eine Schicht modifizierter Pyramidenzellen lassen sich unterscheiden. Das Querschnittsbild des Gyrus dentatus ähnelt einer Zahnanlage, woher auch der eigenartige Name stammt. Nach medial springt der Gyrus dentatus mit gezähneltem Rand als grauer Rindenteil unter der Fimbria fornicis etwas vor.

3. Riechschleimhaut

Die Perzeption der Geruchsreize erfolgt in der Riechschleimhaut der Nase. Die Regio olfactoria nasi nimmt beim Menschen jederseits eine nur etwa 1–1,25 cm^2 große Fläche auf der obersten Muschel unterhalb der Lamina cribrosa und eine etwa ebenso große Fläche im angrenzenden Gebiet des Septum nasi ein (Gesamtfläche also etwa 5 cm^2). Die Riechschleimhaut liegt etwas abseits vom normalen Atemstrom. Bei ruhiger Atmung wird der obere, olfaktorische Bereich der Nasenhöhle durch kleine sekundäre Luftwirbel nur schwach ventiliert (vgl. Pfeile in Abb. 96). Beim »Schnüffeln« wird die

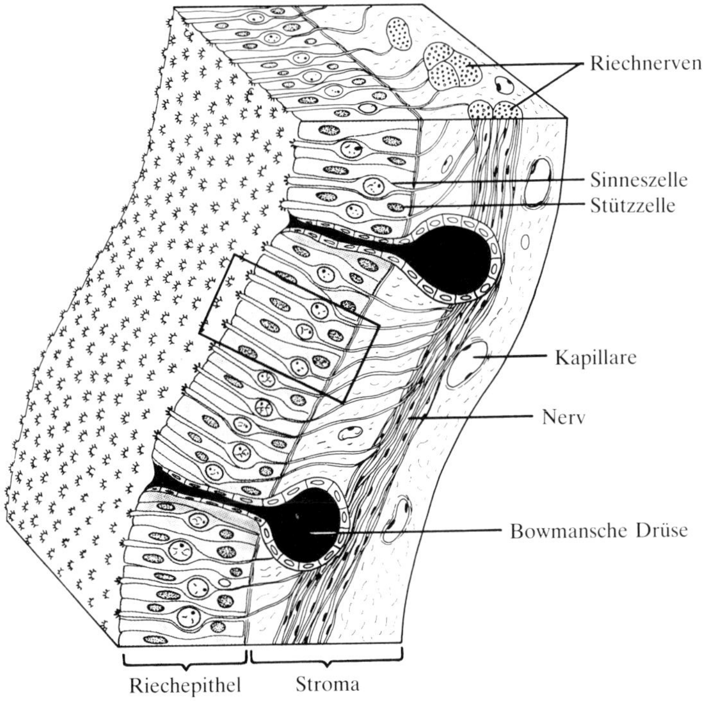

Abb. 100. a) Bau der Riechschleimhaut (schematisch mit Bowmanschen Drüsen und Riechnerven (B.).

Atemluft in der Nase stärker bewegt, so daß die oberen Bereiche der Nasenhöhle intensiver mit den Geruchstoffen in Berührung kommen können. Bei Tieren mit hochentwickeltem Geruchsvermögen dehnt sich die Riechschleimhaut über große Teile der inneren Nasenwandung aus. Auch das Muschelrelief ist wesentlich ausgeprägter (Abb. 91).

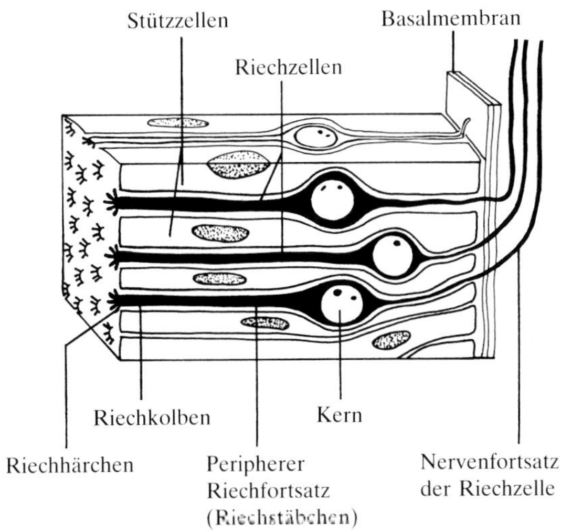

Abb. 100. b) Gestalt der Riechzellen (Ausschnittvergrößerung aus Abb. 100a) (B.). Schwarz = Riechzellen; weiß = Stützzellen.

Das *Riechepithel* sitzt einer glatten Basalmembran auf und ist mehrreihig (Abb. 100). Schon an den Kernformen lassen sich zwei Zelltypen unterscheiden: Sinnes- und Stützzellen. Flimmerzellen und Becherzellen, wie sie im Respirationsepithel des übrigen Nasenraumes vorkommen, fehlen. Die *Stützzellen* sind langgestreckte Elemente, die an der Oberfläche einen niedrigen Besatz von Mikrovilli besitzen. Sie sind durch Zellmembranverdichtungen, die im Lichtmikroskop als Schlußleistennetz imponieren (Desmosomen), untereinander und mit den Sinneszellen verbunden. Man nimmt an, daß diese Zellen nicht nur mechanische, sondern auch sekretorische Aufgaben haben und den sog. *Riechschleim* produzieren. Daneben existieren aber auch eigene großlumige, gemischte Drüsen, die im Stroma der Riechschleimhaut lokalisiert sind und ein dünnflüssiges Sekret absondern *(Glandulae olfactoriae* oder *Bowmansche Drüsen)* (Abb. 100). Der Riechschleim unterscheidet sich in seiner Zusammensetzung von anderen Körperschleimen. Er enthält verschiedene Fermente, etwas Eiweiß, jedoch kein Muzin. Wahrscheinlich hat er eine Spülfunktion, um eine übermäßig lange Anreicherung von Duftstoffen an den Membranen der Riechrezeptoren zu verhindern.

Die *Riechzellen* sind langgestreckte bipolare Nervenzellen, die das Epithel in ganzer Höhe durchsetzen und mit einer kölbchenartigen Verdickung (Riechkolben oder Riechkopf) das apikale Schlußleistennetz des Epithels überragen. Vom *Riechkopf* gehen 1–2 μm lange Zilien aus *(Riechhaare)*, die mit den Mikrovilli der Stützzellen, dem Riechschleim und den Riechköpfen zusammen den *Riechsaum* bilden. Am basalen Pol der Riechzellen geht der außerordentlich dünne (0,2 μm) marklose Neurit ab, der die Basalmembran durchdringt und mit den anderen Neuriten zusammen die *Fila olfactoria* bildet. Im Gegensatz zu anderen marklosen Nerven des Körpers werden die Axone der Riechrezeptoren zu mehreren hundert, dicht gedrängt zusammenliegenden Fasern gebündelt und als Ganzes von einer Schwannschen Zelle eingescheidet, ohne daß dabei individuelle Mesaxone gebildet werden (de Lorenzo). Morphologische Anhaltspunkte für die Existenz verschiedener Rezeptortypen gibt es bisher noch nicht.

Man schätzt die Zahl der in der Riechschleimhaut des Menschen vorhandenen Rezeptoren auf $1–2 \times 10^7$. Bei Säugern mit gutem Geruchsvermögen sind es 10^8 und mehr (Hund, Kaninchen). Wie die Beschreibung ihrer Morphologie zeigt, handelt es sich um relativ einfach gebaute, primäre Sinneszellen. Sie repräsentieren noch einen primitiven Rezeptortypus, was u. a. auch darin zum Ausdruck kommt, daß sie als einzige primäre Sinneszellen des Körpers noch innerhalb des Epithels liegen. Hier hat sich eine embryonale Nervenzelle selbst zu einem Rezeptor entwickelt, während Sinneszellen, die aus dem Epithel hervorgehen, wie z. B. bei den Geschmacksorganen, erst sekundär mit ableitenden Nervenfasern einen synaptischen Kontakt gewinnen und daher als sekundäre Sinneszellen bezeichnet werden. Eine Besonderheit stellt auch die Verknüpfung der Riechrezeptoren mit dem ZNS dar. Wie wir gesehen haben, muß der Bulbus olfactorius als ein vorgeschobener Hirnteil, eigentlich ein Lappen des Endhirns, angesehen werden. Die zentralen Neuriten der Riechzellen laufen ohne Unterbrechung über die Fila olfactoria bis zum Bulbus olfactorius, wobei sie durch die Lamina cribrosa ziehen und von unten in den Bulbus eintreten.

Hier erst erfolgen die ersten Umschaltungen. Im Riechsystem liegt also der einzigartige Fall vor, daß eine periphere Rezeptorzelle direkt ohne Zwischenschaltung im Thalamus mit der Hirnrinde verbunden ist.

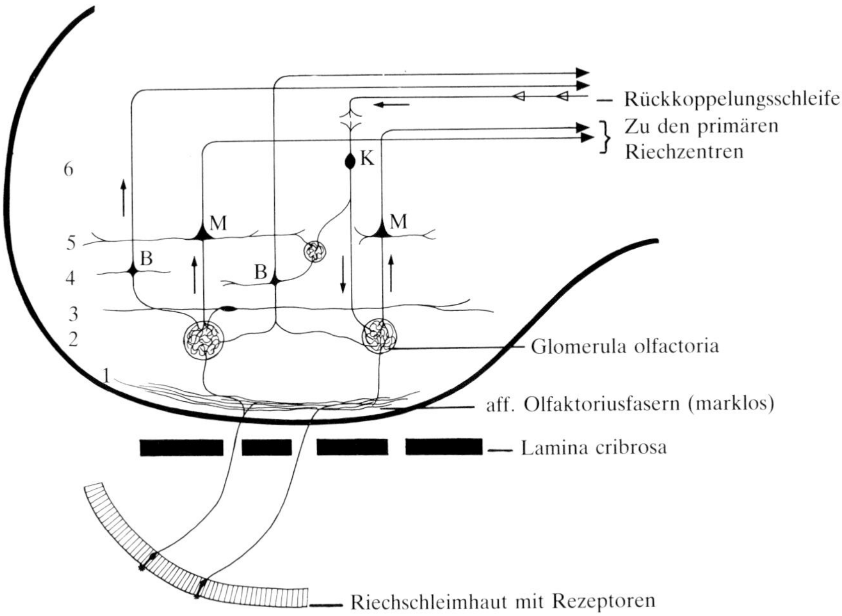

Abb. 101. Histologischer Aufbau des Bulbus olfactorius beim Menschen (B.). Die Pfeile deuten die Richtung der Erregungsleitung an. B = Büschelzellen; K = Körnerzellen; M = Mitralzellen; 1–6 Schichten der Bulbusrinde (vgl. Text).

4. Riechbahnen

Innerhalb des **Bulbus olfactorius** gehen die aus der Riechschleimhaut kommenden Neuriten der Riechzellen ausgedehnte und komplizierte Synapsen mit den Dendriten der großen, für den Bulbus charakteristischen pyramidenähnlichen *Mitralzellen* sowie mit den Fortsätzen der Büschelzellen und Körnerzellen ein (Abb. 101). Dadurch entstehen knäuelartige Riesensynapsen, die *Glomeruli olfactorii,* die einen Durchmesser von 100–120 µm erreichen. Diese Glomeruli lassen sich daher schon lichtmikroskopisch erkennen. Sie liegen in 1–2 Reihen nebeneinander in der Peripherie des Bulbus, gleich innerhalb der Schicht der afferenten Olfaktoriusfasern. Weiter innen bilden die Mitralzellen ebenfalls eine zusammenhängende Schicht, an die sich eine innere Körnerschicht anschließt. Somit entstehen in der *Bulbusrinde* von außen nach innen folgende *Schichten* (vgl. Abb. 101):

1. Schicht der marklosen Olfaktoriusfasern
2. Schicht der Glomeruli olfactorii
3. Äußere Körnerschicht
4. Äußere Molekularschicht (oder auch gelatinöse Schicht)
5. Mitralzellenschicht
6. Innere Körnerschicht

Die *Mitralzellen* bilden das zweite Neuron der Riechbahn. Ihre Zahl wurde beim Menschen auf etwa 60000 geschätzt. Die Neuriten der Mitralzellen sind im Gegensatz zu den Rezeptoraxonen markhaltig und ziehen über den Tractus olfactorius zu den Riechzentren im Bereich des Trigonum olfactorium und der Area subcallosa, wo sie auf ein drittes Neuron umgeschaltet werden.

Außer den Mitralzellen existieren im Bulbus olfactorius vor allem noch zwei weitere Zelltypen, die Körnerzellen und die Pinsel- oder Büschelzellen (Abb. 101). Die *Büschelzellen* können als eine Abart der Mitralzellen angesehen werden. Ihre Neuriten ziehen bevorzugt über die Commissura anterior zum Bulbus olfactorius der Gegenseite, wodurch eine efferente Rückkoppelungsschleife zwischen den beiden Bulbi olfactorii entsteht.

Man hat berechnet, daß beim Kaninchen jeder Glomerulus olfactorius afferente Impulse aus 26000 Riechzellen erhält und diese Informationen über 24 Mitral- und 68 Büschelzellen zu den sekundären Riechzentren weiterleitet (Allison). Es besteht also bei dieser Art und ähnlich wohl auch beim Menschen eine ausgeprägte neurale Konvergenz im Verhältnis von rund 280:1.

Neben den ableitenden, markhaltigen Neuriten der Mitral- und Büschelzellen sind nun aber im Tractus olfactorius auch zuführende *efferente Axone* vorhanden, die entweder von den eben erwähnten Büschelzellen der Gegenseite oder von Neuronen anderer Zentren des Riechapparates kommen. Der Bulbus olfactorius besitzt damit auch eine efferente Innervation, was bereits Cajal erkannt hatte.

Das erste Neuron der **Riechbahn** (die sog. Riechzelle) wird bereits im Bulbus olfactorius auf das zweite Neuron umgeschaltet (Abb. 102). Dieses wird in der Hauptsache von den Büschel- und Mitralzellen repräsentiert. Die markhaltigen Axone dieser beiden Zellarten bilden den *Tractus olfactorius.* Dieser verläuft an der Unterfläche des Stirnhirns bis in die Nähe der Lamina terminalis, wo er sich in zwei Stränge aufteilt *(Stria olfactoria lat. und med.).* Die Neuriten des lateralen Stranges erreichen am Rande der Insel die paläoenzephalen Kerne vor dem Uncus hippocampi, nämlich die *Area praepiriformis* (Gyrus semilunaris und ambiens) und den vorderen Teil des *Lobus piriformis.* Diese sind als die kortikalen Projektionsfelder des olfaktorischen Systems anzusehen (primäre Rindenfelder, Abb. 102).

Die Neuriten des Tractus olfactorius medialis enden in verschiedenen, unter dem Balkenknie gelegenen Zentren (Area adolfactoria, Gyrus subcallosus, Area perforata ant. und Trigonum olfactorium), von wo weitere Faserzüge z. T. über und z. T. unter dem Balken zur Hippokampusformation ziehen, die aber keine direkten, olfaktorischen Projektionsbahnen, sondern nur Verbindungen der Riechzentren mit dem limbischen Kortex (s. u.) darstellen. Eine experimentelle Ausschaltung des Bulbus olfactorius (Affen) führt daher nur zu Veränderungen in der Stria olfactoria lat. und Area praepiriformis, nicht dagegen in der Hippokampusrinde. Die afferenten Riechbahnen verlaufen hauptsächlich ungekreuzt und homolateral. Kommissurenfasern gehen vornehmlich über die Commissura anterior (pars ant.).

Bei den meisten Wirbeltieren dominiert der Riechapparat unter den Sinnessystemen so stark, daß er ihre Lebens- und Verhaltensweisen weitgehend bestimmt. Er ist in vieler Hinsicht unmittelbar lebenswichtig. Die außerordentlich hohe Empfindlichkeit der Riechrezeptoren ist daher biologisch sinnvoll. Geruchsstoffe können vom Menschen noch in Konzentrationen von 10^{-9}–10^{-14} g/ml Luft wahrgenommen werden. Bei makrosmatischen Tieren (Hund) liegen die Riechschwellen nochmals um 6–8 Zehnerpotenzen tiefer. Hieraus ergibt sich, daß bereits wenige Moleküle einer Substanz genügen, um eine Rezeptorzelle in der Riechschleimhaut zu erregen. Hinzu kommt die oben erwähnte starke Konvergenz der Neuronen zum Bulbus olfactorius. Die Erregungen werden durch die genannten Bahnverbindungen zur piriformen Region des Temporallappens geleitet und hier weiterverarbeitet. Darüber hinaus bestehen jedoch noch zahlreiche andere Verbindungen, die für im Anschluß an Riechsensationen auftretende, vegetative und motorische Reaktionen von Bedeutung sind. Wie sich schon aus der Entwicklungsgeschichte ergibt, sind die funktionalen Beziehungen zwischen dem olfaktorischen und limbischen System besonders eng (s. u.).

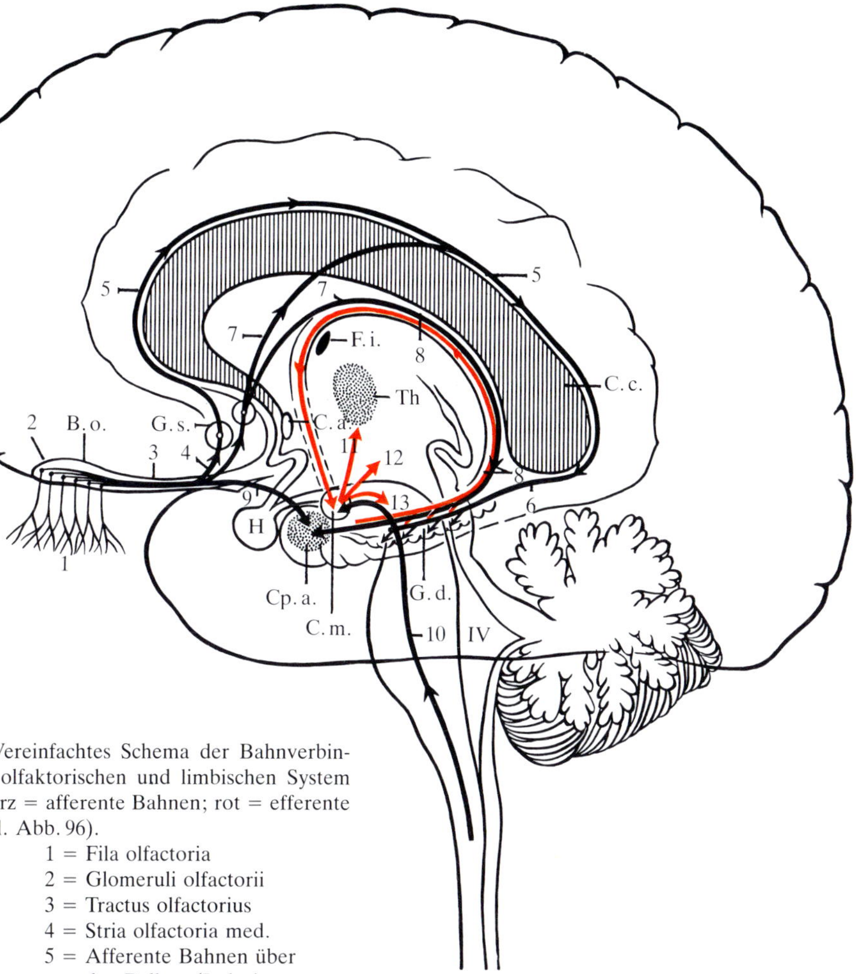

Abb. 102. Vereinfachtes Schema der Bahnverbindungen im olfaktorischen und limbischen System (B.). Schwarz = afferente Bahnen; rot = efferente Bahnen (vgl. Abb. 96).

Bahnen:
1 = Fila olfactoria
2 = Glomeruli olfactorii
3 = Tractus olfactorius
4 = Stria olfactoria med.
5 = Afferente Bahnen über den Balken (Indusium griseum = Striae longitudinales med. et lat.)
6 = Afferente Bahnen zum Gyrus dentatus
7 = Septale Riechfasern (Fornix longus und Fibrae perforantes = Tractus olfactohippocampicus)
8 = Fornix (enthält afferente und efferente Bahnen)
9 = Stria olfactoria lat.
10 = Afferente Verbindungen mit dem Rückenmark
11 = Tractus mamillothalamicus
12 = Tractus mamillotegmentalis
13 = Tractus mamilloreticularis

Hirnteile:
IV. = IV. Ventrikel
B. o. = Bulbus olfactorius
C. a. = Commissura ant.
C. c. = Corpus callosum
C. m. = Corpus mamillare
Cp. a. = Corpus amygdaloideum
F. i. = Foramen interventriculare (Monroi)
G. s. = Gyrus subcallosus
G. d. = Gyrus dentatus
H = Hypophyse
Th = Thalamus (Nuclei anteriores)

II. Limbisches System

Früher betrachtete man die nachfolgend genannten Kerngebiete alle als zum Riechhirn (Rhinenzephalon) gehörig. Da sie aber auch bei Säugern mit fehlendem oder rudimentärem Geruchsvermögen vorhanden sind, müssen sie andere Aufgaben erfüllen. Erst neuerdings erkannte man, hauptsächlich durch elektrophysiologische Untersuchungen, daß diese Kerne für die Emotionalität und Motivation bestimmter Verhaltensweisen, wahrscheinlich auch für das Kurzzeitgedächtnis, von ausschlaggebender Bedeutung sind. MacLean prägte dafür den Begriff »limbisches System«, um die vermittelnde Rolle dieser Grenzregion zwischen Kortex und Zwischenhirn (insbesondere Hypothalamus) zum Ausdruck zu bringen.

Zum limbischen System rechnet man heute vor allem die Hippokampusrinde, den Gyrus dentatus, die Kerngruppen im Septum pellucidum, den Mandelkernkomplex (Corpus amygdaloideum), das Indusium griseum, die Habenulakerne, die anterioren und ventroposterioren Kerngruppen des Hypothalamus sowie bestimmte Thalamuskerne einschließlich der zugehörigen Bahnverbindungen (Brocasches Band, Fornix, Stria terminalis, Striae longitudinales usw.) (Abb. 102 u. 103).

Bahnverbindungen. Von den olfaktorischen Zentren der Area subcallosa und paraterminalis ziehen Fasern *über* dem Balken in den Striae longitudinales med. et lat. (Indusium griseum) zum Gyrus dentatus der Hippokampusformation, andere *unter* dem Balken, zum Teil durch das Septum pellucidum hindurch (Fibrae perforantes), in den Fornix hinein und auf diesem Wege zur Hippokampusrinde, z. T. auch in die Stria terminalis und auf diesem Wege zur Hippokampusformation und zum Mandelkernkomplex (Abb. 102 u. 103).

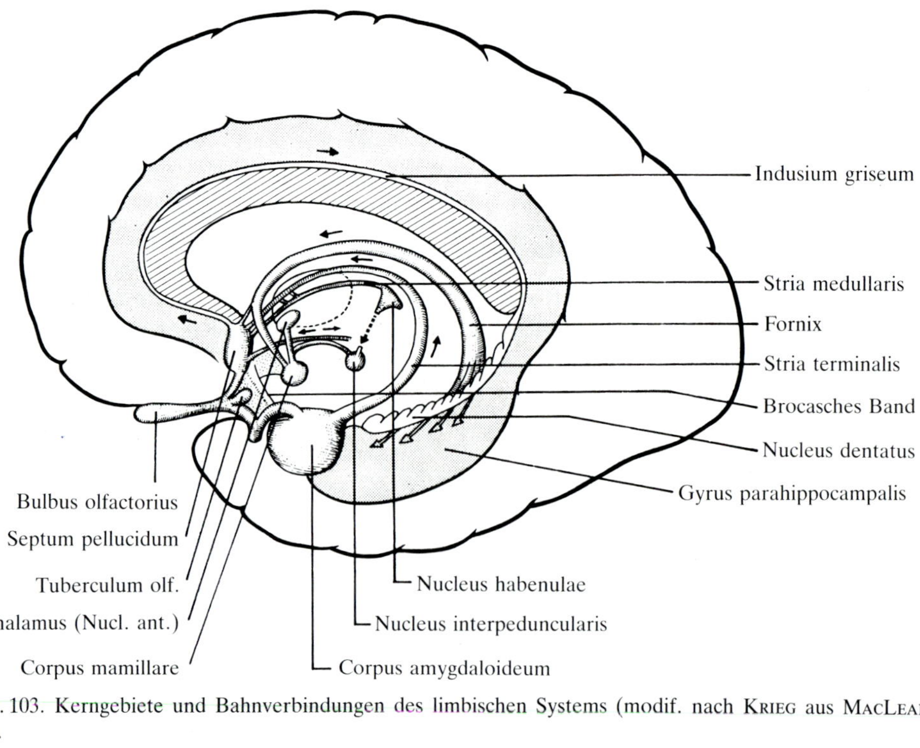

Abb. 103. Kerngebiete und Bahnverbindungen des limbischen Systems (modif. nach Krieg aus MacLean) (B.).

Die Hippokampusrinde hat ihrerseits wiederum reichlich Verbindungen mit anderen Hirnabschnitten. Die mächtigste efferente Bahn stellt der Fornix mit 2 Millionen Fasern dar. Dieser führt die Fasern zum Corpus mamillare der gleichen und gegenüberliegenden Seite *(Tractus hippocampomamillaris)* sowie nach rückwärts zum Epithalamus, d. h. über die Stria medullaris thalami und die Stria thalami habenulae zu den Nuclei habenulae und zur Epiphyse *(Tractus hippocampohabenularis)*.

Die Ganglienzellen des Corpus mamillare entsenden efferente Neuriten, die mit zahlreichen Kerngruppen in Verbindung stehen. Die wichtigsten sind der *Tractus mamillothalamicus* (Vicq d'Azyrsches Bündel) zu den Nuclei anteriores des Thalamus, der *Tractus mamillotegmentalis* zu den Haubenkernen des Mittelhirns (Guddensches Bündel) und der *Tractus mamilloreticularis* zur Retikularisformation des Rautenhirns (Abb. 102). Auch zu den vegetativen Kernen des Hypothalamus bestehen Faserverbindungen.

Das Corpus amygdaloideum besitzt Verbindungen über die Stria terminalis zum Hypothalamus, zur Retikularisformation des Hirnstammes, zu den Septumkernen sowie zur Area subcallosa.

Die **funktionelle Bedeutung** aller dieser Verbindungen ist erst teilweise bekannt. Wie Reizversuche zeigten, lassen sich von allen Regionen des Mesopalliums (Gyrus cinguli, Hippokampusformation) intensive vegetative, vor allem Kreislauf, Atmung und Sexualität betreffende Reaktionen auslösen, die jedoch niemals so stark sind wie die vom Hypothalamus selbst ausgehenden Reaktionen. Bei Reizung des Mandelkernkomplexes stellen sich variable Freßreaktionen, Änderungen der Atmung, stark emotional tingierte Aggressions-, Verteidigungs- oder Fluchtreaktionen ein. Umgekehrt macht die Entfernung dieser Kerngruppe die Tiere zahm und träge. Selbst lebensbedrohliche Situationen versetzen sie nicht mehr in Aktion. Gleichzeitig tritt eine übersteigerte sexuelle Aktivität auf. Die Hypersexualität hängt jedoch nicht unmittelbar mit dem Mandelkernkomplex zusammen, sondern mit der Funktion benachbarter Areale (präpiriforme und periamygdaloide Rinde). Werden bei mandelkernlosen Tieren zusätzlich die ventromedialen Kerne des Hypothalamus entfernt, stellt sich die Aggressivität und Wildheit wieder ein. Man nimmt daher an, daß der Mandelkernkomplex gewissermaßen die emotionalen Reaktionen »organisiert«, und zwar via Hypothalamus (äußerer Aspekt der Emotionalität). Der Hypothalamus braucht jedoch für die Verwirklichung seiner Reaktionsmuster eine intakte Rinde. Wahrscheinlich stimuliert der Hypothalamus zusammen mit der Retikularisformation den Neokortex, von dem dann die entsprechenden Erregungen, vermutlich via Thalamus, ausgehen. Die Hippokampusformation hat demgegenüber vielleicht mehr mit der subjektiven Seite des Emotionsgeschehens zu tun (innerer Aspekt), denn Emotionen kommen uns ja auch zum Bewußtsein (kognitive Seite der Emotionalität). Damit mag es zusammenhängen, daß Wahrnehmungen, die unter erregenden Umständen gemacht werden, leichter erinnert werden und sich tiefer einprägen als andere, die unter normalen Umständen erlebt worden sind. Hippokampus und Cingulum würden dann sozusagen die Brücke zum Neokortex darstellen. Die enge topographische Nachbarschaft zwischen Hippokampusrinde und Temporallappen, der ja den wichtigsten Informationsspeicher des Neocortex repräsentiert, macht die funktionelle Bedeutung des limbischen Systems für das Gedächtnis verständlich. Beim Menschen hat man in der Tat nach schwerer beidseitiger Schädigung des Mandelkernkomplexes und der Hippokampusrinde einen Gedächtnisverlust beobachtet. Das typische Krankheitsbild solcher Patienten ist die vollständige vorauswirkende Amnesie. Sie können keinerlei neu herangetragene Informationen behalten. Dennoch können derartige Patienten komplexe motorische Geschicklichkeiten, wie das Zusammensetzen von Puzzles, Lesen und Zeichnen in Spiegelschrift erlernen. Dabei glauben sie bei jedem

Lernversuch, es sei ihr erster. Die durch die vorausgegangenen Versuche erworbenen Fähigkeiten haben sie also vollständig vergessen. Daraus folgt, daß man zwischen Gewohnheiten, bei denen das extrapyramidale System eine Rolle spielt, und Kurzzeitgedächtnis, das offenbar weitgehend von einer normalen Funktion des limbischen Systems abhängig ist, unterscheiden muß.

Das limbische System steht aber auch noch mit anderen Funktionskomplexen in Zusammenhang. Sorgfältige morphologische und neurophysiologische Untersuchungen haben ergeben, daß das limbische System durch kollaterale Bahnen Informationen aus nahezu allen Sinnessystemen erhält. Jedes tätige Sinnesorgan erregt im Nebenschluß gleichzeitig auch das limbische System, dessen Aktivität dadurch zunimmt. Die allgemein affektive Stimmung eines Organismus, die Erregtheit, Aggressivität oder Trägheit, von denen bei Tieren ja Art und Ablauf zahlreicher, zum Teil lebenswichtiger Verhaltensweisen abhängen, wird vermutlich weitgehend durch das bei allen Sinneswahrnehmungen mitreagierende limbische System bestimmt. Daß sich derartige Reaktionen dann auch auf das vegetative Nervensystem auswirken und dessen allgemeine Reaktionslage beeinflussen, ist leicht einzusehen. Die morphologischen Grundlagen dafür sind in den Verbindungen des limbischen Systems zur Retikularisformation des Hirnstammes und zum Hypothalamus zu suchen. Beim Riechapparat ist die enge Verknüpfung mit dem Vegetativum lange bekannt. Viele Ausdrucksweisen des menschlichen Sprachgebrauches weisen noch auf diese Beziehungen hin (anrüchig, ruchbar, berüchtigt usw.). Geruchsreize vermögen ein Tier in ähnlicher Weise in »Rage« zu versetzen wie eine direkte Stimulation limbischer Kerne, was an bestimmten Allgemeinsymptomen, wie Blutdruckerhöhung, Pupillenerweiterung, Schweißausbruch, Muskeltonuserhöhung usw., abzulesen ist (»sham rage«). Beim Menschen treten ähnliche Reaktionen des vegetativen NS bei emotional-affektiven Stimmungen ebenfalls auf und entladen sich als Zorn, Unmut, Ärger, Depression oder Aggression auf die Umgebung. Aber nicht nur von Geruchsreizen, sondern von allen Sinnesorganen können vegetative Begleitreaktionen ausgelöst werden, wobei das limbische System eine entscheidende Rolle zu spielen scheint. Man könnte also sagen, daß vermittels des limbischen Systems alle Sinneswahrnehmungen eine vegetative und emotionale Komponente erhalten. Daher wurde der limbische Cortex auch als das »visceral brain« bezeichnet. Wie wir gesehen haben, handelt es sich dabei aber nur um einen Teilaspekt dieses komplexen und keineswegs vollständig erforschten, zentralnervösen Systems.

III. Gustatorisches System (Geschmacksapparat)

Wie das Geruchsvermögen ist auch der Geschmackssinn für viele Tiere lebenswichtig – ein Wächter an der Schwelle des Verdauungsweges! In vieler Hinsicht können Geruchs- und Geschmacksapparat als eine Einheit betrachtet werden. Wie eng Geruchs- und Geschmacksempfindung zusammenhängen, beweist schon ein einfacher Schnupfen. Dabei bleibt ebenso wie nach experimenteller Ausschaltung des Geruchssinnes meist nur eine kümmerliche Skala von Geschmacksempfindungen übrig. Geruch und Geschmack können als chemische Sinne den höheren Sinnen (Auge und Ohr) gegenübergestellt werden (vgl. Tab. S. 170).

Das bei Reptilien entwickelte *Jacobsonsche Organ* (Organon vomeronasale) an der Nasenscheidewand, in das die züngelnde Schlange von Zeit zu Zeit ihre beiden Zungenspitzen einführt und das durch den sog. N. terminalis mit dem Zentralnervensystem verbunden ist, scheint morphologisch und funktionell eine Zwischenstellung zwischen olfaktorischen und gustatorischen Organen einzunehmen. Es ist beim Menschen rudimentär. Embryonal tritt nur noch eine rasch verkümmernde Anlage auf.

Was oben über die Beziehungen zwischen Geruchsreizen und vegetativem Nervensystem gesagt worden ist, gilt vergleichsweise auch für den gustatorischen Apparat. Biologisch und stammesgeschichtlich gesprochen, sind dies die »alten«, mit unserem »Tiefenmenschen« verbundenen Sinnessysteme, die im Laufe der Stammesgeschichte durch neue, vollkommenere und stärker objektivierende Systeme (Seh- und Hörapparat) übertroffen werden. Dieser Prozeß ist beim Menschen u. a. auch an der zahlenmäßigen Verringerung der Geschmacksorgane in der Mundhöhle im Laufe des Lebens ablesbar. Für den Säugling ist der Geschmacksapparat wichtiger als für den Erwachsenen. Später kann die Kontrolle der Nahrungsaufnahme auch unter Zuhilfenahme höherer Systeme sowie durch Einschaltung des kritischen Denk- und Urteilsvermögens erfolgen. Zahlreiche Geschmacksrezeptoren verkümmern dann.

Die Geschmacksempfindung des Menschen ist nicht einheitlicher Natur, sondern ein Komplex verschiedenartiger Empfindungen. Druck-, Temperatur- und Schmerzempfindungen werden mit in den »Geschmack« integriert. Die eigentlichen Grundqualitäten der Geschmacksmodalität sind jedoch nur sauer, süß, salzig und bitter, die allerdings nur bis zu einem gewissen Grade unabhängig voneinander variabel sind. Geschmacksempfin-

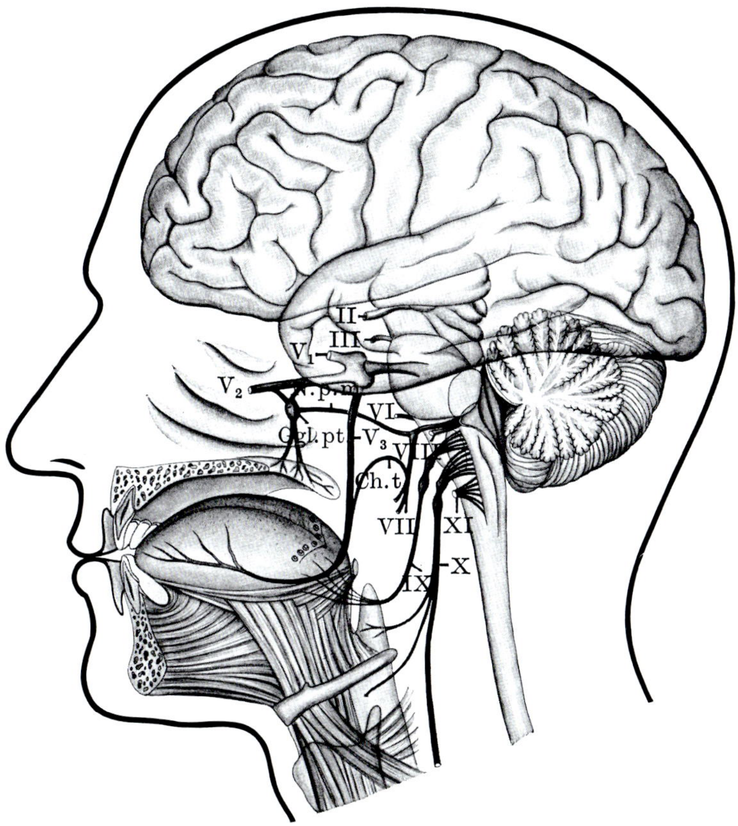

Abb. 104. Übersicht über den gustatorischen Apparat beim Menschen. Römische Zahlen = entsprechende Hirnnerven.
Ch. t. = Chorda tympani; N. p. m. = N. petrosus major; Ggl. pt. = Ggl. pterygopalatinum.

dungen gehen ebenso wie die des Geruchs mit einer emotionalen Komponente einher. Bitter wird meist auch als unangenehm und widerlich, süß dagegen als angenehm und freundlich empfunden. Hierauf basiert auch die übertragene Bedeutung dieser Worte.

Die Geschmacksrezeptoren sind in der Mundhöhle am Eingang von Luft- und Speiseweg lokalisiert. Die primär-nervösen Zentren der Geschmacksleitung liegen im Rautenhirn, am Boden der Rautengrube. Die dortigen Kerne erhalten ihre Afferenzen über Nervenfasern, die im V., IX. und X. Hirnnerven, also den eigentlichen Kiemenbogennerven, verlaufen (Abb. 104). Eigene gustatorische Hirnnerven gibt es nicht.

1. Geschmacksrezeptoren und Geschmacksknospen

Geschmacksrezeptoren sind auf der Zungenoberfläche, am Gaumen, in der hinteren Rachenwand (Mesopharynx) und an der Epiglottis zu finden (Abb. 105). Sie liegen in sog. *Geschmacksknospen* oder Geschmacksbechern (Abb. 106 u. 108). Am Zahnfleisch, an der Unterseite der Zunge am harten Gaumen, im Bereich von Uvula, Epipharynx, Ösophagus und Trachea fehlen Geschmacksknospen. Bei Kindern und Säuglingen sind an vielen dieser Stellen noch Geschmacksknospen zu beobachten. Sie bilden sich aber hier später zurück. Die Empfindlichkeit für die genannten 4 Geschmacksqualitäten ist lokal verschieden (Abb. 107). Für süß besteht eine maximale Empfindlichkeit an der Zungenspitze, für sauer an den Zungenrändern, für bitter am Zungengrund. Aus elektrophysiologischen Befunden kann geschlossen werden, daß ein großer Teil der Geschmacksrezeptoren auf mehr als eine Reizqualität anspricht, d. h. gleichzeitig auf salzige Lösungen und auf Säuren anspricht. Wie weitgehend jedoch die Geschmacksknospen funktionell differenziert sind, ist nicht geklärt.

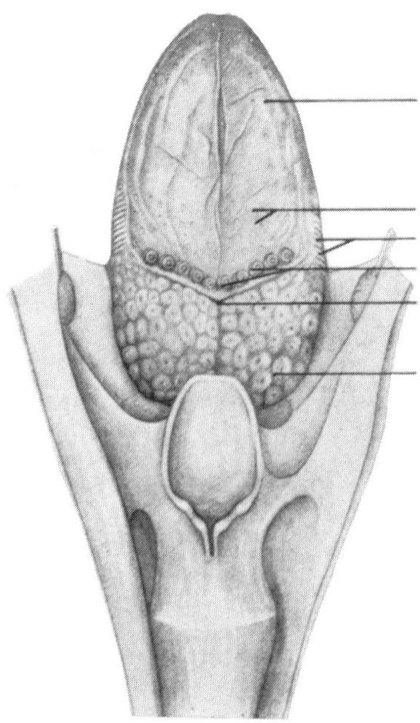

Abb. 105. Verteilung der Geschmacksorgane im Bereich von Zunge und Pharynx (median aufgeschnitten und auseinandergezogen) (nach WOLF-HEIDEGGER) (K.).

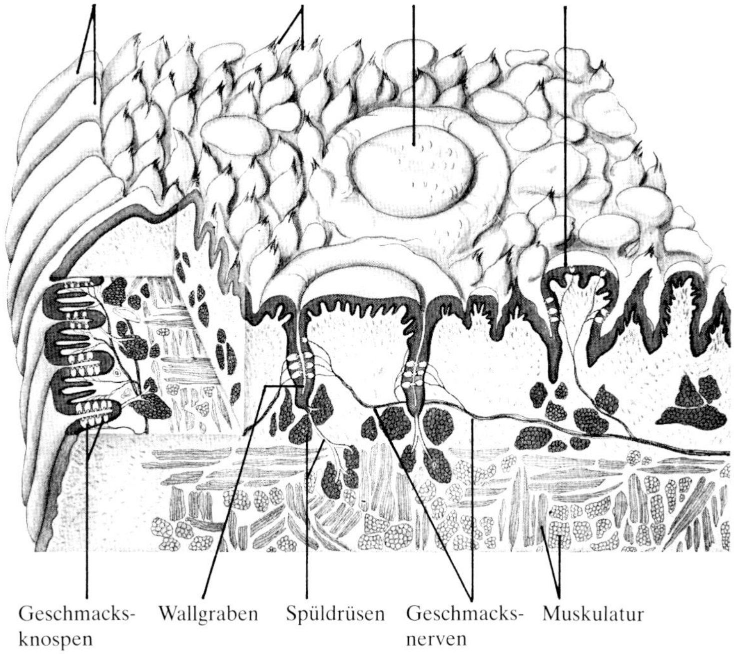

Abb. 106. Verteilung der Geschmackspapillen auf der Zunge und im unteren Pharynx.

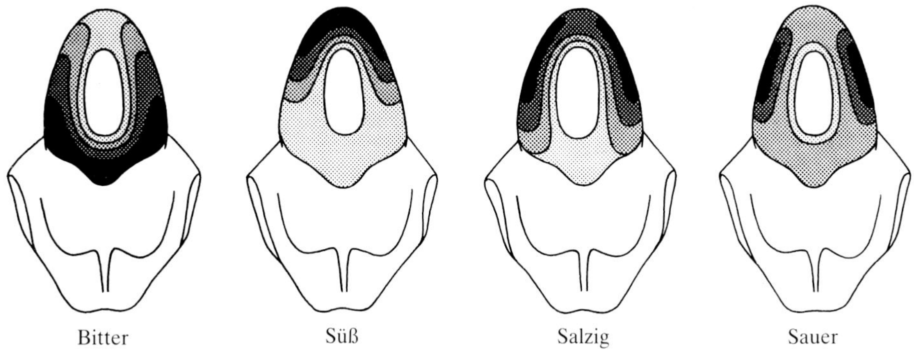

Abb. 107. Regionale Unterschiede der Geschmacksmodalitäten auf der Zunge.

Geschmacksqualitäten	Lokalisation der Rezeptoren	Zugehörige Nerven
Süß	Zungenspitze	N. lingualis (Chorda tympani)
Salzig	Seitliche Zungenränder und Zungenspitze	N. lingualis (Chorda tympani)
Sauer	Hintere Zungenränder	N. lingualis, N. glossopharyngeus
Bitter	Zungengrund, Epiglottis	N. glossopharyngeus, N. vagus

In der Zunge sind die *Geschmacksknospen* vorzugsweise an den Papillae liberae lokalisiert (Abb. 105, 106). Von den vier freien Papillenarten der Zunge sind die Wallpapillen (Papillae vallatae) am reichsten mit Rezeptoren ausgestattet. In der Jugend enthalten auch die pilzförmigen *Papillae fungiformes* und die blattartigen *Papillae foliatae* noch reichlich Geschmacksrezeptoren. Die Fadenpapillen *(Papillae filiformes)* haben nur mechanische Bedeutung. Geschmacksrezeptoren fehlen hier. Die Geschmacksknospen liegen nur bei Kindern an der Oberfläche des Epithels. Bei Erwachsenen sind sie fast ausschließlich in den »Wallgräben« der Papillen lokalisiert (Abb. 106). Die größte Zahl befindet sich in den Gräben der Wallpapillen. An der Innenseite sind sie zahlreicher (80–150) als an der Außenseite (40–50). Beim Erwachsenen sind an den Papillae foliatae auf jeder Seite höchstens 100, an den insgesamt etwa 100 Papillae fungiformes jeweils nur 3–4 Geschmacksknospen nachweisbar. Im Greisenalter wird die Zahl der Knospen auf die Hälfte oder sogar ein Drittel reduziert.

	Anzahl der Papillen	Geschmacks-knospen	Spül-drüsen	Anzahl der Geschmacks-knospen beim Erwachsenen	
				pro Papille	insgesamt
Papillae vallatae	8–12	+++	+	120–200	1000–1500
Papillae foliatae	15–20	++	+	10	200
Papillae fungiformes	100	+	0	3–4	300–400
Papillae filiformes	sehr zahlreich	0	0	0	0

Jede Geschmacksknospe besteht aus Sinnes- und Stützzellen, evtl. noch aus einer dritten Zellart (Murray). Teilweise wird angenommen, daß diese Zellarten nur Modifikationen ein und derselben Zellform darstellen, die in einem kontinuierlichen Formwandel begriffen sind (Andres). Die Regeneration soll von undifferenzierten Basalzellen ausgehen und nur wenige Tage in Anspruch nehmen. Die Geschmacksknospen erscheinen als helle Einschlüsse von zwiebelförmiger Gestalt innerhalb des mehrschichtigen, unverhornten Plattenepithels der Mundhöhle (Abb. 108). Ihre Zellen grenzen an die Basalmembran und das bindegewebige Stroma der Zunge, nicht aber an die Oberfläche des Epithels. Es bildet sich daher im Stratum disjunctum des Epithels ein kleiner, röhrenförmiger Geschmacksporus, in den die Sinneszellen mit zahlreichen feinen, mikrovilliartigen Zellfortsätzen hineinreichen (Breite 0,1–0,2 μm, Länge 1–2 μm). Die Sinneszellen der Geschmacksknospen gewinnen basal und lateral ausgiebige Kontakte mit den terminalen Aufzweigungen markhaltiger Nervenfasern (Dicke 1–6 μm), die unterhalb der Basalmembran einen dichten Plexus bilden. Marklose Axone dieses Plexus dringen duch die Basalmembran hindurch und lagern sich zwischen die Sinneszellen der Geschmacksknospen ein, wobei sich flächenhafte synaptische Kontakte ergeben. Daneben existieren aber auch dünnere, terminale Fasern (0,5–1,0 μm), die sich bis in das Zytoplasma hinein vorstülpen und dabei sogar mesaxonähnliche Membranduplikaturen ausbilden. Man vermutet, daß es sich dabei um zwei funktionell verschiedene Endigungsformen, möglicherweise afferenter und efferenter Natur, handelt. Die Sinneszellen der Geschmacksknospen stellen keine primären Sinneszellen dar. Sie differenzieren sich erst durch den Kontakt der Axone mit dem Epithel, müssen also als sekundäre Sinneszellen betrachtet werden. Daraus werden auch der wahrscheinlich lebhafte Umbau der Geschmacksorgane sowie deren Regenerationsfähigkeit verständlich. Wenn ein regenerierender Geschmacksnerv zur Schleimhaut hin auswächst und mit dieser in Berührung kommt, differenziert sich aus dem Epithel heraus eine Geschmacks-

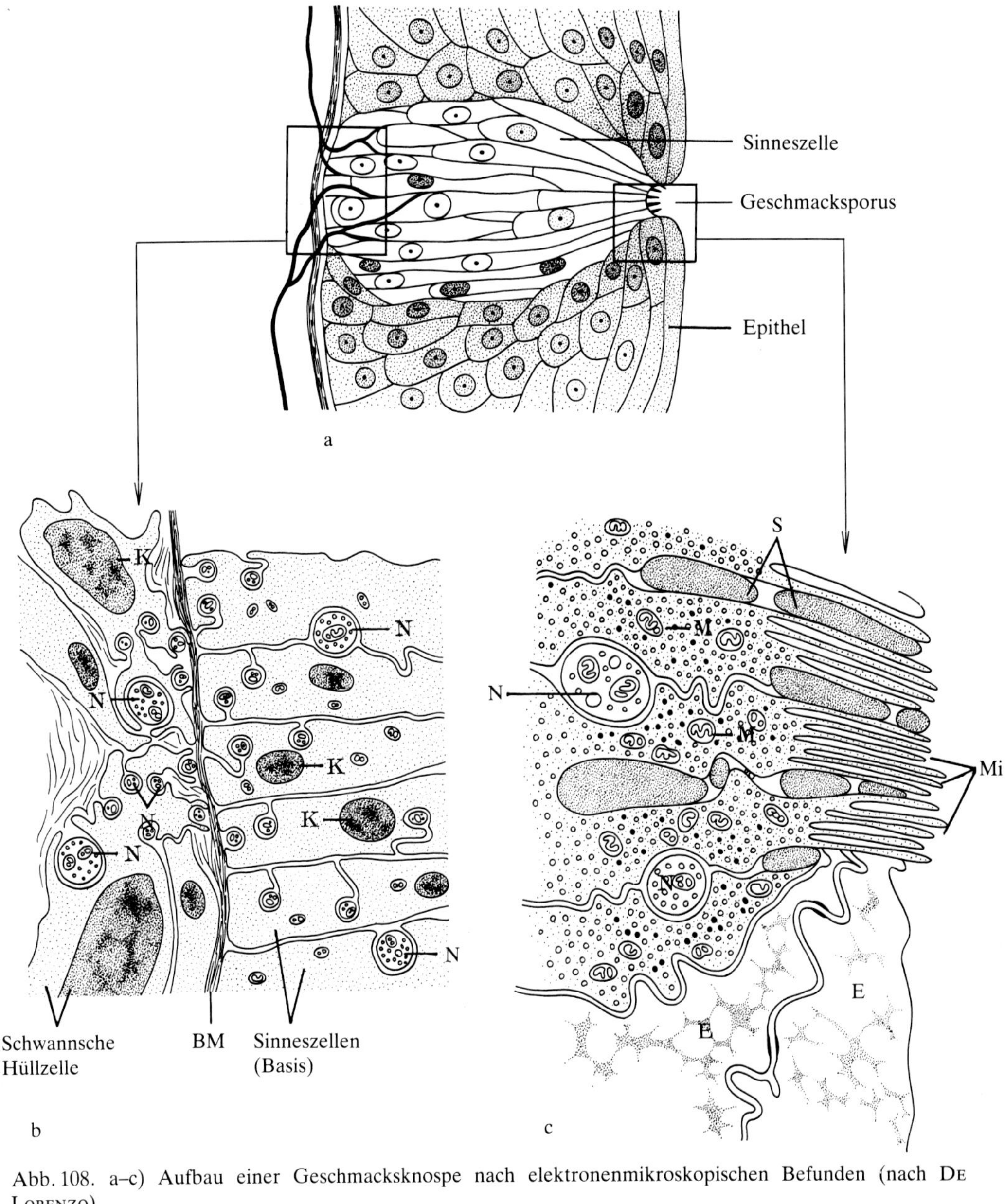

Abb. 108. a–c) Aufbau einer Geschmacksknospe nach elektronenmikroskopischen Befunden (nach De Lorenzo).

a) Übersichtsvergrößerung von einer im Epithel gelegenen Geschmacksknospe (heller Bereich) mit Geschmacksporus und afferenten Nerven.

b) Basalzone der Geschmacksknospe (Ausschnittvergrößerung, e. m. Dimension). Man beachte die nervösen Kontakte mit den Sinneszellen. BM = Basalmembran; K = Zellkern; M = Mitochondrien; N = Nervenendigungen, z. T. mit synaptischen Bläschen.

c) Apikale Zone der Geschmacksknospe (Ausschnittvergrößerung, e. m. Dimension). E = Epithelzellen; N = Nervenendigungen mit synaptischen Bläschen; S = Geschmacksstoffe aus der Mundhöhle, die durch den Geschmacksporus zwischen die Mikrovilli (Mi) der Sinneszellen eingedrungen sind.

knospe neu. Axon und Rezeptorzelle bilden also eine labile, funktionelle Einheit, die jederzeit gelöst und wieder neu aufgebaut werden kann.

Am Boden der Wallgräben enden die Ausführungsgänge von rein serösen Drüsen, den sog. *Spüldrüsen,* die offenbar die Aufgabe haben, den Geschmacksporus durch ihr dünnflüssiges Sekret auszuwaschen und damit für neu einwirkende Geschmacksreize freizumachen. Da die chemische Substanz, die einen adäquaten Reiz an der Rezeptorzelle erzeugt, vorher gelöst werden muß, sind die Lösungsbedingungen in der Mundhöhle (Art, Menge und Zusammensetzung des Speichels) oder in den Wallgräben (Spüldrüsensekret) für die gustatorische Reizperzeption wichtig. Das Bewegen der Zunge erhöht die Deutlichkeit der Empfindungen, einmal durch Verbesserung der Lösungsbedingungen (Durchmischung mit Speichel), zum anderen aber auch durch die Reinigung der Wallgräben, da die Zungenmuskulatur die Spüldrüsen »massiert« und zu vermehrter Sekretion anregen kann.

2. Geschmacksbahnen

Da die Zunge entwicklunsgeschichtlich aus dem Material der vier kranialen Kiemenbögen hervorgeht, beteiligen sich auch alle *vier Kiemenbogennerven* an ihrer Innervation (Abb. 109). Der *N. lingualis* (N. V_3) versorgt die vorderen zwei Drittel der Zunge mit sensiblen Fasern (für Tast- und Temperaturempfindungen). Die in ihm verlaufenden Geschmacksfasern stammen aus der *Chorda tympani.* Diese zweigt vom N. facialis (N. VII) ab (genauer vom N. intermedius, der den N. facialis begleitet) und zieht bogenförmig durch das Mittelohr und den parapharyngealen Raum zum N. lingualis. Das hintere Drittel der Zunge wird vom N. glossopharyngeus (IX. Hirnnerv) innerviert. Da hier die Papillae vallatae und foliatae lokalisiert sind, ist der *N. glossopharyngeus (N. IX)* als der Hauptgeschmacksnerv anzusehen. Die Geschmacksknospen des Zungengrundes, des Kehlkopfeinganges und des unteren Pharynx leiten ihre Erregungen über den *N. vagus* (N. X) dem Rautenhirn zu.

Die an den Rezeptoren endigenden Fasern stellen die peripheren Fortsätze von pseudounipolaren Ganglienzellen dar, die in den jeweiligen Ganglien dieser Hirnnerven gelegen sind, also im Ganglion trigeminale (N. V), im Ganglion geniculi nervi facialis sowie jeweils im Ganglion superius und inferius des N. IX und N. X (Abb. 109). Die zentralen Fortsätze treten mit den Hirnnerven von lateral in die Medulla ein und enden am Boden der Rautengrube in einem gemeinsamen Geschmackskern, dem *Nucleus solitarius,* nicht ohne sich durch auf- und absteigende Faserzüge ausgiebig untereinander zu verflechten. Der dadurch gebildete gut abgrenzbare Strang *(Tractus solitarius)* läßt sich bis ins Halsmark hinein verfolgen, und zwar bis zu den Ursprungskernen des Zwerchfellnerven (N. phrenicus), d. h. etwa bis C_4. Der Nucleus solitarius ist die gemeinsame Endstrecke für alle Afferenzen aus dem Bereich der Mundhöhle, des Schlundes und Kehlkopfes. Jedoch steht nur der obere Teil im Dienste der Geschmacksleitung. Die Nervenzellen des Nucleus solitarius bilden das zweite Neuron der Geschmacksbahn. Ihre Neuriten schließen sich am Boden der Rautengrube den Hinterstrangbahnen, vor allem den sensiblen Trigeminusfasern an und beteiligen sich damit am Aufbau der medialen Schleife *(Lemniscus medialis)*. Sie enden im Thalamus, in der Nachbarschaft der ventromedialen Kerngruppe der Hinter- und Vorderseitenstrangbahnen (Nucleus ventralis posteromedialis oder *Nucleus arcuatus*). Das hier entspringende dritte Neuron zieht durch die innere Kapsel und endet im »Zungen- und Kehlkopffeld« des *Gyrus postcentralis,* unten in der Nähe der Fissura lateralis Sylvii.

Die primären Projektionsfelder der Geschmacksleitung liegen nach elektrophysiologischen Befunden im Gyrus postcentralis, sind aber hier nicht von den allgemeinen

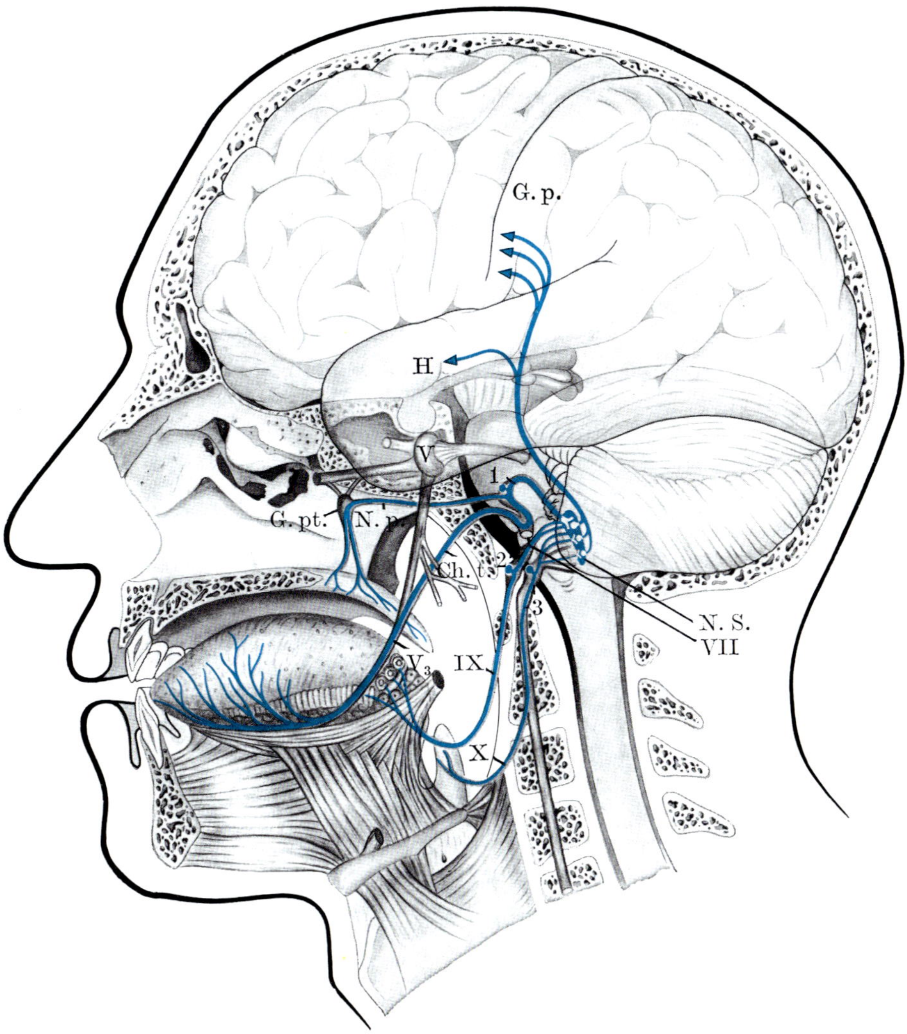

Abb. 109. Schema der Geschmacksbahnen (blau). V, VII, IX, X = entsprechende Hirnnerven; 1 = Ganglion geniculi; 2 = Ganglion sup. und inf. des N. IX; 3 = Ganglion sup. und inf. des N. X; Ch. t. = Chorda tympani; G. p. = Gyrus postcentralis; G. pt. = Ganglion pterygopalatinum; H = Pfeil zeigt in Richtung Hippokampusformation; N. p. = N. petrosus major; N. S. = Nucleus und Tractus solitarius.

sensorischen Feldern der Mundregion zu trennen. Ein gesondertes Geschmacksfeld existiert offenbar nicht (Hensel). Der Nucleus solitarius scheint auch Verbindungen mit der *Hippokampusformation,* vor allem der Area piriformis und dem Gyrus parahippocampalis, zu besitzen. So konnten McLean und Mitarbeiter in diesen Kerngebieten bei Kaninchen rhythmische Potentiale nach Einatmung von Rauch und nach Geschmacksreizen ableiten. Hierbei handelt es sich wahrscheinlich um eine unspezifische Bahnverbindung, die wiederum mit der affektiven Begleitkomponente dieser Sinnesempfindungen zu tun hat.

IV. Visuelles System (Auge und Sehbahn)

Die höheren Sinnesorgane (Auge und Ohr) haben im Laufe der Stammesgeschichte die Bedeutung der chemischen Sinne eingeschränkt. Die Schnecke als Ort der akustischen Perzeption entwickelt sich erst bei den höheren Säugetieren aus einer blindsackartigen Ausstülpung des Labyrinthorgans der Sauropsiden. Auch die akustischen Zentren des Mittel-, Zwischen- und Endhirns erfahren erst bei den Säugern und Primaten eine stärkere Differenzierung. Ähnliches gilt für den optischen Apparat. Zwar zeigen schon die Fische und Amphibien ein gut entwickeltes Sehorgan. Vögel besitzen vielleicht sogar das am höchsten differenzierte Auge unter den Wirbeltieren. Dennoch sind die zentralnervösen Verknüpfungen bei all diesen Wirbeltiergruppen noch relativ gering. Bei den Amphibien endet die Sehbahn hauptsächlich im Mittelhirn. Die primären Sehzentren liegen in der Lamina tecti. Bei den Reptilien geht ein Teil der optischen Bahnen auf das Endhirn über und wird im Thalamus umgeschaltet. Die Mittelhirnverbindungen werden reduziert (Abb. 110). Bei den Säugern bestehen schließlich nur noch schwache Verbindungen mit dem Mittelhirn, das weitgehend reflektorische Aufgaben übernimmt, während die optischen Bahnen über den Thalamus fast ausschließlich mit dem Okzipitallappen des Endhirns verknüpft sind.

Bei den Primaten erfolgt dann ein intensiver weiterer Ausbau der höheren visuellen Zentren im Okzipitallappen und angrenzenden Parietallappen des Großhirns und dadurch eine Verschiebung der primären optischen Rindenfelder an die Medialseite der Hemisphären, wo sich embryonal schon frühzeitig eine Primärfurche, der *Sulcus calcarinus,* abzeichnet (s. S. 47, Abb. 27). Die begriffliche (kognitive) Verarbeitung visueller Eindrücke setzt die normale Funktion der an der Außenseite des Okzipital- und Scheitellappens gelegenen Rindenfelder voraus, während die Erinnerungs- und Speicherungsvorgänge optischer Informationen auf der Tätigkeit des Temporallappens basieren. Man sieht also, daß große Teile der phylogenetisch spät entstandenen, neenzephalen Rindengebiete im Dienste des Sehsystems stehen.

Der rezeptorische Teil des Auges ist ein vorgestülpter Teil des Zwischenhirns. Die primären *nervösen Zentren* liegen daher im Gegensatz zum olfaktorischen System im Zwischenhirn. Vor allem ist es der sog. laterale Kniehöcker (Corpus geniculatum lat.), ein Kern des Metathalamus (Abb. 111), der Fasern aus dem Sehorgan aufnimmt und verarbeitet. Ferner bestehen Verbindungen zum hinteren Teil des Thalamus, dem sog. Pulvinar thalami, sowie auch über den Hypothalamus zum vegetativen NS. Die Zwischenhirnkerne stehen durch Faserstränge mit dem Mittelhirn in Verbindung, wo insbesondere die oberen Vierhügel der Lamina tecti (Colliculi superiores) zum Sehapparat zählen. Diese Kerne schließen den visuellen Apparat an die beschriebenen sensomotorischen Systeme an und vermitteln die sog. optomotorischen Reflexe. Die reflektorischen Vorgänge laufen meist unbewußt ab, während uns die Sehempfindungen voll bewußt werden.

Die Struktur des Sehsystems wird auch von der Art der Körperhaltung und der Fortbewegung wesentlich beeinflußt. Die meisten Vierfüßer haben stark nach lateral gerichtete Augen und ein relativ kleines, binokulares Gesichtsfeld. Die durch die Aufrichtung des Körpers ausgelöste Umformung des Kopfes in Richtung Kugelform führt bei den Primaten zu einer Verschiebung der Augen von lateral nach medial, wodurch sich die beiden Gesichtsfelder in der Mitte in einem binokularen Bereich zunehmend überlappen. Damit entwickelt sich allmählich ein räumliches oder stereoskopisches Sehvermögen, das andererseits auch wieder eine erhöhte Integration der visuellen Wahrnehmungen innerhalb des ZNS erforderlich macht. Bei niederen Wirbel-

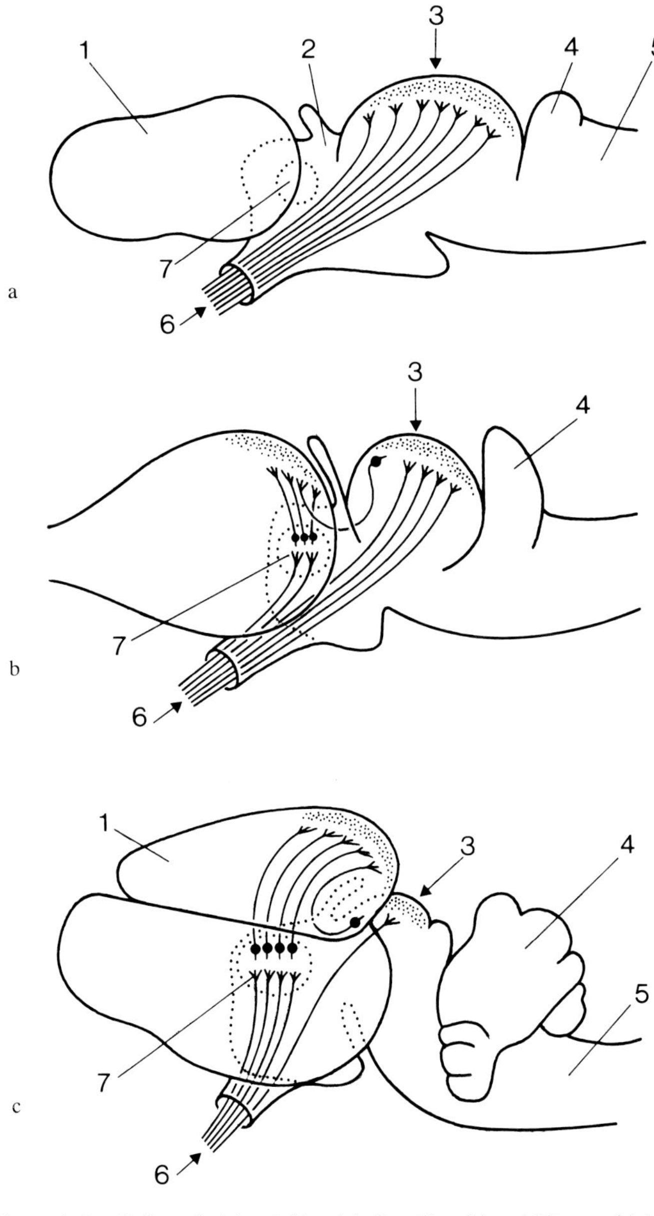

Abb. 110. Verlauf der optischen Bahnen bei Amphibien (a), Reptilien (b) und Säugern (c) (aus A. PORTMANN: Vgl. Anatomie der Wirbeltiere, Basel 1976). 1 = Telencephalon; 2 = Diencephalon; 3 = Mesencephalon; 4 = Metencephalon; 5 = Myelencephalon; 6 = N. opticus; 7 = Thalamus.

tieren sind die Sehnerven noch vollständig gekreuzt und beide Gesichtsfelder werden jeweils auf die gegenüberliegende Hirnhälfte projiziert. Bei den höheren Wirbeltieren bildet sich nach und nach eine partielle Sehnervenkreuzung heraus, so daß das Gesichtsfeld jetzt doppelt abgebildet und auf beide Hirnhälften projiziert wird. Im Auge selbst differenziert sich eine Stelle schärfsten Sehens, auf die der optische Prozeß zentriert wird, so daß die peripheren Teile der Netzhaut funktionell an Bedeutung

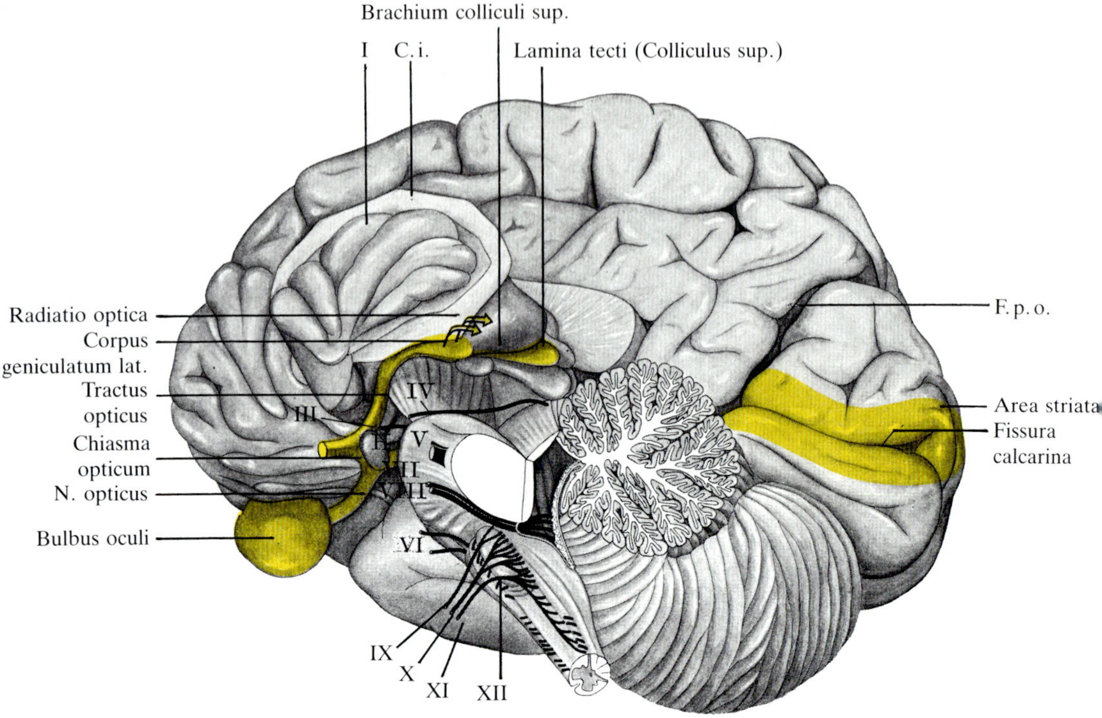

Abb. 111. Übersicht über die optischen Abschnitte des Nervensystems (gelb) (K.). Die linke Großhirnhälfte wurde bis zur Inselrinde (I) abgetragen. Im hinteren Schenkel der Capsula interna ist die Sehbahn (Pfeile) eingetragen. C. i. = Capsula interna; F. p. o. = Fissura parieto-occipitalis; H = Hypophyse; römische Zahlen = entsprechende Hirnnerven.

verlieren. Wir haben diesen in der Phylogenie stufenweise ablaufenden Prozeß als »*Zentralisation*« bezeichnet. Die Zentralisation ist engstens mit der Entwicklung des stereoskopischen Sehens verbunden und ein Ausdruck der stammesgeschichtlichen Umbauvorgänge innerhalb des Sehapparates, deren Endergebnis das individualisierte, eigenzentrische Wahrnehmen mit seiner charakteristischen Distanzierungsmöglichkeit vom Objekt ist.

Diese Veränderungen in der Art des visuellen Wahrnehmungsprozesses gehen stammesgeschichtlich Hand in Hand mit einem Ausbau der visuellen Assoziations- und Integrationszentren im Endhirnbereich. Beim gustatorischen und olfaktorischen Wahrnehmen ist die Reizverarbeitung noch stark mit affektiven Komponenten behaftet. Im Sehen kann man sich von dem beobachteten Gegenstand distanzieren. Zwar vermag der »Geschmack«, die emotional tingierte Seite der Sehempfindung, bis zu einem gewissen Grade in den Sehvorgang hineinzuspielen. Die begriffliche Analyse, d. h. die erkenntnismäßige Objektivierung, ist aber jederzeit möglich und steht im Zusammenhang mit der Tätigkeit bestimmter integrierender Großhirnzentren. Daraus wird der weitreichende Ausbau der optischen Erinnerungsfelder, die große Teile des Scheitel- und Schläfenlappens einnehmen, in der Entwicklung verständlich. Unsere olfaktorischen Erinnerungen sind ja bekanntlich schwach und unscharf. Auf der optischen Erinnerung aber basiert ein Großteil unseres Gedanken- und Geisteslebens. Schon daran erkennt man die zentrale Stellung, die dieses Sinnesorgan in unserer Erlebenswelt einnimmt.

1. Entwicklung des Sehorgans

Die erste Anlage des Auges wird schon bei 21 Tage alten menschlichen Embryonen, noch bevor sich im Kopfbereich die Neuralwülste zum Neuralrohr geschlossen haben, in Form einer kleinen Furche *(Sulcus opticus, Fovea optica)* beiderseits der Mittellinie an der Neuralplatte im Bereich des späteren Vorderhirns *(Prosencephalon)* sichtbar (Abb. 112). Während sich die Neuralwülste nach medial bewegen und zum Neuralrohr schließen, vertiefen sich diese Grübchen und wachsen schließlich beiderseits als halbkugelige Blasen (embryonale *Augenbläschen, Vesicae opticae)* nach lateral aus. Die Verbindung mit dem Prosenzephalon bleibt als Augenblasenstiel erhalten. Dieser wird später zum Sehnerven. Seine Ursprungsstelle gerät nach Abfaltung der paarigen Endhirnbläschen in den Bereich des unpaaren Mittelabschnittes des Vorderhirns, des späteren Zwischenhirns, dessen kaudolateraler Wandabschnitt sich am embryonalen Gehirn hinter dem Thalamus außen noch deutlich vorwulstet *(Ophthalmencephalon)*, später aber im Zusammenhang mit der mächtigen Endhirnentwicklung ganz nach basal verdrängt wird, so daß der definitive Sehnerv dann am Boden des Zwischenhirns entspringt (vgl. Abb. 27 u. 28). Diese Stelle ist beim Erwachsenen durch die Lage der Sehnervenkreuzung (Chiasma n. optici) gekennzeichnet. Der rückwärts anschließende Sehnerventrakt (Tractus opticus) ist als eine in der Wand des Zwischenhirns aufgewor-

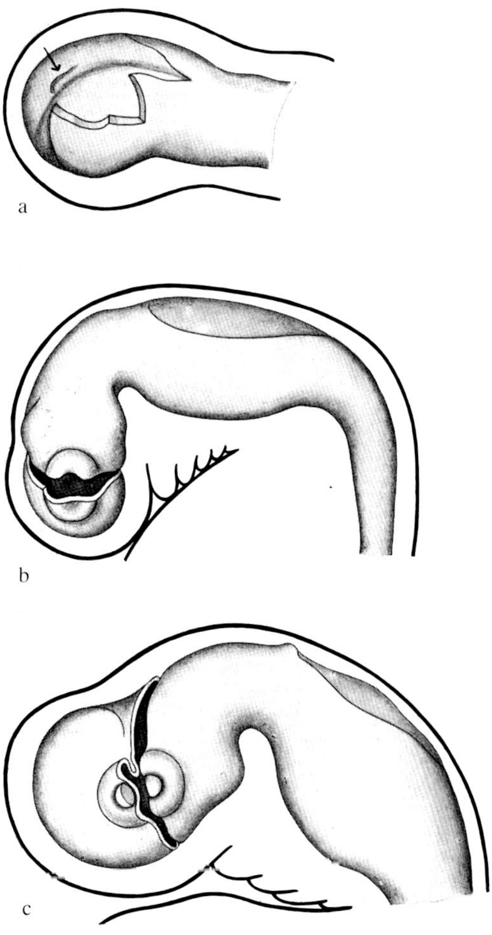

Abb. 112. a–c) Verschiedene Stadien der embryonalen Augenentwicklung (nach ALLAN, verändert) (B.).
a) Vorderes Ende des noch offenen Neuralrohres. Sehfurchen (Sulcus opticus durch Pfeile gekennzeichnet, etwa 25. Tag der Entwicklung).
b) Beginnende Augenbecherbildung (etwa 28. Tag).
c) Beginn der Augenbecher- und Linsendifferenzierung (etwa 30. Tag).

fene Bahn des Ophthalmenzephalons aufzufassen, die das Chiasma mit den primären Sehzentren des Metathalamus, den lateralen Kniehöckern (Corpora geniculata lateralia) und den vorderen Vierhügeln (Colliculi superiores laminae tecti) verbindet.

Das embryonale Augenbläschen wächst nun gegen das Ektoderm vor und induziert dort, wo es mit dem Ektoderm in Kontakt kommt, die *Linsenanlage*. Diese tritt zunächst als plattenförmige Verdickung des Ektoderms in Erscheinung. Die Platte vertieft sich rasch zur Grube und dann zum Bläschen, das sich sekundär vom Ektoderm abschnürt *(Linsengrube, Linsenbläschen)*. Gleichzeitig stülpt sich das Augenbläschen ein und wird dadurch zum *Augenbecher* (32–33 Tage alte Embryonen). Der Hohlraum des Augenbechers nimmt die sich abschnürende Linse auf (Abb. 112 u. 113). Die Bildungsprozesse von Linsenbläschen und Augenbecher gleichen einander wie Bild und Gegenbild.

Der Augenbecher besteht aus einem äußeren Blatt, das dünn bleibt und das spätere einschichtige Pigmentepithel (Stratum pigmenti retinae) liefert, und einem inneren Blatt, das sich verdickt und die Photorezeptoren differenziert. Es wird im hinteren Abschnitt zur lichtempfindlichen Schicht des Auges, der Netzhaut *(Retina)*. Der Hohlraum der

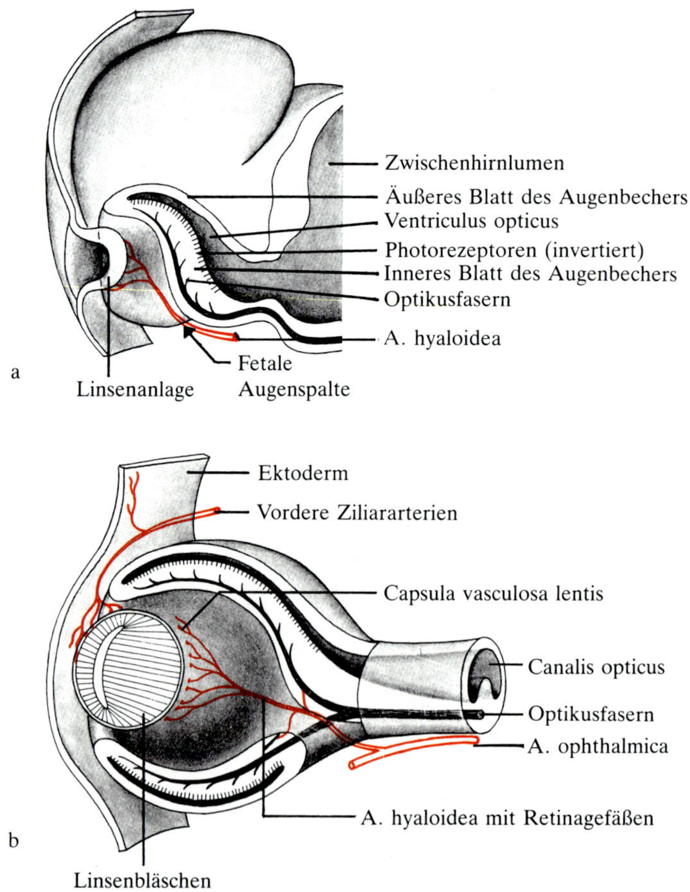

Abb. 113. a–b) Weitere Entwicklung des Auges. Umbildung der fetalen Augenspalte und der Hyaloideagefäße (rot), Entwicklung des Sehnerven und der Optikusfasern (schwarz) (B.).
a) Sagittalschnitt durch den embryonalen Augenbecher mit Linsenanlage bei einem etwa 32 Tage alten menschlichen Embryo.
b) Dasselbe bei einem etwa 40 Tage alten menschlichen Embryo.

Augenblase *(Ventriculus opticus)* steht ursprünglich mit dem des Neuralrohres in offener Verbindung, wird aber dann bei der Becherbildung stark eingeengt. Nur eine submikroskopische Spalte bleibt zwischen dem äußeren und inneren Blatt des Augenbechers erhalten.

Wie die Entwicklungsgeschichte zeigt, ist das innere, retinale Blatt des Augenbechers eigentlich ein nach außen vorgeschobener Teil der Zwischenhirnwandung. Das ist eine Besonderheit des Sehorgans. Diese Tatsache macht auch die weitere Entwicklung der Retina verständlich.

Die Umstülpung der embryonalen Augenblase zum Augenbecher bringt es mit sich, daß am adulten Organ die retinalen Schichten innen, das Pigmentepithel außen liegt[1]. Da die Photorezeptoren aus dem ventrikelnahen Ependym des Augenbechers hervorgehen und die ableitenden Neurone sowie die Optikusfasern sich innen anschichten, wird die Netzhaut invers, d. h. die Rezeptoren liegen in den äußeren Schichten der Retina und sind lichtabgewandt, d. h. nach außen orientiert. Diese *Inversion* ist ein wichtiges Charakteristikum des Wirbeltierauges. Das Licht muß also zuerst alle übrigen Schichten der Netzhaut durchdringen, ehe es auf die Photorezeptoren trifft. Diese Umkehrung hat für die weitere Entwicklung der Netzhaut, wie wir im folgenden sehen werden, weitreichende Konsequenzen.

Die embryonale *Differenzierung der Netzhaut* vollzieht sich ähnlich wie die der Hirnrinde. Von der äußeren, mitosenreichen Kernzone, der späteren Schicht der Photorezeptoren, schwärmen Neuroblasten und Spongioblasten in die faserartige Innenzone (Randschleier) und bilden damit zunächst eine zweite Kernzone (3.–4. Woche). Dann wird der Ausschwärmvorgang fortgesetzt und eine dritte Kernzone spaltet sich ab (5. Woche). Zwischen den drei Kernzonen, den späteren Körnerschichten, bleiben retikuläre Faserschichten erhalten. Die auswachsenden Neuriten der innersten Ganglienzellschicht könnten nun, da die embryonale Augenblase invertiert und zum Becher eingestülpt ist, eigentlich nur über den Becherrand hinweg Anschluß an die zentralen Hirnteile gewinnen. Damit ergibt sich eine ähnliche Situation wie bei der Entwicklung der Endhirnbläschen selbst (vgl. S. 50). Wie am Endhirn das Inselfeld entsteht, das zur Leitstruktur für die Projektionsbahnen wird, entwickelt sich am Auge die *fetale Augenspalte*, die zur Leitbahn für die auswachsenden Axone der Retinaneurone, die späteren Optikusfasern, wird. Diese Eindellung ist eigentlich ein »Gewebseinbruch« an der ventralen Seite des Augenbechers, ähnlich wie die Insel am Großhirn. Hier bleibt die becherartige Umformung der Augenblase aus, die Augenbecherränder wachsen nicht weiter nach vorne, d. h. um die Linsenblase herum, sondern bleiben im Wachstum zurück, so daß der Augenbecher von ventral eingedellt wird (Abb. 113a). Diese Einbuchtung setzt sich dann auch auf den Sehnerven fort, verstreicht hier aber allmählich. Die auswachsenden Optikusfasern brauchen nun nicht über den Pupillenrand hinweg hirnwärts zu wachsen, sondern können die eingebuchtete Becherwand, d. h. die fetale Augenspalte, benützen, um den Sehnerven und damit die primären Sehzentren des Zwischenhirns zu erreichen. Je mehr Axone hier einwachsen, um so mehr wird das Lumen des Augenbecherstiels, des späteren Sehnerven, eingeengt. Die fetale Augenspalte verschwindet wieder, der Sehnerv wird kompakt (Abb. 113). Die Sammelstelle der Optikusfasern am hinteren Pol des Augenbechers wird zum »Sehnervenkopf« *(Papilla nervi optici)*. Bleibt die fetale Augenspalte auch postnatal erhalten, so zeigt das Auge ventral, häufig bis in den Irisbereich hinein, eine Lücke, die man als *Kolobom* bezeichnet.

[1] Die Begriffe innen und außen beziehen sich am Auge immer auf den Mittelpunkt der Kugel.

Die fetale Augenspalte wird von den Blutgefäßen des umgebenden Mesenchymmantels benützt, um in das Innere des Augenbechers einzudringen. Diese Gefäße versorgen in der Hauptsache die Linse von dorsal. An der Hinterfläche entsteht ein dichtes Kapillarnetz, ein wichtiger Teil der Gefäßkapsel der Linse *(Tunica* oder *Capsula vasculosa lentis)*. Da die Gefäße durch das Augeninnere ziehen, das später von dem Glaskörper ausgefüllt wird, nennt man sie *Vasa hyaloidea.* Zur Linsenvorderfläche gelangen außerdem von vorne über den Augenbecher- bzw. Pupillarrand hinweg zahlreiche Gefäßschlingen. Diese vervollständigen die Gefäßkapsel der Linse von ventral und bilden die sog. Pupillarmembran. Im 7.–8. Schwangerschaftsmonat beginnen die Linsengefäße zu verkümmern. Im Glaskörper bleibt ein Hyaloidearest zurück und auf der Papille ein Gliazapfen, der jedoch beim Menschen frühzeitig verschwindet.

Der Umschlagrand des Augenbechers begrenzt die Pupillaröffnung. Der ganze vordere Teil des Augenbechers bildet keine Retina mehr aus. Die durch die Pupille einfallenden Lichtstrahlen erreichen diesen Teil nicht. Hier entstehen die Hilfsapparate des Sehorgans, Iris und Ziliarkörper. Man unterscheidet daher am inneren, retinalen Blatt des Augenbechers eine rezeptorenhaltige, lichtempfindliche *Pars optica* und eine rezeptorenfreie, »blinde« *Pars caeca retinae.* Die Pars caeca behält den ursprünglichen epithelialen Charakter des Augenbechers bei. Die Grenze zwischen beiden Bereichen wird makroskopisch durch eine gezackte Linie kenntlich (Ora serrata).

Augenbecher und Linse werden im weiteren Verlauf der Entwicklung von dem sich zunehmend verdichtenden Mesenchym (eigentlich Mesektoderm) umhüllt, aus dem die mittlere und äußere Augenhaut entsteht (Abb. 115). Dieses embryonale Bindegewebe liefert auch das Ausgangsgewebe für die Blutgefäße des Auges, die inneren und äußeren Augenmuskeln (mit Ausnahme der Irismuskulatur) sowie den Faszien- und Sehnenapparat des Auges. Die mittlere Augenhaut (Uvea) gliedert sich in drei Abschnitte: die Iris, den Ziliarkörper (Corpus ciliare) und die Augenhaut (Choroidea).

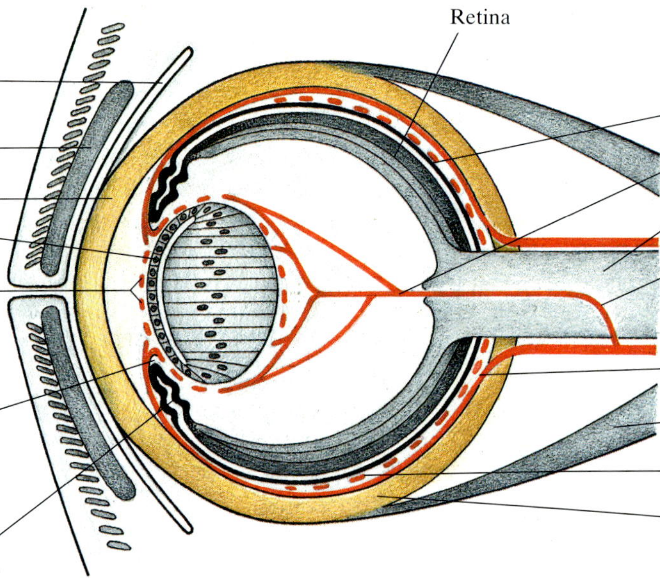

Abb. 114. Schema zur Entwicklung des Auges. Verschiedene Entwicklungsstadien des Auges kombiniert (mit Benutzung von Abbildungen aus Bach und Seefelder: Atlas zur Entwicklung des menschlichen Auges, Leipzig 1911, und Fr. Fischer: Graefes Arch. *126,* 504f. (1931)).

Die bindegewebigen Anteile dieser Organabschnitte gehen mit den benachbarten epithelialen Anteilen, die aus dem Augenbecher stammen, feste Verbindungen ein.

Der Augenbecher differenziert sich vorne in 2 Teile, der vordere liefert die epitheliale Grundlage der Iris, der hinten anschließende Teil diejenige des Ziliarkörpers (Abb. 115).

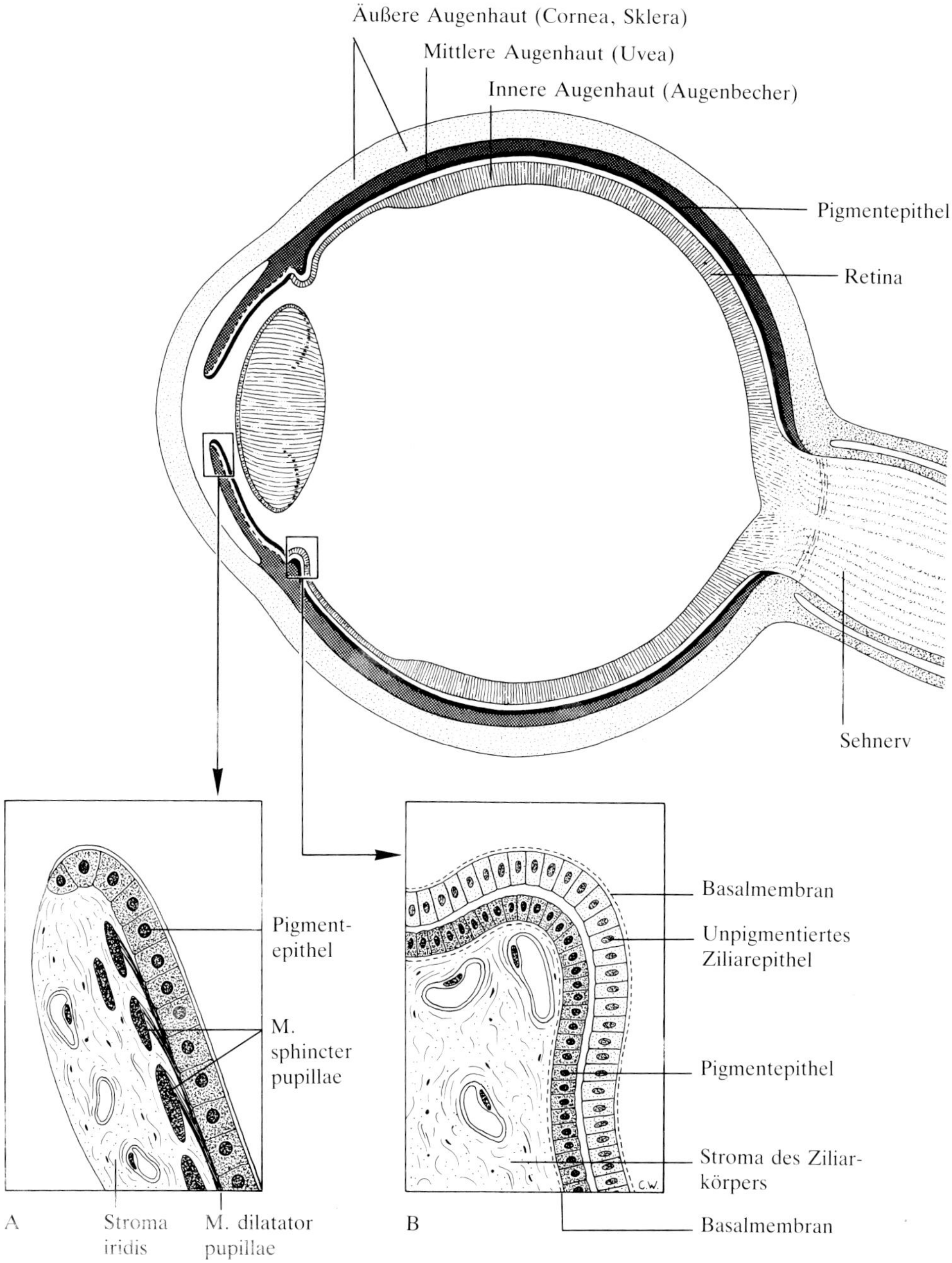

Abb. 115. Entwicklung der verschiedenen Schichten des Auges im Anschluß an die Einstülpung der embryonalen Augenblase zu einem doppelwandigen Augenbecher (W.). A = Iris (Umschlagrand des Augenbechers); B = Ziliarkörper (Basalmembranen gestrichelt).

Stroma und Blutgefäße stammen aus dem den Augenbecher umgebenden Mesenchym. Dieses differenziert sich vorne zum Stroma der Iris und hinten zur gefäßreichen Aderhaut (Choroidea), die die Ernährung für die rasch wachsenden retinalen Schichten übernimmt. Dazwischen liegt der Bereich des Ziliarkörpers. Bald entwickelt sich zwischen Ziliarkörper und Linse ein Faserapparat, der *Zonulaapparat* (Apparatus suspensorius lentis oder Zonula Zinii), der die Linse am Ziliarkörper befestigt. In diesem Bereich wird der zweischichtige Augenbecher durch Blutgefäßgeflechte in Form blattartiger Falten mehrfach eingestülpt (Pars plicata des Ziliarkörpers). Diese Falten oder *Processus ciliares* sind mit dem Plexus choroideus des Gehirns vergleichbar und produzieren eine wasserklare Flüssigkeit, das Kammerwasser (Humor aquosus), das die vorderen Hohlräume des Auges ausfüllt, die Linse umspült und ernährt. Das Kammerwasser kann mit dem Liquor des Gehirns verglichen werden. Die Aufhängefasern der Linse sind vornehmlich im hinteren Abschnitt des Ziliarkörpers, der glatt bleibt und keine Fortsätze ausbildet (Pars plana des Ziliarkörpers), befestigt. Das äußere Blatt des Augenbechers wird im Bereich des Ziliarkörpers zum Pigmentepithel, während das innere Blatt unpigmentiert bleibt. Im Irisabschnitt wird umgekehrt das innere Blatt des Augenbechers zum Pigmentepithel, während das äußere unpigmentiert bleibt oder frühzeitig seine Pigmentation wieder verliert. Dieses äußere Blatt (Stratum pigmenti iridis) wandelt sich durch Sprossung und Zellmetaplasie in zwei glatte Muskeln um, die für die Pupillomotorik von Bedeutung sind *(M. sphincter* und *M. dilatator pupillae)*. Die Irismuskeln sind damit ektodermaler, genauer neuraler Herkunft. Auch im Ziliarkörper entwickelt sich ein Muskel, der *M. ciliaris,* der später für die Formveränderungen der Linse, d.h. für die Akkommodation wichtig ist. Er differenziert sich aber nicht aus dem neuralen Epithel, sondern aus dem Mesenchymmantel des Augenbechers, ist also mesektodermaler Herkunft.

Die bisher besprochenen Organabschnitte (Uvea und Augenbecher mit Linse und Zonula) bilden sozusagen die »Weichteile« des Auges. Die feste bindegewebige Organhülle, die äußere Augenhaut oder Tunica oculi externa, entsteht erst relativ spät aus dem Mesenchymmantel des Augenbechers. Die Verdichtung des Mesenchyms beginnt vorne und schreitet nach rückwärts vor. Der vordere Abschnitt der äußeren Augenhaut wird vom Ektoderm überzogen, allmählich transparent und zur Hornhaut *(Cornea),* der hintere, der keinen Kontakt mit dem Ektoderm hat, differenziert sich zur undurchsichtigen, weißlich schimmernden Lederhaut *(Sclera)*. Im Verlauf der weiteren Entwicklung bekommt die Sklera Beziehungen zu den Augenmuskeln, die in der Umgebung des Augapfels aus dem Mesenchym (besser Mesektoderm) hervorgehen. Sie wird in den Bewegungsapparat des Auges eingegliedert. Um die Hornhaut herum verdichtet sich das Ektoderm von der 7. Lebenswoche an wulstartig und formt sich zu Hautfalten aus, die *Lidanlagen,* die über das Auge herüberwachsen und Ende des 2. Monats miteinander verkleben. Beim Menschen löst sich diese Verklebung vor der Geburt wieder (7. Monat), bei vielen Nesthockern (Katzen, Ratten, Mäuse) bleibt sie auch nach der Geburt noch eine Zeitlang (6–8 Tage) erhalten.

2. Makroskopische Gliederung des Sehorgans

Während der geschilderten Entwicklung ist ein nahezu kugelförmiges Sinnesorgan entstanden, das aus mehreren Schichten (der äußeren, mittleren und inneren Augenhaut) und einem Kern (Linse und Glaskörper) besteht. Der Augapfel *(Bulbus oculi)* weist darüber hinaus eine polare Gliederung mit einem vorderen und hinteren Augenpol auf. Der Bulbus ist aber nicht im streng geometrischen Sinne eine Kugel, da der in Richtung der optischen Achse definierte Längsdurchmesser etwas größer ist als der

Schichtengliederung des Auges

		Vorderer Bulbusabschnitt		Übergangszone		Hinterer Bulbusabschnitt
Tunica oculi externa		Cornea		Limbus cornea		Sclera
Tunica oculi media (= Uvea)		Irisstroma	**Iris**	M. ciliaris	**Corpus ciliare**	Choroidea
Tunica oculi interna	a = äußeres Blatt des Augenbechers	a) Stratum pigmenti iridis, später Muskelblatt	**Iris**	a) Stratum pigmenti corporis ciliaris	**Corpus ciliare**	a) Stratum pigmenti retinae
	b = inneres Blatt des Augenbechers	b) Pars iridica retinae (Pigmentblatt)	**Iris**	b) Pars ciliaris retinae	**Corpus ciliare**	b) Pars optica retinae
		Pars caeca retinae		Pars caeca retinae	Ora-serrata-Grenze ↑	

senkrecht dazu liegende, sog. äquatoriale Durchmesser. Außerdem ist die äußere Augenhaut am Übergang von der Hornhaut in die Sclera ringförmig eingezogen (Limbus corneae). Die Hornhaut ist gefäßlos, die Sclera gefäßarm. Die Arterien treten von vorn und hinten in den Bulbus ein, während die Venen das Auge im Äquatorialbereich als Vortexvenen (4–6 an der Zahl) verlassen. Arterien und Venen laufen also nicht gemeinsam wie an anderen Organen. Am hinteren Augenpol perforieren die Sclera in der Umgebung des Sehnerven etwa 16–20 kurze *Ziliararterien,* Äste der A. ophthalmica. Durch Seitenzweige bildet sich hier ein mehrfacher arterieller Gefäßkranz (Zinnscher Gefäßkranz oder *Circulus vasculosus nervi optici*) (Abb. 116). Die kurzen Ziliararterien *(Aa. ciliares post. breves)* verlaufen dann in der Aderhaut strahlenartig nach vorn, verzweigen sich hier und versorgen in der Hauptsache das Gefäßnetz der Aderhaut, das sich über die Vortexvenen nach außen entleert. Die ebenfalls am hinteren Augenpol eintretenden langen Ziliararterien *(Aa. ciliares post. longae)* sind nur in der Zweizahl ausgebildet, und zwar existiert jeweils temporal und nasal eine solche Arterie. Die langen Ziliararterien ziehen unverzweigt durch die Aderhaut hindurch und zweigen sich erst vorne, innerhalb des Ziliarkörpers, in zwei bogenförmige Äste auf. Diese anastomosieren hier mit den die Limbusregion perforierenden vorderen Ziliararterien *(Aa. ciliares ant.)* und bilden auf diese Weise den vorderen Gefäßkranz, den *Circulus arteriosus iridis major,* der aber beim Menschen meist im Ziliarmuskel und nicht in der Iris lokalisiert ist. Dieser Gefäßkranz versorgt Iris, Ziliarmuskel und Ziliarfortsätze, entsendet aber auch rückläufige Äste zu den choroidalen Gefäßgeflechten.

Die Netzhaut erhält ihre Blutversorgung durch ein eigenes Gefäßnetz, das sich auch in der feineren Bauweise von dem der Aderhaut unterscheidet. Die sog. Zentralarterie *(A. centralis retinae)* zweigt bereits hinter dem Bulbus von der A. ophthalmica ab und dringt dort in den Sehnerven ein, mit dem sie dann in das Innere des Auges gelangt (Abb. 116 u. 117b).

Halbiert man das Auge in der Äquatorialebene, so zeigt die *hintere Bulbushälfte* die Sehnervenaustrittsstelle *(Papilla nervi optici)* mit den nach oben und unten ausstrahlenden Retinagefäßen (Abb. 117b). Die Papille liegt meist etwas nasal von der Bulbusachse. Da hier keine Photorezeptoren vorhanden sind, entsteht an dieser Stelle eine Lücke im

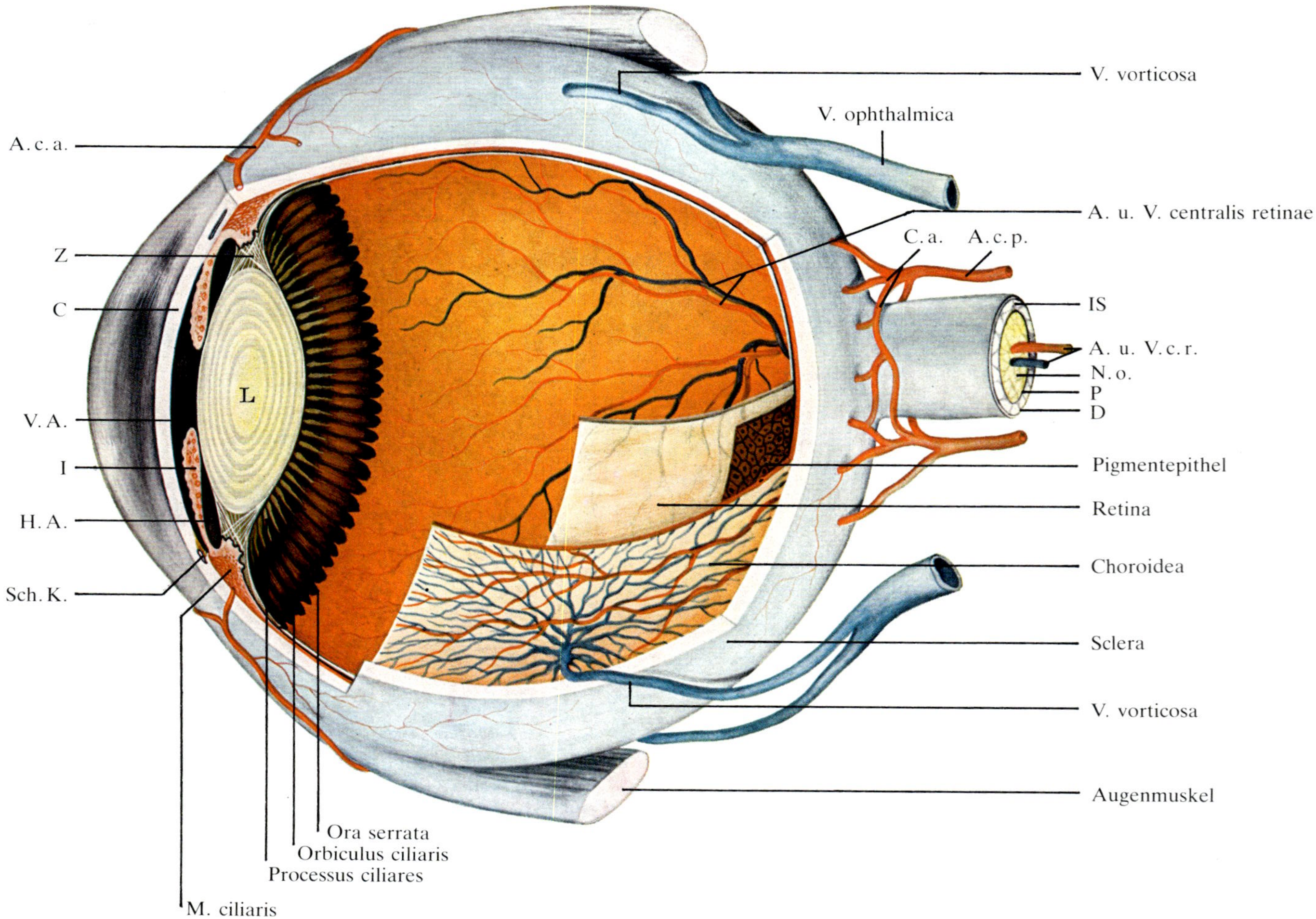

Abb. 116. Schichtengliederung des Augapfels (Bulbus oculi). Das Auge wurde von lateral gefenstert (B.). A.c.a. = Aa. ciliares ant.; A.c.p. = Aa. ciliares post.; A. und V.c.r. = A. und V. centralis retinae; C = Cornea; C.a. = Circulus arteriosus sclerae (Zinnscher Gefäßkranz); D = Durascheide des Sehnerven; H. A. = hintere Augenkammer; IS = Intervaginalspalt des Sehnerven (mit Liquor); I = Iris; L = Linse; N.o. = N. opticus; P = Piascheide des Sehnerven; Sch. K. = Schlemmscher Kanal (Sinus venosus sclerae); V. A. = Vordere Augenkammer; Z = Zonulaapparat.

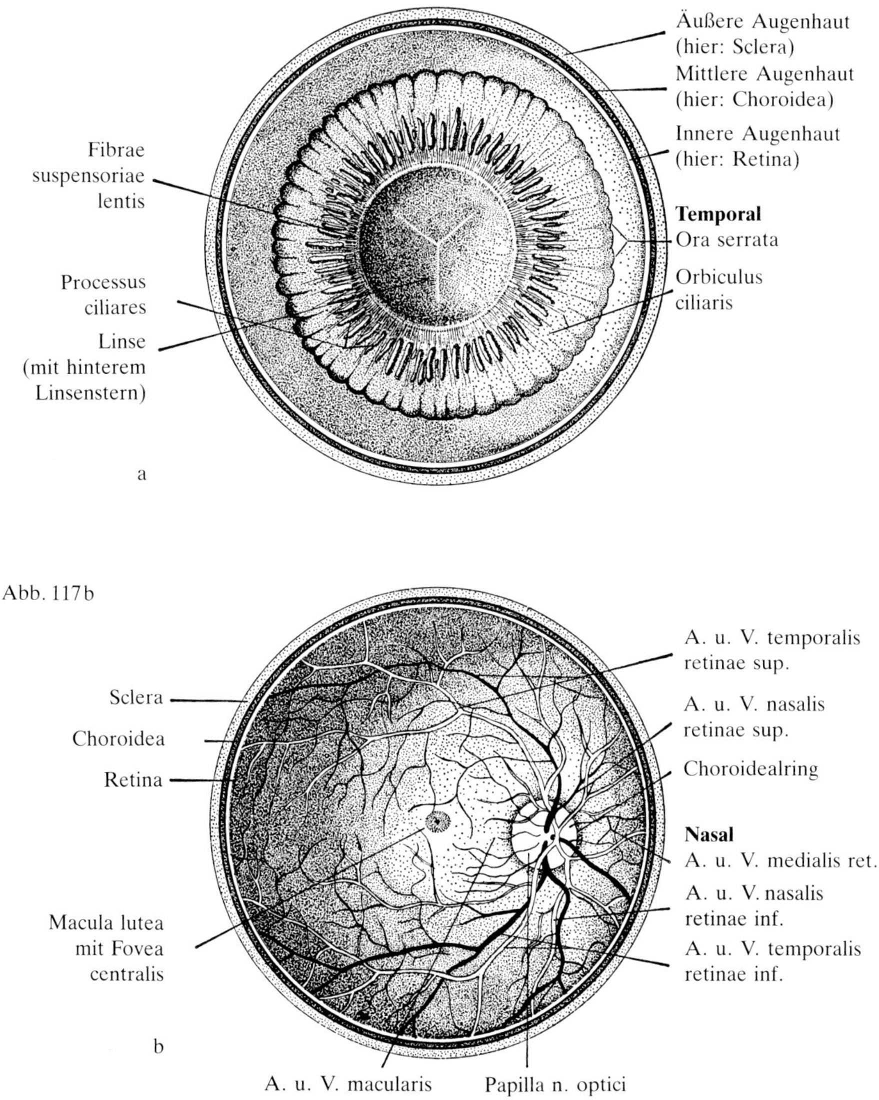

Abb. 117. a–b) Aufbau der vorderen (a) und hinteren (b) Bulbushälfte nach äquatorialer Halbierung des Augapfels (aus Beitrag ROHEN: In: VELHAGEN, K.: Der Augenarzt. 2. Aufl. Thieme, Leipzig 1969).

Rezeptorenfeld, d. h. funktionell ein blinder Fleck. Die Sehachse geht hinten durch die *Macula lutea* (gelber Fleck), die zentral eine kleine Vertiefung in der Retina *(Fovea centralis)* aufweist. Dies ist die Stelle schärfsten Sehens.

Demgegenüber zeigt die *vordere Bulbushälfte* ein ganz anderes Aussehen (Abb. 117a). Ihre strahlenartige Struktur kommt einmal durch den gezackten Rand der Netzhaut (Ora serrata) am Übergang zum Ziliarkörper (Orbiculus ciliaris), zum anderen auch durch die Anordnung der Ziliarfortsätze (*Processus ciliares,* etwa 70–80 an der Zahl) sowie durch die vielen feinen, radiär verlaufenden Aufhängefasern der Linse (Zonula) zustande. Durch den Zonulaapparat wird die Linse schwebend in der Kammerwasserflüssigkeit gehalten und auf die Mitte der optischen Achse orientiert. So kann das Licht auf die Fovea centralis am hinteren Pol des Auges zentriert werden. An einem gesunden Auge sind die brechenden Medien so eingestellt, daß sich die aus der Unendlichkeit des Umfeldes einfallenden Strahlen in der Netzhaut schneiden *(Emmetropie)*. Ist das Auge während der Embryonalentwicklung stärker gewachsen und dadurch zu lang geworden, so kreuzen sich die Strahlen bereits vor der Netzhaut. Es ergibt sich bei der Normaleinstellung ein unscharfes Bild. Das Auge ist kurzsichtig *(Myopie)*. Bleibt jedoch der Bulbus im Wachstum zurück und wird somit zu klein, so werden die Lichtstrahlen erst hinter dem Bulbus fokussiert. Auch dann entstehen unscharfe Bilder, diesmal jedoch infolge von Übersichtigkeit *(Hyperopie)*.

Da die reine Aufzählung der Schichten des Auges wenig zum Verständnis der funktionellen Zusammenhänge beitragen kann, möchten wir die feineren morphologischen Verhältnisse erst im Zusammenhang mit den funktionellen Systemen beschreiben. Analysiert man den Sehapparat unter funktionellen Gesichtspunkten, so stellt sich heraus, daß insgesamt fünf funktionelle Systeme differenziert sind. Das zentrale System ist der rezeptorische Apparat, um den vier Hilfssysteme, nämlich der Akkommodationsapparat (Ziliarkörper und Linse), die Iris als Blendeneinrichtung, der Bewegungsapparat (Augenmuskulatur usw.) und der Lidapparat herumgruppiert sind. Durch die Versorgungssysteme (Gefäße und Nerven des Auges) wird das Ganze zu einer Einheit zusammengefaßt.

3. Rezeptorischer Apparat und Sehbahn

Retina. Die geschilderte Entwicklung erklärt den eigenartigen Bau der Retina, deren Sinneszellen nach außen, d.h. dem Pigmentepithel zugewandt sind. Im Erwachsenenauge legen sie sich dicht an die Pigmentepithelzellen an. Der ehemalige Hohlraum des Augenbechers (Ventriculus opticus) ist zu einem Spalt eingeengt. Die Sinneszellen verzahnen sich zwar mit den mikrovilliartigen Fortsätzen des Pigmentepithels, sind aber nirgends mit dem Pigmentblatt verwachsen. Beim Krankheitsbild der Netzhautablösung kommt es zur Lösung beider Blätter des Augenbechers und damit häufig zu einer partiellen oder auch totalen Erblindung, da die äußeren Netzhautschichten von ihrer Gefäßversorgung durch die Aderhaut abgeschnitten sind.

Die Inversion macht aber nicht nur die Entwicklung der Optikuspapille und damit die Entstehung des blinden Fleckes, sondern auch die Differenzierung der Fovearegion verständlich. Infolge Lichtstreuung durch die vorgelagerten Retinaschichten erfolgt in der dem Licht abgewandten Schicht der Photorezeptoren nur eine unscharfe optische Abbildung. So erscheint es funktionell sinnvoll, daß sich bei den höheren Primaten in der Fundusmitte eine Stelle entwickelt, wo die »störenden« Innenschichten nach der Seite verlagert sind, die *Macula lutea* (gelber Fleck) mit der *Fovea centralis*. Man kann sich die Struktur der Fovea am besten so klarmachen, daß man sich vorstellt, die inneren Netzhautneurone seien von der Mitte aus radiär nach der Seite ausgewichen. Dadurch wäre dann zentral eine Vertiefung (Fovea), die bis zur Schicht der Photorezeptoren reicht, parazentral aber eine Verdickung der Retinaschichten zustande gekommen (parafoveale Region). Tatsächlich zeigen die retinalen Neurone im Makulabereich einen stark bogenförmig abgeknickten Verlauf (Abb. 118). Die Fovea ist also keine Stelle, wo die Retinaschichten reduziert sind, sondern im Gegenteil ein Bereich, wo die Zahl der Neurone vermehrt ist. Da aber die Neurone vom Weg des zentralen Lichtbündels weg nach der Seite verlagert worden sind, wird die Retina in der parafovealen Region wesentlich dicker als im Bereich der übrigen Netzhaut (Abb. 118).

Da die Netzhaut eine Ausstülpung der Zwischenhirnwand darstellt, entwickelt sich in ihr eine ähnliche Schichtengliederung wie im Gehirn. Histologisch können 10 Schichten unterschieden werden (Abb. 119). Die *äußere Körnerschicht* enthält vornehmlich die

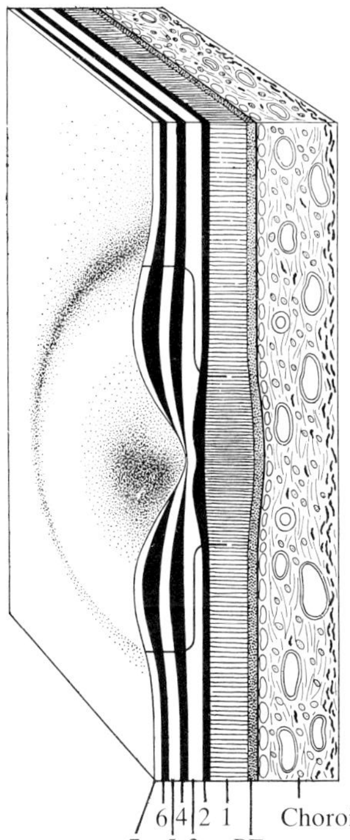

Abb. 118. Strukturschema von der Makularegion des Auges (B.). Die gebogenen Linien grenzen den stäbchenfreien Bezirk der Fovea ab. Sie deuten zugleich die Verlaufsform der retinalen Neurone im Makulabereich an. Man beachte besonders die Verdickung der Optikusganglienschicht im parafovealen Bereich sowie das Fehlen der inneren Retinaschichten im Foveazentrum.
Schichtengliederung der Retina: 1 = Photorezeptoren; 2 = Äußere Körnerschicht; 3 = Äußere retikuläre Schicht; 4 = Innere Körnerschicht; 5 = Innere retikuläre Schicht; 6 = Optikusganglienschicht; 7 = Optikusfaserschicht; PE = Pigmentepithel.

Kerne der Rezeptorzellen in 4–6 Kernreihen, die *innere Körnerschicht* enthält in der Hauptsache die Perikarien des ersten Schaltneurons, die sog. Bipolarzellen *(Ganglion retinae),* die meist 6–10 Kernreihen bilden, und die innerste, einschichtige Kernlage schließlich die *Optikusganglienzellen (Ganglion nervi optici).* Dazwischen liegen retikuläre oder plexiforme Schichten, in denen hauptsächlich die Synapsen lokalisiert sind. In der Foveamitte liegen nur Photorezeptoren. Sie erscheinen aber dichter zusammengelagert, länger und schlanker als in der Peripherie. Die sonst einreihige Optikusganglienschicht kann parafoveal auf 8–10 Kernreihen anwachsen. Ebenso verdickt sich dort die Bipolarenschicht bis auf 5–6 weitere Kernreihen (Abb. 118 u. 119).

Funktionell können damit innerhalb der Retina *drei Neurone* und *zwei Synapsenzonen* unterschieden werden. Das erste Neuron ist unipolar und stellt die Photorezeptoren dar, die sich in 2 Gruppen gliedern, die Stäbchen und die Zapfen. Das zweite Neuron ist bipolar und umfaßt eine Gruppe sehr verschiedenartig geformter, intraretinaler Zellelemente, das dritte Neuron ist schließlich multipolar. Es handelt sich um Zellen, deren Neurit über den Sehnerven bis zum Corpus geniculatum lat. zu verfolgen ist und erst dort auf das vierte Neuron der Sehbahn umgeschaltet wird (Abb. 119, linke Bildhälfte).

Neben diesen projektiven Verbindungen existieren aber auch horizontale Verknüpfungen innerhalb der Netzhaut selbst. In der äußeren plexiformen Schicht sind es vor allem die *Horizontalzellen;* in der inneren plexiformen Schicht die sog. *»Amakrinen«* (wörtlich neuritenfreie Zellen, Abb. 121). Der innere Zusammenhalt des Retinagewebes wird durch die *Müllerschen Stützzellen* (Radialfaserglia) und andere Gliaarten erreicht. Gegen den Glaskörper schließt sich die Retina durch eine basalmembranartige Grenzschicht ab, die *Membrana limitans interna.* Die *Membrana limitans externa* ist keine Grenzmembran im eigentlichen Sinne des Wortes, sondern eine desmosomale Verdichtungszone zwischen den Müllerschen Zellen und den Photorezeptoren.

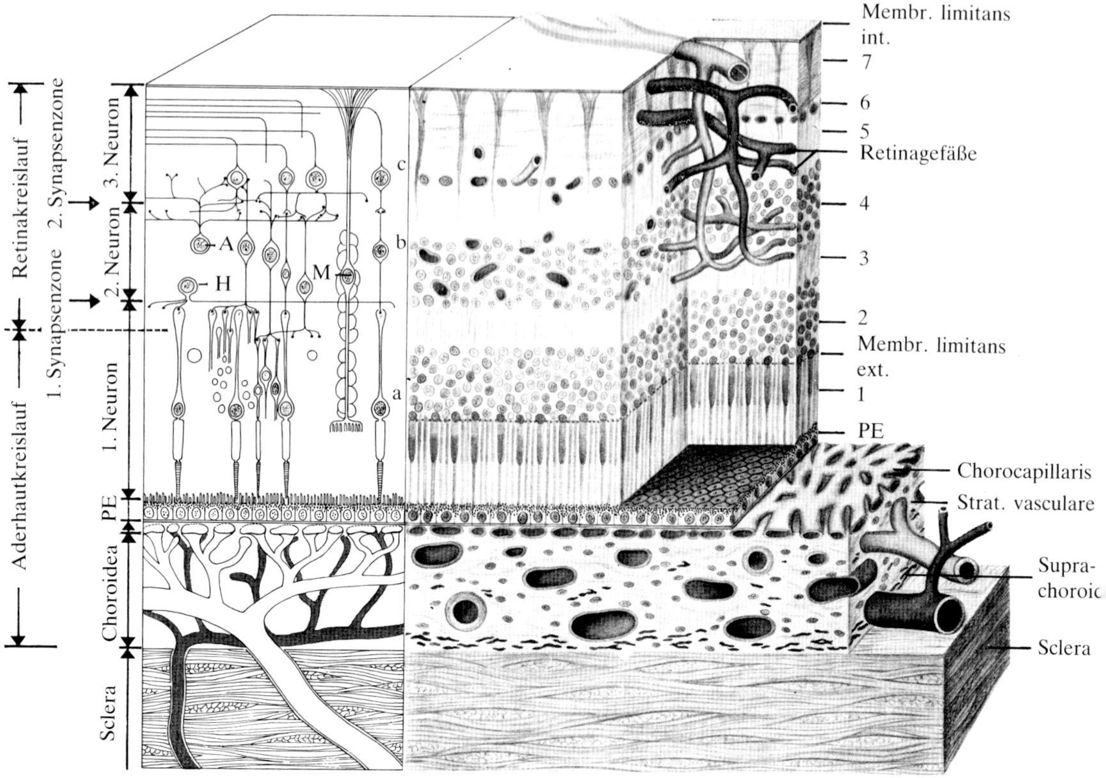

Abb. 119. Strukturschema von Netzhaut und Choroidea im Fundusbereich des Auges (B.). A = Amakrine, H = Horizontalzelle, M = Müllersche Stützzelle, PE = Pigmentepithel, a, b, c = 1.–3. Netzhautneuron. Schichtengliederung: 1 = Stäbchen und Zapfen; 2 = äußere Körnerschicht; 3 = äußere retikuläre Schicht; 4 = innere Körnerschicht; 5 = innere retikuläre Schicht; 6 = Optikusganglienschicht; 7 = Optikusfaserschicht.

Die Retina wird von zwei Seiten ernährt. Die Schicht der Photorezeptoren bis in den Bereich der ersten Synapsenzone, d. h. der äußeren plexiformen Schicht, wird durch das Pigmentepithel hindurch von der *Aderhaut* aus versorgt. Das Pigmentepithel muß also den gesamten Stoffwechsel zwischen Choroidea und Retina vermitteln. An der Grenze zum Pigmentepithel bildet sich daher ein besonders dichtes Kapillarnetz aus, die *Chorocapillaris.* Die übrigen Schichten der Retina bis zur äußeren plexiformen werden von den Retinagefäßen und damit von innen her vaskularisiert. Im Gegensatz zu den Aderhautgefäßen stellen die *Retinagefäße* Endarterien dar. Zwischen beiden Systemen bestehen charakteristische morphologische und funktionelle Unterschiede. Im Kapillarnetz der Aderhaut herrscht ein relativ geringer Druck, die Austauschvorgänge dominieren. Im Retinagefäßnetz herrscht ein höherer Druck, das Verzweigungsmuster ist großmaschiger; die Kapillaren sind weitgehend impermeabel für größere Moleküle (Blut-Retinaschranke). In der Fovearegion hören die retinalen Gefäße auf, da die inneren Netzhautschichten hier parafoveal verlagert sind. Auf diese Weise entsteht ein sehr charakteristisches Fundusbild, das sich mit Hilfe des Augenspiegels auch am Lebenden beobachten läßt.

Photorezeptoren. Die für die Perzeption wichtigsten Elemente der Retina sind die *Photorezeptoren* (Abb. 119 u. 120). In der menschlichen Retina unterscheidet man heute zwei Rezeptorenarten: Stäbchen (Gesamtzahl 110–125 Mill.) und Zapfen (Gesamtzahl etwa 6,3–7 Mill.). Nach der Duplizitätstheorie von M. SCHULTZE (1857) sollen die Stäbchen die Helligkeitsempfindung und das Dämmerungssehen, die Zapfen die Farbempfindung und das Tagessehen vermitteln. Tatsächlich überwiegen bei Tagtieren in der Retina meist die Zapfen, bei Dämmerungs- und Nachttieren die Stäbchen. Diese Regel hat aber so viele Ausnahmen, daß man von der allgemeinen Anwendung dieser Theorie abgerückt ist. Es existiert zwar eine Doppelfunktion der Netzhaut, die sich physiologisch in einer verschiedenen Empfindlichkeitsverteilung beim Dämmerungssehen (skotopische Eigenschaften) bzw. beim Tagessehen (photopische Eigenschaften der Retina) ausdrückt. Diese lassen sich aber nicht ohne weiteres auf die beiden genannten Rezeptorarten (Stäbchen und Zapfen) beziehen.

Morphologisch besteht jeder Rezeptor aus einem Außen- und einem Innenglied (beide außerhalb der Membrana limitans externa lokalisiert), einem Perikaryon mit Zellkern (in der äußeren Körnerschicht gelegen) und einem endständig verdickten Fortsatz, der die kompliziert gestalteten, invaginierten Synapsen mit den Dendriten der Bipolaren und Horizontalzellen aufnimmt (Abb. 119). Die Rezeptorensynapsen befin-

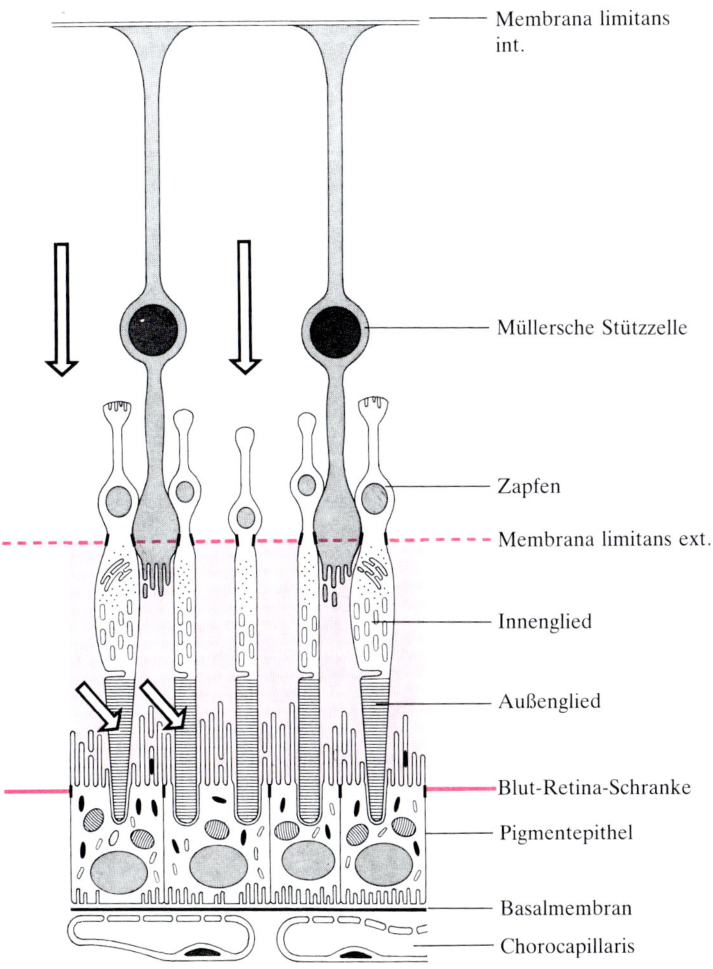

Abb. 120. Äußeres Kompartiment der Retina mit Stäbchen- und Zapfenrezeptoren. Darstellung der Grenzmembranen (schematisch) (O.). Pfeile = Richtung des Lichteinfalles von innen nach außen.

den sich damit in der äußeren plexiformen Schicht. Die Außenglieder besitzen eine kristallartige Struktur und stellen die eigentlichen Rezeptorelemente dar. Sie bestehen aus aufeinandergeschichteten Scheibchen (Disci), die aus Einstülpungen der Zellmembranen hervorgegangen sind. Die Disci enthalten spezielle Sehstoffe (Sehpigmente), und zwar das Rhodopsin (Sehpurpur) bei den Stäbchen und das Jodopsin bei den Zapfen. Das Innenglied ist dicht mit großen Mitochondrien, Vesikeln und anderen Zellorganellen angefüllt und funktioniert als Generator.

Die in den Außengliedern durch Lichtquanten ausgelösten feinstrukturellen Veränderungen an den Sehpigmenten führen durch unbekannte Zwischenprozesse zur Entstehung eines Rezeptorpotentials, das die Erregung der anschließenden Schaltneurone bewirkt. Die auslösenden elektrophysiologischen Prozesse können aber nur ungestört ablaufen, wenn ein abgeschlossener Raum zur Verfügung steht, in dem das ionale Milieu einerseits durch aktive Zelleistungen, andererseits durch abdichtende Membranen konstant gehalten werden kann. Ein solcher Raum existiert zwischen dem retinalen Pigmentepithel und der Membrana limitans externa (Abb. 120, rot hervorgehoben). Das Pigmentepithel besitzt im apikalen Zellbereich Zellhaften (Zonulae occludentes), die die Schicht der Außenglieder der Photorezeptoren gegenüber dem Extrazellulärraum der Aderhaut vollkommen abdichten und somit eine Schranke für den Stofftransport zur Retina hin darstellen (Pigmentepithelschranke als Teil der Blut-Retina-Schranke). Alle für die Sinneszellen bestimmten Stoffe müssen daher durch das Zytoplasma des Pigmentepithels hindurchgeschleust werden. Demgegenüber stellt die Membrana limitans externa, die den geschilderten Raum nach innen zu begrenzt, keine vollständige Schranke dar, sichert aber den mechanischen Abschluß dieses Raumes gegenüber den übrigen Netzhautschichten (Abb. 120). Die Rezeptoren werden in der Retina bereits zu Schalteinheiten zusammengefaßt, die in der zentralen und peripheren Netzhautregion verschieden groß sind (Abb. 121). In der Peripherie sind die auf eine Optikusganglienzelle geschalteten Reizeinheiten wesentlich größer (Konvergenzschaltung). Die rezeptiven Felder nehmen einen relativ großen Raum ein. Diese Konvergenzschaltung

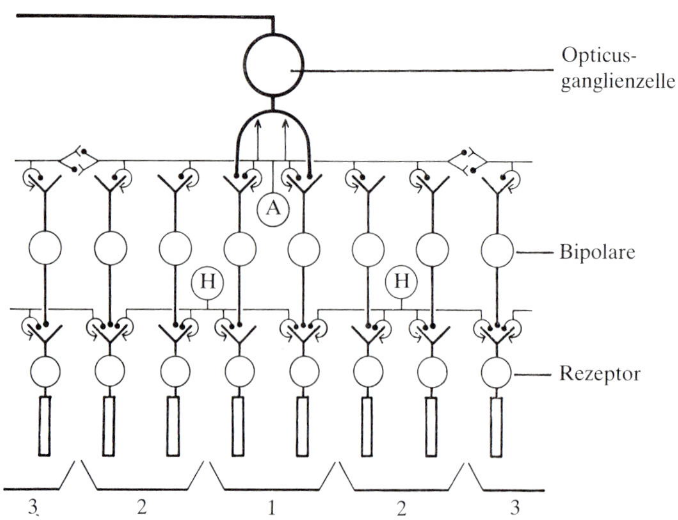

Abb. 121. Schaltschema der Netzhautneurone (nach Dowling). Die Querverbindungen durch Amakrine (A) und Horizontalzellen (H) ermöglichen die Bildung von größeren konvergierenden Schalteinheiten sowie durch laterale Hemmung eine Steigerung des Kontrastes.

ermöglicht die *Summation* der Reize. Dadurch wird die Lichtempfindlichkeit zwar gesteigert, das Bildraster aber vergröbert und das Auflösungsvermögen verringert. In der Netzhautmitte ist dagegen die projektive Erregungsleitung auf wenige Elemente beschränkt, die rezeptiven Felder sind relativ klein. Dies hat eine Steigerung des Auflösungsvermögens, eine Verfeinerung des Bildrasters, andererseits aber auch eine Herabsetzung der Empfindlichkeit zur Folge. Wir möchten dies mit dem oben (S. 200) erwähnten Prozeß der Zentralisation in Zusammenhang bringen. Wesentlich für die erhöhte Leistung des retinalen Apparates in der Netzhautmitte ist die Kontraststeigerung von unterschiedlich hellen Gegenstandspunkten, die durch eine sog. laterale Hemmung vermittels der Horizontalzellen und Amakrinen erreicht wird. Die »Individualisierung« der Projektionsschaltungen in der Makularegion, in der ausschließlich Zapfenrezeptoren, und zwar in großer Dichte, nebeneinanderstehen, macht die Fovea funktionell zur Stelle des schärfsten Sehens (Abb. 118).

Sehbahn. Die Neuriten der retinalen Optikusganglienzellen (Gesamtzahl etwa 1–1,2 Mill.) bilden den Sehnerven. Erst kurz hinter dem Bulbus erhalten sie Markscheiden. Innerhalb des Auges sind die Optikusfasern noch marklos. Gelegentlich kommen vereinzelte markscheidenhaltige Axone vor, meist in Papillennähe (Markstrahlen). Im *Sehnerven* werden die rund 1,2 Mill. Neuriten in Bündeln von etwa 800–1200 Fasern, die

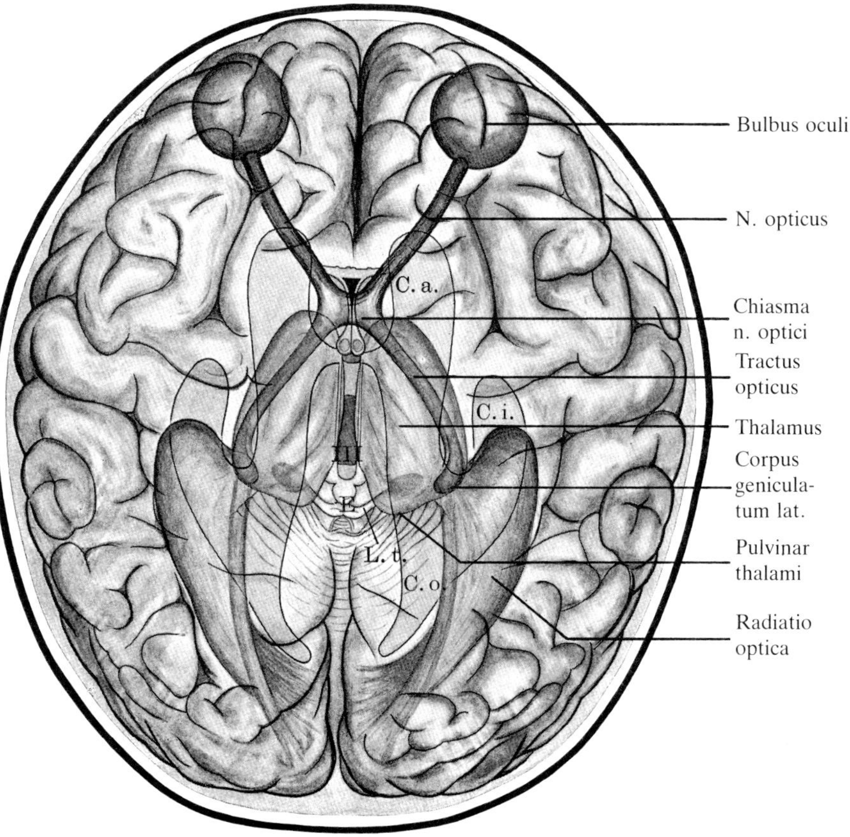

Abb. 122. Optische Bahnen und Hirnzentren, am durchsichtig gedachten Gehirn, in der Ansicht von oben (K.). Rechter Seitenventrikel: C. a. = Cornu anterius; C. o. = Cornu occipitale; C. i. = Cornu inferius; E = Epiphyse; L. t. = Lamina tecti; III = III. Ventrikel.

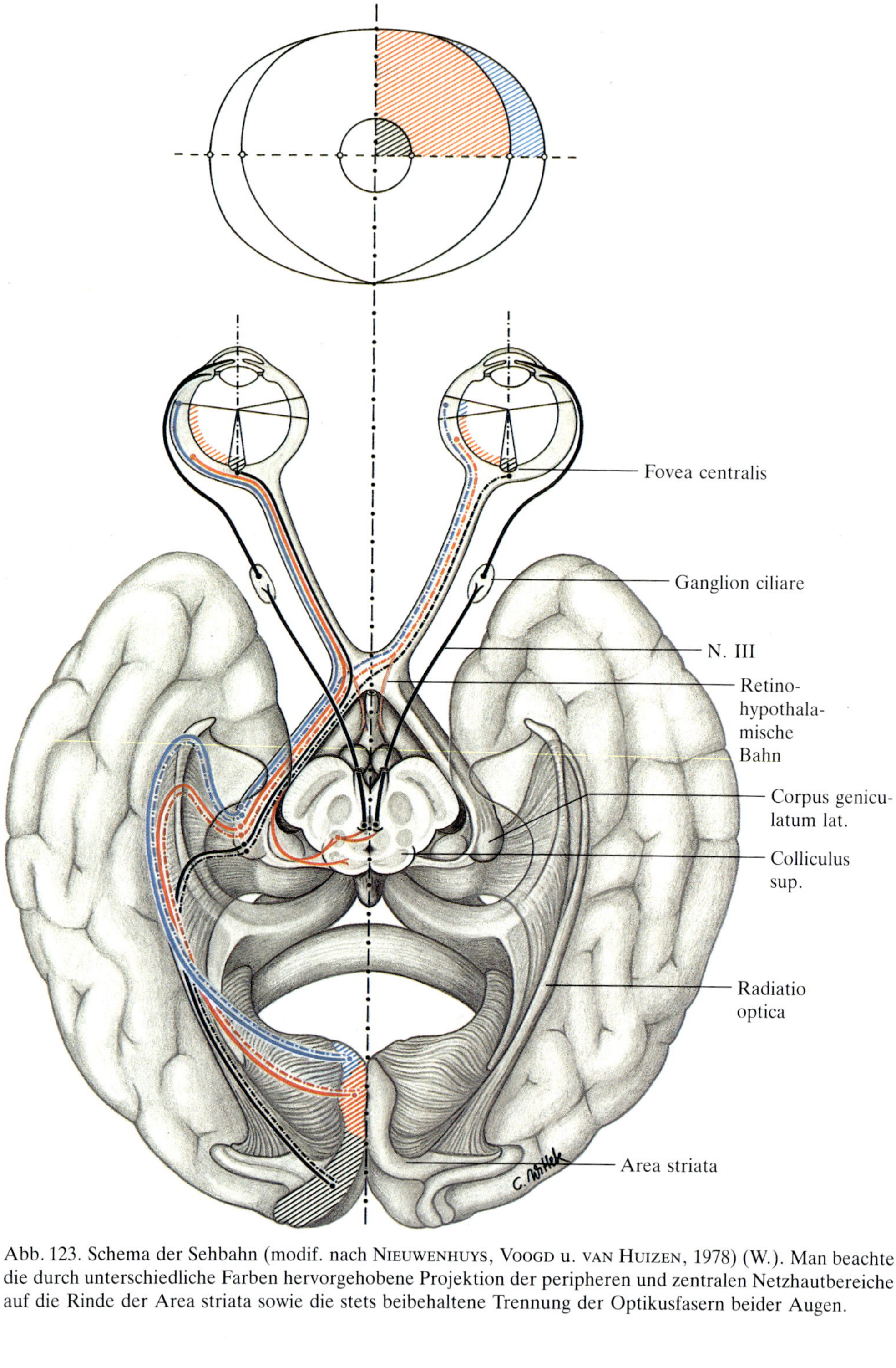

Abb. 123. Schema der Sehbahn (modif. nach NIEUWENHUYS, VOOGD u. VAN HUIZEN, 1978) (W.). Man beachte die durch unterschiedliche Farben hervorgehobene Projektion der peripheren und zentralen Netzhautbereiche auf die Rinde der Area striata sowie die stets beibehaltene Trennung der Optikusfasern beider Augen.

durch Gliasepten getrennt sind, vereinigt. Der Sehnerv wird von einer Pia-, Arachnoidea- und Durascheide umgeben und von Liquor umspült. Innerhalb der Augenhöhle verläuft er leicht geschlängelt, so daß er bei den Augenbewegungen nicht gezerrt werden kann. Die Sehnerven beider Augen vereinigen sich nach dem Durchtritt durch die Canales optici der Schädelbasis vor der Hypophyse zum *Chiasma opticum.* Hier findet eine partielle, etwa 50%ige Faserkreuzung statt. Die von den lateralen Netzhauthälften kommenden Fasern bleiben ungekreuzt, die Fasern der medialen Netzhauthälften kreuzen jedoch auf die Gegenseite. Beide Fasergruppen bilden zusammen den Tractus opticus, der vom Chiasma aus bogenförmig um die Hirnschenkel herumzieht und im lateralen Kniehöcker *(Corpus geniculatum laterale)* endet. Im Bereich des Chiasma opticum zweigen dünne, markarme Optikusfasern vom Sehnerven ab, die über die Lamina terminalis in den Hypothalamus einstrahlen *(sog. hypothalamische Optikuswurzel, Tractus retinohypothalamicus)* (Abb. 123). Durch diese Bahn gewinnt der Sehapparat Einfluß auf die Tätigkeit der übergeordneten Zentren des vegetativen Nervensystems (vgl. S. 310).

Im Corpus geniculatum lat. beginnt das vierte Neuron der Sehbahn. Die Hauptzellen dieses wichtigen, in 6 Schichten gegliederten Kerngebietes senden ihre Neuriten über den hinteren Abschnitt der Capsula interna (Abb. 86) fächerförmig ausstrahlend zur Okzipitalrinde (Abb. 122 u. 123). Dabei überqueren sie das Unterhorn des Seitenventrikels (temporales Knie), entfalten sich in dessen lateraler Wand zu einer sagittal gestellten Faserlamelle *(Radiatio optica, Gratioletsche Sehstrahlung),* biegen dann nochmals scharf nach medial um (okzipitales Knie) und strahlen schließlich mit einem horizontalen Faserfächer in die okzipitalen Rindengebiete der Area striata oberhalb und unterhalb des *Sulcus calcarinus* (Feld 17 nach Brodmann) ein (Abb. 125).

Die Fasern des *Tractus opticus* gehen aber nur z. T. in diese kortikale Hauptbahn über. Ein anderer, meist kleinerer Teil läuft am Corpus geniculatum lat. vorbei und tritt am medialen Kniehöcker in die Substanz des Mittelhirns ein. Von diesem Faserzug zweigt ein Bündel ab, das um die Hirnschenkel herumzieht und von unten in das Mittelhirn eintritt (sog. basale Optikuswurzel). Durch diese Faserverbindungen wird das Mittelhirn in die Sehbahn eingeschaltet. Auch der hintere Teil des Thalamus, das *Pulvinar thalami,* soll mit der Sehbahn in Verbindung stehen. Somit ergeben sich am Ende des Tr. opticus folgende als primäre Sehzentren bezeichnete Schaltstellen: 1. das Corpus geniculatum lat. und 2. die Colliculi superiores des Mittelhirns. Von ihnen leitet nur der laterale Kniehöcker die visuellen Erregungen zur Großhirnrinde weiter. Die vorderen Vierhügel und die zugehörigen Mittelhirnkerne, vor allem der Nucleus praetectalis und die autonomen Okulomotoriuskerne übernehmen die Reflexschaltungen (z. B. Pupillen- und Akkommodationsreflex). Die reflektorische Verengung der Pupillenöffnung auf erhöhten Lichteinfall ist ein Schutzmechanismus für die Netzhaut, der ihre Beleuchtungsintensität konstant zu halten vermag. Im Mittelhirndach, rostral von den oberen Vierhügeln existiert ein Pupillenzentrum, das über den N. oculomotorius (parasympathisch) und den Halsgrenzstrang (sympathisch) die Pupillomotorik steuert. Die afferenten Impulse werden über Kollateralen der Optikusfasern dem Mittelhirn zugeleitet. Die efferenten parasympathischen Fasern, die im N. oculomotorius verlaufen, werden im Ganglion ciliare umgeschaltet (Näheres s. S. 293).

Die primären visuellen *Projektionsfelder* liegen im Okzipitallappen in der Area striata (Feld 17), beiderseits des *Sulcus calcarinus.* Diese Rindenregion ist durch einen schon makroskopisch erkennbaren Markfaserstreifen (Gennarischer oder Vicq d'Azyrscher Streifen) gekennzeichnet. Die sich außen am Okzipitallappen anschließenden Regionen stellen die übergeordneten sekundären und tertiären optischen Rindenfelder dar, die auch unter dem Begriff der »optischen Erinnerungsfelder« zusammengefaßt werden

(*Area occipitalis* = Feld 18; *Area praeoccipitalis* = Feld 19). Hier werden dann Felder wie »optisches Sprachzentrum«, Lesezentrum, Blickzentrum, »optische Aufmerksamkeit, optisches Dingerkennen« unterschieden.

Die Projektion der Retina auf die Kalkarinarinde in der *Area striata* entspricht dem Schema der Somatotopik, was aber wiederum ähnlich wie in der motorischen und sensorischen Zentralregion nicht rein quantitativ aufzufassen ist. Die funktionell wichtigsten Bereiche der Netzhaut (Fundusmitte und Macula) nehmen in der Kalkarinarinde den größten Raum ein (Abb. 123). Die Macula wird als großer, keilförmiger Bezirk jeweils an der oberen und unteren Kalkarinalippe repräsentiert, während die vorne anschließenden schmalen Zonen mit der gesamten peripheren Netzhaut verknüpft sind (Abb. 125). Die obere Kalkarinalippe gehört zum oberen Retinafeld (= unteres Gesichtsfeld), die untere Kalkarinalippe zum unteren Retinafeld (= oberes Gesichtsfeld). Der Sulcus calcarinus entspricht also dem horizontalen Meridian der Netzhaut. Von den rechten Netzhauthälften beider Augen gelangen die Erregungen zur rechten und von den beiden linken zur linken Kalkarinarinde. Damit werden die Bilder der Außenwelt biretinal aufgenommen und bikortikal registriert. Die mediane Teilungslinie des Gesichtsfeldes entspricht damit der Fissura longitudinalis cerebri (Abb. 123). Aus klinischen Erfahrungen ergibt sich, daß das Gebiet der Macula doppelseitig in beide Areae striatae projiziert wird, denn nach Ausfall *einer* Okzipitalrinde bleibt das Maculasehen auf beiden Augen erhalten. Anatomisch ist der Verlauf der Makulafasern noch nicht genauer bekannt.

Bei der Projektion der Netzhautquadranten auf die Kalkarinarinde bleiben immer die Optikusfasersysteme beider Augen getrennt. Das wird dadurch erreicht, daß die Umschaltung der Optikusfasern im Corpus geniculatum lat. in getrennten Schichten erfolgt (Abb. 124). Die ungekreuzten Optikusfasern des linken Auges projizieren in die Schicht 2, 3 und 5 des linken Corpus geniculatum lat., während die gekreuzten Optikusfasern des linken Auges in das rechte Corpus geniculatum lat. einstrahlen, aber

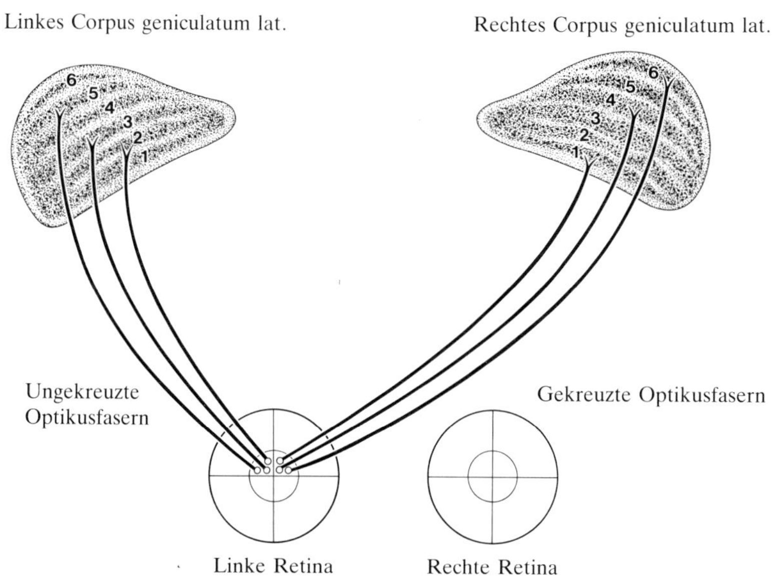

Abb. 124. Schema über die Verteilung der gekreuzten und ungekreuzten Fasern des Tractus opticus im Corpus geniculatum lat. (W.).

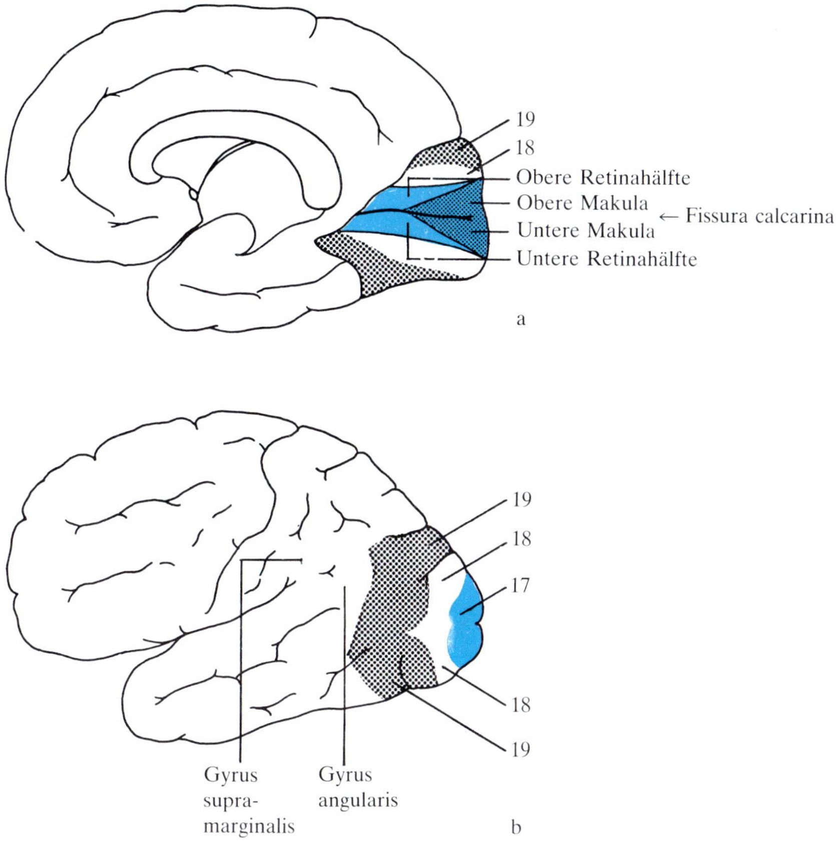

Abb. 125. a–b) Primäre, sekundäre und tertiäre optische Rindenfelder (B.).
a) In der Ansicht von medial.
b) In der Ansicht von lateral. Blau = Area calcarina (Feld 17, primäre optische Projektionsfelder), weiß = sekundäre optische Rindenfelder (18); gerastert = tertiäre Rindenfelder (19).

dort in den Schichten 1, 4 und 6 umgeschaltet werden (Abb. 124). Auch in der primären Sehrinde des Okzipitallappens bleiben die beiden Systeme getrennt. Man hat neuerdings festgestellt, daß in der Kalkarinarinde, ähnlich wie die Module in den sensomotorischen Arealen, die Zellgruppen in Säulen gegliedert sind. Jede dieser Zellsäulen, die die kleinsten Funktionseinheiten der Sehrinde darstellen, hat eine Grundfläche von etwa 1 mm^2 und eine Höhe von 2 mm und ist abwechselnd dem rechten und dem linken Auge zugeordnet. Eine Fusion beider Netzhautbilder findet also hier nicht statt. Es erhebt sich die Frage, wie das – von uns doch zweifelsohne als einheitlich erlebte Bild der Umwelt – eigentlich zustande kommt, wenn durch die charakterisierte Anordnung der optischen Projektionsbahnen das vom Auge auf die Netzhaut projizierte Bild zentralwärts mehr und mehr »auseinandergelegt« und auf verschiedene Rindenregionen verteilt, aber nicht wieder zusammengefügt wird. An diese Frage schließen sich wichtige erkenntnistheoretische und philosophische Probleme an, die aber nicht an dieser Stelle erörtert werden können. Vom neuroanatomischen Standpunkt aus hat die Kalkarinarinde keine »bildsynthetisierende« Funktion. Nach neueren elektrophysiologischen Untersuchungen kommt ihr vielmehr die Aufgabe eines Verteilerzentrums für die Erregungen des visuellen Systems zu. Das bedeutet, das von hier zu den verschiedensten Hirnregionen, vor allem des Temporal- und Parietallappens Bahnen ausgehen, die die primären Informationen dann für einen jeweils anderen Funktionskomplex auswerten. Für das Raumsehen z. B. soll im rechten Parietallappen ein Rindenfeld existieren, das die bisher sorgfältig getrennten Projektionsbahnen aus beiden Augen im Hinblick auf die Paralaxe und den Blickwinkel einheitlich auswerten kann und daraus die 3. Dimension »errechnet«. Es müssen daher Bahnverbindungen zwischen der Area striata beider Okzipitallappen über dem Balken mit diesem Rindenfeld vorhanden sein, wenn eine solche Auswertung zustande kommen soll. Ungeklärt bleibt aber dennoch, wie dann das von uns erlebte einheitliche, dreidimensionale Bild letztlich entsteht.

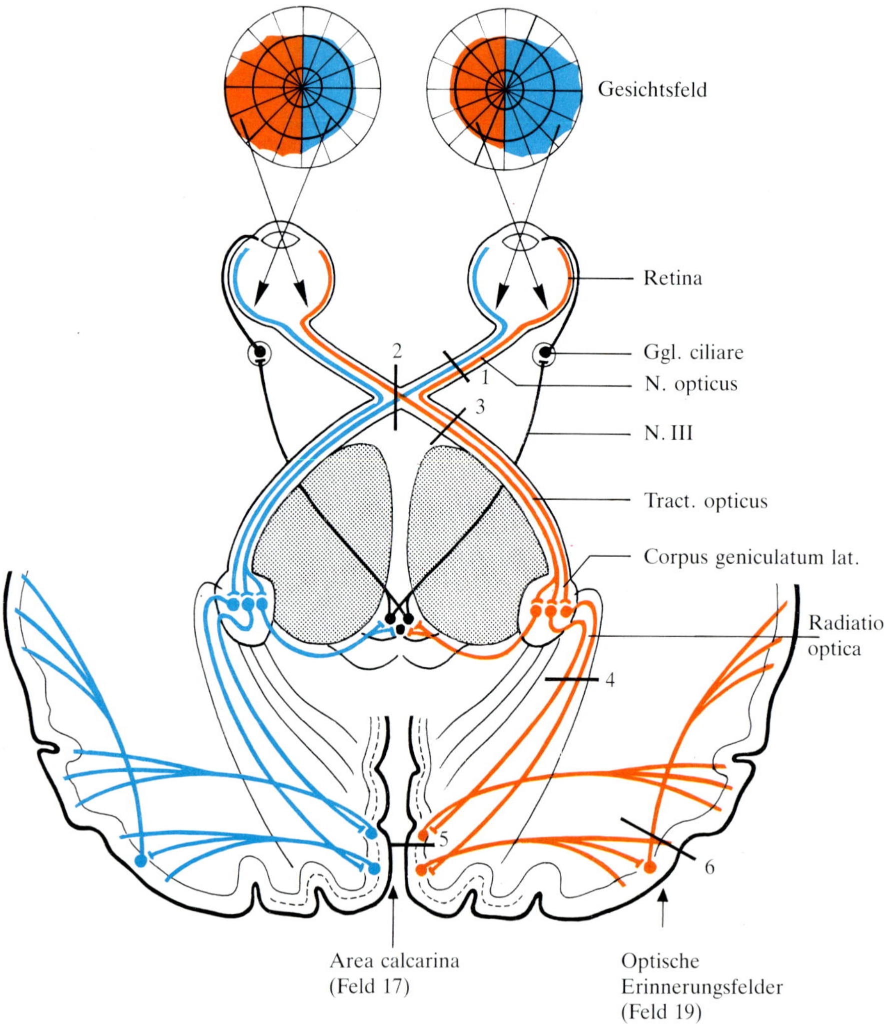

Abb. 126. Klinische Ausfallerscheinungen bei Unterbrechung der Sehbahn an verschiedenen Stellen:
1. Amaurose (Totalerblindung des Auges)
2. Bilaterale oder heteronyme Hemianopsie (Halbblindheit, Ausfall der beiden temporalen Gesichtsfelder)
3. Homonyme Hemianopsie (Ausfall der li. bzw. re. Gesichtsfeldhälften beider Augen)
4. Homonyme Hemianopsie wie 3 (nur Unterschiede im Verhalten des Pupillarreflexes)
5. Rindenblindheit
6. Seelenblindheit

Auch für die anderen Elemente des optischen Bildes wie Farbkomposition, Gestalt, emotionale Tingierung, quantitative Verhältnisse (Größe, Struktur) sind jeweils eigene, voneinander getrennte Hirnzentren vorhanden, die ebenfalls ihre Primärinformationen aus der Kalkarinarinde erhalten. Dabei unterscheiden sich rechte und linke Hirnhälfte wesentlich voneinander, worauf wir bei der Besprechung der sog. »Lateralisation« des Gehirns noch weiter eingehen werden (vgl. S. 269). Das von uns als einheitlich erlebte Bild der Umwelt muß also letztlich als das Ergebnis einer Gesamtleistung des Gehirns angesehen werden, wobei für die synthetischen Funktionen die parietalen und temporalen Rindenbezirke am wichtigsten sind. Die optischen Erinnerungsfelder werden heute meist in dem hinteren Teil des Temporallappens lokalisiert (Area 19 nach Brodmann), da klinisch bei Läsionen in diesem Bereich Erinnerungsstörungen (Amnesien) beobachtet worden sind.

Aus den geschilderten morphologischen Besonderheiten der Sehbahn lassen sich die zugehörigen **klinischen Ausfallerscheinungen** ableiten (Abb. 126). Nach Läsionen des Tractus opticus einer Seite müssen Gesichtsfeldausfälle auf beiden Augen (Hemianopsien) auftreten. Ein Hypophysentumor, der die kreuzenden Optikusfasern im Chiasma schädigt, ruft eine bitemporale Hemianopsie hervor (beide nasale Retinahälften sind betroffen). Lokalisierte Ausfälle innerhalb der Kalkarinarinde erzeugen »blinde Stellen« im zugehörigen Projektionsgebiet des Gesichtsfeldes (Rindenblindheit), wobei die Macula meist ausgespart bleibt (Hemianopsie mit makulärer Aussparung). Eine Zerstörung der übergeordneten sekundären Rindenfelder führt nicht zu einem unmittelbaren Gesichtsfeldausfall, sondern zu dem Unvermögen, optisch geprägte Begriffe zu bilden. Bei erhaltenem Sehvermögen ist ein solcher Patient nicht in der Lage, einen von ihm deutlich wahrgenommenen Gegenstand richtig zu bezeichnen (Seelenblindheit). Schädigungen der Sehbahn können auch durch das Verhalten des Pupillenreflexes genauer differenziert werden. Bei Läsionen zentral vom Corpus geniculatum lat. sind die Pupillenreflexe erhalten, bei Schäden vor dem Corpus geniculatum lat. fallen sie aus.

4. Akkommodationsapparat

Unter *Akkommodation* versteht man die Fähigkeit des Auges, durch Brechkraftänderung den Strahlengang des einfallenden Lichtes so zu verändern, daß auch nahe gelegene Gegenstände auf der Netzhaut scharf abgebildet werden. Die Akkommodation ist dabei als die Naheinstellung (Sehen bei Entfernungen kleiner als 6 m) und Desakkommodation als die Ferneinstellung (von 6 m bis unendlich) definiert.

An einer Photokamera wird die Schärfeneinstellung durch mechanische Verschiebung des Objektives und damit der Brennweite erreicht. Im Tierreich gibt es ganz verschiedene Formen der Akkommodation; entweder wird die Linse durch Spezialmuskeln nach vorne (Amphibien) oder nach rückwärts gezogen (Fische), oder die Lage der Netzhaut wird verändert (Knochenfische). Bei Vögeln und Reptilien wird die Linse vom Rand her zusammengedrückt und damit eine stärker lichtbrechende Krümmungsoberfläche erzielt. Die Veränderungen der Linsenkrümmung sind auch bei Säugern der Grundvorgang der Akkommodation, nur wird diese durch Spannungsänderung innerhalb des Linsenaufhängeapparates (Zonula) erreicht.

Zum Akkommodationssystem des Menschen gehören einerseits Linse und Linsenaufhängeapparat (Apparatus suspensorius lentis) als passive Teile, andererseits der Ziliarmuskel (M. ciliaris) als aktive Komponente (Abb. 127).

In Höhe des Limbus corneae verdickt sich die mittlere Augenhaut (Uvea) zum Ziliarkörper, von dem nach innen 70–80 blattartige Fortsätze oder Processus ciliares vorspringen (Abb. 116 u. 127). Diese Verdickung entsteht in der Hauptsache durch den Ziliarmuskel, der durch seine Kontraktion die Brechkraft der Linse verändern kann. Der Aufhängeapparat der Linse (Zonulaapparat) hat aber keine direkten Beziehungen zum Ziliarmuskelsystem. Zwischen beiden Gewebsgruppen ist das Ziliarepithel eingeschaltet. Die Zonulafasern ziehen frei durch die Täler der Ziliarfortsätze hindurch bis zur Linse. Nach rückwärts lassen sie sich bis in die Nähe der Ora serrata verfolgen. Sie heften sich nirgends direkt an das Epithel an, sondern sind breitflächig an der homogenen

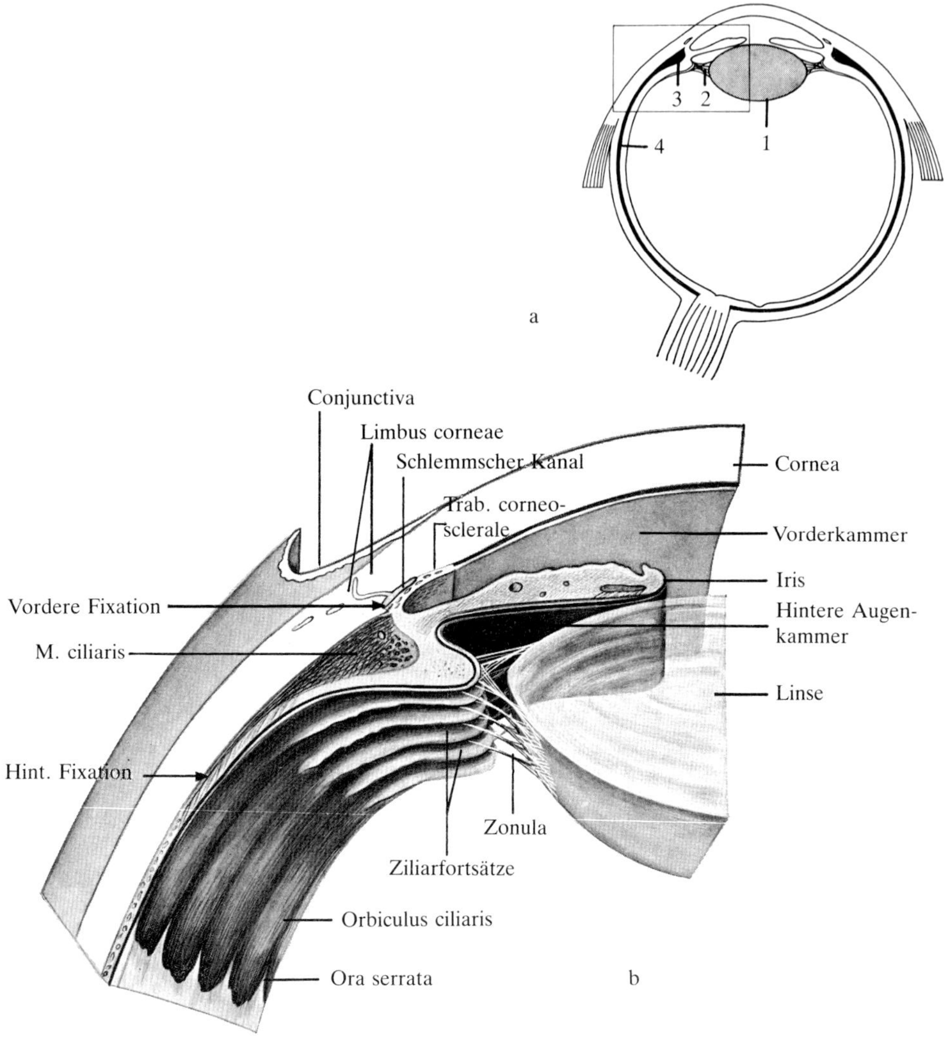

Abb. 127. a–b) Übersicht über den Akkommodationsapparat des menschlichen Auges (B.).
a) Horizontalschnitt (Schema). 1 = Linse; 2 = Zonulaapparat; 3 = M. ciliaris; 4 = Aderhaut.
b) Struktur der Ziliarkörper- und Kammerwinkelregion des menschlichen Auges. Der Ausschnitt entspricht dem in (a) markierten Feld.

Grenzmembran des Ziliarepithels (Membrana limitans interna) fixiert. Das funktionelle Zusammenwirken dieser verschiedenen Gewebsgruppen ist sehr kompliziert.

Der **Ziliarmuskel** erscheint auf dem Sagittalschnitt dreiseitig. Mit einer nach innen gerichteten »Kante« ist er vorne an einem Skleravorsprung, dem sog. *Skleralsporn,* und hinten an einer flächenhaft ausgebreiteten, elastischen Aderhautmembran, die zwischen Chorokapillaris und Pigmentepithel gelegen ist, befestigt (Abb. 128). Die vorderen Sehnen heften sich teilweise auch am Trabekelwerk der Kammerbucht (Trab. corneosclerale, Abb. 142) sowie an den inneren Hornhautlamellen an. Der Muskel besteht aus drei Portionen, die aber ein zusammenhängendes System bilden. Außen liegen die Meridionalfaserzüge (Brückesche Portion), innen (an der Kante) die zirkulären Bündel (Müllersche Portion), dazwischen retikuläre oder schräge Faserzüge.

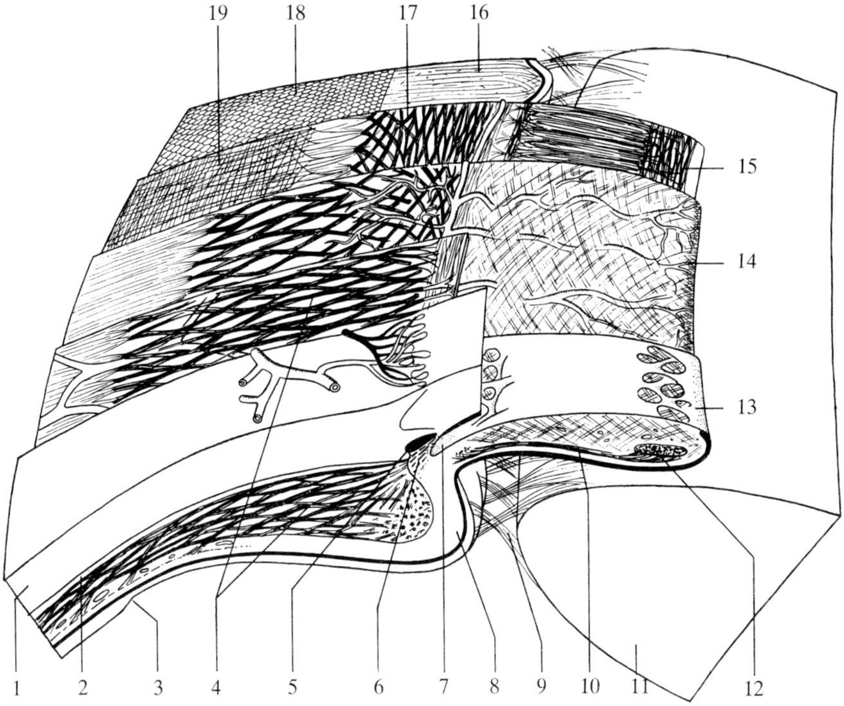

Abb. 128. Konstruktiver Bau von Ziliarmuskel und Iris. 1 = Sklera; 2 = Suprachoroidea; 3 = Ora serrata; 4 = meridionale Portion des Ziliarmuskels; 5 = Schlemmscher Kanal; 6 = Trab. corneosclerale; 7 = Kammerwinkel; 8 = Ziliarfortsätze; 9 = Zonulaapparat; 10 = M. dilatator pupillae; 11 = Linse; 12 = M. sphincter pupillae; 13 = Irisvorderblatt; 14 = Gefäßbindegewebsblatt der Iris; 15 = Pigmentmuskelblatt der Iris; 16 = bindegewebige Grundplatte im Bereich der Ziliarfortsätze; 17 = zirkuläre Muskelportion; 18 = Pigmentepithel der Retina; 19 = elastische Membranen der Aderhaut (Teil der Bruchschen Membran).

Analysiert man die konstruktive Bauweise dieses Muskels, so ergibt sich, daß dieser ein regelmäßiges Fasergeflecht darstellt, in dem die Verflechtungswinkel der Muskelbündel von außen nach innen kontinuierlich größer werden (Abb. 128). Bei der Kontraktion lagern sich die retikulären Muskelbündel in zirkuläre um. Mit steigender Kontraktionskraft werden damit vorne-innen zunehmend mehr zirkuläre Fasergruppen aus dem System »herausgespalten«. Eine kräftige zirkuläre Portion ist also ein Ausdruck starker akkommodativer Leistungen. Sie tritt nur bei Tieren mit größerer Akkommodationsbreite auf, vor allem bei den Primaten.

Linse. Die Akkommodationsbewegung des Ziliarkörpers bliebe aber funktionell bedeutungslos, würde sie nicht eine Änderung der Brechkraft der Linse hervorrufen. Die Linse entwickelt sich aus dem embryonalen Linsenbläschen und ist damit ein rein epitheliales Organ (vgl. S. 201). Das von einem einschichtigen Epithel gebildete embryonale Linsenbläschen ist zunächst hohl. Nun verlängern sich aber die hinteren Zellen zu langgestreckten, stäbchenartigen Fasern, den *Linsenzellen,* die sich von dorsal in den Hohlraum vorschieben und diesen allmählich ganz ausfüllen (Abb. 129a). Vom Lumen bleibt später nur noch ein schmaler Spalt übrig (Abb. 129b). Während sich äquatorial immer neue Linsenfasern an die zentrale Masse anschichten, bewahren die Zellen vorne ihren epithelialen Charakter und sorgen durch mitotische Teilungen für den Zellnachschub über den äquatorialen Rand hinweg. Die Linsenfasern sind anfangs alle gleich lang. Schließlich reichen sie jedoch nicht mehr ganz vom vorderen bis zum hinteren Pol,

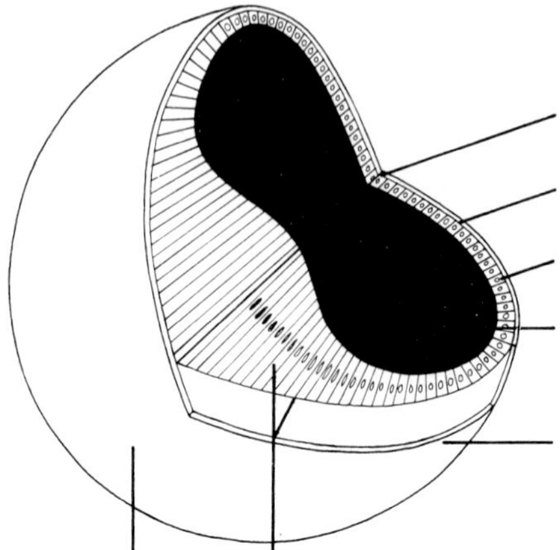

a

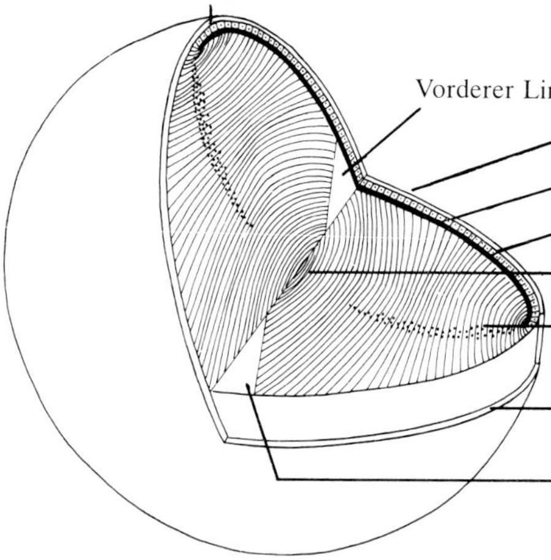

b

Abb. 129. a–b) Zwei Stadien der Linsendifferenzierung (B.).
a) An der Hinterwand des embryonalen Linsenbläschens bilden sich durch Verlängerung der hinteren Epithelzellen die Linsenfasern und verdrängen zunehmend das Lumen.
b) Späteres Stadium. Das Lumen ist bis auf einen Spalt verschwunden. Embryonaler Linsenkern und Anlagen der Linsensterne sind erkennbar.

so daß zentral Zwischenräume auftreten, in die sich Kittsubstanz einlagert. Die dadurch gebildeten Kittlinien setzen sich schließlich bis an die Linsenoberfläche fort, wo sie als *Linsensterne* in Erscheinung treten. Die Linsensterne haben embryonal Y-förmige Gestalt, werden aber postnatal bald vielstrahlig. Eine Linsenfaser, die vorn im Zentrum eines Linsensternes ansetzt, erreicht hinten die Spitze eines Schenkels, d.h. die vorne längsten Fasern sind hinten am kürzesten und umgekehrt (Abb. 130). So können alle Fasern einer Schicht gleich lang sein. Es entsteht eine sehr regelmäßige Architektur, die

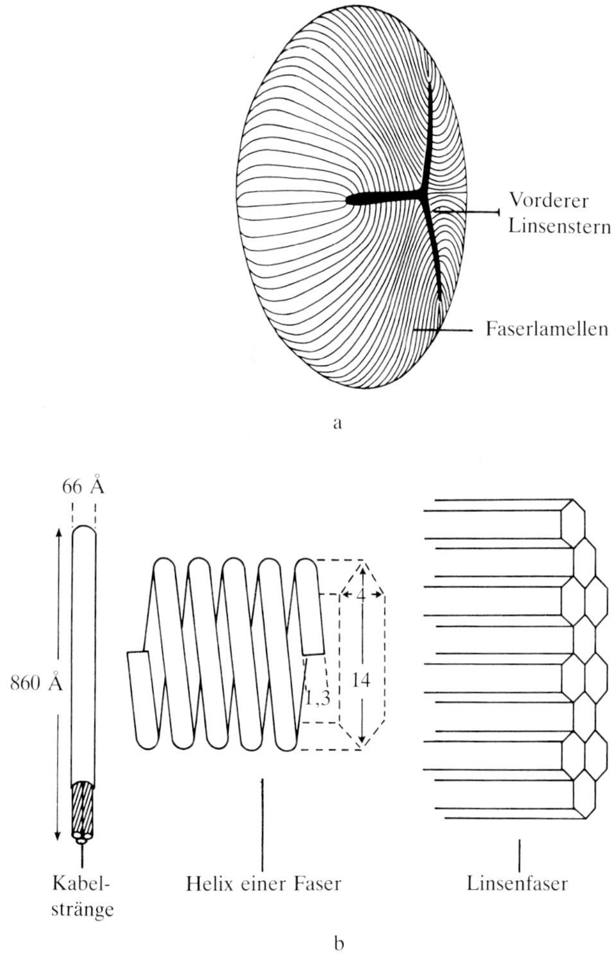

Abb. 130. a–b) Struktureller Aufbau der Linse (nach H. THIELE u. A. WOLLMER).
a) Anordnung der Linsenfasern in der erwachsenen menschlichen Linse (Schema).
b) Elementare Strukturelemente der Linsenfasern. *Rechts:* Linsenfasern; *links:* in steigender Vergrößerung die Bauelemente einer Linsenfaser. Jede Faser besteht aus einer rechtsgängigen α-Helix (mittleres Bild), die aus 3 × 7 Kabelsträngen (linkes Bild) aufgebaut ist. Abmessungen der Helix in μm, der Einzelkabel in Å.

die morphologische Voraussetzung für das hohe Lichtbrechungsvermögen der Linse ist. Da das ganze Leben hindurch vom Linsenäquator aus neue Linsenfasern gebildet werden, verdickt sich die Linse kontinuierlich. Dieser Zuwachs wird jedoch teilweise durch eine Schrumpfung der zentralen Teile wieder ausgeglichen. Außerdem verlangsamt sich die Anschichtung neuer Lamellen mit zunehmendem Alter stark. Diese ständige Dickenzunahme der Linse kann im Alter zur Linsentrübung führen (Katarakt, Altersstar oder grauer Star).

Die beim Erwachsenen in einer muldenförmigen Vertiefung des Glaskörpers (Fossa patellaris) gelegene bikonvexe Linse besitzt durch die stäbchenartig gebogenen Linsenfasern eine große Elastizität und Verformbarkeit. Die Linsenoberflächen beschreiben keine Kugelflächen, sondern Abschnitte von Rotationsellipsoiden. Die hintere Fläche ist etwas stärker gewölbt als die vordere.

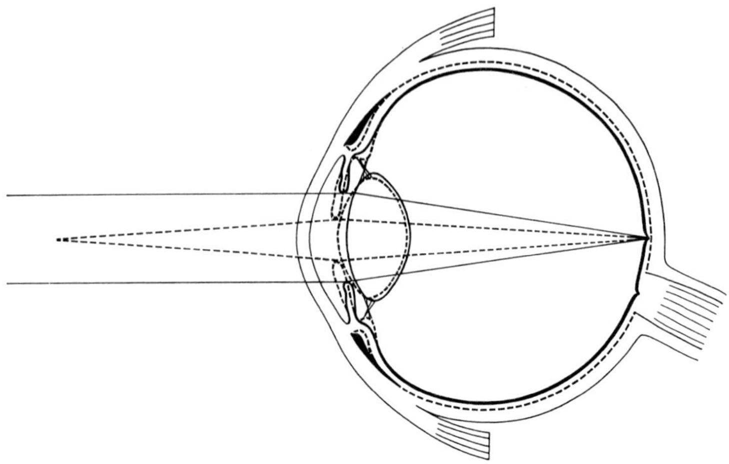

Abb. 131. Mechanismus der Akkommodation beim Menschen (modifiziert nach BENNINGHOFF). Ausgezogene Linien = Ferneinstellung des Auges (Desakkommodation); gestrichelte Linien = Akkommodation (Zunahme der Linsenkrümmung, Pupillenverengerung, Bewegung des Ziliarmuskels nach vorne-innen). Der Nahpunkt liegt aus abbildungstechnischen Gründen viel zu nahe am Auge.

Die sechsseitig prismatischen *Linsenfasern*, die die zwiebelschalenartig ineinandergeschichteten Lamellen bilden, stellen nach THIELE kleine, abgeflachte, sehr regelmäßige Helixschrauben dar, die auch im molekularen Bereich jeweils wieder aus gewundenen Kabelsträngen mit rechtsgängigen Helixtouren bestehen (vgl. Abb. 130). Fasern und Epithel werden in den sehr dicken Kapselsack, in den die Zonulafasern von außen einstrahlen, eingeschlossen. Ändert sich die Spannung des Zonulaapparates, so muß sich das auf die Kapsel übertragen. Läßt z. B. die Spannung nach, drücken die Faserlamellen gegen die Linsenoberfläche, die sich stärker wölbt und dadurch die Brechkraft erhöht. Diese Flächenänderungen betreffen vor allem die Linsenvorderfläche, die damit für die Akkommodation die größere Bedeutung hat.

Zum Verständnis des **Akkommodationsvorganges** ist die Kenntnis der konstruktiven Anordnung des *Zonulaapparates* erforderlich. Die »Zonula« besteht aus feinen und gröberen Fasereinheiten, die durch eine besondere Kittsubstanz zusammengehalten werden. Von der Ora serrata bis zum hinteren Ziliarkörperbereich erscheint sie histologisch als eine relativ einheitliche Fibrillenplatte, die sich aber dann in den Ziliartälern gabelartig in einen vorderen und hinteren Strang aufteilt (Zonulagabel). Diese Stränge splittern sich linsenwärts pinselförmig auf und heften sich an der vorderen und hinteren Linsenkapsel fest. In ihrer Gesamtheit können diese Faserzüge als *»Haltefasern«* bezeichnet werden.

Von dem Haltefasersystem zweigen aber außerdem noch Faserzüge ab, die sich in Richtung der Ziliartäler aufsplittern und sich dort an den verbreiterten Grenzmembranen des Ziliarepithels anheften. Wir bezeichnen diese als *»Spannfasern«* (Abb. 132).

Ist der Ziliarmuskel entspannt und das Auge auf die Ferne eingestellt, so überträgt sich die elastische Spannung der Aderhautmembranen über die Grenzmembran des Ziliarepithels auf die Zonula. Die Haltefasern sind gespannt und die Linse wird abgeflacht (Abb. 132a). Kontrahiert sich nun der Ziliarmuskel, bildet er einen nach innen vorspringenden Wulst (»Kante«) aus, wodurch die Spannfasern nach vorne gezogen und angespannt werden. Die Spannfasern können dadurch die gesamte elastische Spannung der rückwärtigen Zonulaplatte ebenso wie auch die der anschließenden Aderhautmembranen übernehmen, so daß die vorderen Faseranteile mit der

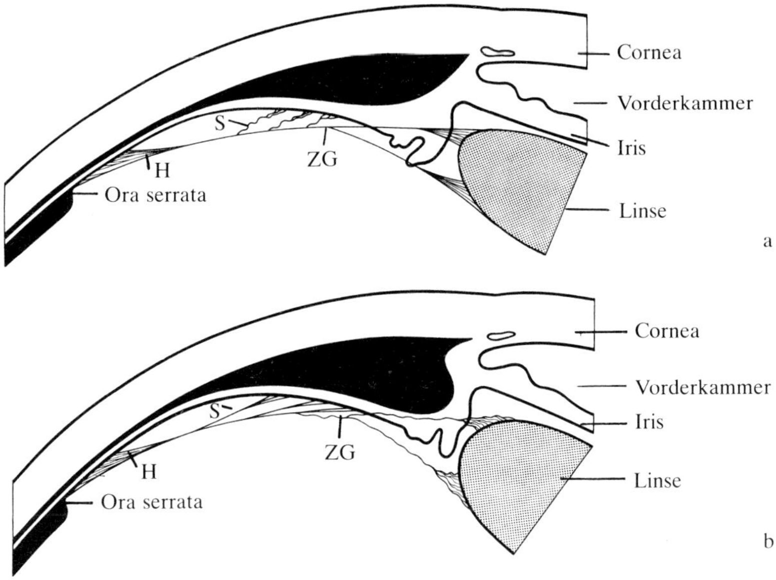

Abb. 132. a–b) Schema über die gewebsmechanischen Veränderungen in Zonula und Ziliarkörper bei der Akkommodation (nach ROHEN u. RENTSCH).
a) Desakkommodation = Haltefasern (H) und Zonulagabel (ZG) gespannt, Spannfasern (S) entspannt. Ziliarmuskel (schwarz) erschlafft. Die Linsenkapsel steht unter der Spannung der Aderhautmembranen, die sich über das Ziliarepithel auf die Haltefasern überträgt.
b) Akkommodation = Ziliarmuskel (schwarz) kontrahiert, Spannfasern (S) gespannt, Zonulagabel (ZG) entspannt. Die Kapselspannung der Linse läßt nach, die Linsenkrümmung nimmt zu.

Zonulagabel nachgeben können und die Linsenkapselspannung nachläßt (Abb. 132). Daraus resultiert dann die Zunahme der Linsenkrümmung, vor allem die der Linsenvorderfläche. Je nach Stärke der Muskelkontraktion und Verformung des Ziliarkörpers ist die Spannungsentlastung verschieden. Die Akkommodationsänderung ist also graduell abstufbar. Der Brennpunkt der Linse kann somit kontinuierlich verschoben werden, so daß sich bei jeder Entfernung des Gegenstandes jenseits des Nahpunktes die Lichtstrahlen in der Netzhautmitte schneiden können. Gleichzeitig wird in der Regel auch – aufgrund reflektorischer Regelungen – die Pupillenweite geändert und damit die Tiefenschärfe erhöht. Pupillenverengerung und Nahakkommodation gehen Hand in Hand (vgl. Abb. 131).

5. Iris (Blendenapparat)

Die Iris übernimmt die Blendenfunktion des Sehapparates. Beim Menschen kann der Pupillendurchmesser von 1,5 auf 8 mm verändert werden. Aufgabe der Iris ist es, die Beleuchtungsintensität für die Photorezeptoren in gewissen Grenzen zu limitieren und die Tiefenschärfe einzustellen. Die dazu notwendigen Gestaltveränderungen werden durch eine Muskellamelle und ein geordnetes, verstellbares Gefäßbindegewebsgerüst erzeugt. Kreisförmig um die Pupillaröffnung herum zieht der glatte *M. sphincter pupillae,* ein netzförmiges, gitterartig gebautes Muskelband, das die Pupille verengert (Abb. 133). Radiär dazu liegt der ebenfalls glatte *M. dilatator pupillae,* der flächenhaft in der hinteren Gewebsschicht der gesamten Iris ausgebreitet ist. Er hängt mit bogenförmigen Verbindungsfasern, sog. Speichenbündeln, mit dem Sphinkter zusammen und kann die Pupille erweitern. Beide zusammen bilden das Muskelblatt, das hinten vom

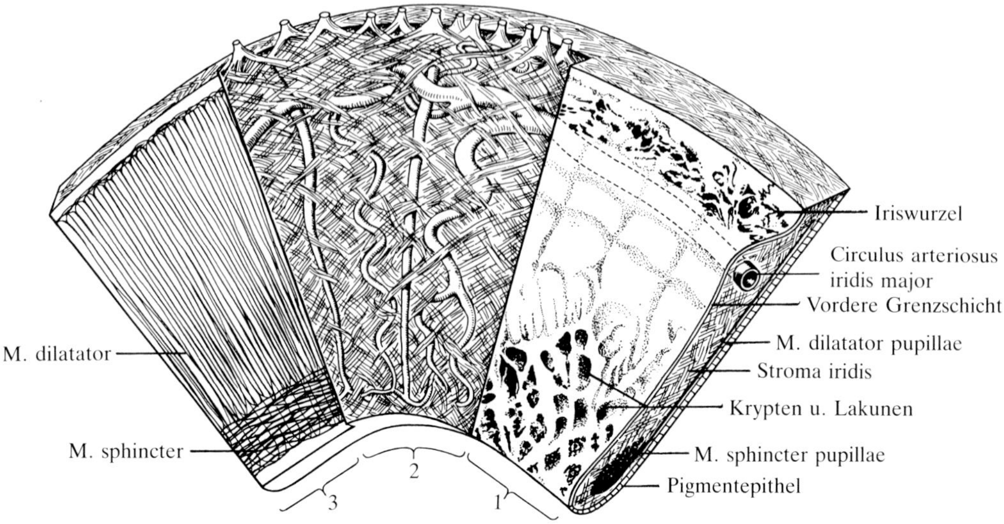

Abb. 133. Konstruktiver Bau der Iris bei Säugern mit runder Pupille. 1 = Vorderblatt; 2 = Gefäßbindegewebsblatt (Stroma); 3 = Pigmentmuskelblatt.

Pigmentepithel überzogen wird. Durch die Lücken des gitterartigen Muskelnetzes verlaufen die Bindegewebsbündel des Irisstromas. Auf diese Weise kann der Muskelzug auf das Gefäßbindegewebsblatt der Iris übertragen werden.

Bei den Irisbewegungen ergeben sich meist nur geringe Volumenänderungen, was vor allem durch eine Umordnung des *Bindegewebsgerüstes (Stroma iridis)* erreicht wird. Dieses besteht beim Menschen aus feinen retikulären Fasern, die eine sehr regelmäßige, »bogengitterartige« Anordnung besitzen. Bei Tieren mit runder Pupille ist diese Bogengitterstruktur noch viel regelmäßiger und deutlicher als beim Menschen. Die zahlreichen Blutgefäße sind in dieses kreuzende Maschenwerk systemgerecht eingelagert, d.h. die Knickungswinkel der Gefäße entsprechen den Kreuzungswinkeln des bindegewebigen *Bogengitters*. Kontrahiert sich nun der parasympathisch versorgte M. sphincter, so zieht er das Gitter mehr in eine Längsrichtung, die Winkel werden spitzer. Kontrahiert sich der sympathisch versorgte M. dilatator, so vergrößern sich die Winkel, das Gitter wird weitgestellt. Auf diese Weise kann das Gefäßbindegewebsgerüst allen Pupillareinstellungen zwanglos folgen. Die Gefäße erhalten dadurch eine wichtige mechanische Funktion. Darüber hinaus haben sie vielleicht auch eine lokale thermoregulatorische Aufgabe.

Die *Irisvorderfläche* erscheint beim Menschen häufig aufgelockert. Man erkennt schon mit bloßem Auge Vertiefungen (Poren), Spalten (Krypten) oder Löcher (Lakunen). Dieses Oberflächenmuster, das dominant autosomal vererbt wird, entsteht durch partielle Rückbildung des Irisvorderblattes einschließlich des bedeckenden Endothels. Es spielt bei der sog. Irisdiagnose eine Rolle.

Die charakteristische *Irisfärbung* kann auf zweierlei Art entstehen. Der blaue Farbton ist ein physikalisches Phänomen und hängt von der Dichte des Stromas ab. Da die schwarze Pigmenttapete als Hintergrund durch die stromale Bindegewebsschicht aufgehellt wird, ergibt sich ein Blauton, der um so tiefer erscheint, je dünner die Bindegewebsschicht ist. Bei Säuglingen ist die Iris daher in der Regel tiefblau, während sie bei Greisen milchig und hellblau erscheint, da im Alter das Bindegewebe dichter und rigider wird. Der braune Farbton kommt im Gegensatz dazu nicht durch physikalische Bedingungen zustande, sondern durch Pigmentzellen (Chromatophoren, Melanophoren usw.), die sich meist in Gruppen zusammenlagern und dadurch Pigmentflecke bilden.

Im Laufe des Lebens scheint das Pigment zuzunehmen. Die Pigmentzellen stammen entwicklungsgeschichtlich aus der Ganglienleiste des Neuralrohres (vgl. S. 11 u. 28).

Bahnen für Akkommodations- und Pupillenreflexe. Die *Pupillomotorik* dient in der Hauptsache dazu, die Belichtung der Netzhaut, die *Akkommodationsbewegung* andererseits, die Bildschärfe auf der Netzhaut konstant zu halten. Iris und Ziliarmuskulatur sind daher Effektoren eines Reflexbogens, der von entsprechenden Zellen des Mittelhirnes (Pupillenzentrum, Akkommodationszentrum) gesteuert wird und dessen afferenter Schenkel Netzhaut und Sehbahn darstellt. Das motorische Zentrum für den M. dilatator pupillae liegt im Centrum ciliospinale, das in der Seitensäule des Rückenmarks der Segmente C_8-Th_1 lokalisiert ist (Abb. 134). Die Neuriten der dem Sympathicus zuzurechnenden Neurone gelangen über die Rami communicantes albi in

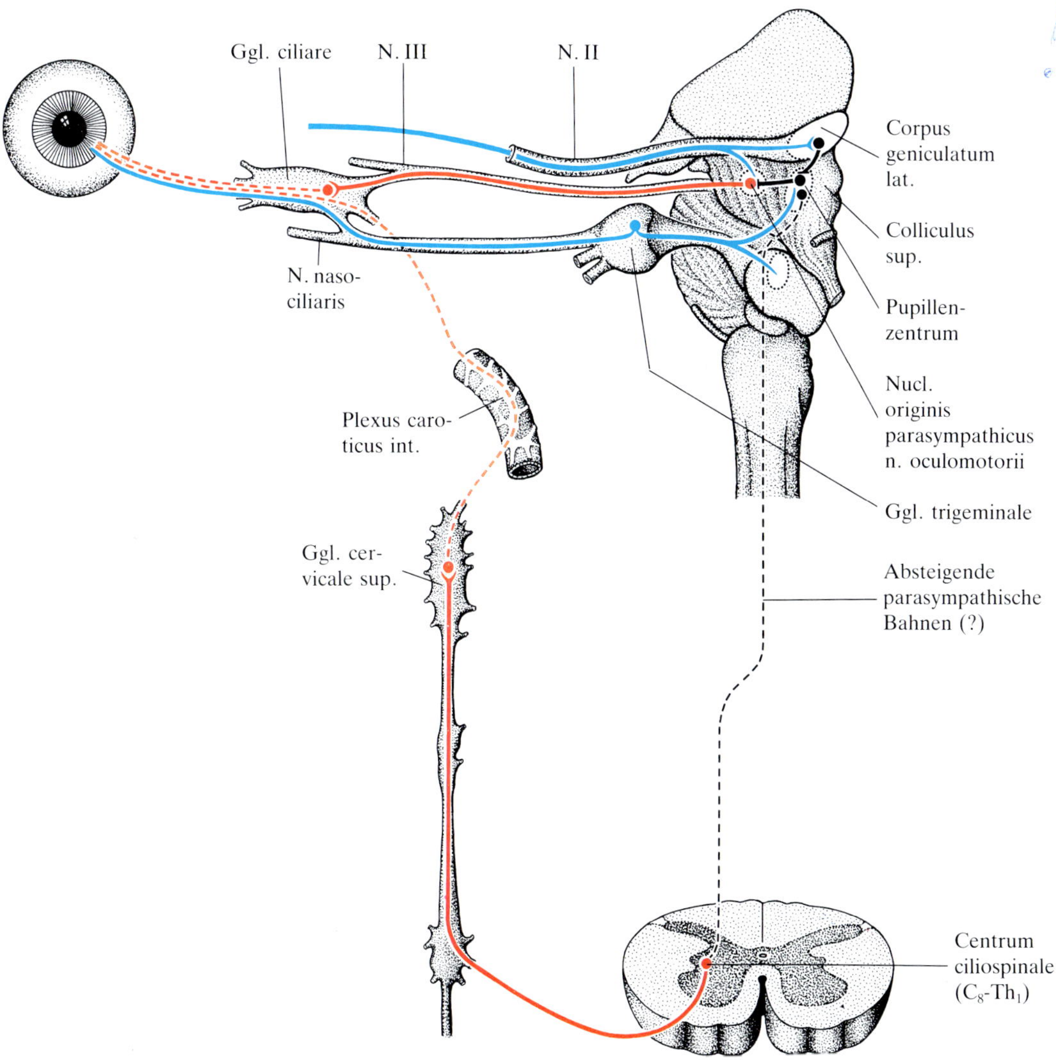

Abb. 134. Schema zur sympathischen und parasympathischen Innervation der Irismuskulatur (nach M. CLARA) (W.). Blau = afferente Bahnen; rot = efferente Bahnen.

den Grenzstrang des Halses, indem sie ohne Unterbrechung bis zum Ganglion ciliare sup. kranialwärts ziehen. Im Ganglion erfolgt die Umschaltung auf das 2. (postganglionäre) Neuron, das dann über den Plexus caroticus int. und das Ganglion ciliare (Radix sympathica) mit den Nn. ciliares post. breves, z. T. auch longi den M. dilatator pupillae in der Iris erreicht.

Der M. ciliaris und M. sphincter pupillae wird von den parasympathischen Kernen des N. oculomotorius (N. III) (Westphahl-Edingerscher Kern), die im Mittelhirn in Höhe der vorderen Vierhügel gelegen sind, versorgt. Das 1. (präganglionäre) Neuron zieht mit dem N. oculomotorius bis zum Ganglion ciliare (Radix oculomotoria), wo die Umschaltung auf das 2. Neuron erfolgt, das zusammen mit den sympathischen Fasern ebenfalls über die Nn. ciliares post. das Innere des Auges erreicht.

Die Steuerungszentren für die Pupillomotorik und die Akkommodation liegen im Dach des Mittelhirns unter den Colliculi sup., z. T. im zentralen Höhlengrau sowie prätektal, vor den Okulomotoriuskernen (Nucleus praetectalis etc.). Diese Zentren erhalten ihre Afferenzen hauptsächlich durch Kollateralen von der Sehbahn (vgl. Abb. 123 u. 126), die vor der Einmündung in das Corpus geniculatum lat. vom Tractus opticus zum Mittelhirn abzweigen, z. T. aber auch aus dem Trigeminussystem (Abb. 134). Ob vom Pupillenzentrum auch eine absteigende Bahn durch die Medulla oblongata und das Rückenmark zum Centrum ciliospinale vorhanden ist, die die Verbindung zwischen Mittelhirn und Sympathicus herstellt, ist unklar. Sicher sind Verbindungen der akkommodativen und pupillomotorischen Zentren des Mittelhirns mit der Retikularisformation des Hirnstammes vorhanden, dessen Informationen vermutlich aus der basalen, retinohypothalamischen Optikuswurzel stammen oder vom limbischen System her einfließen. Jedenfalls ändert sich die Pupillenweite bei emotionalen Reaktionen deutlich, was zeigt, daß dieses System auch die Reaktionslage des Nervensystems insgesamt widerspiegeln kann.

Die genannten Reflexe treten immer konsensuell auf, d. h. die Belichtung des einen Auges führt stets zu einer Pupillenreaktion *beider* Augen. Bei Erblindung kann gegebenenfalls die Prüfung des Pupillenreflexes Auskunft über den Sitz der Störung geben. Ist der Sehnerv unterbrochen und das Auge amaurotisch, tritt bei Belichtung keine konsensuelle Pupillenreaktion am anderen Auge auf, da vom blinden Auge keine Afferenzen zum Pupillenzentrum laufen. Umgekehrt führt aber eine Belichtung des gesunden Auges zu einer Pupillenreaktion am blinden Auge, wenn die Mittelhirnzentren noch intakt sind. Liegt die Ursache der Sehstörungen hinter dem Chiasma opticum, d. h. in den zentralen Abschnitten der Sehbahn, tritt bei Belichtung eines Auges immer auch eine konsensuelle Pupillenreaktion auf, da ja, wo immer die Störung sitzt, vom Tractus opticus aus die Afferenzen das Pupillenzentrum des Mittelhirns noch erreichen können.

6. Bewegungsapparat

Die Leistungsfähigkeit der vorhergehenden drei funktionellen Systeme wird weiter durch den Bewegungsapparat gesteigert, da dieser das »Ins-Auge-Fassen« eines Bildes ermöglicht und dadurch das Blickfeld vergrößert. Mit zunehmender Zentralisation der Retina wird die Bulbusbewegung immer wichtiger, da ja im zentralisierten Auge die einzelnen Regionen der Netzhaut ungleichwertig geworden sind. Der Bewegungsapparat dient außerdem der Kontinuität unserer Bildwahrnehmung, indem das Auge immer in die intendierte Blickrichtung bewegt wird.

Am Bewegungsapparat lassen sich aktive und passive Einrichtungen unterscheiden. Zu den passiven zählen Sclera, orbitaler Fettkörper, Faszien- und Bandapparat, zu den aktiven die Augenmuskeln. Gegenüber dem sonstigen Bewegungsapparat des Organismus bestehen grundlegende Unterschiede. So fehlt uns das Muskelgefühl, obwohl Muskel- und Sehnenspindeln in den Augenmuskeln vorkommen. Auch ist kein eigentliches Gelenk vorhanden. Der orbitale Fettkörper (Corpus adiposum orbitae) dient als »Gelenkpfanne«, der Bulbus als Gelenkkopf. Der Augapfel gleitet in einem schmalen, flüssigkeitsgefüllten Spalt (Tenonscher Spalt) wie in einem Kugelgelenk. Ein weiterer Unterschied liegt darin, daß das Auge als Kugel den richtenden Einflüssen der Schwerkraft gegenüber weitgehend indifferent ist. Stellt man sich in Richtung der Blicklinie eine wirkliche Gliedmaße vor, mit ihrem ganzen Gewicht und Umfang, so müßte für deren Bewegung ein mächtiger Muskel- und Skelettapparat ausgebildet werden. Zahlreiche Beuger und Strecker, Ab- und Adduktoren sowie Innen- und Außenrotatoren wären notwendig. Am Auge sind zwar alle diese Muskeln im Prinzip differenziert, jedoch nur in ihrer einfachsten, man könnte auch sagen, idealen Gestalt. Durch die relative Schwerelosigkeit des Systems genügen 3 Muskelpaare zur Durchführung aller denkbaren Bewegungen. Als Skelett funktioniert die äußere Augenhaut (Sclera und Cornea), an der die Augenmuskeln ansetzen, als Gelenkpfanne die knöcherne Augenhöhle (Orbita) mit dem zugehörigen Fettkörper.

Die **Sclera** besteht aus einem straffen, kollagen-elastischen Bindegewebe, das in Lamellen gegliedert ist. Diese Lamellen durchflechten sich wie bei einem Ballonnetz in meridionaler und äquatorialer Richtung, wobei in den einzelnen Schichten bestimmte Faserrichtungen vorherrschen (Abb. 135). Im *Limbusbereich* dominieren zirkuläre Fasertouren, in die die Sehnen der geraden Augenmuskeln einstrahlen. Am Sehnervenkopf ist die Sclera siebartig durchlöchert, um die Optikusfasern durchtreten zu lassen *(Lamina cribrosa)*.

Im Bereich der *Cornea* wird das Fasergerüst, obwohl es ebenfalls in Lamellen geordnet und sehr reich an kollagenen Fasern ist, transparent. Elastische Fasern fehlen im Hornhautstroma ganz. Die Transparenz beruht darauf, daß die kollagenen Faserbündel außerordentlich regelmäßig angeordnet und in eine mukoproteidreiche Kittsubstanz eingelagert sind, die den gleichen Brechungsindex hat wie die Fasern selbst. Im Gegensatz zur Sclera ist die Hornhaut gefäßlos; sie wird aber beiderseits von einer Epithel- bzw. Endothellamelle überzogen, die durch aktive Transportprozesse die ständige Entwässerung des Stromas bewirken. Daher gehört die Cornea funktionell mehr zum Lid- und Tränenapparat (vgl. S. 235).

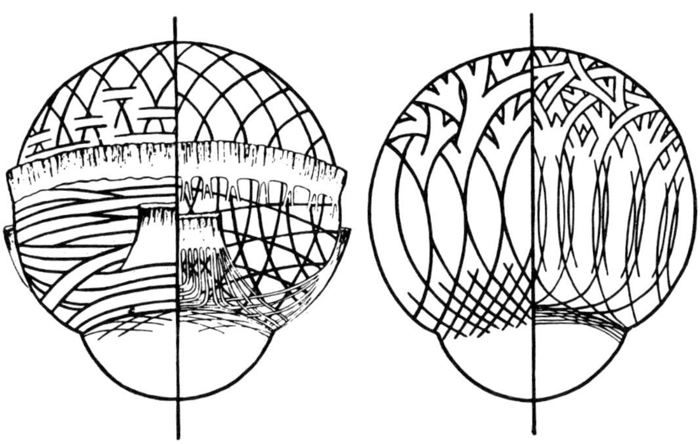

Abb. 135. Konstruktiver Bau der äußeren Augenhaut (Sclera) in vier aufeinanderfolgenden Schichten. Links die Struktur der äußeren (oberflächlichen), rechts der inneren (tieferen) Lamellen (nach Befunden am Rind von BECHER).

Augenmuskulatur

Alle Augenmuskeln mit Ausnahme des M. obliquus inf. entspringen in der Tiefe der Orbita vom Zinnschen Sehnenring *(Anulus tendineus communis)*, der den Canalis opticus mit dem Sehnerven sowie den medialen Bereich der Fissura orbitalis superior umfaßt (Abb. 136). Sie formieren sich in der Orbita zu einem pyramidenförmigen Muskelkegel, der durch Faszien ergänzt wird und den orbitalen Fettkörper einschließt. Oben, unten, lateral und medial ordnen sich die vier geraden Augenmuskeln *(Mm. recti)* an, deren Sehnen breitflächig am Limbus ansetzen. Hinzu kommen zwei schräge Augenmuskeln. Der obere schräge Augenmuskel *(M. obliquus superior)* entspringt zwar ebenfalls von dem gemeinsamen Sehnenring und zieht aber dann mit einer langen, rundlichen Sehne schräg nach vorn bis zur Trochlea, einer am oberen, medialen Orbitarand befestigten, bindegewebigen Schlaufe, von wo er dann scharf nach hinten umbiegend in die Sclera des hinteren, äußeren Bulbusquadranten ausstrahlt. Die Trochlea wirkt bei dieser Anordnung wie ein Hypomochlion. Der untere schräge Augenmuskel *(M. obliquus inferior)* kommt von der medialen Orbitawand, unterhalb der Fossa lacrimalis, umgreift den Bulbus von unten und setzt dann ebenfalls lateral im hinteren, unteren Bulbusbereich gegenüber dem M. obliquus superior an der Sclera an (Abb. 136 u. 137).

Funktionell lassen sich somit drei Muskelgruppen unterscheiden: Horizontalmotoren (M. rectus bulbi medialis und lateralis), Vertikalmotoren (M. rectus superior und inferior) und Rotatoren (M. obliquus superior und inferior). Der Bulbus dreht sich wie in einem Kugelgelenk um drei Achsen. Die *Horizontalmotoren* ab- und adduzieren das Auge. Die *Vertikalmotoren* treten von medial schräg an den Bulbus heran und erhalten dadurch noch zusätzliche Wirkungskomponenten. Eine reine Vertikalbewegung ist nur möglich, wenn das Auge vorher um 25° nach lateral abduziert worden ist, d. h. die optische Achse mit der Muskelrichtung zusammenfällt. Der M. rectus superior hat noch

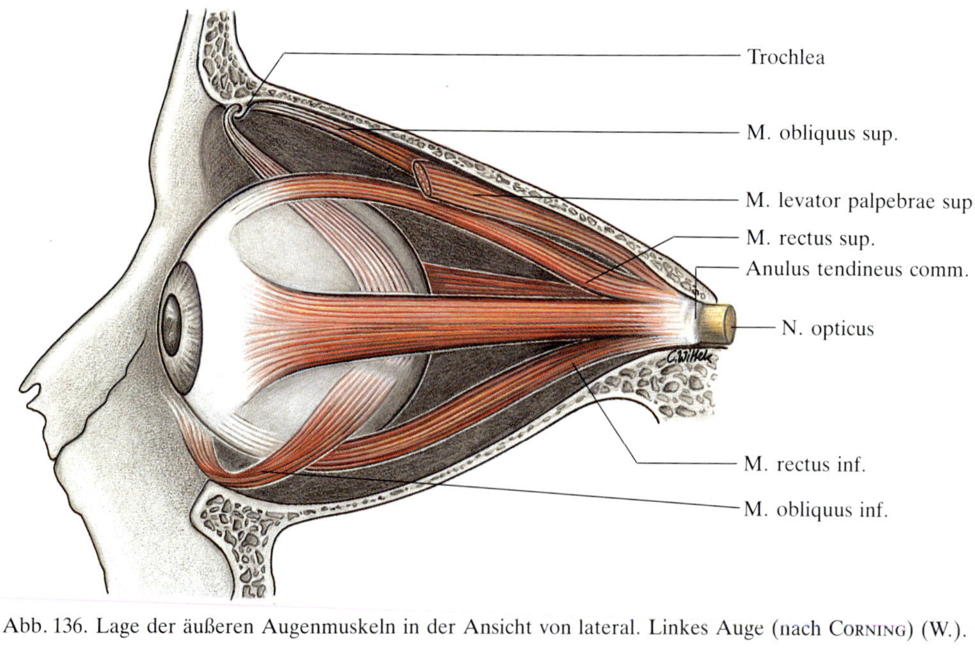

Abb. 136. Lage der äußeren Augenmuskeln in der Ansicht von lateral. Linkes Auge (nach CORNING) (W.).

eine innenrotatorische und adduzierende, der M. rectus inferior eine außenrotatorische und ebenfalls eine adduzierende Komponente. Beide Muskeln sind also im Hinblick auf die Adduktion Synergisten, im übrigen Antagonisten. Die beiden *Rotatoren (Mm. obliqui)* arbeiten im Hinblick auf die Abduktion zusammen, sind aber sonst Antagonisten. Dabei ist der M. obliquus sup. ein Senker und Innenrotator, der M. obliquus inf. ein Heber und Außenrotator. Reine Rotatoren ohne Nebenkomponenten sind diese Muskeln nur, wenn das Auge um 40–50° abduziert ist.

Da die vier geraden, nach hinten gerichteten Augenmuskeln gegenüber den zwei schrägen, nach vorne ziehenden Muskeln im Übergewicht sind, entwickeln sich zu beiden Seiten des Bulbus Haltebänder *(Retinaculum laterale und mediale),* die den Rückwärtszug der Horizontal- und Vertikalmotoren hemmen. Außerdem wirkt der Fettkörper als Widerlager. Auf diese Weise wird das Bewegungssystem des Auges in einem fein abstufbaren labilen Gleichgewicht gehalten. Kleinste Ausschläge genügen, um große Verschiebungen des Blickpunktes im Sehraum hervorzurufen. Die Augenmuskeln müssen daher höchst präzise arbeiten. So erklärt sich die auffallend reiche Innervation.

Innervation der Augenmuskulatur und Blickzentren.

Da die Führung der Augen für das »Erfassen des Bildes« im dreidimensionalen Raum von großer Bedeutung ist und nicht nur unsere Orientierung, sondern auch unser »Weltbild« ganz allgemein beeinflußt, nimmt es nicht wunder, daß die Innervation der Augenmuskulatur und deren zentrale Steuerung sehr hoch differenziert sind. Die laterale Kerngruppe des Okulomotorius gliedert sich in 5 Teile, in denen die Ursprungszellen (Motoneurone) für die 5 vom N. oculomotorius versorgten Augenmuskeln liegen. Ihre Axone sind z. T. gekreuzt, z. T. ungekreuzt oder beides (vgl. Abb. 138) und stehen über das mediale Längsbündel (Tractus longitudinalis med., Schützsches Bündel) wiederum untereinander in Verbindung. Die Fasern des N. trochlearis, die zum M.

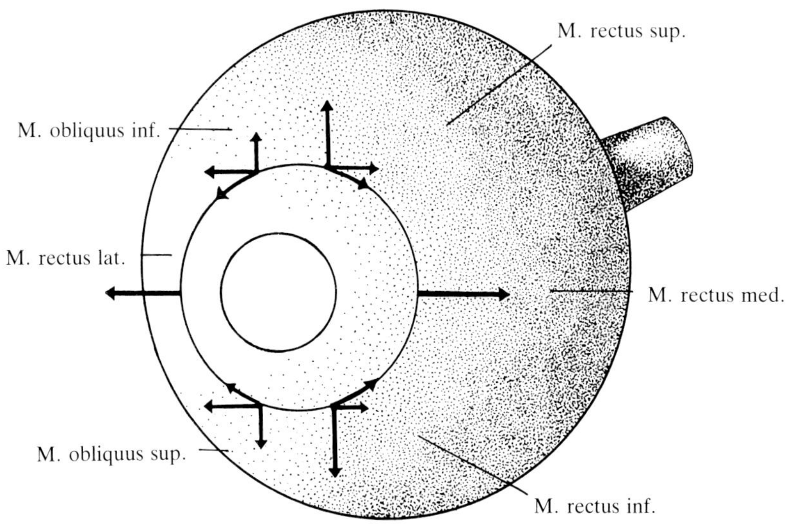

Abb. 137. Schema über die Wirkung der äußeren Augenmuskeln auf die Blicklinie des Augapfels. Die Pfeile geben die Richtung und durch ihre Länge auch die Kraft an, mit der die verschiedenen Muskeln auf den Bulbus einwirken.

obliquus sup. ziehen, sind immer gekreuzt, die des N. abducens (für den M. rectus lat.) immer ungekreuzt (Abb. 138).

Die lokale Koordination aller motorischen Kerngruppen für die Augenmuskulatur kommt durch den Tractus longitudinalis med. zustande, der vom Nucleus interstitialis im Mittelhirn ausgeht. Das sog. *pontine Blickzentrum*, das in der Formatio reticularis der Haube zu suchen ist, steuert die Motorik der Augenmuskulatur und koordiniert vor allem auch die Bewegungen beider Seiten, so daß die beiden Bilder fusionieren.

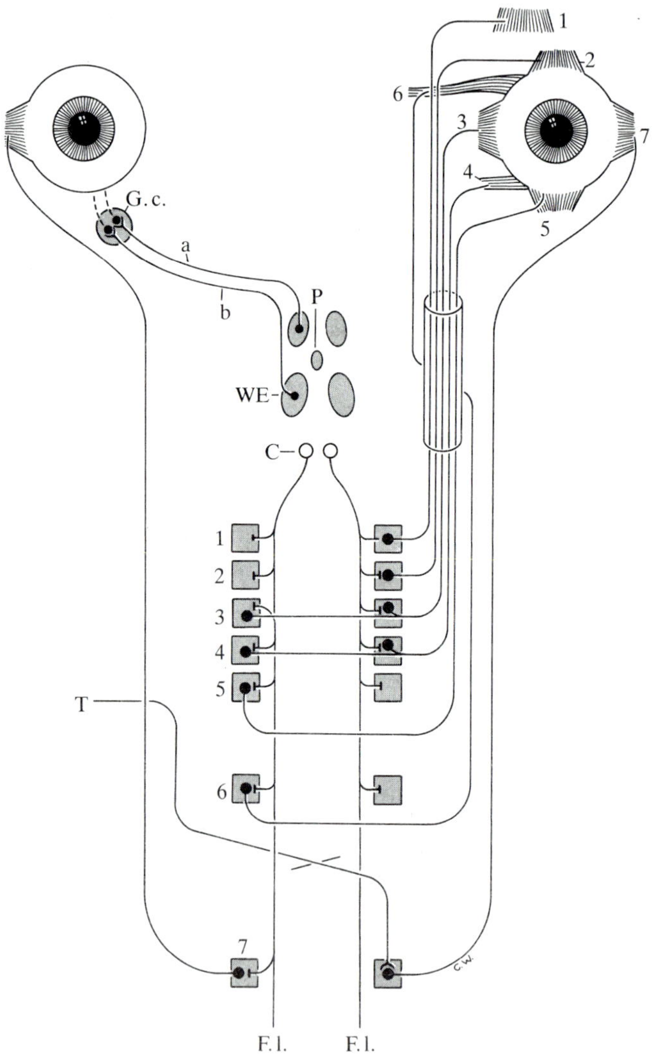

Abb. 138. Schema über die Innervation der Augenmuskulatur (nach M. Clara).
a = Parasympathische Innervation für M. sphincter pupillae.
b = Parasympathische Innervation für M. ciliaris.
Okulomotoriuskerne (somatomot.): 1 = für M. levator palpebrae sup.; 2 = für M. rectus sup.; 3= für M. rectus med.; 4 = für M. obliquus inf.; 5 = für M. rectus inf.
Trochleariskern: 6 = für M. obliquus sup.
Abduzenskern: 7 = für M. rectus lat.; C = Nucl. interstitialis (Cajal); F. 1. = Fasciculus longitudinalis med.; G. c. = Ganglion ciliare; P = Perliascher Kern; T = Tr. corticonuclearis (Verbindungen mit den kortikalen Blickzentren); WE = Westphal-Edingerscher Kern.

Blickbewegungen, die in Zusammenhang mit den höheren Hirnfunktionen stehen, werden vom *parietalen Blickzentrum* intendiert. Dieses liegt im Gyrus supramarginalis des Parietallappens, der den Sulcus lat. hinten umgreift und verarbeitet auch die für das Lesen, Zeichenerfassen und Schreiben notwendigen optischen Afferenzen. Ein 3. »Blickzentrum« findet sich schließlich im Frontallappen, und zwar im Bereich der prämotorischen Felder vor dem Gyrus praecentralis (Area 6 und 8), in den sekundären Rindenfeldern des Frontallappens, die den primär motorischen Zentren des Gyrus praecentralis für die Augenmuskulatur unmittelbar vorgeschaltet sind. Wir müssen uns vorstellen, daß die übergeordneten Intentionen für das Sehenwollen ganz allgemein, das Suchen, Aufsuchen, Sichhinwenden zu einem vorher noch nicht vom Auge erfaßten Objekt mit der Funktion dieser Rindenabschnitte zu tun haben.

Alle kortikal-motorischen Systeme müssen aber wiederum, wie auch bei der Sensomotorik, in die elementaren Systeme des Hirnstammes eingreifen, um ihre »Programme« durchzusetzen. Die α- und γ-Motoneurone der motorischen Hirnnervenkerne der Augenmuskelnerven sind damit auch hier wieder die gemeinsame Endstrecke für alle übergeordneten Systeme (Abb. 138). Daß auch das vegetative Nervensystem sowie das limbische System über die Bahnen der Retikularisformation in die Augenmotorik eingreifen können, ist lange bekannt. Die im Traum auftretenden REM-Bewegungen, die die jeweilige emotionale Lage des Körpers widerspiegeln, sind erst neuerdings genauer erforscht worden (weitere Hinweise s. S. 315).

7. Lid- und Tränenapparat

Der Lidapparat hat die Aufgabe, das Sehorgan mechanisch zu schützen (Lider) und durch Befeuchtung mit Tränenflüssigkeit die Hornhaut durchsichtig zu erhalten. Er versieht den Dienst eines Pförtners, der den Sehapparat zur Umwelt in Beziehung setzen kann. Das Auge liegt zwar an der Oberfläche, kann aber im Gegensatz zum Ohr durch die Lider, die als spezialisierte Hautfalten aufzufassen sind, jederzeit von störenden Lichtreizen abgeschlossen werden. Die Innenseite dieser Hautfalten wird von einer speziellen Schleimhaut, der *Bindehaut* oder *Conjunctiva,* überzogen. Der Bindehautsack ist in den vier Quadranten unterschiedlich tief. Er wird durch die Tränendrüse, die sich aus dem Konjunktivalepithel lateral oben ausstülpt und als eine größere Drüse unter dem lateralen Orbitadach liegt, ständig befeuchtet. Die Befeuchtung des Auges mit Tränenflüssigkeit ist ein wichtiger biologischer Vorgang, der die Hydrationsverhältnisse in der Hornhaut wesentlich mitbestimmt. Ohne den Lid- und Tränenapparat würde die Cornea austrocknen und trüb werden. Die Struktur des Muskel-, Drüsen- und Bindegewebsapparates der Lider läßt sich zwanglos aus dieser übergeordneten Funktion verstehen.

Die **Cornea** zeigt einen ausgesprochenen Schichtenbau. Der Hauptteil der Cornea *(Stroma corneae)* besteht aus Lamellen kollagener Faserbündel, die in eine Kittsubstanz, die auffallend reich an Proteoglykanen ist, eingebettet sind. Zwischensubstanz und Fasern sind so angeordnet und so stark entwässert, daß sie den gleichen Brechungsindex aufweisen und daher transparent sind. Außen wird das Stroma von einem mehrschichtigen Plattenepithel, der Fortsetzung des Bindehautepithels, innen von einem einschichtigen Endothel bedeckt. Das Hornhautendothel liegt einer relativ dicken, basalmembranartigen, homogenen Schicht (Descemetsche Membran) auf und stellt die für die Entwässerung des Hornhautstromas wichtigste Struktur dar. Mit Hilfe seiner Zellorganellen und Enzyme pumpt das Endothel ständig Wasser aus dem Stroma und unterhält damit dessen Durchsichtigkeit. Hören diese aktiven Zellprozesse (z. B. im Tode oder bei Erkrankungen) auf, wird die Hornhaut trüb.

Für eine ständige Befeuchtung der Hornhautoberfläche sorgt der Lid- und Tränenapparat, der aus den beiden Augenlidern mit ihren Drüsen und Muskeln, der Bindehaut (Conjunctiva), der Tränendrüse und den ableitenden Tränenwegen besteht.

Die **Lidmuskulatur** hat die Aufgabe, die Tränenflüssigkeit gleichmäßig über das Auge zu verteilen sowie den Kontakt zwischen Lid und Auge aufrechtzuerhalten. Der *M. orbicularis oculi* (Abb. 139), eine Differenzierung der mimischen Muskulatur in der Umgebung des Auges, besteht aus drei Portionen, einer *Pars orbitalis* (in der Umgebung der Lider), einer *Pars palpebralis* (innerhalb der Augenlider selbst) und einer *Pars lacrimalis* (im Bereich des Lidrandes, sog. Hornerscher Muskel). Die lakrimale Portion spannt sich nahe den Lidrändern wie ein Bogen vom medialen Orbitarand (Crista lacrimalis posterior) bis zur lateralen Orbitawand, wo drei verschiedene Lidbänder differenziert sind. Medial sind die Orbikularisfasern am Lig. palpebrale mediale befestigt (Abb. 140). Der Muskelbogen der lakrimalen Portion zieht die Lidränder nach innen und drückt sie an die Hornhaut an. Die dachziegelartige Anordnung der Orbikularisfasern sowie der Einbau in das besonders regelmäßig geordnete Gitternetz der Bindegewebsfasern sind wichtige Voraussetzungen für die gewebsmechanischen Verformungen der Augenlider bei der Funktion.

Als Lidöffner funktioniert im Oberlid ein eigener Muskel, der mit dem M. rectus superior zusammen vom Zinnschen Sehnenkranz entspringt und fächerartig in die Lidhaut ausstrahlt, der quergestreife *M. levator palpebrae superioris* (Abb. 139). Er wird unterstützt durch den glatten *M. tarsalis superior,* der in der Wurzel des Oberlides liegt.

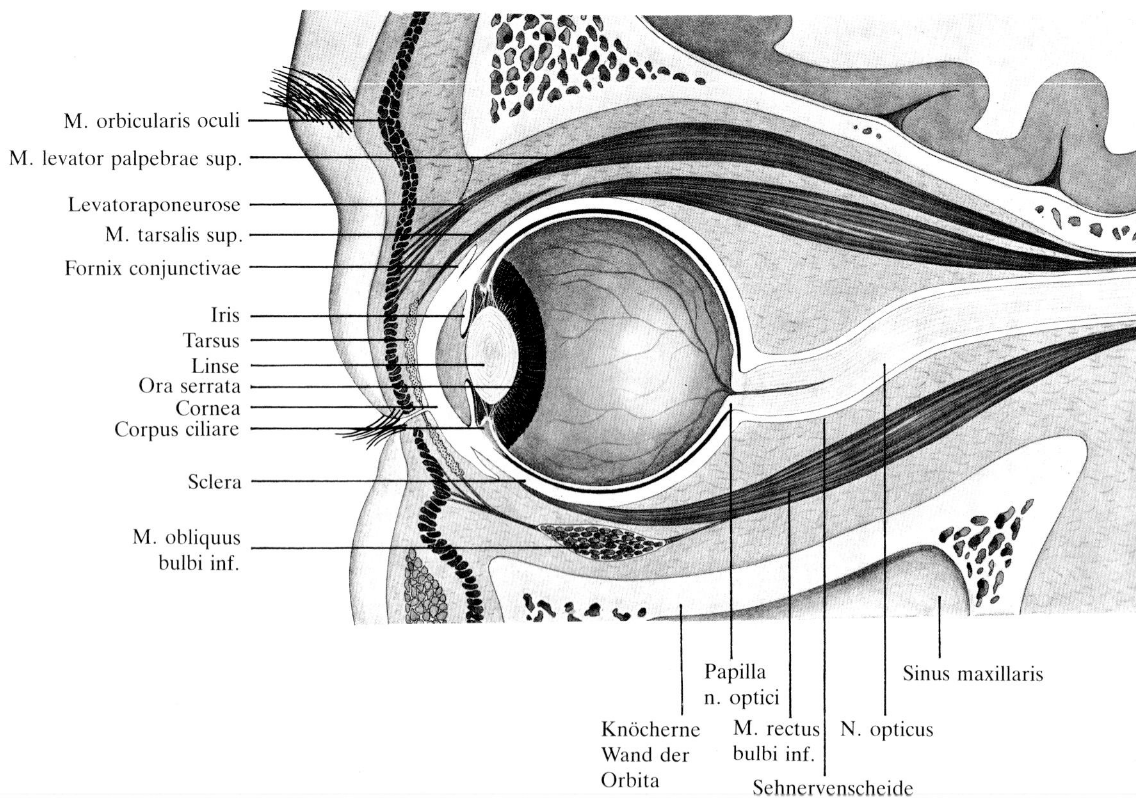

Abb. 139. Medianschnitt durch das Auge mit Augenmuskeln und Lidapparat in der knöchernen Augenhöhle.

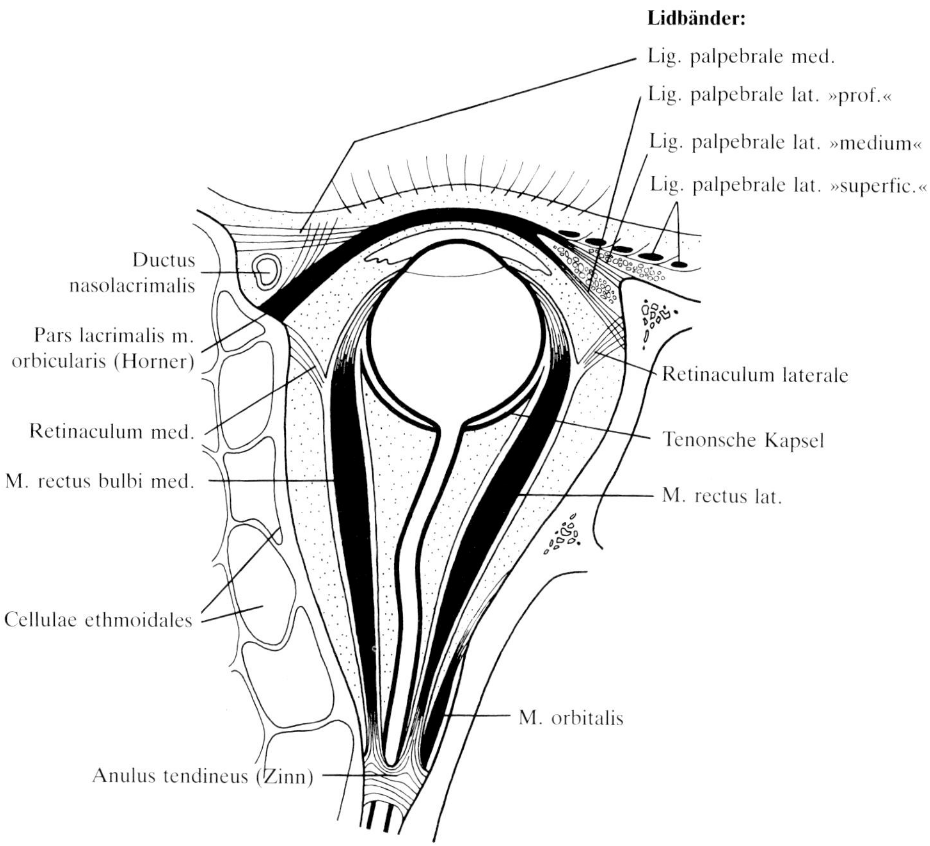

Abb. 140. Horizontalschnitt durch die Orbita, um die funktionellen Beziehungen zwischen Augenmuskulatur und Lidapparat deutlich zu machen.

Ein entsprechender, quergestreifter Lidsenker existiert im Unterlid nicht, da abzweigende Sehnenfasern des M. rectus inferior die nur geringen Senkbewegungen des Unterlides mitbewältigen können. Im Unterlid ist aber andererseits ein glatter *M. tarsalis inferior* vorhanden, der zusammen mit dem M. tarsalis sup. durch tonische Kontraktionen die Grundeinstellung des Lidspaltes garantiert. Als Versteifung und »Skelett« der Augenlider dienen die Tarsalplatten der Augenlider, an denen sich auch die Tarsalmuskeln befestigen. Sie bestehen aus einem dichten Bindegewebsfilz, der die zahlreichen großen Talgdrüsen der Augenlider (Meibomsche Drüsen) umgibt. Die Bezeichnung Lidknorpel wird der histologischen Struktur nicht gerecht, denn Knorpelgewebe ist nicht vorhanden.

Die Tränenflüssigkeit wird von der *Tränendrüse* produziert, die von der Aponeurose des M. levator palpebrae in zwei Portionen, eine obere und untere Drüse, geteilt wird. Mehrere Ausführungsgänge (3–6) durchsetzen die Aponeurose und münden mit denen der unteren Drüsenportionen zusammen in den Bindehautsack ein *(Fornix conjunctivae)*. Die Tränenflüssigkeit wird dann durch die Lidschlagbewegungen von lateral-oben über das Auge verteilt und schließlich nach medial zu den tränenableitenden Wegen transportiert. Medial wird vom Lidapparat ein kleiner Raum ausgespart, wo die rötliche Konjunktivalschleimhaut als *Caruncula lacrimalis* sichtbar wird und meist etwas Tränenflüssigkeit vorhanden ist *(Lacus lacrimalis)*. Medial liegen auch die Tränenpünktchen

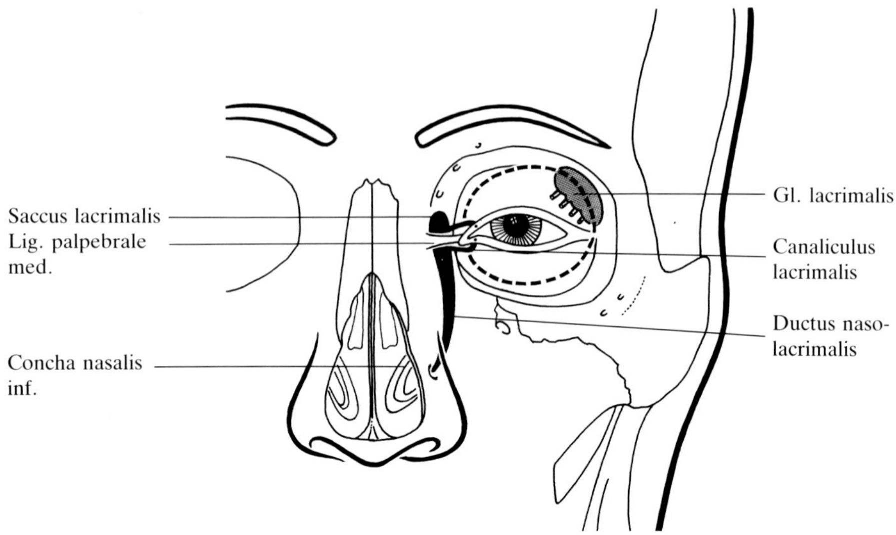

Abb. 141. Topographische Anordnung des Lid- und Tränenapparates beim Menschen. Schwarz = tränenableitende Wege (W.).

(Puncta lacrimalia), kleine, schlitzförmige Öffnungen der *ableitenden Tränenkanälchen (Canaliculi lacrimales)*. An den beiden Tränenkanälchen kann jeweils ein kürzerer vertikaler und ein längerer horizontaler Schenkel unterschieden werden (Abb. 141). Beide sind von Muskelfasern umgeben, die aus der Hornerschen Portion des M. orbicularis stammen. Beim Lidschluß kippen die Tränenpünktchen etwas nach innen und tauchen in den Tränensee ein. Die Muskulatur der Tränenkanälchen wirkt als Saug- und Druckpumpe, so daß die Tränenflüssigkeit aktiv aus dem Tränensee abtransportiert werden kann. Von den Kanälchen gelangt die Flüssigkeit dann in den Tränensack *(Saecus lacrimalis)*, der unmittelbar unter dem medialen Lidwinkel liegt, und anschließend in den Tränennasengang *(Ductus nasolacrimalis)*, der unter der unteren Nasenmuschel mündet. Bei seelischen Erregungen kann eine vermehrte Tränensekretion zunächst durch mehrfache Lidbewegungen noch bewältigt und zur Nasenhöhle abgeleitet werden (man zieht das Taschentuch), bis dann schließlich doch der Konjunktivalsack überläuft.

8. Glaskörper und Kammerwasserzirkulation

Die genannten fünf funktionellen Systeme werden durch übergeordnete, dem Gesamtorganismus zugehörige Systeme zu einer Einheit zusammengefaßt und funktionell koordiniert. Diese Aufgabe übernehmen Gefäß-, Nerven- und Flüssigkeitssystem des Auges. Über die Gefäßversorgung ist schon gesprochen worden (s. S. 207). Der nervöse Apparat sorgt z. B. dafür, daß der Lidschlag mit der Augenbewegung oder die Akkommodation mit der Pupillenmotorik funktionell gekoppelt wird. Nervöse Koordinationen existieren auch zwischen Netzhaut und Lidapparat, was schon beim »spontanen Lidschlag« zu beobachten ist. Wie man leicht an sich selbst feststellen kann, wird jede größere Kopfbewegung von einem Lidschlag begleitet, wodurch das für die Perzeption ohnehin tote Intervall rezeptorisch ausgeschaltet und einem optisch ausgelösten Schwindel entgegengewirkt wird. Diese wenigen Beispiele zeigen, wie die geschilderten funktionellen Systeme durch die nervösen Versorgungssysteme zu einer arbeitsfähigen und sinnvollen Organganzheit zusammengeschlossen werden.

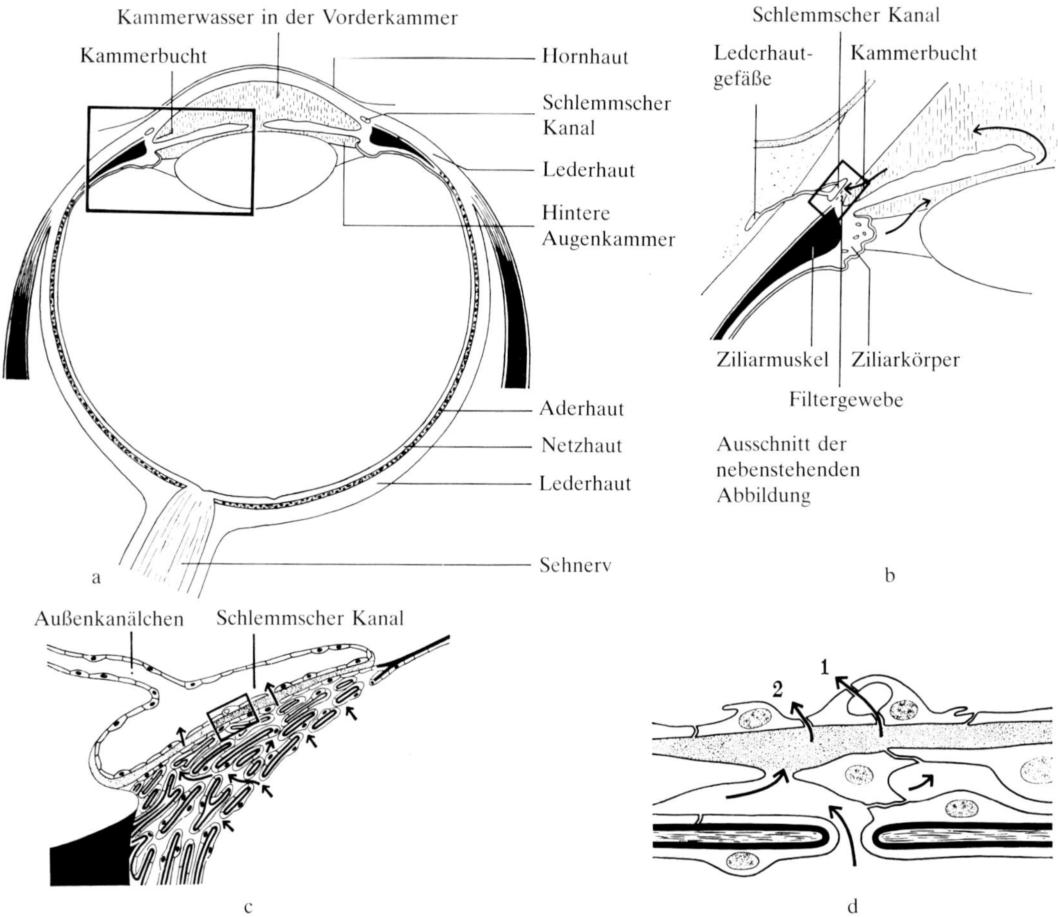

Abb. 142. a–d). Schematische Darstellung der Kammerwasserzirkulation. Stufenweise Vergrößerungen entsprechend den markierten Ausschnitten.
a) Übersicht. Die mit Kammerwasser gefüllten Teile des vorderen Auges sind gestrichelt.
b) Kammerwinkelregion. Die Pfeile deuten die Stromrichtung des Kammerwassers an.
c) Aufbau des Filtergewebes (Trabeculum corneosclerale) nach elektronenmikroskopischen Befunden [Ausschnittvergrößerung aus (b)]. Die Pfeile deuten den Weg des Kammerwassers an.
d) Ultrastruktur der Innenwand des Schlemmschen Kanals, durch die das Kammerwasser hindurchfiltriert wird [Ausschnittvergrößerung aus (c)]. Die Passage erfolgt entweder durch intraendotheliale Mikrokanälchen bzw. Poren (1) oder durch interendotheliale Zellücken (2).

Da das Sehorgan keinen eigenen Lymphapparat besitzt, muß zur Konstanterhaltung des intraokularen Druckes (normal 14–20 mm Hg) ein besonderes Flüssigkeitssystem ausgebildet werden. Hierzu gehören der Glaskörper und die mit Kammerwasser gefüllten Hohlräume des Augapfels.

Der **Glaskörper** ist eine organisierte, von einer Membran umgebene Gallerte, die ein hydrophiles Gel, das zu 98–99% aus Wasser besteht, darstellt. Dieses Wasser ist nicht frei, sondern an Eiweiß (Vitrein) und Glykosaminoglykane, in der Hauptsache Hyaluronsäure, gebunden. Diese Stoffe geben dem Glaskörper eine gewisse Festigkeit, ohne die Transparenz zu gefährden. Es kommen im Glaskörper auch feinste Fibrillen (sog. Gelkörperfibrillen) sowie vereinzelt gröbere kollagene Fasern vor. In der Rindenzone verdichtet sich das Fasergerüst etwas.

Das **Kammerwasser** *(Humor aquosus)* wird von den Ziliarfortsätzen mit seinen zahlreichen Gefäßen produziert, wahrscheinlich unter aktiver Beteiligung der beiden Epithelschichten. Es gelangt dann in die Augenhinterkammer und zwischen Zonula und Linsenvorderfläche hindurch zur Pupille (Abb. 142). Von hier strömt es in die Augenvorderkammer ein. In der Kammerbucht wird es schließlich durch das Maschenwerk des Trabekelwerkes [*Trabeculum corneosclerale* (Abb. 142c)] in den ringförmigen *Schlemmschen Kanal (Sinus venosus sclerae)* abfiltriert, der durch zahlreiche Außenkanälchen (etwa 26–32) mit den intra- und episkleralen Gefäßen in Verbindung steht. Durch sie fließt das Kammerwasser letztlich wieder ins Blut zurück. Der Einstrom der wasserklaren Flüssigkeit in die episkleralen Blutgefäße läßt sich auch am lebenden Auge beobachten *(Kammerwasservenen)*. Bei der Kammerwasserzirkulation beträgt das Minutenvolumen nach den Berechnungen von GOLDMANN rund 2,2 µl/min, das sind durchschnittlich 1,7–2% des Vorderkammervolumens (BÁRÁNY). Der intraokulare Druck hängt nicht nur von der Sekretionsrate, sondern auch vom Abflußwiderstand an der Innenwand des Schlemmschen Kanals ab. Verdichtet sich das trabekuläre Filtergewebe, so kann der Abflußwiderstand steigen. Die resultierende intraokulare Drucksteigerung kann zu einer Netzhautschädigung und damit zu einer Erblindung führen (*Glaukom* oder grüner Star). Sekretion und Filtration müssen also funktionell aufeinander abgestimmt sein, um die Konstanz des intraokularen Druckes zu gewährleisten.

Daneben erfüllt das Kammerwasser aber auch noch eine andere wichtige Aufgabe, nämlich die Ernährung der gefäßlosen bradytrophen Gewebe des Auges, insbesondere der Linse. Vermutlich hat das epitheliale Linsengewebe einen relativ hohen Stoffwechsel. Für die nutritiven Austauschvorgänge steht nur die Kammerwasserzirkulation zur Verfügung. Allgemeine Stoffwechselstörungen, wie z. B. Diabetes, können sich auf die Zusammensetzung des Kammerwassers auswirken und spezifische Linsentrübungen hervorrufen. Erfolgen diese während der Wachstumsperiode, so prägen sie sich den entsprechenden Schichten der Linse ein (vgl. S. 224). Der Augenarzt vermag also gegebenenfalls in vivo aus dem Linsenbild Zeitpunkt und Art abgelaufener Allgemeinerkrankungen zu erschließen.

V. Auditives System

In der Welt der Sinne nimmt das auditive System einen hohen Rang ein. Während die optischen Wahrnehmungen nur die Oberfläche der Gegenstände betreffen, dringt das Gehör tiefer in die Natur der Wahrnehmungsobjekte ein. Vor allem ist das Hören die unumgängliche Voraussetzung für die sprachliche Kommunikation zwischen den Menschen. Früh Ertaubte verlieren wegen der mangelnden akustischen Kontrolle vielfach nicht nur die Sprache, sondern auch ihr Denk- und Assoziationsvermögen, da der größte Teil der sensorischen Anregungen für das Denken aus den Laut- und Sprachäußerungen stammt. Während Blinde häufig übersensibel und in ihrer Denk- und Intelligenzsphäre »überwach« sind, »verdummen« in vielen Fällen die Ertaubten, besonders die Taubstummen, da ihnen die wichtigste Quelle für den Informationsaustausch, die gedanklichen Inhalte der Sprache, fehlen.

Die auditiven Rezeptoren befinden sich in der Schnecke des Innenohres, das oben im Zusammenhang mit dem Vestibularisapparat bereits kurz geschildert wurde (vgl. S. 121). Von dem im Felsenbein des Os temporale eingeschlossenen Sinnesorgan gehen die Erregungen über den Höranteil des VIII. Hirnnerven (Pars cochlearis nervi vestibulocochlearis), der das Felsenbein durch den Meatus acusticus internus verläßt, zum Rautenhirn (Abb. 143). In der Nähe der Vestibulariskerne, am Boden der Rautengrube,

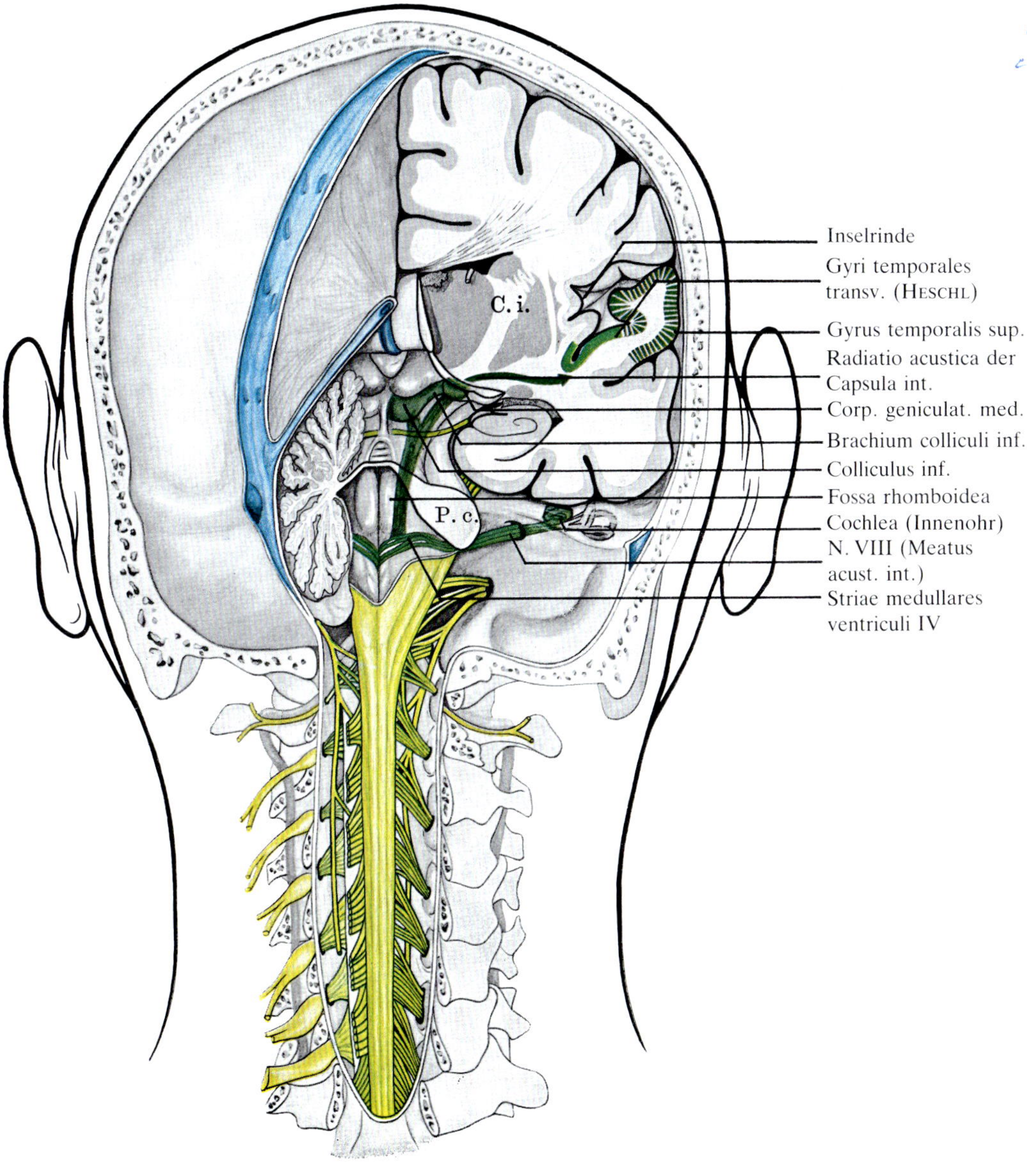

Abb. 143. Übersicht über die zum akustischen Apparat gehörenden Abschnitte des Nervensystems (grün hervorgehoben) (K.). Die rechte Kleinhirnhälfte wurde entfernt, um einen Einblick in die Rautengrube zu erhalten. Rechtes Großhirn frontal halbiert (in Anlehnung an eine Abbildung von BENNINGHOFF). C. i. = Capsula interna; P. c. = Pedunculi cerebellares.

liegen die ersten akustischen Schaltkerne, deren Neuriten zu den Kernen des Mittelhirns (Colliculus inferior), des Tegmentums und Metathalamus (Corpus geniculatum mediale) Verbindungen aufnehmen. Von diesen primären akustischen Zentren gehen Reflexschaltungen zu den extrapyramidalen und vegetativen Bahnsystemen des Mittel- und Rautenhirns. Während die oberen Vierhügel und das Corpus geniculatum laterale zum optischen System zählen, gehören die unteren Vierhügel und das Corpus geniculatum mediale zum akustischen. Die akustischen Rindenzentren liegen in der Umgebung der

Fissura lateralis cerebri (Sylvii), in der Nähe der Insel und im Temporallappen. Die akustischen Projektionsfasern benützen den hinteren Teil der inneren Kapsel und haben damit einen relativ kurzen, bogenförmigen Verlauf von den di- und mesenzephalen Zentren bis zur Rinde. Alle Bahnverbindungen zeichnen sich dadurch aus, daß sie vielneuronig und durch in die Faserzüge eingestreute Gangliengruppen kompliziert sind. Dadurch wird der auditive Apparat in seiner neuronalen Struktur komplexer als der visuelle.

Wie beim Auge wird der nervöse Apparat durch Hilfssysteme unterstützt. Diese sind aber nicht kugelschalenartig *ineinander,* sondern *hintereinander* gruppiert. Die der akustischen Perzeption zugrunde liegenden Luftschwingungen werden erst umgeformt, ehe sie von den Rezeptorzellen aufgenommen werden. Diese Aufgabe übernehmen die Organe des äußeren und mittleren Ohres. Äußeres, mittleres und inneres Ohr sind in der Transversalen hintereinander angeordnet (Abb. 147). Das äußere Ohr dient als Schallempfänger, das Mittelohr übersetzt die Luftschwingungen der Außenwelt in feine

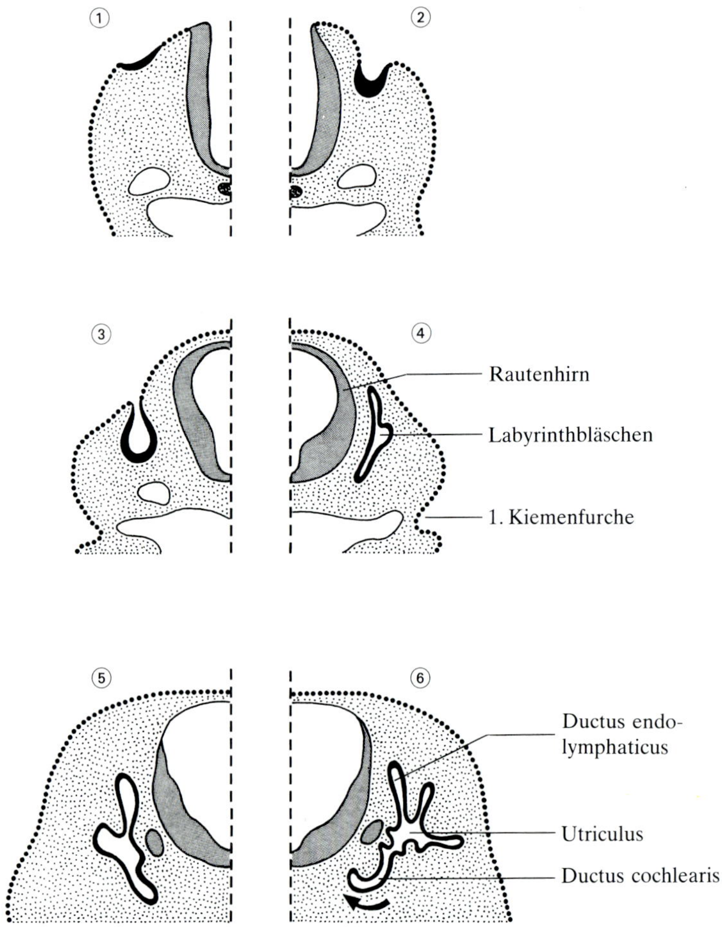

Abb. 144. a) Schemata zur Entwicklung des häutigen Labyrinths (nach CLARA). (W.). 1 = Stadium der Labyrinthplatte; 2 = Stadium der Labyrinthgrube; 3 = Stadium des Labyrinthbläschens (kurz vor der Abschnürung vom Ektoderm); 4 = Labyrinthbläschen (abgeschnürt); 5 = beginnende Gliederung des Labyrinthbläschens; 6 = Anlage der Bogengangtaschen und Auswachsen des Schneckenganges in Richtung des Pfeiles.

Flüssigkeitsbewegungen der Perilymphe des Innenohres, die dann in Endolymphschwingungen umgewandelt und schließlich vom Sinnesepithel der Schnecke in nervöse Erregungen, d. h. Rezeptorpotentiale, transformiert werden.

1. Entwicklungsgeschichtliche Vorbemerkungen

Wie bereits oben geschildert (S. 120), entstehen Gehör- und Gleichgewichtsorgan aus einer gemeinsamen Anlage, nämlich dem *Labyrinthbläschen*. In der 3. Embryonalwoche verdickt sich das Ektoderm in Höhe der Rautenhirnanlage (Labyrinthplatte), senkt sich in die Tiefe und bildet ein epitheliales Bläschen (Abb. 144a). Dieses Labyrinthbläschen differenziert sich in seinem oberen Abschnitt zu den drei Bogengängen, die mit dem Utriculus zusammenhängen (vgl. S. 121), während vom Sacculus der Schneckengang (Ductus cochlearis) auswächst, der sich zunehmend spiralig aufrollt und dadurch die Cochlea bildet. In der 4. Embryonalwoche weist der *Ductus cochlearis* bereits 1½ Windungen, im 7. Monat 2½ Windungen auf (Abb. 64). Die Verbindung mit dem Sacculus engt sich zunehmend ein und bleibt später nur noch in Form des dünnen und häufig obliterierten Ductus reuniens erhalten. Aus dem Epithel des Schneckenganges sondern sich frühzeitig Zellen ab, die den Epithelverband verlassen und zur Neuroblasten werden. Diese Neuroblasten differenzieren sich zu bipolaren Ganglienzellen, die in der Nähe des Schneckenganges liegen bleiben, aber die spiralige Wachstumsbewegung der embryonalen Schnecke noch mitmachen, so daß das aus diesen Zellen hervorgehende *Ganglion spirale* ebenfalls eine spiralige Form bekommt (Abb. 64 u. 144b). Die Neuroblasten senden einen peripheren Fortsatz aus, der sekundär wieder mit dem Epithel des Schneckengangs in Kontakt kommt und dort die Entwicklung der Sinneszellen, d. h. des Cortischen Organs induziert. Außerdem wächst ein weiterer Fortsatz dieser Neuroblasten in das Rautenhirn ein und geht mit den Neuroblasten der späteren Schaltkerne am Boden der Rautengrube (Kochleariskerne) synaptische Verbindungen ein. Aus dem umgebenden Mesenchym (genauer Mesektoderm) gehen die zunächst

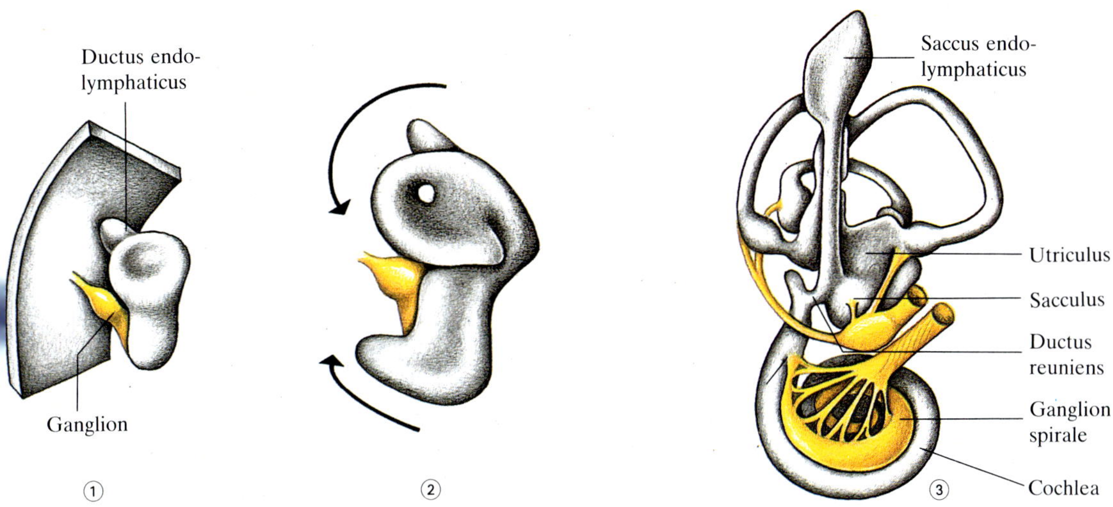

Abb. 144. b) Formentwicklung des Labyrinthorgans beim menschlichen Embryo (nach STREETER) (O.). 1 = 6,6 mm Embryo; 2 = 11 mm Embryo; 3 = 30 mm Embryo. Die Pfeile deuten die Wachstumsrichtung an. Gelb = Ganglion vestibulare; Ganglion spirale und N. vestibulocochlearis (N. VIII).

knorpelige, dann knöcherne Labyrinthkapsel sowie die das häutige Labyrinth umhüllenden Perilymphräume hervor.

Die Hilfsorgane des Gehörgangs, vor allem das Mittelohr und die Gehörknöchelchen, entstehen durch Umbildung des *Kiemenapparates.* Hammer und Amboß, deren gelenkige Verbindung stammesgeschichtlich das primäre Kiefergelenk repräsentiert, bilden sich aus dem 1. Kiemenbogen, der Steigbügel aus dem 2. Kiemenbogen (Abb. 145). Die Gehörknöchelchen sind damit Abkömmlinge des Viszeralskelettes und entwickeln sich zunächst außerhalb des Primordialkraniums am Grunde der seichten ersten Schlundtasche. Erst durch die Ausbildung des Os tympanicum, das zu einer ringförmigen Knochenspange (Anulus tympanicus) auswächst, die das Trommelfell verspannt, erhält die Paukenhöhle von außen her einen Abschluß. Dadurch erlangen die Gehörknöchelchen auch ihre spätere tiefe Lage.

Pneumatisation

Die Gehörknöchelchen mit ihren Bändern und den nur bei Säugern vorhandenen zwei Muskeln sind anfangs in ein dichtes, saftreiches, embryonales Bindegewebe eingebettet. Bevor aber die Funktion der Gehörknöchelchenbrücke als Schallübertragungsapparat einsetzen kann, muß dieses Bindegewebe rückgebildet d. h. das Mittelohr belüftet werden. Man bezeichnet diesen Vorgang, der in der Fetalentwicklung erst relativ spät einsetzt, als *Pneumatisation* (Abb. 146).

Im 8. Embryonalmonat wächst ein epithelialer Sproß von der ersten entodermalen Schlundtasche aus durch die Tube gegen das ganz mit Mesenchym ausgefüllte Mittelohr vor. Durch Verdrängung des embryonalen, saftreichen Bindegewebes weitet sich der Epithelschlauch aus und schafft dadurch luftgefüllte Hohlräume. Bis zur Geburt ist das

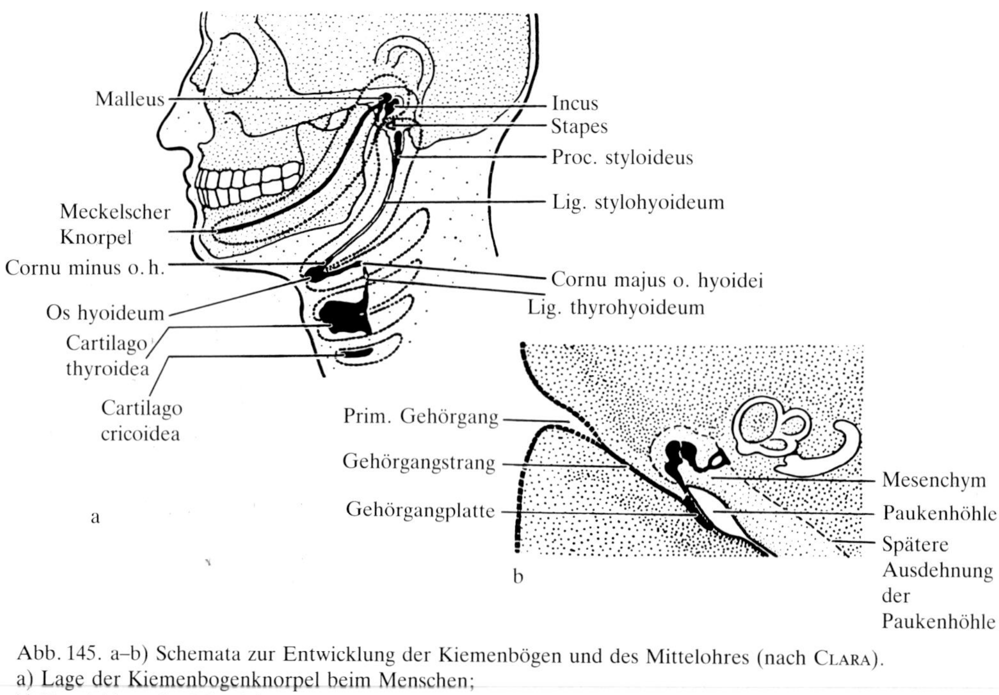

Abb. 145. a–b) Schemata zur Entwicklung der Kiemenbögen und des Mittelohres (nach Clara).
a) Lage der Kiemenbogenknorpel beim Menschen;
b) Entwicklung des Mittelohres und äußeren Ohres beim Fetus. Beginnende Pneumatisation der Paukenhöhle.

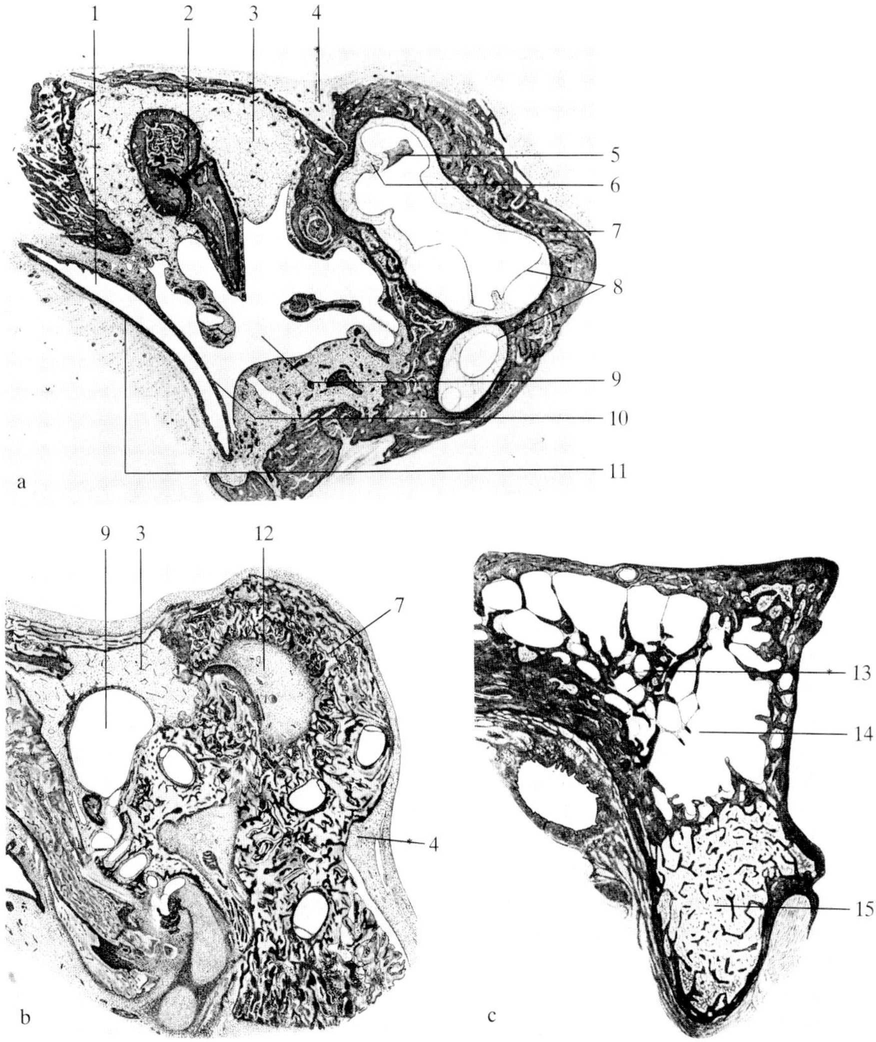

Abb. 146. Pneumatisation von Mittelohr und Warzenfortsatz beim Menschen (nach WITTMAACK).
a) 8–9 Monate alter Fetus (7× vergr.). Schnitt in Höhe des Hammer-Amboß-Gelenkes (2) hinter dem ovalen Fenster.
b) Schnitt durch das Antrum mastoideum eines Neugeborenen (7× vergr.). Vorbereitende Markumwandlung durch Einsprossung von Mesenchymgewebe ins Felsenbein (12).
c) Schnitt durch den Warzenfortsatz eines 2½jährigen Kindes (5× vergr.). Spitze des Warzenfortsatzes noch nicht vollständig pneumatisiert.
1 = äußerer Gehörgang; 2 = Hammer-Amboß-Gelenk; 3 = embryonales Bindegewebe im Rec. epitympanicus; 4 = Dura-Periost-Zapfen; 5 = Cupula; 6 = Crista ampullaris; 7 = Felsenbein; 8 = häutiges Labyrinth; 9 = pneumatisierter Mittelohrraum; 10 = Trommelfell; 11 = Epithel des äußeren Gehörganges; 12 = wucherndes Mesenchym zur Vorbereitung der Pneumatisation des Warzenfortsatzes; 13 = interstitielle Pneumatisation; 14 = Cellulae mastoideae; 15 = nicht pneumatisierter, spongiöser Knochen an der Spitze des Warzenfortsatzes.

Mittelohr weitgehend pneumatisiert. Merkwürdigerweise schreitet aber dieser Prozeß noch weiter fort und ergreift auch das angrenzende Innenohrgebiet. Die Pneumatisation vollzieht sich aber hier auf andere Weise. Zunächst beginnt das Bindegewebe proliferativ in die Markräume einzuwuchern und das Knochenmark zu verdrängen. Auch die Knochenbälkchen werden aufgelöst und dadurch größere knochenfreie Bezirke im Felsenbein geschaffen. Erst nach dieser sog. »vorbereitenden Markumwandlung«, die gegen Ende des 1. Lebensjahres einsetzt, beginnt die Schleimhaut des Mittelohres in die hinteren Felsenbeinbezirke einzuwachsen und das gewucherte Bindegewebe wiederum abzubauen. Dadurch werden auch hier lufthaltige Hohlräume geschaffen. Dieser Prozeß geht vom oberen Mittelohrraum aus (*Epitympanon,* Kuppelraum oder Atticus), und zwar von einer hinten-oben gelegenen Erweiterung, die man als Antrum mastoideum bezeichnet. Er schreitet dann nach hinten fort, gestaltet dadurch die Hohlräume des Warzenfortsatzes *(Cellulae mastoideae)* und dringt schließlich in die angrenzenden Knochenräume des Felsenbeines vor. Der Prozeß verlangsamt sich vom 2. und 3. Lebensjahr an immer mehr, so daß nur selten das gesamte Schläfenbein pneumatisiert wird. Die Intensität dieses Entwicklungsprozesses ist für die Klinik von Interesse, da bei guter Pneumatisation die Mittelohrschleimhaut in der Regel dünn ist, bei schlechter Pneumatisation aber dick und ödematös bleibt, was eine unterschiedliche Disposition zu Entzündungen mit sich bringt. Ein Röntgenbild kann also bereits bei Kindern wichtige Anhaltspunkte für die Beurteilung der Schleimhautverhältnisse liefern.

2. Äußeres Ohr und Gehörgang

Das äußere Ohr, das aus zwei Teilen besteht, der Ohrmuschel (Auricula) und dem Ohrläppchen (Lobulus), ist beim Menschen kaum noch beweglich, so daß die bei Tieren so hervorstechende Funktion des einstellbaren Schallfängers in den Hintergrund getreten ist (Abb. 147 u. 148). Die an der Ohrmuschel ansetzenden, mimischen Muskeln (M. auricularis ant., med. und post.) sind rudimentär. Die Ohrmuschel schützt den Eingang zum äußeren Gehörgang. Der kompliziert gestaltete, elastische Knorpel wird von einer schweißdrüsenfreien Haut überzogen, die dem Knorpel innen fest anhaftet, außen aber verschieblich ist. Das sehr gefäßreiche Ohrläppchen ist knorpelfrei (Möglichkeiten für Blutentnahmen und Hautbiopsien). Der durchschnittlich 24 mm lange *äußere Gehörgang* (Meatus acusticus externus) setzt sich aus einem knorpeligen und einem knöchernen Teil zusammen (Abb. 147). Der knöcherne ist etwas länger als der knorpelige und wird von der Pars tympanica des Os temporale gebildet. Im ganzen zeigt der Gehörgang einen schraubenförmigen Verlauf. Er ist zuerst etwas nach vorne-oben, dann mehr nach hinten-unten gerichtet. Durch Zug an der Ohrmuschel nach hinten-oben läßt sich diese Schraubenwindung ausgleichen und das Trommelfell, das die Grenze zwischen Mittel- und Außenohr darstellt, zu Gesicht bringen. Beim Neugeborenen ist der Gehörgang kürzer, das Trommelfell stärker geneigt und der Gehörgang in der Frontalebene noch nicht torquiert. Daher muß beim Säugling die Ohrmuschel zur Inspektion des Trommelfells nach hinten-unten gezogen werden. Im knorpeligen Abschnitt ist die Gehörgangshaut reich an Duftdrüsen sowie Schweiß- und Talgdrüsen. Zusammen mit Epidermisschuppen bilden diese Drüsen das *Ohrschmalz (Cerumen)*. Zeruminalpfröpfe können den Gehörgang verstopfen und Schwerhörigkeit verursachen. Am Eingang finden sich lange Borstenhaare (Vibrissae), die im Alter zahlreicher werden.

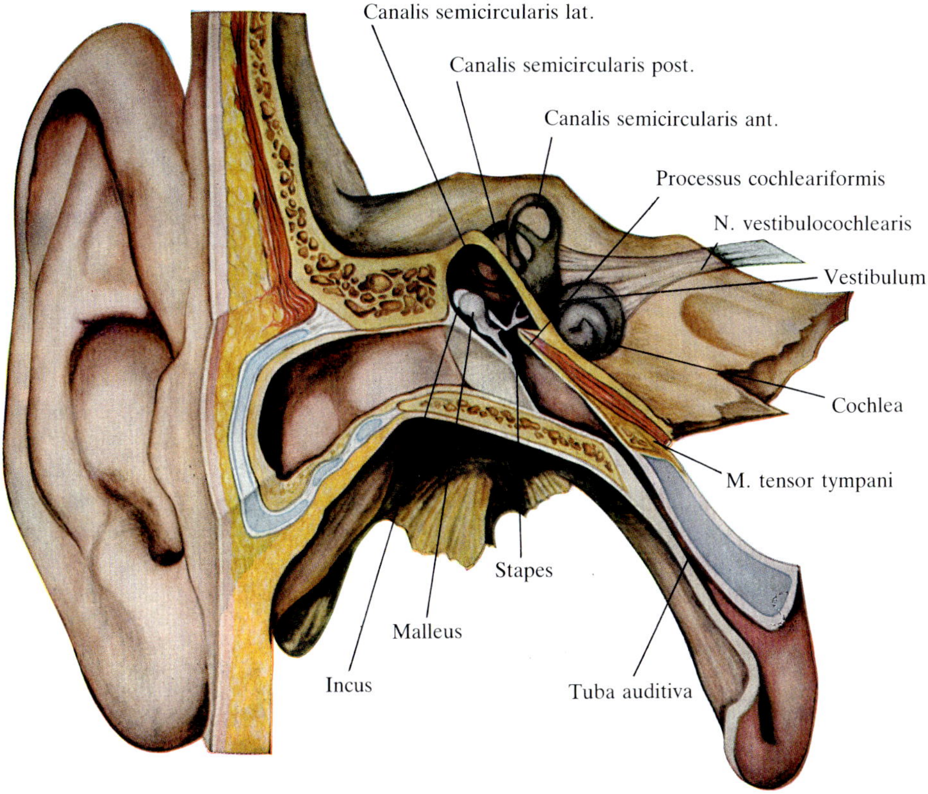

Abb. 147. Lageverhältnisse des äußeren und mittleren Ohres im Verhältnis zum Innenohr (nach BRAUS) (B.).

3. Mittelohr (Cavum tympani)

Die vom äußeren Ohr aufgenommenen Schallwellen versetzen das am Ende des Gehörganges gelegene *Trommelfell (Membrana tympani)* in Schwingungen (Abb. 148). Diese Schwingungen werden mittels der Gehörknöchelchenbrücke durch den schmalen Raum des Mittelohres hindurch zum Innenohr weitergeleitet. Das Trommelfell stellt eine äußerst dünne, gespannte Membran dar, die etwas schräg gestellt und in der Mitte trichterförmig eingezogen ist. Diese Einziehung (Umbo oder Trommelfellnabel) kommt durch den Ansatz des Hammergriffes zustande. Die Spannung des Trommelfells wird durch die Einfalzung in den knöchernen Anulus tympanicus aufrechterhalten (Pars tensa). Da dieser Ring aber an einer Stelle oben offen bleibt, entsteht ein schmaler, spannungsfreier Bezirk, die Pars flaccida.

Am **Trommelfell** unterscheidet man einen straff gespannten Abschnitt (Pars tensa), der den Hauptteil der Membran ausmacht, und einen kleinen, lockeren Membranabschnitt (Pars flaccida, Shrapnellsche Membran), der hinten-oben lokalisiert ist.

Das Trommelfell wird beidseitig von Epithel überzogen, und zwar außen von der Epidermis (Haut des äußeren Gehörganges), innen vom Respirationsepithel (Schleimhaut des Mittelohres). Diese Epithelschichten sind sehr dünn. Haare und Drüsen fehlen. Dazwischen liegt eine Faserschicht (Lamina propria), die im Bereich der Pars tensa aus einem funktionell geordneten Fasergerüst mit radiär und zirkulär verlaufenden Bündeln besteht. In der Pars flaccida gehen die geordneten Faserstrukturen allmählich in ein

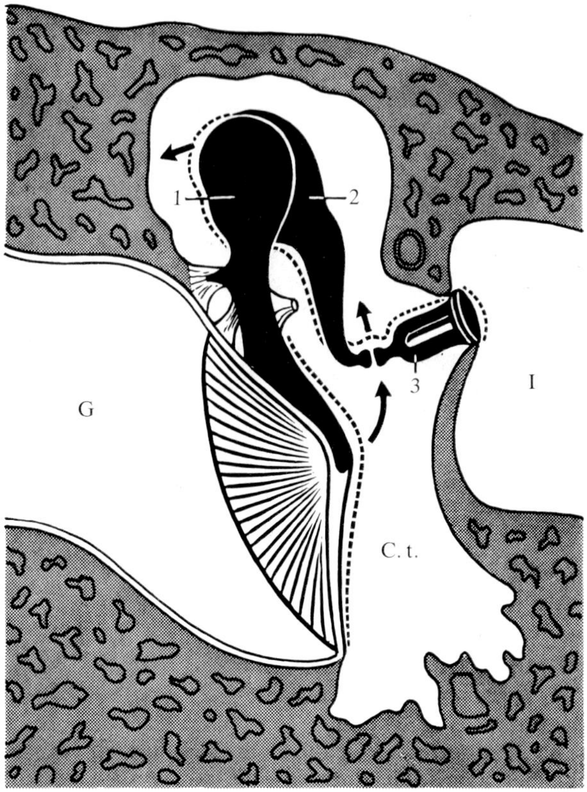

Abb. 148. Mittelohrraum mit Gehörknöchelbrücke und Trommelfell in verschiedenen Funktionsstellungen (in Anlehnung an eine Abbildung von BENNINGHOFF) (B.). Die Pfeile deuten die Richtung und Stärke der Bewegungen der Gehörknöchelchen bei der Schallwellenübertragung an. 1 = Hammer (Malleus); 2 = Amboß (Incus); 3 = Steigbügel (Stapes); C.t. = Cavum tympani; G = äußerer Gehörgang; I = Innenohr.

mehr ungeordnetes Geflecht über. Die Trommelfellschwingungen übertragen sich mittels des Hammergriffes auf die Gehörknöchelbrücke.

Beim Menschen existieren drei **Gehörknöchelchen:** Hammer *(Malleus),* Amboß *(Incus)* und Steigbügel *(Stapes).* Der Hammer hat die Form einer Keule und steht mit dem Amboßkörper in gelenkiger Verbindung. Der Amboß wiederum bildet mit seinem langen Schenkel (Crus longum) ein kleines Gelenk mit dem Steigbügelköpfchen, das mittels zweier Schenkel mit der Steigbügelplatte verbunden ist. Die Platte ist in eine kleine Öffnung der medialen Mittelohrwand eingelassen *(Foramen ovale)* und dort durch ein Ringband (Ligamentum anulare) fixiert.

Die Gehörknöchelchenkette, die stammesgeschichtlich aus dem primären Kiefergelenk hervorgeht, wird durch zahlreiche kleine Bänder an den Wänden des oberen Mittelohrraumes (Epitympanon) befestigt und gewissermaßen dadurch in der Schwebe gehalten. Die eigenartige Form der Gehörknöchelchen läßt sich funktionell erklären. Die Massenverteilung der Knochensubstanz um die jeweiligen Schwerpunkte herum mit Gewicht und Gegengewicht ist so, daß die Gelenkkette der Gehörknöchelchen nahezu schwerelos schwingen kann und äußerst fein beweglich ist (E. BÁRÁNY). Die Schwingungsfähigkeit des Reiztransportsystems der Gehörknöchelchenkette kann durch zwei quergestreifte Muskeln, die beide gefiedert sind und eine im Verhältnis zur Verkürzung große Kraft entfalten können, aktiv verändert werden. Der **M. stapedius,** der kleinste

Muskel des Körpers, der vom N. facialis (N. VII) innerviert wird, liegt in der hinteren Paukenhöhlenwand innerhalb des Knochens, dicht unterhalb des Fazialiskanals, und befestigt sich mit einer kurzen Sehne am Kopf des Steigbügels. Er kann die Stapesfußplatte im ovalen Fenster um eine senkrechte Achse etwas kippen und heraushebeln. Der **M. tensor tympani,** der vom N. trigeminus (N. V) innerviert wird, verläuft parallel mit der Ohrtrompete im vorderen Teil des Canalis musculotubarius und zieht mit seiner an der medialen Paukenhöhlenwand senkrecht umbiegenden Sehne um den Processus cochleariformis herum, quer durch das Mittelohr zum Hammergriff. Er kann den Hammergriff und damit den Trommelfellnabel einwärts ziehen, wodurch sich die Trichterform und Spannung des Trommelfells verstärken. Die Funktion der Mittelohrmuskeln ist trotz vieler Versuche immer noch nicht eindeutig geklärt. In Analogie zur Pupillarmuskulatur denkt man vor allem an eine Dämpfungsfunktion (Intensitätsabwärtsregelung), besonders bei hohen Schallintensitäten (Schutzfunktion). Aber auch die Möglichkeit einer Frequenzselektion sowie einer Verkürzung der Ausschwingvorgänge des Sprachschalles (WIGAND) seitens der Mittelohrmuskeln wird diskutiert. Bei einer Faszialislähmung, bei der der M. stapedius ausfällt, wird ein normal gesprochenes Wort als schmerzhaft laut empfunden (Hyperakusis).

Damit das Schalleitungssystem in idealer Weise schwingen kann, muß der Mittelohrraum nicht nur luftgefüllt sein, sondern auch an die Außenwelt angepaßte Druckverhältnisse aufweisen. Luft in den Binnenräumen des Körpers wird in der Regel durch die Schleimhäute rasch resorbiert. Das Mittelohr muß daher regelmäßig belüftet werden. Dies geschieht durch die Ohrtrompete (Tuba auditiva oder Eustachische Röhre). Durch diese Verbindung kann jederzeit ein druckausgleichender Luftaustausch zwischen Pharynx und Mittelohrraum stattfinden.

Die *Tuba auditiva* besteht aus einem knöchernen (⅓) und einem knorpeligen, membranösen Teil (⅔). Sie beginnt vorn am Boden der Paukenhöhle, dem sog. *Hypotympanum* oder Paukenkeller, mit dem Ostium tympanicum und verläuft dann schräg nach vorne-unten bis zum Epipharynx *(Ostium pharyngeum)*. Sie kann durch einen gebogenen Katheter von der Nase aus sondiert werden. Die seitliche untere Wand der knorpeligen Tube ist membranös verschlossen. Da die Fasern des M. tensor veli palatini an der Abschlußmembran befestigt sind, kann dieser Muskel die Membran vom Tubenknorpel abheben und so das Tubenlumen erweitern. In geringem Maße ist auch der M. levator veli palatini dazu befähigt. Die Tubenöffnung erfolgt meist unwillkürlich beim Schluckakt, so daß ein regelmäßiger Druckausgleich im Paukenraum erreicht wird. Die Tube ist mit Respirationsschleimhaut ausgekleidet. Die Bewegung der Flimmerhaare ist gegen den Rachen zu gerichtet. Vom Cavum tympani fließt daher ein ständiger Sekretstrom in den Nasenrachenraum. Entzündet sich die Tubenschleimhaut und verschließt die Tube, so kann es zum Sekretstau kommen, wodurch die Belüftung des Mittelohres mangelhaft wird. Es ergibt sich eine schmerzhafte Druckdifferenz, die gegebenenfalls das Trommelfell einreißen läßt.

Funktionelle Bedeutung des Mittelohres. Im luftgefüllten Raum des Mittelohres ist die Gehörknöchelchenkette etwa im oberen Drittel *(Mesotympanum)*, d. h. da, wo der Raum am schmalsten ist, eingefügt. Auch die Gehörknöchelchen sind von Schleimhaut überzogen, was aber die feinen, federnden Bewegungen nicht behindert. Die Fläche des Trommelfells ist größer als die des ovalen Fensters, wo die Steigbügelplatte eingefügt ist. Die Trommelfellschwingungen werden durch die Gliederkette der Gehörknöchelchen, die wie ein Winkelhebel funktioniert, in ihrer Kraft verstärkt. Wird der Hammergriff nach einwärts gedrückt, bewegt sich der Hammerkopf nach auswärts, der lange Amboßschenkel wiederum nach einwärts und die Steigbügelplatte in das ovale Fenster hinein (Abb. 148). Da bei der Gehörknöchelchenkette der längere Hebelarm jeweils auf der Schalleingangsseite liegt, muß die Amplitude der Schallwellen verkleinert werden. Durch die Verkleinerung der Amplitude und die Verstärkung der Kraft wird die Umformung der Luftschwingungen in Körperschwingungen vorbereitet und die Anpassung an die Unterschiede des Wellenwiderstandes von Luft und Wasser (Perilymphe) erreicht. Der Schallwellenwiderstand der Innenohrflüssigkeiten ist erheblich höher als der der Luft. Durch die geschilderten morphologischen Eigentümlichkeiten des Mittelohres kann also ein Teil dieses höheren Schallwellenwiderstandes kompensiert werden.

4. Innenohr

Klein und versteckt innerhalb des Felsenbeins liegt das Innenohr (Abb. 65 u. 149). Man unterscheidet ein knöchernes und ein häutiges Labyrinth. Das knöcherne Labyrinth bildet um das häutige herum eine geschlossene Kapsel, die aus einer knorpeligen Anlage hervorgeht. Der Verknöcherungsprozeß beginnt im 4. Embryonalmonat und endet mit der Geburt.

Im postnatalen Leben finden Umbauvorgänge am Felsenbein nicht mehr statt. Der Labyrinthknochen, der zu den härtesten Geweben des Körpers zählt, behält also seine spätembryonale Strukturform bei. Er muß als ein ossifiziertes embryonales Gewebe aufgefaßt werden. Während das Knochengewebe sonst überall im Körper lebhafte Umbauvorgänge und einen intensiven Stoffwechsel zeigt, ist das Knochengewebe des Felsenbeins neben seiner Härte (»Felsenbein«!) und seinem Kalkreichtum ausgesprochen arm an Stoffumsätzen.

Das *knöcherne Labyrinth* bildet ein vergröbertes Negativ des häutigen Labyrinths, dessen minuziöses und mit Endolymphe gefülltes Schlauchsystem der Knochenkapsel jedoch nicht direkt anliegt, sondern durch einen Perilymphraum von dieser getrennt wird. Die Endolymphschläuche gehen vom Vorhof (Vestibulum) aus und gliedern sich innen-oben in die drei Bogengänge und vorne-unten in die Schnecke oder Cochlea. Somit lassen sich am *häutigen Labyrinth,* wie wir bereits oben gesehen haben (s. S. 121),

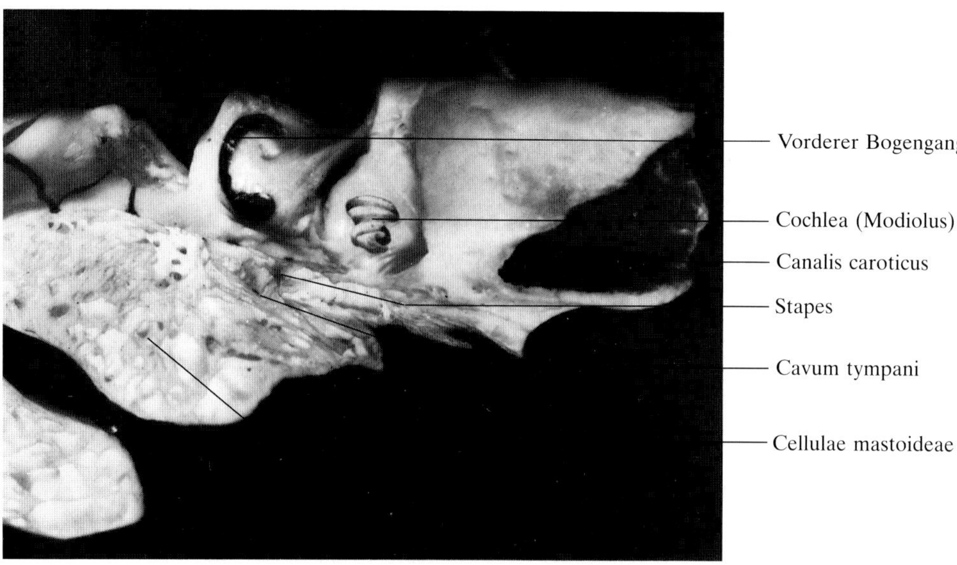

Abb. 149. Lokalisation der knöchernen Schnecke im Felsenbein (von vorne eröffnet). Mittelohr sagittal aufgesägt und aufgeklappt, Bogengänge herauspräpariert.

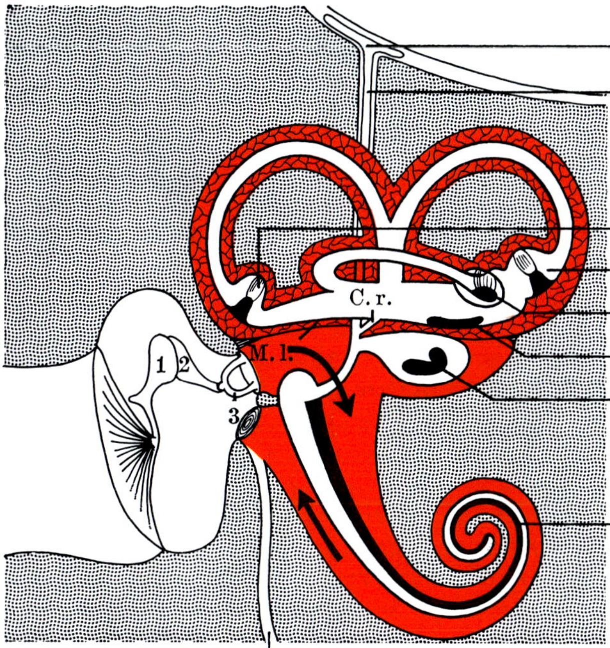

Abb. 150. Schema über die feinere Gliederung des Labyrinthorgans. Rot = Perilymphräume; weiß = Endolymphräume; schwarz hervorgehoben = Sinnesendstellen. Gehörknöchelchen: 1 = Hammer; 2 = Amboß; 3 = Steigbügel. C.r. = Canalis reuniens; M.l. = Membrana limitans.

drei Abschnitte unterscheiden: die Bogengänge (Ductus semicirculares), das Vestibulum (Utriculus und Sacculus) und der Schneckengang (Ductus cochlearis).

Während die häutigen Bogengänge durch netzförmige, den Perilymphraum durchziehende Stränge allseitig an den Wänden des knöchernen Labyrinthes aufgehängt sind, ist im Bereich der Schnecke der Perilymphraum frei von Bindegewebssträngen (Abb. 151).

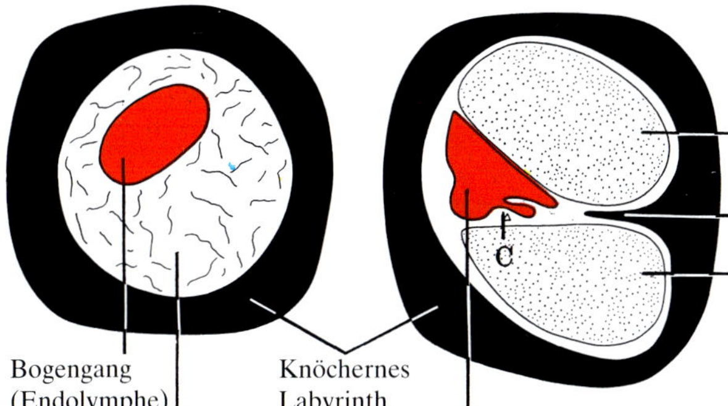

Abb. 151. Schematisierter Querschnitt durch einen Bogengang (links) und den Ductus cochlearis (rechts), um deren unterschiediche Fixation am knöchernen Labyrinth (schwarz) zu zeigen (B.). Gelb = häutiges Labyrinth (mit Endolymphe gefüllt); punktiert = Perilymphräume.

Außerdem ist der Schneckengang mit seiner lateralen Wand der Knochenwand direkt angelagert und wird dadurch keilförmig verformt. Durch eine vorspringende Knochenleiste *(Lamina spiralis ossea)* wird der Perilymphraum in eine obere Scala vestibuli und in eine untere Scala tympani geteilt (Abb. 151).

Der *häutige Schneckengang* stellt damit einen keilförmigen dreiseitigen, spiralig gewundenen Kanal dar, der nicht mehr wie die Bogengänge an allen Seiten von Perilymphe umspült wird. Die Perilymphe, die in ihrer Zusammensetzung einem Gemisch von Liquor cerebrospinalis und Blutfiltrat ähnelt, wird vom Mittelohr aus in Schwingungen versetzt, indem die Steigbügelplatte im ovalen Fenster hin- und herschwingt und ihre Bewegungen auf die Perilymphe des Vestibulums und von da auf die *Scala vestibuli überträgt* (Abb. 150). Die beim Menschen unvollständige Membrana limitans verhindert bis zu einem gewissen Grade die Ausbreitung der Schallwellen zu den Bogengängen hin, so daß sich die Flüssigkeitsbewegungen hauptsächlich im Bereich der Schnecke abspielen. Da der Perilymphraum durch den *Canaliculus cochleae* mit dem Subarachnoidalraum an der hinteren unteren Kante des Felsenbeins (Apertura ext. canaliculi cochleae) in offener Verbindung steht, wird eine lokale Drucksteigerung an den Weichteilen der Schnecke vermieden und ein Druckausgleich zum Schädelinnenraum hin erzielt. Im Alter soll dieser Gang allerdings teilweise obliterieren.

Die **Schnecke** ist außerordentlich klein (vgl. Abb. 149). Der häutige Schneckengang windet sich um eine knöcherne Schneckenspindel *(Modiolus)* herum, deren Achse nach lateral-außen zeigt und etwa parallel zum vorderen Bogengang verläuft. Er besitzt beim Menschen 2½ Windungen. Man unterscheidet eine Basal-, Mittel- und Spitzenwindung. Die Spitzenwindung erhebt sich jedoch kaum über die Mittelwindung, so daß es hier keine eigentliche Spindel mehr gibt. Der Schneckengang *(Ductus cochlearis)* endet an der Spitze des Modiolus blind. An dieser Stelle kommunizieren die beiden Perilymphgänge miteinander *(Helicotrema)*. Im Gegensatz zu den Perilymphräumen bilden die *Endolymphgänge* ein geschlossenes System. Schneidet man die Schnecke achsenparallel in der Mitte durch, so wird der spiralig gewundene Schneckengang mit den beiden angrenzenden Perilymphgängen (oben die *Scala vestibuli* und unten die *Scala tympani*) mehrmals getroffen. Die Schneckenspindel (Modiolus) besteht aus einem lockermaschigen, spongiösen Knochen, der den spiralig gedrehten Hörnerven enthält. An der Spindel springt seitlich eine dünne Knochenleiste vor, die Lamina spiralis ossea, an der die *Basilarmembran* des häutigen Schneckenganges befestigt ist. Diese trägt das eigentliche Sinnesorgan mit den Rezeptorzellen *(Organon spirale cochleae* oder *Cortisches Organ)* und befestigt sich an der gegenüberliegenden Knochenwand mit einem fächerartig ausstrahlenden Ligamentum spirale. Basilarmembran mit Cortischem Organ und *Crista spiralis* stellen die untere Wand des dreiseitigen Schneckenganges dar. Die äußere Wandung wird von der *Stria vascularis,* die obere von der *Membrana vestibularis* oder Reissnerschen Membran gebildet.

Während die Reissnersche Membran ein äußerst dünnes, gefäßloses Häutchen darstellt, ist die *Stria vascularis* mit intraepithelialen Kapillaren durchsetzt und relativ dickwandig. Im unteren Drittel buchtet sich fast immer ihre Wandung durch Einlagerung größerer Gefäße ein wenig vor *(Prominentia spiralis)*. Die Stria vascularis besitzt mehrere Zellformen, deren Struktur auf lebhafte Stoffwechselvorgänge schließen läßt. Das Striaepithel der Endolymphe und deren Bestandspotential sorgt für die Konstanterhaltung der ionalen Zusammensetzung (+80 mV). Da die Endolymphe aufgrund ihrer ionalen Zusammensetzung (Reichtum an K-Ionen!) eher mit einer intra- als einer extrazellulären Flüssigkeit verglichen werden kann, ist diese Funktion der Stria vascularis besonders wichtig. Störungen des Ionenmilieus in der Endolymphe können zu einer Funktionseinbuße der Sinnesepithelien und damit zur Ertaubung führen.

Der einschichtige Epithelüberzug der Basilarmembran (Claudiussche Zellen) wird nach der Mitte des Schneckenganges zu durch hohe zylinderförmige, lückenlos aneinandergereihte Zellen (Hensensche Zellen) ersetzt. Die dadurch entstehende Epithelverdikkung bildet die *Papilla spiralis,* in der die Sinneszellen eingeschlossen sind *(Cortisches Organ).* An die Hensenschen Zellen schließen sich sesselförmige Zellen an (Deiterssche Stützzellen), die sich aber nicht mehr lückenlos aneinanderreihen, sondern in der oberen Hälfte für die eigentlichen Rezeptorzellen, die sog. *Haarzellen,* Platz freilassen (Abb. 152). Diese sitzen daher, in Reihen geordnet, wie in den »Sesseln« der Deitersschen Stützzellen, ohne die Basilarmembran zu berühren. Ihrer Form und

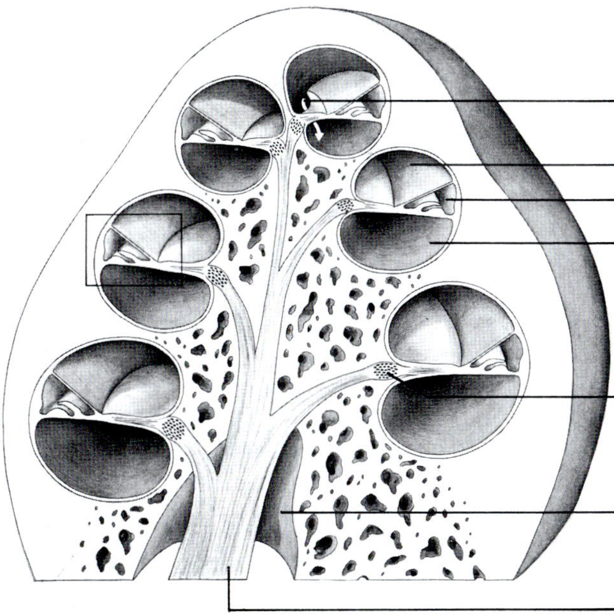

Abb. 152. a) *Schema zur Darstellung der Strukturverhältnisse des Innenohres.* Schnitt durch die Schnecke in Richtung ihrer Längsachse.

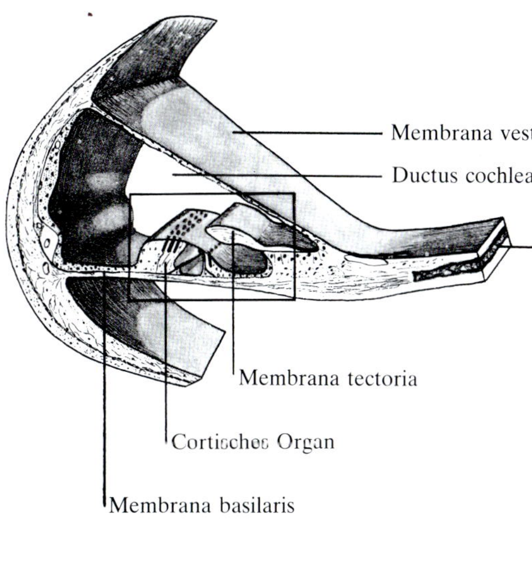

Abb. 152. b) Ausschnittvergrößerung aus Abb. 152a). Ductus cochlearis mit Cortischem Organ.

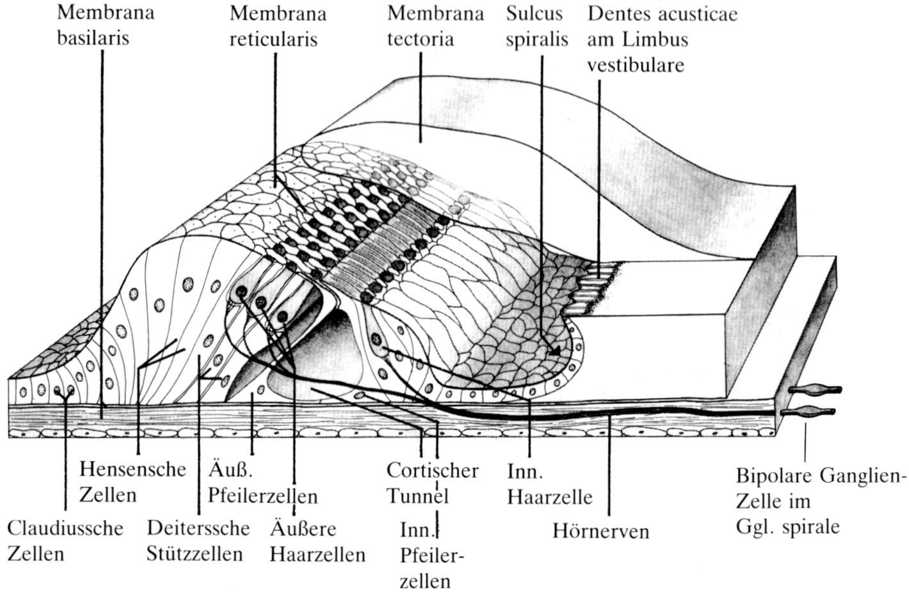

Abb. 152. c) Konstruktiver Bau des Cortischen Organs mit den inneren und äußeren Haarzellen; Ausschnittvergrößerung aus Abb. 152b.

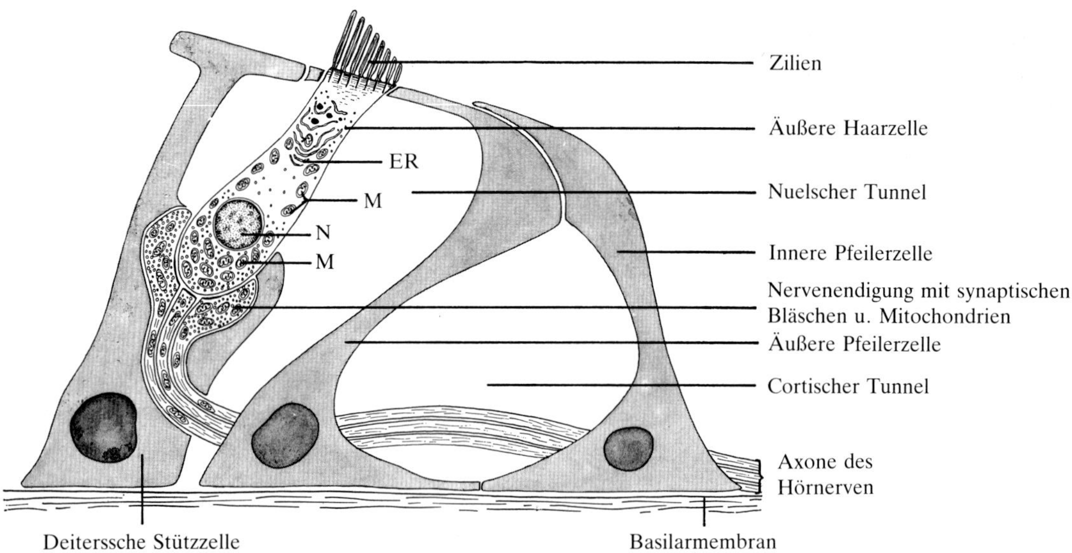

Abb. 152. d) Feinbau einer Rezeptorzelle des Cortischen Organs nach elektronenmikroskopischen Befunden. ER = endoplasmatisches Retikulum; M = Mitochondrien; N = Nucleus.

Genese nach stellen die Haarzellen sekundäre Sinneszellen dar. In der Basalwindung finden sich außen drei Reihen von Haarzellen, in der Mittel- und Spitzenwindung kommt jeweils eine 4. und 5. Reihe hinzu, so daß die Zahl der außen gelegenen Haarzellen (äußere Haarzellen) spitzenwärts zunimmt. An die äußeren Haar- und Stützzellen schließen sich weiter innen die Pfeilerzellen an, die sich zu zwei Reihen formieren, die so gegeneinander geneigt sind, daß sie mit ihren Fortsätzen gelenkartig zusammenstoßen, mit ihren Fußplatten aber auseinanderweichen und breit auf der Basilarmembran aufsitzen. Dadurch umgrenzen sie einen dreiseitigen, endolymphgefüllten Tunnel, den Cortischen oder inneren Tunnel. Die Pfeilerzellen sind durch intraepitheliale Filamente versteift. Ihre Kopfteile lassen rundliche Lücken für die erste Reihe der äußeren Haarzellen sowie für die inneren Haarzellen frei, die in allen Windungsabschnitten einreihig bleiben.

Die Kopfteile der Pfeiler- und Stützzellen verbinden sich an der Oberfläche der Papille zu einer durchlöcherten Platte *(Membrana reticularis)*, die den oberen Abschluß des Cortischen Organs bildet. In die Lücken dieser Retikularismembran sind die Haarzellen eingefügt. Da die beiden Platten der Pfeilerzellen nicht verkleben, sondern biegungsfähig sind, entsteht hier eine Beweglichkeit wie bei einem Gelenk.

Weiter innen, in Richtung auf den Modiolus zu, wird das Epithel wieder niedriger und besteht schließlich nur noch aus indifferenten, platten Zellen am Boden des *Canalis spiralis*. Dann aber verdickt sich das Epithel erneut und wird zur *Crista spiralis* (Limbus spiralis). Diese Leiste bildet zwei nach außen vorspringende spitze Kanten, das *Labium vestibulare* (oben) und das *Labium tympanicum* (unten). An der vestibulären Lippe hängt eine relativ steife, gallertige Deckmembran (Membrana tectoria), die dem Cortischen Organ aufliegt.

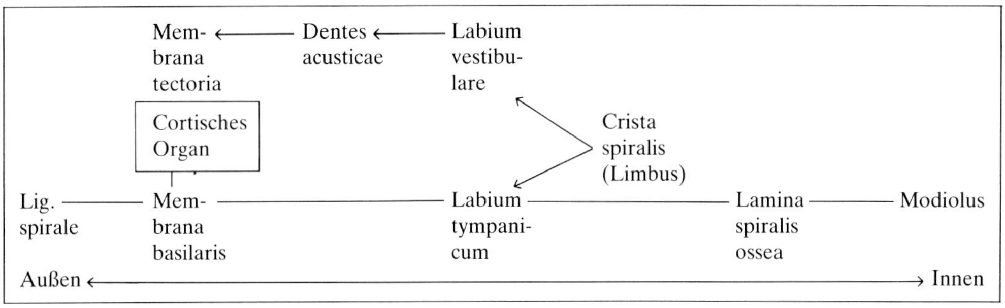

Im Cortischen Organ sind die *Sinneszellen* so verteilt, daß sie auf Lücke stehen. An ihrer Oberfläche trägt jede Rezeptorzelle ein Büschel feinster Sinneshärchen, die wahrscheinlich mit der Membrana tectoria fest verbunden sind. An der Basis gehen die Haarzellen synaptische Kontakte mit den Axonen afferenter und efferenter Neurone ein. Die Ganglienzellen der afferenten Neurone liegen in der Randzone des Modiolus und sind bipolar *(Ganglion spirale)*. Der periphere Fortsatz dieser Neurone zieht durch die Lamina spiralis ossea und die Basilarmembran zum Cortischen Organ, der zentrale Fortsatz erreicht mit den Hörnerven durch den Meatus acusticus int. den Kleinhirnbrükkenwinkel und die zugehörigen Kochleariskerne am Boden der Rautengrube. Die Endigungsweise der peripheren Fortsätze der afferenten Neurone ist nun bei den äußeren und inneren Haarzellen sehr unterschiedlich. Die äußeren Haarzellen bilden immer Synapsen mit mehreren Axonen afferenter Neurone (Prinzip der multiplen Innervation), wobei aber in der Regel ein Axon 10 oder mehr Sinneszellen innerviert. Diese Axone breiten sich daher in horizontaler Richtung im Cortischen Organ aus und geben dabei Kollateralen zu den einander benachbarten Sinneszellen ab (Konvergenzschaltung, 10:1). Demgegenüber werden die inneren Haarzellen stets von mehreren (bis zu 20) afferenten Axonen innerviert, die meist in direktem, radiärem Verlauf zum Ganglion spirale und weiter zum Hörnerven ziehen (Divergenzschaltung, 1:20). Bedingt durch die unterschiedliche Verteilung der synaptischen Kontakte gehören daher 90% der

Neurone des Hörnerven zum System der inneren Haarzellen und nur 10% zu den äußeren Haarzellen. Die beiden Neuronentypen unterscheiden sich aber nicht nur in Form und Zahl der synaptischen Kontakte, sondern auch in ihrem Stoffwechsel, was sich in der unterschiedlichen Resistenz ihrer Fasern bei metabolischen Schädigungen zeigt. Die zu den äußeren Haarzellen ziehenden Axone sind im allgemeinen wesentlich resistenter gegenüber äußeren Schädigungen, wogegen die zu den inneren Haarzellen gehörigen Axone äußerst empfindlich sind und leicht anschwellen. Sie unterscheiden sich auch in ihrer Feinstruktur deutlich voneinander (Abb. 153).

Charakteristische Unterschiede in der Innervation der äußeren und inneren Haarzellen existieren aber auch bei der **efferenten Innervation.** Vom oberen Olivenkomplex (Oliva sup.) gehen Fasern aus, die das Cortische Organ in efferenter Richtung erreichen und an den Haarzellen selbst oder an den Axonen der afferenten Neurone enden (Tractus olivocochlearis oder Rasmussen-Bündel). Die Mehrzahl (etwa 70%) der efferenten Axone, die mit den äußeren Haarzellen Synapsen bilden, kommt vom Nucleus olivaris sup. der *Gegenseite,* während die Mehrzahl derjenigen Axone (etwa 85%), die zum System der inneren Haarzellen gehören, vom Nucleus olivaris sup. der *gleichen Seite* stammt (Warr, Spoendlin). Dabei bilden die efferenten Axone an der Basis der äußeren Haarzellen direkte (präsynaptische) Kontakte, während die zu den inneren Haarzellen ziehenden Axone nicht an den Sinneszellen enden, sondern nur indirekt (postsynaptisch) an denjenigen afferenten Axonen, die von den Sinneszellen kommen. Beide efferenten Neuronentypen scheinen sich auch in anderer Hinsicht voneinander zu unterscheiden. Diejenigen Axone, die die äußeren Haarzellen efferent innervieren, stammen von großen Ganglienzellen des Olivenkomplexes und sind relativ dick (bis zu 1,5 µm im Durchmesser), gehen nach Schädigungen rasch zugrunde und werden von der Schneckenbasis zur Spitze hin (helikotremawärts) zunehmend seltener.

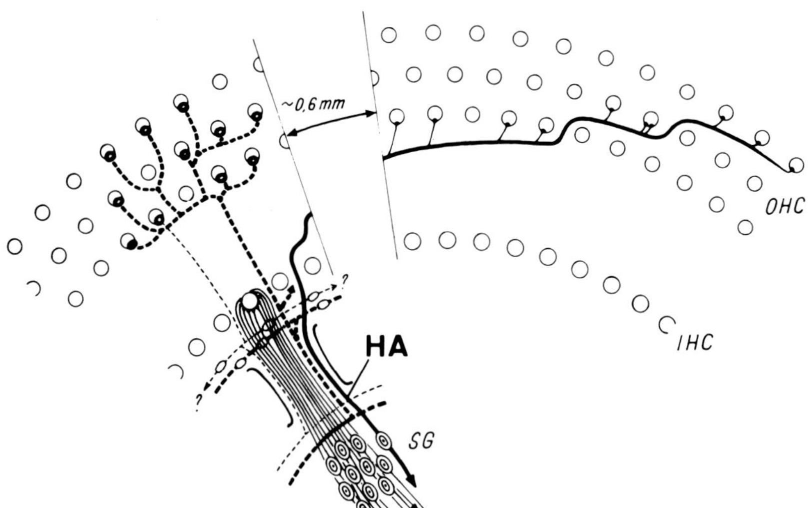

Abb. 153. Innervation der äußeren (OHC) und inneren Haarzellen (IHC) des Cortischen Organs (nach Spoendlin: Abh. Mainzer Akad. Wiss., 1978). HA = Knochenkanal im Modiolus mit Nervenbündel; SG = Ganglion spirale; dicke ausgezogene Linie = afferente Neurone zu den äußeren Haarzellen (Konvergenzschaltung, 10:1); dünne ausgezogene Linie = afferente Neurone zu den inneren Haarzellen (Divergenzschaltung, 1:20); dicke punktierte Linie = efferente Axone zu den äußeren Haarzellen; dünne punktierte Linie = efferente Axone zu den afferenten Axonen der inneren Haarzellen.

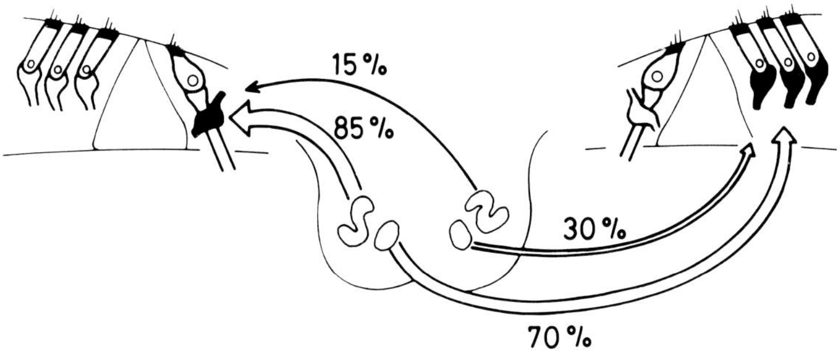

Abb. 154. Schematische Darstellung über die Herkunft der efferenten Innervation der äußeren und inneren Haarzellen des Cortischen Organs vom Nucleus olivaris superior und Nucleus olivaris accessorius der rechten und linken Seite, Tractus olivocochlearis (nach WARR aus SPOENDLIN: Abh. Mainzer Akademie der Wiss., 1978).

Die für das innere Haarzellensystem bestimmten efferenten Axone stammen demgegenüber von kleinen Ganglienzellen des Olivenkomplexes, sind wesentlich dünner und bei Schädigungen resistenter (Degeneration erst nach Tagen) und werden helikotremawärts zunehmend zahlreicher (Abb. 154).

Die Schnecke hat darüber hinaus aber auch noch eine vegetative Innervation in Form feinster adrenerger Nervenfasern, die einerseits vom Ganglion cervicale sup., andererseits aber auch vom Ganglion cervicothoracicum kommen. Die letzteren erreichen das Sinnesorgan mit den periadventitiellen Geflechten der in die Schnecke eindringenden Arterien.

Arbeitsweise des Innenohres. Die funktionelle Bedeutung der Innenohrstrukturen ist erst durch Untersuchungen der letzten Jahre geklärt worden. Vor allem wurde die Resonanztheorie von HELMHOLTZ durch die wesentlich adäquatere hydrodynamische Theorie von RANKE und v. BÉKÉSY ersetzt. Die Schwingungen des Steigbügels erzeugen in der Perilymphflüssigkeit laufende Wellen, die in einer frequenzabhängigen Entfernung von der Schneckenbasis in beiden Skalen charakteristische Flüssigkeitsbewegungen erzeugen. Die durch die Steigbügelschwingungen erzeugten Volumenänderungen in der

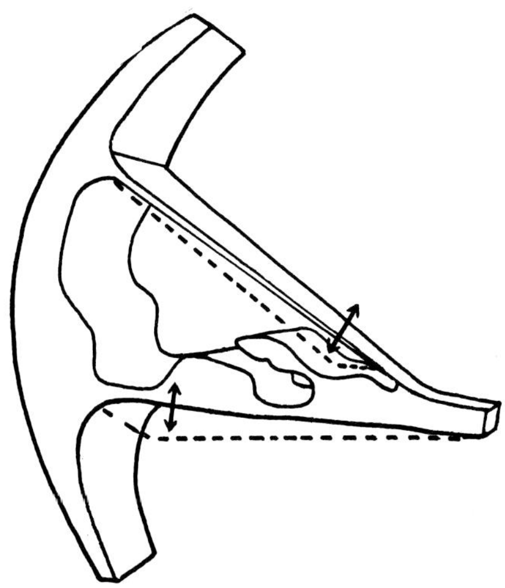

Abb. 155. Schwingungsform der Schneckentrennwände (nach NEUBERT). Die Pfeile geben die Richtung der Bewegungen an.

inkompressiblen Perilymphflüssigkeit der Scala vestibuli finden ihren Ausgleich in einer gegensinnigen Flüssigkeitsbewegung der Scala tympani mit Ausbauchung der Membrana tympani sec. im runden Fenster, was nur dadurch möglich ist, daß der die beiden Skalen trennende Schneckengang, insbesondere die Basilarmembran, schwingungsfähig ist (Abb. 155). Ähnlich wie bei Wellen an der Wasseroberfläche, bei denen die Fortpflanzungsgeschwindigkeit der kurzen Wellen geringer ist als die der langen (Wellendispersion), bilden sich auch im Innenohr Wellen mit verschiedener Wandergeschwindigkeit, die frequenzabhängig variiert *(Wanderwellendispersion)*. Die Ursache der Dispersion ist in den unterschiedlichen Schwingungseigenschaften des Systems, vor allem der Innenohrflüssigkeiten und der Kanalwände zu suchen. Für hohe Frequenzen ist der Schallwellenwiderstand in den Innenohrflüssigkeiten groß, und der Ausgleich erfolgt stapesnahe. Für niedrige Frequenzen ist er klein, d.h. die Schwingungen laufen entlang des Schneckenganges weiter spitzenwärts und versetzen dann die Basilarmembran der oberen Schneckenwindungen, die helikotremawärts immer nachgiebiger wird, in Schwingungen. Hinter dem Schwingungsmaximum ist die Basilarmembran in Ruhe, d.h. die Wellen laufen nur bis zu einer frequenztypischen Stelle. An dieser Stelle erfolgt die maximale Auslenkung der Trennwände des Schneckenganges. Dieses Areal ist das sogenannte »Frequenzansprechgebiet«. Die Wanderwellentheorie ist damit auch eine Einortstheorie.

Die geschilderte Auslenkung der Schneckentrennwände (Abb. 155) ruft schließlich eine entsprechende Mitschwingung des Cortischen Organs hervor, das ja der Basilarmembran aufsitzt. Wenn, wie man heute annimmt, die Haare der Sinneszellen fest mit der Membrana tectoria verbunden sind, müssen die durch die Wanderwellen erzeugten buchdeckelartigen Schwingungen der Basilarmembran feinste Verbiegungen an den Sinneshaaren hervorrufen. Diese minuziösen mechanischen Veränderungen werden dann in den Haarzellen in biochemische und biophysikalische Vorgänge von bisher noch unbekannter Art transponiert, die ihrerseits schallfrequenzanaloge Rezeptorpotentiale hervorrufen. Diese lösen fortgeleitete Erregungen an den Axonen der ableitenden Neurone aus. Die hydrodynamischen Prozesse werden also letzten Endes auch hier wieder in elektrophysiologische Vorgänge transformiert bzw. kodiert. Die unterschiedliche Innervation und Struktur der äußeren und inneren Haarzellen hat Anlaß zu vielfachen Spekulationen über mögliche unterschiedliche Funktionen beider Systeme gegeben. Es könnte sein, daß die äußeren Haarzellen, die nur von rund 10% der afferenten Nervenfasern innerviert werden (Konvergenzschaltung) besonders für die hohe Empfindlichkeit des Gehörorganes (dem Stäbchensystem des Auges vergleichbar), die inneren Haarzellen mit ihrer außerordentlich reichen individuellen Innervation (90% aller Hörfasern, Divergenzschaltung) mehr für die Diskrimination einzelner Frequenzbereiche, d.h. für die Perzeption der Sprache oder komplexer Ton- und Klangformen geeignet sind (dem Zapfensystem des Auges vergleichbar). Aber wissenschaftlich gesicherte Aussagen darüber lassen sich heute noch nicht machen. Man nimmt heute an, daß die äußeren Haarzellen, die nur von 10% der Hörnerven versorgt werden, für die hohe Empfindlichkeit des Gehörs verantwortlich sind, während die inneren Haarzellen, die von 95% aller Hörfasern erreicht werden, gegenüber Schallstärkenänderungen besonders empfindlich sind, d.h. für die Perzeption der Sprache von großer Bedeutung sind. Hinzu kommt, daß die inneren Haarzellen noch besonders durch efferente Fasern innerviert werden, wodurch wahrscheinlich die sogenannte laterale Hemmung zustande kommt.

Da die Basilarmembran in der Basalwindung kurz und gespannt ist, spitzenwärts dagegen immer länger und lockerer wird, muß die elastische Rückstellkraft für die Flüssigkeitsbewegung unten größer sein als an der Schneckenspitze. Somit werden die

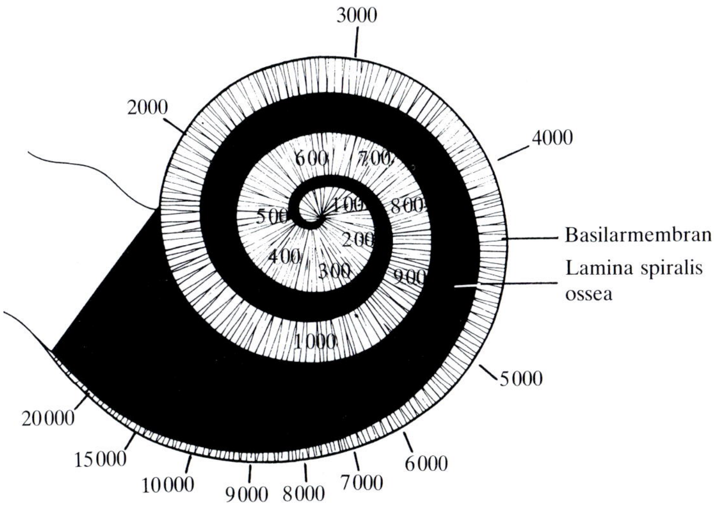

Abb. 156. Tonlokalisation auf der Basilarmembran des Schneckenganges beim Menschen (modif. nach Beck aus A. Benninghoff). Die Zahlen entsprechen den jeweiligen Frequenzen der Tonskala. Man sieht, daß die tiefen Töne im Bereich der Schneckenspitze, die hohen weiter basiswärts perzipiert werden. Die Basilarmembran wird spitzenwärts breiter, die Lamina spiralis ossea (schwarz) dagegen schmäler.

hohen Frequenzen (hohe Töne) in der Basalwindung, die tieferen Töne zunehmend spitzenwärts perzipiert (Abb. 156). Fallen einzelne Haarzellareale aus, entstehen Tonlücken, apikal für die tiefen, basal für die hohen Töne.

Eine Erregung des Cortischen Organs kann auch indirekt über den Knochen erfolgen (sog. *Knochenleitung*). Dann wird die Auslenkung der Basilarmembran nicht durch die Stapesbewegungen vom Mittelohr aus, sondern durch den Schädel als Ganzes bewirkt.

5. Hörbahn

Die im Innenohr entstehenden nervösen Erregungen werden über den Hörnerven (Pars cochlearis nervi vestibulocochlearis, N. VIII), der beim Menschen 30000 Fasern (∅ 3–10 μm) besitzt, dem Rautenhirn zugeleitet. Die Ganglienzellen des ersten Neurons der Hörbahn (Abb. 157) liegen im Ganglion spirale noch innerhalb der Schnecke. Diese Zellen sind bipolar. Der periphere Fortsatz endet an den Haarzellen des Cortischen Organs, der zentrale läuft mit dem VIII. Hirnnerven zum Kleinhirnbrückenwinkel. Beim Eintritt in das Rautenhirn teilen sich die Hörnervenfasern T-förmig auf und enden entweder am *Nucleus cochlearis dorsalis* oder *ventralis*. Diese beiden Kerne liegen im lateralen Bereich der Rautengrube in unmittelbarer Nähe des unteren Kleinhirnstieles und liefern das zweite Neuron der Hörbahn. Die aus dem ventralen Endkern stammenden Neuriten kreuzen auf die andere Seite und enden vornehmlich im sog. oberen *Olivenkomplex,* wo weitere Schaltungen stattfinden. Dieser Olivenkomplex umfaßt den Nucleus olivaris sup. mit den akzessorischen Olivenkernen, auch die präolivaren Kerngruppen und den Trapezkörper (Corpus trapezoideum).

Aus dem dorsalen Kochleariskern gehen Fasern hervor, die zunächst ganz oberflächlich am Boden der Rautengrube verlaufen und dort auch als *Striae medullares* makroskopisch erkennbar sind. Sie kreuzen sich in der Mittellinie mit den Fasern der Gegenseite und treten dann in die Tiefe (Monakowsche Kreuzung), um ebenfalls im

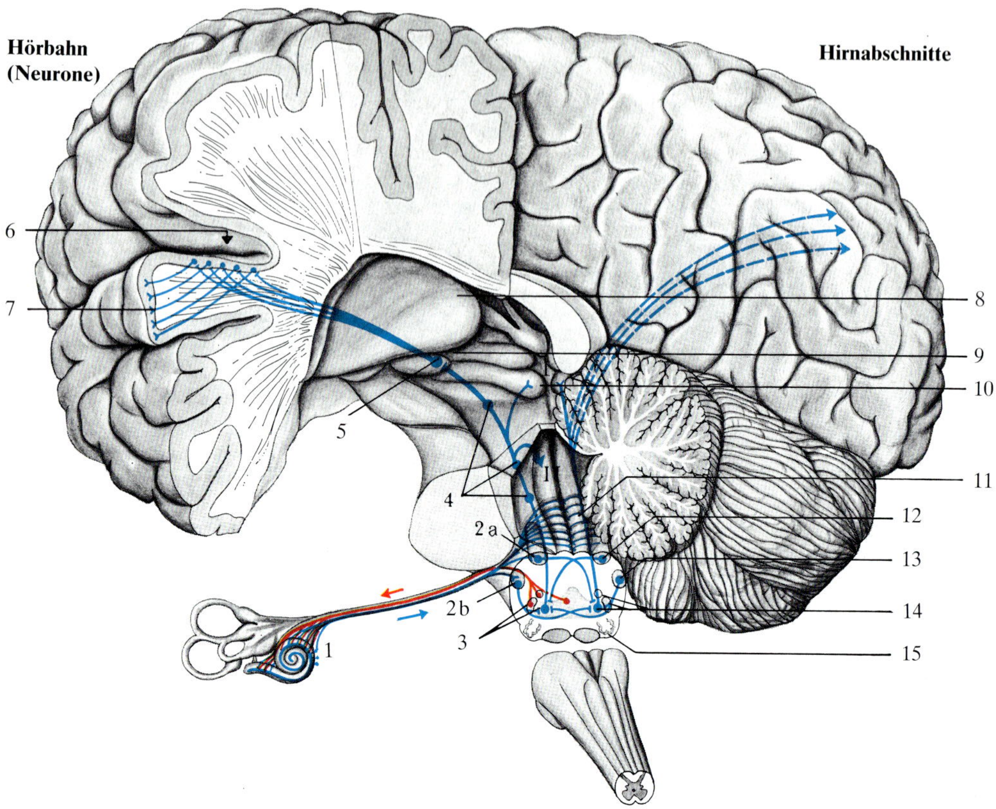

Abb. 157. a) Schema über den Verlauf der Hörbahn [rot = Rasmussen-Bündel (Tract. olivocochlearis)]. 1 = Ganglion spirale cochleae; 2a = Nucleus cochlearis dors.; 2b = Nucleus cochlearis ventr.; 3 = Corpus trapezoideum und Nucleus olivaris sup.; 4 = Nuclei lemnisci lat.; 5 = Corpus geniculatum med.; 6 = Gyri temporales transversi (Heschl) – primäre Hörfelder; 7 = Gyri temporales sup. – sekundäre Hörfelder. I = Colliculus inf.; II = Pedunculus cerebellaris sup. (Tractus nucleocerebellaris). Hirnabschnitte: 8 = Thalamus; 9 = Corpus geniculatum med.; 10 = Colliculus inf.; 11 = Striae medullares; 12 = Nucleus cochlearis dors.; 13 = Nucleus cochlearis ventr.; 14 = Corpus trapezoidum, Nucleus olivaris sup.; 15 = Oliva inf.

oberen Olivenkomplex zu enden. Es bestehen außerdem Faserverbindungen zum Tuber des Kleinhirnwurmes und zu den Colliculi inferiores.

Die dorsale Hörbahn soll phylogenetisch jünger sein und ausgiebigere Verbindungen zur Großhirnrinde besitzen (spezifische Hörbahn), während die ventrale Hörbahn vornehmlich im Dienste reflektorischer Schaltungen im Bereich des Stammhirns, insbesondere der Formatio reticularis, stehen soll (unspezifische Hörbahn).

Mit den im Olivenkomplex gelegenen Ganglienzellen beginnt das dritte Neuron der Hörbahn. Ihre Neuriten wenden sich nach kranial, biegen in einer langgezogenen Schleife (*Lemniscus lateralis* oder Vierhügelschleife) um die oberen Kleinhirnstiele herum und enden größtenteils im Colliculus inf., wo sie umgeschaltet werden, um weiter zum medialen Kniehöcker *(Corpus geniculatum mediale)* zu ziehen. In die laterale Schleife sind jedoch so zahlreiche Schaltkerne eingelagert, daß sich bei der Hörbahn eine genaue Neuronenzahl nicht angeben läßt. Mediale Kniehöcker und unteres Vierhügelpaar werden als *primäre Hörzentren* bezeichnet. Die Colliculi inf. dienen auch reflektorischen Schaltungen (Anschluß an die sensomotorischen Funktionskreise und an das vegetative NS).

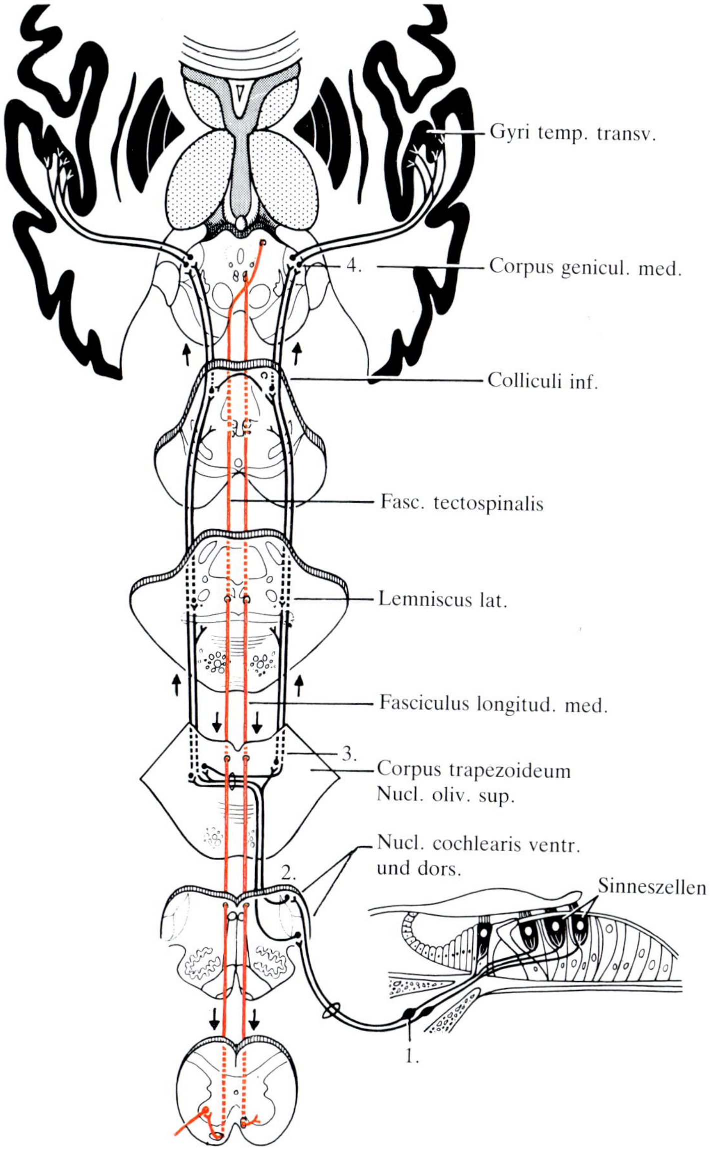

Abb. 158. Schema über Verlauf und Verbindungen der Hörbahn (nach HOUSE u. PANSKY) (B.). Die Zahlen (1–4) geben die Lage der Zellkörper des ersten bis vierten Neurons der Hörbahn an. Schwarz = afferente Systeme, rot = efferente Systeme für Reflexschaltungen.

Vom medialen Kniehöcker gehen dann die Neuriten der Endneurone der Hörbahn aus. Sie biegen scharf nach hinten um und ziehen durch die hinteren Schenkel der Capsula interna als *Radiatio acustica* zu den *primären akustischen Projektionsfeldern* in den *Gyri temporales transversi* am inselnahen oberen Rand des Temporallappens (sog. Heschlsche Querwindungen). Die primären auditiven Projektionsfelder entsprechen nicht in gleicher Weise wie die visuellen dem Wahrnehmungsmuster in der Peripherie. Eine tonotope Repräsentation, d.h. eine den verschiedenen Frequenzen entsprechende Abbildung der Schneckenareale auf der Hörrinde existiert wahrscheinlich nicht. Eine

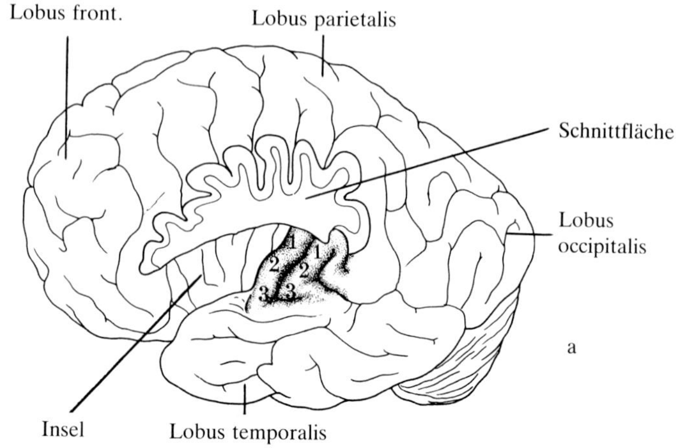

a

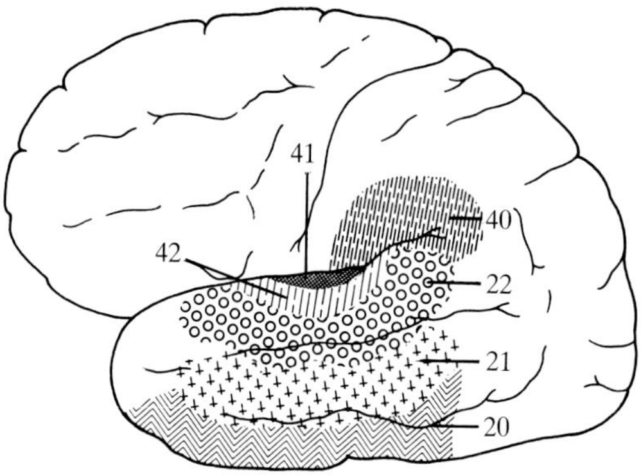

b

Abb. 159. a–b) Hörfelder des Großhirns (nach CLARA).
a) Primäre akustische Projektionsfelder (punktiert hervorgehoben) = Gyri temporales transversi oder Heschlsche Querwindungen (Feld 41 nach BRODMANN). Projektionsfelder für tiefe Frequenzbereiche (1), für mittlere (2) und höhere Frequenzen (3).
b) Akustische Rindenfelder auf der Außenfläche des Großhirns.
40 = Sog. optisches Sprachzentrum (optische Schreib- und Lesefelder).
41 = Übergreifen der Heschlschen Querwindungen auf die Außenfläche des Großhirns (primäre akustische Projektionsfelder).
42 = Sekundäre akustische Rindenfelder (Laut- und Geräuschempfindung), auch Wernickesches Sprachzentrum genannt.
22 = Sekundäre akustische Rindenfelder; vorne = mehr Tonverständnis; hinten = mehr Wort- und Satzverständnis.
21 = Tertiäre akustische Rindenfelder (akustische Aufmerksamkeit, akustische Intentionen).
20 = Tertiäre akustische Rindenfelder (akustische Erinnerungen; Wort-, Musik- und Sprachverständnis).

Besonderheit dieser Region ist ferner die Tatsache, daß diese Rindenbezirke auch von zahlreichen anderen Sinneskanälen erreicht werden.

Den primären Rindenfeldern sind *sekundäre akustische Felder* benachbart, die im Zusammenhang mit der begrifflichen Verarbeitung des Gehörten stehen (Wort-, Sprach- und Tonverständnis). Sie finden sich auf der Außenseite des *Gyrus temporalis superior* (Abb. 159). Zu ihnen kann auch das sog. Wernickesche Sprachzentrum gerechnet werden, das am hinteren Ende der Sylvischen Furche im Gyrus temporalis superior lokalisiert ist. Im anschließenden Gyrus temporalis medius und inferior sind dann die höheren akustischen Zentren zu suchen (*akustische Erinnerungsfelder,* akustische Intentionen, Musik- und Sprachverständnis im weiteren Sinne). Wahrschcinlich hat auch das musik- und sprachschöpferische Vermögen des Menschen eine besondere Differenzierung dieser Rindenfelder zur Voraussetzung. Läsionen der Gyri temporales transversi erzeugen Hörlücken oder echte Taubheit (Rindentaubheit), solche im Bereich der Gyri temporales superiores und mediales dagegen eine »Seelentaubheit«, bei der ähnlich wie bei der Seelenblindheit keine Wahrnehmungsausfälle vorhanden sind, sondern nur der Bedeutungswert für Gehörtes fehlt. Jede Schnecke ist mit den Hörfeldern *beider* Großhirnhemisphären verbunden. Bei einseitiger Zerstörung eines primären Rindenfeldes bleibt daher das Gehör auf beiden Seiten erhalten.

Tabellarische Zusammenstellung über die neuronale Gliederung von Hör- und Sehbahn

	Rezeptoren	1. Neuron	2. Neuron	3. Neuron	4. Neuron	Bahnende (kortikal und subkortikal)	Funktion
Hörbahn	Haarzellen im Cortischen Organ	Ganglion spirale (Felsenbein)	Nuclei cochleares dors. und ventr. (Medulla)	Corpus trapezoideum (Medulla)	Corpus geniculatum med. (Metathalamus)	Gyri temporales transversi = Feld 41 (HESCHL)	Bewußte akustische Wahrnehmungen
Akustische Reflexbahnen	Haarzellen im Cortischen Organ	Ganglion spirale (Felsenbein)	Nuclei cochleares dors. und ventr. (Medulla)	Corpus trapezoideum (Medulla)	Nuclei lemnisci lat. Oliva sup. Formatio reticularis	Colliculi inf.[1] Formatio reticularis[2]	Akustische Reflexverbindungen: a) mit den Augenmusk. b) mit den sensomotor. Systemen c) mit dem vegetativen NS
Sehbahn	Photorezeptoren (Retina)		Ganglion retinae (Retina)	Ganglion n. optici (Retina)	Corpus geniculatum lat. (Metathalamus)	Area striata, Fissura calcarina = Feld 17	Bewußte optische Wahrnehmungen
Optische Reflexbahnen	Photorezeptoren (Retina)		Ganglion retinae (Retina)	Ganglion n. optici (Retina)		Pulvinar thalami Colliculi sup.[1] Nuclei n. oculomotorii Hypothalamus	Optische Reflexverbindungen: a) mit äuß. u. inn. Augenmuskeln (Blickbewegungen, Pupillen- u. Akkommodationsreflexe) b) mit den sensomot. Systemen c) mit dem veget. NS

[1] Wichtigste efferente Bahnen: Tractus tectobulbares und tectospinales
[2] Wichtigste efferente Bahnen: Tractus reticulospinales

Die Hörbahn zeichnet sich durch einen besonderen Reichtum an rückläufigen Bahnverbindungen aus. Alle genannten Stationen sind durch gegenläufige Bahnen untereinander verknüpft und bilden damit auf den verschiedensten Ebenen Rückkoppelungskreise, die auf allen Ebenen eine Wirkungsgradverstellung ermöglichen. Auch die oben geschilderten efferenten, vom Rautenhirn zum Innenohr verlaufenden Bahnen (Rasmussen-Bündel, *Tractus olivocochlearis*) erfüllen eine wichtige Schutzfunktion. Die Aufgabe der zentrifugalen, efferenten Bahnen besteht vor allem in einer Regulation der Reizschwelle bei der auditiven Perzeption und einer Verstellung des Schärfenbereiches durch kollaterale Hemmung einzelner Rezeptoren, so daß eine Überschwemmung des Sensoriums mit unwichtigen Detailinformationen verhindert werden kann. Im Experiment kann die Hörnervenerregung durch Reizung des Rasmussen-Bündels deutlich unterdrückt werden.

VI. Großhirnrinde als Ganzes

Nachdem alle wesentlichen Funktionssysteme des ZNS (mit Ausnahme des vegetativen Nervensystem) besprochen worden sind, kann im folgenden die Struktur und Funktion der Großhirnrinde als übergeordnetes Organ des gesamten NS dargestellt werden. Das *gyrale Muster* der Großhirnrinde zeigt große individuelle Variationen, die keineswegs immer ein Spiegel der Intelligenz sind. Es gibt stark gefurchte Idiotengehirne, wie andererseits weniger gefurchte Gehirne bei Hochbegabten beobachtet worden sind. Auch zwischen rechter und linker Hirnhälfte kommen Unterschiede vor. Funktionell sind beide Hirnhälften – wie sich erst in den letzten Jahren herausgestellt hat – außerordentlich verschieden (Problem der sog. Lateralisation, s. S. 269), was sich aber nicht immer im Rindenrelief ausprägt. *Im Alter* werden die Gyri bedingt durch einen Schwund der grauen Substanz schmäler und die Sulci breiter (senile Hirnatrophie). Gleichzeitig kann das Volumen des Ventrikelsystems, vor allem der beiden Seitenventrikel, zunehmen.

Die **funktionelle Gliederung** der Großhirnrinde folgt in etwa der Lappengliederung (Abb. 160). Als Faustregel kann man sich merken, daß der Frontallappen mit den motorischen, der Parietallappen mit den allgemeinen sensorischen Funktionen, der Okzipitallappen und hintere Parietallappen mit dem visuellen System, der obere Abschnitt des Temporallappens und die Insel mit dem auditiven System und die basalen, vorderen Abschnitte des Temporallappens mit Speicherfunktionen (Gedächtnis, Erinnerung) zu tun haben. Dabei haben die phylogenetisch jüngsten Hirnabschnitte, die vordersten Teile des Frontal- und Temporallappens die hochwertigsten Funktionen. Der Frontallappen wird für allgemein motorische Intentionen, die für eine Persönlichkeit charakteristisch sind, für Antrieb und Leistungswille, der Temporallappen für das Verarbeiten und Erinnern sensorischer Eindrücke, einschließlich der sich daraus ergebenen individuellen Vorstellungswelt, verantwortlich gemacht.

Das limbische System scheint in diesem Zusammenhang eine Mittelstellung einzunehmen. Es vermittelt die – »aus der Tiefe aufsteigenden« Emotionen an die Großhirnrinde, wobei offenbar gleichzeitig eine Integration mit den gespeicherten Informationen (Gedächtnisleistung) und den früheren Erkenntnissen erfolgt. Bei Affen haben experimentelle Zerstörungen des Mandelkernkomplexes schwerwiegende Veränderungen im Sozialverhalten der Tiere hinsichtlich der Rangordnung sowie der Einordnung in die Gruppe hervorgerufen (Delgato). Man schreibt dem limbischen System beim Menschen eine Funktion für das Bewußtwerden der Einzelpersönlichkeit und deren Einordnung in das soziale Gefüge zu, wobei die emotionale Komponente der damit zusammenhängenden Verhaltensweisen von großer Bedeutung ist.

Im einzelnen verteilen sich die wichtigsten *Rindenfelder* etwa wie folgt (Abb. 160): Die primär motorischen Projektionsfelder (motorischer Homunkulus) liegen für die gesamte Körpermuskulatur einschließlich Kopf und Kehlkopf im Gyrus praecentralis. Frontal schließen sich die sekundären motorischen Rindenfelder an, unter denen diejenigen für die Handmotorik (Schreiben, Zeichnen, Spielen eines Instrumentes etc.), für die Augenmuskulatur (willkürliche, bewußt intendierte Blickbewegungen) und die für die Kehlkopfmuskulatur (motorisches Sprachzentrum von Broca) besonders hervorzuheben sind (Abb. 160a).

Die primär sensorischen Projektionsfelder (sensorischer Homunkulus) befinden sich im Gyrus postcentralis. Nach rückwärts schließen sich die im Lobulus parietalis gelegenen, sekundären und tertiären Rindenfelder an, deren Tätigkeit mit der Kinästhetik, der Körper- und Raumwahrnehmung zusammenhängt.

Die primären Rindenfelder des visuellen Systems sind in der Area striata oberhalb und unterhalb des Sulcus calcarinus, hauptsächlich an der Innenseite des Okzipitallappens lokalisiert. Im benachbarten Cuneus sowie an der Außenseite des Okzipitallappens und im hinteren Abschnitt des Parietallappens liegen die sekundären und tertiären optischen Rindenfelder, die mit der Verarbeitung visueller Eindrücke, mit der optischen Erinnerung und Formwahrnehmung zusammenhängen. Das sog. »optische Sprachzentrum« (Lesezentrum) befindet sich im Gyrus supramarginalis, der das Ende des Sulcus lateralis bogenförmig umfaßt. Lesen bedeutet in diesem Zusammenhang jede Art von Erkennen bzw. Deuten von Zeichen, Symbolen oder bildhaften Strukturen, d.h. die übergeordnete (sekundäre) Auswertung von primär optischen Erregungen des Sehsystems.

Die primären auditiven Rindenfelder finden sich im Bereich der Inselrinde sowie an der Innenseite des Gyrus temporalis sup. Der außen anschließende Gyrus temporalis sup. und medius beherbergt die sekundären auditiven Rindenfelder, die mit der Auswertung akustischer Erregungen zu tun haben, d.h. die morphologische Basis für das Wort- und Sprachverständnis und für die Deutung von Geräuschen oder Tonfolgen darstellen (Wernickesches sensorisches Sprachzentrum). Im weiter kaudal anschließenden Gyrus temporalis inf. liegen dann die tertiären Rindenfelder des auditiven Systems, mit deren Hilfe uns der Sinn sprachlicher Äußerungen oder musikalischer Darbietungen bewußt werden kann. Auch die sog. Musikalität und die Erinnerung an akustische Eindrücke ebenso wie auch die schöpferische Erfindung neuer Melodien und Klangkompositionen hängt mit der Funktion dieser Rindenareale zusammen.

Die Projektionsfelder für das olfaktorische System sind vornehmlich an der Innenseite des Gehirns lokalisiert (Abb. 160b). Ein wichtiges Rindengebiet für reflektorische Schaltungen von einlaufenden olfaktorischen Erregungen liegt in der Area subcallosa, unmittelbar vor der Lamina terminalis. Die primären olfaktorischen Rindenfelder sind im Gyrus piriformis im Bereich des Uncus lokalisiert. Fornix, Gyrus cinguli und Gyrus parahippocampalis gehören zum limbischen System, das mit allen anderen Systemen der Großhirnrinde Verbindungen eingeht und dessen Funktion in der emotionalen Tönung sowie der Ordnung individueller Reaktionen und Wahrnehmungen gesehen wird, – insgesamt ein Grundelement für das Selbstbewußtsein und die Selbstdarstellung einer Persönlichkeit.

Assoziations – und Kommissurensysteme

Die genannten »Zentren« können nur im Dienste einer übergeordneten einheitlichen Funktion wirken, wenn sie auch räumlich durch spezielle Bahnsysteme miteinander verknüpft sind. Sprechen können bedeutet nicht nur Worte mit Hilfe der Kehlkopfmus-

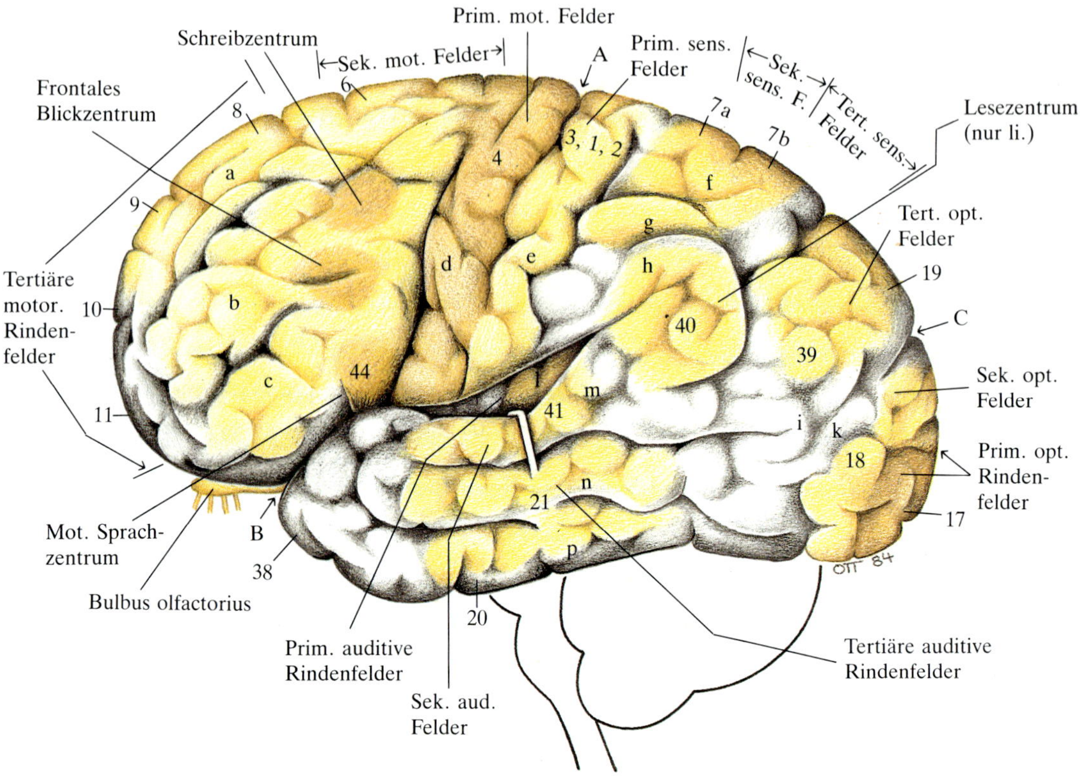

Abb. 160. a) Funktionelle Gliederung der Großhirnrinde. Linke Hirnhälfte von lateral (O.). Die Zahlen entsprechen dem Brodmannschen Schema der Rindenfelderung.
Furchen: A = Sulcus centralis; B = Sulcus lat.; C = Sulcus parietooccipitalis.
Lappen und Gyri: a = Gyrus frontalis sup.; b = Gyrus frontalis medius; c = Gyrus frontalis inf.; d = Gyrus praecentralis; e = Gyrus postcentralis; f = Lobulus parietalis sup.; g = Lobulus parietalis inf. ; h = Gyrus supramarginalis ; i = Gyrus angularis; k = Gyri occipitales lat.; l = Gyri temporales transversi (Heschl); m = Gyrus temporalis sup.; n = Gyrus temporalis medius; p = Gyrus temporalis inf.

kulatur und Mundhöhle zu formen und auszusprechen, sondern gleichzeitig auch das Gesprochene zu hören, eventuell durch ein optisches Bild zu kontrollieren. Somit müssen alle drei, räumlich relativ weit auseinanderliegenden Sprachzentren – das motorische im Frontallappen, das sensorische im Temporallappen und das optische Sprachzentrum (Lesezentrum) im Parietallappen – direkt miteinander verknüpft werden, damit sie funktionell sinnvoll zusammenwirken können. Ähnliches gilt auch für die anderen Zentren des Großhirns und deren Funktionen (Augenbewegungen, Schreiben etc.). Die Verknüpfung der spezialisierten Rindenfelder, die beim Menschen besonders vielfältig und hochdifferenziert sind, kommt nun durch die sog. *zwischenzellige Organisation* zustande. Generell kann man sagen, daß die Entwicklungshöhe eines Organismus um so größer ist, je zahlreicher und komplexer die Schaltelemente dieser zwischenzelligen Organisation ausgebildet sind. Vor allem sind es die Assoziations- und Kommissurensysteme, die diese Verknüpfungen vornehmen. Als Faustregel kann man sich merken: die Assoziationssysteme verknüpfen verschiedene Zentren der gleichen Hirnhälfte, die Kommissurensysteme verbinden gleiche Zentren verschiedener Hirnhälften miteinander.

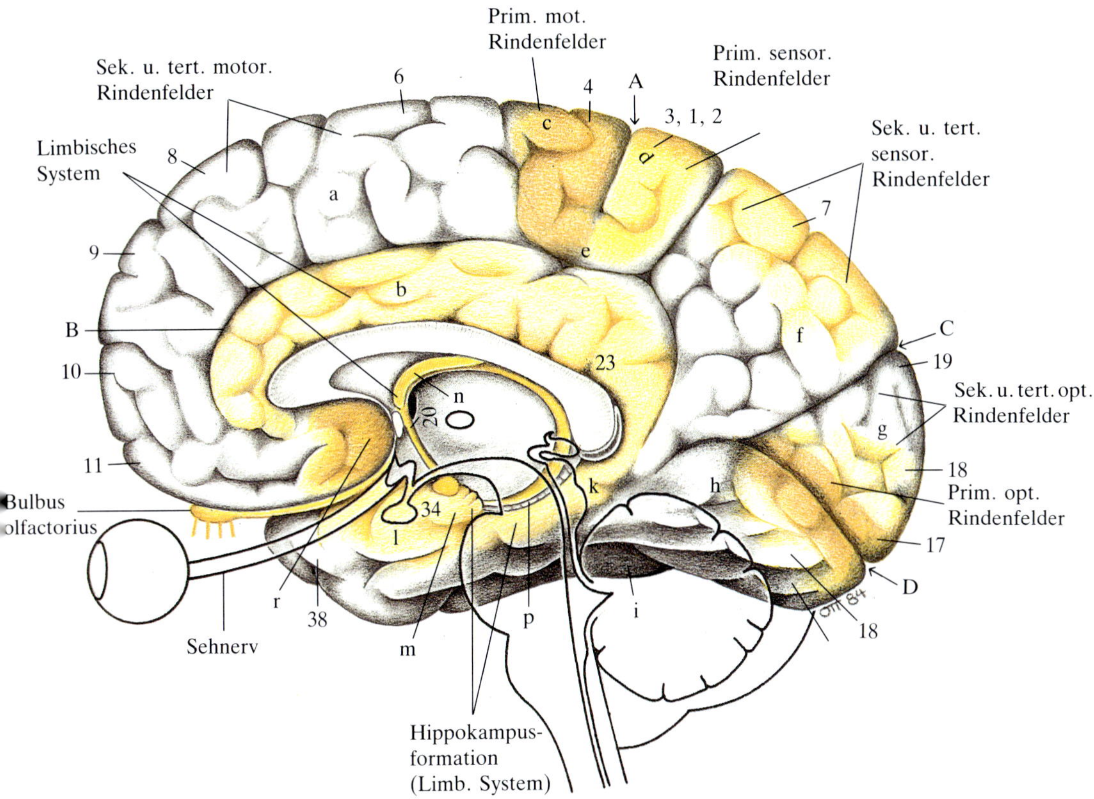

Abb. 160. b) Funktionelle Gliederung der Großhirnrinde. Rechte Hirnhälfte von medial (O.). Die Zahlen entsprechen dem Brodmannschen Schema der Rindenfelderung.
Furchen: A = Sulcus centralis; B = Sulcus cinguli; C = Sulcus parietooccipitalis; D = Sulcus calcarinus.
Lappen und Gyri: a = Gyri frontalis sup.; b = Gyri cinguli; c = Gyrus praecentralis; d = Gyrus postcentralis; e = Lobulus paracentralis; f = Praecuneus; g = Cuneus; h = Gyrus occipitotemporalis med.; i = Gyrus occipitotemporalis lat.; k = Gyrus parahippocampalis; l = Uncus hippocampi; m = Gyrus piriformis; n = Fornix; p = Gyrus dentatus; r = Area subcallosa.

Die *Assoziationsfasern* formieren sich im Marklager der Rinde zu kürzeren oder längeren Bahnsystemen, die sich teilweise schon makroskopisch darstellen lassen (Abb. 161). Die kurzen Assoziationsbahnen (Fibrae arcuatae breves) ziehen von einem Gyrus zum nächsten und schalten damit die unmittelbar benachbarten Rindenfelder zusammen. Die längeren Assoziationsbahnen (Fibrae arcuatae longae oder die Fasciculi longitudinales) korrelieren die Leistungen funktionell zusammengehöriger Zentren, die in verschiedenen Hirnlappen untergebracht sind und daher weiter voneinander entfernt liegen. Für das limbische System ist das Cingulum, für die übrige Rinde sind die Fasciculi longitudinales von besonderer Bedeutung.

Durch die **Kommissurensysteme** werden beide Großhirnhemisphären zu einer funktionellen Einheit zusammengeschlossen. Wegen der unterschiedlichen Differenzierung der beiden Hirnhälften beim Menschen (Lateralisation) und der hohen Entwicklung der menschlichen Hirnrinde, sind die Kommissurenbahnen für die Funktion des Gehirns von großer Bedeutung. Die Kommissur des phylogenetisch jüngeren Neuhirns (Neocortex) ist der Balken *(Corpus callosum)*, der ein mächtiges, auf engem Raum gebündeltes Fasersystem darstellt, das etwa 200 Millionen markhaltige Nervenfasern enthält. Der

Assoziationssysteme des Großhirns	
Fibrae arcuatae breves	Faserbügel assoziativer Neurone zwischen zwei benachbarten Gyri
Fibrae arcuatae longae	Faserbündel assoziativer Neurone zwischen zwei nicht mehr unmittelbar benachbarten Gyri
Fasciculus longitudinalis superior	Ein langer, horizontaler Faserzug vom Stirnhirn zum Parietal- und Okzipitalhirn
Fasciculus longitudinalis inferior	Langer, horizontaler Faserzug zum Okzipital- und Temporallappen
Fasciculus occipitalis verticalis	Senkrechte Faserverbindung zwischen Parietal- und Okzipitallappen
Fasciculus arcuatus oder frontotemporalis	Langer, bogenförmiger horizontaler Faserzug vom Frontal- zum Temporallappen in der Umgebung der Fissura lateralis
Fasciculus uncinatus	Kürzerer, mehr vertikaler Faserzug zum Frontal- und Temporallappen
Cingulum	Langer, bogenförmiger Assoziationsfaserzug an der medialen Seite der Hemisphäre, direkt über dem Balken
Fornix	Bogenförmige Verbindung zwischen Hippokampusformation und Zwischenhirn (Corpus mamillare)

Hauptabschnitt des Balkens (Truncus corporis callosi) liegt über den Stammganglien, insbesondere im Zwischenhirnbereich über Fornix, 3. Ventrikel etc., knickt nach vorne zu bogenförmig um (Genu corporis callosi) und endet dort mit einem spitz zulaufenden Keil (Rostrum corporis callosi), der in die Lamina terminalis übergeht. Das hintere freie Ende des Balkens, das bis zum Mittelhirn reicht und die Epiphyse überdeckt, ist etwas

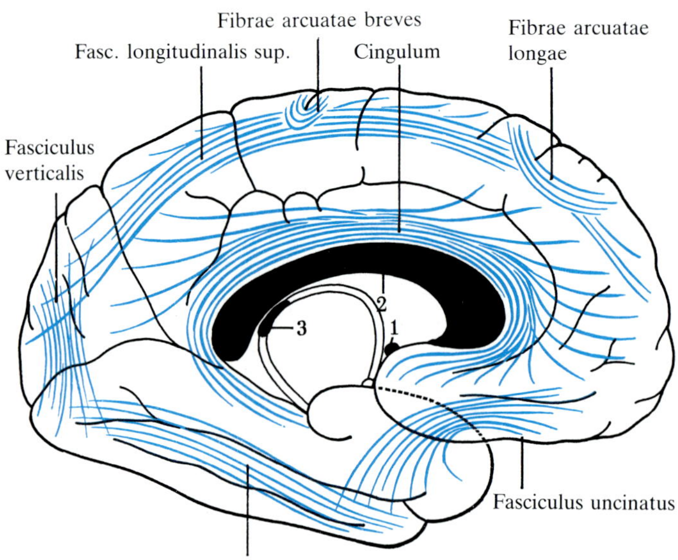

Abb. 161. Assoziations- und Kommissurenbahnen des Großhirns in der Ansicht von medial (B.). Blau = Assoziationsbahnen; schwarz = Kommissurenbahnen: 1. Commissura anterior (alte Riechbahnkommissur), 2. Corpus callosum (neenzephale Kommissur), 3. Commissura fornicis (Fornixkommissur).

verdickt (Splenium). Da der Balken kürzer ist als der Längsdurchmesser des Großhirns insgesamt, strahlen die Balkenfasern vorne und hinten fächerartig in die zugehörigen Hirnlappen aus und bilden dabei jeweils eine mächtige U-förmige »Faserzwinge« (Forceps). Der kleinere Forceps minor gehört zu den Lobi frontales, der größere Forceps major zu den Lobi occipitales und temporales.

Die stammesgeschichtlich ältere Endhirnkommissur ist die unscheinbare, nicht sehr faserreiche *Commissura anterior,* die hinter der Lamina terminalis und vor den Columnae fornicis liegt, und beiderseits in die vorderen Abschnitte des Temporallappens zur Hippokampusformation zieht. Zu den alten Systemen gehören auch die Faserverbindungen zwischen den beiden Fornixschenkeln [Commissura fornicis (Lyra Davidis) oder Psalterium]. Die *Commissura posterior* im Bereich des Epiphysenstieles am Eingang des Aquaeductus cerebri stellt dagegen keine echte Kommissur dar, sondern nur einen querverlaufenden Faserstrang, der kreuzende Fasern aus dem Mittel- und Zwischenhirngebiet beherbergt. Die in der Seitenwand des 3. Ventrikels gelegenen Nuclei habenulae werden durch sich kreuzende Fasersysteme mit einander und mit der Epiphyse verbunden, die man als *Commissura habenularum* bezeichnet.

Kommissurensysteme des Großhirns	
Corpus callosum	Ausgedehntes Kommissurensystem des Neokortex, das Stammganglien und Zwischenhirn überlagert
Commissura ant.	Rundlicher, horizontal verlaufender Faserstrang – die kleinere Pars ant. zieht zum Gyrus piriformis (Riechhirnkommissur), – die größere Pars post. zieht zum Temporallappen und zur Hippokampusformation
Commissura fornicis	Faserverbindung zwischen den beiden Fornixschenkeln
Commissura posterior	Faserverdickung unterhalb der Epiphyse – keine echte Kommissur
Commissura habenularum	Faserverbindungen zwischen den beiden Nuclei habenulae, Epiphyse und den Striae medullares thalami

Lateralisation der beiden Hirnhälften

Die beiden, spiegelbildlich angelegten Hirnhälften des menschlichen Gehirns scheinen auf den ersten Blick gleichartig und gleichwertig zu sein. Neuere Untersuchungen, vor allem solche an Patienten, bei denen der Balken aus schwerwiegenden klinischen Indikationen durchtrennt werden mußte, haben aber gezeigt, daß das keineswegs der Fall ist. Es war schon lange bekannt, daß das motorische Sprachzentrum (Broca) bei Erwachsenen nur auf einer Seite und zwar bei Rechtshändern in der Regel links lokalisiert ist, so daß bei Ausfall dieses Rindenfeldes der Patient mit der verbleibenden gegenüberliegenden Hemisphäre keine Worte zu bilden in der Lage ist. Das Gehirn zeigt zwar – selbst bis ins höhere Alter hinein – eine gewisse Plastizität, so daß die Sprachfähigkeit auch mit Hilfe der gegenüberliegenden Hirnhälfte nach längerer Zeit und intensiven Bemühungen wieder zurückgewonnen werden kann, aber bei den komplexeren Funktionen, wie Sprechen, visuelle und auditive Vorstellungen, wird diese Anpassungsfähigkeit jedoch mit dem Alter zunehmend geringer. Nach Linkshirnschädigungen erholen sich Kinder bis zum 8. Lebensjahr von den Sprachausfällen in der Regel relativ rasch, später jedoch nur noch mit großer Mühe. In der Literatur wird ein 57-jähriger Patient beschrieben, der drei Jahre nach Verlust des Brocaschen Sprachzentrums wieder gelernt hatte, einfache Sätze und Zahlenreihen zu wiederholen, im Formulieren eigener Worte aber immer noch sehr behindert war. Das Verstehen von –

auch komplizierten – Satzfolgen war generell wesentlich leichter als das Sprechen selbst. Derartige klinische Beobachtungen weisen darauf hin, daß beide Hemisphären funktionell sehr unterschiedlich differenziert sind. Dafür spricht auch die Tatsache, daß Schmerz z.B. öfter im Bereich der linken Körperhälfte lokalisiert wird als in der rechten, gleichgültig ob der Schmerz seelische oder körperliche Ursachen hat. Offenbar ist die rechte Hirnhälfte weniger fähig, mit dem Schmerz fertig zu werden, als die linke, was entweder auf einer größeren Empfindlichkeit der rechten Hirnhälfte gegenüber Schmerzreizen beruht oder auf einer geringeren Fähigkeit, den Schmerz zu unterdrücken.

Diese und ähnliche Beobachtungen allgemeiner Art haben aber erst zu klareren Erkenntnissen über die funktionelle Wertigkeit der einzelnen Hirnhälften geführt, als man begann, das Verhalten von Patienten, bei denen aus zwingenden klinischen Indikationen der Balken operativ durchtrennt worden ist (sog. Split-Brain-Persons), systematisch mit psychologischen und physiologischen Methoden zu analysieren (Sperry u.a.). Durch diese Untersuchungen wissen wir heute, daß jede Hemisphäre eine sehr spezialisierte und für die gesamte Persönlichkeit wichtige Einzelfunktion besitzt, die von der gegenüberliegenden »anderen« Hemisphäre nicht ohne weiteres übernommen und ausgeglichen werden kann. Diese Spezialisierung differenziert sich im wesentlichen mit der Motorik, die bei der Mehrzahl der Menschen rechtsbetont ist (Rechtshändigkeit), etwa vom 5. Lebensjahr an in zunehmendem Maße aus, wobei dann die linke Hemisphäre die Führung gewinnt und die Tätigkeit der rechten Hemisphäre »unterdrückt«. Nach dem 1. Lebensjahr beginnt eine Periode sehr schnellen Fortschrittes bei der Hirnreifung insbesondere im Zusammenhang mit dem Laufen- und Sprechenlernen, dem nach und nach das begriffliche Vorstellungsvermögen folgt. Dabei wird die linke Hemisphäre, in dem sich in der Regel das motorische Sprachzentrum entwickelt, zur dominierenden, die Strategie bestimmenden Hemisphäre.

Die Analyse der Fähigkeiten von Split-Brain-Persons hat aber gezeigt, daß die rechte Hemisphäre später keineswegs nur noch untergeordnete Funktionen erfüllt, sondern im Gegenteil zahlreiche wichtige, im alltäglichen Leben allerdings meist weitgehend unbemerkt bleibende und vielfach vernachlässigte Fähigkeiten besitzt.

Das Ergebnis dieser interessanten Untersuchungen kann wie folgt zusammengefaßt werden. Normalerweise benützten wir die linke Hemisphäre für das Erkennen von Einzelheiten in Zeichnungen, Wortzeichen und Symbolen, die rechte Hemisphäre jedoch für das Erkennen von Gestaltbildern, von Formen in ihrer Gesamtgestaltung und von komplexeren Strukturen. Präsentiert man einem Patienten mit Balkendurchtrennung ein Bild so, daß es nur auf die linke bzw. die rechte Hemisphäre projiziert wird, kann man anhand der jeweiligen Wahrnehmungen und Reaktionen testen, welche Funktionen bei den beiden Hemisphären dominieren (Abb. 162). Fehlen in einer einfachen Zeichnung wichtige Details, wie z.B. der geringelte Schwanz bei einem Schwein, die Bügel bei einer Brille etc., so bemerkt das die linke Hemisphäre nicht, die rechte dagegen sofort. Bietet man der linken Hemisphäre einfache geometrische Figuren (Dreiecke, Quadrate) an und bittet dann den Patienten Paare davon zusammenzustellen, so ist er unfähig, das zu tun, wenn die Figuren mit unregelmäßig farbigen Mustern bedeckt sind. Wendet sich der Versuchsleiter jedoch an die rechte Hemisphäre, so gelingt alles zügig und rasch. Das bedeutet, daß wir mit Hilfe der linken Hirnhälfte mehr analytisch, abstrakt, mit der rechten mehr synthetisch und ganzheitlich denken. Das Erkennen einer Form in ihrer Gesamtgestalt, als Symbol oder Bild, das etwas bedeutet, setzt die Tätigkeit der rechten Hemisphäre voraus, während die linke sich in den Einzelheiten verliert, gewissermaßen den Wald vor Bäumen nicht sieht. Mit Hilfe der rechten Hemisphäre gelingt es auch leichter, sich im dreidimensionalen Raum unserer

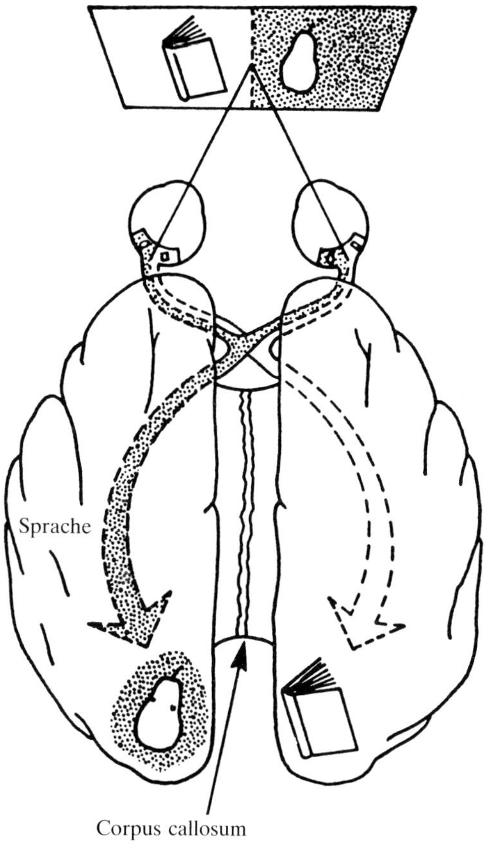

Abb. 162. Projektion von Bildelementen der rechten und linken Gesichtsfeldhälften auf die zugehörigen Rindenfelder des Okzipitallappens bei »Split-Brain-Persons« nach Durchtrennung des Balkens (aus Blakeslee, Th.: Das rechte Gehirn, Aurum Verlag, Freiburg 1982).

Umwelt zurecht zu finden, – ja die stereoskopische Wahrnehmung beruht in der Hauptsache auf der Tätigkeit der rechten Hemisphäre, die offenbar aus den verschiedenen Sinneseingängen das »dreidimensionale Bild« erst konstruiert.

Auch im Bereich der anderen Sinnessysteme sind die unterschiedlichen Funktionen der beiden Hirnhälften eindrucksvoll nachzuweisen. So gelingt es der linken Hemisphäre wohl, Töne und Geräusche generell zu klassifizieren (z. B. »da ist ein Tier«), nicht aber seinem Wesen nach zu erkennen (»es bellt ein Hund«). Auch für das Erkennen der in einer Tonfolge oder in einem Geräusch mitschwingenden emotionalen Komponente (Ärger, Begeisterung, Unmut) und deren Erinnerung sowie auch für das Erinnern einer Tonfolge, d. h. für die Wahrnehmung einer Melodie und deren Variationen, benötigen wir die rechte Hemisphäre; die linke scheint unfähig zu sein, die «Gestalt« einer Tonfolge, eines Geräusches oder das Wesen eines Menschen, soweit es sich durch die charakteristische Art der von ihm hervorgebrachten Laute ausspricht, zu erkennen, sowie auch eine Melodie richtig wiederzugeben.

Die linke Hemisphäre arbeitet also insgesamt mehr analytisch, klassifizierend, kathegorisierend und »kritisch«, die rechte mehr synthetisch, ganzheitlich und wesensbezogen. Bei der linken Hirnhälfte herrscht ein verbales, Einzelwort-bezogenes Gedächtnis (Wortgedächtnis), bei der rechten ein bildhaftes, ganzheitsbezogenes Gedächtnis

(Formgedächtnis) vor. Die linke Hemisphäre registriert von einem anderen Menschen vornehmlich die Einzelheiten seines Äußeren, vielleicht seinen Namen, seine Besonderheiten etc., die rechte dagegen erschließt uns sein Wesen und verschafft uns einen Zugang zu seinem Inneren, dessen Gesamtgehalt dann mehr »intuitiv« erfaßt und erinnert wird. Vielfach bleibt von der rechten Seite aus dann auch das »Bild des Gesichtes« als Gesamteindruck der Persönlichkeit im Gedächtnis, während Einzelheiten, wie z. B. Haarfarbe, Schnurrbart etc. vergessen bzw. gar nicht registriert werden. Im Hinblick auf die emotionale Grundeinstellung unseres Seelenlebens spricht man der linken Hirnhälfte vornehmlich Impulse zum Positiven, Fröhlichen, Unkomplizierten, der rechten dagegen eine Neigung zum Negativen, Düsteren, Komplizierenden zu. In den Frontalhirnabschnitten aktivieren negative Affekte in der Regel nur die rechte Hemisphäre.

Auch geschlechtsspezifische Unterschiede wurden beschrieben. Frauen sind in ihrem Denken im allgemeinen flexibler, ausdrucksreicher und flüssiger. Sie verlassen sich mehr auf ihre »intuitiven« und bildhaft synthetischen Fähigkeiten, d. h. sie bevorzugen die Funktion der rechten Hemisphäre, während Männer in der Regel mehr spezialistisch denken und zum analytischen, sich auf Einzelheiten stützenden, verbalen und rechnerischen Denken neigen, bei dem funktionell die linke Hemisphäre überwiegt.

Lateralisation und Krankheit. Ein Hinweis auf die bei einem Patienten vorhandene Dominanz einer Hirnhälfte kann man auch durch die spontan auf einen Zuruf erfolgende Augenbewegung erhalten. Eine Bewegung nach rechts bedeutet Dominanz der linken Hemisphäre, da die Motorik der rechten Körperhälfte der linken Hemisphäre zugeordnet ist. Untersuchungen dieser Art haben gezeigt, daß bei der Hysterie eine Dominanz der rechten Hemisphäre, bei Zwangsneurosen dagegen eine Dominanz der linken Hemisphäre vorliegt. Hysteriker sind emotional instabil, überreaktiv und erregbar, während Zwangsneurotiker unfähig sind

Lateralisation der beiden Hirnhälften		
	Linke Hirnhälfte	Rechte Hirnhälfte
Motorik	Feine manuelle Fertigkeiten der Muskulatur, rechte Körperhälfte	Muskulatur für linke Körperhälfte
Olfaktorisches System	Gerüche der linken Nasenhöhle	Gerüche der rechten Nasenhöhle
Visuelles System	Rechte Gesichtsfeldhälfte Lesen, Schreiben Erkennen von Einzelheiten einer Zeichnung Detailbeobachtung	Linke Gesichtsfeldhälfte Erkennen von Gesichtern, Gestalt erkennen Erkennen von Formen und Gestalten Erinnern von Strukturen und Bildern (Formgedächtnis) Raumwahrnehmung
Auditives System	Klassifizieren von Tönen und Geräuschen Erinnern von Einzelworten (Wortgedächtnis)	Indentifikation von Tönen und Geräuschen Erkennen von Tonfolgen und Intonationsarten Erinnerung von Melodien
Sprache	Hervorbringen gesprochener Worte	Bildung synthetischer Wortbegriffe Verstehen von Metaphern Keine Wortbildung
Allgemeine Leistungen	Abstraktes, kategorisierendes, analytisches, zählendes, rechnendes Denken, verbale Denkweise Punktuelles Einzelbewußtsein	Synthetisches, bildhaftes Denken Entwicklung von übergeordneten Gesamtvorstellungen Bildhaftes Vorstellen »Überindividuelles« Gesamtbewußtsein

zu relaxieren und meist seelisch rigide und auf Details fixiert sind. Bei der Schizophrenie vermutet man in erster Linie eine Fehlfunktion der linken Hemisphäre, möglicherweise im Sinne einer Überaktivität. Die Zwangsvorstellungen Schizophrener beruhen nach Ansicht verschiedener Psychiater möglicherweise darauf, daß der Patient auch dann noch die einseitige Strategie der linken Hemisphäre benützt, wenn diese nicht mehr normal funktioniert.

Struktur der Großhirnrinde

Sensorische und motorische Rindenfelder unterscheiden sich in mancherlei Hinsicht auch in der mikroskopischen Dimension. Die beschriebenen Rindenareale zeigen Besonderheiten sowohl hinsichtlich ihrer Zell-(Zyto-)architektonik als auch ihrer Faserstruktur (Myeloarchitektonik). Daneben sind auch örtliche Unterschiede im Bau der Glia (Glioarchitektonik) sowie in der Verteilung der Blutgefäße (Angioarchitektonik) vorhanden. Diese architektonischen Felder lassen sich mit unseren heutigen Methoden jedoch nur grob voneinander unterscheiden. Es fehlen vielfach noch die wesentlichen morphologischen Kriterien für eine spezifische Rindenfelderung. Vielleicht sind aber auch genauere Abgrenzungen grundsätzlich gar nicht möglich. Im folgenden sollen daher die zytologischen Besonderheiten der Rinde auch nur im Grundsätzlichen dargestellt werden.

Alle Rindenformationen sind im wesentlichen Korrelations- und Integrationsgebiete. Es gibt keine Rindenregion, die ausschließlich nur ein Projektionsfeld darstellen würde. Die motorischen Rindenfelder zeichnen sich in der Regel durch das Vorhandensein zahlreicher großer *Pyramidenzellen* aus, während in den sensorischen Feldern die Pyramidenzellen zurücktreten und statt dessen kleinere, verzweigte Zelltypen, sog. *Körnerzellen,* überwiegen. Man spricht nach v. ECONOMO von einer »Verpyramidisierung«, wenn in einem Rindengebiet fast nur noch Pyramidenzellen vorkommen

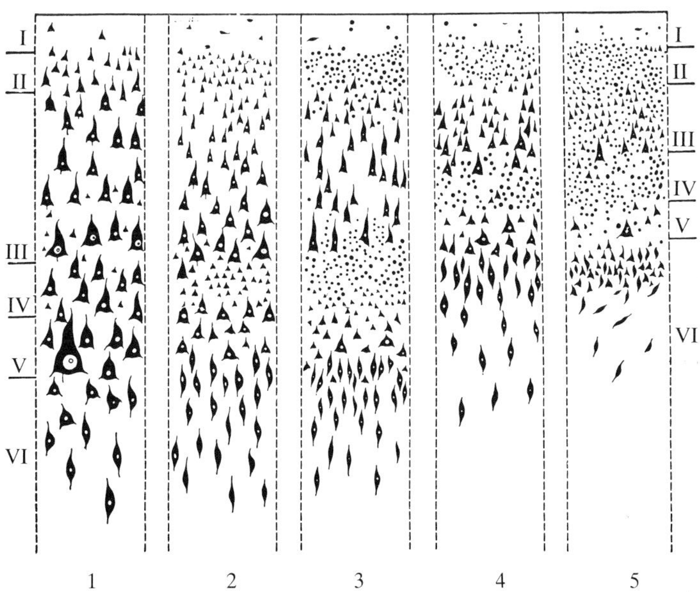

Abb. 163. Schichtengliederung der Hirnrinde bei 5 verschiedenen Rindentypen (nach v. ECONOMO). Schwarze Prismen = Pyramidenzellen; kleine Punkte = Körnerzellen. I–VI = Schichten der Hirnrinde (vgl. tabellarische Zusammenstellung S. 275).
Bautypen: 1 = agranuläre Rinde (efferente Systeme dominieren); 2, 3, 4 = Mischtypen; 5 = Granuläre Rinde (afferente Systeme dominieren) (Coniocortex).

(agranuläre Rinde). Das ist z. B. im Bereich des Gyrus praecentralis der Fall. Andererseits ist von einer »Verkörnerung« die Rede, wenn die Körnerzellen zahlenmäßig überwiegen (granuläre Rinde, Coniocortex) (Abb. 163). Derartige Strukturen herrschen in sensorischen Rindenregionen vor (z. B. Sehrinde).

Diese Differenzierungen der Rindenstruktur bilden sich erst im Laufe der *Entwicklung* heraus. Ursprünglich besteht die primäre Rinde (vgl. S. 48ff.) nur aus einer einfachen Zellreihe, die sich aber schon im 3. und 4. Schwangerschaftsmonat in mehrere Schichten aufspaltet. Beim Erwachsenen zeigen die sensomotorischen Areale eine Sechsschichtigkeit *(Isocortex)*, während bei den phylogenetisch älteren Rindenregionen, z. B. des Riechhirns, ein einfacherer, dreischichtiger Bau *(Allocortex)* erhalten bleibt.

Pyramidenzellen, Spindel- und Körnerzellen sind die hervortretenden *Zellformen* in der menschlichen Hirnrinde. Die Pyramidenzellen ordnen sich hautpsächlich in der Schicht III und V an. Sie senden efferente Fasern über das angrenzende Marklager bis ins Rückenmark. Sie haben motorische Funktionen. Die Körnerzellen lagern sich vor allem in die II. und IV. Schicht ein. Sie erhalten afferente, aufsteigende Axone aus den subkortikalen Zentren, insbesondere dem Thalamus, oder auch aus der Rinde selbst. Diese Schichten haben daher mehr sensorische und assoziative Aufgaben. Die *Spindelzellen* gruppieren sich vor allem in der Schicht I, die dadurch einen assoziativen Charakter bekommt.

Der Sechsschichtenbau der Rinde ist ein Grundtypus, der in den genannten Primär-, Sekundär- und Tertiärfeldern jeweils abgewandelt wird. Diese Modifikationen betreffen die Dicke der Rinde, die zwischen 1,5 und 4,5 mm variiert, den Zell- und Fortsatzreichtum sowie die Zellformen selbst. Wo die sechs Schichten gut erkennbar sind, spricht man nach v. Economo von einer *homotypischen Rinde,* wo sie verwaschen erscheinen, von einer *heterotypischen Rinde.* Die extremen, in Abb. 163 schematisch dargestellten Differenzierungen gehören zum heterotypischen Formenkreis, wie man sie in der Nachbarschaft der Primärfurchen (z. B. Sulcus centralis, Sulcus calcarinus) findet. Übergangs- und Mischformen, die alle erdenklichen Abwandlungen dieses Schemas umfassen, kommen mehr im Stirn-, Scheitel- und Hinterhauptslappen zur Ausbildung (frontaler, parietaler und polarer Typ der homotypischen Rinde). Es sind zahlreiche Hirnrindenkarten entworfen worden, um dieser Vielgestaltigkeit der zellulären Gliederungen gerecht zu werden. Solange jedoch das funktionell Wesentliche dieser Zusammenhänge noch nicht erkannt ist, braucht auf die Details hier nicht genauer eingegangen zu werden.

Stammesgeschichtliche Entwicklungstendenzen und die Sonderstellung des menschlichen Gehirns

Zytologische Differenzierungen sind im Neokortex bei den meisten Wirbeltieren gering. Die Rinde ist hier relativ gleichartig gebaut und setzt sich in der Hauptsache aus körnerartigen Elementen zusammen. Bei Idiotengehirnen fand H. Vogt einen einförmigen, sechsschichtigen Isokortex. Die vielgliedrige Zytoarchitektur ist ein spätes Ergebnis der Stammesgeschichte (Ariens-Kappers). Vor allem die großen Pyramidenzellen treten in der Evolution relativ spät auf und vermehren sich erst bei den Primaten in größerem Ausmaß. Die komplexeren synaptischen Apparate werden vermutlich erst bei den höheren Wirbeltieren angelegt.

Es gilt heute als gesichert, daß im Laufe der Stammesgeschichte der Wirbeltiere eine progressive, vielleicht auch orthogenetisch abgelaufene Vergrößerung des Gehirns stattgefunden hat *(Zerebralisation)*. Diese besteht nicht nur in einer absoluten Vermehrung der Zellzahl in der Großhirnrinde, sondern auch in der einseitigen Differenzierung

	Schichtengliederung der Großhirnrinde (von außen nach innen)
Schicht I	**Molekulare oder plexiforme Schicht** (Lamina zonalis). Überwiegend kleinere, verstreut liegende Zellformen (Cajalsche Zellen oder Horizontalzellen). Die Axone sind meist kortikofugal orientiert. Ihre Dendriten verlaufen tangential, ihre Neuriten kortikofugal zu den efferenten Neuronen der V. und VI. Schicht. In der zonalen Schicht sind zahlreiche tangentiale Faserzüge (Tangentialfaserschicht), wahrscheinlich in der Hauptsache Assoziationsfasern, vorhanden.
Schicht II	**Äußere Körnerschicht** (Lamina granularis externa). Besteht aus zahlreichen, dicht gelagerten Körnerzellen, deren Verästelungen auf diese Schicht beschränkt sind (intrakortikale Assoziationen). Dazwischen kommen verstreut kleine Pyramidenzellen vor. Tangentialfaserbündel (Lamina suprastriata) sind nur wenig differenziert.
Schicht III	**Äußere Pyramidenschicht** (Lamina pyramidalis externa). Breitere Schicht, die nach innen zunehmend kleinere und mittelgroße Pyramidenzellen beherbergt. Der basal abgehende, lange Neurit beteiligt sich vermutlich am Aufbau der Projektionssysteme und tritt in das Marklager über. Die Axone erhalten in dieser Schicht eine Markscheide (radiäre Markstrahlen der Rinde).
Schicht IV	**Innere Körnerschicht** (Lamina granularis interna). Wieder schmälere Schicht, im Aufbau ähnlich wie Schicht II. Es sind dicht gelagerte Körnerzellen wie in Schicht II vorhanden, daneben auch einige kleinere Pyramidenzellen sowie in reicher Zahl andere assoziative Nervenelemente (z. B. Sternzellen). An der Grenze zwischen der III. und IV. Schicht, meist jedoch innerhalb dieser Schicht, gruppieren sich die reichlich vorhandenen tangentialen Assoziationsfaserbündel (sog. äußerer Baillagerscher Streifen, Stria medullaris externa). Dieser Streifen ist im Bereich der Sehrinde (Feld 17) so stark ausgebildet, daß er schon makroskopisch als weißer Streifen (Vicq d'Azyrscher Streifen) imponiert und hier zu der Bezeichnung Area striata geführt hat.
Schicht V	**Innere Pyramidenschicht** (Lamina pyramidalis interna, auch Lamina ganglionaris genannt). Etwas zellärmere Zone mit großen Pyramidenzellen (Riesenganglienzellen), deren basal entspringender Neurit die efferenten, motorischen Projektionsbahnen bildet. In den inneren Abschnitten dieser Schicht finden sich zahlreiche horizontal verlaufende Axone und bilden den inneren Baillagerschen Streifen (Stria medullaris interna). Diese Schicht ist besonders gut im Gyrus praecentralis ausgebildet.
Schicht VI	**Spindelzellschicht oder Lage der polymorphen Zellen** (Lamina multiformis). Hier herrschen vielgestaltige, unterschiedlich große Ganglienzellen vor (Spindelzellen, multiforme Zellen, Martinottische Zellen). Außen liegen bevorzugt großzellige Elemente, innen in lockerer Verteilung kleinere, verschieden gestaltete Zellformen. Deshalb werden manchmal auch zwei Schichten – eine VI. und VII. Rindenschicht – unterschieden. Die Martinottischen Zellen sind assoziativer Natur und vor allem dadurch charakterisiert, daß der Neurit im Gegensatz zu den übrigen Neuronen kortikopetal, also in der Rinde aufsteigend, verläuft und sich mit seinen Kollateralen in den vorhergehenden Schichten verzweigt. Die Spindelzellen schicken ihre Neuriten absteigend in das Marklager. Die Sternzellen bleiben mit ihren kurzen Fortsätzen auf das Gebiet dieser Schicht begrenzt.

bestimmter, neu hinzugekommener Hirngebiete (Neokortex) bei gleichzeitiger Verdrängung der älteren Teile (Paläokortex). Meist werden die alten Rindenabschnitte nach innen verlagert (Introversion), während die neu hinzugekommenen Hirnteile mehr die Oberfläche einnehmen (Promination). Zuletzt bilden sich die durch den Sulcus lateralis (Sylvii) getrennten basalen Teile des Stirn- und Schläfenlappens aus (sog. *basaler Neokortex)*. Bei fossilen Hominiden sind diese Rindenabschnitte noch nicht ausgeprägt, weshalb man annehmen darf, daß sie in besonderem Maße mit den Prozessen der Menschwerdung zu tun haben. Es gibt Erkrankungen, bei denen diese spätentstandenen Rindenbezirke isoliert befallen werden und systemartig atrophieren (Picksche Atrophie). Interessanterweise sind dabei zunächst nicht »die elementaren Werkzeugleistun-

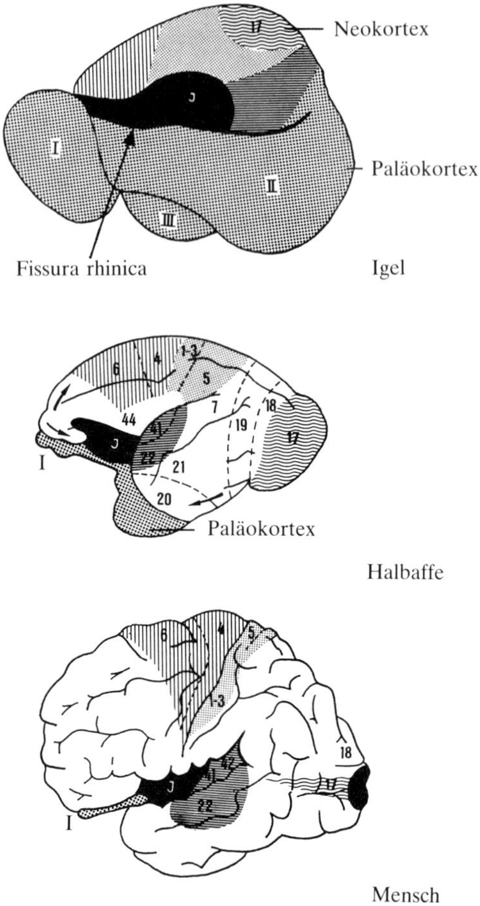

Abb. 164. Gegenüberstellung des Gehirns vom Igel, Halbaffen und Menschen zur Darstellung der stammesgeschichtlichen Vergrößerung des basalen Neokortex (weiß). Seitenansicht, alle Gehirne auf die gleiche Größe gebracht. Arabische Ziffern = Rindenfelder (nach Spatz, aus Janzen). I = Bulbus olfactorius; II = Lobus piriformis; III = Tuberculum olfactorium; J = Insel.
Die Insel (J) liegt beim Igel noch an der äußeren Oberfläche der Großhirnhemisphäre, bei Halbaffen ist sie kleiner geworden und im hinteren Abschnitt supprimiert. Die zunehmende Reduktion des Paläokortex ist erkennbar. Beim Igel macht der prominente Paläokortex den größten Teil der Hemisphäre aus, beim Menschen ist er ganz klein geworden und introvertiert. Die Sehrinde (Feld 17) wird von der Außenfläche des Gehirns nach medial verlagert. Die weiß gelassenen Abschnitte des Neokortex, besonders im Bereich des Stirn- und Schläfenlappens (basaler Neokortex), nehmen beim Menschen stark an Masse zu.

gen und die Intelligenz, sondern die Persönlichkeit, ihre Haltung, Antrieb und Wertungen« betroffen (Janzen).

Für die **stammesgeschichtliche Entwicklung** sind somit drei elementare Prozesse kennzeichnend (Abb. 164).

1. Die *progressive Zerebralisation*, d. h. die Massenzunahme der höheren Integrationsgebiete im Bereich des Großhirnmantels (Promination).
2. Die *Auseinander-* und *Zurückdrängung der phylogenetisch älteren Rindengebiete* (Retraktion und Suppression).
3. Die *Verlagerung der älteren Rindenteile* nach innen und medial (Prinzip des Innen und Außen nach Spatz).

Die den Menschen charakterisierenden, jüngsten Abschnitte entwickeln sich basal im Stirn- und Schläfenlappen (sog. basaler Neokortex).

Eine Sonderstellung des menschlichen Gehirns ist aber aus den quantitativen Daten über Größe, Gewicht und Oberfläche zunächst nicht zu begründen. Im absoluten Hirngewicht wird der Mensch von den Großsäugern (Wale, Elefanten), im relativen, d. h. auf das Körpergewicht bezogenen Gehirngewicht von verschiedenen kleineren Affenarten (z. B. Cebus spec.) übertroffen.

Vergleicht man jedoch die durchschnittliche Dicke der menschlichen Großhirnrinde mit der der konkurrierenden Wassersäuger (Delphine, Wale), die bekanntlich ein

Durchschnittliches Gehirngewicht beim Menschen (in g)		
	männl.	weibl.
Neugeborene	400	380
Ende des 1. Lebensjahres	800	760
Ende des 7. Lebensjahres	1200	1120
Ende des 21. Lebensjahres	1375	1245
Ende des 60.–80. Lebensjahres	1285	1130

auffallend großes sowie auch stark gefaltetes Gehirn besitzen, so fällt auf, daß der Mensch die größten Rindenvolumina erreicht (Haug). Der Stammhirnanteil ist gegenüber dem Kortexanteil relativ klein, d. h. die Rinde ist gegenüber allen anderen Abschnitten des ZNS beim Menschen auffallend stark entwickelt. Der Kortexanteil beträgt fast die Hälfte des gesamten Großhirns (vgl. Tabelle). Man sieht also, daß die Sonderstellung des menschlichen Gehirns vor allem auf der extremen Differenzierung des Neokortex beruht. Das gilt nicht nur in quantitativer Hinsicht, sondern auch für die feinere zytologische Ausgestaltung und natürlich besonders für den basalen Neokortex.

Vergleichende Übersicht über die quantitativen Verhältnisse des Gehirns verschiedener Großsäuger (nach Haug)							
	Gehirngewicht (in g)	Großhirnanteil (in %)	Kortexanteil (in %)	Stammhirnanteil (in %)	Hirnoberfläche (in cm^2)	Faltungsindex	Durchschnittliche Dicke der Großhirnrinde (in mm)
Mensch	1500	87	47,5	13	2500	2,8	2,9
Pilotwal Globicephala macr.)	3190	79	41,5	21	6640	4,8	1,9
Flaschennasendelphin (Tursiops tr.)	1150	81	42,0	19	3530	4,6	1,4
Braunfisch (Phocaena)	500	79,5	42,5	20,5	1300	4,1	1,6
Elefant	4365	71	33,5	29	6275	3,8	2,3

D. Vegetatives Nervensystem

Organisation und Funktion des vegetativen Nervensystems stehen in vieler Hinsicht in Gegensatz zu den Einrichtungen der Sensorik. Vermitteln uns die höheren Sinne ein bewußtes Bild der Umwelt, so vollzieht sich die Tätigkeit des vegetativen NS im Unbewußten. Diese ist auch nicht direkt durch den Willen zu beeinflussen, sondern *»autonom«*. Daher stammt die Bezeichnung autonomes NS (vgl. S. 1, 63). Die nach außen gerichteten Sinne erschließen uns die Welt und ermöglichen sinnvolle Antwortreaktionen, meist auf dem Wege über die sensomotorischen Systeme, zur Sicherung der äußeren Existenz des Organismus (oikotropes oder umweltbezogenes NS). Der autonome Teil des NS dagegen regelt die Organtätigkeiten des Organismus selbst, er ist »innenweltbezogen« (idiotrop) und damit für die Erhaltung des organischen Lebens entscheidend. Das zweckmäßige und ökonomische Zusammenwirken der verschiedenen Organtätigkeiten innerhalb des Organismus beruht im wesentlichen auf der gesunden Arbeitsweise eines durch das vegetative NS vermittelten »inneren Informationswechsels«. L. R. Müller hat das vegetative NS daher auch das System der »Lebensnerven« genannt. Verdauung, Stoffwechsel, Sekretion, Wasserhaushalt, Wärmeregulation, Kreislauf, Fortpflanzung und andere wichtige Funktionen des lebenden Organismus werden von diesen »Lebensnerven« gesteuert.

Diese Steuerung vollzieht sich unwillkürlich, autonom und unbewußt. Nur indirekt können wir durch die Bildung bestimmter Vorstellungen auf die vegetativen Funktionen einwirken, wie jeder vom Phänomen des Errötens oder Erblassens, der Gänsehaut oder des Herzklopfens weiß. Dies zeigt zugleich auch, daß das »Vegetativum« keinen in sich abgeschlossenen Bereich innerhalb des Gesamtnervensystems bildet, sondern ebenso wie die anderen Systeme in das Ganze integriert ist. Weiterhin bestehen Verbindungen mit dem System der endokrinen Drüsen. In gewisser Hinsicht könnte man sogar das »Endokrinium« zum Vegetativum hinzurechnen, regeln doch beide mittels spezifischer Wirkstoffe *(Hormone bzw. Transmitter)* die Tätigkeit der Gewebe und Organe in der Peripherie des Organismus. Dies zeigt sich in besonderer Weise am Nebennierenmark, in dem Transmitterstoffe als Hormone gespeichert sind. Die Fähigkeit vegetativer Nerven, in der Peripherie an den Berührungsflächen mit den Geweben solche Überträgerstoffe (Transmitter) freizusetzen, kann als ein besonderes Charakteristikum dieses Teiles des NS angesehen werden. Diese Überträgerstoffe (Noradrenalin, Azetylcholin) greifen in das Stoffwechselgeschehen der Gewebe ein und verändern dadurch die spezifischen Zelleistungen (Sekretion, Kontraktion usw.). Die Nervenzellen produzieren diese Substanzen selbst und sind dadurch Drüsenelementen vergleichbar. (Im Bereich des Zwischenhirns spricht man von *Neurosekretion* [S. 310]). Während die endokrinen Drüsen aber ihre Wirkstoffe ins Blut absondern, geben die peripheren vegetativen Nerven die Transmitterstoffe in der Nähe ihrer Erfolgsorgane in die interstitiellen Räume zwischen den Parenchymzellen ab. In der Regel werden keine direkten, synaptischen Kontaktflächen mit den zu innervierenden Zellen (glatte Muskelfasern, Drüsenzellen, Gefäßwandelemente) gebildet. Während bei den Sinnesorganen die stofflichen Prozesse (beim Auge z. B. die Sehpigmente) am Anfang des Erregungsgeschehens stehen, treten sie beim vegetativen NS erst am Ende, am Ort der Reizübertragung auf. Dominiert in dem einen System das afferente Geschehen, so im vegetativen Bereich umgekehrt das efferente. Früher wurde das vegetative NS überhaupt nur als ein efferentes System definiert. Wir wissen aber heute, daß auch in den vegetativen Funktionsbereichen das Prinzip des Leitungsbogens verwirklicht ist. Es existieren hier ebenfalls afferente (viszerosensible) Bahnen. Obwohl über Verlauf und Arbeitsweise dieser viszeroafferenten Neurone noch wenig bekannt ist, kann ihre Existenz doch nicht bezweifelt werden. Funktionell steht allerdings das efferente Geschehen weitgehend im Vordergrund. Die Viszeroafferenzen haben jedoch nur die Aufgabe, die zentrifugal gerichteten Erregungsabläufe, die teilweise sogar autonom in den Zellen der vegetativen Zentren entstehen, zu modifizieren und abzustufen, in ähnlicher Weise wie bei den Sinnessystemen die efferenten Leitungen die Reizschwelle der Rezeptoren zu modifizieren vermögen. Wir müssen uns also vorstellen, daß im vegetativen NS ein dauernder zentrifugaler Strom von Überträgerstoffen zur Peripherie hinfließt, der die Leistungsbreite der Organe regelt.

Jede Körperzelle ist aufgrund ihrer Ausstattung mit spezifischen Organellen und Enzymen zu elementaren Leistungen fähig, auch ohne eine eigene Innervation (Prinzip der Autonomie und Automatie der peripheren Funktionen). Die Aufgabe des vegetativen NS kann daher nicht die Erzeugung solcher Leistungen, sondern lediglich die Festlegung der jeweiligen Einstellbereiche durch Erhöhung oder Senkung der spezifischen Zelleistungen sein. Das vegetative System vermag auf diese Weise die Konstanz des inneren Milieus, das für alle Organleistungen entscheidend ist, steuernd zu beeinflussen (Homöostase). Störungen der ionalen Zusammensetzung der Körperflüssigkeiten reduzieren die Leistungsbreite des Organismus, was nicht selten Krankheit bedeutet. Das vegetative NS hat daher für die Medizin allergrößte Bedeutung. Die für die Gesundheit so notwendige Harmonisierung der Organprozesse und deren gegenseitige Anpassung werden vom vegetativen NS vorgenommen.

Die Innenwelt der Organe ist aber nichts Selbständiges. Sie dient letztlich wiederum der nach außen gerichteten Leistungsentfaltung des Gesamtorganismus. Vegetative und somatische Funktionen verschmelzen zu einer Einheit. Dadurch ergibt sich ein zweites, nicht minder wichtiges Aufgabengebiet für das vegetative NS: nämlich die Leistungsbreite der inneren Organe an die der anderen, auf die Außenwelt gerichteten Organsysteme anzupassen. Ein Sportler wird »alle Kraft zusammennehmen müssen«, um eine Höchstleistung zu erzielen. In einer Gefahrensituation vollbringen wir manchmal überraschende körperliche Leistungen. Die »Energie« hierfür wird aus der Welt der Organe vom vegetativen NS mobilisiert. Dieses sorgt dafür, daß die jeweilige Tätigkeit unserer Organe den äußeren Notwendigkeiten bzw. den besonderen Umweltsituationen angepaßt ist. Es kann damit das Leben des Einzelorganismus auch unter den wechselnden Verhältnissen der Umwelt aufrechterhalten werden. Diese Anpassungsfähigkeit ist beim Menschen besonders vielseitig. Er kann in der Gluthitze der Wüste ebenso wie in der Eiseskälte der Arktis sein Leben aufrechterhalten und körperliche wie geistige Leistungen vollbringen. Natürlich helfen dazu auch sinnvoll erdachte Hilfseinrichtungen (Kleidung, Behausung usw.), aber in der Hauptsache ist es doch das vegetative NS, das die Anpassungsbreite des Organismus bestimmt. Beim Menschen ist nicht nur das somatische Nervensystem hoch entwickelt, sondern auch das vegetative. Die evolutive Höherentwicklung beider Funktionsbereiche geht Hand in Hand.

Da das vegetative NS die Organfunktionen dadurch regelt, daß es durch seine Überträgerstoffe den jeweiligen Tonus entweder erhöht oder herabsetzt und dadurch die Leistung des Organs fördert oder hemmt, ergibt sich zwangsläufig eine antagonistische Gliederung. Die beiden auch morphologisch unterscheidbaren Komponenten dieser polaren Struktur werden als *Parasympathikus* und *Sympathikus* (oder Orthosympathikus) bezeichnet. Eine makroskopisch-anatomische Unterscheidung in zwei derartige Anteile ist aber nur im Rumpfteil (spinotegmentaler Bereich) des vegetativen Nervensystems möglich. In den peripheren vegetativen Nervennetzen (Organbereich) lassen sich Sympathikus und Parasympathikus nur pharmakologisch und fluoreszenzmikroskopisch bis zu einem gewissen Grade unterscheiden. In den höheren vegetativen Zentren, die im Zwischenhirn liegen (dienzephaler Bereich), verwischt sich die Zweiteilung in Sympathikus und Parasympathikus vollends, da hier die Beeinflussung der Peripherie nicht nach Organen oder Teilfunktionen, sondern mehr nach übergeordneten Funktionszielen erfolgt.

Das vegetative NS ist anatomisch und funktionell weitgehend eine Einheit. Dennoch lassen sich organische Gliederungen treffen. Die Hauptmasse der nervösen Substanz des vegetativen Systems liegt in der Peripherie in Form von Netzen und Geflechten vor, in die zahlreiche Ganglien als knötchenförmige Verdickungen eingelagert sind. Die peripheren Plexus stehen durch den Grenzstrang (Truncus sympathicus) mit den Spinalnerven und auf diese Weise mit dem Rückenmark in Verbindung. Die vegetativen Kerngruppen liegen im Rückenmark vor allem in der Seitensäule in der Nähe der Formatio reticularis. Die Retikularisformation nimmt kranialwärts an Masse zu und verbreitert sich vor allem in der Haubenregion des Rauten- und Mittelhirns. Diese netzartige Zellformation zieht sich als eine zusammenhängende Zellmasse durch den gesamten Hirnstamm hindurch und enthält neben somatomotorischen u.a. auch zahlreiche vegetative Steuerungszentren. Sie endet schließlich im Hypothalamus, wo die übergeordneten Funktionszentren für das gesamte Vegetativum lokalisiert sind.

Auf diese Weise lassen sich im vegetativen NS **drei Organisationsstufen** unterscheiden:

1. Das *periphere* oder *intramurale Endnetz,* das in die Wand der Organe und *Gewebe* eingelagert ist und zahlreiche Ganglienkomplexe umfaßt.
2. Das spino-rhombo-mesenzephale oder kurz *spinotegmentale System,* das vom Hirnstamm bzw. Rückenmark ausgeht und durch afferente und efferente Leitungsbahnen das intramurale System mit den zentralnervösen Zentren verbindet.
3. Das *Zwischenhirn* (Hypothalamus), das die obersten vegetativen Zentren enthält und die funktionelle Verbindung zwischen somatischen, vegetativen und endokrinen Systemen herstellt.

I. Periphere Organisationsstufe (Intramurales NS)

Wird ein isoliertes Darmstück lokal gedehnt, so antwortet der gedehnte Darmabschnitt auf den Dehnungsreiz mit einer Kontraktion. Diese pflanzt sich in der Längsrichtung des Darmes ein Stück weiter fort, bis sie schließlich erlischt. Dasselbe reaktive Verhalten kann auch an einem isolierten Gefäßstück nachgewiesen werden. Für die Regelung derartiger motorischer Reaktionen bei den glattmuskulären Organen kommen nun nach heutigen Vorstellungen vor allem zwei Instanzen in Betracht. Die glatte Muskulatur, z.B. im Magen-Darm-Kanal, besitzt zunächst als unterste Instanz eine *myogene Automatie,* die auch ohne Mitwirkung des intramuralen vegetativen Nervensystems spontan-rhythmische Kontraktionen und Spannungsänderungen hervorrufen kann. Diese myogene Aktivität wird durch Dehnung intensiviert. Auch die zugehörige Erregungsausbreitung mit Geschwindigkeiten bis zu 10 cm/sec ist rein myogener Natur. Diesen myogenen Elementarprozessen ist das intramurale NS übergeordnet. Es kann diese Prozesse durch die Freisetzung von Überträgerstoffen hemmen oder fördern sowie auch durch lokale Reflexe verändern. Zum Beispiel kann auf diese Weise die Darmmotorik von der Schleimhaut her reflektorisch beeinflußt werden. An den Dehnungsreaktionen des Darmes in situ sind neben den myogenen Effekten meist auch Reflexe beteiligt, an denen das intramurale NS einen entscheidenden Anteil hat.

Feinbau des vegetativen NS. Die anatomische Grundlage für das geschilderte funktionelle Verhalten ist das intramurale Wandnetz des vegetativen NS. In der Wand aller Organe mit Ausnahme des Gehirns lassen sich bereits lichtmikroskopisch feinste Nervenfasergeflechte mit eingelagerten Ganglienzellen darstellen (Abb. 165). Bei elektronenmikroskopischen Vergrößerungen zeigt sich darüber hinaus eine extrem feine Aufsplitterung dieser peripheren vegetativen Fasern, die einen Durchmesser bis zu 0,3 μm erreichen können.

Die Zahl der vegetativen Nerven ist in den jeweiligen Organen sehr unterschiedlich. Dasselbe gilt für die Einlagerung von Ganglienzellen. So findet man z. B. in der Pyloruswand 20000 Ganglienzellen pro cm^2 und in der Kardia etwa 4000. Die Zellen sind durchweg multipolar. Häufig enthalten sie zwei oder mehrere Kerne sowie auffallend viel gelblich bis bräunliches Pigment (Lipofuszin). Die vegetativen Ganglienzellen sind in der Regel klein (Durchmesser 15–55 μm).

Sie werden von gliösen *Mantelzellen* eingehüllt. Diese Gliaelemente bilden aber nicht wie in den Spinalganglien eine dicke Hüllschicht, sondern sind unregelmäßig und locker um den Zelleib herum verteilt, die allerdings auch geschlossen ist. Die Zahl der Mantelzellen kann lokal stark vermehrt sein, was mit Alterungs- und Krankheitsprozessen in Zusammenhang gebracht wird. Die Hüllzellen setzen sich auf die Axone fort. Sie werden Schwannsche oder interstitielle Zellen genannt. Die in der Regel marklosen oder

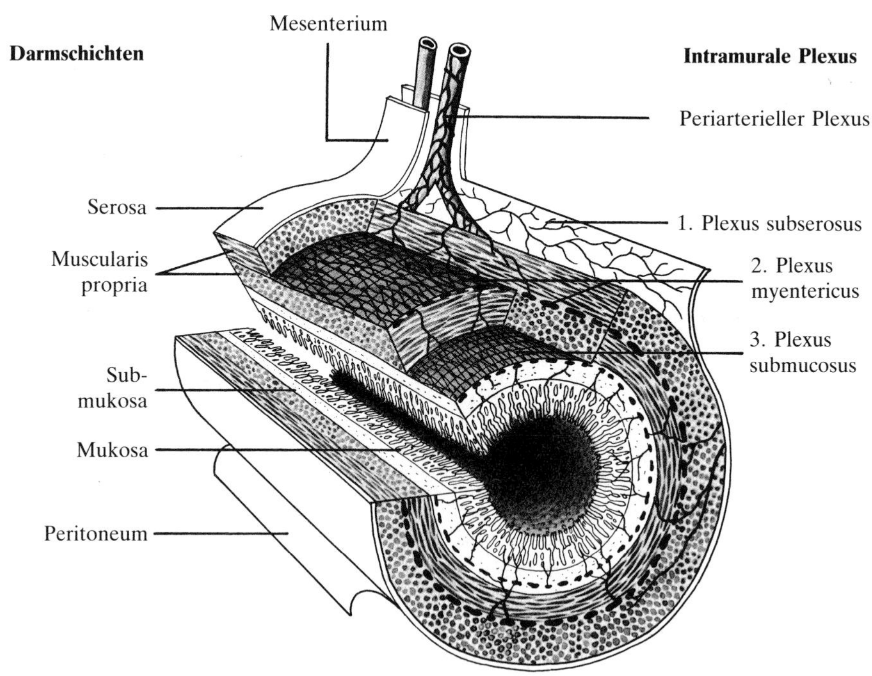

Abb. 165. Schema vom Aufbau der peripheren vegetativen Geflechte in der Darmwand (nach Kahn). Die Nervengeflechte (schwarz), in die Ganglien eingelagert sind, durchsetzen alle Organschichten bis zum Epithel (B.).

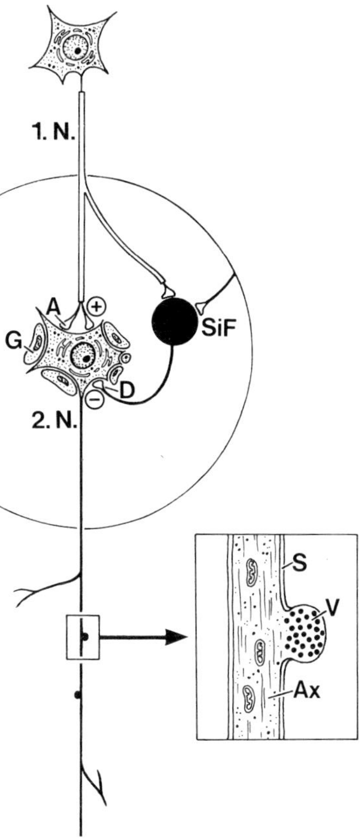

Abb. 166. Schaltmöglichkeiten im vegetativen Ganglion (schematisch) (W.). Das markhaltige Axon des präganglionären Neurons (1. N.) endet mit cholinergen, exzitatorischen Synapsen (A). Die dopaminergen SIF-Zellen bilden am Perikaryon des marklosen postganglionären Neurons (2. N.) inhibitorische Synapsen mit Dopamin (D) als Überträgerstoff. Am Axon (Ax) sind 2 Varikositäten mit synaptischen Vesikeln (V) dargestellt. A = Acetylcholin; G = Oligodendrogliazelle; S = Schwannsche Scheide.

markarmen Axone werden vom Zytoplasma der Schwannschen Zellen meist vollständig eingehüllt. Erst im Bereich der Erfolgsorgane (glatte Muskulatur, Drüsenzellen, Organparenchym usw.) treten die Axone teilweise oder auch ganz aus der umhüllenden Scheide heraus. Derartige »nackte« Axone sind dann meist etwas verdickt, was im Silberimprägnationsbild als Varikosität (knötchenartige Verdickung) imponiert. Sie zeigen lokalisierte Erweiterungen mit synaptischen Bläschen (Abb. 166). Auf diese Weise können Überträgerstoffe direkt ins Gewebe abgeschieden werden. Unmittelbare, synaptische Kontaktflächen mit den Zellmembranen der Erfolgsgewebe oder spezialisierte Endorgane werden nicht gebildet. Die im Interstitium freigesetzten Überträgerstoffe wirken daher nicht streng lokal, sondern auf dem Wege über den Extrazellulärraum immer auf einen größeren Gewebsbereich. Man spricht daher auch von »diffusen Synapsen« (Hillarp). Die Gesamtheit dieser Synapsen bildet dann das *Neuroeffektorgebiet.*

Früher dachte man, die Endaufzweigungen der vegetativen Fasern müßten in einem unentwirrbaren, synzytialen Nervennetz (»Terminalretikulum«) gesucht werden. Mit elektronenmikroskopischen und fluoreszenzmikroskopischen Untersuchungen konnte jedoch gezeigt werden, daß auch in den peripheren terminalen Geflechten die

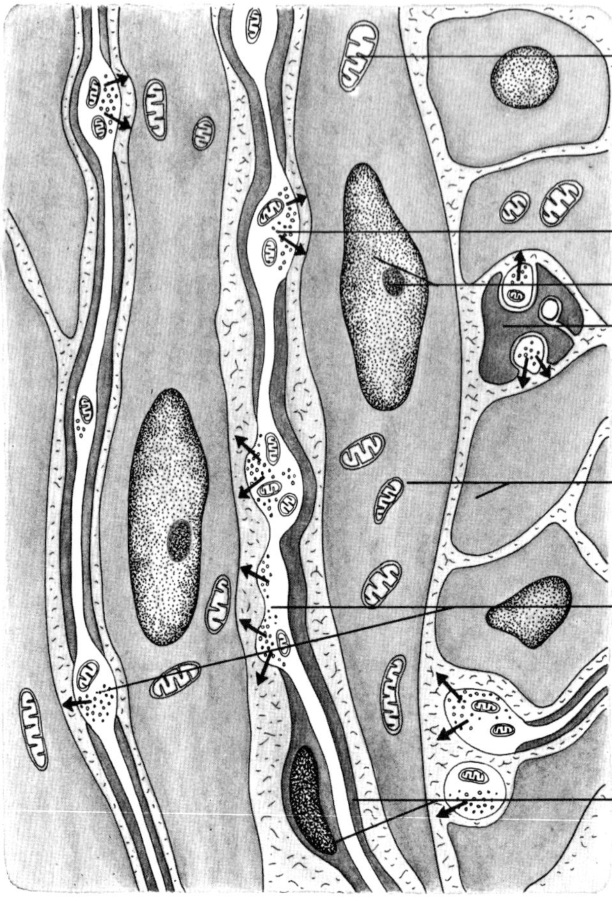

Abb. 167. Schema vom Aufbau des vegetativen NS (periphere Organisationsstufe). Als Beispiel wurde die Innervation eines glattmuskulären Hohlorgans (Bläschendrüse) gewählt (modifiziert nach W. Stach). Man beachte die Ansammlung synaptischer Bläschen in denjenigen Axonabschnitten, die keine Umhüllung durch Schwannsche Zellen mehr aufweisen. Von diesen Stellen aus wird das Interstitium des Gewebes diffus mit Überträgerstoffen beschickt (Pfeile).

Individualität der Zellelemente gewahrt bleibt. Von einer synzytialen Kontinuität der nervösen Substanz kann auch in der Peripherie nicht gesprochen werden. Die präterminale Nervenfaser endet in dem in der Organwand gelegenen *»vegetativen Grundplexus«*, dessen Aufzweigungen in das Neuroeffektorgebiet übergehen (Abb. 167).

Die vorgeschalteten größeren **Ganglien** zeichnen sich durch eine reiche intraganglionäre Gefäßversorgung aus. Da eine Unterbrechung oder Drosselung der Sauerstoffversorgung kaum Einschränkungen der Erregungsleitung bewirkt, wird vermutet, daß die auffallend reiche Kapillarisierung der peripheren vegetativen Ganglien vornehmlich im Zusammenhang mit Stoffwechselfunktionen steht. Die vegetativen Ganglien enthalten verschiedene Zelltypen und sind diejenigen Orte, an denen die synaptischen Schaltungen erfolgen. In der Regel werden die Axone derjenigen Neurone, die im Rückenmark oder ZNS lokalisiert sind (1. oder präganglionäres Neuron), in den peripheren vegetativen Ganglien (Grenzstrangganglien, prävertebrale oder intramurale Ganglien) auf ein 2. (postganglionäres) Neuron umgeschaltet, dessen Axone dann in den vegetativen terminalen Plexus einmünden.

Die Ganglien sind daher Stellen, an denen die Erregungsleitung unterbrochen werden kann (z. B. durch Bepinselung mit Nicotin oder anderen Ganglienblockern). Da in den Ganglien verschiedene Zellformen mit unterschiedlichen Rezeptoren und Transmittern vorkommen, kann hier eine wirkungsvolle Transformation der efferenten Erregungen stattfinden. So wurden neuerdings in den sympathischen Ganglien kleine, intensiv fluoreszierende Dopamin-haltige Zellen (SIF-Zellen) gefunden, die an den Perikarien der postganglionären Neurone mit dopaminergen Synapsen enden und wahrscheinlich inhibitorische Funktion haben. Die exzitatorische Stimulation der postganglionären Neurone erfolgt vornehmlich über cholinerge Synapsen (Abb. 166). Darüber hinaus kommen aber auch Zellen, die andere Transmitter enthalten oder auf andersartige Rezeptoren einwirken, vor, was die Basis für vielfache Erregungsmodulationen abgibt.

Reizt man einen peripheren vegetativen Nerven, so findet man im zugehörigen Erfolgsorgan sowie im abführenden Venenblut bestimmte Mengen von freigesetzten Überträgerstoffen. An sympathischen Terminalorganen des Neuroeffektorgebietes wird vor allem Noradrenalin freigesetzt. Sie werden daher als *adrenerge Fasern* bezeichnet. Die parasympathischen setzen Acetylcholin frei und heißen daher *cholinerge Fasern*. Reizung adrenerger Fasern bewirkt eine Kontraktion der Bauchgefäße, der Milz, eine Tonusherabsetzung der Darmmuskulatur, eine Erweiterung der Pupille und Hemmung der Drüsensekretion im Magen-Darm-Trakt. Reizung cholinerger Fasern ergibt im wesentlichen ein gegenteiliges Bild. Eine Ausnahme stellen die sympathischen Fasern für die Hautgefäße und die Schweißdrüsen dar, die cholinergisch sind. Auf die weiteren Faserdifferenzierungen (peptiderge, serotoninerge Fasern usw.), die durch neuere Methoden unterscheidbar geworden sind, soll hier nicht näher eingegangen werden.

Die *intramuralen* Plexus sind durchweg aus dünnen, marklosen Nervenfasern mit geringer Leitungsgeschwindigkeit (C-Gruppe) aufgebaut. Unterschiede in der Leitungsgeschwindigkeit zwischen sympathischen und parasympathischen Fasern konnten nicht nachgewiesen werden. Die zentripetal leitenden, afferenten Neurone der peripheren vegetativen Plexus zeigen vornehmlich etwas dickere Fasern (A, δ-Fasern), jedoch teilweise auch C-Fasern.

II. Mittlerer Organisationsbereich des vegetativen NS – Spinotegmentale Organisationsstufe und zugehörige Verbindungen mit dem intramuralen System

Als mittleren Organisationsbereich fassen wir alles zusammen, was die übergeordneten, zentralnervösen, vegetativen Zentren im Zwischen- und Endhirn mit dem intramuralen Wandnervensystem verbindet. Morphologisch ist dieser Bereich durch eine teilweise segmentale Gliederung sowie durch lange Leitungsbahnen, in die an verschiedenen Stellen Ganglien eingeschaltet sind, charakterisiert. Funktionell beherrschen Reflexschaltungen mit Leitungsbögen, die aus mindestens einem afferenten und zwei efferenten Neuronen bestehen, das Bild (über die neuronalen Gliederungen s. S. 298).

Grobanatomisch zerfällt der definierte Bereich in zwei Teile, nämlich den Parasympathikus und Sympathikus. Dabei nimmt der Sympathikus hauptsächlich die thorakolumbalen Segmente des Rückenmarks ein, während der Parasympathikus einerseits vom Kopf, andererseits vom Sakralteil des Rückenmarks ausgeht und die dazwischenliegende Lücke durch lange Nerven, wie z. B. durch den N. vagus, überbrückt (Abb. 168). Der Sympathikus bildet zu beiden Seiten der Wirbelsäule, d. h. paravertebral, eine segmental gegliederte Ganglienkette, den *Truncus sympathicus* oder Grenzstrang des Sympathikus,

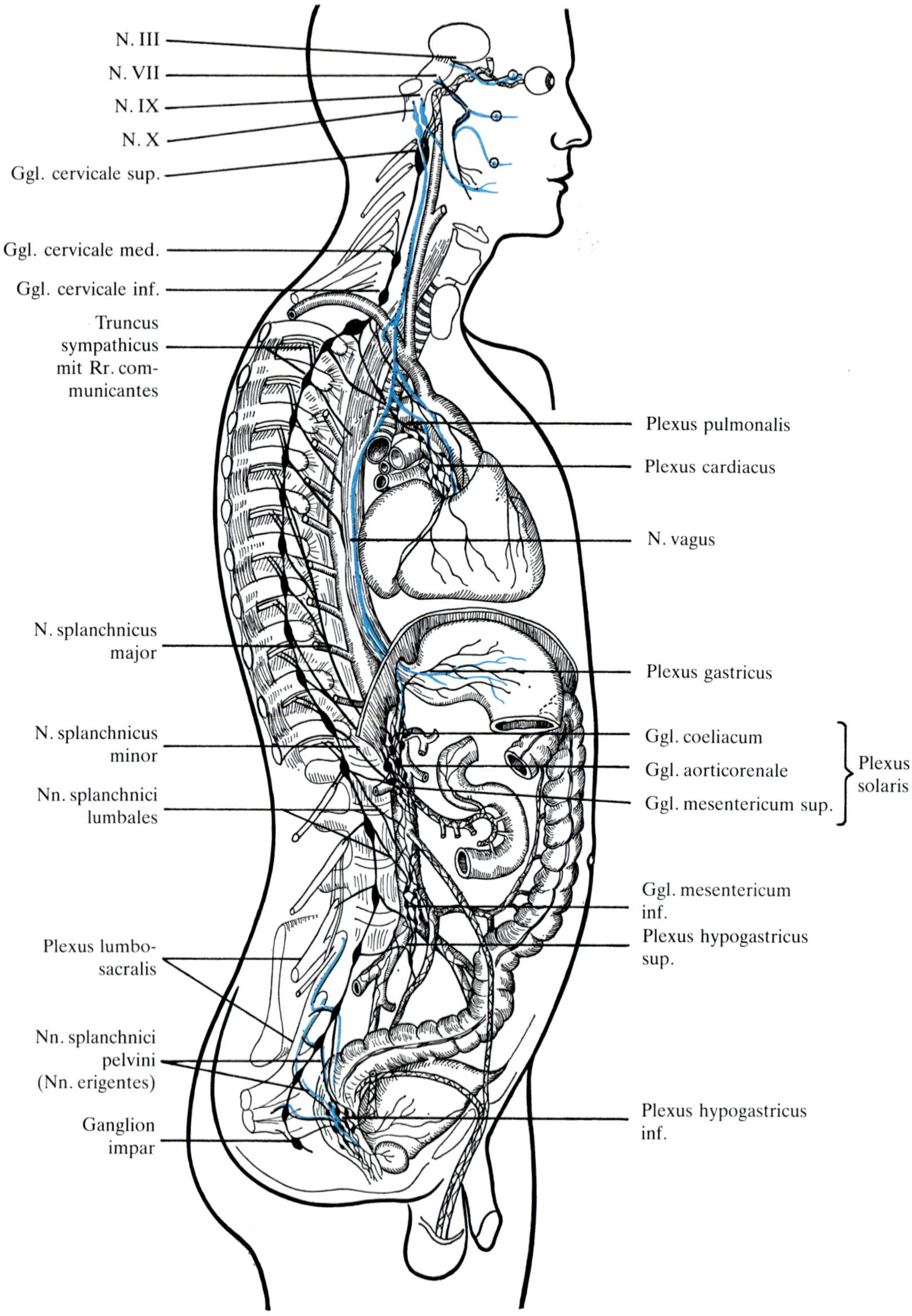

Abb. 168. Übersicht über den Aufbau des vegetativen Nervensystems (modif. nach Krieg) (B.). Blau = Parasympathikus; schwarz = Sympathikus.

der durch die Rami communicantes mit den Spinalnerven Verbindung hat. Medial gehen von den beiden Grenzsträngen längere Nerven aus, die Nn. splanchnici, die die beiden Grenzstränge mit den vor der Wirbelsäule gelegenen Gangliengruppen, den prävertebralen Ganglien, verknüpfen. Die prävertebralen Ganglien sind in der Regel an den Ursprungsorten der großen Gefäßstämme der Aorta, der Lungenwurzel oder an der Herzbasis lokalisiert. Von diesen Ganglien gehen die peripheren vegetativen Plexus aus, die in der Regel in die Wand der Arterien eingelagert sind. Diese periarteriellen Plexus bilden die Verbindung zwischen den prävertebralen und intramuralen Gangliengruppen

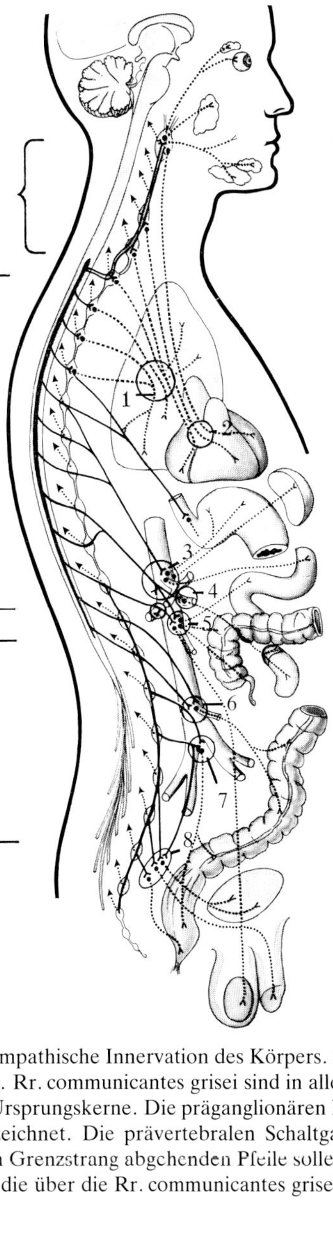

Abb. 169. Übersicht über die sympathische Innervation des Körpers. Die Ursprungskerne des Sympathikus im Rückenmark reichen von C_8–L_3. Rr. communicantes grisei sind in allen Segmenten ausgebildet, Rr. communicantes albi nur im Bereich der Ursprungskerne. Die präganglionären Neurone sind als ausgezogene Linien, die postganglionären punktiert gezeichnet. Die prävertebralen Schaltganglien und Plexus wurden mit Kreisen umrahmt. Die punktierten, vom Grenzstrang abgehenden Pfeile sollen die Verbindungen des Sympathikus mit der Haut und Körperwandung, die über die Rr. communicantes grisei und die jeweiligen Spinalnerven laufen, andeuten.

(Abb. 169). Prävertebrale und intramurale Ganglien sind funktionell sympathischer und parasympathischer Natur, während die paravertebrale Ganglienkette ausschließlich zum Sympathikus gehört.

1. Orthosympathikus

Die Ursprungskerne des Sympathikus liegen im Nucl. intermediolateralis der Seitensäule des Rückenmarks und nehmen nur die thorakolumbalen Segmente (C_8–L_3) ein. Sie liegen etwa zwischen den Extremitätenwurzeln. Von diesem begrenzten Ursprungsgebiet breitet sich der Sympathikus peripherwärts stark aus. Seine Fasern gelangen über den Grenzstrang des Halses aufsteigend zum Kopf und über den lumbosakralen Teil des Grenzstranges absteigend zu den Beckenorganen und zu den unteren Extremitäten (Abb. 168 u. 169). Die meist mehrere Segmente zusammenfassenden Nn. splanchnici führen die efferenten Sympathikusfasern zu den prävertebralen Gangliengruppen.

Para- und prävertebrale Ganglien

Der paarig angelegte Grenzstrang zeigt im thorakolumbalen Bereich eine strenge Metamerie. Jedes Segment besitzt ein Grenzstrangganglion, das durch Rami interganglionares mit den Nachbarganglien verknüpft ist. Kranialwärts wird die Zahl der Grenzstrangganglien auf drei reduziert *(Ggl. cervicale sup., med.* und *inf.*). Kaudal finden sich meist nur vier lumbale und vier sakrale Ganglien. Vor dem Steißbein verschmelzen die Grenzstränge beider Seiten zu einem unpaaren rudimentären Ganglienkomplex (*Ggl. coccygeum impar,* Abb. 170).

Von den Grenzstrangganglien gehen Nerven aus, die schräg abwärts beiderseits der Wirbelsäule zu den prävertebralen Ganglien ziehen. Im Halsbereich sind dies die *Nn. cardiaci,* im Brustbereich die *Nn. pulmonales* und *Nn. splanchnici* (major et minor), im Lenden- und Sakralbereich die *Nn. splanchnici lumbales* und *sacrales.*

Die para- und prävertebralen Ganglien sind Orte synaptischer Umschaltungen. Man bezeichnet die *vor* diesen Ganglien, d.h. zwischen Rückenmark und Schaltganglien, gelegenen Neurone als *präganglionäre* und die nachfolgenden als *postganglionäre* Neurone. In diesem Zusammenhang haben die Verbindungsäste des Grenzstranges mit den Spinalnerven eine unterschiedliche Funktion. Makroskopisch lassen sich in der Regel zwei verschiedene Rr. communicantes unterscheiden, nämlich *Rr. communicantes grisei* und *albi* (Abb. 173). Die weißlichen Verbindungsäste enthalten vornehmlich präganglionäre Fasern, die markhaltig sind und daher die Rr. communicantes albi weiß bis gelblich erscheinen lassen. Die Rr. communicantes grisei enthalten dagegen in der Hauptsache postganglionäre Fasern, die markarm bis marklos sind und dadurch die blaßgraue Farbe dieser Verbindungsäste bewirken. Die Rr. communicantes grisei führen vor allem den Spinalnerven postganglionäre Fasern zu.

Die Zellkörper der Ursprungsneurone des Sympathikus liegen in der Seitensäule des Rückenmarks im *Nucleus intermediolateralis.* Ihre Neuriten liefern die präganglionären Fasern, deren Umschaltung auf die postganglionären Neurone bei den Brustorganen bereits in den Grenzstrangganglien, bei den Bauch- und Beckenorganen jedoch erst in den prävertebralen Ganglien erfolgt. Die präganglionären Fasern der Segmente Th_5–S_4 (Ursprungsbereiche für die sympathische Versorgung der Bauch- und Beckenorgane) ziehen also ohne synaptische Unterbrechungen durch die zugehörigen Grenzstrangganglien hindurch, während die präganglionären Fasern der Segmente von C_8–Th_5 (sympathische Versorgung der Brustorgane) im Truncus sympathicus umgeschaltet werden (Abb. 174).

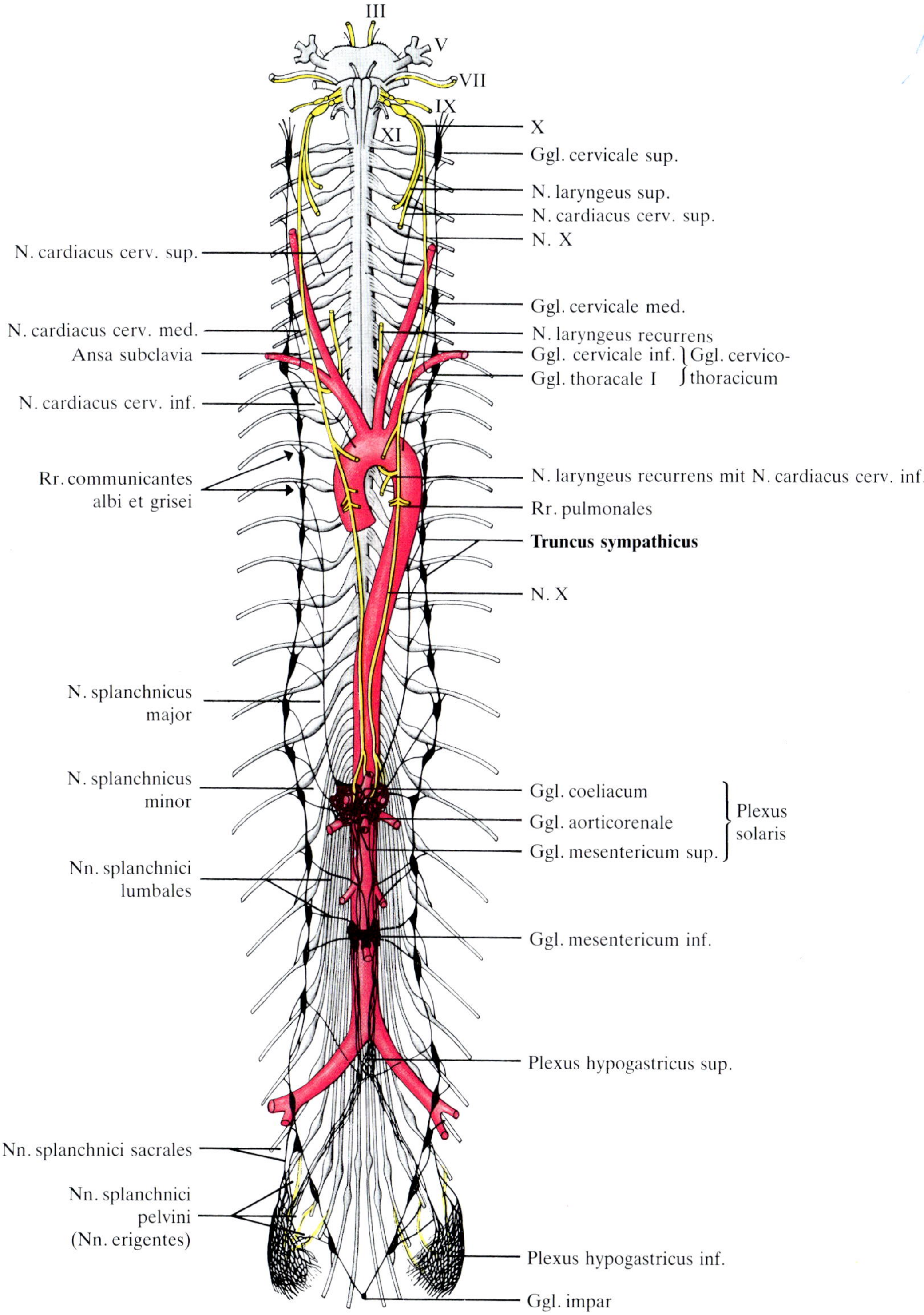

Abb. 170. Anatomie des vegetativen Nervensystems im Verhältnis zum spinal-metameren Bereich des Rückenmarks (etwas vereinfacht nach MATTUSCHKA) (B.). Schwarz = Sympathikus; gelb = Parasympathikus; rot = Aorta.

Sympathikus	Grenzstrang-ganglien (paravertebral)	Verbindungs-äste	Prävertebrale Ganglien-gruppen	Erfolgsorgan (sympath. Innervation)
Halsteil	Ggl. cervicale superius Ggl. cervicale medium Ggl. cervicale inferius	N. cardiacus cervicalis sup. N. cardiacus cerv. med. N. cardiacus cerv. inf.	Ggl. und Plexus cardiacus	Herz
Brustteil	Ggll. thoracalia (Th_1–Th_4)	Nn. cardiaci thoracici Rr. pulmonales	Ggl. und Plexus cardiacus Plexus und Ggll. pulmonalia	Herz Lungen, Trachea
	Ggll. thoracalia (Th_5–Th_9) Ggll. thoracalia (Th_9–Th_{12}) Ggll. thoracalia (Th_{12})	N. splanchnicus major N. splanchnicus minor N. splanchnicus imus	Plexus solaris (Ggl. coeliacum und mesentericum sup.) Plexus solaris (Ggl. coeliacum und mesentericum sup.) Plexus renalis	Oberbauchorgane Keimdrüsen und Nieren
Bauch- und Beckenteil	Ggll. lumbalia (L_1–L_4) Ggll. sacralia (S_1–S_4)	Nn. splanchnici lumbales Nn. splanchnici sacrales	Plexus hypogastricus sup. (Ggl. mesentericum inf.) Plexus hypogastricus inf. (Ggl. pelvicum)	Colon transversum bis Rektum Beckenorgane

Die *prävertebralen Ganglien* sind unpaare Ganglien mit Ausnahme der Ganglia hypogastrica inferiora, die ausgedehnte Nerven- und Zellkomplexe oberhalb des muskulären Beckenbodens zu beiden Seiten des Rektums darstellen (Abb. 168 u. 169). Die prävertebralen Ganglien gruppieren sich im Bauchraum um die großen Arterienstämme an der Aorta (Truncus coeliacus, A. mesenterica superior und inferior), im Brustraum an der Lungenwurzel und Herzbasis. Von ihnen gehen keine isolierbaren Einzelnerven mehr aus. Statt dessen bilden sich an den Gefäßwänden adventitielle Geflechte. Mit den versorgenden Arterien gelangen die vegetativen Plexus zu den Erfolgsorganen (Tab. S. 290). Die Geflechte tragen daher in der Regel den Namen der jeweiligen Arterien (Plexus hepaticus, lienalis, gastricus, testicularis, renalis usw.). Innerhalb der Eingeweideorgane lösen sie sich in die intramuralen Plexus auf.

Sympathische Versorgung von Kopf und Extremitäten

Da die Zuflüsse zum Grenzstrang auf die Rückenmarkssegmente C_8–L_3 beschränkt sind, muß die sympathische Versorgung für die Kopf- und Beckenorgane über den Hals- bzw. Beckenteil des Grenzstranges divergierend nach kranial bzw. kaudal verlaufen. Die Ursprungsneurone für die *sympathische Versorgung des Kopfes* liegen in der Seitensäule der Rückenmarkssegmente von C_8–Th_4, für die sympathische Innervation des Auges z. B. im Centrum ciliospinale (C_8 und Th_1), für die übrigen Kopfregionen z. B. bei Th_2–Th_4. Die präganglionären Neurone erreichen über den Halsgrenzstrang aufsteigend

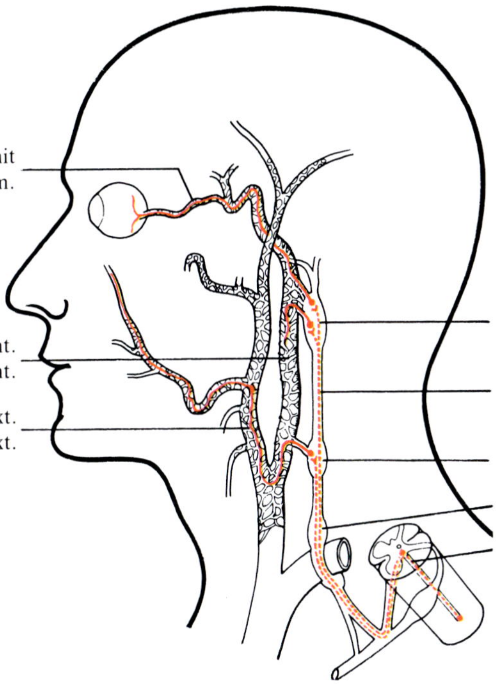

Abb. 171. Schematische Darstellung der sympathischen Innervation des Kopfes (B.). Schwarz = präganglionäres Neuron; gestrichelt = postganglionäres Neuron.

das Ggl. cervicale superius, wo die Umschaltung auf die postganglionären Neurone erfolgt (Abb. 171). Von hier gehen die sympathischen Fasern auf die großen Kopfgefäße über, vor allem auf die A. carotis int. (Plexus caroticus int.), die A. carotis ext. (Plexus caroticus ext.) und die V. jugularis int. (N. und Plexus jugularis). Mit diesen Gefäßen bzw. mit deren Ästen erreichen die vegetativen Nerven ihre Erfolgsorgane im Kopfbereich (Drüsen, glatte Muskeln, Schleimhäute usw.). Die Fasergeflechte zu den Halsorganen stammen mehr aus dem Ggl. cervicale medium und inf. N. und Plexus jugularis stellen die Verbindungen zum Ggl. inf. des IX. sowie zum Ggl. sup. des X. Hirnnerven her.

Die *sympathische Versorgung zur Körperwand und zu den Extremitäten* geht rückläufig über die Spinalnerven, und zwar mittels der Rr. communicantes grisei. Diese Verbindungsäste zwischen Grenzstrang und Spinalnerven sind im Gegensatz zu den Rr. communicantes albi in allen Segmenten vorhanden. Die präganglionären Neurone liegen in der Seitensäule des Rückenmarks. Ihre Neuriten werden aber bereits in den Grenzstrangganglien umgeschaltet. Das postganglionäre Neuron erreicht dann über die Rr. communicantes grisei die Spinalnerven und damit die Extremitätenplexus. Die beiden oberen Ganglien des Halsgrenzstranges beliefern die Spinalnerven C_1–C_4 und damit auch den Plexus cervicalis mit sympathischen Fasern. Das untere zervikale Ganglion, das mit den oberen thorakalen Grenzstrangganglien in der Regel zu einem größeren Ganglienkomplex verschmolzen ist (*Ggl. cervicothoracicum* oder *stellatum*), schickt Fasern in den Plexus brachialis und wird damit zur wichtigsten Quelle für die sympathische Versorgung des Armes. Die präganglionären Ursprungszellen für die obere Extremität finden sich in den oberen Thorakalsegmenten des Rückenmarks (Th_4–Th_7). Im Brustbereich erhält jeder Spinal- bzw. Interkostalnerv einen Zuschuß sympathischer Fasern über den R. communicans griseus vom benachbarten Grenzstrangganglion.

Die Wurzelzellen für die *untere Extremität* liegen in den RM-Segmenten Th_{10}–L_2. Ihre Neuriten (präganglionäre Neurone) verlaufen im Grenzstrang abwärts bis zu den prävertebralen, lumbalen und sakralen Gangliengruppen. Von hier ziehen die postganglionären Neurone zum Plexus lumbosacralis, und zwar haben die Grenzstrangganglien von L_4–L_5 Verbindungen zum Plexus lumbalis (N. femoralis usw.) und die sakralen Ganglien (S_1, S_2, S_3) zum Plexus sacralis und pudendalis zur Versorgung von Beckenboden, Genitale und Bein (N. ischiadicus, N. pudendus usw.).

In den sympathischen Nerven kommen in variabler Form und Zahl auch *Zwischenganglien* (Ganglia intermedia) vor, in denen dann meist eine Umschaltung von den prä- auf die postganglionären Neurone stattfindet, ehe die präganglionären Fasern das Grenzstrangganglion oder die prävertebralen Gangliengruppen erreicht haben (Abb. 174). Zwischenganglien wurden in den Rr. communicantes der Hals- und Lendensegmente, in den Herznerven sowie regelmäßig innerhalb des N. splanchnicus major in Höhe des IX. Brustwirbels (Ganglion splanchnicum) gefunden. Diese Tatsache kann praktische Bedeutung erlangen. Zum Beispiel können bei Grenzstrangresektionen oder Durchschneidungen Mißerfolge auftreten, wenn die Schaltungen bereits in den Zwischenganglien erfolgt sind.

2. Parasympathikus

Der parasympathische Teil des vegetativen NS läßt sich in ein kranial-autonomes und ein sakral-autonomes System gliedern. Auch hier müssen prä- und postganglionäre Neurone unterschieden werden. Ganglien, in denen die prä- auf die postganglionären Neurone umgeschaltet werden, liegen jedoch meist näher am Erfolgsorgan als beim Sympathikus, wodurch die präganglionäre Strecke teilweise sehr lang wird. Im Gegensatz zum Sympathikus formieren sich die Ursprungszellen des Parasympathikus im Hirnstamm zu lokalisierbaren, umschriebenen Kernen. Während der Sympathikus peripher Gefäßgeflechte bildet, schließen sich die efferenten parasympathischen Fasern entweder den Hirnnerven an oder bilden eigene Nerven.

Da im Gegensatz zum Sympathikus die Wurzelgebiete des Parasympathikus im Bereich der thorakolumbalen Segmente unbedeutend sind (nur der kleine Nucleus intermediomedialis im Rückenmark ist vermutlich parasympathischer Natur), ist es verständlich, daß hier nicht alle Erfolgsorgane eine parasympathische Innervation erhalten. Zum Beispiel werden die Haarmuskeln (Mm. arrectores pilorum), die Gefäßmuskulatur der Haut im Bereich der Gliedmaßen und des Rumpfes (Vasomotoren) sowie wahrscheinlich auch des Uterus nicht parasympathisch innerviert.

Kopfteil des Parasympathikus – Kranial-autonomes System

Die Ursprungszellen für das kraniale autonome System sind in besonderen Kernen lokalisiert, die sich als dorsale, viszeromotorische Kernreihe dicht neben den somatomotorischen Kerngruppen der Hirnnervenkerne am Boden der Rautengrube bis ins Mittelhirn hinziehen. Ihre Neuriten schließen sich nur dem III., VII., IX. und X. Hirnnerven an. Allen genannten Hirnnerven sind in der Peripherie parasympathische Ganglien angelagert, in denen die Umschaltung von den prä- auf die postganglionären Neurone erfolgt (Abb. 172). Die efferenten Axone der postganglionären Neurone verzweigen sich peripherwärts stark, so daß es zu einer bedeutenden Reizausbreitung (Irradiation) kommt (Beispiel einer Divergenzschaltung).

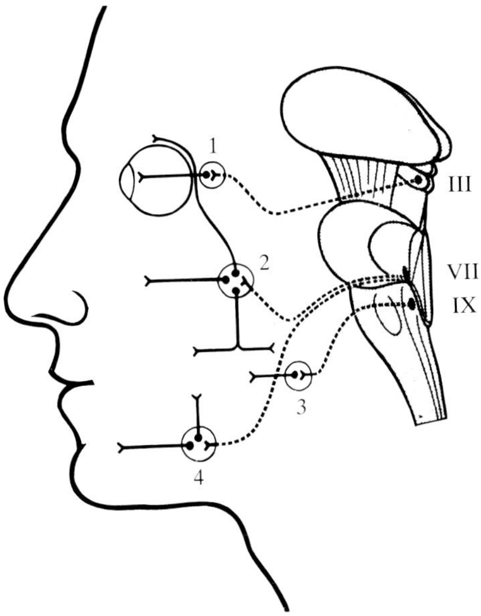

Abb. 172. Schematische Darstellung der parasympathischen Innervation des Kopfes (B.). Gestrichelte Linie = präganglionäres Neuron; durchlaufende Linie = postganglionäres Neuron. III, VII, IX = Kerne der zugehörigen Hirnnerven. 1 = Ganglion ciliare; 2 = Ganglion pterygopalatinum; 3 = Ganglion oticum; 4 = Ganglion submandibulare.

Die parasympathischen Fasern des N. oculomotorius (N. III) entspringen im Nucleus caudalis centralis (Perliascher Kern) und Nucleus accessorius autonomicus (Westphal-Edingerscher Kern), die median zwischen den motorischen Ursprungskernen des N. oculomotorius, ventral vom Aquaeductus cerebri, im Mittelhirn gelegen sind. Die präganglionären Neurone verlaufen mit dem N. oculomotorius bis zum Ggl. ciliare der Orbita, wo die Umschaltung auf die postganglionären Neurone erfolgt (parasympathische Innervation des M. ciliaris und M. sphincter pupillae).

Der parasympathische Anteil des N. facialis (N. VII) entspringt im dorsalen, viszeromotorischen Fazialiskern am Boden der Rautengrube (Nucleus visceromotorius dorsalis und salivatorius sup.). Die Neuriten dieser Zellen begleiten den N. facialis entweder bis zum Ggl. pterygopalatinum (hier Umschaltung auf das postganglionäre Neuron für die Innervation der Hirnhautgefäße, Kopfdrüsen, Nasen- und Gaumenschleimhaut sowie der Tränendrüse) oder bis zum Ggl. submandibulare, wo die Umschaltung auf das postganglionäre Neuron für die sekretorische Innervation der Glandula sublingualis und submandibularis sowie der vorderen Zunge erfolgt.

Die parasympathischen Fasern des N. glossopharyngeus (N. IX) kommen aus dem dorsalen, viszeromotorischen Kern des N. IX *(Nucleus salivatorius inf.)* und verlassen den Hirnnerven als N. tympanicus, der bis zum Ganglion oticum zieht. Hier erfolgt die Umschaltung auf die postganglionären Neurone, die die Glandula parotis sowie das hintere Drittel der Zunge und den oberen Pharynx versorgen.

Die Ursprungszellen für die parasympathischen Fasern des N. vagus (N. X) liegen im dorsalen, viszeromotorischen Vaguskern (Nucleus originis dorsalis N. X). Ihre Neuriten ziehen im N. vagus abwärts bis zum Ösophagus und Magen. Die meisten enden im Plexus solaris oder im ventralen Magengeflecht (Plexus gastricus ventralis). Die synaptische Umschaltung auf die postganglionären Neurone erfolgt aber wahrscheinlich noch nicht in diesen prävertebralen Ganglien, sondern erst in der Wand der Erfolgsorgane selbst. Im Hals- und Brustteil des Vagus zweigen Äste zu den Halsorganen, zum Herzen und zur Lunge ab. Das Versorgungsgebiet des parasympathischen Vagusanteils (Abb. 168 u. 169) reicht kaudal etwa bis zum sog. Cannon-Böhmschen Punkt am Colon transversum. Das distal anschließende Kolon wird vom sakral-autonomen Anteil des Parasympathikus, dessen Ursprungszellen in den sakralen Rückenmarkssegmenten gelegen sind, versorgt.

Reizung des Vagus führt zu einer Kontraktion der Bronchiolen sowie einer Dämpfung der Herzaktivität. Die Durchblutung der Koronararterien nimmt ab. Im Bereich des Magendarmkanals bewirkt Vagusreizung eine Förderung der Peristaltik, Sekretion der Verdauungsdrüsen und Durchblutungssteigerung (Vasodilatation). Eine Durchschneidung des Vagus (Vagotomie) setzt den Muskeltonus im gesamten Magendarmtrakt sowie in den extrahepatischen Gallenwegen herab. Die durch Histamininjektion auslösbare Magensaftsekretion, ebenso wie die hormonal gesteuerten Sekretionsmechanismen, bleiben unbeeinflußt.

Brustteil des Parasympathikus (»Spinaler Parasympathikus«)

Die Existenz parasympathischer Ursprungskerne im mittleren Rückenmarksbereich ist nicht erwiesen. Daß die Spinalnerven (besonders die hinteren Wurzeln) efferente parasympathische Fasern leiten, wird heute allgemein bezweifelt. Vermutlich führen sie nur viszeroafferente Fasern. Somit erhalten die Extremitäten vermutlich keine parasympathische Innervation. Ihre Vasodilatatoren kommen vom Sympathikus und stellen in der Regel cholinerge Fasern dar.

Beckenteil des Parasympathikus – Sakral-autonomes System

Die Ursprungszellen des sakralen Parasympathikus sind im Nucl. intermediomedialis der Seitensäule des Rückenmarks bzw. im dorsolateralen Teil der Vordersäule im Bereich von S_1–S_3 lokalisiert. Die präganglionären Neuriten verlassen das Rückenmark mit den ventralen Wurzeln der zugehörigen Spinalnerven (Plexus pudendalis) und bilden anschließend eigene Nerven (Nn. splanchnici pelvini, Nn. erigentes), die an der dorsalen Beckenwand entlang zu beiden Seiten des Rektums bogenförmig nach vorn ziehen, um schließlich in den *Plexus hypogastricus inferior* (früher Ggl. pelvinum) einzumünden (Abb. 168 u. 169). Hier findet die Umschaltung auf die postganglionären Neurone statt. Häufig erfolgt diese Umschaltung auch erst in den intramuralen Ganglien der Erfolgsorgane (Harnblase, Geschlechtsorgane). Aufsteigend erreichen parasympathische Fasern auch den Plexus hypogastricus superior (Ggl. mesentericum inferius) und von dort das Sigmoid sowie das distale Kolon bis zum Cannon-Böhmschen Punkt.

Reizung der sakralen parasympathischen Fasern *(Nn. splanchnici pelvini)* bewirkt eine Sekretion der Geschlechts- und Darmdrüsen, Peristaltik und Darmentleerung (Defäkation) bei gleichzeitiger Erschlaffung des M. sphincter ani internus. Durch Kontraktion der Harnblasenwand wird bei gleichzeitiger Erschlaffung des M. sphincter urethrae (Sphincter internus) die Harnblasenentleerung (Miktion) eingeleitet. Am Genitale erzeugt die Reizung dieser Nerven eine Vasodilatation innerhalb der Schwellkörper und damit eine Erektion des Penis bzw. der Klitoris. Gleichzeitig ergibt sich eine Hyperämie an Samenblasen, Ductus deferens und Nebenhoden. Die Ejakulation erfolgt erst auf sympathische Erregungen.

3. Neuronale Gliederungen im spinotegmentalen Bereich des vegetativen NS

Die neuronalen Gliederungen des vegetativen Nervensystems sind komplexer und teilweise weniger übersichtlich als im Bereich des animalen Nervensystems. Es herrscht eine Tendenz zur Netzbildung und Vermaschung auch in den zentralen Steuerungsbereichen vor. Früher glaubte man, daß die Retikularisformation des Stammhirns weitgehend ungegliedert sei. Die Elektrophysiologie hat jedoch durch gezielte Reizversuche gezeigt, daß die funktionelle Ordnung der Kerngebiete im Rückenmark und Stammhirn um so größer wird, je weiter zentralwärts man aufsteigt. Die elementaren Reflexschaltungen sind wie bei den somatischen, sensomotorischen Funktionskreisen meist im Rückenmark selbst lokalisiert. Die Kerngruppen der Retikularisformation im Rauten-, Mittel- und Zwischenhirn bedienen sich dieses peripheren Schaltapparates nach Art einer »gemeinsamen Endstrecke« zur stufenweisen Realisierung umfassenderer Funktionsziele. Stehen die vegetativen Reflexschaltungen des Rückenmarks noch im Zusammenhang mit einzelnen Organfunktionen, wie z.B. mit der Magenmotorik, Blasenentleerung oder Herztätigkeit, so übernehmen die Stammhirnzentren bereits übergeordnete Funktionen, an denen mehrere Organe beteiligt sind, wie etwa die Regulation der Atmung, des Blutdrucks usw. Den umfassendsten Wirkungsbereich haben die hypothalamischen Kerne, die für die Korrelation der Tätigkeit verschiedener Organsysteme im Dienste des Gesamtorganismus verantwortlich sind und auf diese Weise z.B. den Wasserhaushalt, die Wärmekonstanz oder den Stoffwechsel als Ganzes regulieren können. Welche neuronalen Verbindungen vorhanden sind, um derartig komplexe Vorgänge z.T. mit außerordentlich kleinen steuernden Zellgruppen beeinflussen zu können, ist heute noch weitgehend unklar. Lediglich die elementaren peripheren Reflexschaltungen, deren sich die höheren Systeme bedienen, sind geklärt. Betrachten wir diese zuerst.

Als wichtigstes Kennzeichen aller vegetativen efferenten Bahnen kann die Existenz mehrerer, mindestens aber zweier efferenter Neurone, nämlich eines prä- und eines

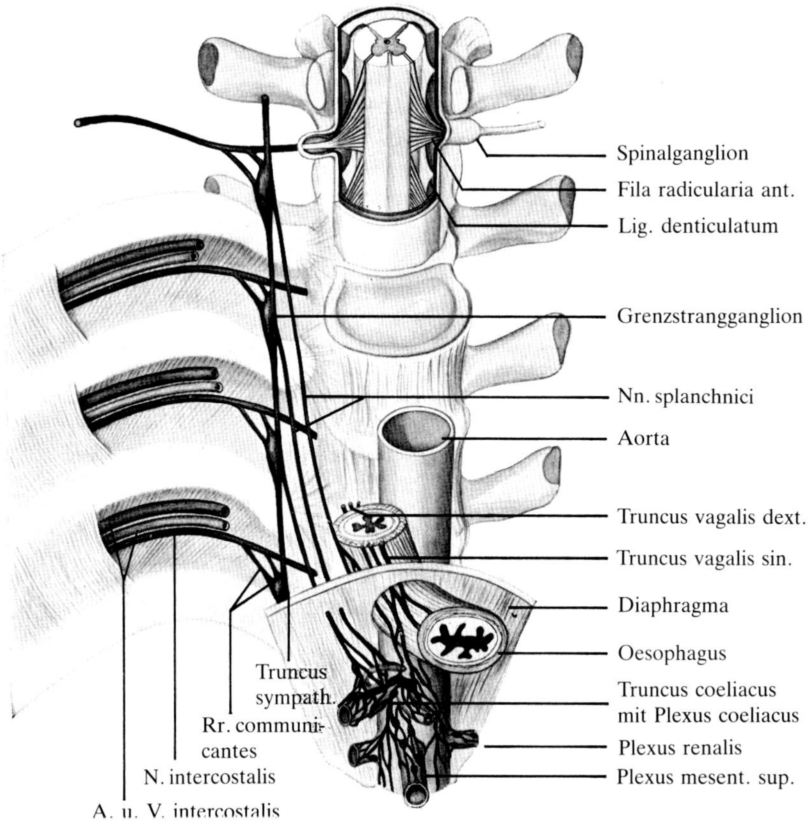

Abb. 173. Anatomischer Aufbau des vegetativen Nervensystems im Rückenmarksbereich (B.). Zwei Wirbelkörper wurden entfernt, der Rückenmarkskanal von ventral eröffnet.

postganglionären Neurons, angesehen werden. Im Gegensatz zur quergestreiften Muskulatur gibt es also bei der Innervation der glatten Muskulatur keine vom Rückenmark bis zum Erfolgsorgan durchlaufenden Neurone. Die prä- und postganglionären Neurone unterscheiden sich beim sympathischen und parasympathischen System morphologisch und funktionell in vieler Hinsicht.

In der Regel ist das präganglionäre Neuron markhaltig, das postganglionäre marklos. Alle präganglionären Neurone sind cholinerg, die postganglionären sympathischen adrenerg und die postganglionären parasympathischen cholinerg (vgl. Tabelle). Wahrscheinlich existieren aber noch weitere Fasertypen, die hier vorerst noch unberücksichtigt bleiben sollen. Die präganglionären Neuriten geben meist zahlreiche auf- und absteigende Kollateralen ab, so daß sie in mehreren (6–8) Grenzstrangganglien Synapsen bilden können. Bei Reizung eines Ramus communicans albus stellt sich daher eine starke Erregungsausbreitung über mehrere Segmente ein. Im Gegensatz dazu führt die Reizung eines R. communicans griseus nur zur Erregung des zugehörigen Segments, da die postganglionären efferenten Fasern nur aus einem Grenzstrangganglion stammen und den zugehörigen Spinalnerven begleiten. Die viszero- und somatosensiblen Dermatomfelder der Haut stimmen annähernd überein, wogegen die efferenten sympathischen Hautfelder in Form und Anordnung stark variieren und sich auch gegenseitig überlappen. Ihre Verteilung weicht von den somatischen Dermatomen wesentlich ab.

	Sympathikus	**Parasympathikus**
Präganglionäre Strecke	Kurz	Lang
Umschaltung vom prä- auf das postganglionäre Neuron	Organfern	Organnah oder erst im Organ selbst
Weg zum Erfolgsorgan	Mit den Arterien (adventitielle Plexus)	Mit den Nerven (selbständige oder andere Nerven, insbesondere Hirnnerven)
Postganglionäres Neuron	Adrenerg (Ausnahmen: Vasodilatatoren und Piloarrektoren der Haut und Extremitäten)	Cholinerg
Funktionelle Tendenz	Zur Erregungsausbreitung (Irradiation)	Zur Begrenzung und Lokalisation (Dämpfung)

Vegetative Leitungsbögen

Die über das Rückenmark gezogenen Leitungsbögen des vegetativen NS (Abb. 174) bestehen im einfachsten Fall aus drei Neuronen, einem afferenten viszerosensiblen Neuron, das dem Rückenmark Erregungen aus den Eingeweiden zuführt, und zwei viszeromotorischen Neuronen, einem prä- und einem postganglionären Neuron. Schaltkreise dieser Art können auch mit dem somatischen NS in Verbindung treten, wodurch sich wechselseitige Beziehungen zwischen dem vegetativen und dem animalen System ergeben, die für die Klinik besonders wichtig sind.

Viszeroviszerale Leitungsbögen. Die Ursprungszellen der sympathischen efferenten, präganglionären Neurone liegen in der Seitensäule des Rückenmarks *(Nucl. intermediolateralis)*. Ihre Axone verlassen in der vorderen (gelegentlich auch in der hinteren) Wurzel das Rückenmark und treten über die Rr. communicantes albi in den Grenzstrang ein (Abb. 174). Für die Innervation der Brustorgane erfolgt die Umschaltung auf das postganglionäre Neuron bereits in den Grenzstrangganglien, für diejenigen der Bauch-

und Beckenorgane erst weiter distal in den prävertebralen Gangliengruppen (z. B. Plexus solaris, Plexus hypogastricus usw.). Die Nn. splanchnici (major et minor) enthalten daher noch zahlreiche markhaltige Fasern, d. h. Axone präganglionärer Neurone, die ohne Unterbrechung durch die Grenzstrangganglien hindurchlaufen. Die postganglionären Neurone erreichen dann über die jeweiligen Gefäßplexus ihre Erfolgsorgane. Die viszeralen Afferenzen aus den Eingeweiden werden dem Rückenmark über viszerosensible Neurone, die die Tätigkeit der viszeromotorischen Neurone modifizieren und der jeweiligen Reizsituation in der vegetativen Peripherie anpassen können, zugeleitet. Die Zellkörper dieser afferenten Neurone liegen im Spinalganglion. Es handelt sich um

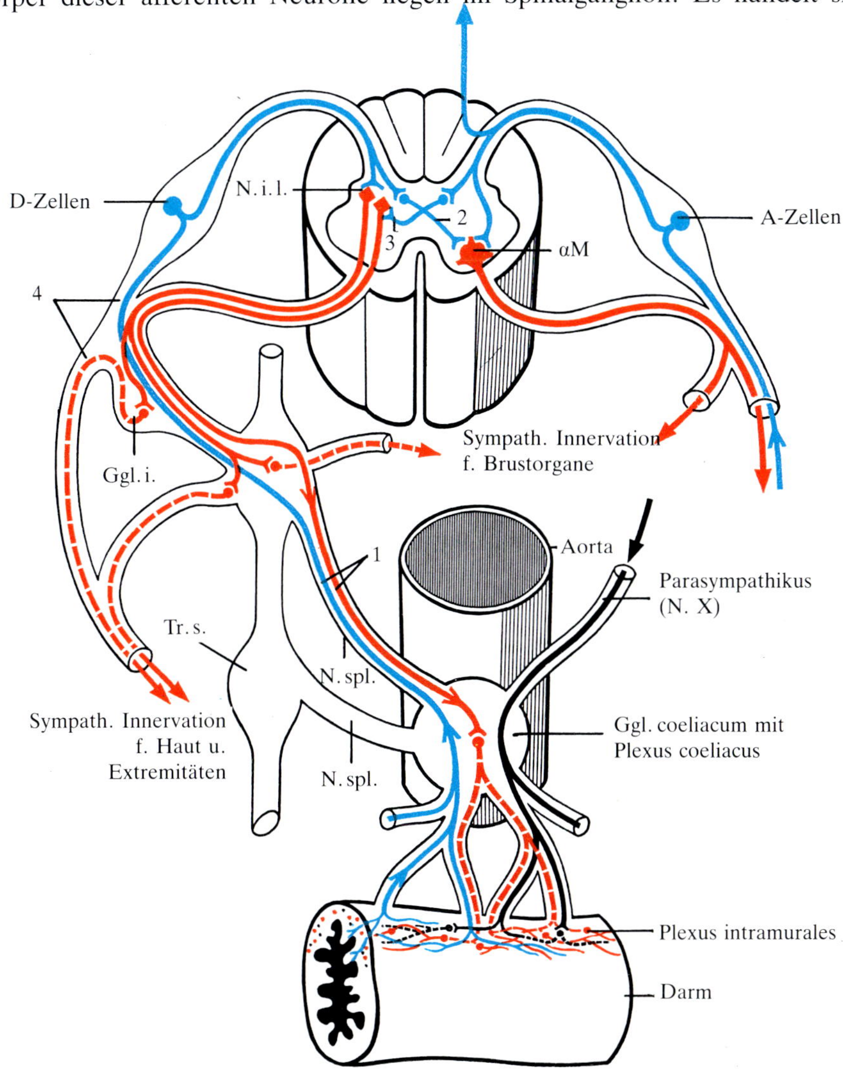

Abb. 174. Leitungsbögen im mittleren Bereich des vegetativen Nervensystems (vgl. mit Abb. 173) (B.). Ggl. i. = Ganglion intermedium; N. i. l. = Nucl. intermediolateralis; N. spl. = N. splanchnicus; Tr. s. = Truncus sympathicus; ausgezogene Linien = präganglionäre Neurone; gestrichelte Linien = postganglionäre Neurone; schwarz = Parasympathikus; αM = α-Motoneurone. Somatischer Leitungsbogen (rechte Bildhälfte). Vegetative Leitungsbögen (linke Bildhälfte): 1 = viszeroviszeraler Leitungsbogen; 2 = viszerosomatomotorischer Leitungsbogen (Koppelung durch Schaltzellen); 3 = kutiviszeraler Leitungsbogen (Koppelung durch Schaltzellen, gekreuzt und ungekreuzt); 4 = viszerokutaner Leitungsbogen. Blau = afferente Neurone; rot = efferente Neurone.

kleine pseudounipolare Ganglienzellen (sog. D-Zellen). Ihr zentraler Neurit bildet im Rückenmark mit den sympathischen Ursprungsneuronen des Nucl. intermediolateralis ausgedehnte Synapsen. Damit ist der Reflexbogen geschlossen.

Typische viszeroviszerale Schaltkreise dieser Art spielen bei den Blasen- und Mastdarmreflexen eine Rolle.

Blasenreflexe. Das *sympathische* Zentrum liegt im oberen Lendenmark (Th_{11}–L_3). – Efferente viszeromotorische Neurone verlaufen durch die Nn. splanchnici lumbales zum Plexus hypogastricus sup. (Umschaltung auf die postganglionären Neurone) – von dort über den Plexus hypogastricus inf. (Plexus pelvinus) zur Blase – Reizung bewirkt Harnverhaltung durch Kontraktion des Sphincter vesicae und Hemmung des Detrusor vesicae (thorakolumbaler Reflexbogen).

Das *parasympathische* Zentrum liegt im Sakralmark (S_2–S_5) – efferente viszeromotorische Neurone verlaufen über die Nn. splanchnici pelvini zum Plexus hypogastricus inferior (pelvinus) und weiter zur Blasenmuskulatur (Umschaltung auf die postganglionären Neurone meist erst in der Blasenwandung oder im Plexus hypogastricus inf.) – Reizung bewirkt Harnentleerung durch Kontraktion des Detrusors und Hemmung des Sphincter vesicae.

Diese Reflexmechanismen müssen mit den somatischen Leitungsbögen für die Innervation der willkürlichen Beckenbodenmuskulatur koordiniert werden, um die willkürliche Harnentleerung (Miktion) zu ermöglichen.

Mastdarmreflexe. Die Zentren und Neuronengliederungen sind die gleichen wie bei den Blasenreflexen; Reizung der sympathischen Fasern bewirkt eine Kontraktion des M. sphincter ani int. und eine Hemmung der Rektummuskulatur (Kotverhaltung). Reizung der parasympathischen Fasern bewirkt Darmentleerung (Defäkation) durch Kontraktion der Rektummuskulatur und Erschlaffung des glattmuskulären Sphinkterorgans.

Die somatischen Systeme der quergestreiften Muskulatur des Beckenbodens, der Bauchmuskulatur, des Zwerchfells und der Atemmuskulatur (Pressen) unterstützen den Defäkationsvorgang und ermöglichen eine willkürliche Beeinflussung.

Viszero-somatomotorische Leitungsbögen (sog. gemischte vegetative Reflexe). Die afferenten Neurone aus den vegetativ versorgten Organen stehen auch über Kollateralen oder spezielle Schaltzellen mit somatomotorischen Funktionskreisen in Verbindung (Abb. 174, Nr. 2). So können z. B. gesteigerte Afferenzen aus den Eingeweiden die quergestreifte Muskulatur der zugehörigen Segmente verstärkt in Erregung versetzen und dadurch lokalisierte Tonuserhöhungen (Spasmen o. ä.) erzeugen. In der Klinik sind derartige Phänomene z. B. als Abwehrspannung der Bauchmuskulatur bei einer Blinddarm- oder Gallenblasenentzündung bekannt. Da hier der somatische und der vegetative Reflexbogen miteinander gekoppelt sind, spricht man von gemischten Reflexen.

Kutiviszerale Leitungsbögen. Umgekehrt können auch Erregungen aus der Haut auf die vegetativ versorgten Organe zurückwirken, da zwischen den somatosensiblen afferenten Neuronen der Haut (A-Zellen der Spinalganglienzellen) und den viszeroviszeralen Reflexbögen durch Kollateralen und Schaltzellen Verbindungen bestehen (Abb. 174, Nr. 3). Auf diese Weise wirken z. B. Hautreize (Schmerz, Temperatur, Berührung) auf die vegetative Innervation der Eingeweide ein (Haut-Eingeweide-Reflexe und Haut-Gefäß-Reflexe). Diese Leitungsbögen bilden die Grundlagen für zahlreiche klinisch-therapeutische Maßnahmen bei inneren Erkrankungen (Massagen, Bäder- oder Hydrotherapie, warme oder kalte Umschläge, Akupunktur). Da die Schaltungen segmentbezogen sind, ergeben sich vielfach projektive Beziehungen zwischen bestimmten Hautarealen und den inneren Organen, sog. Headsche Zonen (Abb. 175).

Typische Beispiele für gemischte Leitungsbögen dieser Art stellen die **Sexualreflexe** dar.

Erektionsreflex. Hautreize von den erogenen Zonen, die durch den N. dorsalis penis (bzw. clitoridis) und N. pudendus dem Sakralmark zugeleitet werden, bewirken eine erhöhte Aktivität des parasympathischen, sakral-autonomen Sexualzentrums (S_2–S_5), dessen efferente präganglionäre Fasern über die sog. Nn. erigentes (Nn. splanchnici pelvini) den Plexus hypogastricus inferior erreichen. Hier erfolgt die Umschaltung auf das postganglionäre Neuron. Reizung dieser Bahn bewirkt Vasodilatation in den genitalen Schwellkörpern und

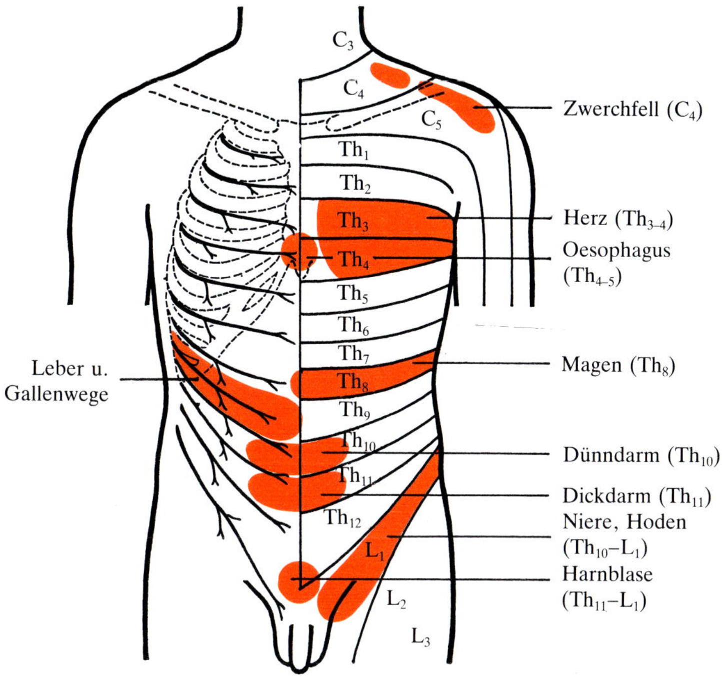

Abb. 175. Verteilung der sog. Headschen Zonen am Rumpf. Die segmentalen Hautfelder sind durch entsprechende Zahlen gekennzeichnet (aus HANSEN u. SCHLIACK).

damit Erektion. Die Erektion kann willkürlich nicht ausgelöst werden, doch ist durch Vorstellungen, Sinneseindrücke oder Erinnerungen indirekt eine Aktivierung der sakralen, parasympathischen Zentren möglich.

Ejakulationsreflex. Dieser verläuft über die sympathischen Zentren des unteren Lumbalmarkes. Auch hier ist zunächst eine gewisse Summation von Hautreizen, deren Afferenzen ebenfalls über den N. dorsalis penis und den N. pudendus gehen, nötig, um das sympathische Sexualzentrum in Th_{12}-L_2 in Erregung zu versetzen. Die Neuriten der präganglionären Neurone verlaufen über die Rr. communicantes albi zu den lumbalen Grenzstrangganglien und über die Nn. splanchnici lumbales und sacrales zum Plexus hypogastricus superior, wo die Umschaltung auf das postganglionäre Neuron erfolgt. Reizung dieser Bahn bewirkt eine Kontraktion der glatten Muskulatur des Ductus deferens, der Vesiculae seminales und Prostata sowie eine Lösung des reflektorischen Verschlusses der Ductus ejaculatorii im Bereich des Colliculus seminalis. Die Wollustempfindung (Orgasmus) setzt mit der Kontraktion dieser Muskeln ein. Zur Ausschleuderung der Samenflüssigkeit ist allerdings außerdem noch die Kontraktion der quergestreiften Muskulatur des Beckenbodens und des Genitales, insbesondere des M. sphincter urethrae und M. bulbocavernosus, erforderlich.

Viszerokutane Leitungsbögen. Ebenso wie Hautreize die Funktion der Eingeweide zu beeinflussen vermögen, kann sich umgekehrt auch eine übersteigerte Erregbarkeit der inneren Organe auf die Reizsituation in der Haut auswirken *(viszerokutane Reflexe)*. Hierbei ist offensichtlich der vegetative Leitungsbogen im zugehörigen Rückenmarkssegment an das somatosensible afferente Neuron angeschlossen, vermutlich durch Relaiszellen zwischen den pseudounipolaren A- und D-Zellen im Spinalganglion. Man »projiziert« dann die Sensibilitätsveränderungen, die in den Eingeweiden aufgetreten sind, in den Bereich des entsprechenden Dermatoms der Haut. Solche Reaktionen sind auch objektiv an lokalisierbaren Überempfindlichkeitszonen (Hyperästhesie) oder an Temperatur- bzw. Durchblutungsänderungen erkennbar. Vielfach manifestieren sich ausstrahlende Schmerzen bei inneren Erkrankungen in den zugehörigen Hautfeldern. Die *Headschen Projektionsfelder* der inneren Organe an der äußeren Haut sind in der

Efferente parasympathische Innervation (nach MONNIER)					
	Organ	**Lokalisation der Zellkörper**			**Reizeffekt**
		Präganglionäre Neurone		*Postganglionäre Neurone*	
	Auge	Mediane Okulomotoriuskerne (PERLIA, WESTPHAL-EDINGER)		Ggl. ciliare	Akkommodation, Miosis
	Hirn- und Kopfgefäße	Nucl. dors. n. VII Nucl. dors. n. IX et X			Vasodilatation (?)
Kopf	**Speicheldrüsen** a) Tränendrüsen, Nasendrüsen, Gaumendrüsen b) Gl. submandibularis, Gl. sublingualis c) Gl. parotis	 Nucl. salivatorius sup. (des N. VII) Nucl. salivatorius sup. (des N. VII) Nucl. salivatorius inf. (des N. IX)	*Medulla oblongata (Bulbus) und Mittelhirn*	 Ggl. pterygopalatinum Ggl. submandibulare Ggl. oticum	 Vasodilatation Sekretion Sekretion Sekretion
	Herz	Nucl. dors. n. X		Plexus cardiacus superfic. et prof.	Herzverlangsamung, Abnahme d. Kontraktionskraft
	Lungen	Nucl. dors. n. X		Plexus pulmonalis	Bronchokonstriktion, Sekretion
Rumpf	**Magen-Darm-Kanal**	Nucl. dors. n. X		Plexus myentericus et submucosus	Förderung der Peristaltik, Sekretion, Vasodilatation
	Leber	Nucl. dors. n. X		Plexus hepaticus (Ggl. coeliacum?)	Keiner
	Proximales Kolon	Nucl. dors. n. X		Ggl. mesent. inf.	Sekretion, Peristaltikförderung
	Distales Kolon	Nucl. intermediomedialis des Rückenmarks (S_2–S_4)		Plexus hypogastricus inf. (und intramurale Ggll.)	Defäkation, Erschlaffung der Sphinkteren
Beckenorgane	**Genitale**	Nucl. intermediomedialis des Rückenmarks (S_2–S_4)	*Rückenmark*	Plexus hypogastricus inf. (und intramurale Ggll.)	Vasodilatation, Erektion
	Blase	Nucl. intermediomedialis des Rückenmarks (S_2–S_4)		Plexus hypogastricus inf. (und Plexus vesicalis)	Harnentleerung

Efferente sympathische Innervation (nach MONNIER)				
	Organ	**Lokalisation der Zellkörper**		**Reizeffekt**
		Präganglionäre Neurone (RM, Nucl. intermediolat.)	*Postganglionäre Neurone in para- oder prävertebralen Ganglien*	
Kopf	**Auge**	C_8–Th_1	Ggl. cervicale sup.	Weite Lidspalte, Mydriasis, Exophthalmus
	Hirn- und Kopfgefäße	C_8–Th_1	Ggl. cervicale sup.	Vasokonstriktion
	Tränendrüse **Speicheldrüsen**	C_8–Th_1 Th_{1-2}	Ggl. cervicale sup. Ggl. cervicale sup.	keine Sekretionsabnahme
Rumpf	**Haut**	Th_1–L_2	Grenzstrangganglien der jeweiligen Segmente	Vasokonstriktion, Piloarrektion, Schweißsekretion (cholinerg)
	Herz	Th_{1-4}	Ggl. cervicale sup., med., inf. und Ggl. thoracale 1–4	Tachykardie, Verengung der Koronararterien
	Lunge	Th_{1-6}	Ggl. cervicale inf. und thoracale 1–6	Bronchodilatation
	Obere Extremität	Th_{2-7}	Ggl. cervicothoracicum (stellatum), Ggl. cervicale medium	Vasokonstriktion, Piloarrektion, Schweißsekretion
Bauchorgane	**Kardia**	Th_{5-6}	Ggl. cervicothoracicum (stellatum), Ggl. cervicale medium	Kontraktion
	Magen	Th_{6-9}	Ggl. coeliacum	Sekretionshemmung, Vasokonstriktion, Hemmung der Peristaltik
	Darm	Th_{9-11}	Ggl. coeliacum	Sekretionshemmung, Vasokonstriktion, Hemmung der Peristaltik
	Proximales Kolon	Th_{12}–L_1	Ggl. mesentericum sup.	Sekretionshemmung, Vasokonstriktion, Hemmung der Peristaltik
	Leber	Th_{6-9}	Ggl. coeliacum	Glukoneogenese, Glykogenolyse
	Pankreas	Th_{6-10}	Ggl. coeliacum	Insulinsekretion vermindert
	Niere	Th_{12}–L_1	Ggl. renale und Ggl. coeliacum	Hemmung der Diurese
	Nebennierenmark	Th_{10}–L_1	Chromaffine Zellen	Ausschüttung von Adrenalin und Noradrenalin

Efferente sympathische Innervation (nach MONNIER) (Fortsetzung)				
	Organ	**Lokalisation der Zellkörper** *Präganglionäre Neurone (RM, Nucl. intermediolat.)*	*Postganglionäre Neurone in para- oder prävertebralen Ganglien*	**Reizeffekt**
Becken-organe	**Distales Kolon**	L_1–L_2	Ggl. mesentericum inf., Plexus hypogastricus sup.	Hemmung der Peristaltik, Kotverhaltung (Kontraktion der Sphinkteren)
	Blase Genitale	Th_{12}–L_2	Plexus hypogastricus sup. et inf.	Harnverhaltung, Ejakulation
	Prostata	Th_{12}–L_2	Plexus hypogastricus inf. (pelvinus)	Kontraktion der Prostata- und
	Samenbläschen	Th_{12}–L_2	Plexus hypogastricus inf. (pelvinus)	Bläschendrüsenmuskulatur
	Uterus	Th_{12}–L_2	Plexus hypogastricus inf. (pelvinus)	Kontraktion sub partu
	Untere Extremität	Th_{11}–L_1	Lumbale und sakrale Grenzstrangganglien	Vasokonstriktion, Schweißsekretion, Piloarrektion

Hauptsache durch klinische Erfahrungen ermittelt worden (Abb. 175). Die genaueren neuroanatomischen Zusammenhänge sind heute noch weitgehend ungeklärt.

4. Vegetative Zentren in der Retikularisformation von Rauten- und Mittelhirn

Die Retikularisformation zieht sich durch den ganzen Hirnstamm bis zum Hypothalamus und stellt eine netzförmige, histologisch wenig gegliederte Nervenmasse dar. Stellenweise treten Zellverdichtungen auf, wie z. B. der Nucleus ruber oder der Deiterssche Kern. Die große funktionelle Bedeutung der Retikularisformation ist erst in den letzten Jahren erkannt worden (MAGOUN und RHINES). Danach lassen sich vor allem drei Aufgabengebiete unterscheiden:

1. Durch ihre extrapyramidalen Kerngruppen (Nucl. ruber, Nucl. niger, Vestibulariskerne, Oliva inf. usw.) gewinnt die Retikularisformation *Einfluß auf die sensomotorischen Systeme des Rückenmarks.* Dabei können reflexhemmende und -fördernde Areale unterschieden werden, die vornehmlich auf die γ-Motoneurone in den Vorderhörnern einwirken. Die in diesem Zusammenhang zu nennenden efferenten Bahnen (Tr. reticulospinalis, Tr. vestibulospinalis, Tr. rubrospinalis sowie die zentrale Haubenbahn) wurden bereits beim extrapyramidalen System beschrieben (vgl. S. 139ff.).
2. Die Retikularisformation erhält außerdem *Impulse* meist im Nebenschluß *von den Sinneskanälen,* die verstärkt oder gehemmt werden können. Die zentripetal zur Großhirnrinde oder zum limbischen Kortex weitergeleiteten Erregungen bewirken eine Aktivierung. Diese *allgemein stimulierenden Reaktionen* sind für die Aktivität der Rindenfelder von großer Bedeutung (sog. Weckreaktionen, vgl. S. 314).
3. In die Retikularisformation des Mittel- und Rautenhirns sind ferner auch zahlreiche *vegetative Kerngruppen* eingelagert. Dadurch wird die Haube (Tegmentum) sozusagen zum »Kopf« der sympathischen und parasympathischen Leitungssysteme des peripheren vegetativen NS (spinotegmentaler Bereich).

Wir betrachten im folgenden ausschließlich den vegetativen Aufgabenbereich der Retikularisformation des Hirnstammes.

Anatomisch läßt die Retikularisformation bei niederen Wirbeltieren noch eine Gliederung in drei Kerngebiete (Nucl. reticularis sup., med. und inf.) erkennen. Die

Zellen sind durchweg groß, mit riesigen Perikarien und langen Fortsätzen versehen. Sie bilden meist durchgehende, lange Bahnen. Im Laufe der Stammesgeschichte vergrößert sich jedoch die Retikularisformation. Im Zuge dieser Entwicklung treten vermehrt kleinzellige Elemente auf, deren Fortsätze kurz sind und vornehmlich innerhalb des Hirnstammes geschaltet werden. Dadurch nehmen die kurzen Bahnverbindungen zu, und die ursprüngliche Gliederung in die genannten drei Kerngebiete verwischt sich zugunsten einer neuen, komplizierteren Gruppierung. Dennoch lassen sich bei den Primaten innerhalb der Formatio reticularis tegmenti des Rautenhirns in gewisser Weise noch ein rostrales und ein kaudales Gebiet abgrenzen. Zusammen mit dem Mittelhirngebiet ergeben sich somit wiederum drei Hauptareale, die ihrerseits wiederum vom Hypothalamus beherrscht werden (Abb. 176):

1. Ein *kaudales Hauptareal* gruppiert sich vornehmlich um die Vaguskerne und steht funktionell mit dem Eingeweide-, Atmungs- und Kreislaufapparat in Beziehung.
2. Ein *rostral davon gelegenes Kerngebiet* dient mehr der Korrelation von aus dem Gleichgewichtsorgan, Kleinhirn und Mittelhirn einlaufenden Erregungen. Außerdem finden sich hier auch übergeordnete Zentren für die Atmungs- und Kreislaufregulation.
3. Das *dritte Kerngebiet liegt im Bereich des Mittelhirns.* Hier wird die Retikularisformation an die großen Sinnessysteme (optischer und akustischer Apparat) angeschlossen. Übergeordnete Kontrollfunktionen im Zusammenhang mit der sensorischen Raumorientierung, der Nahrungsaufnahme (Saugakt, Kaugeschäft, Lecken) und Regulation von Atmung und Kreislauf spielen hier eine Rolle.

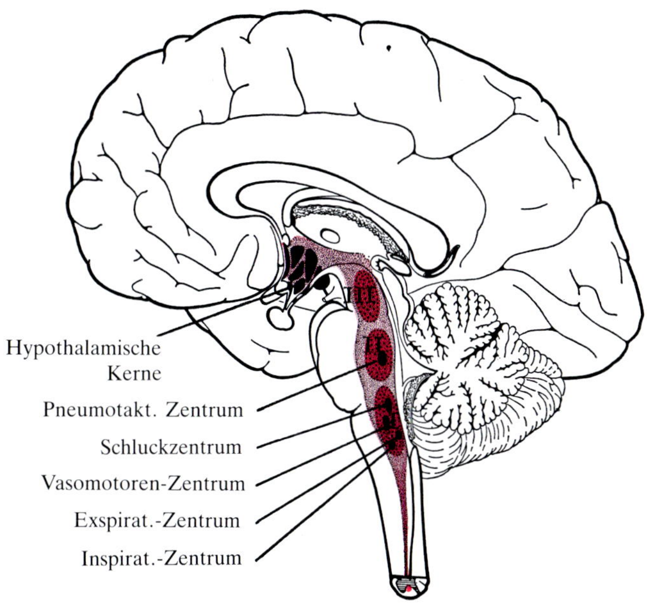

Abb. 176. Gliederung der Retikularisformation im Hirnstamm und Rückenmark (rot). Wichtige Kerngruppen durch Punktierung und durch schwarze Felder hervorgehoben (K.). Hypothalamische Kerne vgl. a. Abb. 179. Kerngruppen in der Formatio reticularis:
I = Kaudale Gruppe (um N. IX, X und XII herum gelegen). Vegetative Einzelfunktionen für Gefäßweite, Herztätigkeit, Inspiration, Exspiration, Blutdruck, Blut-pH u. a. Koordination mit somatischen Reflexen bei Nahrungstransport (Schlucken, Erbrechen usw.).
II = Rostrale Gruppe (um N. V, VII und VIII herum gelegen). Übergeordnete vegetative Koordination von Atmung und Kreislauf mit der vestibulären und akustischen Raumorientierung sowie mit der Nahrungsaufnahme (Saugen, Lecken, Kauen).
III = Mesenzephale Gruppe (um die Kerne von N. III und IV herum gelegen). Übergeordnete vegetative Koordination im Zusammenhang mit der optischen Raumorientierung.

Im einzelnen ist jedoch über diese Kernformationen noch wenig bekannt.

Die Funktion der peripheren vegetativen Leitungsbögen wird von den bulbären Zentren nicht in allgemeiner Weise, sondern stets im Hinblick auf bestimmte einzelne Organfunktionen modifiziert (z. B. Aktivierung oder Dämpfung der Herztätigkeit, Steigerung oder Senkung des Blutdruckes usw.). Meist entstehen Reflexketten und Automatismen. Der dem mittleren Bereich des vegetativen NS eigene funktionelle Antagonismus zwischen Sympathikus und Parasympathikus bleibt erhalten. Umfassendere Synergien zwischen den speziellen vegetativen Funktionseinheiten des Kreislauf-, Atmungs-, Stoffwechsel- oder Fortpflanzungsapparates ergeben sich erst im Zwischenhirn, wo dann nicht mehr isolierte Einzelfunktionen, sondern Gesamtleistungen von Organsystemen kontrolliert werden.

Vegetative Zentren in der Retikularisformation

In der Retikularisformation des Rautenhirns werden verschiedene vegetative »Zentren« unterschieden. Man darf sich jedoch nicht vorstellen, daß in dieser netzartigen Nervenmasse isolierte, streng lokalisierte *Zentren* im engen Sinne des Wortes vorhanden wären. Stufenweise aufeinanderfolgende Durchschneidungen sowie elektrophysiologische Reizversuche haben gezeigt, daß sich bestimmte vegetative Reaktionsabläufe von den verschiedensten Stellen auslösen lassen, allerdings mit unterschiedlicher Intensität. Wir haben also mehrere Felder vor uns, deren Grenzen sich überlappen. Der nachfolgend gebrauchte Begriff »Zentrum« darf also nicht zu wörtlich genommen werden. Spricht man z. B. von einem Kreislauf- oder Atemzentrum, so muß man sich eine relativ weit verstreute Gruppe von mehrfach synaptisch verbundenen Zellen vorstellen, die mit den benachbarten Kerngruppen der Hirnnerven sowie afferenten Neuronen zusammen Kontrollschaltungen im Dienste einer bestimmten vegetativen Funktion aufbauen. Die engen räumlichen Beziehungen zu den Hirnnervenkernen werden hierdurch auch funktionell verständlich.

Innerhalb der Retikularisformation liegt ventral in der Nähe der unteren Olive und des Tractus solitarius ein *Inspirationszentrum,* dorsal davon, mehr am Boden der Rautengrube, ein *Exspirationszentrum* (Abb. 177). Diese beiden bulbären Atemzentren beeinflussen sich gegenseitig (reziproke Innervation). Das Exspirationszentrum hemmt also die Aktivität des Inspirationszentrums und umgekehrt. Beide werden von höher gelegenen Gebieten beeinflußt, z. B. von dem weiter rostral gelegenen sog. *pneumotaktischen Zentrum.* Auch vom Zwischenhirn und vom limbischen Kortex kommen Impulse.

Zellgruppen mit vasokonstriktorischen, vasodilatatorischen und kardialen Funktionen finden sich am Boden der Rautengrube von der Mitte der Brücke bis zum Beginn des Zentralkanals *(Kreislaufzentren).* Reizung der lateralen Retikularisgebiete im Bereich der rostralen zwei Drittel der Medulla führt zu einer Blutdrucksteigerung *(pressorisches Zentrum),* Reizungen der zentral und kaudal davon gelegenen Regionen umgekehrt zu depressorischen Effekten *(depressorisches Kreislaufzentrum).*

Im hinteren Teil der Rautengrube wird ein *Schluckzentrum* beschrieben, das eigentlich zur Sensomotorik zu zählen ist. Es handelt sich ebenfalls um Komplexe von Schaltneuronen, die auf die Aktivität der zugehörigen motorischen Hirnnervenkerne Einfluß nehmen und dadurch die verschiedenen Phasen des Schluckaktes zeit- und funktionsgerecht organisieren. Ähnliche Schaltungen spielen beim Erbrechen und bei anderen Eingeweidereflexen eine Rolle.

Ein besonderes Charakteristikum der vegetativen Retikulariszellen des Rautenhirns ist ihre Fähigkeit zur autonomen, rhythmischen Erregungsbildung *(Spontanaktivität).* So senden z. B. die Zellen der Atemzentren ständig Erregungen aus, ohne durch entspre-

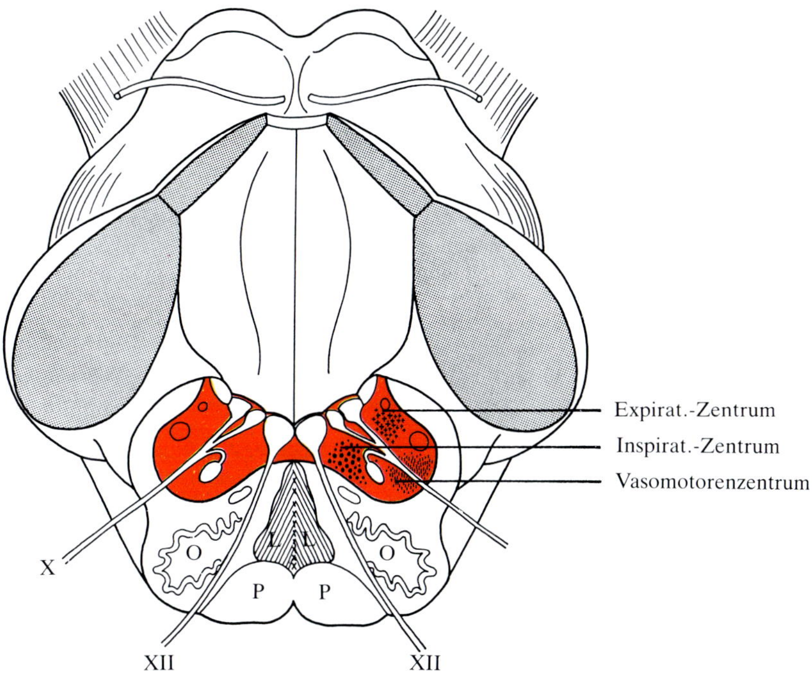

Abb. 177. Retikularisformation der Medulla oblongata (rot) in Höhe der medialen Schleifenkreuzung (L) im Querschnitt (K.). Dorsolateraler Tegmentumbereich = medulläres Exspirationszentrum; ventromedialer Tegmentumbereich = medulläres Inspirationszentrum; ventrolateraler Tegmentumbereich = Vasomotorenzentrum. L = Lemniscus medialis; O = Olive; P = Pyramiden; X = N. vagus; XII = N. hypoglossus.

chende Afferenzen dazu veranlaßt zu werden. Auch für die verschiedenen Kreislaufzentren wurde eine Spontanaktivität nachgewiesen. Bei niederen Wirbeltieren zeigen die bulbären Atemzentren eine rhythmische Eigenaktivität, die dem Rhythmus der normalen Atmung ähnelt. Auch bei fehlenden oder experimentell ausgeschalteten afferenten Erregungen bleibt dieser Spontanrhythmus erhalten. Bei den Primaten ist allerdings kein Spontanrhythmus, sondern nur noch eine tonische Daueraktivität nachweisbar, die allein dann nicht mehr genügt, eine normale rhythmische Atmung aufrechtzuerhalten. Hier wird dann die Atemrhythmik entweder durch direkte Antriebe über das Blut (CO_2 bzw. pH) oder indirekt durch nervöse Einflüsse (afferente Erregungen von den peripheren Chemorezeptoren und aus dem Atemtrakt) induziert. Auch die Zellen der bulbären Kreislaufzentren sprechen auf Änderungen im Blutchemismus direkt an. Erhöhte Konzentrationen von CO_2 im Blut (Hyperkapnie) bewirken zum Beispiel unmittelbar eine Aktivierung der Vasomotorenzentren in der Medulla und damit eine Aktivierung des Kreislaufes (Blutdrucksteigerung, Herzfrequenzsteigerung usw.).

Bulbäre Reflexmechanismen

Alle bulbär vermittelten »Reflexe« arbeiten im Grunde nach Art von Regelkreisen, deren Aufgabe die Konstanterhaltung bestimmter peripherer Regelgrößen im Vegetativum ist (z. B. Blutdruck, Sauerstoff- und CO_2-Spannung, Blutvolumen).

Karotissinusreflex zur Konstanterhaltung des Blutdruckes (Abb. 163). An der Teilungsstelle der A. carotis comm. bildet die A. carotis int. eine sinusartige Erweiterung (Sinus caroticus), an der ein Paraganglion (Glomus caroticum oder Karotisdrüse) liegt. Diese Stelle wird durch sensible Endäste des N. glossopharyngeus auffallend reich innerviert. Elektrophysiologisch konnten in der Karotissinuswand spezifische Pressorezeptoren, die auf Änderungen der Gefäßwandspannung höchst empfindlich reagieren, nachgewiesen werden. Die afferenten Erregungen verlaufen in den Endästen des Glossopharyngeus (N. caroticus oder Karotissinusnerv) zu den Kreislaufzentren der Medulla. Eine Spannungsabnahme im Bereich der reflexogenen Zonen in der Sinuswand, etwa beim Blutdruckabfall, hat eine Abnahme der Entladungsfrequenz der Sinusrezeptoren und damit eine Abnahme der Afferenzen im Karotissinusnerven zur Folge. Dies führt zu einer Enthemmung der pressorezeptorischen Zellgruppen in der Retikularisformation der Medulla. Die efferenten Erregungen werden gesteigert und erreichen über die Vasokonstriktorenbahn des Rückenmarks den Grenzstrang und über die Nn. splanchnici das Ggl. coeliacum. Es kommt zu einer Zunahme des Vasokonstriktorentonus im Splanchnikusgebiet, einer Gefäßverengerung und somit zur »kompensatorischen Blutdrucksteigerung«:

Perikardreflex (Bainbridge-Reflex) zur Konstanterhaltung von Blutdruck und Blutvolumen. Die Wände der intraperikardialen Anteile der beiden großen Hohlvenen sowie der Lungenvenen enthalten Dehnungsrezeptoren ähnlich wie im Bereich des Karotissinus. Die von hier ausgehenden Afferenzen verlaufen in anatomisch nicht isolierbaren Fasergruppen des N. vagus zum bulbären Kreislaufzentrum in der Medulla. Auch die efferenten Erregungen benützen die Bahn des N. vagus. Jede Zunahme im *Blutvolumen* der herznahen Venen verursacht eine kompensatorische Beschleunigung der Herzaktion (Bainbridge-Reflex), meist gleichlaufend auch eine Vasokonstriktion im Splanchnikusgebiet.

Depressorreflex. Pressorezeptoren liegen ebenfalls in der Wand der Aorta ascendens und des Arcus aortae. Auch hier findet man zwischen Aorta und Truncus pulmonalis Anhäufungen von paraganglionären Zellen (Paraganglion aorticum oder supracardiale), ähnlich wie an der Teilungsstelle der Karotis. Eine Erhöhung der Wandspannung im Anfangsteil der Aorta wird von pressorezeptorischen Fasern innerhalb des Vagus der bulbären Retikularisformation zugeleitet und ein kompensatorisch-depressorischer, d. h. blutdrucksenkender Reflex ausgelöst. Deshalb bezeichnet man diese Nerven auch als *Blutdruckzügler*. Bei Kaninchen bilden sie einen eigenen, isoliert verlaufenden Nerven (N. depressor), beim Menschen jedoch nicht. Über viszeroefferente Bahnen des parasympathischen Systems (N. vagus usw.) kommen eine Vasodilatation im Splanchnikusgebiet, eine Erschlaffung der kontraktilen Elemente der Blutspeicherorgane (Milz, Leber, Lunge) sowie eine Verlangsamung des Herzrhythmus mit dem Effekt einer allmählichen, sanften Blutdrucksenkung zustande.

Chemorezeptive Reflexe. Neben den Dehnungsrezeptoren existieren im Karotissinusgebiet sowie am Aortenbogen auch Chemorezeptoren, für die die Abnahme der Sauerstoffspannung des Blutes (Hypoxie) den adäquaten Reiz darstellt. Die Erregungen laufen ebenfalls über die genannten afferenten Fasern des N. glossopharyngeus und N. vagus, d. h. mit dem Karotissinusnerv und dem N. depressor, zusammen zum bulbären Kreislaufzentrum. Diese Nerven feuern ständig afferente Erregungen zur Retikularisformation. Jede Senkung der Blutsauerstoffspannung erhöht ihre Frequenz, wodurch die bulbären Kreislaufzentren aktiviert werden. Die dadurch ausgelösten Viszeroefferenzen bewirken eine Vasokonstriktion im Splanchnikusgebiet [Blutdrucksteigerung, Aktivierung der Herztätigkeit (Frequenzzunahme) und Intensivierung der Atmung]. Bemerkenswert ist, daß die kreislaufregulatorisch wirkenden Zellgruppen der Medulla auch *direkt* auf CO_2 ansprechen. Eine hohe Konzentration von Kohlensäure (Hyperkapnie) regt somit auch das bulbäre Kreislaufzentrum direkt an.

Paraganglien

Die Bedeutung der *paraganglionären Zellgruppen* für die genannten reflektorischen Regelungen ist nicht geklärt. Vielfach glaubte man, es handelte sich bei den Paraganglien um chemorezeptive Zellelemente. Wahrscheinlich bilden aber die Hirnnerven selbst (N. IX, N. X) die für die Chemo- und Pressoperzeption spezifischen Endformationen aus. Von verschiedenen Morphologen (Kohn, Watzka) wurde die Ansicht vertreten, daß die paraganglionären Glomusorgane kreislaufwirksame Wirkstoffe absondern (Azetylcholin, Noradrenalin u. a.). In diesem Zusammenhang wurden chromaffine, sympathische und nichtchromaffine, d. h. nicht mit Chromsalzen anfärbbare, parasympathische Paraganglien unterschieden[1]. Das Glomus caroticum und Glomus aorticum gehören zur Gruppe der nichtchromaffinen Paraganglien, ebenso wie das Paraganglion im Bereich des Ganglion inferius des N. vagus (Paraganglion nodosum). Es können jedoch auch

[1] Nach Fixierung in Kaliumbichromatlösungen werden die Zellen chromaffiner Paraganglien im histologischen Präparat bräunlich bis gelb. Die Braunfärbung beruht auf der Anwesenheit von Noradrenalin im Zytoplasma der Zellen.

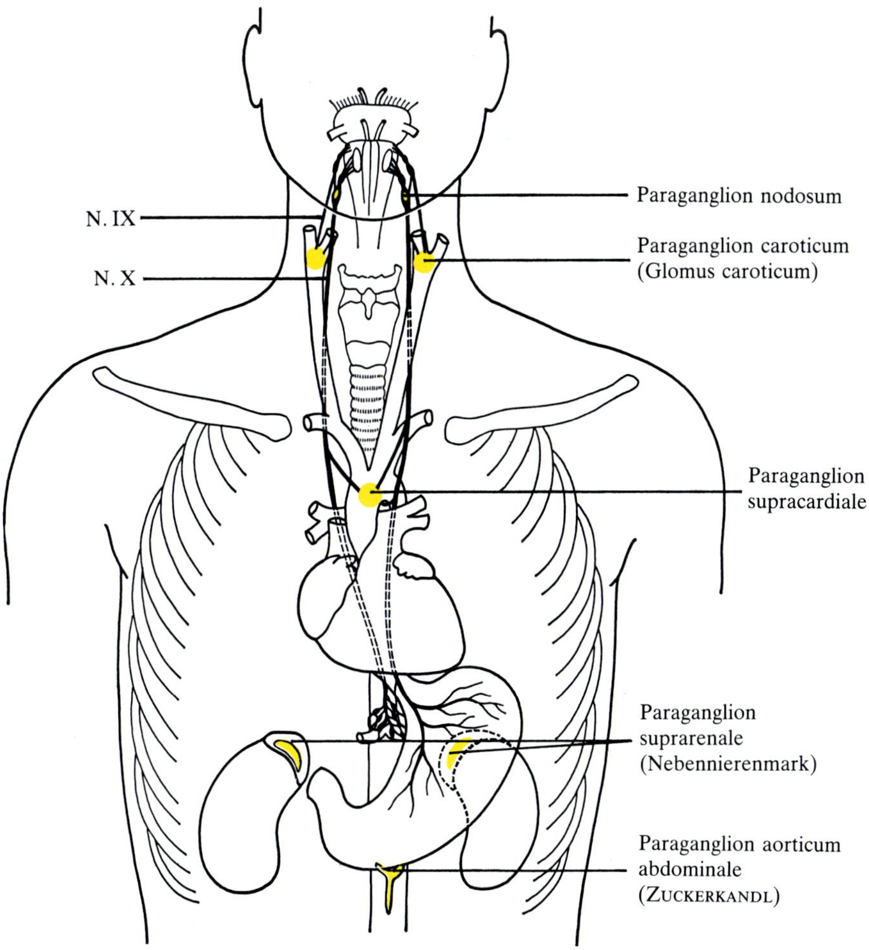

Abb. 178. Schematische Darstellung über die Lage der Paraganglien (gelb) im Bereich des IX. und X. Hirnnerven.

chromaffine Zellgruppen in wechselndem Ausmaß in den parasympathischen Glomusorganen vorkommen.

Das Nebennierenmark muß als ein chromaffines, sympathisches Paraganglion angesehen werden. Die Markzellen produzieren sympathikusstimulierende, gefäßaktive Stoffe (Noradrenalin und Adrenalin). Hier ist also der funktionelle Zusammenhang zwischen einem Paraganglion und dem vegetativen NS eindeutig.

III. Dienzephale Organisationsstufe (Hypothalamus)

Stellt man die peripheren Wirkungen von Sympathikus und Parasympathikus unbefangen einander gegenüber, so ergeben sich scheinbar zunächst eine Reihe von Widersprüchen. Die allgemeine *Erregung des Sympathikus*, etwa bei körperlichen Leistungen, bewirkt eine Konstriktion der Darmgefäße mit Blutdrucksteigerung und gleichzeitig eine Dilatation der Kranz- und Lungengefäße sowie eine Gefäßerweiterung innerhalb der tätigen Muskeln bei gleichzeitiger Vasokonstriktion in den ruhenden Muskeln. Der *Parasympathikus* aktiviert die Drüsensekretion, hemmt aber die Ausschüttung von aus Glykogen mobilisierten Zuckern in der Leber. Er steigert die Kontraktilität der glatten Muskulatur des Darmes, setzt aber den Tonus der Gefäßmuskulatur herab.

Diese scheinbar unübersichtliche Situation klärt sich erst, wenn man nicht mehr nach den Einzelleistungen, sondern im Sinne von W. R. HESS nach den übergeordneten Funktionszielen fragt. Die verschiedenen Organe werden nämlich von den vegetativen Systemen entsprechend den jeweiligen Erfordernissen für den Gesamtzusammenhang der Leistung unterschiedlich aktiviert. Die Leistung kennzeichnet sich ja immer durch eine gerichtete Synergie verschiedener Aktivitäten. Sie wird erst effektiv durch die Koordination verschiedener Teilfunktionen. Diese leistungsbezogene Integration ist die wesentlichste Aufgabe der hypothalamischen Kerne. Der Hypothalamus hat, überspitzt ausgedrückt, gleichsam immer die *Gesamtfunktion* im Auge. Hier werden die Einzelleistungen der segmentbezogenen, noch weitgehend reflektorisch arbeitenden, peripheren und spinalen Systeme im Hinblick auf die übergeordneten Funktionsziele integriert. Derartige Funktionsziele stellen z. B. die allgemeine Regulation des Wasserhaushaltes oder des Stoffwechsels, die Wärmeregulation und die Fortpflanzungsmechanismen dar. Für diese Funktionen sind im Hypothalamus entsprechende »Zentren« vorhanden.

Ergotrope und trophotrope Reaktionslage. Die allgemeine Funktionslage des Organismus kann nun zwei verschiedene Grundtendenzen haben, entweder umweltpositiv und leistungsbezogen oder umweltnegativ, sich selbst zugewandt und »leistungsfeindlich«. Entsprechend muß auch die Gesamtsituation der Erregungslage im vegetativen Nervensystem verschieden sein. Betätigt sich z. B. der Organismus bei körperlichen Leistungen aktiv, so werden Energiereserven benötigt und die Muskulatur stärker durchblutet. Blutdruck und Herzaktivität steigen. Umgekehrt müssen andere Stoffwechselprozesse zurücktreten, die intestinale Aktivität und die Exkretion ruhiggestellt werden. Man bezeichnet dies als *ergotrope Reaktionslage*. Die katabolen, dissimilatorischen Prozesse überwiegen. Energieumsatz, Körpertemperatur und Blutdruck steigen, die Herzfrequenz nimmt zu. Der Organismus ist auf Leistung eingestellt. Er greift handelnd und tätig in seine Umwelt ein. Das Zwischenhirn bedient sich vor allem der sympathischen Systeme, um diese übergeordnete, ergotrope Reaktionslage hervorzurufen. Eine Übersteigerung dieser Reaktionen etwa in Gefahrensituationen oder bei extremen äußeren Reizen, auch bei plötzlichen psychischen Belastungen, wird als *»Streß«* bezeichnet (SELYE). Persistierende Streßreaktionen können schwerwiegende organische Schädigungen zur Folge haben.

Umgekehrt baut der Organismus in der sog. *trophotropen Reaktionslage* wieder seine Leistungsreserven auf. Die assimilatorischen, anabolen Prozesse überwiegen. Die Exkretionsprodukte werden ausgeschieden, neue Glykogenvorräte in der Leber gestapelt, die Darm- und Drüsentätigkeit angeregt, der Blutdruck gesenkt, die Herztätigkeit verlangsamt und der Energieumsatz erniedrigt. Diese Reaktionslage steht im Zeichen des Parasympathikus, der deshalb auch als »Erholungsnerv« bezeichnet wurde. Der Sympathikus arbeitet gleichsam für den Organismus verschwenderisch und veräußerlichend, der Parasympathikus ökonomisierend und haushälterisch. Die parasympathische Reaktionslage überwiegt verständlicherweise daher auch in der Nacht, die sympathische am Tage. Diese periodisch wechselnde Umstellung des gesamten vegetativen NS wird vom Hypothalamus gesteuert. Sie wirkt sich auch auf die Großhirnrinde und damit auf die Bewußtseinshelligkeit aus (vgl. S. 314). Bei der sympathisch betonten Reaktionslage wird die Wachheit gesteigert. Die Leistungsfähigkeit der Sinnesapparate ist erhöht. Bei

Organ	**Wirkung des (Ortho-) Sympathikus** (adrenerge Wirkungen)	**Wirkung des Parasympathikus** (cholinerge Wirkungen)
Auge		
Iris	Mydriasis	Miosis
Ziliarmuskel	Desakkommodation	Akkommodation
Herz		
Frequenz	Beschleunigend	Verlangsamend
Kontraktionskraft	Verstärkt	–
Rhythmus	Ventrikuläre Extrasystolen, Tachykardie, Flimmern	Bradykardie, AV-Block Vagaler Herzstillstand
Überleitungszeit	Verkürzt	Verlängert
Gefäße		
Aa. coronariae	Erweiterung	?
Muskelgefäße	Verengerung	–
Darmgefäße	Verengerung	–
Lungen		
Bronchialmuskulatur	Erschlaffung	Kontraktion
Bronchialdrüsen	?	Sekretion
Magendarmkanal		
Peristaltik		Gesteigert
Sphinkteren	Kontraktion gehemmt	Erschlaffung
Drüsensekretion	?	Gefördert
Extrahepatische Gallenwege und Gallenblase	Erschlaffung	Kontraktion
Milz (Muskulatur)	Kontraktion	Erschlaffung
Speicheldrüsen	Sekretion (dickflüssiges Sekret)	Sekretion (dünnflüssiges Sekret)
Pankreas		
Inselorgan		Insulinsekretion
Leber	Glykogenolyse	Gallenabsonderung
Nebennierenmark	Absonderung von Adrenalin und Noradrenalin	
Harnblase		
Muskulatur	Erschlaffung	Kontraktion
Sphinkter	Kontraktion	Erschlaffung
Gehirnrinde	Allg. Aktivierung, Bewußtseinssteigerung	Hemmung, Bewußtseinsdämpfung
Allgemeine Reaktionslage	*Ergotroper »Leistungsnerv«*	*Trophotroper »Erholungsnerv«*

der parasympathischen Reaktionslage ist das Bewußtsein gedämpft. Die Sinnestätigkeit tritt zurück. Im Schlaf herrscht eine trophotrope Reaktionslage.

Man sehe, von diesen Erkenntnissen ausgehend, nun noch einmal die obige tabellarische Zusammenstellung auf die oben erwähnten Widersprüche hin an. Wenn der Sympathikus bei Arbeit im Splanchnikusgebiet eine Ruhigstellung, im Kreislauf aber eine Aktivierung hervorruft, so wird dies unter dem Gesichtspunkt der ergotropen Leistung verständlich. Eine Belastung mit sekretorischen und stoffwechselassimilatorischen Prozessen kann bei der körperlichen, nach außen gerichteten Leistung nur hinderlich sein. Die unterschiedliche Einzelleistung der sympathischen und parasympathischen Systeme in der Peripherie wird also erst aus den übergeordneten Funktionszielen des Gesamtorganismus verständlich.

Die individuelle Leistungsbreite des Organismus ist weitgehend davon abhängig, wie weit das Pendel nach der ergotropen bzw. trophotropen Reaktionslage ausschlagen kann, ohne die Homöostase des Organismus zu gefährden. Hierin liegt die biologische Grenze für die körperliche Leistungs- und Anpassungsfähigkeit des Menschen. Der Hochleistungssportler lernt seine Leistung dadurch steigern, daß er schon während der ergotropen Leistungsphase auf die trophotrope Erholungsphase übergeht. Diese Veränderungen im vegetativen Reaktionsgeschehen können nur langsam durch ein systematisches Training (Intervalltraining u. ä.) erlernt werden. Sie stellen sich unbewußt ein, wenn entsprechend trainiert worden ist. Dadurch erschließt sich dem Organismus ein höheres Leistungsniveau. Derartige Umstellungsreaktionen im Vegetativum werden weitgehend vom Zwischenhirn aus kontrolliert.

Neurosekretion. Eine weitere wichtige Funktion des Hypothalamus ist die Korrelation zwischen den neuralen und humoralen Steuerungsmechanismen. Dies geschieht in der Hauptsache duch die *Hypophyse,* deren Vorderlappen aus dem Rachendach entsteht und das oberste endokrine Organ darstellt. Der Hypophysenhinterlappen ist dagegen eine Ausstülpung des Zwischenhirns. Durch diesen engen Kontakt zwischen einem ektodermalen, endokrinen und einem neuroektodermalen Organ (sog. Neurotropismus) kann der Hypothalamus direkt auf das System der Hormondrüsen und damit auf das gesamte Endokrinium einwirken. Diese funktionelle Beziehung wird schon daran erkennbar, daß Nervenzellen einiger hypothalamischer Kerne selbst Wirkstoffe nach Art von endokrinen Drüsenzellen produzieren. Dieses Phänomen wird als *Neurosekretion* bezeichnet. Vor allem die vorne, in der Nähe des Chiasma opticum und der Lamina terminalis gelegenen Kerngruppen des Hypothalamus, der Nucl. supraopticus und paraventricularis, bilden Neurosekrete. Das in den Zellkörpern entstehende Sekret wird in den Axonen zum Hypophysenhinterlappen transportiert und dort an das Kapillarnetz des Hypophysenhinterlappens abgegeben (Scharrer, Bargmann). Wird der Hypophysenstiel experimentell durchschnitten, staut sich das Neurosekret an der Schnittfläche an. Auch normalerweise können im Bereich dieser Bahnen mit Neurosekret gefüllte Axonanschwellungen beobachtet werden (sog. Herring-Körper). Hier ist also eine Nervenbahn zu einem Sekretionsweg geworden. Die Neurosekrete (Adiuretin, Oxytocin) gelangen in der Hauptsache ins Blut, in geringen Mengen auch in den Liquor.

Optisch-vegetatives System. Vom Sehnerven sowie vom oberen, ventralen Rand des Chiasma opticum gehen markarme, hauptsächlich ungekreuzte Faserbündel über die Lamina terminalis in den Hypothalamus über. Sie fächern sich in der Regio supraopticochiasmatis in mehrere Einzelbündel auf, die den Nucl. paraventricularis, die Nucl. tuberis und sogar die Neurohypophyse erreichen können (Frey, Knoche). Die hypothalamische Optikuswurzel *(Tractus retinohypothalamicus)* verknüpft den Sehapparat mit dem vegetativen Nervensystem. Zahlreiche klinische und experimentelle Erfahrungen beweisen, daß das Licht auf die vegetativen Funktionen des Organismus einen Einfluß hat. Wachstumsvorgänge, wie die Geweihbildung, der Eintritt der Geschlechtsreife, die Knochenentwicklung, die Differenzierung der Keimdrüsen, die Blutregeneration oder die Tätigkeit der innersekretorischen Drüsen, insbesondere der Schilddrüse und der Hypophyse, werden signifikant durch Licht verändert. Lichtmangel erhöht die Schilddrüsentätigkeit, bewirkt eine Anämie, verzögert den Einfluß der Geschlechtsreife und hemmt das Wachstum. Umgekehrt kann durch experimentelle Belichtung eine vorzeitige, oft eindrucksvolle Vergrößerung der Keimdrüsen, eine Inaktivierung der Schilddrüse, eine Steigerung der Bluthämoglobinwerte und eine Beschleunigung des Wachstums hervorgerufen werden. Blinde, insbesondere Blindgeborene, zeigen bei verschiede-

Zusammenfassende Übersicht über den elementaren Aufbau des vegetativen Nervensystems				
Organisationsstufe	Lokalisation	Strukturelle Charakteristika	Arbeitsweise	Funktionsbereich
1. Peripheres vegetatives System	Intramurales Wandnetz	Plexus und Ganglien	Relative Autonomie, Freisetzung von Transmittern	Zellen, Gewebe
2. Spinotegmentaler Bereich	Periph. veget. Nerven, Rückenmark, Retikularisformation von Rauten- und Mittelhirn	Leitungsbögen, Segmentgliederung, morphologische Aufteilung in Para- und Orthosympathikus	Ortho- und parasympathische Reflexe (Antagonismus)	Organe, z. T. schon Korrelationen von Teilfunktionen mehrerer Organe (z. B. Inspiration)
3. Dienzephaler Bereich	Hypothalamus (Zwischenhirn)	Tendenz zur Zentrenbildung	Steuerung (Synergismus)	1. Korrelation mehrerer Organsysteme zu übergeordneten Funktionszielen (z. B. Wasserhaushalt). 2. Zusammenschluß neuraler und humoraler Mechanismen im Dienste der Homöostase und Fortpflanzung. 3. Anschluß an das ZNS

nen Stoffwechselbelastungsproben (Zuckerstoffwechsel, Wasserhaushalt) abweichende Reaktionen. Auch als Zeitgeber für den 24-Stunden-Rhythmus zahlreicher vegetativer Funktionen ist der Sehapparat von Bedeutung.

Genauere Einzelheiten über die retinohypothalamischen Bahnverbindungen, ihre neuronale Gliederung und synaptischen Verknüpfungen sind jedoch noch nicht bekannt.

1. Kerngruppen des Hypothalamus und deren Bahnverbindungen

Im Gegensatz zur Organisation der Retikularisformation des Tegmentums sind die Funktionszentren im Hypothalamus stärker konzentriert und daher in gewissem Sinne auch als Kerne abgrenzbar. Vom Rückenmark aufsteigend nimmt also die Differenzierung der Retikularisformation bis zum Zwischenhirn ständig zu, wobei eine zunehmende Tendenz zur Zentrenbildung sichtbar wird (Abb. 179). Dennoch kommt es aber auch im Hypothalamus nicht zur Bildung von »Zentren« im engeren Wortsinn, obwohl die Lokalisation der funktionellen Zellgruppen wesentlich besser möglich ist als im Mittel- und Rautenhirn. Die Kerngebiete des Hypothalamus reichen von der Lamina terminalis, dem Chiasma opticum, der Hypophyse und den Corpora mamillaria bis zum Sulcus hypothalamicus (Abb. 179). Mit der Retikularisformation des Mittelhirns (Tegmentum) besteht eine kontinuierliche Verbindung (Abb. 176). Dorsal schließen sich die Kerne des Thalamus an.

Rostrale Kerngruppen. Zu dieser Gruppe werden vor allem der Nucleus paraventricularis, supraopticus und praeopticus, die die Wirkstoffe Oxytocin und Adiuretin produzieren, gerechnet. Diese Stoffe wandern entlang des Tractus supraoptico-hypophyseos zum Hypophysenhinterlappen *(Neurosekretion)*. Das Adiuretin (ADH oder antidiuretisches Hormon) ist mit dem Vasopressin identisch. ADH fördert die Wasserrückresorption in der Niere im distalen Tubulus (Mittelstück) und in den Sammelrohren. Es regelt dadurch den

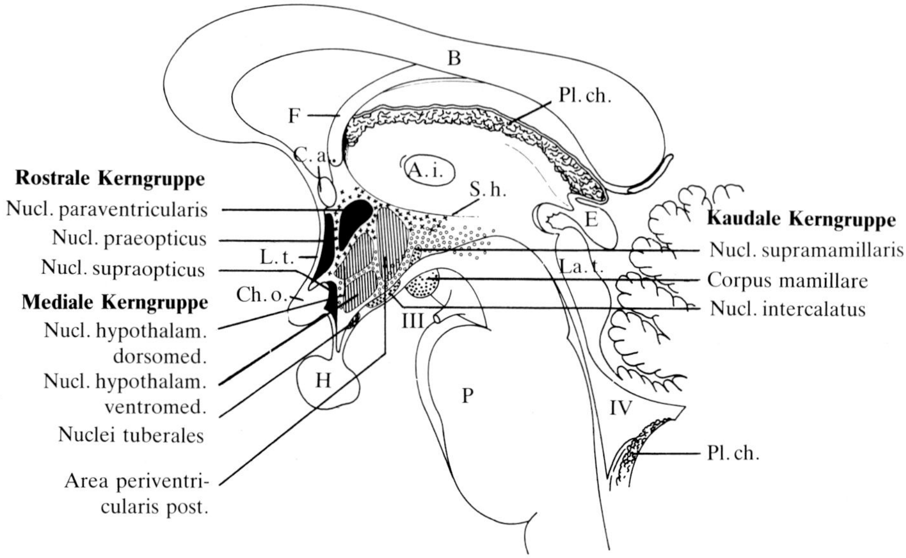

Abb. 179. Medianschnitt durch den Hirnstamm zur Darstellung der wichtigsten Kerngruppen im Hypothalamus (nach Monnier (K.). Kleine, weiße Kreise = dynamogenes, ergotropes Areal; Kreuze = trophotropes Areal; A. i. = Adhaesio interthalamica; B = Balken (Corpus callosum); C. a. = Commissura ant.; Ch. o. = Chiasma n. optici; E = Epiphyse; F = Fornix; H = Hypophyse; La. t. = Lamina tecti; L. t. = Lamina terminalis; P = Pons; Pl. ch = Plexus choroideus; S. h = Sulcus hypothalamicus; III = N. oculomotorius; IV = IV. Ventrikel.

Wasserhaushalt des Körpers. Die Afferenzen für die ADH-Ausschüttung stammen entweder von Osmorezeptoren im Hypothalamus selbst oder von Rezeptoren aus verschiedenen peripheren Gebieten. Daneben werden die ADH-Bildung und -Abgabe auch durch Volumenrezeptoren im rechten Vorhof des Herzens, die dem Hirnstamm über den N. vagus Afferenzen schicken, beeinflußt. Erhöht sich der osmotische Druck und nimmt z. B. durch Flüssigkeitsverluste das Blutvolumen ab so wird vermehrt ADH im Hypothalamus gebildet und ausgeschüttet. Das System, das erst in den ersten Lebensmonaten nach der Geburt funktionstüchtig wird, reagiert auf Schwankungen des osmotischen Druckes mit großer Empfindlichkeit. Schon Änderungen von 1% stellen einen adäquaten Reiz für die rostralen Zwischenhirnkerne dar. Schädigungen des Systems oder ADH-Mangel bewirken eine Harnflut, wobei große Mengen eines hypotonen Harns ausgeschieden werden (Diabetes insipidus).

Mediale Kerngruppe. Umfaßt den Nucl. hypothalamicus dorsomedialis und ventromedialis, die Nucl. tuberis und die Area periventricularis posterior. Reizung dieser Kerne löst beim Versuchstier eine vermehrte Wasseraufnahme einschließlich der zugehörigen Verhaltensweisen (Schnüffeln, Lecken usw.) aus *(Durstzentrum)*. Die medialen Tuberkerne im Bereich des Tuber cinereum stehen mit den Sexualfunktionen in Zusammenhang *(Sexualzentrum)*. Ihre efferenten Impulse gelangen über den Tractus tuberohypophyseos zur Hypophyse. Eine Abgabe von Neurosekreten entlang dieser Bahn ist bis jetzt noch nicht sicher erwiesen. Es wird aber angenommen, daß die in den Sexualzentren gebildeten Wirkstoffe über Spezialgefäße [sog. Hypophysen-Pfortader-System (Spatz)] dem Hypophysenvorderlappen zugeleitet werden. Eine Reizung der Tuberkerne ruft jedenfalls eine vermehrte Ausschüttung von gonadotropen Hormonen hervor. Atrophie oder Zerstörung dieser Kerne führt zum Hypogenitalismus.

Laterale und kaudale Kerngruppen. Hierzu zählen *kaudal:* die Nucl. supramamillares, der Nucl. mamillaris und intercalatus, sowie *lateral:* die Nucl. hypothalamici lat. und tuberis laterales. Funktionell gehören diese Kerne in verschiedener Hinsicht zusammen. W. R. Hess hat das ganze Gebiet als *dynamogenes Areal* bezeichnet, da sich aus Reizversuchen ergab, daß von hier aus eine auffallende Steigerung der Aktivitätsbereitschaft der Tiere hervorgerufen werden konnte. Diese »dynamogene« Umstimmung kann je nach Versuchssituation bis zum Affektausbruch, Wutanfall oder Angriff mit entsprechenden Verhaltensweisen (Fauchen, Knurren, Bellen uws.) gehen (»sham-rage«). Lähmung oder Dämpfung dieser Kerngebiete erzeugt Bewegungsunlust bis Stupor, Schlafsucht, Hypothermie und Indifferenz im Verhalten.

Neben diesen mehr unspezifischen ergotropen Reaktionen finden sich hier aber auch Zellareale mit spezifischen Leistungen. Im Bereich der kaudalen Kerngruppen erzeugt eine physiologische Reizung eine gesteigerte Wärmeproduktion durch Zuckermobilisation in der Leber, Adrenalinausschüttung und Piloarrektion *(Erwärmungszentrum)*. Koagulation dieses Feldes kann ein Säugetier praktisch zu einem poikilothermen Wesen machen. Das Absinken der Außentemperatur wird nicht mehr kompensiert. Afferenzen für das Erwärmungszentrum kommen entweder auf nervösem Wege über die Kälterezeptoren der Haut mittels des Tractus spinothalamicus bzw. dessen Kollateralen zum Hypothalamus oder auch direkt durch die Bluttemperatur der Kapillaren.

Posteriore Kerngruppen. In den *postero-ventro-lateralen Kernen* wurde ein *»Freßzentrum«* nachgewiesen. Reizung bewirkt eine gesteigerte Nahrungssuche mit Kopfbewegungen, Schnüffeln und Nahrungsaufnahme. Stetig wiederholte Dauerreize führen zur »Hyperphagie«, Zerstörungen dieser Kerne zum Sistieren jeglicher Nahrungsaufnahme und damit zum Tode (Anorexie). Die afferenten Erregungen kommen vermutlich auch von chemischen oder thermischen Reizen aus dem Eingeweidetrakt. Hypothermie führt zur Aktivierung des Freßzentrums. Dasselbe bewirkt eine Hypoglykämie.

Zusammenfassend läßt sich sagen, daß die vorderen oberen Kerngruppen mehr tropho-trop-parasympathische Umstimmungen, die hinteren und unteren Kerngruppen eine mehr ergotrop-sympathische oder dynamogene Umstimmung des vegetativen Systems bewirken (Abb. 179). Man sieht jedoch, daß Sympathikus und Parasympathikus im Hypothalamusbereich nicht mehr wie im mittleren Abschnitt des vegetativen NS antagonistisch wirken, sondern Leistungssynergien für übergeordnete »Funktionsziele« (Hess) erzeugen. Bemerkenswert ist dabei, daß die hypothalamischen Regulationen nicht nur das »milieu intérieur« betreffen (Wasserhaushalt, Wärmeregulation, Osmoregulation usw.), sondern gleichzeitig auch die zugehörigen *Verhaltensweisen* mit auslösen. Die zur Erhaltung des osmotischen Druckes notwendige Wasseraufnahme wird also zugleich mit einem ganz bestimmten, für jede Spezies charakteristischen Verhaltensmuster versehen. Dies gilt auch für die Nahrungsaufnahme, die Fortpflanzungsreflexe, die Atmungsmechanismen und vieles andere.

2. Beziehungen zwischen Hypothalamus und Endhirn

Die Koppelung typischer Verhaltensweisen mit charakteristischen vegetativen Regulationsmechanismen wird durch ausgedehnte Verbindungen des Hypothalamus mit den übrigen Systemen des ZNS, insbesondere mit dem Archi- und Paläopallium, erreicht; vor allem die Hippokampusformation, der Mandelkern und das Cingulum stehen funktionell in enger Beziehung zum vegetativen Nervensystem (sog. viszerales Gehirn oder *limbisches System*). Diesen Rindenabschnitten kommt eine wichtige Bedeutung für die emotionalen und affektiven Reaktionen einschließlich der damit einhergehenden Verhaltensänderungen zu.

Viszerosensible Projektionsfelder. Auch die neokortikalen Rindengebiete erhalten Afferenzen von den vegetativen Zentren im Hypothalamus und im Tegmentum. Man unterscheidet dabei spezifische und unspezifische Projektionen. Die *spezifischen Afferenzen* aus den Eingeweiden laufen mit den Vorderseitenstrangbahnen zum Thalamus (Nucl. ventralis posterolateralis) und erreichen den Gyrus postcentralis etwa im Bereich zwischen den Projektionsfeldern für die obere und untere Extremität. Durch Reizung dieser Eingeweidefelder lassen sich evozierte Potentiale stets bilateral auf der Hirnrinde ableiten. Die vegetativen Projektionsfelder haben damit die gleiche Lokalisation wie die der entsprechenden exterozeptiven Bahnen.

Der größte Teil der Afferenzen aus dem Vegetativum bildet jedoch sog. *»unspezifische, viszerale Systeme«*, deren aufsteigende Erregungen sich diffus auf alle Rindenbezirke, vielleicht etwas bevorzugt auf das Frontalhirn, verteilen. Diese vegetativen Areale sind nicht scharfrandig begrenzt wie die somatischen Felder. Man darf also annehmen, daß die vielgliedrigen Neuronenketten der Retikularisformation über Tegmentum und Hypothalamus hinaus auch noch bis zur Rinde hinaufreichen und hier schließlich diffus ausstrahlen (Abb. 180).

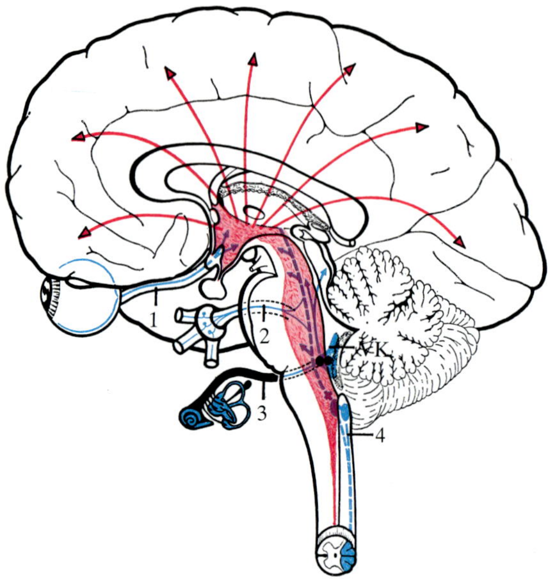

Abb. 180. Beziehungen zwischen der Retikularisformation des Hirnstammes (rot) und den Sinnessystemen (blau) sowie der Großhirnrinde (rote Pfeile) (K.). VK = Vestibulariskerne. 1 = optische Afferenzen; 2 = Trigeminusafferenzen; 3 = vestibuläre und akustische Afferenzen; 4 = Hinterstrangbahnen (periphere Afferenzen, proprio- und exterozeptive Sensibilität).

Weckreaktionen und **Schlaf.** Die aufsteigenden Retikularisbahnen bilden das Substrat für die vom Retikularissystem ausgehenden sog. *Weckreize.* Die Retikularisformation des gesamten Stammhirns erhält von allen Sinnessystemen Kollateralen. Jeder einlaufende Sinnesreiz wird dadurch gleichsam doppelt ausgewertet. Die spezifische Projektion auf die sensorischen Hirnrindenareale ermöglicht die bewußte Auswertung der jeweiligen Sinnesmodalitäten. Die unspezifischen Verknüpfungen mit der Retikularisformation jedoch aktivieren die übergeordneten vegetativen Zentren sowie die Rinde im allgemeinen. Diese Stimulation löst eine gesteigerte Rindenaktivität, gegebenenfalls sogar eine »Alarmreaktion« aus, die das Tier zu höchster Wachsamkeit anspornt und das gesamte Vegetativum in eine ergotrope Reaktionslage mit Blutdrucksteigerung, Adrenalinausschüttung, Herzfrequenzerhöhung usw. versetzt (Streß)). Erweist sich der Sinneseindruck für das Tier als ungefährlich oder uninteressant, so wird die Retikularisformation frühzeitig abgeschaltet. Die spezifischen, sensorischen Erregungen gelangen zwar noch zur Rinde, werden jedoch nicht mehr bewußt. Die Retikularisformation des Hirnstammes erlangt daher einen entscheidenden Einfluß auf das Aktivitätsniveau der Großhirnrinde und damit auf die allgemeine Bewußtseinslage. Die Großhirnrinde wird also von den in der Tiefe gelegenen retikulären Zentren stimuliert und notfalls in Alarmbereitschaft gesetzt (»alerting reaction«). Der Hypothalamus greift in dieses Geschehen ein, teils über Verbindungen zur Formatio reticularis, teils auch über eigene Bahnen zum Thalamus und zum Neokortex. Diese *Weckeffekte* lassen sich experimentell im Elektroenzephalogramm (EEG) nachweisen. Narkotika und Sedativa wirken nicht, wie man früher dachte, direkt auf die Hirnrinde, sondern dämpfen diese von der Retikularisformation ausgehenden, diffus aktivierenden Erregungen, wodurch der Bewußtseinsgrad absinkt. Der Schlaf beruht wahrscheinlich weniger auf einer Ermüdung der kortikalen Zellsysteme, als vielmehr auf dem Nachlassen dieser rindenstimulierenden Aktivität der

Retikularisformation. Der *Schlaf-Wach-Rhythmus* wäre damit ein endogen verankerter Arbeitsrhythmus der Formatio reticularis. Tatsächlich fand W. R. HESS, der als erster den Schlaf als eine trophotrope Reaktion erkannt hat, im dorsalen Sektor des Zwischenhirns ein »somnogenes Feld«, von dem aus mit schwachen Gleichstromimpulsen niedriger Frequenz ein »physiologischer« Schlaf ausgelöst werden kann. Weiterhin konnte auch im medianen Teil des Thalamus, etwas neben der Adhaesio interthalamica, ein hochempfindliches hypnogenes Substrat nachgewiesen werden (intralaminäres System). Vielleicht existieren ähnlich wie bei den Atem- und Kreislaufzentren zwei »Schlafzentren«, deren Aktivitäten im Hypothalamus integriert werden. Während die thalamischen Zentren hemmend wirken, stimuliert die Formatio reticularis die Aktivität der Großhirnrinde. Im Schlaf ist jedoch die neuronale Aktivität des gesamten ZNS keineswegs abgeschaltet oder lang dauernd gehemmt. Vielmehr findet man bei hirnelektrischen Untersuchungen [z. B. im Enzephalogramm (EEG)] verschiedene Phasen mit abwechselnd erhöhter und herabgesetzer Neuronentätigkeit. Neben der Einschlafperiode lassen sich der integrierte Erholungsschlaf (Tiefschlaf, auch synchronisierter Schlaf), der vor allem durch langsame EEG-Wellen, herabgesetzte Atemtätigkeit und enge Pupillen gekennzeichnet ist, und der sog. »paradoxe Schlaf« oder auch dissoziierte Traumschlaf, bei dem flache EEG-Wellen, wechselnd weite Pupillen, rasche Augenbewegungen (»rapid eye-movements« = REM-Stadium), Verlust des Muskeltonus und beim Manne Erektionen gefunden werden, unterscheiden. Der Traumschlaf geht mit einer partiellen Aktivierung der Großhirnrinde sowie bestimmter Hirnstamm- und Rückenmarksabschnitte einher, wobei dennoch eine höhere Weckschwelle festgestellt wurde. Die in dieser Phase auftretenden Traumerlebnisse werden in der Regel nicht erinnert, mit Ausnahme kurz vor dem Aufwachen am Morgen. Die periodischen Erektionen sind meist ohne sexuelle Trauminhalte und können ihrer Natur nach noch nicht gedeutet werden. Nach heutiger Auffassung stellt der paradoxe Schlaf (REM-Stadium) einen regulativen Vorgang dar, durch den starke innere, affektive Spannungen gestauter Trieb- und Instinktmechanismen entladen und ohne soziale Konsequenzen gefahrlos abreagiert werden können (JUNG). Wird der Traumschlaf längere Zeit unmöglich gemacht, entwickeln sich im Wachzustand Aggressionen sowie unkontrollierte Triebhandlungen verschiedenster Art.

Die Retikularisformation beeinflußt aber nicht nur (aufsteigend) die Aktivität der Großhirnrinde und der subkortikalen Zentren, sondern stimuliert (absteigend) auch die viszeralen und sensomotorischen Systeme. Sinnesreize können daher das Vegetativum mobilisieren und viszerale Reflexe auslösen (z. B. Wirkung von Geruchs- und Sehreizen auf den Sexualapparat, Schwindel oder Erbrechen nach Reizung des Bogengangsapparates usw.). Vielfach wird hierbei auch das extrapyramidale System, dessen wichtigste Kerne ja mitten in der Formatio reticularis des Mittel- und Rautenhirns eingebettet liegen, mit eingeschaltet. So kommt es zu verschiedenen unwillkürlichen Begleitbewegungen. Im Retikularisgebiet des Hirnstammes ist also morphologisch und funktionell eine besonders enge Verknüpfung der sensorischen, sensomotorischen und viszeralen Systeme möglich.

Monoaminerge Systeme. Mit Hilfe der in den 60iger Jahren entdeckten Immunfluoreszenzmethoden haben sich in der Retikularisformation des Hirnstammes 3 monoaminerge Systeme nachweisen lassen, die breitgefächert in das ZNS ausstrahlen und dadurch charakterisiert sind, daß sie biogene Amine (Dopamin, Noradrenalin und Serotonin) als Transmitter benützen. Über die zwischen Striatum und Substantia nigra vorhandenen dopaminergen Bahnen haben wir bereits gesprochen (s. S. 145). Ein zweites dopaminerges System geht von den ventralen Kernen des Tegmentums zum limbischen System und Hypothalamus (mesolimbische Bahnen) aus, ein drittes schafft eine Verbindung

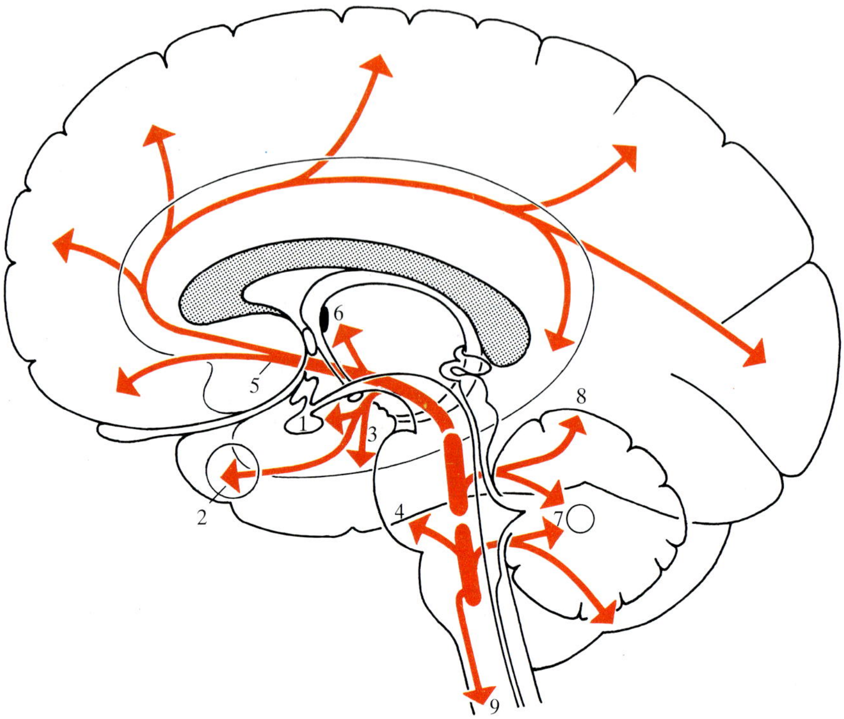

Abb. 181. Schematische Darstellung der serotoninergen Bahnen im ZNS (O.). A = rostrale Raphekerne; B = kaudale Raphekerne; 1 = zum Hypothalamus; 2 = zum Mandelkern; 3 = zum Uncus hippocampi; 4 = zum Tegmentum; 5 = zum Großhirn; 6 = zu den Stammganglien; 7 = zu den Dachkernen des Kleinhirns; 8 = zur Kleinhirnrinde; 9 = zum Rückenmark.

zwischen Tuber cinereum und Infundibulum im Bereich des Zwischenhirns (tuberoinfundibuläres System). Die funktionelle Bedeutung aller dieser Systeme ist noch unklar.

Serotoninerge Systeme. Neurone, die Serotonin enthalten, gehen hauptsächlich von den *Raphe-Kernen* aus, die sich durch den ganzen Hirnstamm hinziehen und dicht neben der Mittellinie in der Formatio reticularis am Boden der Rautengrube und des Aquaeductus cerebri des Mittelhirns lokalisiert sind. Man hat aufsteigende und absteigende Bahnen unterschieden. Die aszendierenden Neurone strahlen in die Großhirnrinde, das Kleinhirn, das Zwischenhirn (Thalamus und Hypothalamus) und in die Hippokampusformation (limbisches System) aus. Die absteigenden serotoninergen Bahnen ziehen zum Rückenmark, wo sie hauptsächlich in der Substantia gelatinosa enden (Abb. 181). Man hat die absteigenden Bahnen mit der Schmerzleitung in Zusammenhang gebracht, da eine elektrische Stimulation der unteren Raphe-Kerne bei Tieren eine starke Analgesie erzeugt. Die aufsteigenden Faserbündel zum limbischen System und zum Zwischenhirn sollen für die emotionale Tingierung unserer Wahrnehmungen, die »Stimmung« und nervale Aktivität insgesamt verantwortlich sein. Sie könnten damit den eigentlichen Schlaf-auslösenden Trakt der Retikularisformation darstellen, denn experimentelle Untersuchungen haben gezeigt, daß eine Hemmung der Serotoninsynthese in den Nervenzellen oder eine Zerstörung der Raphe-Kerne zu langanhaltender Schlaflosigkeit führt. Wie wir oben gesehen haben, kann die Freisetzung von Serotonin an den Terminalorganen die Synapsenfunktion wirkungsvoll beeinflussen

(s. S. 72). Es ist anzunehmen, daß auch bei diesen Bahnen derartige Mechanismen eine Rolle spielen.

Noradrenerge Systeme. In der Retikularisformation am Boden der Rautengrube liegen ferner Zellgruppen, die Noradrenalin enthalten und ebenfalls Axone aussenden können, die weit ausstrahlend in alle Teile des ZNS ziehen. Die mehr lateral gelegenen Stränge innervieren Zellgruppen des Hypothalamus, des Corpus amygdaloideum, die mehr medialen, die hauptsächlich vom *Locus coeruleus* ausgehen, ziehen u. a. zum limbischen System, zum Stirnhirn, Cingulum und Thalamus (Abb. 182).

Auch die Funktion dieser Systeme ist nicht vollständig geklärt. Da viele dieser Neurone an den Hirngefäßen enden, hat man ihnen durchblutungsregulatorische Aufgaben zugesprochen. Es wird aber darüber hinaus allgemein angenommen, daß den adrenergen Systemen eine große Bedeutung für die oben geschilderten Weckreaktionen, die allgemeine Wachheit und Motivation für verschiedene Verhaltensweisen und Gedächtnisleistungen zukommt. Da auch von diesen Kernen absteigende Bahnen zum Rückenmark gehen, besteht die Möglichkeit einer allgemeinen Stimulation der lokomotorischen Reaktionen.

Viszeromotorische Rindenfelder. Zum Schluß muß schließlich noch die Frage besprochen werden, ob auch vom Neokortex efferente, vegetativ wirksame Erregungen ausgehen können. Bei Versuchstieren, einschließlich Primaten, konnten vor allem vom Stirnhirn aus (Area 6, in geringerem Maße auch Area 4 und 8) vegetative Reaktionen an den Kreislauf-, Magen-, Darm- und Exkretionsorganen erzielt werden. Es ist fraglich, ob sich derartige Befunde auf den Menschen übertragen lassen. Die Rolle des Neokortex

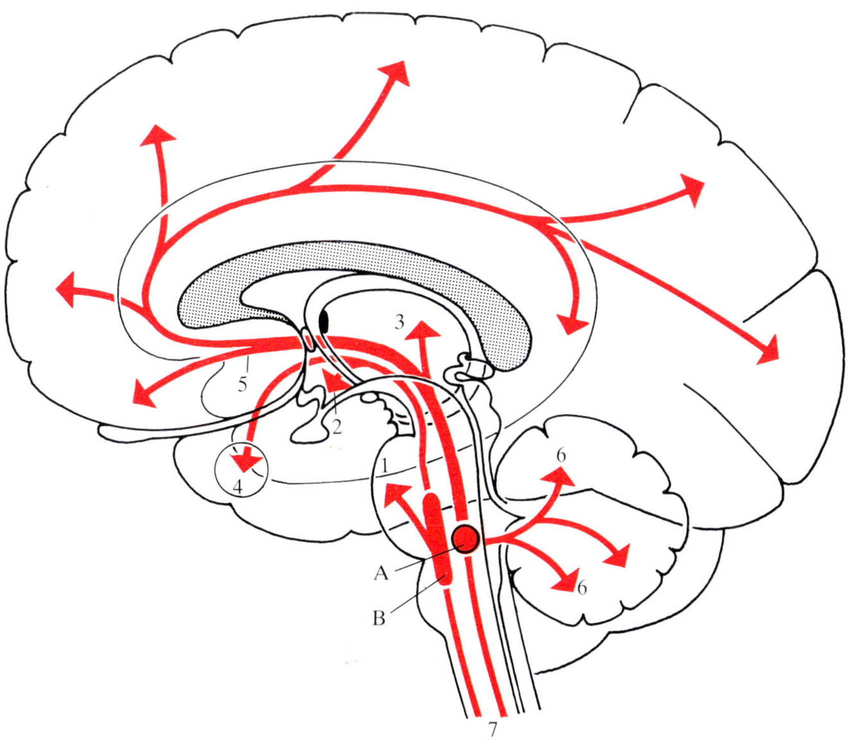

Abb. 182. Schematische Darstellung der noradrenergen Bahnen im ZNS (O.). A = Locus coeruleus; B = Laterale Tegmentumkerne; 1 = zur Retikularisformation; 2 = zum Hypothalamus; 3 = zu den Stammganglien; 4 = zum Mandelkern; 5 = zum Großhirn; 6 = zum Kleinhirn; 7 = zum Rückenmark.

beschränkt sich beim Menschen wahrscheinlich vorwiegend auf die Anpassung der viszeralen Begleitvorgänge an die Sensorik und Sensomotorik. So nimmt z. B. die Durchblutung an der Hand bei willkürlich intendierten Ziel- oder Zweckbewegungen zu, oder es verändert sich die Atmung beim Singen bzw. Sprechen in zweckentsprechender Weise. Wahrscheinlich werden die vegetativen Systeme bei Reizungen der somatischen Rindenfelder mitaktiviert, z. B. die Pupillomotorik bei einer Stimulierung des frontalen Blickzentrums, die Speichelsekretion bei einer solchen des kortikalen Zungenfeldes. Man darf sich jedoch nicht vorstellen, daß auf der Großhirnrinde funktionell dominierende, isolierte Effektorareale für vegetative Organe vorhanden wären. Die Großhirnrinde ist für die vegetativen Regulationsmechanismen sozusagen nicht mehr kompetent. Ihre Einflüsse gehen vornehmlich über den Hypothalamus.

Im engeren Sinne stellt der Hypothalamus für das vegetative NS die oberste effektorische Funktionseinheit dar, sozusagen der »Kopf« als übergeordnetes Integrationszentrum. Das Zwischenhirn bildet aber auch das Verbindungsglied zwischen dem spinotegmentalen und dem kortikalen Anteil des vegetativen NS und bekommt dadurch eine entscheidende Schlüsselstellung im Gesamtsystem. Da es, wie erwähnt, durch die Vorgänge der Neurosekretion auch Anschluß an die endokrinen Organe gewinnt, bildet es schließlich auch das Bindeglied zum System der humoralen Steuerungsmechanismen. Humorale und nervale Systeme werden dadurch zu einer Einheit zusammengeschlossen.

E. Hirnhäute, Liquorzirkulation und zirkumventrikuläre Organe

Wirbelkanal und Schädelinnenraum, die zusammen ein Gesamtvolumen von etwa 1650 ml haben, werden nicht vollständig vom Hirngewebe ausgefüllt. Zwischen Hirnoberfläche und Schädelknochen befindet sich vielmehr ein Flüssigkeitsmantel. Die Flüssigkeit (Liquor cerebrospinalis), deren Gesamtvolumen rund 135 ml ausmacht, umspült Gehirn und Rückenmark allseitig. Sie wird im Hohlraumsystem des Gehirns, den Ventrikeln, gebildet und strömt von dort nach außen zwischen die Blätter der Hirnhäute in den Subarachnoidalraum ein.

Hirnhäute

Man unterscheidet eine harte und eine weiche Hirnhaut (Pachy- und Leptomeninx). Die harte Hirnhaut *(Dura mater)*, die vornehmlich aus straffem, kollagenem Bindegewebe besteht, kleidet die Schädelinnenfläche vollständig aus. Die Dura übernimmt auch die Aufgaben des Periosts. Zwischen die Großhirnhemisphären schiebt sich ein sagittales Duraseptum ein, die *Falx cerebri,* zwischen Großhirn und Kleinhirn dagegen ein horizontales, zeltartiges Septum, das *Tentorium cerebelli,* das in der Medianebene mit der Falx in Verbindung steht. Im Rückenmarkskanal ist die Dura selbständig und vom Periost getrennt. Zwischen beiden bildet sich hier der relativ weite, mit Fettgewebe und Gefäßen angefüllte, extradurale Raum. Im Bereich des Foramen magnum vereinigen sich Periost und Dura dann wieder zu einer einheitlichen Schicht.

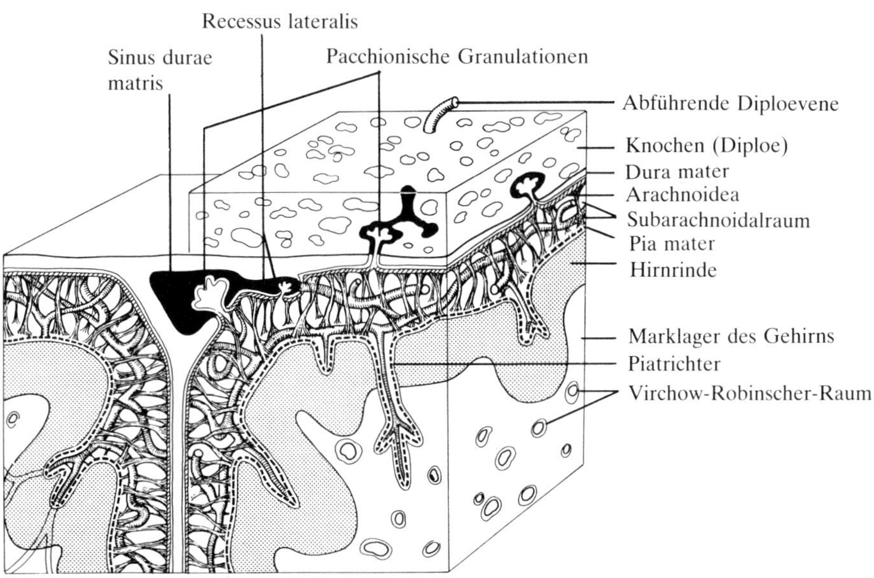

Abb. 183. Konstruktionsschema vom Aufbau der Hirnhäute (B.). Grau = Hirnrinde; schwarz = Sinus durae matris und Diploevenen.

Die weiche Hirnhaut *(Leptomeninx)* besteht aus zwei lockermaschigen Bindegewebsblättern, der *Arachnoidea* (außen) und der *Pia mater* (innen) (Abb. 183). Die Arachnoidea oder Spinnwebenhaut folgt der Dura, die Pia dagegen der Hirnoberfläche mit all ihren Furchen und Windungen. Auf diese Weise ist der Abstand der beiden Blätter regional sehr verschieden. Die Pia muß als die eigentliche Gefäßhaut des Gehirns angesehen werden. Sie dringt mit ihren Gefäßen in die Sulci ein, während die Arachnoidea die Furchen überspringt und an der Dura haftet. Somit entstehen überall dort, wo sich größere Vertiefungen an der Hirnoberfläche bilden oder wo das Hirngewebe von der Schädel- bzw. Durainnenfläche zurückweicht, größere mit Liquor gefüllte Räume, die sog. Zisternen (Abb. 184). Pia und Arachnoidea sind durch trabekuläre Bindegewebsstränge miteinander verbunden (Abb. 183). Dieser flächenhaft ausgebreitete Maschenraum mit seinen zisternenartigen Erweiterungen wird *Subarachnoidalraum* genannt. Der Subarachnoidalraum in seiner Gesamtheit enthält den Liquor cerebrospinalis externus. Der Liquor internus, der von den Plexus choroidei produziert wird, zirkuliert in den Ventrikeln. Die Ventrikel des Gehirns sind von einem einschichtigen kubischen Epithel ausgekleidet, dem Ependym. Auch dieses beteiligt sich wahrscheinlich, wenn auch in geringerem Maße, an der Liquorbildung bzw. Liquorresorption,

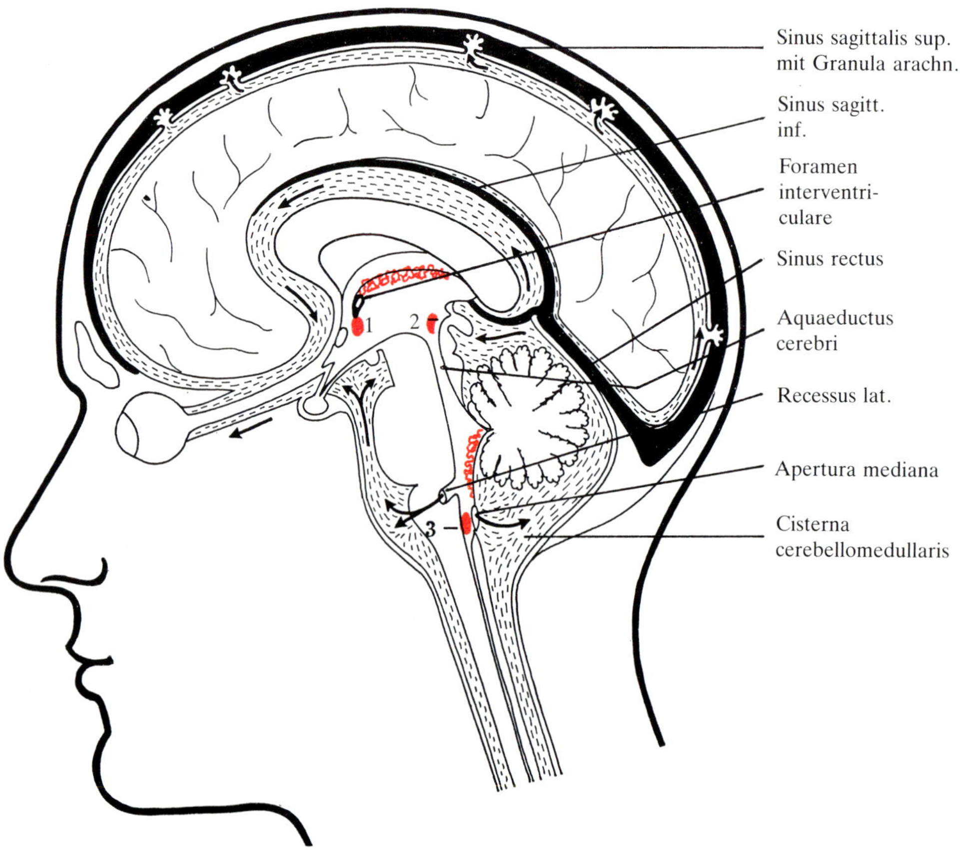

Abb. 184. Schema über die Liquorzirkulation (dargestellt am Sagittalschnitt). Die Pfeile deuten die Strömungsrichtungen des Liquors an (B.). Punktiert = Liquor cerebrospinalis ext. in den Zisternen; weiß = innere Liquorräume (Liquor cerebrospinalis int.); Seitenventrikel nicht dargestellt; rot = Plexus choroideus. Zirkumventrikuläre Organe (rot): 1. subfornikales Organ; 2. subkommissurales Organ; 3. Area postrema.

da von den subependymalen Kapillaren Flüssigkeit durch Diffusion in die Ventrikel übertreten kann.

Liquorzirkulation

Der Liquor wird in den Plexus choroidei der Seitenventrikel nicht allein durch Filtration, sondern auch unter aktiver Beteiligung des Plexusepithels gebildet. Die Sekretionsleistung beträgt etwa 500 ml/Tag (0,35 ml/Min.). Der Liquor strömt durch die beiden Foramina interventricularia (Monroi) in den III. Ventrikel ein (Abb. 32–34, 184). Zusätzliche Flüssigkeit kommt, wie gesagt, aus den subependymalen Kapillarnetzen. Außerdem wird auch Liquor von den Plexus choroidei im Dach des III. Ventrikels sezerniert. Der Liquor strömt dann aus dem Zwischenhirnbereich durch den Aquaeductus cerebri (Sylvii) in den IV. Ventrikel. Durch die Adergeflechte im Velum medullare post. entsteht weiterer Liquor. Der Inhalt des IV. Ventrikels entleert sich durch drei Öffnungen im Velum medullare post., und zwar durch die beiden Aperturae laterales (Luschkae) in die Cisterna pontis und die unpaare Apertura mediana (Magendi) in die Cisterna cerebellomedullaris. Er wird damit zum Liquor cerebrospinalis externus. Eine Verlegung dieser Öffnungen oder auch ein Verschluß des Aquaeductus cerebri verursacht eine Stauung der Liquorzirkulation und dadurch eine Erweiterung der Ventrikel, evtl. mit kompensatorischer Verdünnung des Gehirnmantels. Dabei kann es zu einer Verformung des Kopfes kommen (Hydrocephalus internus, Wasserkopf, Abb. 185). Der äußere Hirnliquor fließt dann um Kleinhirn und Medulla herum und umspült das Mittelhirn. Von hier strömt die Flüssigkeit unter dem Tentoriumzelt hindurch bis in den das Großhirn umgebenden Subarachnoidalraum.

Der **Liquorabfluß aus dem Subarachnoidalraum** erfolgt vor allem auf 3 Wegen (Abb. 183 u. 184):

1. Arachnoidalzotten, Plaques oder Granula *(Villi* und *Granulationes arachnoideales Pacchioni)* durchbrechen die Wand der Sinus durae matris bzw. die Innenlamelle des Schädelknochens. Sie lagern sich an die Dura an oder stülpen sich in das Lumen der Sinus bzw. Diploevenen vor. Nach neueren Untersuchungen sind sie von einem vakuolisierten, perforierten Epithel überzogen, ähnlich wie die Innenwand des Schlemmschen Kanals im Augenkammerwinkel. Auf diesem Wege wird der Rück-

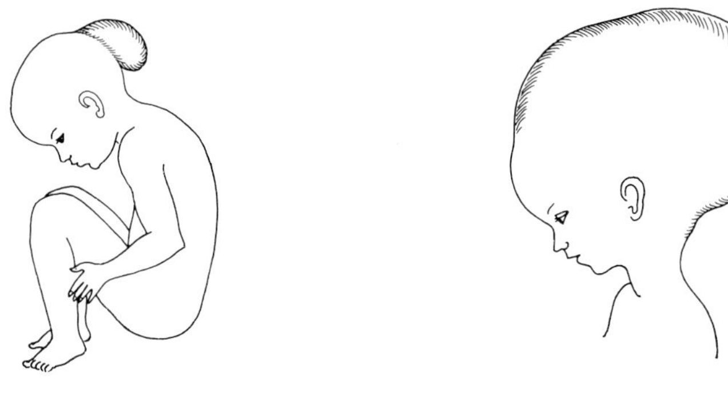

Abb. 185. Mißbildungen, die aus Störungen der Liquorzirkulation resultieren (nach Arey) (B.).
a) Liquorfistel am Kopf.
b) Hydrocephalus externus.

strom der Liquorflüssigkeit ins Blut ermöglicht, wobei wahrscheinlich ähnliche Mechanismen eine Rolle spielen wie bei der Kammerwasserzirkulation im Auge.

2. Liquor diffundiert durch die Wand der durch den Subarachnoidalraum verlaufenden Venen.
3. Der Subarachnoidalraum geht peripher in die Lymphscheiden der großen Hirnnerven über (Endoneuralraum). Besonders der Sehnerv, der Trigeminus und die Fila olfactoria werden von geräumigen Liquorscheiden umgeben, aus denen geringe Mengen des Liquors direkt in die Lymphgefäße übertreten können.

An den Rückenmarkshäuten existieren den Pacchionischen Granulationen entsprechende arachnoidale Zellinseln in der Nähe der Spinalganglien, die vermutlich den spinalen Liquor in die Wirbelvenengeflechte ableiten.

Die Aufgaben des Liquorsystems sind vielfältig und auch heute noch nicht vollständig geklärt. Die Zusammensetzung des Liquors entspricht nicht völlig der extrazellulären Flüssigkeit der Körperorgane. Kennzeichnend sind der hohe Natriumgehalt sowie die geringe Kalium- und Glukosekonzentration des Liquors. Glukose macht etwa 60% von der des Plasmas aus. Proteine fehlen fast ganz, da sie von der Blut-Liquorschranke zurückgehalten werden (s. u.). Während der Embryonalzeit ist der Zuckergehalt (vornehmlich Fruktose statt Glukose) ausnehmend hoch, da der Liquor während dieser Zeit auch nutritive Aufgaben für das Gehirn erfüllt. Man nimmt heute allgemein an, daß dem Liquor im ZNS ähnliche Aufgaben zufallen wie der Lymphe des Organismus. Da das Gehirn keinen geräumigen und variablen, sondern nur einen auf die Interzellularspalten beschränkten Extrazellularraum besitzt, ist die durch die Liquorzirkulation erreichte »Lymphdrainage« wahrscheinlich funktionell von großer Wichtigkeit. Eiweißkörper, Abfallstoffe und selbst Zellelemente können durch das Liquorsystem wieder aus dem Gehirn entfernt werden. In diesem Zusammenhang ist auch die Tatsache von Bedeutung, daß Liquor nicht nur im Subarachnoidalraum und den Ventrikeln, sondern auch in der Gehirnsubstanz selbst vorhanden ist. Der Subarachnoidalraum setzt sich nämlich entlang den mit der Pia eindringenden Gefäßen bis in die Gehirnmasse fort und bildet um die Gefäße herum kleine, scheidenartige Räume (perivaskuläre Liquorscheiden, *Virchow-Robinsche Räume*). Diese Spalträume werden von einer gliösen, von protoplasmatischen Astrozyten gebildeten Grenzmembran abgedichtet *(Membrana limitans gliae perivascularis*). Je kleiner die Arterien werden, um so schmäler werden die perivaskulären Spalträume, bis sie schließlich im Kapillarbereich ganz verschwinden. Hier lagert sich die gliöse Grenzmembran dann der Kapillarwand direkt an. Die Gliagrenzmembranen und vor allem die Zellhaften der Kapillarendothelien besitzen eine Schrankenfunktion *(Blut-Hirn-Schranke)*. Wird ein Vitalfarbstoff intravenös injiziert, so färben sich alle Organe des Körpers mit Ausnahme des Nervengewebes an. Das Nervensystem bleibt ungefärbt, weil der Farbstoff an der Blut-Hirn-Schranke zurückgehalten wird. Wasser, Kohlendioxyd und Sauerstoff passieren die Schranke frei, Elektrolyte (Kalium, Natrium, Chloride) nur in geringem Maße, Schwermetalle (Silbergranula, Gold, Arsen) und großmolekulare Stoffe gar nicht.

Eine funktionelle Schranke existiert auch an den Orten der Liquorbildung *(Blut-Liquor-Schranke)*. Das Epithel der Plexus choroidei und die in den Adergeflechten vorhandenen Grenzmembranen zwischen Blut und Liquor, vor allem die Haften zwischen den Kapillarendothelzellen stellen das wesentlichste morphologische Korrelat für diese Schranke dar.

Eine weitere Gruppe von Aufgaben, die die Liquorzirkulation erfüllt, läßt sich hydrodynamisch verstehen. Würde das Gehirn einen solchen Flüssigkeitsmantel nicht besitzen, müßte jeder Stoß an den Kopf eine Hirnblutung zur Folge haben. So aber schwimmt das Gehirn in einer schützenden Wasserhülle. Liquor und Gehirn haben annähernd das gleiche spezifische Gewicht. Ein Schlag gegen den Kopf pflanzt sich daher in beiden Materialien gleichmäßig fort, ohne lokalisierte Schädigungen zu verursachen. Wahrscheinlich spielt auch das archimedische Prinzip eine Rolle. Da die Hirngefäße allseitig von Flüssigkeit umgeben sind, können keine einseitigen Druckbelastungen, sondern nur hydrostatische, allseitig wirkende Drücke auftreten. So werden die Gefäße nicht abgeklemmt und die Zirkulation nicht gefährdet.

Übersicht über die wichtigsten Funktionen des Liquorsystems
1. Nutritive Aufgaben für das Gehirngewebe – beim Menschen nur in der Embryonalentwicklung.
2. Biologische Schutzfunktionen für den Flüssigkeitswechsel im Gehirn (Verhinderung ödematöser Schwellungen) – Austauschvorgänge wie bei der Lymphzirkulation des übrigen Organismus. Schrankenfunktion: a) Blut-Liquor-Schranke (in den Plexus choroidei), b) Blut-Hirn-Schranke (in der Wand der Hirnkapillaren).
3. Mechanische Schutzfunktionen – Flüssigkeitshülle um das Gehirn – Einführung hydrostatischer Druckverhältnisse.

Zirkumventrikuläre ependymale Organe

Merkwürdigerweise existieren im ZNS nun auch Stellen, wo die Blut-Hirn-Schranke normalerweise permeabel ist. Nach intravenöser Injektion von Vitalfarbstoffen werden in der Umgebung des III. und IV. Ventrikels an verschiedenen Stellen intensive Farbflecke beobachtet. Hier ist das unter dem Ependym gelegene Gliagewebe organartig verdichtet und auffallend reich vaskularisiert. Man faßt diese Organe unter dem Begriff der ependymalen oder zirkumventrikulären Organe zusammen (Abb. 184) und vermutet, daß ihre Aufgabe die Regulation des osmotischen Gleichgewichtes zwischen Blut und Liquor ist. Dafür spricht auch, daß sie bevorzugt an den Übergangsstellen von einem Ventrikelhohlraum in den anderen lokalisiert sind, so z. B. in der Nähe des Foramen interventriculare sowie an der Apertura mediana. Man nimmt an, daß die zirkumventrikulären Gliaorgane Chemorezeptoren enthalten, die auf pH-Änderungen in Blut und Liquor äußerst empfindlich reagieren. So können durch Einbringen von bestimmten Stoffen in den III. Ventrikel starke vegetative Reaktionen zur Regulation des Säure-Basen-Gleichgewichtes im Blut ausgelöst werden. Es gilt in diesem Zusammenhang auch zu bedenken, daß für das Gehirn die Konstanz der osmotischen Verhältnisse lebenswichtig ist, da ein raumforderndes Ödem wegen der fehlenden Ausdehnungsmöglichkeiten im Schädel sofort eine Kompression der lebenswichtigen Zentren nach sich ziehen und den Tod herbeiführen könnte. Die Liquorzirkulation hat somit auch die wichtige biologische Aufgabe, das osmotische Gleichgewicht aufrechtzuerhalten und einen überschießenden Wassereinstrom (Ödem) zu verhindern.

Das **subfornikale Organ** ist ein stecknadelkopfgroßes Organ am hinteren Rand der Fornixsäulen in der Nähe des Foramen interventriculare im Zwischenhirnbereich. Es zeigt ein graurötliches, gallertiges Aussehen durch die Ansammlung von hellen Gliazellen verschiedener Struktur (3 Zelltypen werden unterschieden). Es besteht eine reiche Vaskularisation. Das Organ wird von einem einschichtigen, kubischen Ependym überzogen.

Das **subkommissurale Organ** kommt bei allen Wirbeltieren außer beim Delphin und beim erwachsenen Menschen vor. Es wird embryonal beim Menschen noch angelegt, dann aber rückgebildet. Bei Wirbeltieren ist es an der Commissura posterior, am Eingang zum Aquaeductus cerebri, lokalisiert und besteht aus hohen zylinderförmigen Ependymzellen ohne Kinozilien, aber mit langen, einzelnen Zentralgeißeln. Vom Ependym geht ein langer, homogener Faden bis in den Rückenmarkskanal *(Reissnerscher Faden)*, der ebenfalls beim Menschen fehlt und dessen Funktion unbekannt ist.

Die **periventrikulären Organe des Zwischenhirns** liegen bei den meisten Wirbeltieren in der Seitenwand des III. Ventrikels in Höhe des Thalamus oder des Infundibulum hypophyseos. Sie stellen umschriebene Vorwölbungen des Ependyms dar, die besonders reich vaskularisiert sind.

Die **Area postrema** liegt am Eingang des Rückenmarkskanals, am Boden der Rautengrube, in der Nähe der Apertura mediana und schließt den IV. Ventrikel kaudal ab. Diese Region ist durch eine starke Vaskularisation sowie durch einen besonderen Flüssigkeitsreichtum charakterisiert. Die Area postrema stellt ähnlich wie das subfornikale Organ eine hypependymale Gliawucherung dar.

F. Zusammenfassende Übersicht über die Gliederung des ZNS nach topographischen Gesichtspunkten

Die bisherige Beschreibung ging von der Darstellung funktioneller Systeme aus, wobei zwangsläufig die topographischen Verhältnisse unberücksichtigt bleiben mußten. Beispielsweise ist die Hirnrinde an mehreren Stellen abgehandelt worden, je nachdem welches der funktionellen Systeme gerade besprochen wurde. Abweichend von diesem Vorgehen sollen nun die einzelnen Hirnabschnitte zusammenfassend nochmals als Ganzes geschildert werden, so daß sich – abgesehen von der für Examina wichtigen Übersicht – auch die Möglichkeit für ein integriertes Gesamtverständnis ergibt.

Beim Menschen hat das Endhirn *(Telencephalon)* im Gegensatz zum Riechhirn *(Rhinencephalon)* so stark an Masse zugenommen, daß es alle anderen Hirnabschnitte, einschließlich des Kleinhirns, überlagert. Im Innern wird die Grenze zwischen End- und Zwischenhirn durch den Sulcus terminalis markiert, der bogenförmig zwischen dem Nucleus caudatus und Thalamus verläuft. Am Medianschnitt (Abb. 169) ist der Zwischenhirnbereich *(Diencephalon)* leicht an der Ausdehnung des III. Ventrikels, der vom Foramen interventriculare bis zum Aquaeductus cerebri reicht, zu erkennen. Vorne-unten befinden sich die Sehnervenkreuzung und die Hypophyse, hinten-oben die Epiphyse mit den Striae medullares. Auch die Corpora mamillaria gehören noch zum Zwischenhirn. Das Mittelhirn *(Mesencephalon)* ist beim Menschen der kleinste unter den fünf Hirnabschnitten. Es reicht etwa von den Corpora mamillaria bis zum vorderen Rand des Pons und ist leicht an der Vierhügelplatte, dem Aquaeductus cerebri und den Crura cerebri zu erkennen. An der Zwischenhirn-Mittelhirn-Grenze knickt die Achse des ZNS fast rechtwinklig ab. Während die Achse des Mittelhirns in Verlängerung des Rückenmarks noch senkrecht verläuft, nimmt diejenige des Zwischenhirns eine mehr horizontale Lage ein. An das Mittelhirn schließt sich distal das Rautenhirn mit dem zeltförmigen IV. Ventrikel und dem Kleinhirn (Cerebellum) an und setzt sich aus dem *Metencephalon* (Cerebellum und Pons) und dem *Myelencephalon* (Medulla oblongata) zusammen. Die Medulla oblongata beginnt in unmittelbarem Anschluß an die Brücke und setzt sich kaudal in das Rückenmark fort.

I. Großhirnrinde

Der größte Teil der Hirnrinde besteht aus dem sechsschichtigen *Neocortex,* der sich in vier Lappen (Lobus frontalis, parietalis, temporalis und occipitalis) gliedert (Abb. 187). Die Verbindung beider Hirnhälften erfolgt durch den Balken (Corpus callosum), die neenzephale Kommissur des ZNS (Abb. 186). Die Projektionsbahnen für den Neocortex ziehen fast ausschließlich durch die Capsula interna. Das stammesgeschichtlich älteste Endhirngebiet stellt der *Palaeocortex* dar, zu dem der Bulbus und Tractus olfactorius sowie die Striae olfactoriae und die zugehörigen Riechhirnabschnitte (Area subcallosa, Lobus piriformis) gehören. Diese Rindengebiete werden durch den rostralen Anteil der Commissura anterior, die in der Lamina terminalis vor den Fornixsäulen verläuft, miteinander verbunden (Abb. 187).

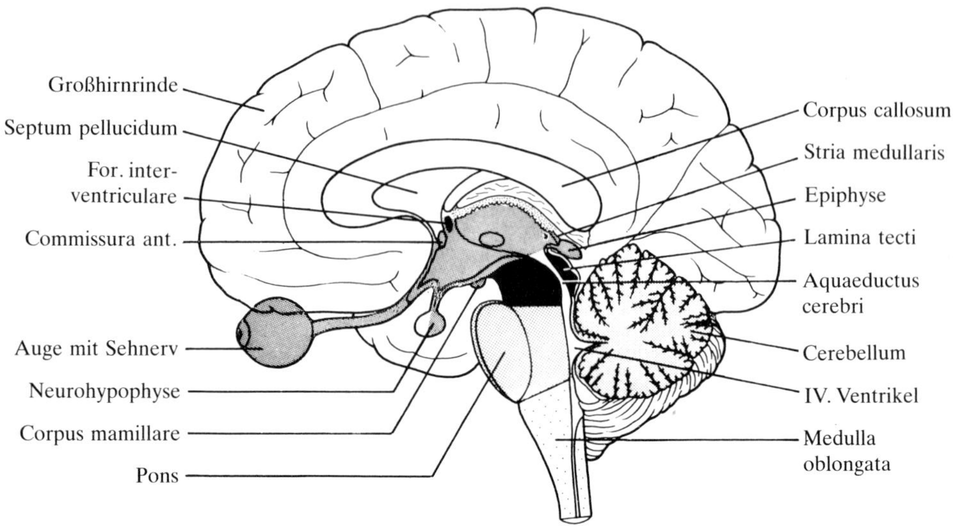

Abb. 186. Medianschnitt durch das ZNS zur Darstellung der 5 Hirnabschnitte (B.). Weiß = Telencephalon; dunkelgrau = Diencephalon; schwarz = Mesencephalon; hellgrau = Metencephalon; punktiert = Myelencephalon (Medulla oblongata).

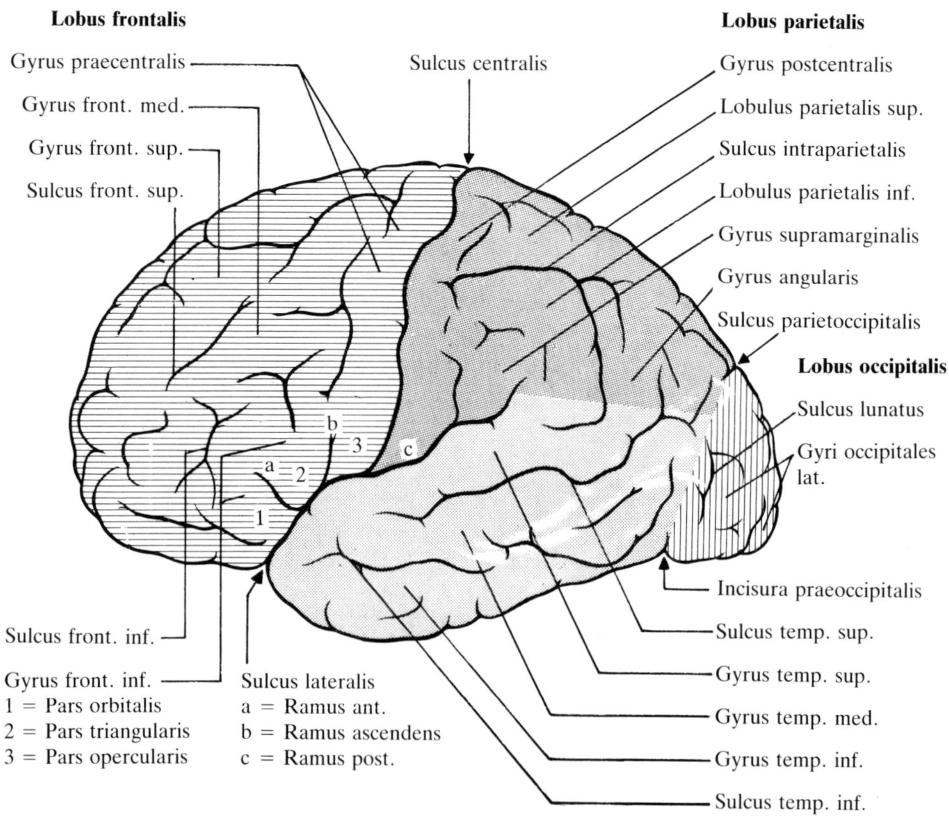

Abb. 187. Lappengliederung und Furchenrelief des Großhirns, Seitenansicht (modif. nach WOLF-HEIDEGGER) (B.).

Durch die mächtige Entfaltung des Neocortex ist der *Archicortex* ganz an die Innenseite des Großhirnmantels gedrängt worden (Gyrus involutus). Er besitzt noch eine archaische Rindenstruktur *(Allocortex),* die nur drei Schichten zeigt, während der Isocortex der neenzephalen Rinde sechs Schichten aufweist. Die Hauptkerne und Rindenabschnitte des Archicortex (Gyrus parahippocampalis, Gyrus dentatus, Cingulum, Indusium griseum, Corpus amygdaloideum) gehören zum limbischen System (vgl. Abb. 103).

Das *Furchenrelief des Neocortex* variiert individuell sehr stark. Die Lappengliederung kommt durch querverlaufende Primärfurchen zustande, während die längsorientierten Sekundärfurchen weitgehend das gyrale Relief der Lappen bestimmen (Abb. 188). Die von den Sekundärfurchen abzweigenden Tertiärfurchen schaffen ein variables, unregelmäßiges Muster kleinerer Gyri und Felder, das aber für die funktionelle Gliederung kaum eine Bedeutung hat.

Vom Stirnpol bis zum Sulcus centralis reicht der *Lobus frontalis,* der durch die beiden horizontal verlaufenden Sulci frontales (sup. et inf.) wieder in einen Gyrus frontalis sup., med. und inf. unterteilt wird. Im Gyrus frontalis inf. werden durch den schräg aufsteigenden Ramus ascendens und Ramus anterior der Fissura lat. eine Pars orbitalis, triangularis und opercularis abgegliedert (Abb. 179). Basal lagert sich der Frontallappen auf das knöcherne Dach der Orbita und bildet dabei die Gyri orbitales sowie medial den gestreckt verlaufenden Gyrus rectus aus. Der *Lobus parietalis* nimmt den Bereich zwischen dem Sulcus centralis und parietooccipitalis ein und wird durch den Sulcus intraparietalis in einen Lobulus parietalis sup. und inf. unvollständig unterteilt. Um das hintere Ende der Fissura lat. windet sich der Gyrus supramarginalis, um den Sulcus temporalis sup. der

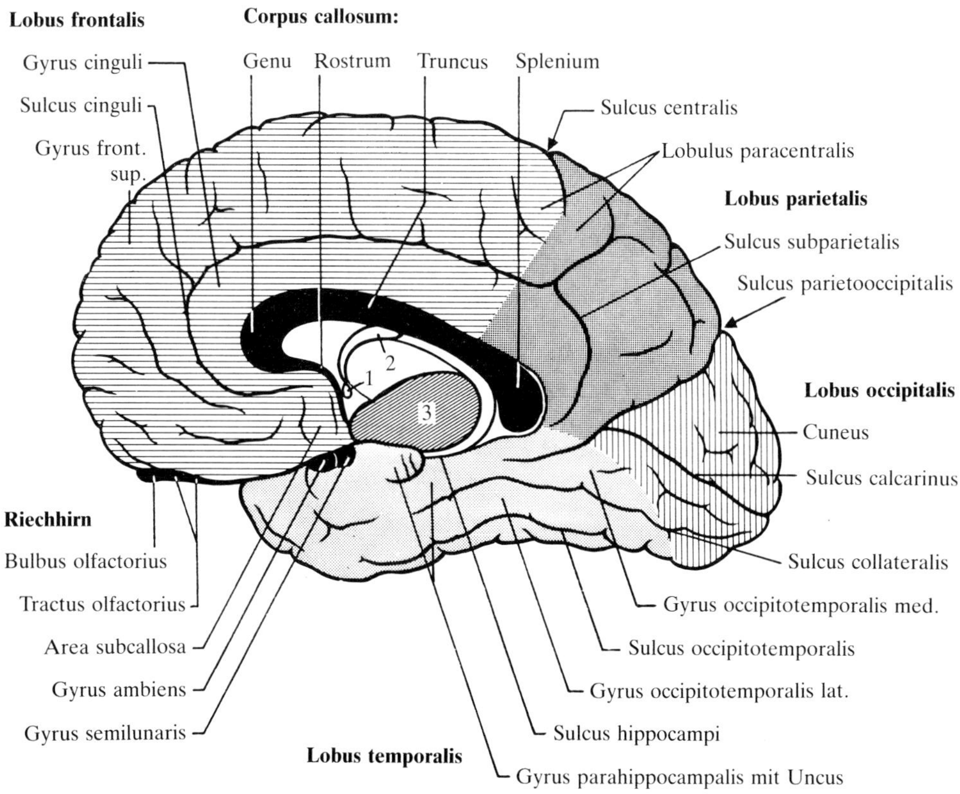

Abb. 188. Lappengliederung und Furchenrelief des Großhirns (modif. nach WOLF HEIDEGGER) (B.). 1 = Commissura ant.; 2 = Fornix; 3 = Schnittfläche des abgetrennten Hirnstammes.

Gyrus angularis herum. Gyrus prae- und postcentralis sind an der Medialseite der Hemisphären durch den hakenförmig gebogenen Lobulus paracentralis verbunden. Der *Lobus temporalis* reicht oben bis zur Fissura lat., ist aber hinten nicht scharf vom Okzipital- und Scheitellappen abzugrenzen. Manchmal deutet eine variabel ausgebildete Incisura praeoccipitalis die Grenze zwischen Schläfen- und Hinterhauptslappen an. Der Lobus temporalis wird an der Außenfläche durch die Sulci temporales sup., med. und inf. in einen Gyrus temporalis sup., med. und inf. unterteilt. An das Basalfläche schließt sich der Gyrus occipitotemporalis an. Der Gyrus parahippocampalis, der vorne hakenförmig umbiegt (Uncus hippocampi), wird durch den keilförmigen Gyrus occipitotemporalis vom Okzipitalhirn abgetrennt. Der tief einschneidende Sulcus collateralis grenzt beide vom übrigen Schläfenlappen ab. Medial-innen findet sich in der Tiefe des Sulcus hippocampi der Gyrus dentatus mit der Fimbria fornicis. Der Uncus trägt vorne die Gyri semilunaris und ambiens. Der *Lobus occipitalis* ist der kleinste der vier Großhirnlappen und reicht etwa vom Sulcus parietooccipitalis bis zur Area striata und Fissura praeoccipitalis. Variable Sulci occipitales (sup. et inf.) sowie ein Sulcus lunatus teilen den Hinterhauptslappen in die unregelmäßig angeordneten Gyri occipitales sup. et lat. auf. An der Medialseite des Okzipitallappens zwischen Sulcus calcarinus und parietooccipitalis liegt ein keilförmiges Rindenfeld, der Cuneus.

Das gyrale Muster der Rinde spiegelt nur bedingt die *funktionelle Gliederung* wider (Abb. 189). Die primären Projektionsfelder für die sensomotorischen Systeme liegen in der Nachbarschaft des Sulcus centralis, wobei die motorischen Felder vornehmlich im Gyrus praecentralis und die sensorischen im Gyrus postcentralis lokalisiert sind. Die extrapyramidalen Rindenfelder ordnen sich schalenartig um die sensomotorischen Primärfelder an. Zwischen den sensorischen und motorischen Feldern bestehen jedoch

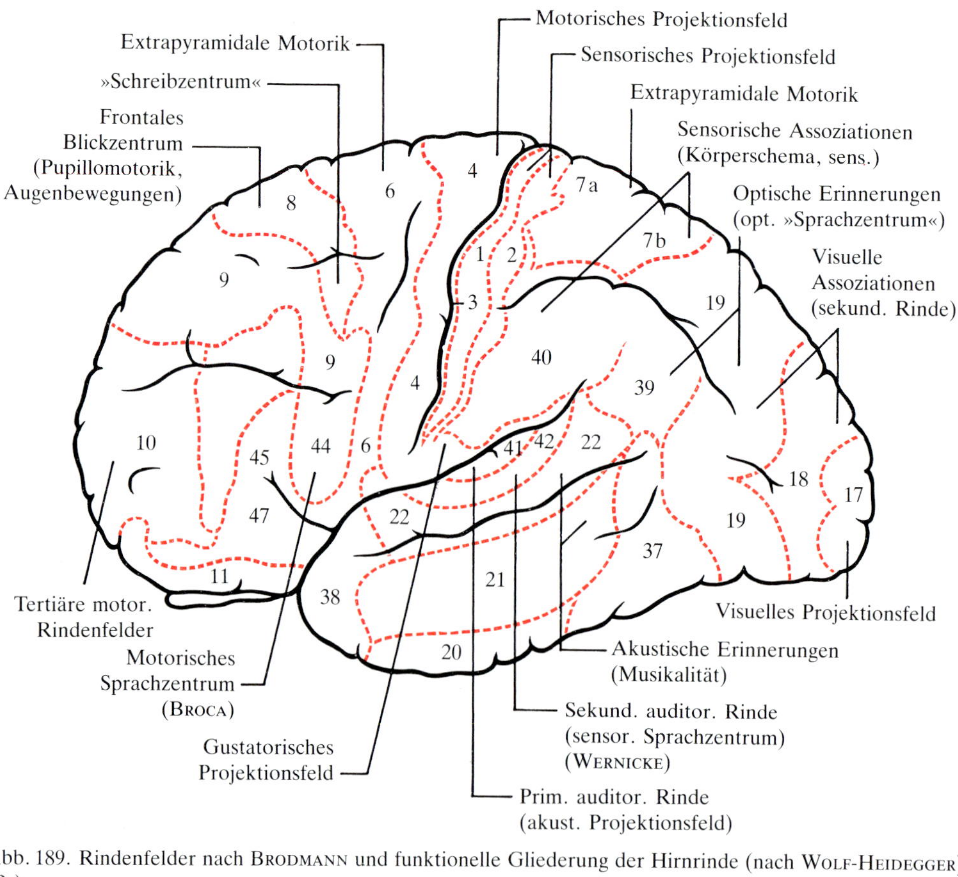

Abb. 189. Rindenfelder nach Brodmann und funktionelle Gliederung der Hirnrinde (nach Wolf-Heidegger) (B.).

Überlappungen, die über die Grenzen der Gyri hinausgehen. Am Sulcus calcarinus liegen die Projektionsfelder des visuellen Systems, in der Nachbarschaft des Sulcus lateralis (Sylvii) die primären Projektionsfelder des auditiven Systems (Gyri temporales transversi). Die zugehörigen sekundären Rindenfelder beider Sinnessysteme schließen sich außen an die Primärfelder an. Die primären Projektionsfelder für den olfaktorischen Apparat liegen in dem dem Uncus hippocampi angelagerten, kleinen Gyrus piriformis am unteren Ende des Temporallappens.

Somit ergibt sich etwa folgende funktionelle Gliederung der Großhirnrinde: Der Stirnlappen übernimmt hauptsächlich motorische, der Scheitellappen sensorische Funktionen, im Okzipitallappen liegen die optischen und im oberen Temporallappen die akustischen Felder. Die an die Sinnesfelder anschließenden Abschnitte des Temporallappens haben Speicheraufgaben (Langzeitgedächtnis). Die zum limbischen System gehörenden medialen Abschnitte des Gehirns (Hippokampusformation, Cingulum, Mandelkern u. a.) ermöglichen wahrscheinlich die affektive Tönung der Sinneseindrücke und spielen für die Motivation, Aggressivität und die damit zusammenhängenden vegetativen Reaktionen (»visceral brain«) sowie evtl. auch für das Kurzzeitgedächtnis eine Rolle. Die an der Unterseite des Gehirns gelegenen Abschnitte des Temporal- und Stirnhirns sind phylogenetisch am jüngsten (basaler Neocortex nach Spatz). Sie werden mit den höchsten Leistungen des ZNS (Antrieb, Ausdauer, Persönlichkeitsbewußtsein, schöpferische Ideenbildung u. a.) in Zusammenhang gebracht. Nach neueren Vorstellungen soll auch das limbische System für das Persönlichkeitserleben eine Rolle spielen.

Zur Charakterisierung der feineren Architektur der Rindenfelder bedient man sich heute meist der Zahleneinteilung nach Brodmann (Abb. 189 u. 190). Die wichtigsten Felder werden in der nachfolgenden Zusammenstellung kurz charakterisiert.

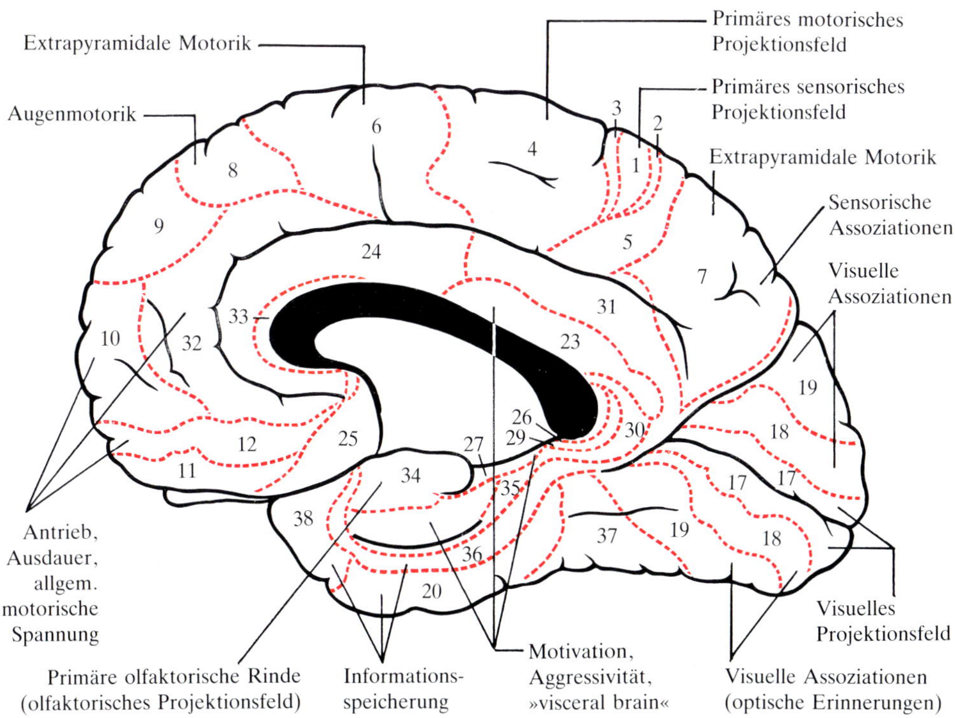

Abb. 190. Rindenfelder nach Brodmann und funktionelle Gliederung der Hirnrinde (nach Wolf-Heidegger) (B.). Schwarz = Corpus callosum.

1. **Lobus frontalis** (Stirnlappen)

4: *Gyrus praecentralis* – Ursprung des *Tr. corticospinalis* (Pyramidenbahn) – somatotopisch gegliedertes Projektionsfeld (»motorischer Homunkulus«).

6: *Extrapyramidale Rindenfelder* – Entsenden efferente Fasern zu den Stammganglien und zur Pyramidenbahn – hier sind auch übergeordnete, sekundäre, motorische Funktionen für Kopf- und Rumpfbewegungen lokalisiert.

8: *Prämotorische Rindenfelder* – Sekundäre, motorische Felder für Augenbewegungen (frontales Blickzentrum), Handbewegungen (frontales motorisches Schreibzentrum) und labyrinthäre Lage- und Bewegungsempfindungen (in der Nähe der Mantelkante).

44: *Pars triangularis des Gyrus frontalis inf.* = Sekundäres, motorisches Rindenfeld für Kehlkopf und Kauapparat (motorisches Sprachzentrum nach Broca), Satzsprechen, Melodie- und Wortbildung, spontane Lautäußerungen.

9, 10, 11, 46, 47: Übergeordnete tertiäre Rindenfelder – Allgemeine motorische Funktionen – Antrieb, Ausdauer, Charakter, Bewegungsintentionalität im allgemeinen, motorische Handlungsfolgen, Kraftgefühl, »tätige Gedanken«.

2. **Lobus parietalis** (Scheitellappen)

1–3: Gyrus postcentralis (Körperfühlsphäre) – Somatotopisch gegliedertes sensibles Projektionsfeld (»sensorischer Homunkulus«) – Ende des *Tr. thalamocorticalis* (Hinterstrang- und Trigeminusbahn) – Oberflächensensibilität, Druck, Berührung, Temperatur, wahrscheinlich auch Schmerz.

5, 7: Lobulus parietalis sup. – Sekundäre sensorische sowie extrapyramidale Rindenfelder – kinästhetische Empfindungen, sensorische Handlungsfolgen (für den Bereich der unteren Körperhälfte) und extrapyramidale Motorik.

40: Lobulus parietalis inf., Gyrus supramarginalis – Sekundäre sensorische Rindenfelder – sensorische Handlungsfolgen (für den Bereich der oberen Körperhälfte), Körpertastbild, Rechts-Links-Schema.

43: Operculum parietale – Wahrscheinliches Ende der Geschmacksbahnen – gustatorische Projektionsfelder.

39: Gyrus angularis – Sog. optische Sprachzentren, Lesezentren, Schreiben (sensorisch).

3. **Lobus occipitalis** (Hinterhauptslappen)

19: Vordere Abschnitte der *Gyri occipitales sup., med. und inf.* – Vertikaler Rindenstreifen – Tertiäre optische Rindenfelder, optische Erinnerungsfelder.
Obere Abschnitte = Ortsgedächtnis.
Mittlere und untere Abschnitte = optisches Dingerkennen, Farberkennen, Rechnen, visuelles Gedächtnis.

18: Außenfläche des Okzipitallappens und medial horizontaler Streifen, beiderseits der Area striata – *Sekundäre optische Rindenfelder,* optische Aufmerksamkeit, okzipitales Blickzentrum, Ortssinn.

17: Area striata und *Fissura calcarina* – Primäre optische Projektionsfelder – Ende der *Sehbahn.*

4. **Lobus temporalis** (Schläfenlappen)

41: *Gyri temporales transversi* (sog. Heschlsche Querwindungen) – Primäre auditive Projektionsfelder an der Innenseite der oberen Schläfenwindung – Ende der *Hörbahn.*

42: *Gyrus temporalis sup.* (obere Randzone) – Sekundäre auditive Rindenfelder – sensorisches Sprachzentrum (Wernicke) – Verarbeitung von Ton- und Lautempfindungen.

22: *Gyrus temporalis sup.* (mittlerer Bereich) – Tertiäre auditive Rindenfelder – Wort- und Satzverständnis, Sprachbegabung, Musikalität.

21: *Gyrus temporalis med.* – Akustische Erinnerungsfelder – Horchbewegungen, akustische Aufmerksamkeit.

20, 38: *Gyrus temporalis inf.* – Höhere Integrationsorte des Schläfenlappens – Sinnverständnis für Geräusche, Musik, allgemeine Gedächtnis- und Denkfähigkeit, Informationsspeicherung.

34, 35: *Gyrus parahippocampalis* – Fortsetzung des *Cingulums* (Area 23, 24) in den Temporallappen – sekundäre Rindenfelder des limbischen Systems, Motivation, Aggressivität, affektive Tönung aller Sinneserregungen. Vegetative Reaktionen (»visceral brain«).

II. Zwischenhirn

Das Zwischenhirn, das den III. Ventrikel einschließt, gehört entwicklungsgeschichtlich zum Vorderhirn. Es ist der Großhirnrinde räumlich und funktionell vorgeschaltet. Dadurch wird das Zwischenhirn zu einer wichtigen Zwischenstation für alle afferenten und efferenten Bahnen der Rinde. Man unterscheidet vier große Kerngebiete mit unterschiedlicher Funktion, nämlich den Thalamus, Hypothalamus, Metathalamus und Epithalamus.

Thalamus und Hypothalamus grenzen medial an die Seitenwand des III. Ventrikels und lateral an die Stabkranzfaserung (Capsula interna), die ihrerseits den zum Zwischenhirn gehörigen *Globus pallidus* des Linsenkerns vom Thalamus abtrennt (Abb. 192). Ventral und etwas nach vorne schließt sich der *Hypothalamus* an die thalamischen Kerne an. Der Sulcus hypothalamicus markiert in etwa die Grenze zwischen beiden Regionen. Unten geht der Hypothalamus mit dem Infundibulum in die Neurohypophyse über, vorne-unten lagert sich der Tractus opticus (Recessus opticus) an (Abb. 186). Kranial bleibt die Wand des III. Ventrikels dünn und bildet den Plexus choroideus ventriculi III. Vorne wird das Zwischenhirn durch die dünne Lamina terminalis abgeschlossen. Von basal läßt sich der Bereich des Zwischenhirns am leichtesten an den Corpora mamillaria, der Fossa intercruralis und dem Hypophysenstiel erkennen. Dorsal muß man den Balken und den Fornix entfernen, um die Zwischenhirnkerne und das Dach des III. Ventrikels zu sehen. Die Grenze zwischen den di- und telenzephalen Kernen wird dorsal durch den Sulcus terminalis, der bogenförmig zwischen Thalamus und Nucleus caudatus verläuft und die V. thalamostriata sowie die Stria terminalis beherbergt, markiert (Abb. 192). Hinten-oben hängt die Epiphyse (Corpus pineale) mit den Striae medullares thalami am Thalamuskomplex fest und lagert sich oben auf die Vierhügelplatte des Mittelhirns *(Epithalamus)*. Der Fornix durchzieht den vorderen Teil des Zwischenhirns, gehört aber funktionell zum Endhirn (Teil des limbischen Systems). Hinten-unten lagern sich die beiden Kniehöcker (Corpora geniculata med. et lat.) an den Thalamus an, die durch je ein Brachium colliculi mit der Vierhügelplatte verbunden sind und zusammen als *Metathalamus* bezeichnet werden.

Thalamus

Der Thalamus gehört zu den mächtigsten und am stärksten differenzierten Kernansammlungen des ZNS. Er stellt eine »filternde« und verarbeitende Schaltstation für alle afferenten Bahnen (mit Ausnahme der Riechbahnen) zur Rinde und zu den subkortikalen Kernen dar, so daß er auch als das »Tor des Bewußtseins« bezeichnet worden ist. Man unterscheidet funktionell drei Arten von Kernen: 1. Kerne mit kortikalen Verbindungen; 2. Assoziationskerne, die die Thalamuskerne untereinander verknüpfen (1 und 2 bilden den Palliothalamus); 3. Kerne mit subkortikalen Verbindungen (Palaeothalamus), vor allem zu den Stammganglien (Striatum, Pallidum, Mittelhirn und Hypothalamus).

Morphologisch sind heute schon bis zu 150 kleinere Kerne beschrieben worden. Von funktionellen Gesichtspunkten aus lassen sich diese in folgende Gruppen zusammenfassen (vgl. Abb. 191 u. 192):

1. **Rostrale Kerngruppe** (Nuclei anteriores)
   Diese an der Spitze des Thalamus gelegene Kerngruppe ist phylogenetisch relativ alt und steht ursprünglich mit dem Riechhirn in Verbindung, weshalb sie auch bei Säugern mit gut ausgebildetem Geruchsvermögen besonders stark entwickelt ist. Beim Menschen dominieren die Bahnverbindungen zum limbischen System (Gyrus cinguli), die in der Hauptsache über den Tractus mamillothalamicus und den Fornix laufen. Man unterscheidet in diesem Kernkomplex eine schmale, vordere Zellplatte (Nucl. anterodorsalis), einen Hauptkern (Nucl. anteroventralis) und eine Gruppe kleinerer, rudimentärer Kerne (Nuclei anteromediales).
2. **Ventrale Kerngruppe** (Nuclei ventrales)
   Es handelt sich um einen sehr differenzierten und vielgestaltigen Kernkomplex, in dem sich funktionell vor allem 2 Gruppen unterscheiden lassen. a) der Nucleus ventralis anterolateralis mit Faserverbindungen vom

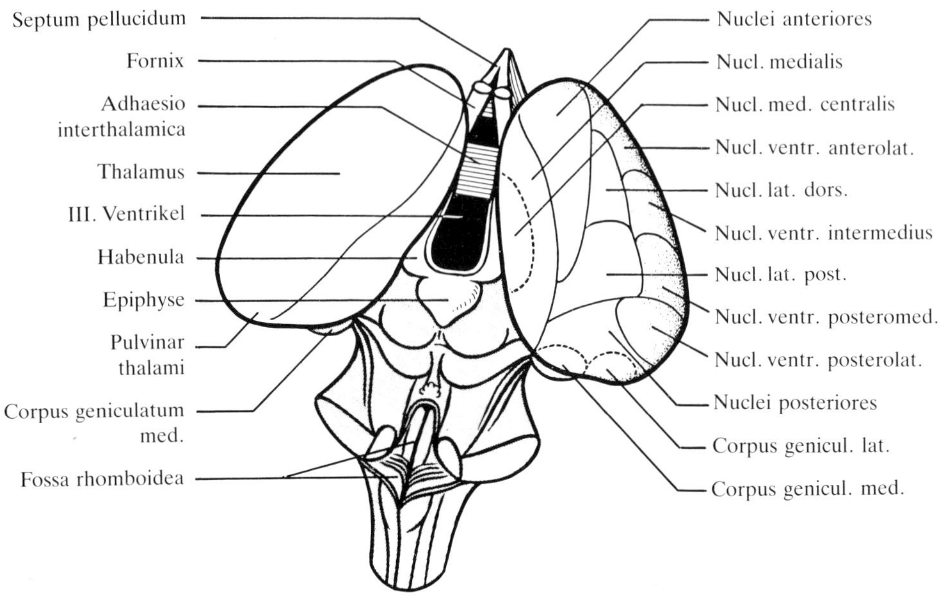

Abb. 191. Der Hirnstamm in der Ansicht von lateral-oben zur Darstellung der wichtigsten Thalamuskerne (B.).

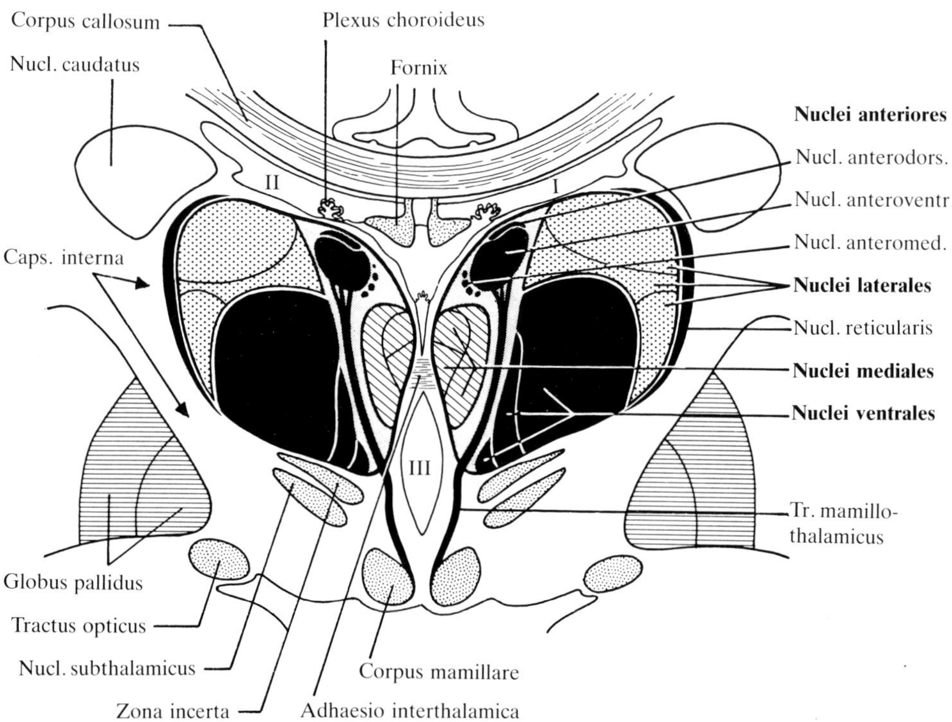

Abb. 192. Schematischer Querschnitt durch das menschliche Zwischenhirn im vorderen Bereich des Thalamus (nach Clara) (B.). I und II = Seitenventrikel; III = III. Ventrikel.

Globus pallidus und Cerebellum zum Neostriatum und Frontalhirn, die dem extrapyramidalen System zuzurechnen sind; und b) mehrere Kerne im hinteren-unteren Thalamusbereich (Nucl. ventralis posterolateralis und intermedius), die in die Vorderseitenstrang-, Hinterstrang- und Trigeminusbahnen eingeschaltet sind und eine strenge somatotopische Architektur, wie sie dann auch im Gyrus postcentralis wiederkehrt, aufweisen.

3. **Kaudale Kerngruppe** (Pulvinar thalami, Nuclei posteriores)
   Manche Autoren rechnen hier auch noch die Corpora geniculata hinzu. Diese Gruppe tritt erst bei den Primaten stärker hervor und stellt ein wichtiges Koordinationszentrum für die großen Sinnessysteme (Seh- und Hörbahn) dar. Man unterscheidet dementsprechend auch ein mediales (akustisches) und laterales (visuelles) Kerngebiet, das mit der Hörrinde des Schläfenlappens bzw. der Sehrinde des Okzipitallappens verknüpft ist.
4. **Mediale Kerngruppe**
   Diese Kerngruppe ist nicht einheitlich und funktionell am wenigsten geklärt. Die wichtigsten Untergruppen sind:
   a) **Nucleus medialis** – Dieser schmale Kernkomplex liegt medial von der inneren Marklamelle des Thalamus und steht einerseits mit dem Hypothalamus, der Formatio reticularis und dem Pallidum, andererseits mit dem Stirnhirn in Verbindung. Zahlreiche Kollateralen zweigen zu den Lateralkernen des Thalamus ab. Über diese Verbindungen gewinnt der Neocortex Einfluß auf die affektiven und emotionalen Reaktionen. Vermutlich spielt dieser Kern auch bei der Schlafsteuerung eine Rolle.
   b) **Nucleus medialis centralis** (centromedianus, Luysi). Dieser Kern fällt durch seinen Reichtum an markhaltigen Fasern auf, die einen dichten Faserfilz bilden und die helle Farbe dieser Region bedingen. Es handelt sich um Kollateralen aus dem Lemniscus medialis, den Kleinhirnbahnen, dem Fasc. longitudinalis med. und der Formatio reticularis. Bahnverbindungen gehen nicht zur Großhirnrinde, sondern zu den subkortikalen Kernen des extrapyramidalen Systems. Außerdem bestehen Beziehungen zum vegetativen NS.
5. **Laterale Kerngruppe** (Nuclei laterales)
   Lateral legt sich ein beim Menschen besonders mächtig entwickelter Kernkomplex schalenartig auf die übrigen Thalamuskerne, der hauptsächlich korrelative Funktionen übernimmt (Assoziationskerne) und keine direkten Eingänge aus dem ZNS, sondern nur aus den anderen thalamischen Kernen erhält. Die Lateralkerne sind in das Assoziationssystem der Großhirnrinde eingeschaltet. Durch sie gewinnt die Retikularisformation indirekt Einfluß auf die Rindenaktivität.
6. **Intralaminäre und retikuläre Kerngruppe**
   Die meisten Thalamuskerne werden durch breite Lamellen weißer Substanz (Laminae medullares) getrennt, in die ebenfalls Kerne eingelagert sein können (Nuclei intralaminares). Das Centrum medianum (Nucl. med. centralis) breitet sich beispielsweise weitgehend in der großen inneren Marklamelle aus. Auf die Außenfläche des Thalamus lagert sich eine dünne retikuläre Kernschicht (Nucl. reticularis thalami), die ebenso wie die intralaminären Kerne mit der Retikularisformation des Hirnstammes in Verbindung steht.

Wichtige Bahnverbindungen des Thalamus

1. **Tr. mamillothalamicus** (Vicq d'Azyrsches Bündel)
   Vom Corpus mamillare zu den Nuclei anteriores des Thalamus – weitere Verbindungen zum Cingulum, zum limbischen System und zum Frontalhirn.
2. **Tr. bulbothalamicus und Tr. thalamocorticalis**
   Afferente Bahnen der medialen Schleife (Fortsetzung der Hinterstrangbahnen des RM) – enden in somatotopischer Ordnung in den Nuclei ventrales posterolaterales des Thalamus – Fortsetzung über den hinteren Thalamusstiel der Capsula int. bis zum Gyrus postcentralis – Tiefensensibilität, epikritische (gnostische) Oberflächensensibilität.
3. **Tr. spinothalamicus ant. und lat.** (Vorderseitenstrangbahnen)
   Ebenfalls afferente Bahnen der medialen Schleife – enden in den Nuclei ventr. posterolaterales des Thalamus – protopathische Oberflächensensibilität (Druck, Berührung, Schmerz, Temperatur).
4. **Tr. nucleothalamicus** (sog. Trigeminusschleife)
   Kommt von den sensiblen Terminalkernen des N. trigeminus aus Mittel- und Rautenhirn – endet im Nucl. ventralis posteromedialis des Thalamus – Sensibilität des Kopfes, wahrscheinlich auch Geschmacksprojektion.
5. **Tr. cerebellothalamicus bzw. cerebello-rubro-thalamicus**
   Faserzug aus dem Neukleinhirn (Nucl. dentatus) zum Nucleus ventralis intermedius – weitere Verbindungen zum Frontalhirn und Gyrus praecentralis (Area 4 und 6) – Korrelation zwischen Kleinhirn- und Großhirnmotorik.
6. **Tr. pallidothalamicus und thalamopallidalis**
   Doppelläufige Faserzüge zwischen Globus pallidus und den Nuclei ventrales anterolaterales des Thalamus – verlaufen über die Ansa lenticularis – Verbindungen zum extrapyramidalen System.

Metathalamus

Durch die mächtige Entfaltung des Pulvinars bei den Primaten sind die beiden am hinteren Ende des Thalamus gelegenen und aus dem Thalamuskomplex entstandenen Kniehöcker (Corpora geniculata) unter das Pulvinar verdrängt und von diesem abgrenzbar geworden, was zu der Bezeichnung Metathalamus geführt hat. Sie stehen im Dienste der Seh- und Hörbahn.

Der laterale Kniehöcker *(Corpus geniculatum lat.)* zeigt einen lamellenartig geschichteten Aufbau und enthält zwei graue Kerne, einen dorsalen Hauptkern und einen ventralen Nebenkern. Hier endet das 3. Neuron der Sehbahn und wird entweder zur Großhirnrinde (Area striata) umgeschaltet (die Gratioletsche Sehstrahlung geht daher vom lateralen Kniehöcker aus) oder an die Reflex- und Assoziationsbahnen angeschlossen, die über die Colliculi sup., das Mittelhirn oder das Pulvinar verlaufen, weshalb man hier auch von den primären Sehzentren gesprochen hat. Die Verbindung zu den vorderen Vierhügeln stellt das Brachium colliculi sup. her.

Der mediale Kniehöcker *(Corpus geniculatum med.)* liegt medial vom vorigen, ganz unter dem Pulvinar versteckt, und zeigt architektonisch eine ähnliche Schalengliederung wie der laterale Kniehöcker mit einem dorsalen und einem ventralen Kern, obwohl er phylogenetisch jünger ist und erst bei den Säugern deutlicher hervortritt. Er ist morphologisch und funktionell in gleicher Weise in die Hörbahn eingeschaltet wie der laterale Kniehöcker in die Sehbahn. Die Hauptbahn geht über den hinteren Teil der inneren Kapsel zu den Gyri temporales transversi (Hörstrahlung). Die Reflex- und Assoziationsbahnen laufen zum Pulvinar oder über das Brachium colliculi sup. zum hinteren Vierhügelpaar und zum Mittelhirn.

Epithalamus

Früher rechnete man die Kerne des Epithalamus (Corpus pineale, Striae medullares thalami, Habenulae und Nuclei habenulae) zum olfaktorischen System. Neuerdings sieht man den Epithalamus mehr in Zusammenhang mit dem limbischen System sowie auch mit vegetativen Schaltkreisen. Die Epiphyse soll durch ihren hohen Serotoningehalt Einfluß auf die synaptischen Prozesse des gesamten ZNS und dessen Erregbarkeitsniveau ganz allgemein gewinnen. Das in der Epiphyse synthetisierte Melatonin hemmt die gonadotrope Aktivität des Hypophysenvorderlappens. Diese Aktivität läßt sich durch Belichtung steigern. Man nimmt an, daß die Epiphyse eine Art »biologischer Uhr« im Körper darstellt, die die Zirkadianrhythmik der verschiedenen biologischen Funktionen des Organismus mit der Außenwelt koordiniert. Als biologische Grundlage für diese Prozesse wird die Tatsache angesehen, daß Melatonin von der Epiphyse in einem regelmäßigen 24-Stunden Rhythmus synthetisiert und wieder abgebaut wird (12 Std. Synthese und 12 Std. Abbau).

Afferente Bahnen zu den Striae und Nuclei habenulae kommen vom Riechhirn (Tr. olfactohabenularis), von der Hippokampusrinde (Tr. hippocampohabenularis) und vom Hypothalamus (Tr. hypothalamohabenularis).

Efferente Bahnen ziehen zum Nucl. intercruralis im Bereich der Fossa intercruralis, der bei niederen Wirbeltieren ein wichtiges Riechzentrum darstellt (Tr. habenulocruralis oder retroflexus) sowie zur Retikularisformation der Haube (Tr. habenuloreticularis).

Hypothalamus

Die hypothalamische Region schließt sich ventral an den Thalamuskomplex an und bildet unterhalb des Sulcus hypothalamicus die Wand des III. Ventrikels (Abb. 192). Die zahlreichen Einzelkerne lassen sich in 4 Gruppen zusammenfassen.

1. **Rostrale Kerngruppe** (Nucl. paraventricularis, Nucl. praeopticus, Nucl. supraopticus) – Durch Bildung von Wirkstoffen (Adiuretin, Oxytocin) wird von hier aus der Wasserhaushalt geregelt.
2. **Mediale Kerngruppe** (Nucl. hypothalamicus dorsomed., ventromed., Nuclei tuberales) – Diese beeinflussen die Wasseraufnahme (Durstzentrum) und die Sexualfunktionen (Sexualzentrum).
3. **Laterale und kaudale Kerngruppe** (Nuclei supramamillares, Nuclei intercalatus und mamillaris, Nuclei hypothalamici lat. und tuberis lat.). – Von hier aus gehen Verbindungen zum limbischen System, vor allem zum Mandelkernkomplex, und stimulieren die allgemeine Aktivität und Aggressionsbereitschaft (dynamogene Areale). Außerdem wird das gesamte vegetative NS in unspezifisch ergotroper Weise erregt (Wärme- und Kreislaufregulation, Zuckerstoffwechsel und Grundumsatz).
4. **Posteriore Gruppe** – Verstreute kleinere Kerngruppe mit weitgehend unbekannter Funktion. Sie beeinflußt u.a. die Nahrungsaufnahme (Freßzentrum) und die Stoffwechselprozesse. Trophotrope Reaktionen herrschen vor.

Wichtige efferente Bahnverbindungen

1. **Tr. supraopticohypophyseos** – Von der rostralen Kerngruppe des Hypothalamus (Nucleus supraopticus) zum Hypophysenhinterlappen.
2. **Tr. paraventriculohypophyseos** – Ebenfalls von der rostralen Kerngruppe (Nucl. paraventriculares) zum Hypophysenhinterlappen – beide Tractus leiten Neurosekrete für die Regulation des Wasserhaushaltes zur Hypophyse.
3. **Tr. tuberohypophyseos** – Von der medialen Kerngruppe (Nucleus tuberis) zum Hypophysenhinterlappen – Neurosekretion ist hier nicht sicher nachgewiesen – funktionelle Zusammenhänge mit dem Fortpflanzungsapparat (Sexualzentrum).
4. **Tr. hypothalamohabenularis** – Faserverbindungen zum Epithalamus (Nuclei habenulae) und zur Epiphyse – früher als Teile des olfaktorischen Apparates angesehen, wahrscheinlich aber zum limbischen System gehörig.
5. **Tr. longitudinalis dors.** (Schützsches Bündel) – Entspringt wahrscheinlich in den kaudalen Kerngruppen des Hypothalamus sowie im zentralen Höhlengrau des Zwischenhirns – Verbindung zur Retikularisformation von Mittel- und Rautenhirn, besonders zu den parasympathischen Kernen der Hirnnerven.
6. **Hypothalamothalamische Bahnen** – Doppelläufige Bahnen zwischen den dorsomedialen Thalamuskernen und dem Hypothalamus – weitere Verbindungen wahrscheinlich zum Stirnhirn, zum Cingulum und zum limbischen Kortex.

Afferente Bahnen für den Hypothalamus sollen über den Thalamus aus dem Neokortex, der Hippokampusformation *(Tr. hippocampohypothalamicus),* über die Ansa lenticularis sowie auch aus dem Mandelkernkomplex *(Tr. amygdalohypothalamicus)* kommen – weitere Afferenzen stammen wahrscheinlich aus dem Pallidum (Anschluß an die extrapyramidale Motorik) und aus der Haubenregion von Mittel- und Rautenhirn.

III. Mittelhirn

Das Mittelhirn bildet den schmalen, verbindenden Stiel zwischen Vorder- und Rautenhirn. Es dehnt sich vom Thalamus bzw. Hypothalamus bis zur Brücke und den Kleinhirnstielen aus (Abb. 193). Topographisch lassen sich 3 übereinanderliegende Stockwerke unterscheiden, dorsal die Vierhügelplatte (Lamina tecti), ventral die Großhirnstiele (Crura cerebri) und dazwischen die sog. Haube (Tegmentum). Die wulstförmig vorspringende Vierhügelplatte ist durch die Brachia colliculi mit dem Metathalamus verbunden. Die ventral angelagerten Großhirnstiele lassen median eine Grube frei, die Fossa intercruralis, deren Boden von zahlreichen Gefäßen durchsetzt ist (Substantia perforata). Der N. oculomotorius (N. III) tritt in der Fossa intercruralis aus, während der N. trochlearis (N. IV) dorsal, und zwar dicht neben dem Frenulum veli medullare ant., an der Oberfläche erscheint.

Das Tegmentum grenzt nur ventral im Bereich der Fossa intercruralis und lateral im Trigonum lemnisci, einem dreiseitigen Feld zwischen dem vorderen Kleinhirnstiel, dem Crus cerebri und dem Brachium colliculi inf., an die Oberfläche (Abb. 193). In die retikulären Zellformationen der Haube lagert sich als eine kompakte, ovale und reich vaskularisierte Kernmasse der Nucl. ruber und an der Grenze zu den Crura cerebri die Substantia nigra ein (Abb. 194). Der mehr dorsal gelegene Aquaeductus cerebri wird

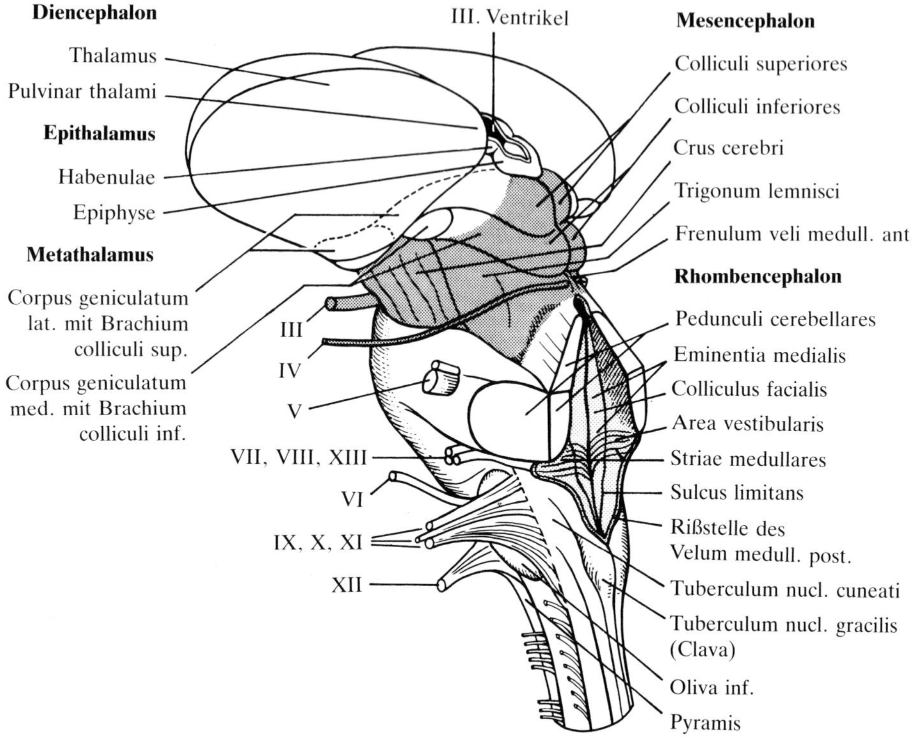

Abb. 193. Hirnstamm in schräger Seitenansicht (B.). Dunkelgrau = Mittelhirn; weiß = Zwischen- und Rautenhirn. Die römischen Zahlen bezeichnen die Hirnnerven.

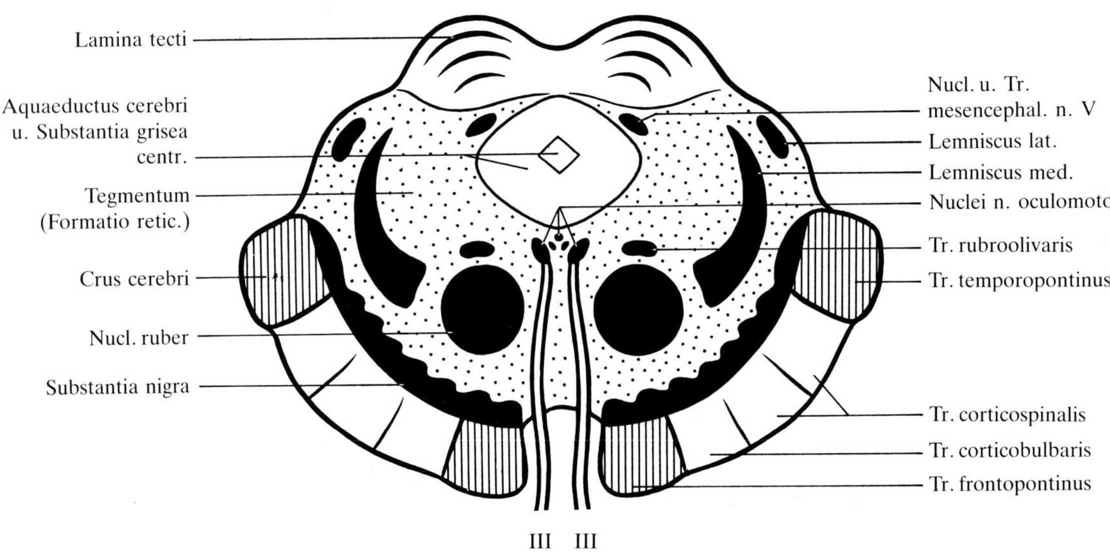

Abb. 194. Schematisierter Querschnitt durch das Mittelhirn zur Darstellung seiner Stockwerkgliederung und inneren Architektur (B.).

vom zentralen Höhlengrau (Substantia grisea centralis) umgeben, an dessen Boden die Hirnnervenkerne des N. III und N. IV lokalisiert sind (Abb. 194 u. 196), während die Schleifenbahnen (Lemniscus med. und lat.) mehr im seitlichen Bereich der Haube verlaufen. Die Tatsache, daß die Lemnisci stellenweise bis an die Oberfläche gelangen, hat zu der Bezeichnung Trigonum lemnisci geführt.

Das Mittelhirn ist bei niederen Wirbeltieren (Fischen, Amphibien) der wichtigste, übergeordnete Hirnabschnitt und hier funktionell etwa dem Großhirn der Säuger vergleichbar. Bei den höheren Wirbeltieren verliert es durch die Entwicklung des Endhirns zunehmend seine dominierende Stellung und übernimmt mehr reflektorische und vermittelnde Aufgaben zwischen Vorderhirn- und Rautenhirnaktivitäten. Das Mittelhirndach (Lamina tecti) ist bei niederen Wirbeltieren das wichtigste Zentrum für den Sehapparat (Tectum opticum). Bei den höheren Wirbeltieren werden diese Aufgaben vom Metathalamus und Okzipitalhirn übernommen. Beim Menschen sind nur noch reflektorische Schaltmechanismen übriggeblieben, und zwar gehören die vorderen Vierhügel zum visuellen und die hinteren zum auditiven Apparat. Die wichtigsten efferenten Bahnen, mit denen das Tectum Einfluß auf Rückenmark und Medulla gewinnt, sind der Tr. tectospinalis und Tr. tectonuclearis. Durch sie werden die von den großen Sinnessystemen ausgehenden Reflexe den sensomotorischen Systemen übermittelt. Kurze Bahnverbindungen bestehen zwischen dem Tectum und der Formatio reticularis (Tr. tectoreticularis) und dienen hauptsächlich der Angliederung der Sinnessysteme an die extrapyramidale Motorik und das vegetative NS. Die Schleifenbahnen leiten die Tiefen- und Oberflächensensibilität von Rumpf und Extremitäten zum Thalamus (Lemniscus med.) sowie die Erregungen aus dem Gehörorgan zum Metathalamus (Lemniscus lat.). Die Funktion der Retikularisformation des Mittelhirns ist nicht vollständig geklärt. Sicher spielt sie für zahlreiche vegetative Steuerungen (Atmung, Kreislauf, Kaumechanismen u. a.) sowie auch für die Weckreaktionen zur Großhirnrinde eine Rolle. Außerdem ist sie auch in die extrapyramidalmotorischen Systeme eingeschaltet.

Der *Nucleus ruber* ist als eine wichtige Schaltstation zwischen Großhirn und Rückenmark (Tr. corticorubralis, Tr. rubrospinalis) sowie auch zwischen Kleinhirn und Rückenmark (Tr. cerebellorubralis, Tr. rubrospinalis oder rubroreticularis) anzusehen, während die *Substantia nigra* mehr in die subkortikalen Schaltkreise des extrapyramidalen Systems, d. h. die Verbindungen zwischen Striatum, Pallidum, Nucl. subthalamicus, Thalamus und die Formatio reticularis eingegliedert ist.

Mittelhirndach (Lamina tecti, Vierhügelplatte)

Das Tectum erhält *afferente* Erregungszuflüsse aus allen wichtigen Sinnessystemen, besonders aus der Seh-, Hör- und Riechbahn sowie auch aus den langen sensiblen Bahnen der medialen Schleife *(Tr. spinotectalis* und *Tr. bulbotectalis)*.

Die efferenten Bahnen vom Mittelhirndach ziehen bis ins Rückenmark *(Tr. tectospinales)* oder enden an den motorischen Kernen der Haube *(Tr. tectotegmentalis)*. Ausgiebige Verbindungen bestehen über den Fasciculus longitudinalis medialis mit den Augenmuskel-, Hör- und Gleichgewichtskernen *(Tr. tectolongitudinalis)*.

1. **Colliculi superiores** – Sind durch die Brachia colliculi sup. mit den Corpora geniculata lat. und dadurch mit der Sehbahn verbunden – übergeordnetes Koordinationszentrum für optomotorische Reflexe (Tectum opticum).
2. **Colliculi inferiores** – Sind durch die Brachia colliculi inf. mit den Corpora geniculata med. und dadurch mit der Hörbahn verbunden – übergeordnetes Koordinationszentrum für akustikomotorische Reflexe (Tectum acusticum).

Tegmentum (Haube)

Es stellt eine netzförmig gegliederte Nervenmasse mit lokalisierten Zellverdichtungen dar, wird insgesamt als *Nucl. motoris tegmenti* bezeichnet und schließt sich an das zentrale Höhlengrau (Substantia grisea centr.), das den Aquaeductus cerebri umgibt, ventral an. Drei Hauptfunktionsgruppen werden unterschieden: 1. Retikularisformation des Mittelhirns (vegetative und motorische Aufgaben), 2. Fasciculus longitudinalis med. und dors. (Assoziationsbahnen), 3. Nucleus ruber und Substantia nigra (extrapyramidales System).

1. **Nucl. reticularis tegmenti** (Retikularisformation des Mittelhirns) – Netzförmige Nervenmasse, die das Mittelhirn zwischen Tectum und Crura cerebri ausfüllt – wichtige Zentren für die extrapyramidale Motorik; außerdem zahlreiche Kerne mit vegetativen Funktionen – Daueraktivierung der Großhirnrinde (Weckreaktionen).
2. **Nucl. interstitialis tegmenti** (Cajal) – Ursprungskern des medialen Längsbündels *(Tr. longitudinalis med.)*, das am Eingang des Aquaeductus cerebri auf der Höhe der Commissura post. entspringt und ein phylogenetisch altes Assoziationssystem darstellt – das Längsbündel reicht bis ins RM und verläuft ventral vom zentralen Höhlengrau – überträgt Erregungen aus den großen sensorischen Systemen (Hör- und Gleichgewichtsbahn) auf die Ursprungskerne der Augenmuskelnerven (N. III, IV, VI) – wichtiges Assoziationssystem zwischen Sensorik und Augen- bzw. Kopfbewegungen – wichtig beim Nystagmus.
   In das mediale Längsbündel treten ein:
   a) Fasern aus den Vestibulariskernen, besonders aus dem Deitersschen Kern *(Tr. vestibulolongitudinalis)* – Gleichgewichtsapparat.
   b) Fasern aus der Retikularisformation des Mittelhirns *(Tr. reticulolongitudinalis)* – für die motorischen und vegetativen Systeme.
   c) Kollateralen aus der Hörbahn *(Tr. cochleolongitudinalis)* – auditiver Apparat.
   d) Fasern aus der Vierhügelplatte *(Tr. tectolongitudinalis)* – für die sensorischen Systeme.
3. **Tr. longitudinalis dors.** (Schützsches Bündel) – Assoziationssystem der Retikularisformation mit dem Zwischenhirn (Hypothalamus, s. oben).
4. **Nucl. ruber** – Walzenförmige Zellverdichtung in der Mitte der Haube – erscheint durch ihren Eisengehalt und die reichliche Vaskularisation rötlich – wichtigster Schaltkern für die von der Großhirnrinde sowie vom Kleinhirn kommenden efferenten Bahnen – korrigiert die Einflüsse der subkortikalmotorischen Zentren.
   Zum Nucl. ruber ziehende Bahnen:
   Tr. cerebellorubralis – Wichtigster Faserzug aus dem Kleinhirn – extrapyramidales System.
   Tr. pallidorubralis – Faserzuflüsse aus dem Linsenkern (Pallidum) – extrapyramidales System.
   Tr. vestibulorubralis – Einlaufende Bahnen aus den Vestibulariskernen, insbesondere dem Deitersschen Kern – Gleichgewichtssystem (Labyrinth- und Stellreflexe).
   Tr. reticulorubralis – Fasern aus der Retikularisformation von Mittel- und Rautenhirn – vegetative und motorische Systeme.
   Tr. tectorubralis – Zuflüsse aus der Vierhügelplatte – sensorische Systeme (Seh- und Hörapparat).
   Tr. thalamorubralis und rubrothalamicus – Doppelläufige Verbindungen mit dem Thalamus.
   Vom Nucl. ruber abgehende Bahnen:
   Tr. rubrospinalis (Monakowsches Bündel) – Zu den γ-Motoneuronen des RM – extrapyramidalmotorisches System.
   Tr. rubroreticularis (unterer Teil der zentralen Haubenbahn, Tr. tegmentalis centr.) – Durch zahlreiche Zwischenschaltungen in der Retikularisformation polyneuronale Bahnverbindung mit den γ-Motoneuronen des RM – extrapyramidalmotorisches System.
   Tr. rubroolivaris – kräftigster Teil der zentralen Haubenbahn – zur unteren Olive (Oliva inf.) – vestibuläre und extrapyramidale Motorik.
   Tr. rubronigralis – Zur Substantia nigra – weitere Verbindungen zur Olive *(Tr. nigroolivaris)* – extrapyramidale Motorik.
5. **Substantia nigra** (Nucl. niger) – Schmaler, plattenförmiger Kern zwischen Crura cerebri und Tegmentum, der das ganze Mittelhirn durchzieht – wichtigster Schaltkern für die extrapyramidalmotorischen Systeme.
   Tr. corticonigralis, Tr. nigrocorticalis – Doppelläufige Bahnverbindungen zwischen Großhirn (Frontallappen) und Substantia nigra.
   Tr. strionigralis, Tr. nigrostriaticus – Doppelläufige Verbindungen mit dem Streifenkörper (Corpus striatum) und den Basalganglien.
   Tr. nigropallidalis, Tr. pallidonigralis – Doppelläufige Verbindungen mit dem Linsenkern, insbesondere dem Globus pallidus.
   Tr. nigroreticularis, Tr. nigrorubralis – Wichtigste efferente Bahnen zur Retikularisformation und zum Nucl. ruber – extrapyramidale Motorik.

Hirnnervenkerne des Mittelhirns

Die Ursprungskerne des III. und IV. Hirnnerven sind medial, unmittelbar an das zentrale Höhlengrau angrenzend, der mesenzephale Endkern des Trigeminus lateral davon lokalisiert. Alle Kerne haben somatischen Charakter, nur der Okulomotoriuskern umfaßt zusätzlich noch vegetative Kerngruppen (vgl. Abb. 196).

1. **Okulomotoriuskerne**
   Nucl. originis n. III – Motorischer Ursprungskern des N. oculomotorius (paariger Lateralkern) für die motorische Innervation der äußeren Augenmuskulatur, ausgenommen der M. rectus lat. und M. obliquus sup.
   Nucl. caudalis centralis n. III (PERLIA) – Unpaariger Zentralkern des N. oculomotorius – für binokulares Sehen und Konvergenz.
   Nucl. accessorius (autonomicus) n. III (WESTPHAL-EDINGER) – Paariger parasympathischer Kern des N. oculomotorius – zählt zum kranialautonomen System des Parasympathikus – für die viszeromotorische Innervation des Sehorgans [parasympathische Innervation des M. sphincter pupillae (Pupillenverengung) und M. ciliaris (Akkommodation)].
2. **Trochleariskern** (Nucl. originis n. IV) – Liegt in Höhe der Colliculi inf. – motorischer Ursprungskern für den N. trochlearis, der als einziger Hirnnerv nach Kreuzung über dem zentralen Höhlengrau dorsal austritt – somatomotorische Innervation des M. obliquus sup.
3. **Trigeminuskern des Mittelhirns** (Nucleus und Tractus mesencephalicus n. V) – Sensibler Endkern des N. trigeminus, der lateral am zentralen Höhlengrau liegt und kranial bis zur Höhe des vorderen Vierhügelpaares reicht – enthält hauptsächlich afferente Fasern des 3. Trigeminusastes aus den Kaumuskeln, die hier auf das 2. Neuron zum Thalamus umgeschaltet werden.

Crura cerebri

Die Crura lagern sich ventral an die Haube an, von der sie durch die Substantia nigra getrennt sind. Sie enthalten ausschließlich efferente Bahnen von der Großhirnrinde. Die langen, afferenten Systeme (mediale und laterale Schleife) ziehen lateral, bogenförmig durch die Haube hindurch.

1. **Efferente Bahnen** – Verlaufen in den Crura cerebri und gehören zum kortikalen, pyramidalmotorischen System – Ursprung in den motorischen Zentren des Großhirns.
   Tr. corticospinalis (pyramidalis) – Endet an den α- und γ-Motoneuronen des RM durch Vermittlung von Schaltzellen.
   Tr. corticobulbaris – Endet an den motorischen Hirnnervenkernen.
   Tr. corticopontini – Efferente Verbindungen der motorischen Rindenfelder mit den Brückenkernen und (nach Kreuzung) mit dem Neukleinhirn (Laterale Teile des Lobus post.) – gliedert sich in zwei Hauptstränge *(Tr. temporopontinus* und *Tr. frontopontinus)*
2. **Afferente Bahnen** – Verlaufen lateral durch die Haube.
   a) *Lemniscus medialis* – Enthält die Vorderseitenstrang- und Hinterstrangbahnen (Tr. spinothalamici, Tr. bulbothalamici) – Tiefen- und Oberflächensensibilität.
   b) *Lemniscus lateralis* (Hörschleife) – Enthält die Projektions- und Reflexfasern der Hörbahn.

IV. Rautenhirn

Das Rautenhirn stellt einerseits ein weiterentwickeltes Rückenmark dar (Medulla oblongata) und beinhaltet als solches die Kerne des V.–XII. Hirnnerven mit den zugehörigen Schalteinheiten; andererseits hat sich hier ein neuer Integrationsort für das vegetative NS sowie auch für die extrapyramidale Motorik und den Gleichgewichtsapparat (Retikularisformation, Kleinhirn, Olive) entwickelt. Kleinhirn und Brücke werden zusammenfassend als Hinterhirn (Metencephalon) dem Medullaanteil (Myelencephalon) gegenübergestellt. Zum Rautenhirn gehört der IV. Ventrikel, an dessen Boden (Fossa rhomboidea) die Hirnnervenkerne und die lebenswichtigen Zentren des Vegetativums lokalisiert sind. Die motorischen Ursprungskerne ordnen sich in einer medialen Reihe an und verursachen dadurch in der Fossa rhomboidea einen medialen Längswulst (Eminentia medialis), der sich von den lateralen Bezirken durch einen Sulcus limitans abgrenzt. Die vegetativen und sensorischen Kerne liegen lateral, die Vestibularis- und Kochleariskerne im seitlichen Winkel der Rautengrube (Area vestibularis). Von hier gehen die zur Hörbahn gehörigen Striae medullares aus. Kaudal geht der IV. Ventrikel in den Canalis centralis des Rückenmarks über. Das Dach des IV. Ventrikels bleibt hinten dünn (Velum medullare post.) und bildet den Plexus choroideus ventriculi IV. Vorne lagert sich die Lingula vermis auf das Velum medullare ant., das ebenfalls dünn ist, seitlich davon finden sich die mächtigen Kleinhirnstiele (Pedunculi cerebellares), die das Cerebellum mit dem Pons, der Medulla oblongata und dem Mittelhirn verbinden.

Die Hirnnerven treten entsprechend der funktionellen Anordnung ihrer Kerne am Boden der Rautengrube entweder in einer medialen (N. VI, XII) oder lateralen Reihe (N. V, VII, VIII, IX, X, XI) aus dem distal der Brücke gelegenen Medullaabschnitt aus, wobei die Fazialisgruppe (N. VII, VIII, XIII) den Kleinhirnbrückenwinkel und die Vagusgruppe (N. IX, X, XI) den Sulcus lateralis post., dorsal von der Olive, durchzieht. Die Hinterstränge des RM enden mit keulenartigen Verdickungen am hinteren Rand der Rautengrube [Tuberculum nuclei cuneati und gracilis (Clava)] und werden hier auf ihr 2. Neuron umgeschaltet (Abb. 193).

Die innere Struktur des Rautenhirns ist durch die Massenentfaltung der Retikularisformation und die Einlagerung neuer Kerngruppen mit assoziativen und korrelativen Funktionen (z.B. Oliva inf.) charakterisiert. Ähnlich wie das Mittelhirn wird auch das Rautenhirn von langen afferenten und efferenten Bahnsystemen durchzogen (z.B. Schleifen- und Pyramidenbahnen), die sich vornehmlich ventral an die Retikularisformation anlagern. Die Pyramidenstränge springen unterhalb der Brücke so weit vor, daß sie schon makroskopisch sichtbar sind. Von funktionellen Gesichtspunkten aus lassen sich am Rautenhirn 4 Abschnitte unterscheiden: 1. die Hirnnervenkerne, 2. die Retikularisformation, 3. die metenzephalen Anteile (Kleinhirn und Brücke) und 4. die langen Bahnen.

1. Hirnnervenkerne

Die römischen Zahlen entsprechen den Nummern der Hirnnerven (vgl. Abb. 193, 195 u. 196)

Man unterscheidet eine laterale (somatosensible) und eine mediale (somatomotorische) Reihe, die den Hinterhorn- bzw. Vorderhornzellreihen des Rückenmarks entsprechen. Dazwischen lagern sich die Kerne der Kiemenbogennerven ein, die den vegetativen Zellgruppen in der Seitensäule des RM vergleichbar sind (Viszerosensibilität und Viszeromotorik), obwohl sie im Laufe der Stammesgeschichte zusätzlich noch weitere Funktionen übernommen haben.

V: **Nuclei n. trigemini** – Bilden den Hauptteil der lateralen Reihe – man unterscheidet einen motorischen und einen sensiblen Anteil.

a) *Sensible Anteile* – Bestehen aus 3 Abschnitten, die sich durch das ganze Mittel- und Rautenhirn erstrecken: der *Nucl. mesencephalicus* reicht bis ins Mittelhirn, der rundliche *Nucl. sensorius principalis* liegt in Höhe des Abduzenskernes, und der *Nucl. tractus spinalis* erstreckt sich bis ins RM (C_2, Zona terminalis der Hintersäule).

b) *Motorischer Anteil (Nucl. motorius n. V)* – Liegt medial vom Nucl. principalis – Ursprungskern für die motorische Innervation der Kau- und Mundbodenmuskulatur (M. mylohyoideus und vorderer Bauch des M. digastricus) sowie des M. tensor tympani.

VI: **Nucleus n. abducentis** – Gehört zur medialen Reihe – hat ausschließlich somatomotorische Funktionen – liegt unter dem Colliculus facialis der Rautengrube – Dieser Hügel wird dadurch hervorgerufen, daß sich

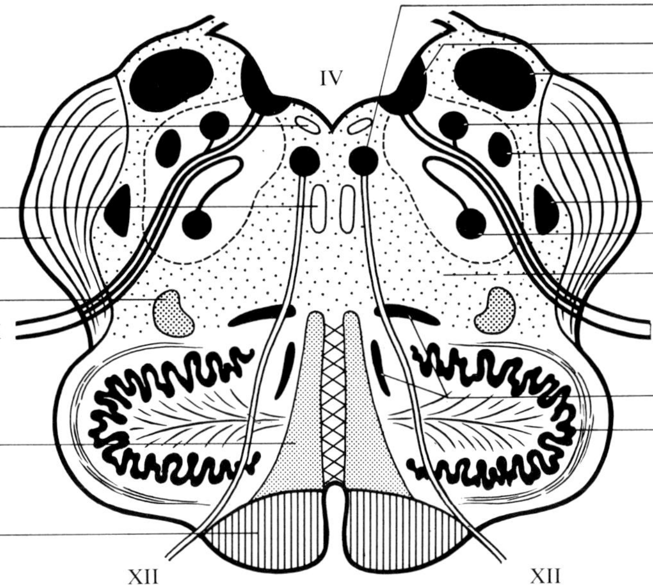

Abb. 195. Schematisierter Querschnitt durch das Rautenhirn in Höhe der Area vestibularis. Bezüglich der Lage der Hirnvenenkerne vgl. a. Abb. 196 (B.).

die Fazialisfasern um den Abduzenskern herumschlingen (inneres Fazialisknie) – motorische Innervation des M. rectus bulbi lat.

VII: **Nuclei n. facialis** – 3 Kerne mit unterschiedlicher Funktion – Terminal- und Ursprungskerne des N. facialis (2. Kiemenbogennerv) – gehören zur lateralen Reihe.

a) *Nucl. originis n. VII* – Motorischer Ursprungskern des Fazialis – motorische Innervation der mimischen Muskulatur sowie des M. stylohyoideus, Venter post. m. digastrici und des M. stapedius.

b) *Nucl. salivatorius superior* – Oberer Speichelkern für die parasympathische (sekretorische) Innervation der Tränendrüse, der Nasen-, Gaumen- und Unterzungendrüsen sowie von Orbita, Mund- und Nasenhöhle.

c) *Nucl. terminalis n. VII* – Sensibler Endkern des Fazialis, der hauptsächlich afferente Geschmacksfasern aus der Chorda tympani aufnimmt und umschaltet.

VIII: **Nuclei n. vestibulocochlearis** – Insgesamt 6 rein sensorische Kerngruppen, die im lateralen Winkel der Rautengrube, in Höhe des Recessus lat. hinter den Kleinhirnstielen gelegen sind (Area vestibularis). Man unterscheidet 2 Anteile:

a) *Hörkerne (Nuclei cochleares)* – 2 Kerne (Nucl. cochlearis ventr. und dors.) – lateral von den Vestibulariskernen gelegen – Umschaltung auf das 2. Neuron der Hörbahn.

b) *Nuclei vestibulares med., lat., sup. und inf.* – 4 Vestibulariskerne, die zwischen den Hörkernen und den Trigeminuskernen eingeschlossen sind – gehören zum Gleichgewichtsapparat – Beginn des 2. Neurons der Vestibularisbahnen.

IX: **Nuclei n. glossopharyngei** – 3 Kerne des N. glossopharyngeus (3. Kiemenbogennerv)

a) *Nucl. salivatorius inf.* (unterer Speichelkern) – Für die parasympathischen (sekretorischen) Anteile des Glossopharyngeus – vegetative Innervation des oberen Pharynx und der Gl. parotis.

b) *Nucl. ambiguus* (Nucl. orig. ventralis n. IX) – Vorderer Anteil des motorischen Ursprungskerns für die quergestreifte Muskulatur des Pharynx und des 3. Kiemenbogensegmentes (M. stylopharyngeus) – weitgehend mit dem ventralen Ursprungskern des N. vagus verschmolzen (daher Nucl. ambiguus).

c) *Nucl. dors. n. IX (Nucl. terminalis alae cinereae n. IX)* – Sensibler Endkern des N. IX – im Bereich der Ala cinerea am Boden der Rautengrube gelegen – Afferenzen aus dem 3. Kiemenbogensegment.

d) *Nucl.* und *Tractus solitarius* – Gemeinsamer sensorischer Anteil der dorsalen Glossopharyngeus- und Vaguskerne, die hauptsächlich Geschmacksfasern aufnehmen *(Nucl. gustatorius)* – Anfang des 2. Neurons der Geschmacksbahn – außerdem Verarbeitung afferenter Erregungen aus der Schleimhaut der Schlund- und Atemwege (Atemreflexe).

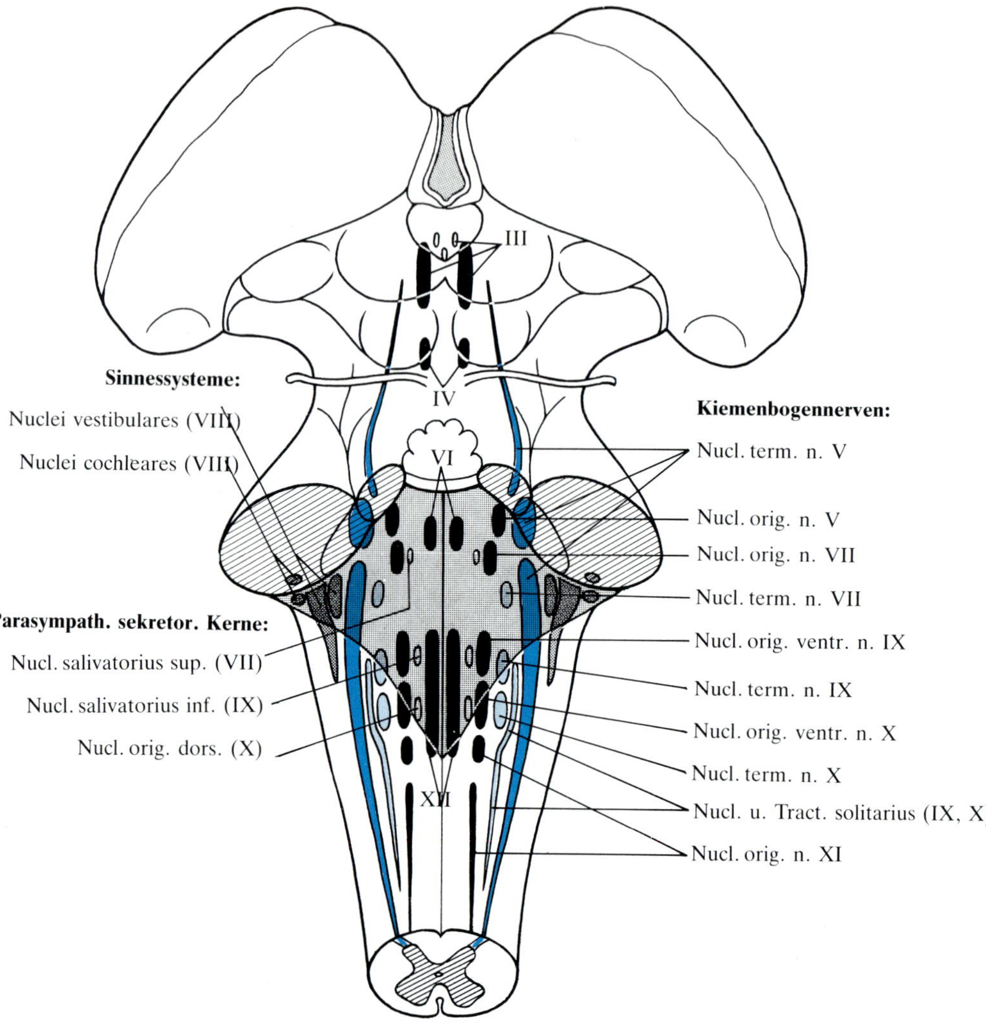

Abb. 196. Lage der Hirnnervenkerne am Boden der Rautengrube (grau) und im Mittelhirn (B.). Schwarz = motorische Kerne; blau = sensible; hellblau = viszerosensible terminale Hirnnervenkerne; dunkelblau = somatosensible Kerne; weiß = viszeromotorische Kerne; Nucl. orig = Nuclei origines (motor. Ursprungskerne); Nucl. term. = Nuclei terminales (sens. Endkerne).

X: **Nuclei n. vagi** – 3 Kerne – schließen sich kaudal an die Glossopharyngeuskerne an – (der Vagus ist der 4. Kiemenbogennerv).

a) *Nucl. ambiguus (Nucl. originis ventr. n. X)* – Ventraler motorischer Ursprungskern des Vagus mit dem ventralen Glossopharyngeuskern zu dem gemeinsamen Nucl. ambiguus verschmolzen – somatomotorische Innervation der quergestreiften Muskulatur im Kopf- Hals-Bereich sowie des Herzens.

b) *Nucl. originis dors. n. X* – Viszeromotorischer Hauptkern des Vagus (Nucl. intestinalis) – parasympathische Innervation der Brust- und Bauchorgane.

c) *Nucl. terminalis alae cinereae n. X* – Zusammen mit dem Nucl. und Tractus solitarius sensibler Endkern für die afferenten Vagusneurone aus der Schleimhaut von Hals-, Brust- und Bauchorganen.

XI: **Nuclei n. accessorii** – Zwei ausschließlich somatomotorische Kerne der lateralen Reihe – schließen sich kaudal an die Vaguskerne an:

a) *Nucl. ambiguus (Nucl. originis radicis myelencephalicae n. XI)* – Kranialer Teil der Akzessoriusgruppe, der mit dem Nucl. ambiguus des Vagus verschmilzt – Innervation der inneren Kehlkopfmuskeln (N. accessorius vagi).

b) *Nucl. spinalis n. XI (Nucl. originis radicis spinalis n. accessori)* – Langgestreckter Kern, der bis ins RM (C_4) reicht – Ursprungskern für die spinalen Wurzeln des N. accessorius – motorische Innervation von M. sternocleidomastoideus und M. trapezius.

XII: **Nucleus n. hypoglossi** – Rein somatomotorischer Kern der medialen Reihe – liegt langgestreckt am hinteren Ende der Rautengrube unter dem Trigonum n. hypoglossi – motorische Innervation der Zungenmuskulatur sowie der Mm. genioglossus, hyoglossus und styloglossus.

2. Retikularisformation des Rautenhirns (Tegmentum pontis und Formatio reticularis)

Die Retikularisformation des Rautenhirns geht kontinuierlich in die des Mittelhirns über und erfüllt ähnliche Aufgaben wie dort. Innerhalb der Retikularisformation existieren zahlreiche verschiedenartige Kerne, die sich funktionell ganz allgemein in 3 Gruppen gliedern lassen. Die 1. Gruppe übernimmt somatomotorische Aufgaben im Rahmen des extrapyramidalen Systems, wobei hemmende und fördernde Bahnen unterschieden werden können. Die 2. Gruppe von Kernen gehört zum vegetativen NS und bildet Zentren für Inspiration und Exspiration, Saug-, Nies-, Schluck- und Hustenreflexe, solche für Kreislaufregulationen, Exkretion, Fortpflanzung u.a. Die 3. Gruppe gehört zusammen mit der Retikularisformation von Mittel- und Zwischenhirn zum allgemein aktivierenden System des Hirnstammes (Weckreaktionen). Aufsteigende, vielneuronige Faserzüge dieses Systems erreichen die intralaminären Kerne und den Nucl. centromedianus des Thalamus und strahlen über den an der Außenfläche des Thalamus gelegenen Nucl. reticularis in alle Regionen der Hirnrinde aus. Das retikuläre Wecksystem ("alerting reaction system") erhält Afferenzen aus allen Sinnessystemen.

Durchziehende Bahnen

Die langen, aufsteigenden (afferenten) und absteigenden (efferenten) Bahnen benützen das Rautenhirn nur als Durchgangsstraße, obwohl hier zahlreiche Kollateralen zu den in der Retikularisformation gelegenen Kernen abgegeben werden.

1. **Projektionsbahnen**
   a) *Mediale Schleife* (Lemniscus med.) – Tr. bulbothalamicus – Fortsetzung der Hinterstrangbahnen – kreuzen innerhalb der Medulla (Decussatio lemniscorum).
   b) *Tr. spinothalamici* – Liegen oberhalb der Olive – ventral von der lateralen Reihe der Hirnnervenkerne – leiten die protopathische Oberflächensensibilität (Schmerz, Temperatur, Druck, Berührung) – schließen sich kranial der medialen Schleife an.
   c) *Tr. corticospinalis (pyramidalis)* – Bilden ventral der Pyramiden die Medulla – Kreuzung kaudalwärts von den Oliven (Decussatio pyramidum) – kortikalmotorische Systeme für die Willkürmotorik.
   d) *Tr. frontopontini und occipito-temporo-pontini* – Enden in der Brücke an den Nuclei pontis – von hier Weiterschaltung zum Neukleinhirn – kortikalmotorischer Korrelationsapparat zwischen Groß- und Kleinhirn.
   e) *Tr. spinocerebellares ant. und post.* – Ziehen seitlich neben dem Tr. spinalis des Trigeminus vom RM aufwärts zum Palaeocerebellum – gehören funktionell zum Gleichgewichtsapparat (Kleinhirn-Seitenstrangbahnen).
   f) Zahlreiche extrapyramidalmotorische Bahnen aus dem Mittel- und Rautenhirn (s. dort).
2. **Assoziationssysteme**
   a) *Extrapyramidalmotorische Bahnen* (s. oben).
   b) *Tr. longitudinalis med. und dors.* (s. oben).

3. Kleinhirn (Cerebellum)

Brücke (Pons) und Kleinhirn (Cerebellum) können unter dem Begriff des Metencephalons (Hinterhirn) zusammengefaßt werden. Das Kleinhirn gliedert sich in den unpaaren Wurm (Vermis cerebelli) und die paarigen Hemisphären. Beide zeigen eine durchgehende transversale Furchung, die aber nicht funktionsspezifisch ist. Man nimmt an, daß im vorderen Teil des Kleinhirns eine gewisse somatotopische Repräsentation der Körpermuskulatur vorhanden ist, in dem Sinne, daß die untere Körperhälfte mehr vorne, die obere und der Kopf mehr hinten, und zwar ipsilateral, »abgebildet« werden. Die Kleinhirnrinde ist stark gefaltet (Arbor vitae), wodurch blattartige Lamellen (Folia und Laminae cerebelli) entstehen. Im Marklager eingebettet liegen die sog. Dachkerne (Nucl. fastigii, globosus und emboliformis) sowie der stark gefaltete Nucl. dentatus. Das gesamte Kleinhirn hängt mit den 3 Pedunculi cerebellares vorne am Rautenhirn.

Von funktionellen Gesichtspunkten aus können 3 Abschnitte unterschieden werden: 1. Das *Vestibulocerebellum* (Archicerebellum, Pars nodulofloccularis) ist der älteste Teil des Kleinhirns, der durch die mächtige Entfaltung neozerebellarer Abschnitte ganz nach unten und innen verdrängt worden ist. Er erhält hauptsächlich Afferenzen aus dem Labyrinthorgan und ist für die Erhaltung des Gleichgewichts und die Orientierung im dreidimensionalen Raum von ausschlaggebender Bedeutung. 2. Das *Spinocerebellum* (Palaeocerebellum) umfaßt den Lobus ant. und post. des Kleinhirns und ist weitgehend in die extrapyramidalmotorischen Systeme eingeschaltet. Er ermöglicht die Erhaltung der aufrechten Körperhaltung auch bei wechselnden Willkürbewegungen und beeinflußt daher vor allem die Antischwerkraftmechanismen der Streckmuskulatur. Das Palaeocerebellum erhält seine Hauptinformationen aus der Körpermuskulatur über die Kleinhirnseitenstrangbahnen (Tr. spinocerebellares), über den Tr. cuneocerebellaris und Tr. spinocerebellaris rostralis und aus dem Hirnstamm (Tr. tectocerebellares, bulbo- und olivocerebellares). 3. Das *Ponto-* oder *Neocerebellum* ist der phylogenetisch jüngste und voluminöseste Teil (Pars lat., Lobus post.). Er gehört funktionell zu den pyramidalmotorischen Systemen. Bei allen willkürlichen, neuerfundenen, individuellen Bewegungen, insbesondere bei den feineren Präzisionsbewegungen, erhält das Neocerebellum gewissermaßen einen »Durchschlag« vom intendierten Erregungsmuster und wird dadurch in den Stand gesetzt, auf die ausführenden, spinalen und supraspinalen, sensomotorischen Systeme koordinierend sowie ausgleichend, d.h. »glättend« und harmonisierend, zu wirken.

Insgesamt ist das Kleinhirn also als ein nebengeordnetes Kontrollorgan für die gesamte Körpermotorik anzusehen, gewissermaßen der große Computer des Organismus, der alle intendierten motorischen Abläufe nachrechnet und korrigiert. Es gewinnt damit einen entscheidenden Einfluß auf alle peripheren motorischen Vorgänge, seien sie nun statischer oder dynamischer Art (Muskeltonus, Kraftentfaltung, Geschwindigkeit und Ablauf der Bewegungen, Zusammenspiel von Syn- und Antagonisten). Dabei greift das Kleinhirn niemals direkt in die Sensomotrik des RM ein, sondern bedient sich der bereits differenzierten Funktionskreise der höheren sensomotorischen Systeme. Die efferenten Bahnen enden im Nucl. ruber, in den Vestibulariskernen, in der Formatio reticularis, der Olive oder im Thalamus. Meist werden die Bahnen in den Dachkernen unterbrochen.

Vestibulo- und Spinocerebellum

Afferente Bahnen

1. **Tr. vestibulocerebellares** – Sensorische Kleinhirnbahnen – afferente Bahnen von den Vestibulariskernen zu den Dachkernen des Kleinhirns oder zur Kleinhirnrinde (Lobus ant. und post.) – Gleichgewichtsregulationen.
   a) *Tr. vestibulocerebellaris* – Direkte sensorische Kleinhirnbahn – direkte Faserverbindung vom N. vestibuli zum Vestibulocerebellum.
   b) *Tr. nucleocerebellaris* – Indirekte sensorische Kleinhirnbahn – von den Vestibulariskernen zu den Dachkernen des Kleinhirns (Nucl. fastigii, Nucl. globosus, Nucl. emboliformis) und weiter zur Rinde.
2. **Tr. spinocerebellares** – Verbindungen zwischen Rückenmark und Spinocerebellum – spinozerebellare Reflexe, Tonus- und Gleichgewichtsregulationen

a) **Tr. spinocerebellaris ant.** GOWERS) zum Lobus ant. des Kleinhirns, Tr. spinocerebellaris post. (FLECHSIG) zum Lobus post. des Kleinhirns.
b) **Tr. spinocerebellaris rostralis** – afferente Bahn von der oberen Extremität zum Kleinhirn (durch den hinteren Stiel)
c) **Tr. cuneocerebellaris** – afferente Bahn vom Halsbereich zum Kleinhirn – Ursprung im Nucl. cuneatus accesssorius der Medulla oblongata – leitet dem Kleinhirn Informationen über die Lage des Kopfes zu – wichtig für Gleichgewichtsregulationen.

3. **Tr. tectocerebellares** – Fasern aus der Vierhügelplatte des Mittelhirns – Verbindungen mit den sensorischen Systemen (Seh- und Hörapparat).
4. **Tr. olivocerebellaris** – Bahnen aus den phylogenetisch älteren Anteilen des Olivenkomplexes.
5. **Tr. bulbocerebellares** – Kollateralen der Hinterstrangbahnen zum Kleinhirn, die von den Kernen der Medulla (Nucl. gracilis und cuneatus) ausgehen und bogenförmig zum Teil ungekreuzt (Fibrae arcuatae externae dors.), z.T. gekreuzt (Fibrae arcuatae int. und Fibrae arcuatae ext. ventrales) durch den unteren Kleinhirnstiel zum Spinocerebellum verlaufen.

Efferente Bahnen
1. **Tr. cerebellovestibulares** – Efferente Bahnen aus den vestibularen Anteilen des Kleinhirns (Pars noduloflocculans), indirekt über die Dachkerne zu den Vestibulariskernen in der Rautengrube.
2. **Tr. cerebelloreticularis** – Aus der Pars vestibularis des Kleinhirns zur Retikularisformation – Anschluß an das extrapyramidale System.
3. **Tr. cerebellonuclearis** – Von der Pars nodulofloccularis zu den Hirnnervenkernen der Rautengrube, besonders zum N. oculomotorius.
4. **Tr. fastigiobulbaris** (Russelsches Hakenbündel) – Vom Nucl. fastigii zur Retikularisformation der Medulla.
5. **Tr. cerebelloolivaris** – Zu den phylogenetisch älteren Teilen des Olivenkomplexes – durch die unteren Pedunculi cerebellares.

Ponto- oder Neocerebellum

Afferente Bahnen
1. **Tr. cortico-ponto-cerebellares,** Tr. frontopontinus (Arnoldsches Bündel) – Aus dem Frontalhirn zu den Brückenkernen und *Tr. temporopontinus* (Türksches Bündel) bzw *Tr. temporo-occipito-pontinus* – von den übrigen Hirnlappen zur Bücke – beide Systeme enden im Lobus medius des Neukleinhirns.
2. **Tr. corticocerebellares** – Direkte Verbindungen zwischen Großhirn und Kleinhirnrinde – Abspaltung von der Pyramidenbahn – bogenförmiger Verlauf (daher auch Fasc. arcuatus).
3. **Tr. olivocerebellaris** – Vom Hauptkern der unteren Olive (Nucl. dentatus olivae inf.) nach Kreuzung in den Lobus medius – Fortsetzung der zentralen Haubenbahn in das Kleinhirn.

Efferente Bahnen
1. **Tr. cerebellorubrales** – Von der Kleinhirnrinde nach Zwischenschaltung im Nucl. dentatus unter Kreuzung zum Nucl. ruber des Mittelhirns – wichtigste Bahn für das Eingreifen des Kleinhirns in die extrapyramidale Motorik.
2. **Tr. cerebellothalamicus** – Efferente Verbindungen zum Thalamus und weiter zur Großhirnrinde bzw. zu den subkortikalen Kernen – teilweise Umschaltung im Nucl. ruber.
3. **Tr. cerebelloolivaris** – Efferente Faserzüge zu den Neuhirnanteilen der unteren Olive – Einfluß auf die zentrale Haubenhahn und die motorischen Kerne der Retikularisformation.

Inhalt der Kleinhirnstiele

1. **Pedunculus cerebellaris sup.**

Afferent zum Kleinhirn:
- Tr. spinocerebellaris ant. (GOWERS)
- Tr. tectocerebellaris (auch im Velum medullare sup.)

Efferent vom Kleinhirn:
- Tr. cerebellorubralis
- Tr. dentatothalamicus
- Tr. cerebellotectalis

2. **Pedunculus cerebellaris med.**
- Tr. cortico-ponto-cerebellares (Tr. frontopontini und occipito-temporo-pontini)

3. **Pedunculus cerebellaris inf.**
Afferent zum Kleinhirn:
- Tr. spinocerebellaris post. (FLECHSIG)
- Tr. cuneocerebellaris
- Tr. vestibulocerebellaris
- Tr. olivocerebellares
- Tr. nucleocerebellaris

Efferent vom Kleinhirn:
- Tr. cerebelloolivaris
- Tr. cerebellovestibularis
- Tr. cerebellonucleares
- Tr. cerebelloreticularis
- Fasc. uncinatus
- Fibrae fastigiobulbares rectae

V. Rückenmark (Medulla spinalis)

Das Rückenmark schließt sich kontinuierlich an die Medulla an und durchzieht den Wirbelkanal bis in Höhe von Th_{12}, um dann mit einem zugespitzten Ende (Conus medullaris) in das Filum terminale auszulaufen. Die beiden Verdickungen (Intumescentia cervicalis und lumbalis) sind durch die Innervation der Extremitäten bedingt. Ein ventrikelartiges Hohlraumsystem existiert im Rückenmark-Bereich nicht. Der dünne Zentralkanal (Canalis centralis) ist sogar stellenweise obliteriert. Das Rückenmark besitzt einen segmentalen Aufbau. In jedem Segment treten mehrere Wurzelfäden im Sulcus lat. ant. (Fila radicularia ant.) und post. (Fila radicularia post.) nach außen und gruppieren sich zum Spinalnerven. In den hinteren Wurzeln liegen die Spinalganglien. Die Wurzelfäden gliedern die weiße Substanz des Rückenmarks, die mantelartig die innen gelegene graue Substanz umgibt, in drei Stränge (Funiculus post., lat. und ant.). Die graue Substanz erscheint auf dem Querschnitt H- oder schmetterlingsförmig mit einer breiteren Vordersäule (Columna ant.), einer schmäleren Hintersäule (Columna post.) und einer retikulär aufgelockerten Seitensäule (Columna lat.). Die somatomotorischen Kerngruppen liegen in den Vordersäulen, die somatosensiblen in den Hintersäulen und Spinalganglien. Die Seitensäulen enthalten vegetative Kerne. Der Eigen- oder Elementarapparat des Rückenmarks ist in den die graue Substanz umhüllenden Grundbündeln lokalisiert. Die langen, sensiblen Bahnen verlaufen in den Hinter- und Vorderseitensträngen, die motorischen in den Seiten- und Vordersträngen. Kleine Kommissurensysteme finden sich in der Nachbarschaft des Canalis centralis.

Die **Substantia grisea** (graue Substanz) des Rückenmarks enthält vornehmlich Nerven- und Gliazellen für die einfachen sensomotorischen Systeme. Die Gliederung in die 3 Hörner oder Säulen ist funktionell bedingt.

1. **Columna ant.** – Enthält die großen (α-) und die kleinen (γ-) Motoneuronen – Wurzelzellen der somatomotorischen Systeme.
2. **Columna lat.** – Bildet die Formatio reticularis des Rückenmarks – eingelagert sind die Nuclei intermediolaterales (Wurzelzellen des sympathischen NS) (nur zwischen C_8 und L_3), und die Nuclei intermediomediales (Wurzelzellen des Parasympathikus).
3. **Columna post.** – Enthält Schaltzell- und Strangzellkerne:
   a) Nuclei apicales columnae post. – Strangzellen für afferente Seitenstrangbahnen (Fremdreflexapparat).
   b) Nuclei substantiae gelatinosae (parvicellulares), in der Substantia gelatinosa (Rolandi) gelegen – Strangzellen für Seitenstrangbahnen (exterozeptive Reflexe von den Haarrezeptoren) – im Kopf-Hals-Bereich Anschluß an die Terminalkerne des N. trigeminus.
   c) Nuclei centrales columnae post. (magnocellulares) – Strangzellen der Tr. spinothalamici.
   d) Nuclei dorsales (Stilling-Clarkesche Säule) – Strangzellen der Tr. spinocerebellares (Kleinhirn-Seitenstrangbahnen) und z.T. der Tr. spinothalamici.

Die **Fasciculi proprii** oder Grundbündel bilden eine streifenförmige Zone zwischen grauer und weißer Substanz und repräsentieren den sog. Elementar- oder Eigenapparat des Rückenmarks. Es handelt sich um kurze Neuronenketten, die die Neurone mehrerer Segmente zu Schalteinheiten verbinden. Man unterscheidet in der Hauptsache einen *Fasciculus proprius anterolateralis* (angrenzend an die Vorder- und Seitensäule) und einen *Fasciculus proprius post.* (zwischen den Hintersäulen und Hintersträngen).

In der **Substantia alba** (weiße Substanz) unterscheidet man beiderseits 3 Stränge, nämlich

1. **Funiculus post. (Hinterstrang)** – Zwischen Septum medianum post. und Wurzeleintrittszone der Hintersäule – enthält medial den Fasciculus gracilis oder Gollschen Strang *(Tr. spinobulbaris med.)* von der unteren Körperhälfte und lateral den Fasciculus cuneatus oder Burdachschen Strang *(Tr. spinobulbaris lat.)* von der oberen Körperhälfte – Afferenzen für das Neuhirn (Tiefensensibilität, epikritische Oberflächensensibilität).
2. **Funiculus lat. (Seitenstrang)** – Zwischen Sulcus lat. post. und ant., d.h. zwischen Wurzeleintrittszone und vorderen Wurzelfasern – Inhalt:
   Tr. spinothalamicus lat. – Vorderseitenstrangbahn – Afferenzen für die phylogenetisch älteren sensomotorischen Systeme – protopathische Sensibilität (Schmerz- und Temperaturbahn).
   Tr. spinocerebellaris ant. (GOWERS) *und post.* (FLECHSIG) – Afferente Bahnen für das Kleinhirn – spinozerebellare Systeme – Gleichgewichtsregulationen.
   Tr. corticospinalis lat. (Pyramidenbahn) – Efferente Bahn für die kortikal-motorischen Systeme (Willkürmotorik).
   Absteigende *Vasokonstriktorenbahn* – Bandförmiger Faserstreifen vor der Pyramidenbahn – vegetative Innervation der Hautgefäße, Schweißdrüsen und Haare.
   Tr. spinotectalis – Aufsteigende Bahn zum Tectum – Verbindung des Rückenmarks mit den sensorischen Reflexzentren des Mittelhirns – der gegenläufige Faserzug heißt *Tr. tectospinalis.*
   Tr. rubrospinalis (Monakowsches Bündel) – Efferente Bahn vom Nucl. ruber zu den γ-Motoneuronen des Vorderhorns – extrapyramidale Motorik.
   Tr. reticulospinalis – Im Seiten- und Vorderstrang verstreut liegende efferente Bahnen aus der Retikularisformation des Rautenhirns – enden ebenfalls an den γ-Motoneuronen – extrapyramidales System.
   Tr. vestibulospinalis lat. – Oberflächennahe gelegenes Bündel von den Vestibulariskernen des Rautenhirns zu den γ-Motoneuronen – Gleichgewichtsapparat.
3. **Funiculus ant. (Vorderstrang)** – Medialwärts von den Fila radicularia ant. – Wichtigste Bahnen:
   Tr. spinothalamicus ant. – Vorderseitenstrangbahn – Afferenzen für die phylogenetisch älteren subkortikal geschalteten sensomotorischen Systeme – protopathische, primitive Oberflächensensibilität (Druck, Berührung, Vibration).
   Tr. corticospinalis ant. – Ungekreuzter Teil der Pyramidenbahn – efferente Bahn von der Großhirnrinde zu den α-Motoneuronen – Willkürmotorik.
   Tr. vestibulospinalis ant. – Von den Vestibulariskernen, insbesondere vom Deitersschen Kern zu den γ-Motoneuronen des Rückenmarks – efferente Impulse für die Gleichgewichtsregulationen.
   Tr. tectospinalis medialis – Verbindungen der Vierhügelplatte des Mittelhirns mit dem Rückenmark – Reflexschaltungen vom Tectum zum Rückenmark – Korrelationen zwischen den sensorischen (Hör- und Sehapparat) und sensomotorischen Systemen.
   Tr. longitudinalis med. – Assoziationsbündel zum Mittel- und Rautenhirn (s.o.)

G. Hirnschnitte

Schnittserie durch das Gehirn

(modif. nach VILLIGER u. LUDWIG)

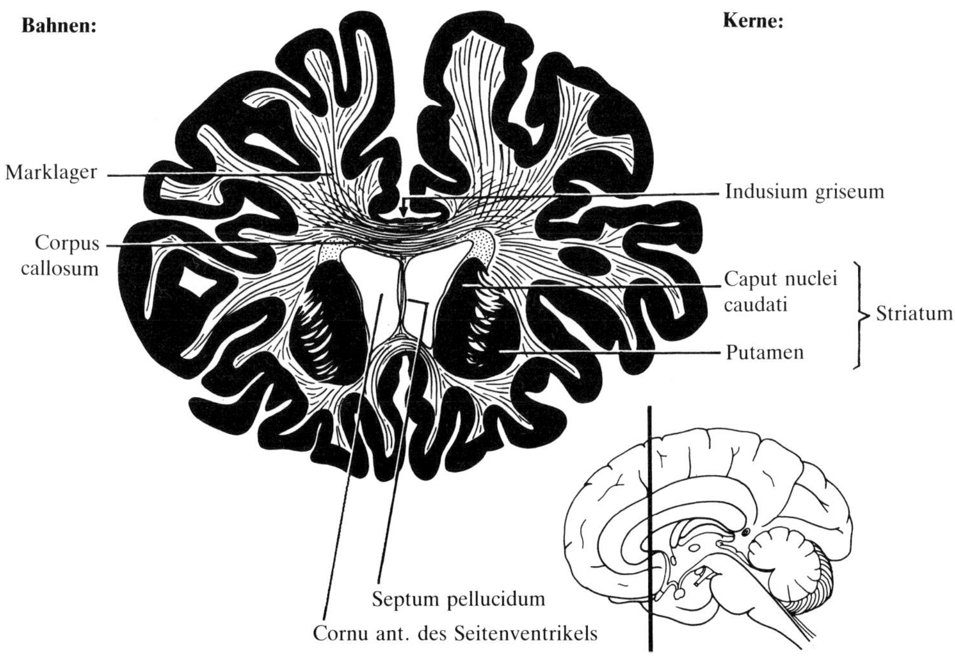

Abb. 197. Frontalschnitt durch das Gehirn in Höhe des Caput nuclei caudati – Stirnhirnbereich (B.).

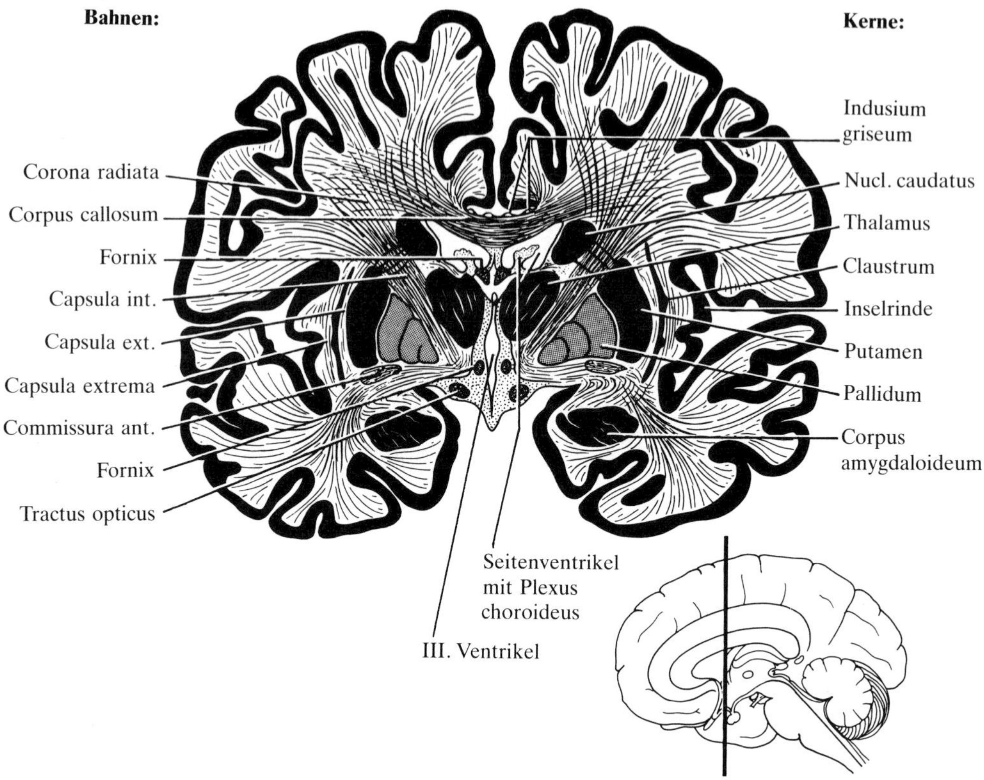

Abb. 198. Frontalschnitt durch das Gehirn im Bereich der Stammganglien (B.).

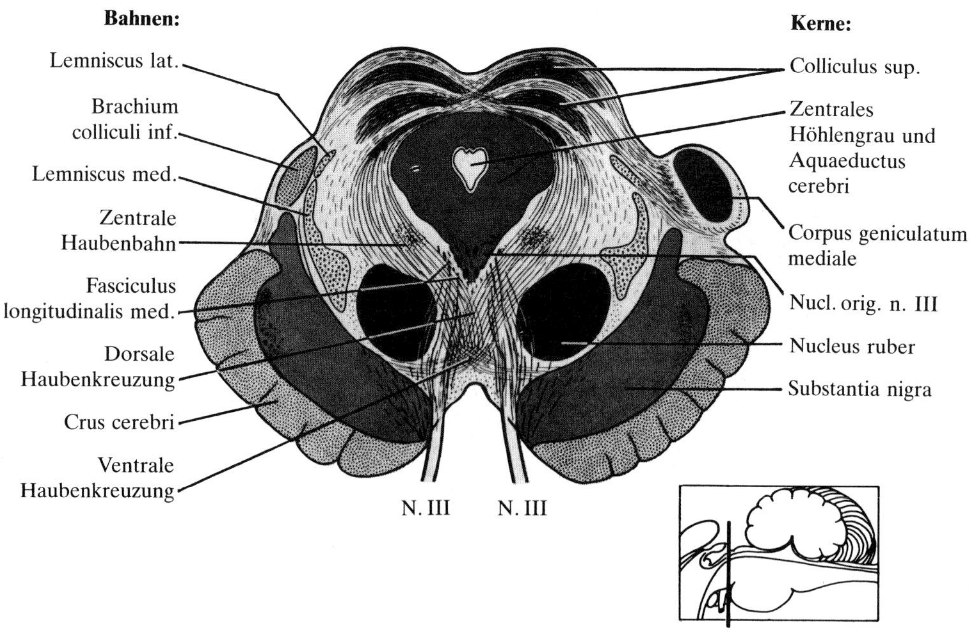

Abb. 199. Querschnitt durch das Mittelhirn in Höhe der vorderen Vierhügel (B.).

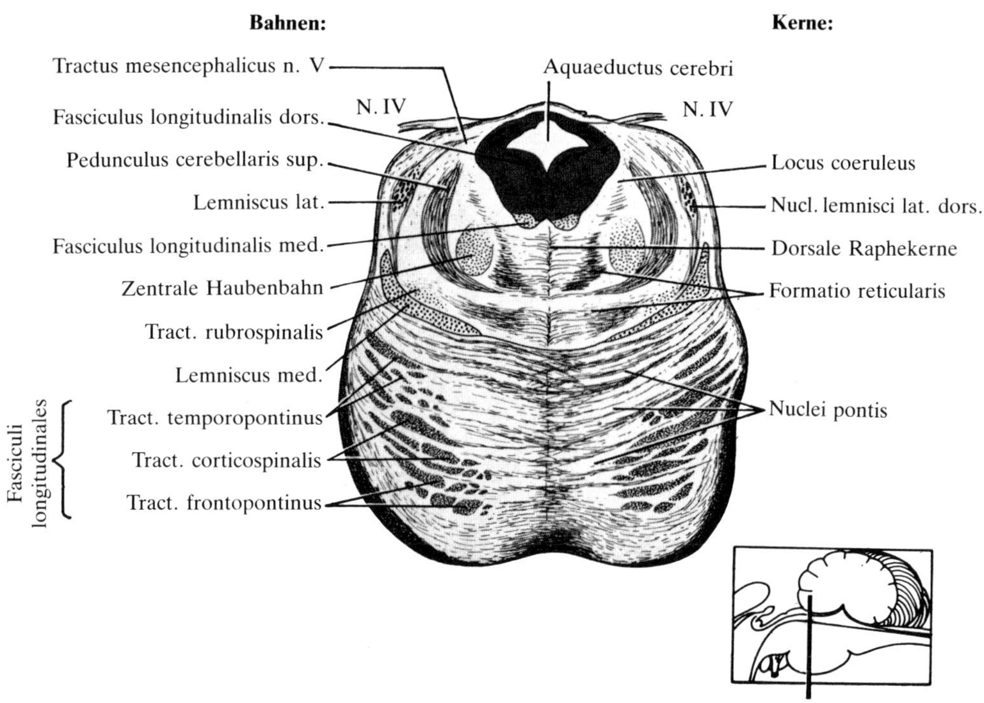

Abb. 200. Querschnitt durch das Rautenhirn in der Mitte der Brücke. Der Aquaeductus cerebri geht in den IV. Ventrikel über (B.).

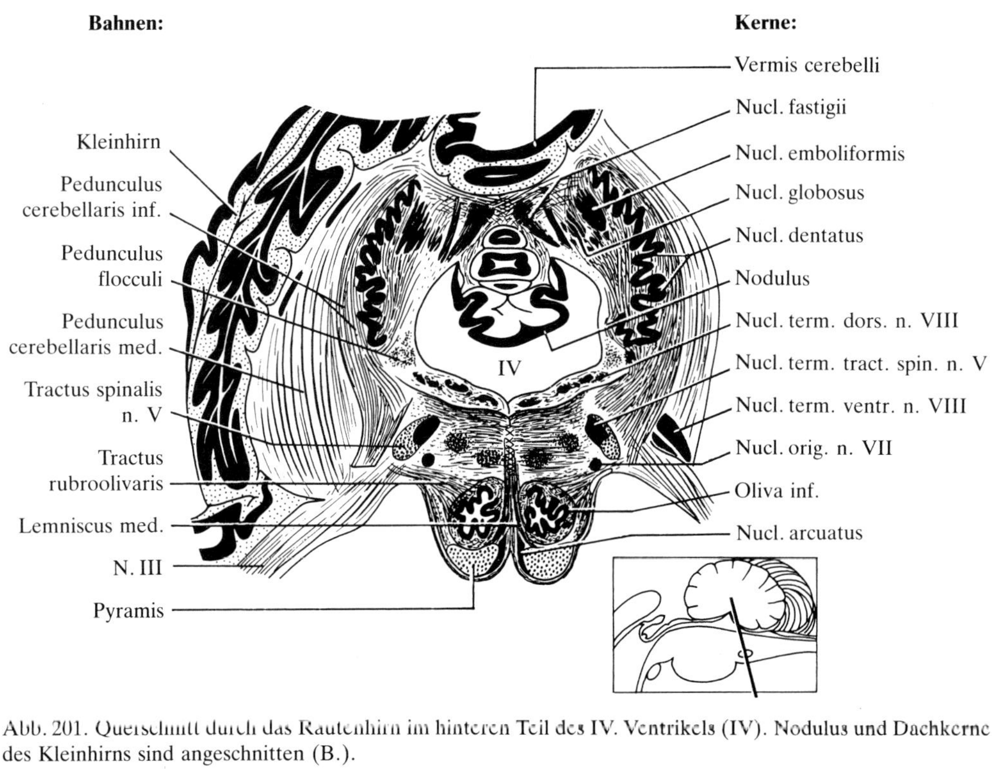

Abb. 201. Querschnitt durch das Rautenhirn im hinteren Teil des IV. Ventrikels (IV). Nodulus und Dachkerne des Kleinhirns sind angeschnitten (B.).

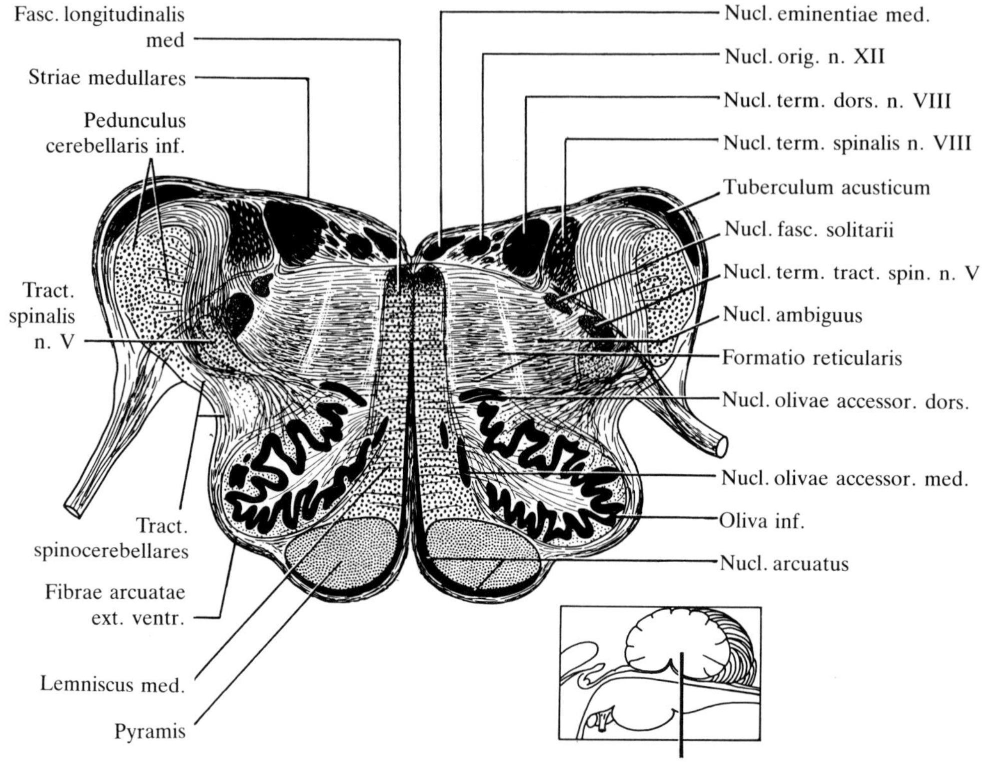

Abb. 202. Querschnitt durch das Rautenhirn in Höhe der unteren Olive (B.).

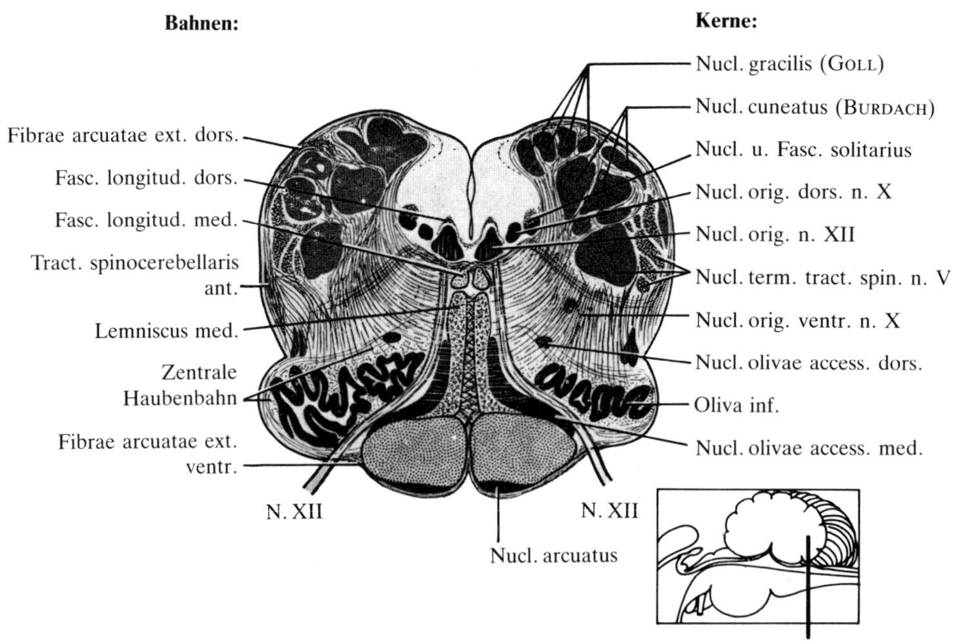

Abb. 203. Querschnitt durch die Medulla oblongata in Höhe der Hypoglossuskerne (B.).

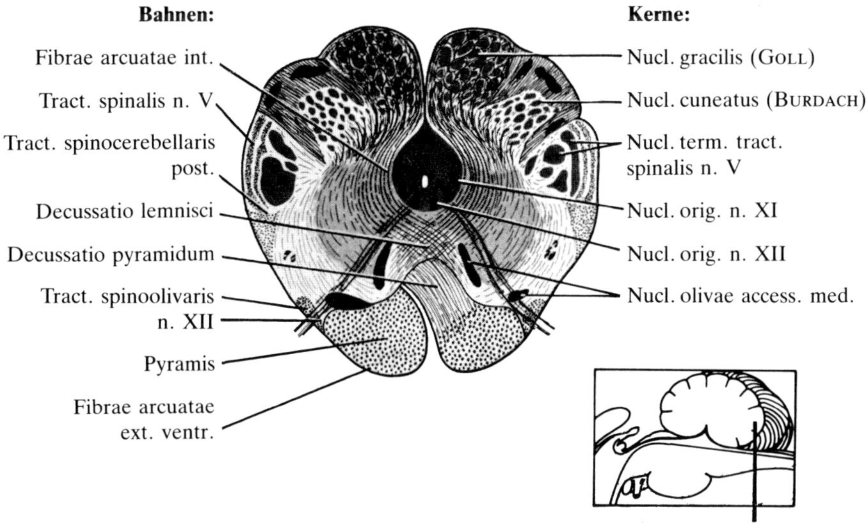

Abb. 204. Querschnitt durch die Medulla oblongata in Höhe der Pyramidenkreuzung (B.).

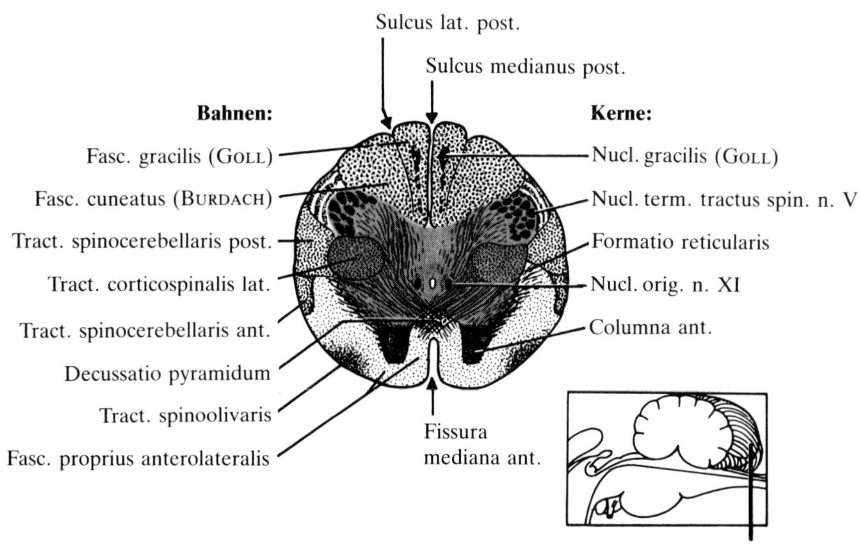

Abb. 205. Querschnitt durch das kaudale Ende der Medulla oblongata in Höhe der Pyramidenbahnkreuzung (B.).

Sachverzeichnis